作者简介

张伯明，山西霍县人，1948年出生。1985年在清华大学电机工程系获博士学位，并留校任教，1990年晋升为副教授，1993年晋升为教授，1994年为博士生指导教师。1987—1988年在英国Strathclyde大学做访问学者，1994年在瑞士联邦工业大学做访问科学家。长期从事电力系统分析和电网调度自动化的教学和科研工作，在电网控制中心能量管理系统等领域取得多项达到国际先进水平的科研成果。曾于1990年在东北电网率先实现实时状态估计等EMS高级应用软件，之后将他领导开发的EMS/DTS一体化系统在全国60多个电网推广应用。近期又成功开发电网在线安全稳定分析、预警和决策支持系统等新应用，并投入电网实际运行。新近提出三维协调的新一代电网能量管理系统，解决了其中的关键技术问题并完成了示范工程。发表论文200多篇。曾获国家级科技进步二等奖1项，省部级科技进步一等奖2项，光华科技基金一等奖1项。曾被国家教育委员会和国务院学位委员会表彰为“在工作中做出突出贡献的中国博士学位获得者”。现任IEEE和CSEE高级会员，CIGRE中国国家委员会执委，国际控制中心学术论坛执委。

U0425977

研究生教学用书

教育部学位管理与研究生教育司推荐

现代电力系统丛书

高等电力网络分析

（第2版）

张伯明 陈寿孙 严正 著

清华大学出版社

北京

内 容 简 介

本书系统地介绍电力系统网络分析的计算机计算方法的基本原理和实现技术。

全书共2篇12章。基础篇共6章，介绍电力网络分析的基本原理，包括电力网络分析的一般方法，电力系统网络矩阵，电力网络计算中的稀疏技术，网络方程的修正解法，网络变换、化简和等值，大规模电力网络的分块计算。应用篇共6章，介绍电力系统网络分析中的潮流计算和故障分析，包括潮流计算的数学模型及基本解法，潮流方程的特殊解法，潮流计算中的特殊问题，潮流计算问题的扩展，对称分量法和相序网络，电力系统故障分析的计算机方法。

本书侧重介绍电力网络分析中的基础性和共性问题，将矩阵分析、图论描述和物理概念解释相结合，注意联系电网实际，叙述深入浅出，并附有例题和习题，便于读者自学。

本书可以作为电力系统及其自动化专业研究生教材，也可供电力专业科技人员、高等院校教师和高年级学生参考。

图书在版编目(CIP)数据

高等电力网络分析 / 张伯明，陈寿孙，严正著. —2版. —北京：清华大学出版社，2007.9 (2022.8重印)
(现代电力系统丛书)
ISBN 978-7-302-15291-0

Ⅰ. 高… Ⅱ. ①张… ②陈… ③严… Ⅲ. 电力网络分析 Ⅳ. TM711

中国版本图书馆CIP数据核字(2007)第073858号

责任编辑：张占奎
责任校对：赵丽敏
责任印制：杨　艳

出版发行：清华大学出版社
网　　址：http://www.tup.com.cn，http://www.wqbook.com
地　　址：北京清华大学学研大厦A座　　**邮　　编**：100084
社 总 机：010-83470000　　**邮　　购**：010-62786544
投稿与读者服务：010-62776969，c-service@tup.tsinghua.edu.cn
质量反馈：010-62772015，zhiliang@tup.tsinghua.edu.cn
印 装 者：北京九州迅驰传媒文化有限公司
经　　销：全国新华书店
开　　本：175mm×245mm　　**印　张**：22.25　　**插　页**：1　　**字　数**：425千字
版　　次：2007年9月第2版　　**印　次**：2022年8月第11次印刷
定　　价：78.00元

产品编号：008049-05

《现代电力系统丛书》编委会

主　编：卢　强

副主编：周孝信　韩祯祥　陈寿孙

编　委：（按姓氏笔画排序）

王祥珩　甘德强　卢　强　余贻鑫　张伯明

杨奇逊　陈　陈　陈寿孙　周孝信　贺仁睦

赵争鸣　倪以信　夏道止　徐　政　顾国彪

梁恩忠　程时杰　韩英铎　韩祯祥

责任编辑：张占奎

丛 书 序

当我剪烛为这篇短序时，竟几次因思绪万千未开头便搁笔。出版“现代电力系统丛书”是我的导师高景德院士于 1990 年开始构思、策划的。作为一位科学家和教育家，高先生十分重视“丛书”对提高我国电力系统学术水平和高层次人才培养方面的重要作用。先生认为：各领域的科技专著应是那个领域最前沿和最高水平科技成果的结晶，是培育一代代科技精英和先锋人物的沃野和圣堂。先生对我说：优秀著作是人类先进思想和成果最重要的载体，正是它们构成了人类文化、科技发展万世不竭的长河。导师的教导音犹在耳。

1997 年因这位清华大学老校长烛炬耗尽致使“丛书”出版工作一度停顿。三年后，清华大学出版社重新启动了“丛书”的出版工作，于 2002 年组成了第二届编委会，继擎着高景德院士亲手点燃的火炬前行。

自 1992 年以高先生为主编的第一届编委会成立起，至 2006 年止，我国的电力装机提高了 2.7 倍，年均以将近 20%的速度增长。这在世界各国电力工业发展史上是绝无仅有的。此刻我想到，高先生的在天之灵会问我们这些晚辈：我国的高科技含量的增长是否也与我国的电力总量的增长相匹配？这一问题是要我国电力科技工作者用毕生不懈的努力来回答的。

时光如梭，2002 年的第二届编委会又到了换届之时，感谢数位资深编委出色完成了他们的职责。时至 2007 年 5 月，第三届编委会在清华大学出版社主持下成立。编委共 19 名，包括三位中国科学院院士，四位中国工程院院士，其他皆为处于我国电力系统顶尖之列的精英学者，其中不乏新充实的优秀中青年学者。保证了“丛书”的火炬不仅能得以传承，而且会愈燃愈旺。本次编委会进一步明确“丛书”涵盖的领域为：电力系统建模、分析、控制，以安全稳定经济运行为主；新能源并网发电，如风力发电、太阳能发电等；分布式能源电力系统等内容。

至今，该“丛书”系列已出版专著约十本，预计今明两年将至少再出版六部。应该说已出版的该系列专著已经引领几代青年学者、科技工作者走上了科技大道。近年来，我们在“电力系统灾变防治和经济运行重大科学问题”方面得到国家首期 973 项目资助和支持，并取得了一些突破性进展；电力领域第二期 973 项目“提高超大规模输电系统的运行可靠性研究”从 2004 年推着前浪前进，成果丰硕。所取得的这些前沿成果将在“丛书”中得到充分的体现。有些成果在世界上未有先例。

因此,我们相信中国电力科学会引领世界电力科技的发展;相信“丛书”系列还将继续引领和帮助一代代电力界科技工作者开辟他们康庄之途。

按照高景德院士的教育思想,“丛书”的作用主要不是去灌满一桶桶的水,而是去点燃一把把的火。

导师英名长存。感谢清华大学出版社使“丛书”之炬得以传承。

相信中国电力科技应能成为世界电力科技引路之光。

卢 强

2007年7月于清华园

前　言

本书第 1 版自 1996 年出版以来，电力工程科学和技术又有了很大的发展，尤其是计算机在电网在线调度和控制中的应用已十分普遍，电力市场化改革也对电网安全控制提出了新需求。这些变化要求我们能对电网进行更全面、更快速、更精细的计算分析，这需要电力网络计算机分析的理论和方法的支撑，在这样的背景下本书的再版工作自然提上议程。近 10 多年来，我用此书在清华大学讲授高等电力网络分析这门研究生学位课，期间正值我国电网快速发展时期，出现了电网分析计算中的新问题、新需求。为适应我国电力网络发展现状以及研究生科研工作的需要，我对教学内容做了很多调整，使这门基础性很强的专业课的特点更加鲜明，使研究生的受益面更广。

电力网络分析是电力系统分析的关键环节，即使研究暂态过程，对电网的分析和处理也是其主要内容和难点之一。因此，本书仍保持突出电力网络这个主题，只涉及稳态，不涉及暂态，只涉及代数方程，不涉及微分方程。电网的突出特点是网络描述，尽管用矩阵描述比较方便，但是用图来描述矩阵及其处理既直观又简洁，因此本书保留了原版书的这些特点。另外，本书基本保留了原版书的体系结构。

本书共分 2 篇 12 章，前 6 章为基础篇，介绍电力网络分析的基本原理，包括电力网络分析的一般方法、电力系统网络矩阵、稀疏技术、网络方程的修正解法、网络变换、化简和等值、电网分块计算。后 6 章为应用篇，介绍潮流计算和故障分析，包括潮流计算的数学模型和基本解法、潮流方程的特殊解法、潮流计算中的特殊问题、潮流计算问题的扩展、故障分析的计算机解法。

基础篇介绍了电力网络分析应用中的共性的问题。将矩阵运算和图形描述相结合，将数学推导和物理概念相结合，介绍新方法时注重和传统方法相对比，尽量使读者读后能在头脑中留下一幅清晰的图像。在应用篇既介绍广泛使用的传统应用，也介绍近些年的热点应用。本书从不同角度介绍传统应用，并给出多种解决方法。对内点法、连续潮流和跟踪潮流等新应用，介绍了当今最有效的解算方法。本书相当多的内容凝结了作者多年研究工作的体会和总结。

这次再版删减了如下内容：稀疏技术中网络方程不对称情况处理，REI 等值和网络变更时各种等值的修正，多开断分布因子，潮流多解的图示，等等。为突出书中介绍的原理、算法和思路，将正文中部分烦琐的公式推导进行了简化，并将其引入习题当中。为适应新的应用需求，这次再版增加了如下内容：配电网络分析的回路分析方法,电网分解协调计算的一般形式的广义网络分割算法,电网计算中的准稳态灵敏度分析方法,静态电压稳定分析的连续潮流方法,电力市场中的跟踪潮流算法,等等。

本书不是面面俱到地罗列电网分析的各种具体应用,而是希望通过归纳、总结、提升,抽象出电网分析中的共性问题,从更基础的层面来描述和解决电网分析问题。例如,配电网分析普适的回路分析法,图上因子分解和网络方程计算,面向节点和面向支路的网络变化的修正,广义支路切割和统一的网络分块算法,最优潮流的三维分析,潮流方程变量分类和潮流计算问题的扩展,规范化的故障分析计算机计算方法等。希望通过对这些基础性问题介绍,帮助读者掌握分析问题和解决问题的方法,启发读者去创新,去开发新的应用领域。

为了便于读者自学,并便于高等院校使用本书进行研究生教学工作,书中增加了一些研究分析型习题,并且全部习题的解答将在与本书配套的《高等电力网络分析习题与解答》中给出。

本书被教育部推荐为研究生教学用书。虽然书中尽量加重基础性内容的介绍,但是作为研究生教学用书,研究性内容仍然相对较多,对初学者的理解可能会有一定难度;为使读者容易理解,书中尽量多用例题来配合解释相关的理论。本书适合用于讲授一个学期的研究生课程。

我要感谢本书再版的合作者严正教授。他20世纪80年代末和90年代初曾在清华大学我所在的科研组攻读硕士和博士学位,毕业后一直在日本、美国和香港等地的大学做研究工作,于2004年回国到上海交通大学任教授。由于他对电力网络分析有深刻的理解和研究心得,故特邀他和我合作完成本书的再版工作,内点法、连续潮流和跟踪潮流等内容是他完成的。

本书第1版受到很多从事电力系统及其自动化专业工作的教师、工程技术人员和研究生的欢迎,并多次重印。许多研究生已经将本书作为出国深造的必备参考书。10多年来,清华大学有数百位研究生听过我讲授的这门课,他们提出的问题及与我的讨论都对我启发很大,促使我改进教材;他们完成的课程研究报告也对这次再版有很大帮助;他们的激情和新颖的想法对我是一种激励。在此向他们表示感谢。

我还要感谢清华大学电机系给我提供了良好的教学和研究环境,使我能够顺利地完成本书的再版工作。

卢强院士认真审读了全部书稿并提出宝贵意见,在此表示衷心的感谢!由于作者水平有限,书中不妥之处在所难免,恳请广大读者批评指正。

张伯明

2007年6月于清华园

第1版前言

电力系统分析取决于对电力系统本身客观规律的认识，同时也取决于当时能够采用的研究、分析计算的手段和工具。40年来，随着计算机技术的蓬勃发展和广泛应用，矩阵、图论、数值计算等与计算机相关的数学分支在这个领域里也得到了充分的发展。因此，虽然对电力系统本身客观规律的认识和几十年前没有根本的不同，但是电力系统的分析却面目一新，其数学表达的形式、建立数学模型的方法、相应的计算处理方法等方面发生了很大的变化。正是这种变化适应了现代大规模电力系统（几千个节点，上万条支路）和在线实时控制快速分析的需求。

电力系统分析包括稳态分析和暂态过程的分析。机电动态及暂态过程分析的有关内容将在《动态电力系统理论与分析》一书中介绍。本书主要涉及电力网络稳态分析的有关内容，重点论述以计算机及其相应数学方法为工具进行电力网络稳态分析的原理、方法和实现技巧。应用计算机技术进行电力网络分析吸引了无数学者和专家，提出的各种方法散见于各种教科书和浩瀚的文献之中。作者自20世纪80年代初以来在清华大学从事研究生教学工作，深感需要一本系统介绍的基础性书籍。本书是作者教学和科研工作的经验总结，有些内容是作者近些年来科研工作的成果。为了适应计算机分析的需要，全书采用与之相适应的数学形式来叙述，这样可以使建立数学模型、确定解算方法、实现编程成为一个整体，并且具有简明的特点，但对初学者来说，较难建立形象直观的概念。为此，我们尽量配合以物理概念的解释，使用网络图加以形象地说明，同时还附有一定的例题和习题。因此，只要具有电力系统的初步知识，用这本书自学也并不困难，但是真正融会贯通，一定还要有计算机编程的实践。

本书由三部分组成。

第一部分从第一章到第六章，论述了电力网络的数学模型和基本解算方法，它是电力网络分析的基础。其中重点介绍了电力网络模型及其数学描述；介绍了网络矩阵的性质、物理意义和形成的方法。为适应现代大规模电力系统和实时控制快速分析的需要，本书对稀疏矩阵和稀疏矢量技术、网络等值变换、网络分块计算、并行处理以及网络局部变化时的修正算法等内容给予了较多的关注。这些内容是必不可少的基本知识，其中一些内容是作者近年来的研究成果。

第二部分从第七章到第十章，论述了电力系统的潮流计算——它是电力系统稳态分析的基本内容,也是一切动态及暂态分析的出发点。关于潮流计算的基本原理和方法在一般的教科书中已经有较详细的叙述,所以本书仅在第七章中作了总结、归纳。第八章和第九章分别介绍了潮流计算的特殊解法和其中的特殊问题。而在第十章中着重论述潮流计算的扩展,它既是实际电力系统安全、经济运行提出的需求,也是潮流计算基本算法解决以后,人们关注的新领域。读者从这一章中可以了解各种扩展潮流计算(例如最优潮流、动态潮流、随机潮流、开断潮流等)与潮流基本算法之间的关系,它们的区别和特点。对于较成熟、最常用的最优潮流和开断潮流给予了更多的论述。

第三部分包括第十一章和第十二章,讨论了用计算机进行电力系统故障分析中的短路电流计算的方法。电力系统发生故障,将经历一个暂态过程,当仅以求得某一瞬间短路电流的周期性分量为目的时,可以把这一瞬间看作过程中的一个断面,通过采用针对该瞬间的等值电动势和等值参数,而化作一个类似稳态电路的计算问题。由于短路电流计算的基本概念和方法在大学本科的教科书中已经有详细的论述,所以本书仅在第十一章中采用矩阵的形式对它进行了总结,并以此为基础在第十二章中论述了对任意复杂的多重故障的短路电流计算采用统一的数学描述和规范化的系统求解方法。读者可以从中了解到一些实用的有效算法,而且可以根据这里叙述的思路自己研究适合于问题特点的算法。

本书作为《现代电力系统丛书》中的一册得以出版是高景德教授的大力支持。在多年的教学和研究工作中,始终得到清华大学张宝霖教授、周荣光教授、倪以信教授的指导和合作,周荣光教授还审阅了全书的手稿,西安交通大学夏道止教授也曾对本书提出过许多宝贵的意见,助教博士生孙宏斌为本书例题做了解答,清华大学电机系和电力系统及其自动化教研组为本书撰写创造了良好的条件,作者在此对他们一并表示感谢。

在编写本书的过程中,我们虽然对体系的安排,素材的选取,文字的叙述都尽了努力,但在正式出版的时候,仍诚恳地期待着对本书提出的指导和批评。

作　者

1995年8月于清华园

目　　录

基础篇　电力网络分析基本原理

应用篇 潮流计算与故障分析

基 础 篇

电力网络分析基本原理

第 1 章　电力网络分析的一般方法

1.1　网络分析概述

1.1.1　网络的概念

网络泛指把若干元件有目的地、按一定的形式连接起来、完成特定任务的总体。对电力网络而言，其元件特指输电和配电线路、变压器和移相器、开关、并联和串联电容器、并联和串联电抗器等电气元件(电气设备)，它们按一定的形式连接成一个整体，达到输送和分配电能的目的。因此，电力网络包含两个要素，即电气元件及其连接方式。电力网络的运行特性是由元件特性的约束和元件之间连接关系的约束(拓扑约束)共同决定的。

1. 元件的特性约束与欧姆定律

从物理结构上看，组成实际电力网络的每个电气设备都是比较复杂的，在工程精度允许的条件下，电力系统分析中通常都要对电气设备作合理简化，用一个或多个理想的集总参数元件(简称理想元件)组成的等值电路来表示。常见的理想元件有电阻器、电感器、电容器(即 RLC 元件)和变压器等，它们可以看成是构成电力网络的最小单元。理想元件的参数制约着元件的电压和电流之间的关系，从而构成了元件的特性约束。当元件参数与电量和时间无关时，称该元件为线性定常元件(简称线性元件)；当元件的参数是电量的函数，则称该元件为非线性元件。若网络中所有元件均是线性元件时，该网络为线性网络；若网络中至少包含有一个非线性元件，则该网络是非线性网络。

对于支路参数分别是 R,L,C 的支路 k。其支路电压 u_k 和支路电流 i_k 之间有如下关系：

$$Ri_k = u_k$$

$$\frac{\mathrm{d}Li_k}{\mathrm{d}t} = u_k$$

$$\int \frac{1}{C} i_k \mathrm{d}t = u_k$$

考虑线性电力网络在正弦稳态条件下的运行特性。这时一个或多个理想元件的串、并联还可以用一条或多条等值支路来表示，支路的两个端点称为节点。正弦稳态条件下，某一支路 k 的基于 RLC 参数的等值阻抗 z_k 可视为制约支路的复数电流 $\dot{I}_k$ 和复数电压 $\dot{V}_k$ 关系的参数，即

$$\dot{V}_k = z_k \dot{I}_k \tag{1-1}$$

这就是著名的广义欧姆定律(Ohm's law)，它描述了电力网络分析中最常见的支路特性约束。

2. 网络的拓扑约束与基尔霍夫定律

在由集总参数元件组成的电力网络中，各支路之间的连接关系构成了拓扑约束，它与支路的特性无关。网络的拓扑约束集中表现为基尔霍夫定律(Kirchhoff's laws)，它是电力网络分析中最强有力的工具。基尔霍夫定律具有一般性，对直流或时变的电流和电压都成立，下面给出其在电力网络分析中最常用的正弦稳态条件下的表述。

(1) 基尔霍夫电流定律(Kirchhoff's current law，KCL)

对于网络中的任一节点 j (包括广义节点)，与节点 j 相关联的各支路电流 $\dot{I}_k$ $(k\in j)$之间满足

$$\sum_{k\in j}\dot{I}_k = 0 \tag{1-2}$$

式中，$k\in j$ 表示与节点 j 相关联的支路 k。

(2) 基尔霍夫电压定律(Kirchhoff's voltage law，KVL)

对于任一闭合回路 l，回路中的各支路电压 $\dot{V}_k(k\in l)$之间满足

$$\sum_{k\in l}\dot{V}_k = 0 \tag{1-3}$$

式中，$k\in l$ 表示在回路 l 中的支路 k。

1.1.2 电力网络分析的主要步骤

为了确保电力系统的安全稳定运行，必须对电力系统的物理特性有充分的了解。但由于在电力系统中进行大规模实验的代价昂贵，或者观测时间太长或系统反应时间很短以及测量上的困难，很多现场实验都无法实现，因此人们越来越广泛地采用计算机仿真来取代大部分的现场实验。仿真计算在电力系统分析中扮演着重要角色，它使人们的观察能力得到延伸，思维、模拟和计算能力得到强化，对电力系统学科的发展具有举足轻重的推动作用。

有关的电力系统分析计算问题包括状态估计、潮流计算、经济调度、故障分析、稳定计算等，这些问题既相互关联，又各有侧重点。例如，状态估计可以为潮流计算提供良好的初值，而潮流计算则是经济调度、故障分析、稳定分析与系统控制的

出发点。网络分析是解决所有这些问题的共同基础。

研究一个特定的电力系统运行问题，首先应当根据研究的目的和研究内容建立网络元件合理的数学模型，进而建立相应的电力网络数学模型，而后用有效的数值方法在计算机上进行求解，并对结果进行分析。在这一过程中，电力网络的建模与分析计算始终是解决问题的关键。电力网络分析应当包括以下四个基本步骤：①建立电力网络元件的数学模型；②建立电力网络的数学模型；③选择合理的数值计算方法；④电力网络问题的计算机求解。

电力网络数学模型的建立与所采用的网络元件数学模型密切相关，两者都标志着对问题认识的深度，也和当时的科学技术发展水平有关。针对数学模型选择合适的数值计算方法，并在计算机上仿真计算，可以向运行人员提供丰富的信息。在对计算结果进行分析后，必要时还要对上述的某些步骤进行改进，以期最终获得的结果更接近实际情况。

1. 建立电力网络元件的数学模型

电力网络元件的数学模型是根据物理概念和电力系统的限制条件直接建立起来的相对简化的电力网络元件模型，其特点是直观、物理意义明确。数学模型必须与所研究的问题的特点相一致。例如对于输电线路，由于只关注其电气特性，因此可以用等值电路来建模。导体部分建模，而将绝缘结构和机械构架等部分忽略，所以输电线元件的数学模型可以用一个或多个Π型电路的链式电路来表示。又比如对于负荷，在故障计算中通常用恒定阻抗模拟，而在潮流计算中则通常用恒定功率模拟。

2. 建立电力网络的数学模型

电力网络的数学模型是利用基本物理学定律和合适的数学描述工具，来表达电力网络中物理量之间的关系，从而把电力网络的物理问题抽象成一个数学问题。数学模型的特点是抽象、简洁、深刻，反映了物理现象的本质和主流。在电力网络分析中，可以将网络抽象成一个由支路和把支路连接起来的节点组成的图。通常选择支路电流和节点电压作为反映网络状态的物理量，其他物理量可以从这两个量中推出。基本的物理学定律是欧姆定律和基尔霍夫电流电压定律，合适的数学描述工具是图论。简单地说，以图论为数学工具，把网络的两种约束全部表达出来，而不包含冗余的约束，由此建立的网络方程就是电力网络的数学模型。

3. 选择合理的数值计算方法

为了求解数学模型，必须选用可靠、有效的数值计算方法。数值计算方法与数学模型的结合也称为数值模型，是建构理论与实际问题的桥梁。数值计算方法的选择和可利用的计算工具有关。所选用的数值计算方法应该与电力网络的特点相结合，如考虑网络矩阵的稀疏性、结构对称性等。此外，还应对数值计算方法作初步的评估，讨论所需的计算量、存储量、程序实现的难易程度等。在潮流计算与稳定计算中，数值计算方法的理论分析，如解的收敛性、收敛速度、误差估计、数值稳定性分析等对程序设计也有直接影响，充分的理论分析有助于程序设计人员编制出高质量的计算程序。

4. 电力网络问题的计算机求解

在数值模型的基础上编制的计算程序，必须在计算机上进行仿真计算，以考证所用的物理模型、数学模型、数值计算方法的正确性，并用于鉴别所选用方法的实用性与可靠性。通常先模拟电网中已知的物理现象，当计算结果与实际观察相吻合，则可将计算程序用于预测和评估电网中其他可能的物理现象，以期得到更佳的电网运行状态。

1.2 网络的拓扑约束

1.2.1 图的概念和一些基本定义

当只研究网络的拓扑约束时，网络元件的物理特性无关紧要，可以把网络的连接关系抽象成一个图(graph)。图论及其应用随着计算机技术的兴起而得到很大的发展，在许多专门著作[11]中有详细的叙述。下面仅就本书中用到的一些术语作简要的介绍。

支路(branch)，亦称**边**(edge)，是二端电路元件的抽象。任何一条支路都有两个端点。

节点(node)，亦称**顶点**(vertex)，是支路端点的抽象，也是网络中支路的连接点。

图(graph)，是抽象的支路和节点的集合。用符号 G 表示。

关联(incidence)，指支路与节点的连接关系，如 $k(i,j)$ 表示支路 k 的两端是节点 i 和节点 j。

节点的度(degree)，指节点所关联的支路数。

路径(path)，在图 G 中，从始点出发经过若干支路和节点到达终点，其中的支路和节点均不能重复出现，形成的一个开边列(open edge train)称为路径。路径中的内部顶点(interior vertices)的度是 2，而始点和终点的度为 1。

连通图(connected graph)，指任何一对顶点之间至少有一条路径的图。

有向图(oriented graph)，图 G 中的每一条支路都有规定的方向。

本书所研究的电力网络一般均抽象成有向连通图。在网络分析中，对于包括有 $N+1$ 个节点 b 条支路的连通图 G，为了使每个节点和支路的物理量有确定的意义，一定要规定一个参考节点，因此图 G 的独立节点数为 N，称为图 G 的**秩**(rank)。

子图(sub-graph)，若图 G_i 的边集和节点集均属于图 G 中，则图 G_i 称为图 G 的子图。

回路(loop)，即始点和终点重合的闭合路径(closed path)。

树(tree)和**树支**(tree branch，twig)，树是指连通图 G 的一个连通子图 G_i，它包含 G 中的所有节点，但不包含任何回路。树支是树中所含的支路，它一定只有 N 条。

补树(cotree)和**连支**(link)，连通图 G 中选定一棵树 G_i 后剩余的支路构成的子图称为图 G 的树 G_i 的补树。补树中所含的支路称为连支，连支数一定为 $b-N$。

给定一个具体的图，其树可以有多种选择，但一旦选定以后，树支和连支即确定。

基本回路(fundamental loop)，指在连通图 G 中选定一棵树后，仅包含一条连支的回路。基本回路数必然与其连支数相对应，即：基本回路数＝连支数＝$b-N$。

割集(cut-set)，是连通图 G 中的一组支路的最小集合，它把图 G 分割成两个互不连通的子图(其中一个子图可以是一个孤立的节点)。被分割出来的部分是图 G 的一个广义节点。

基本割集(fundamental cut-set)，指在图中选定一棵树后，仅包含一条树支的割集。基本割集必然与树支相对应，即有：基本割集数＝树支数＝独立节点数＝N。

1.2.2 网络分析中常用的关联矩阵

网络的拓扑特性可以用一个图来形象地表示，也可用矩阵来表示。描述网络拓扑结构的矩阵为**关联矩阵**(incidence matrix)。由于可以从不同的角度、用不同的形式来说明关联关系，因此就有不同的关联矩阵。矩阵表示有助于应用计算机进行网络分析。

电网络理论中常用的关联矩阵有**节**(点)-**支**(路)**关联矩阵**(node-branch incidence matrix)，**回**(基本回路)-**支**(路)**关联矩阵**(fundamental loop-branch incidence matrix)，**割**(基本割集)-**支**(路)**关联矩阵**(fundamental cut-set-branch incidence matrix)。以下对这些关联矩阵作简要复习。为了叙述方便，矩阵的阶次用下标中的运算符“×”来表示，例如，$\boldsymbol{A}_{(N+1)\times b}$表示矩阵 $\boldsymbol{A}$ 是 $N+1$ 行 b 列的矩阵。

1. 节-支关联矩阵

设有向连通图 G 有 $N+1$ 个节点，b 条支路，对每条支路规定了正方向后，则其节-支关联矩阵 $\tilde{\boldsymbol{A}}$ 的阶次是 $(N+1)\times b$，$\tilde{\boldsymbol{A}}$ 中的元素定义如下：

$$\tilde{a}_{ik}=\begin{cases}1 & \text{节点 } i \text{ 是支路 } k \text{ 的发点}\\ -1 & \text{节点 } i \text{ 是支路 } k \text{ 的收点}\\ 0 & \text{节点 } i \text{ 不是支路 } k \text{ 的端点}\end{cases} \tag{1-4}$$

按此定义，$\tilde{\boldsymbol{A}}$ 的结构为

$$\tilde{\boldsymbol{A}}_{(N+1)\times b}=\begin{array}{c|ccc|c|cc|}
 & 1 & 2 & \cdots & k & \cdots & b\\ \hline
1 & & & & 0 & & \\
\vdots & & & & \vdots & & \\
i & & & & 1 & & \\
\vdots & & & & \vdots & & \\
j & & & & -1 & & \\
\vdots & & & & \vdots & & \\
N+1 & & & & 0 & & \\ \hline
\end{array}$$

矩阵 $\tilde{\boldsymbol{A}}$ 有 b 个列矢量，每一列与一条支路对应，表示该支路与哪两个节点相关联，所以每一个列只有 1 和 -1 两个非零元素，其余元素都为 0，非零元素的正负表示支路的方向。上式中只给出了第 k 条支路中非零元的情况。$\tilde{\boldsymbol{A}}$ 有 $N+1$ 个行矢量，每一行与一个节点对应，表示该节点与哪些支路相关联，因此每行中非零元素的数目就等于该节点的度。

无论从行的角度还是从列的角度看，节-支关联矩阵 $\tilde{\boldsymbol{A}}$ 都是非常稀疏的。另外，易知 $\tilde{\boldsymbol{A}}$ 的 $N+1$ 个行矢量之和为零矢量，所以 $\tilde{\boldsymbol{A}}$ 的各行是线性相关的。如果将参考节点对应的行从节-支关联矩阵中删除，就得到 $N\times b$ 的**降阶节-支关联矩阵 $\boldsymbol{A}$**，其各行是线性无关的。在不产生误解的情况下，以后仍称 $\boldsymbol{A}$ 为**节-支关联矩阵**。选定一棵树，对支路的排列次序做适当调整，把 N 条树支放在前面，$L=b-N$ 条连支放在后面，则有

$$\boldsymbol{A}_{N\times b}=\begin{array}{c|c|c|}
 & 1\ \cdots\ N & N+1\ \cdots\ b\\ \hline
1 & & \\
\vdots & \boldsymbol{A}_T & \boldsymbol{A}_L\\
\vdots & (N\times N) & (N\times L)\\
\vdots & & \\
N & & \\ \hline
\end{array}=[\boldsymbol{A}_T\quad \boldsymbol{A}_L]$$

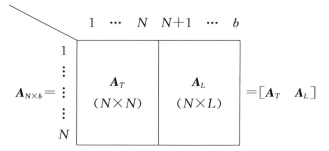

或简写为

$$\boldsymbol{A}_{N\times b}=[\boldsymbol{A}_T \quad \boldsymbol{A}_L] \tag{1-5}$$

式中，$\boldsymbol{A}_T$ 为表示节点和树支关联关系的 $N\times N$ 的关联子矩阵；$\boldsymbol{A}_L$ 为表示节点和连支关联关系的 $N\times L$ 的关联子矩阵。

2. 回-支关联矩阵

对于连通图中一颗选定的树，由于基本回路中仅包含一条连支，基本回路数等于连支数，回-支关联矩阵 $\boldsymbol{B}$ 是 $L\times b$ 阶的。规定基本回路的正方向与连支的方向相同，则 $\boldsymbol{B}$ 中的元素为

$$b_{lk}=\begin{cases}1 & \text{支路 } k \text{ 在回路 } l \text{ 内，且二者方向相同}\\ -1 & \text{支路 } k \text{ 在回路 } l \text{ 内，且二者方向相反}\\ 0 & \text{支路 } k \text{ 不在回路 } l \text{ 内}\end{cases}$$

若把树支排在前面，连支排在后面，$\boldsymbol{B}$ 的结构为

$$\boldsymbol{B}_{L\times b}=\begin{array}{c|c|c|}
 & 1\ \cdots\ N & N+1\ \cdots\ b \\ \hline
1 & & \\
\vdots & \boldsymbol{B}_T & \boldsymbol{B}_L \\
\vdots & (L\times N) & (L\times L) \\
\vdots & & \\
L & & \\ \hline
\end{array}=[\boldsymbol{B}_T \quad \boldsymbol{B}_L]$$

或简写为

$$\boldsymbol{B}_{L\times b}=[\boldsymbol{B}_T \quad \boldsymbol{B}_L] \tag{1-6}$$

$\boldsymbol{B}$ 每行中的非零元和该行对应的回路上的支路相对应，支路方向和回路方向相同时非零元为1，相反时为－1。$\boldsymbol{B}_T$ 为表示回路与树支关联关系的 $L\times N$ 的关联子矩阵；$\boldsymbol{B}_L$ 为表示回路和连支关联关系的 $L\times L$ 的关联子矩阵。由于每个基本回路只与一条连支对应，而且连支方向已定义为基本回路正方向，则 $\boldsymbol{B}_L$ 是单位矩阵，故有

$$\boldsymbol{B}=[\boldsymbol{B}_T \quad \boldsymbol{I}] \tag{1-7}$$

3. 割-支关联矩阵

由于基本割集中仅包含一条树支，基本割集数等于树支数，割-支关联矩阵 $\boldsymbol{Q}$ 是 $N\times b$ 阶的。规定基本割集的正方向与树支的方向相同，则 $\boldsymbol{Q}$ 中的元素为

$$q_{ik}=\begin{cases}1 & \text{支路 } k \text{ 在割集 } i \text{ 内，且二者方向相同}\\ -1 & \text{支路 } k \text{ 在割集 } i \text{ 内，且二者方向相反}\\ 0 & \text{支路 } k \text{ 不在割集 } i \text{ 内}\end{cases}$$

若把树支排在前面，连支排在后面，$\boldsymbol{Q}$ 的结构为

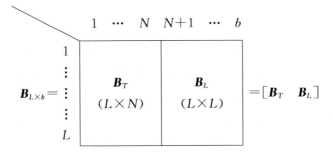

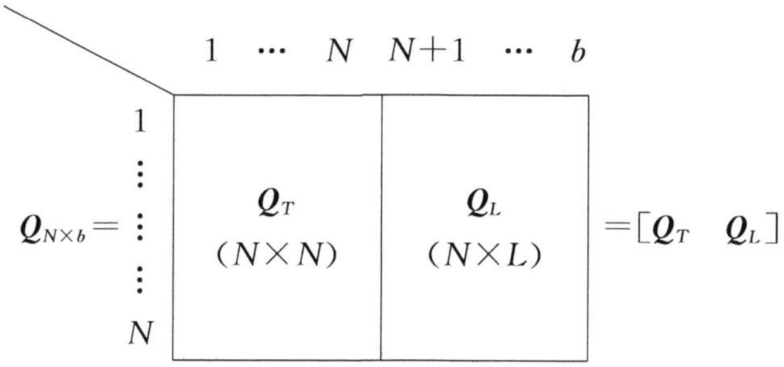

或简写为

$$Q_{N\times b} = [\boldsymbol{Q}_T \quad \boldsymbol{Q}_L] \tag{1-8}$$

式中,$\boldsymbol{Q}_T$ 为表示割集与树支关联关系的 $N\times N$ 的关联子矩阵;$\boldsymbol{Q}_L$ 为表示割集与连支关联关系的 $N\times L$ 的关联子矩阵。由于每个基本割集只与一条树支对应，而且树支方向已定义为基本割集的正方向,则 $\boldsymbol{Q}_T$ 是单位矩阵,故有

$$\boldsymbol{Q} = [\boldsymbol{I} \quad \boldsymbol{Q}_L] \tag{1-9}$$

由于节-支关联矩阵对电网的拓扑描述是最直观的,因此在电力网络分析中以节-支关联矩阵为基础的节点分析法得到的应用最广泛。

1.2.3 关联矩阵 A,B,Q 之间的关系

既然同一张图可以用不同形式的关联矩阵来表示,那么这些表示同一客体的不同形式之间必然存在着相互变换的关系。这些变换关系为不同的网络分析方法提供了相互沟通的途径。节点支路关联矩阵 $\boldsymbol{A}$ 和回路支路关联矩阵 $\boldsymbol{B}$ 之间存在如下关系:

$$\boldsymbol{A}\boldsymbol{B}^{\mathrm{T}} = \boldsymbol{0}_{N\times L}, \quad \boldsymbol{B}\boldsymbol{A}^{\mathrm{T}} = \boldsymbol{0}_{L\times N} \tag{1-10}$$

因此有

$$[\boldsymbol{B}_T \quad \boldsymbol{I}]\begin{bmatrix}\boldsymbol{A}_T^{\mathrm{T}} \\ \boldsymbol{A}_L^{\mathrm{T}}\end{bmatrix} = \boldsymbol{0}$$

所以

$$\boldsymbol{B}_T = -\boldsymbol{A}_L^{\mathrm{T}}(\boldsymbol{A}_T^{\mathrm{T}})^{-1} \tag{1-11}$$

在割集支路关联矩阵 $\boldsymbol{Q}$ 和回路支路关联矩阵 $\boldsymbol{B}$ 之间,也有类似的关系:

$$\boldsymbol{Q}\boldsymbol{B}^{\mathrm{T}} = \boldsymbol{0}_{N\times L}, \quad \boldsymbol{B}\boldsymbol{Q}^{\mathrm{T}} = \boldsymbol{0}_{L\times N} \tag{1-12}$$

即

$$[\boldsymbol{B}_T \quad \boldsymbol{I}]\begin{bmatrix}\boldsymbol{I} \\ \boldsymbol{Q}_L^{\mathrm{T}}\end{bmatrix} = \boldsymbol{0}$$

所以

$$\boldsymbol{B}_T = -\boldsymbol{Q}_L^{\mathrm{T}} \quad 或 \quad \boldsymbol{Q}_L = -\boldsymbol{B}_T^{\mathrm{T}} \tag{1-13}$$

上式说明:在一个基本割集中包括一条树支和若干条连支,那么分别由这些连

支所构成的基本回路中，必然都包含着这同一条树支。

由式(1-11)和式(1-13)，可以得到 $\boldsymbol{Q}$ 和 $\boldsymbol{A}$ 之间的相互关系为

$$\boldsymbol{Q}_L = (\boldsymbol{A}_L^{\mathrm{T}}(\boldsymbol{A}_T^{\mathrm{T}})^{-1})^{\mathrm{T}} = \boldsymbol{A}_T^{-1}\boldsymbol{A}_L \tag{1-14}$$

1.2.4　网络拓扑约束——基尔霍夫定律的表达

对于有 $N+1$ 个节点 b 条支路的连通图 G，当选定了其中的一棵树后，有以下关系：

$$独立节点数 = 树支数 = 基本割集数 = N$$
$$基本回路数 = 连支数 = b - N = L$$

图中有 N 个独立节点和 N 条树支，将 N 条树支编号在前，L 条连支编号在后。在正弦稳态分析中，可定义如下相量形式的物理量：

节点电压列矢量(N 维)$\dot{\boldsymbol{V}}_N$　N 个独立节点上的节点电压的集合。

支路电流列矢量(b 维)$\dot{\boldsymbol{I}}_b$　b 条支路上的支路电流的集合。

支路电压列矢量(b 维)$\dot{\boldsymbol{V}}_b$　b 条支路上的支路电压的集合。

回路电流列矢量(L 维)$\dot{\boldsymbol{I}}_L$　L 个基本回路中所包含的连支上的支路电流的集合。

割集电压列矢量(N 维)$\dot{\boldsymbol{V}}_T$　N 个基本割集中所包含的树支上的支路电压的集合。

根据上述定义和支路编号，支路电流和支路电压有如下形式：

$$\dot{\boldsymbol{I}}_b = [\dot{\boldsymbol{I}}_T^{\mathrm{T}} \quad \dot{\boldsymbol{I}}_L^{\mathrm{T}}]^{\mathrm{T}} \tag{1-15}$$

$$\dot{\boldsymbol{V}}_b = [\dot{\boldsymbol{V}}_T^{\mathrm{T}} \quad \dot{\boldsymbol{V}}_L^{\mathrm{T}}]^{\mathrm{T}} \tag{1-16}$$

式中，下标 T 和 L 分别表示与树支支路和连支支路相关的量。

于是，基尔霍夫定律有如下形式：

$$\text{KCL} \qquad \boldsymbol{A}\dot{\boldsymbol{I}}_b = \boldsymbol{0} \tag{1-17}$$

$$\text{KVL} \qquad \boldsymbol{B}\dot{\boldsymbol{V}}_b = \boldsymbol{0} \tag{1-18}$$

基尔霍夫定律除了上述两个基本表达式外，还有其他的形式。

1. 基尔霍夫电压定律的其他表达形式

基尔霍夫电压定律的其他表达形式

$$\boldsymbol{A}^{\mathrm{T}}\dot{\boldsymbol{V}}_N = \dot{\boldsymbol{V}}_b \tag{1-19}$$

它建立了节点电压和支路电压之间的变换关系。

由式(1-18)得

$$\boldsymbol{B}\dot{\boldsymbol{V}}_b = [\boldsymbol{B}_T \quad \boldsymbol{I}] \begin{bmatrix} \dot{\boldsymbol{V}}_T \\ \dot{\boldsymbol{V}}_L \end{bmatrix} = \boldsymbol{0}$$

所以有

$$-\boldsymbol{B}_T\dot{\boldsymbol{V}}_T = \dot{\boldsymbol{V}}_L \tag{1-20}$$

并因$-\boldsymbol{B}_T=\boldsymbol{Q}_L^{\mathrm{T}}$，所以

$$\boldsymbol{Q}_L^{\mathrm{T}}\dot{\boldsymbol{V}}_T = \dot{\boldsymbol{V}}_L \tag{1-21}$$

因为$\boldsymbol{Q}_T=\boldsymbol{Q}_T^{\mathrm{T}}=\boldsymbol{I}$，若将式(1-21)加以扩展，有

$$\begin{bmatrix} \boldsymbol{Q}_T^{\mathrm{T}}\dot{\boldsymbol{V}}_T \\ \boldsymbol{Q}_L^{\mathrm{T}}\dot{\boldsymbol{V}}_T \end{bmatrix} = \begin{bmatrix} \dot{\boldsymbol{V}}_T \\ \dot{\boldsymbol{V}}_L \end{bmatrix} = \dot{\boldsymbol{V}}_b \tag{1-22}$$

所以

$$\boldsymbol{Q}^{\mathrm{T}}\dot{\boldsymbol{V}}_T = \dot{\boldsymbol{V}}_b \tag{1-23}$$

式(1-20)～式(1-22)说明了网络中树支的支路电压和连支的支路电压之间的关系，并且可以利用不同的关联矩阵加以变换；式(1-23)则可从已知的树支电压$\dot{\boldsymbol{V}}_T$扩展求得所有支路电压$\dot{\boldsymbol{V}}_b$。式(1-19)和式(1-23)都是 KVL 的其他表达形式。

2. 基尔霍夫电流定律的其他表达形式

基尔霍夫电流定律的其他表达形式

$$\boldsymbol{B}^{\mathrm{T}}\dot{\boldsymbol{I}}_L = \dot{\boldsymbol{I}}_b \tag{1-24}$$

它建立了支路电流和回路电流之间的变换关系。

由式(1-17)得

$$\boldsymbol{A}\dot{\boldsymbol{I}}_b = [\boldsymbol{A}_T \quad \boldsymbol{A}_L] \begin{bmatrix} \dot{\boldsymbol{I}}_T \\ \dot{\boldsymbol{I}}_L \end{bmatrix} = \boldsymbol{0}$$

所以有

$$-\boldsymbol{A}_T\dot{\boldsymbol{I}}_T = \boldsymbol{A}_L\dot{\boldsymbol{I}}_L \tag{1-25}$$

并因$\boldsymbol{A}_T^{-1}\boldsymbol{A}_L=\boldsymbol{Q}_L$，所以

$$-\dot{\boldsymbol{I}}_T = \boldsymbol{A}_T^{-1}\boldsymbol{A}_L\dot{\boldsymbol{I}}_L = \boldsymbol{Q}_L\dot{\boldsymbol{I}}_L \tag{1-26}$$

式(1-25)和式(1-26)说明了网络中树支的电流和连支的电流之间的关系，它们是 KCL 的另一种表达式。

由式(1-26)，因为$\boldsymbol{Q}_T=\boldsymbol{I}$是单位矩阵，所以

$$\dot{\boldsymbol{I}}_T + \boldsymbol{Q}_L\dot{\boldsymbol{I}}_L = [\boldsymbol{I} \quad \boldsymbol{Q}_L] \begin{bmatrix} \dot{\boldsymbol{I}}_T \\ \dot{\boldsymbol{I}}_L \end{bmatrix} = \boldsymbol{Q}\dot{\boldsymbol{I}}_b = \boldsymbol{0} \tag{1-27}$$

式(1-27)更广泛地叙述了 KCL。其含义是：电力网络中，用一个闭合面分割出一

个独立部分，穿过闭合面的所有支路组成一个割集，其所有支路的电流代数和为零。这一个独立部分是一个广义节点。式(1-24)和式(1-27)都是 KCL 的其他表达形式。

电路理论中的**特勒根定理**(Tellegen theorem)指出：任意一个电力网络中所有支路上的电压与电流乘积的代数和为零。特勒根定理与元件的特性无关，即不论元件特性是线性的或非线性的，有源的或无源的，定常的或时变的，它都成立。对于相量形式的电流和电压，有

$$\dot{\boldsymbol{V}}_b^{\mathrm{T}}\hat{\dot{\boldsymbol{I}}}_b = \sum_{k=1}^{b}\dot{V}_k\hat{\dot{I}}_k = 0 \tag{1-28}$$

式中，上标“^”表示共轭复数。特勒根定理可以从基尔霍夫定律导出。由于 $\dot{\boldsymbol{V}}_b = \boldsymbol{A}^{\mathrm{T}}\dot{\boldsymbol{V}}_N$ 及 $\boldsymbol{A}\,\hat{\dot{\boldsymbol{I}}}_b = 0$，所以

$$\dot{\boldsymbol{V}}_b^{\mathrm{T}}\hat{\dot{\boldsymbol{I}}}_b = (\boldsymbol{A}^{\mathrm{T}}\dot{\boldsymbol{V}}_N)^{\mathrm{T}}\hat{\dot{\boldsymbol{I}}}_b = \dot{\boldsymbol{V}}_N^{\mathrm{T}}\boldsymbol{A}\,\hat{\dot{\boldsymbol{I}}}_b = \boldsymbol{0}$$

上式说明网络给予各支路的有功功率和无功功率分别是平衡的，即网络中各支路的功率总和恒为零，因此基尔霍夫定律是能量守恒定律的一种表现形式。

1.2.5 道路-支路关联矩阵

实际的电力网络可以分为输电网和配电网两类。其中输电网中的支路数目比节点数多，树的选择也较复杂；而配电网中支路数与节点数接近，网络呈辐射状，其结构接近自然树状态，回路数非常少，大部分配电系统因开环运行而没有回路，这种网络结构特别适合用**道路-支路关联矩阵**(path-branch incidence matrix)来描述。

1. 道路和道路-支路关联矩阵

节点的道路指节点沿树到根所经过的路径上的支路集合。

由此定义可知，节点的道路强调的是路径上的支路。道路具有如下特性：对于一个给定的树，节点的道路是唯一的；节点的道路只由树支支路组成。

假定在网络中选定了一棵树，规定树中的根节点的编号最大，其余节点按其离根节点的远近来编号，离根节点越远的节点编号越小。而支路的编号则规定为取两端节点编号中的小者，支路正方向为由小号节点指向大号节点。显然，在一棵树中，一个节点的道路是完全由树支组成的，且是唯一的。**道路-支路关联矩阵**(简称**道路矩阵**)$\boldsymbol{T}$ 中的元素定义如下：

$$t_{ik} = \begin{cases} 1 & \text{支路 } k \text{ 在道路 } i \text{ 上} \\ 0 & \text{支路 } k \text{ 不在道路 } i \text{ 上} \end{cases}$$

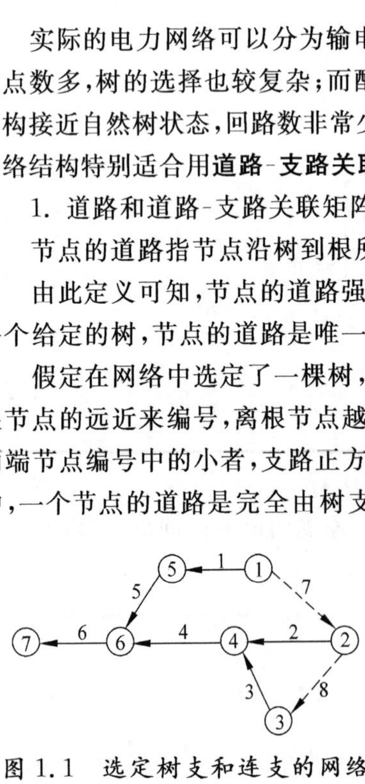

图 1.1 选定树支和连支的网络

图 1.1 示出了一个由 6 条树支(实线表示)和 2 条连支(虚线表示)构成的图。在该图中，树支编号在先，连支编号在后，道路矩阵具

有如下形式：

$$
\begin{array}{c} \\ \boldsymbol{T}_{N\times b}= \end{array}
\begin{array}{c}
\begin{matrix} 1 & 2 & 3 & 4 & 5 & 6 & 7 & 8 \end{matrix} \\
\begin{bmatrix}
1 & 0 & 0 & 0 & 1 & 1 & 0 & 0 \\
 & 1 & 0 & 1 & 0 & 1 & 0 & 0 \\
 & & 1 & 1 & 0 & 1 & 0 & 0 \\
 & & & 1 & 0 & 1 & 0 & 0 \\
 & & & & 1 & 1 & 0 & 0 \\
 & & & & & 1 & 0 & 0
\end{bmatrix}
\end{array}
= [\boldsymbol{T}_T \quad \boldsymbol{T}_L]
$$

其中与连支对应的部分 $\boldsymbol{T}_L$ 为零矩阵。定义节点的注入电流为 $\dot{\boldsymbol{I}}_N$，支路电流为 $\dot{\boldsymbol{I}}_b$，连支电流(也即回路电流)为 $\dot{\boldsymbol{I}}_L$，则 KCL 可以表示为

$$\boldsymbol{B}^{\mathrm{T}}\dot{\boldsymbol{I}}_L + \boldsymbol{T}^{\mathrm{T}}\dot{\boldsymbol{I}}_N = \dot{\boldsymbol{I}}_b \tag{1-29a}$$

上式表明支路电流由两部分组成：一是节点注入电流 $\dot{\boldsymbol{I}}_N$ 对在道路上的支路的贡献，二是回路电流对在回路上的支路的贡献。

在没有连支或连支电流为零的条件下，则有

$$\dot{\boldsymbol{I}}_b = \boldsymbol{T}^{\mathrm{T}}\dot{\boldsymbol{I}}_N \tag{1-29b}$$

这就是采用道路矩阵描述的 KCL 定律，在回路分析法中得到广泛应用。

2. 关联矩阵 $\boldsymbol{A}$ 和 $\boldsymbol{T}$ 的关系

考虑节点注入不作为网络中的支路的情况，并规定节点注入电流以流入节点为正；对支路电流，规定其离开节点的方向为正，在没有连支或连支电流为零的情况下，有

$$\boldsymbol{A}\dot{\boldsymbol{I}}_b = \dot{\boldsymbol{I}}_N$$

即节点注入电流等于由该节点流出到与该节点相连的各支路电流之和。将式(1-29b)代入上式可得

$$\dot{\boldsymbol{I}}_N = \boldsymbol{A}\boldsymbol{T}^{\mathrm{T}}\dot{\boldsymbol{I}}_N$$

由于上式对所有 $\dot{\boldsymbol{I}}_N$ 均成立，因此关联矩阵 $\boldsymbol{A}$ 和 $\boldsymbol{T}$ 的关系为

$$\boldsymbol{I} = \boldsymbol{A}\boldsymbol{T}^{\mathrm{T}}$$

即

$$\boldsymbol{I} = [\boldsymbol{A}_T \quad \boldsymbol{A}_L]\begin{bmatrix} \boldsymbol{T}_T^{\mathrm{T}} \\ \boldsymbol{T}_L^{\mathrm{T}} \end{bmatrix}$$

由于 $\boldsymbol{T}_L$ 为零矩阵，所以由上式可得

$$\boldsymbol{A}_T\boldsymbol{T}_T^{\mathrm{T}} = \boldsymbol{I} \quad 或 \quad \boldsymbol{A}_T^{-1} = \boldsymbol{T}_T^{\mathrm{T}} \tag{1-30}$$

由式(1-11)可得

$$\boldsymbol{B}_T^{\mathrm{T}} = -\boldsymbol{A}_T^{-1}\boldsymbol{A}_L = -\boldsymbol{T}_T^{\mathrm{T}}\boldsymbol{A}_L \tag{1-31}$$

关系式 $\boldsymbol{A}_T\boldsymbol{T}_T^{\mathrm{T}}=\boldsymbol{I}$ 可以通过研究节点和节点的道路之间的关系来理解。由图 1.1 中选定的树枝,两个节点号相同时,例如都是节点 4,只有节点 4 发出的支路在节点 4 的道路上,所以 $\boldsymbol{A}_T$ 和 $\boldsymbol{T}_T^{\mathrm{T}}$ 乘积的对角元为 1;当两个节点号不同时,要么一个节点发出的道路不经过另一个节点,要么经过另一个节点,但有支路一进一出,所以 $\boldsymbol{A}_T$ 和 $\boldsymbol{T}_T^{\mathrm{T}}$ 乘积的非对角元为 0。

1.3 电力网络支路特性的约束

1.3.1 一般支路及其退化

给定一条一般的支路 k,如图 1.2(a)所示。它包含有电动势源 $\dot{E}_k$,以支路电流 $\dot{I}_k$ 的方向为电压升的正方向;电流源 $\dot{I}_{sk}$;支路的参数可以用支路阻抗 z_k 或支路导纳 y_k 来表示,$z_k = y_k^{-1}$;支路电压 $\dot{V}_k$ 以支路电流 $\dot{I}_k$ 的方向为电压降的正方向。

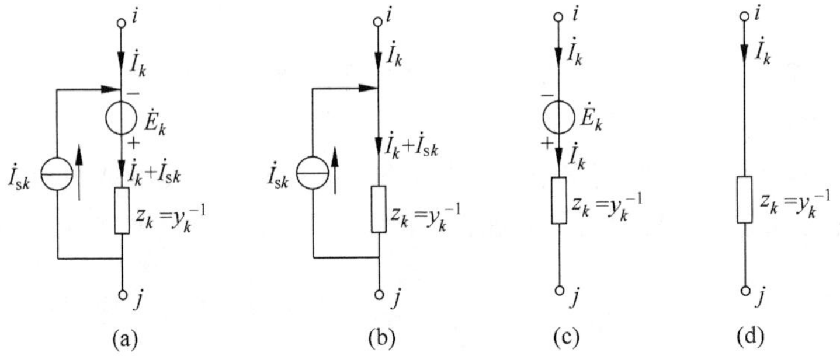

图 1.2 一般支路及其退化

元件特性的约束可以用如下的支路方程来表示:

$$\dot{V}_k + \dot{E}_k = z_k(\dot{I}_k + \dot{I}_{sk}) \quad 或 \quad \dot{I}_k + \dot{I}_{sk} = y_k(\dot{V}_k + \dot{E}_k) \tag{1-32a}$$

一般支路有三种退化的情况,即在图 1.2 中,图(b)支路内没有电动势源;图(c)支路内没有电流源;图(d)支路内既无电动势源也无电流源。相应的支路方程分别为

$$\dot{V}_k = z_k(\dot{I}_k + \dot{I}_{sk}) \quad 或 \quad y_k\dot{V}_k = \dot{I}_k + \dot{I}_{sk} \tag{1-32b}$$

$$\dot{V}_k + \dot{E}_k = z_k\dot{I}_k \quad 或 \quad y_k(\dot{V}_k + \dot{E}_k) = \dot{I}_k \tag{1-32c}$$

$$\dot{V}_k = z_k\dot{I}_k \quad 或 \quad y_k\dot{V}_k = \dot{I}_k \tag{1-32d}$$

图 1.2(b)所示的含电流源电路可以等效转换为图 1.2(c)所示含电动势源电路，即

$$z_k \dot{I}_{sk} = -\dot{E}_k \tag{1-33a}$$

这就是原支路的戴维南等值。同样，图 1.2(c)所示的含电动势源电路可以等效转换为图 1.2(b)所示的含电流源电路，即

$$y_k \dot{E}_k = -\dot{I}_{sk} \tag{1-33b}$$

这就是原支路的诺顿等值。

1.3.2 网络支路方程和原始阻抗(导纳)矩阵

把网络内所有支路方程集合在一起，引入电动势源矢量和电流源矢量

$$\dot{\boldsymbol{E}}_s = \begin{bmatrix} \dot{E}_1 & \cdots & \dot{E}_k & \cdots & \dot{E}_b \end{bmatrix}^{\mathrm{T}}$$

$$\dot{\boldsymbol{I}}_s = \begin{bmatrix} \dot{I}_{s1} & \cdots & \dot{I}_{sk} & \cdots & \dot{I}_{sb} \end{bmatrix}^{\mathrm{T}}$$

可以得到网络的支路方程

$$\dot{\boldsymbol{V}}_b + \dot{\boldsymbol{E}}_s = \boldsymbol{z}_b(\dot{\boldsymbol{I}}_b + \dot{\boldsymbol{I}}_s) \tag{1-34}$$

或

$$\boldsymbol{y}_b(\dot{\boldsymbol{V}}_b + \dot{\boldsymbol{E}}_s) = \dot{\boldsymbol{I}}_b + \dot{\boldsymbol{I}}_s \tag{1-35}$$

式中，$\boldsymbol{z}_b$ 和 $\boldsymbol{y}_b$ 分别称为原始阻抗矩阵(primitive impedance matrix)和原始导纳矩阵(primitive admittance matrix)，是阶数等于网络支路数的方阵，且二者互为逆矩阵，即

$$\boldsymbol{y}_b^{-1} = \boldsymbol{z}_b \tag{1-36}$$

若网络内所有支路之间不存在互感，则 $\boldsymbol{z}_b$ 和 $\boldsymbol{y}_b$ 是对角线矩阵，对角线元素即是对应的支路阻抗 z_k 和支路导纳 y_k；若支路之间存在互感，则 $\boldsymbol{z}_b$ 在相应于互感支路相关的位置上存在非零非对角线元素。

由于网络的支路方程和原始阻抗(导纳)矩阵仅表达了支路电压和支路电流之间的关系，并未涉及支路之间的连接关系，所以它仅是网络支路特性约束的表达形式。

1.4 网络方程——网络的数学模型

由于可以从不同的角度来考察网络的关联关系，因此网络方程的形式也不是唯一的。

1.4.1 节点网络方程

节点分析法以节点电压 $\dot{\boldsymbol{V}}_N$ 和节点注入电流 $\dot{\boldsymbol{I}}_N$ 为物理量。网络的支路特性约束为

$$\boldsymbol{y}_b(\dot{\boldsymbol{V}}_b + \dot{\boldsymbol{E}}_s) = \dot{\boldsymbol{I}}_b + \dot{\boldsymbol{I}}_s$$

网络的拓扑约束为

$$\boldsymbol{A}\dot{\boldsymbol{I}}_b = \boldsymbol{0} \quad (\text{KCL})$$

$$\boldsymbol{A}^{\mathrm{T}}\dot{\boldsymbol{V}}_N = \dot{\boldsymbol{V}}_b \quad (\text{KVL})$$

由以上三个方程可以推得

$$(\boldsymbol{A}\boldsymbol{y}_b\boldsymbol{A}^{\mathrm{T}})\dot{\boldsymbol{V}}_N = \boldsymbol{A}(\dot{\boldsymbol{I}}_s - \boldsymbol{y}_b\dot{\boldsymbol{E}}_s) \tag{1-37}$$

将式(1-37)中的支路电动势源变换成支路电流源，令

$$-\boldsymbol{y}_b\dot{\boldsymbol{E}}_s = \dot{\boldsymbol{I}}'_s$$

并引入节点注入电流的定义，将支路电流源变换成节点注入电流 $\dot{\boldsymbol{I}}_N$，式(1-37)的右侧为

$$\boldsymbol{A}(\dot{\boldsymbol{I}}_s + \dot{\boldsymbol{I}}'_s) = \dot{\boldsymbol{I}}_N \tag{1-38}$$

将式(1-38)代入式(1-37)，得节点网络方程

$$\boldsymbol{Y}\dot{\boldsymbol{V}}_N = \dot{\boldsymbol{I}}_N \tag{1-39}$$

其中

$$\boldsymbol{Y} = \boldsymbol{A}\boldsymbol{y}_b\boldsymbol{A}^{\mathrm{T}} \tag{1-40}$$

称为**节点导纳矩阵**。

矩阵 $\boldsymbol{A}$ 反映了网络的拓扑约束，$\boldsymbol{y}_b$ 反映了网络的支路特性约束，所以节点导纳矩阵集中了网络两种约束的全部信息。加上网络的边界条件，即节点注入电流 $\dot{\boldsymbol{I}}_N$，就构成了以节点电压 $\dot{\boldsymbol{V}}_N$ 表示的网络数学模型。若网络参数以阻抗形式表示，则节点网络方程有如下形式：

$$\boldsymbol{Z}\dot{\boldsymbol{I}}_N = \dot{\boldsymbol{V}}_N \tag{1-41}$$

其中

$$\boldsymbol{Z} = \boldsymbol{Y}^{-1} \tag{1-42}$$

称为**节点阻抗矩阵**。

除了电力网络分析中最常用的节点网络方程外，有时也采用回路分析法[21,22]和割集(广义节点)分析法。

1.4.2 回路网络方程

回路分析法以回路电流 $\dot{\boldsymbol{I}}_L$ 和回路电动势源 $\dot{\boldsymbol{E}}_L$ 为物理量。网络的支路特性约束为

$$\dot{\boldsymbol{V}}_b+\dot{\boldsymbol{E}}_s=\boldsymbol{z}_b(\dot{\boldsymbol{I}}_b+\dot{\boldsymbol{I}}_s)$$

网络的拓扑约束为

$$\boldsymbol{B}^{\mathrm{T}}\dot{\boldsymbol{I}}_L=\dot{\boldsymbol{I}}_b \quad (\mathrm{KCL})$$

$$\boldsymbol{B}\dot{\boldsymbol{V}}_b=\boldsymbol{0} \quad (\mathrm{KVL})$$

由以上三个公式可推得

$$\boldsymbol{B}\boldsymbol{z}_b\boldsymbol{B}^{\mathrm{T}}\dot{\boldsymbol{I}}_L=\boldsymbol{B}(\dot{\boldsymbol{E}}_s-\boldsymbol{z}_b\dot{\boldsymbol{I}}_s)$$

将支路电流源变换成支路电动势源，即

$$-\boldsymbol{z}_b\dot{\boldsymbol{I}}_s=\dot{\boldsymbol{E}}'_s \tag{1-43}$$

再引入回路电动势源定义，将支路电动势源变换成回路电动势源 $\dot{\boldsymbol{E}}_L$，有

$$\boldsymbol{B}(\dot{\boldsymbol{E}}_s+\dot{\boldsymbol{E}}'_s)=\dot{\boldsymbol{E}}_L \tag{1-44}$$

从而得到回路网络方程为

$$\boldsymbol{Z}_L\dot{\boldsymbol{I}}_L=\dot{\boldsymbol{E}}_L \tag{1-45}$$

其中

$$\boldsymbol{Z}_L=\boldsymbol{B}\boldsymbol{z}_b\boldsymbol{B}^{\mathrm{T}} \tag{1-46}$$

称为**回路阻抗矩阵**。同样可以表示为导纳的形式为

$$\boldsymbol{Y}_L\dot{\boldsymbol{E}}_L=\dot{\boldsymbol{I}}_L \tag{1-47}$$

其中

$$\boldsymbol{Y}_L=\boldsymbol{Z}_L^{-1} \tag{1-48}$$

称为**回路导纳矩阵**。

1.4.3 割集网络方程

割集分析法以割集电压 $\dot{\boldsymbol{V}}_T$ 和割集注入电流(源) $\dot{\boldsymbol{I}}_T$ 为物理量。网络的支路特性约束和网络的拓扑约束如下：

$$\boldsymbol{y}_b(\dot{\boldsymbol{V}}_b+\dot{\boldsymbol{E}}_s)=\dot{\boldsymbol{I}}_b+\dot{\boldsymbol{I}}_s$$

$$\boldsymbol{Q}\dot{\boldsymbol{I}}_b=\boldsymbol{0} \quad (\mathrm{KCL})$$

$$\boldsymbol{Q}^{\mathrm{T}}\dot{\boldsymbol{V}}_T=\dot{\boldsymbol{V}}_b \quad (\mathrm{KVL})$$

由以上三个公式可推得

$$Qy_bQ^{\mathrm{T}}\dot{V}_T = Q(\dot{I}_s - y_b\dot{E}_s)$$

将上式中支路电动势源换成支路电流源，再引入割集注入电流源 $\dot{I}_T$，将支路电流源换成割集注入电流源，得

$$Q(\dot{I}_s + \dot{I}'_b) = \dot{I}_T \tag{1-49}$$

从而得到割集网络方程

$$Y_Q\dot{V}_T = \dot{I}_T \tag{1-50}$$

式中

$$Y_Q = Qy_bQ^{\mathrm{T}} \tag{1-51}$$

为**割集导纳矩阵**。

1.4.4 基于道路的回路网络方程

1.4.2 小节中介绍的回路分析法是求解一般的电力网络的方法。如果网络图接近树支状，例如对回路数很少的低压电网，则基于道路的回路分析法有其特殊的优势[21,22]。

设网络中节点的注入电流为 $\dot{I}_N$，对于选定的一棵树，支路特性约束为

$$\dot{V}_b = z_b\dot{I}_b$$

网络的拓扑约束为(见式(1-29a)和式(1-18))

$$B^{\mathrm{T}}\dot{I}_L + T^{\mathrm{T}}\dot{I}_N = \dot{I}_b \quad (\text{KCL})$$

$$B\dot{V}_b = \mathbf{0} \quad (\text{KVL})$$

注意其中 KCL 与一般的回路分析法不同。由以上三个公式可得

$$Bz_bB^{\mathrm{T}}\dot{I}_L = -Bz_bT^{\mathrm{T}}\dot{I}_N$$

考虑到式(1-46)的回路阻抗矩阵表达式，故有

$$\dot{I}_L = -Z_L^{-1}Bz_bT^{\mathrm{T}}\dot{I}_N \tag{1-52}$$

将它代入式(1-29a)的 KCL 表达式，有

$$\dot{I}_b = (T^{\mathrm{T}} - B^{\mathrm{T}}Z_L^{-1}Bz_bT^{\mathrm{T}})\dot{I}_N \tag{1-53}$$

定义

$$\dot{I}'_b = T^{\mathrm{T}}\dot{I}_N, \quad \dot{I}''_b = -B^{\mathrm{T}}Z_L^{-1}Bz_b\dot{I}'_b$$

则式(1-53)可写为

$$\dot{I}_b = \dot{I}'_b + \dot{I}''_b$$

式中，$\dot{I}'_b$ 为节点注入电流在树支支路上的贡献；$\dot{I}''_b$ 为回路电流的贡献。

对于特殊的无环路的辐射网，网络本身就是一棵树，由式(1-30)可知，节点关

联矩阵 $\boldsymbol{A}$ 和道路关联矩阵 $\boldsymbol{T}$ 都是可逆方阵，网络方程的求解可以简化为下面两步：①利用式(1-53)求支路电流的前推过程(此时无回路电流)

$$\dot{\boldsymbol{I}}_b = \boldsymbol{T}^{\mathrm{T}}\dot{\boldsymbol{I}}_N \tag{1-54}$$

②用式(1-19)和式(1-30)可得求节点电压的回代过程

$$\dot{\boldsymbol{V}}_N = \boldsymbol{A}^{-\mathrm{T}}\boldsymbol{V}_b = \boldsymbol{T}\boldsymbol{Z}_b\dot{\boldsymbol{I}}_b \tag{1-55}$$

这也是求解辐射网潮流的前推回代法的理论基础。

式(1-54)表达了节点注入电流在树支支路上的分布：式(1-55)表达了用支路电流计算支路电压，进而计算节点电压的过程。

1.5 关联矢量与支路的数学描述

1.5.1 关联矢量和一般无源支路的数学描述

由节点支路关联矩阵的定义知，关联矩阵 $\boldsymbol{A}$ 是由 b 个列向量组成的，其第 k 个列向量 $\boldsymbol{M}_k$ 与第 k 条支路对应。若支路 k 与独立节点 i 和 j 关联，支路导纳参数为 y_k，规定支路 k 的正方向从 i 指向 j，如图 1.3 所示，则有

$$\boldsymbol{M}_k = [\underset{1}{0} \quad \cdots \quad \underset{i}{1} \quad \cdots \quad \underset{j}{-1} \quad \cdots \quad \underset{N}{0}]^{\mathrm{T}} \tag{1-56}$$

若支路 k 是与独立节点 i 和参考节点关联的并联支路，如图 1.4 所示，参考的节点号是 $N+1$，不在关联矩阵 $\boldsymbol{A}$ 中，则有

$$\boldsymbol{M}_k = [\underset{1}{0} \quad \cdots \quad \underset{i}{1} \quad \cdots \quad \underset{N}{0}]^{\mathrm{T}} \tag{1-57}$$

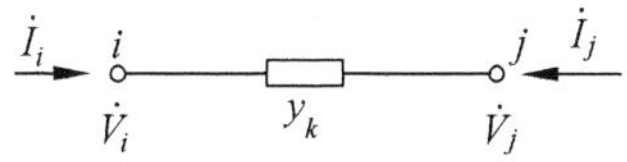

图 1.3 一般串联支路

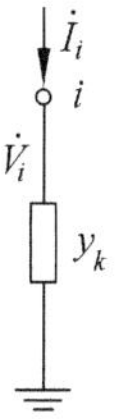

图 1.4 一般并联支路

列向量 $\boldsymbol{M}_k$ 称为**关联矢量**(incidence vector)，它描述了支路 k 在网络中的连接关系。显然，支路 k 的电压为 $\boldsymbol{M}_k^{\mathrm{T}}\dot{\boldsymbol{V}}_N$，根据欧姆定律，有

$$\boldsymbol{M}_k\dot{I}_k = \boldsymbol{M}_k y_k \boldsymbol{M}_k^{\mathrm{T}}\dot{\boldsymbol{V}}_N \tag{1-58}$$

上式即为利用关联矢量表达的一般无源支路特性约束。对所有无源支路求和，则有

$$\sum_{k=1}^{b}\boldsymbol{M}_k\dot{I}_k = \dot{\boldsymbol{I}}_N = \left(\sum_{k=1}^{b}\boldsymbol{M}_k y_k \boldsymbol{M}_k^{\mathrm{T}}\right)\dot{\boldsymbol{V}}_N = \boldsymbol{Y}\dot{\boldsymbol{V}}_N \tag{1-59}$$

此即节点网络方程式(1-39)的另一种形式,它表明节点导纳矩阵可以按支路逐条形成。

1.5.2　广义关联矢量和变压器/移相器支路的数学描述

对于有标准变比的变压器支路,在电力网络分析中,其标准变比可含在标么值的基值之中;但对于含有非标准变比的变压器和移相器支路,则除了有支路参数外,还含有要处理的变比,如图1.5所示。考虑一般的情况,支路k在节点i端和节点j端都接有理想变压器,其变比分别为$\dot{t}_i$和$\dot{t}_j$(变比用复数表示可包含移相器的情况)。

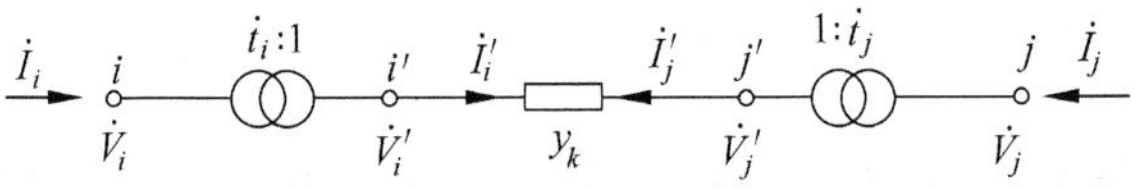

图1.5　变压器/移相器支路

对于含有非标准变比的变压器支路,经常采用经过变换的Π型等值电路,即用三条支路来描述,把变比含在支路参数中;对于移相器支路则要用一个有源的Π型等值电路来描述。这种处理方法不太简捷,也不太直观。可以将关联矢量和关联矩阵的概念加以推广,用广义关联矢量和广义关联矩阵来描述含有非标准变比的变压器和移相器支路,从而简单明了地描述变压器/移相器支路在网络中的连接关系,而无需借助Π型等值电路。

根据图1.5,其中的节点电压之间有如下关系:

$$\dot{V}_i = \dot{t}_i\dot{V}_i',\quad \dot{V}_j = \dot{t}_j\dot{V}_j' \tag{1-60}$$

为了保持理想变压器两侧功率不变,节点电压和电流应满足

$$\dot{V}_i\hat{I}_i = \dot{V}_i'\hat{I}_i',\quad \dot{V}_j\hat{I}_j = \dot{V}_j'\hat{I}_j'$$

所以节点注入电流之间有如下关系:

$$\dot{I}_i = \frac{1}{\hat{t}_i}\dot{I}_i',\quad \dot{I}_j = \frac{1}{\hat{t}_j}\dot{I}_j' \tag{1-61}$$

定义流经y_k的电流为$\dot{I}_k$,则由图1.5知

$$\dot{I}_k = \dot{I}_i' = -\dot{I}_j' = y_k(\dot{V}_i' - \dot{V}_j') \tag{1-62}$$

将式(1-62)代入式(1-61)中,并利用式(1-60),有

$$\dot{I}_i=\frac{1}{\hat{\dot{t}}_i}\dot{I}'_i=\frac{1}{\hat{\dot{t}}_i}y_k(\dot{V}'_i-\dot{V}'_j)=\frac{1}{\hat{\dot{t}}_i}y_k\left(\frac{1}{\dot{t}_i}\dot{V}_i-\frac{1}{\dot{t}_j}\dot{V}_j\right) \tag{1-63}$$

$$\dot{I}_j=-\frac{1}{\hat{\dot{t}}_j}y_k\left(\frac{1}{\dot{t}_i}\dot{V}_i-\frac{1}{\dot{t}_j}\dot{V}_j\right) \tag{1-64}$$

引入广义关联矢量

$$\dot{\boldsymbol{M}}_k=\begin{bmatrix}0 & \frac{1}{\hat{\dot{t}}_i} & -\frac{1}{\hat{\dot{t}}_j} & 0\end{bmatrix}^{\mathrm{T}} \tag{1-65}$$
$$\quad\ 1 \qquad\quad i \qquad\quad j \qquad\quad N$$

利用式(1-62)～式(1-65)，变压器/移相器支路对网络节点的注入电流为

$$\dot{\boldsymbol{M}}_k\dot{I}_k=\dot{\boldsymbol{M}}_k y_k\hat{\dot{\boldsymbol{M}}}_k^{\mathrm{T}}\dot{\boldsymbol{V}}_N \tag{1-66}$$

式中，$\hat{\dot{\boldsymbol{M}}}_k^{\mathrm{T}}$ 是 $\dot{\boldsymbol{M}}_k$ 的共轭转置。对非移相器支路，变比 $\dot{t}$ 为实数，共轭转置即为转置。若变压器/移相器支路归算到 i 侧，则取 $\hat{\dot{t}}_j=1$，$\dot{\boldsymbol{M}}_k$ 是复数矢量；若变压器支路在 j 侧有实数非标准变比，则有 $\hat{\dot{t}}_i=1$，$\hat{\dot{t}}_j=t_j$，$\dot{\boldsymbol{M}}_k$ 是实数矢量。式(1-66)即为利用广义关联矢量表示的变压器/移相器支路特性。这一表达方式的优点是变压器/移相器支路无需借助Π型等值电路。

对于一般的情况，从式(1-66)可以抽取出变压器/移相器支路的节点方程

$$\begin{bmatrix}\dot{I}_i\\ \dot{I}_j\end{bmatrix}=\dot{\boldsymbol{M}}_k\dot{I}_k=y_k\begin{bmatrix}\frac{1}{t_i^2} & -\frac{1}{\hat{\dot{t}}_i\dot{t}_j}\\ -\frac{1}{\dot{t}_i\hat{\dot{t}}_j} & \frac{1}{t_j^2}\end{bmatrix}\begin{bmatrix}\dot{V}_i\\ \dot{V}_j\end{bmatrix} \tag{1-67}$$

式中，t_i 和 t_j 分别为 $\dot{t}_i$ 和 $\dot{t}_j$ 的模值。若支路是只在 j 端有非标准变比 t_j 的变压器支路，这是最常见的情况，则式(1-67)有如下形式：

$$\begin{bmatrix}\dot{I}_i\\ \dot{I}_j\end{bmatrix}=y_k\begin{bmatrix}1 & -\frac{1}{t_j}\\ -\frac{1}{t_j} & \frac{1}{t_j^2}\end{bmatrix}\begin{bmatrix}\dot{V}_i\\ \dot{V}_j\end{bmatrix} \tag{1-68}$$

由上式可见，这些结果和用Π型等值电路方法得到的结果完全一致，而采用广义关联矢量，使得描述变压器/移相器支路的过程非常简明直观，从而使其处理与一般支路类似。当 $\dot{t}_i$ 和 $\dot{t}_j$ 均为1时，就是一般的支路，$\dot{\boldsymbol{M}}_k$ 退化为一般的关联矢量。含有广义关联矢量的矩阵称为广义关联矩阵，用符号 $\dot{\boldsymbol{A}}$ 表示，它的非零元素有些是复数。

1.6 小结

本章从论述网络的概念出发，把网络归结为元件及其连接，因此网络受元件特性和网络拓扑两个约束。

进而引入图和矩阵、矢量等与计算机相适应的数学工具，详细地介绍了形成基于节点网络方程的数学模型的系统化方法。

最后，将关联矢量加以扩展，用广义关联矢量，即把变比含于矢量元素中，描述了含有非标准变比的变压器/移相器支路在网络中的连接关系，使得变压器/移相器支路的数学描述简明、直观、统一，而无需借助 Π 型等值电路。

习 题

1.1 对题图 1.1 所示的五节点网络，选择树为支路 2,4,5,6。

(1) 写出基本回路矩阵 $\boldsymbol{B}$ 和基本割集矩阵 $\boldsymbol{Q}$，证明有 $\boldsymbol{QB}^{\mathrm{T}}=\boldsymbol{0}$，并有 $\boldsymbol{B}_T=-\boldsymbol{Q}_L^{\mathrm{T}}$。下标 T 和 L 分别表示与树支和连支有关的部分。

(2) 选节点④为参考节点，写出节-支关联矩阵 $\widetilde{\boldsymbol{A}}$ 和降阶节-支关联矩阵 $\boldsymbol{A}$，并把 $\boldsymbol{A}$ 写成 $[\boldsymbol{A}_T \quad \boldsymbol{A}_L]$。证明 $\boldsymbol{B}_T=-\boldsymbol{A}_L^{\mathrm{T}}(\boldsymbol{A}_T^{\mathrm{T}})^{-1}$ 和 $\boldsymbol{Q}_L=\boldsymbol{A}_T^{-1}\boldsymbol{A}_L$。

1.2 选树支为支路 3,5,6,7，重做习题 1.1。

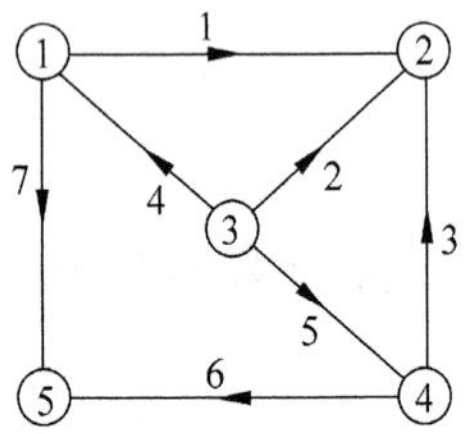

题图 1.1

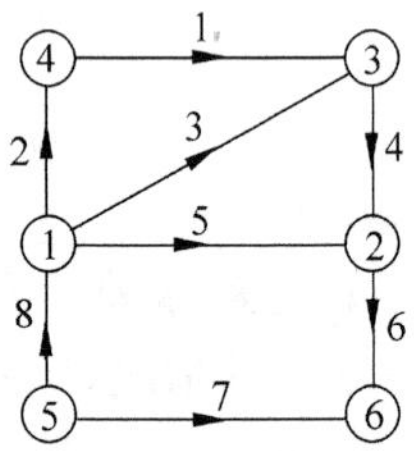

题图 1.4

1.3 对于题图 1.1，定义一个回路的正方向，验证 $\boldsymbol{AB}^{\mathrm{T}}=\boldsymbol{0}_{N\times L}$。由于 $\boldsymbol{AB}^{\mathrm{T}}$ 描述的是节点和回路之间的关系，试从一个节点是否和某个回路相关联，以及回路经过某个节点时回路和支路的正方向，分析 $\boldsymbol{AB}^{\mathrm{T}}=\boldsymbol{0}_{N\times L}$ 的正确性。

1.4 对题图 1.4 所示的有向图，选择树支为 6,7,1,4,5。试写出 $\boldsymbol{B}$ 和 $\boldsymbol{Q}$ 矩阵，证明 $\boldsymbol{BQ}^{\mathrm{T}}=\boldsymbol{0}$。选节点⑥为参考节点，试写出降价关联矩阵 $\boldsymbol{A}$，从 $\boldsymbol{A}$ 推导出基本回路矩阵 $\boldsymbol{B}$。

1.5 对于图 1.1 所示的电力网络，如果每条支路的阻抗都是 1，选节点⑦为参考节点，如果其余 6 个节点的节点注入电流都是 1，用基于道路矩阵描述的回路法计算每条支路的电流，并计算各个节点的电压。

1.6　对于习题1.5，计算不存在连支时支路电流的分布情况，讨论回路电流对支路电流的贡献。

1.7　推导具有非标准变化的变压器的Π型等值电路，并写出其电路方程，然后用1.5.2小节中介绍的广义关联矢量方法所得的结果进行对比。

1.8　推导具有移相器元件的有源Π型等值电路模型，写出其电路方程，然后用1.5.2小节中介绍的广义关联矢量方法所得的结果进行对比。

第2章 电力系统网络矩阵

电力系统网络模型由网络元件参数和网络元件的连接关系确定。在实际电力网络计算中,希望有更为简单的网络模型的描述方法,即用一个既包含网络元件参数又包含网络元件的连接关系的矩阵来描述电力系统网络模型。节点导纳矩阵和节点阻抗矩阵具有这样的特点,它们是电力系统网络计算中使用最为广泛的网络矩阵。

本章论述节点导纳矩阵和节点阻抗矩阵的性质、特点、物理意义以及它们的形成方法,然后论述网络变更时的修正方法,最后论述两者之间的关系。

2.1 节点导纳矩阵

2.1.1 节点导纳矩阵的性质及物理意义

1. 节点不定导纳矩阵

令连通的电力网络的节点数是 N,大地作为节点未包括在内。网络中有 b 条支路,包括了接地支路。如果把地节点增广进来,电网的$(N+1)\times b$阶节点支路关联矩阵是 $\boldsymbol{A}_0$,b 阶支路导纳矩阵是 $\boldsymbol{y}_b$,定义$(N+1)\times(N+1)$阶节点导纳矩阵 $\boldsymbol{Y}_0$ 为

$$\boldsymbol{Y}_0 = \boldsymbol{A}_0\boldsymbol{y}_b\boldsymbol{A}_0^{\mathrm{T}} \tag{2-1}$$

并有网络方程

$$\boldsymbol{Y}_0\dot{\boldsymbol{V}}_0 = \dot{\boldsymbol{I}}_0 \tag{2-2}$$

式中,$\dot{\boldsymbol{V}}_0$ 和 $\dot{\boldsymbol{I}}_0$ 为 $N+1$ 维节点电压和节点电流列矢量。包括大地节点在内的 $N+1$ 个节点 b 条支路的连通网络的节点导纳矩阵 $\boldsymbol{Y}_0$,其公共参考点在 $N+1$ 个节点之外,且与该连通网络之间无支路相连,这时 $\boldsymbol{Y}_0$ 称为节点不定导纳矩阵。以下给出 $\boldsymbol{Y}_0$ 的一些有用的性质。

性质1 当不存在移相器支路的情况下,$\boldsymbol{Y}_0$ 是对称矩阵,即 $\boldsymbol{Y}_0=\boldsymbol{Y}_0^{\mathrm{T}}$。

由于方程式(2-2)的节点电压列矢量 $\dot{\boldsymbol{V}}_0$ 中各节点电压的公共参考节点不在 $N+1$ 个节点 b 条支路的连通网络中,这个方程的解是不定的,可以有许多组解满

足方程(2-2)。这说明 $\boldsymbol{Y}_0$ 是奇异矩阵,因此,有下面的性质 2。

性质 2 $\boldsymbol{Y}_0$ 是奇异矩阵,即其任一行(列)元素之和为零。

这一性质可用公式

$$\boldsymbol{Y}_0 \times \mathbf{1} = \mathbf{0}$$

表示,式中 $\mathbf{1}$ 为 $N+1$ 维列矢量,其中每个元素都是 1。这说明上面的齐次方程存在非零解。这一性质的物理解释是网络中所有节点电位相同时,网络中任一条支路的电流都是零,所以节点注入电流也是零。

式(2-1)中节点支路关联矩阵 $\boldsymbol{A}_0$ 的特点是它的每一个列矢量中有且仅有两个非零元素,分别是 1 和 -1。这里假定非标准变比变压器用 Π 型等值支路来模拟。

当电力网络没有接地支路时,该网络浮空,N 个节点和地节点之间没有支路连接,$\boldsymbol{Y}_0$ 中和地节点相对应的行列都是零,这时不包括地节点的 $N\times N$ 阶节点导纳矩阵也是奇异矩阵,也称为不定导纳矩阵,上述性质也成立。

节点不定导纳矩阵的特点是连通网络的公共参考点与该连通网络之间没有支路相关联,全网各节点电位不定,节点导纳矩阵不可逆。

2. 节点定导纳矩阵

选地节点为电压参考点,将它排在第 $N+1$ 位,令参考节点电位为零,则可将节点不定导纳矩阵表示的网络方程式(2-2)写成分块形式

$$\begin{bmatrix} \boldsymbol{Y} & \boldsymbol{y}_0 \\ \boldsymbol{y}_0^{\mathrm{T}} & y_{00} \end{bmatrix} \begin{bmatrix} \dot{\boldsymbol{V}} \\ 0 \end{bmatrix} = \begin{bmatrix} \dot{\boldsymbol{I}} \\ \dot{I}_0 \end{bmatrix}$$

展开后有

$$\boldsymbol{Y}\dot{\boldsymbol{V}} = \dot{\boldsymbol{I}} \tag{2-3}$$

和

$$\boldsymbol{y}_0^{\mathrm{T}}\dot{\boldsymbol{V}} = \dot{I}_0 \tag{2-4}$$

式(2-3)中,$\boldsymbol{Y}$ 为 $N\times N$ 阶矩阵,它是不定导纳矩阵 $\boldsymbol{Y}_0$ 划去地节点相对应的行和列后剩下的矩阵,即以地为参考点形成的节点导纳矩阵;$\dot{\boldsymbol{V}}$ 和 $\dot{\boldsymbol{I}}$ 分别为 N 维节点电压和电流列矢量;$\dot{I}_0$ 为流入地节点的电流。

式(2-3)是常用的导纳矩阵表示的网络方程,而式(2-4)表示地节点的电流平衡条件。

当网络中存在接地支路时,N 个节点的电力网络和大地参考点之间有支路相连,$\boldsymbol{Y}$ 矩阵是非奇异的,定义为节点定导纳矩阵,它有如下性质:

性质 1 $\boldsymbol{Y}$ 是 $N\times N$ 阶对称矩阵。

性质 2 $\boldsymbol{Y}$ 是稀疏矩阵。当支路之间无耦合时,只有当节点 i,j 之间有支路连

接，导纳矩阵非对角元 Y_{ij} 才有非零值元素。对互感支路的情况，在两条互感支路的共四个节点中两节点之间，$\boldsymbol{Y}$ 矩阵相应位置存在非零元素。

例如支路 l，两端节点号是 i,j，该支路对导纳矩阵中非零元素的贡献是

$$\boldsymbol{M}_l y_l \boldsymbol{M}_l^{\mathrm{T}} = \begin{array}{c} \begin{array}{cc} i & j \end{array} \\ \begin{bmatrix} & & & \\ & y_l & -y_l & \\ & -y_l & y_l & \\ & & & \end{bmatrix} \end{array} \begin{array}{l} \\ i \\ j \\ \end{array}$$

式中，$\boldsymbol{M}_l$ 和 y_l 分别为支路 l 的关联矢量和支路导纳。可见非对角元素只在节点 i,j 交叉位置处有非零元素。

若支路 $l(i,j)$ 和 $k(p,q)$ 之间有互感 y_m，该两条支路对导纳矩阵中非零元素的贡献是

$$[\boldsymbol{M}_l \quad \boldsymbol{M}_k]\begin{bmatrix} y_l & y_m \\ y_m & y_k \end{bmatrix}\begin{bmatrix} \boldsymbol{M}_l^{\mathrm{T}} \\ \boldsymbol{M}_k^{\mathrm{T}} \end{bmatrix} = \boldsymbol{M}_l y_l \boldsymbol{M}_l^{\mathrm{T}} + \boldsymbol{M}_l y_m \boldsymbol{M}_k^{\mathrm{T}} + \boldsymbol{M}_k y_m \boldsymbol{M}_l^{\mathrm{T}} + \boldsymbol{M}_k y_m \boldsymbol{M}_k^{\mathrm{T}}$$

$$= \begin{array}{c} \begin{array}{ccccccccc} & i & & p & & j & & q & \end{array} \\ \begin{bmatrix} & \vdots & & \vdots & & \vdots & & \vdots & \\ \cdots & y_l & \cdots & y_m & \cdots & -y_l & \cdots & -y_m & \cdots \\ & \vdots & & \vdots & & \vdots & & \vdots & \\ \cdots & y_m & \cdots & y_k & \cdots & -y_m & \cdots & -y_k & \cdots \\ & \vdots & & \vdots & & \vdots & & \vdots & \\ \cdots & -y_l & \cdots & -y_m & \cdots & y_l & \cdots & y_m & \cdots \\ & \vdots & & \vdots & & \vdots & & \vdots & \\ \cdots & -y_m & \cdots & -y_k & \cdots & y_m & \cdots & y_k & \cdots \\ & \vdots & & \vdots & & \vdots & & \vdots & \end{bmatrix} \end{array} \begin{array}{l} \\ i \\ \\ p \\ \\ j \\ \\ q \\ \\ \end{array} \tag{2-5}$$

可见性质 2 是成立的。

性质 3　当存在接地支路时，$\boldsymbol{Y}$ 是非奇异的，$\boldsymbol{Y}$ 的每行元素之和等于该行所对应节点上的接地支路的导纳。这里非标准变比变压器支路用 Ⅱ 等值模型表示。

性质 4　电力网络中 $\boldsymbol{Y}$ 是接近对角占优的。以地为参考点且忽略容性接地支路，则有

$$|Y_{ii}| = \left|\sum y_{ij}\right| = \left|-\sum Y_{ij}\right| = \left|\sum Y_{ij}\right| > |Y_{ij}|$$

式中 $j \in i$ 表示 j 和 i 之间有支路相连。上式中，小写字母表示支路导纳；大写字母表示导纳矩阵的元素。

3. 导纳矩阵中元素的物理意义

节点导纳矩阵表示短路参数。在网络中节点 i 接单位电压源，其余节点都短

路接地，此时流入节点 i 的电流数值上是 Y_{ii}，流入节点 j 的电流数值上是 Y_{ij}。这可用图 2.1 说明。

注意只有和节点 i 有支路相连的节点才有电流，其余节点没有电流，因为其余节点的相邻节点都是零电位点。这也可以说明导纳矩阵是稀疏矩阵。节点导纳矩阵的元素只包含了网络的局部信息，例如某节点 i 的自导纳和互导纳只包含和节点 i 相连的支路的导纳信息，没有包含其余支路导纳的信息。

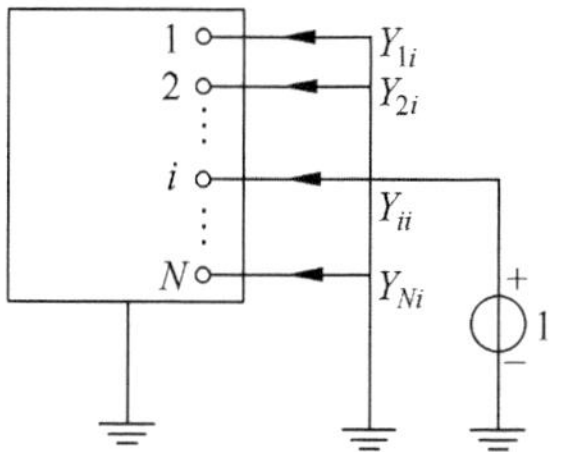

图 2.1 导纳矩阵元素物理意义的说明

2.1.2 节点导纳矩阵的建立

下面讨论如何建立以地为参考点的节点导纳矩阵 $\boldsymbol{Y}$。令 $\boldsymbol{A}$ 为 $N\times b$ 阶节点支路关联矩阵，$\boldsymbol{M}_l$ 为 $\boldsymbol{A}$ 的第 l 个列矢量，则有

$$\boldsymbol{Y}=\sum_{l=1}^{b}\boldsymbol{M}_l y_l \boldsymbol{M}_l^{\mathrm{T}}$$

或者写成

$$\boldsymbol{Y}=\sum_{l=1}^{b}\begin{array}{|cc|c}\multicolumn{1}{c}{i} & \multicolumn{1}{c}{j} & \\ \hline y_l & -y_l & i \\ -y_l & y_l & j \\ \hline\end{array}$$

即 $\boldsymbol{Y}$ 相当于 b 个单元的叠加。每个单元表示一条支路对节点导纳矩阵的贡献。如果把每个单元想象成一个 $N\times N$ 见方的透明胶片，每片最多在四个位置有非零元素，把 b 片这样的单元叠在一起，透过胶片看过去，我们就得到了 $\boldsymbol{Y}$ 矩阵，可用图 2.2 形象地表示。

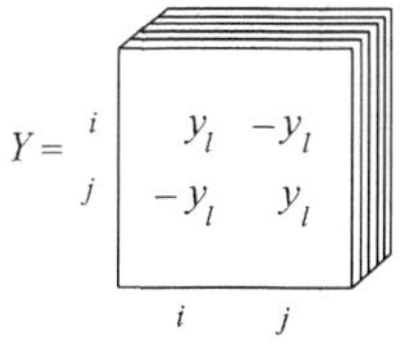

图 2.2 $\boldsymbol{Y}$ 矩阵的结构

不同性质的支路决定了不同的单元。可以按支路扫描，累加每条支路对导纳矩阵的贡献，最后就得到 $\boldsymbol{Y}$ 矩阵。几种支路对 $\boldsymbol{Y}$ 的贡献如下：

(1) 对节点 i 上的接地支路，$\boldsymbol{M}_l=[0\ \cdots\ \underset{i}{1}\ \cdots\ 0]^{\mathrm{T}}$，该支路对应的单元只在 (i,i) 位置有非零元，其值是 y_l。

(2) 对两端节点分别是 i 和 j 的普通非接地支路，$\boldsymbol{M}_l=[0\ \underset{i}{1}\ \cdots\ \underset{j}{-1}\ 0]^{\mathrm{T}}$，该支路对应的单元有四个非零元，对 Y_{ii} 和 Y_{jj} 的贡献是 y_l，

对 Y_{ij} 和 Y_{ji} 的贡献是 $-y_l$。

(3) 对两端节点分别是 i 和 j 的非标准变比变压器支路，$\boldsymbol{M}_l=[0\ \ \underset{i}{1}\ \ \cdots\ \ \underset{j}{-1/t}\ \ 0]^{\mathrm{T}}$，该支路对应的单元有四个非零元，对 Y_{ii} 的贡献是 y_l，对 Y_{jj} 的贡献是 y_l/t^2，对 Y_{ij} 和 Y_{ji} 的贡献都是 $-y_l/t$。这里的 t 是非标准变比，在支路 l 的 j 侧。

(4) 对有互感的支路，应将互感支路组成一组，共同考虑它们对节点导纳矩阵的贡献。首先将互感支路组的支路阻抗矩阵变成支路导纳矩阵，然后共同考虑它们对节点导纳矩阵的贡献。互感支路组对节点导纳矩阵的贡献形如式(2-5)。

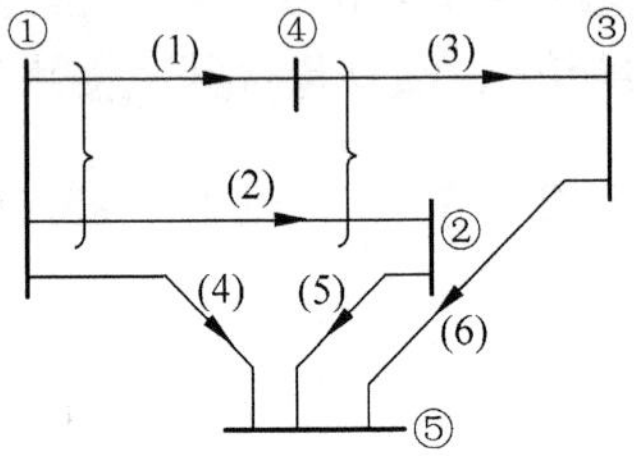

图 2.3 例 2.1 图

例 2.1 (有互感支路的情况)对图 2.3 所示的电力系统网络，节点⑤是地节点，试建立节点不定导纳矩阵和定导纳矩阵。图中各支路阻抗如下：$z_1=\mathrm{j}0.2$，$z_2=\mathrm{j}0.4$，$z_3=\mathrm{j}0.3$，$z_4=\mathrm{j}0.1$，$z_5=\mathrm{j}0.5$，$z_6=\mathrm{j}0.5$。互感抗 $z_{12}=\mathrm{j}0.1$，$z_{32}=\mathrm{j}0.2$。

解 首先建立支路阻抗矩阵

$$\boldsymbol{z}_b=\mathrm{j}\begin{bmatrix}0.2 & 0.1 & & & & \\ 0.1 & 0.4 & 0.2 & & & \\ & 0.2 & 0.3 & & & \\ & & & 0.1 & & \\ & & & & 0.5 & \\ & & & & & 0.5\end{bmatrix}$$

对它求逆得支路导纳矩阵

$$\boldsymbol{y}_b=\boldsymbol{z}_b^{-1}=\mathrm{j}\begin{bmatrix}-6.1538 & 2.3077 & -1.5385 & & & \\ 2.3077 & -4.6154 & 3.0769 & & & \\ -1.5385 & 3.0769 & -5.3846 & & & \\ & & & -10 & & \\ & & & & -2 & \\ & & & & & -2\end{bmatrix}$$

节点支路关联矩阵

$$\boldsymbol{A}_0=\begin{matrix}① \\ ② \\ ③ \\ ④ \\ ⑤\end{matrix}\overset{\begin{matrix}(1) & (2) & (3) & (4) & (5) & (6)\end{matrix}}{\begin{bmatrix}1 & 1 & 0 & 1 & 0 & 0\\ 0 & -1 & 0 & 0 & 1 & 0\\ 0 & 0 & -1 & 0 & 0 & 1\\ -1 & 0 & 1 & 0 & 0 & 0\\ 0 & 0 & 0 & -1 & -1 & -1\end{bmatrix}}$$

用式(2-1)计算不定节点导纳矩阵,可得

$$\boldsymbol{Y}_0=\boldsymbol{A}_0\boldsymbol{y}_b\boldsymbol{A}_0^{\mathrm{T}}=\begin{bmatrix}1&1&0&1&0&0\\0&-1&0&0&1&0\\0&0&-1&0&0&1\\-1&0&1&0&0&0\\0&0&0&-1&-1&-1\end{bmatrix}$$

$$\times\mathrm{j}\begin{bmatrix}-6.1538&2.3077&-1.5385&&&\\2.3077&-4.6154&3.0769&&&\\-1.5385&3.0769&-5.3846&&&\\&&&-10&&\\&&&&-2&\\&&&&&-2\end{bmatrix}$$

$$\times\begin{bmatrix}1&0&0&-1&0\\1&-1&0&0&0\\0&0&-1&1&0\\1&0&0&0&-1\\0&1&0&0&-1\\0&0&1&0&-1\end{bmatrix}$$

$$=\mathrm{j}\begin{array}{c}\begin{matrix}\quad①\quad&\quad②\quad&\quad③\quad&\quad④\quad&\quad⑤\quad\end{matrix}\\\begin{bmatrix}-16.1538&2.3077&-1.5384&5.3845&10\\2.3077&-6.6154&3.0769&-0.7692&2\\-1.5384&3.0769&-7.3846&3.8461&2\\5.3845&-0.7692&3.8461&-8.4614&0\\10&2&2&0&-14\end{bmatrix}\begin{matrix}①\\②\\③\\④\\⑤\end{matrix}\end{array}$$

划去地节点⑤所对应的行和列,可得定节点导纳矩阵为

$$\boldsymbol{Y}=\mathrm{j}\begin{bmatrix}-16.1538&2.3077&-1.5384&5.3845\\2.3077&-6.6154&3.0769&-0.7692\\-1.5384&3.0769&-7.3846&3.8461\\5.3845&-0.7692&3.8461&-8.4614\end{bmatrix}$$

例 2.2 (无互感支路的情况)对例 2.1 的电网,如果支路之间无互感,建立不定导纳矩阵。

解 此时支路阻抗矩阵 $\boldsymbol{z}_0$ 是对角线矩阵

$$z_0 = \mathrm{j}\begin{bmatrix} 0.2 & & & & & \\ & 0.4 & & & & \\ & & 0.3 & & & \\ & & & 0.1 & & \\ & & & & 0.5 & \\ & & & & & 0.5 \end{bmatrix}$$

用式(2-1)计算不定节点导纳矩阵$\boldsymbol{Y}_0$：

$$\boldsymbol{Y}_0 = \boldsymbol{A}_0 \boldsymbol{z}_0^{-1} \boldsymbol{A}_0^T = \mathrm{j}\begin{bmatrix} -17.5 & 2.5 & 0 & 5 & 10 \\ 2.5 & -4.5 & 0 & 0 & 2 \\ 0 & 0 & -5.333 & 3.333 & 2 \\ 5 & 0 & 3.333 & -8.333 & 0 \\ 10 & 2 & 2 & 0 & -14 \end{bmatrix}$$

由此可见，例2.1的节点导纳矩阵所对应的电网如图2.4(a)所示，本例中的节点导纳矩阵所对应的电网如图2.4(b)所示。可见由于互感影响，节点导纳矩阵对应的网络图的等值支路增加了。在图2.4(a)中，虚线表示由于互感影响产生的新增等值支路。

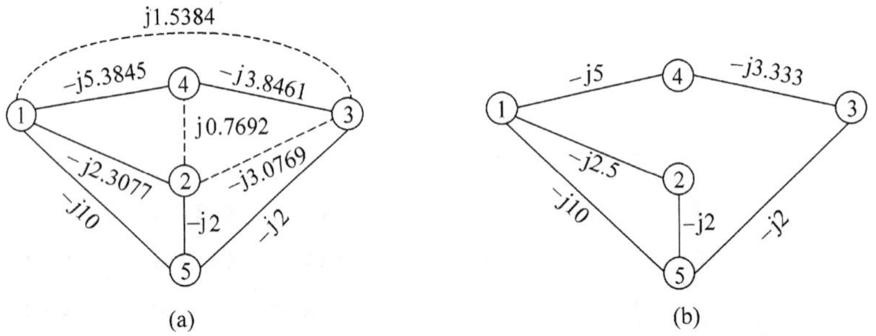

图2.4　节点定导纳矩阵所对应的网络

(a) 例2.1的$\boldsymbol{Y}_0$；(b) 例2.2的$\boldsymbol{Y}_0$

例2.3　(有变压器支路的情况)如图2.5(a)所示的一个三母线电力系统，在母线①和母线③之间的输电线的母线③端连接有一个纵向串联加压器，可在同一电压等级改变电压幅值。该系统的网络元件用图2.5(b) 所示的等值电路表示，串联支路用电阻和电抗表示，并联支路用电纳表示。支路(1,3)用一个变比可调的等值变压器支路表示，非标准变比$t=1.05$，在节点①侧。试形成该网络的节点导纳矩阵。

解　首先对支路编号并规定串联支路的正方向如图2.5(c)所示，则广义节点支路关联矩阵是

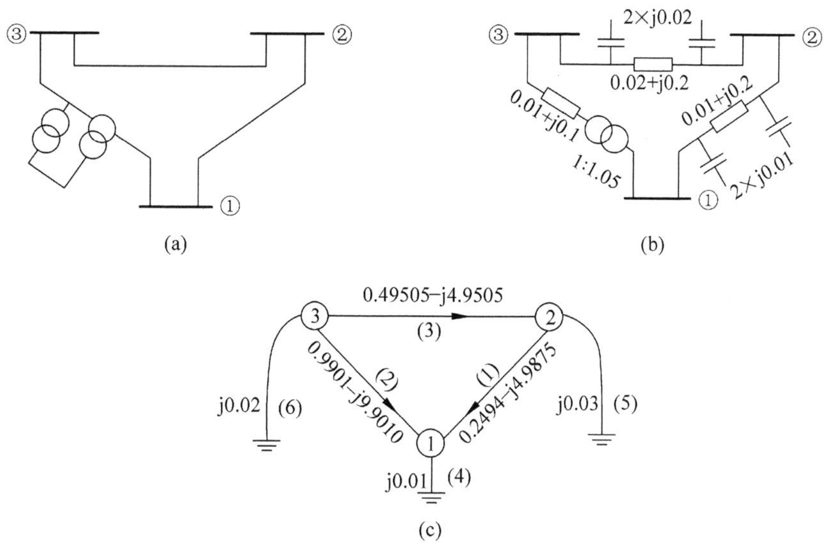

图 2.5 三母线电力系统

$$
\boldsymbol{A}=\begin{array}{c}\\ ① \\ ② \\ ③\end{array}\overset{\begin{array}{cccccc}(1) & (2) & (3) & (4) & (5) & (6)\end{array}}{\begin{bmatrix} -1 & -\frac{1}{t} & & 1 & & \\ 1 & & -1 & & 1 & \\ & 1 & 1 & & & 1 \end{bmatrix}}
$$

A 中行与节点对应，列与支路对应。

支路导纳是

$$y_{12}=\frac{1}{0.01+\mathrm{j}0.2}=0.2494-\mathrm{j}4.9875$$

$$y_{13}=\frac{1}{0.01+\mathrm{j}0.1}=0.9901-\mathrm{j}9.9010$$

$$y_{23}=\frac{1}{0.02+\mathrm{j}0.2}=0.49505-\mathrm{j}4.9505$$

$$y_{10}=\mathrm{j}0.01$$

$$y_{20}=\mathrm{j}0.03$$

$$y_{30}=\mathrm{j}0.02$$

建立节点导纳矩阵如下：

$$
\boldsymbol{Y}=\boldsymbol{A}\boldsymbol{y}_b\boldsymbol{A}^{\mathrm{T}}=\begin{array}{c} ① \\ ② \\ ③\end{array}\begin{bmatrix} -1 & -\frac{1}{t} & & 1 & & \\ 1 & & -1 & & 1 & \\ & 1 & 1 & & & 1 \end{bmatrix}
$$

$$
\times \begin{bmatrix} y_{12} & & & & & \\ & y_{13} & & & & \\ & & y_{23} & & & \\ & & & y_{10} & & \\ & & & & y_{20} & \\ & & & & & y_{30} \end{bmatrix} \begin{bmatrix} -1 & 1 & \\ -\dfrac{1}{t} & & 1 \\ & -1 & 1 \\ 1 & & \\ & 1 & \\ & & 1 \end{bmatrix}
$$

① ② ③

于是，$\boldsymbol{Y}$ 的各元素是

$$
\begin{aligned}
Y_{11} &= y_{12} + \frac{y_{13}}{t^2} + y_{10} \\
&= 0.2494 - \mathrm{j}4.9875 + \frac{1}{1.05^2}(0.9901 - \mathrm{j}9.9010) + \mathrm{j}0.01 \\
&= 1.1474 - \mathrm{j}13.9580 \\
Y_{22} &= y_{12} + y_{23} + y_{20} \\
&= 0.2494 - \mathrm{j}4.9875 + 0.49505 - \mathrm{j}4.9505 + \mathrm{j}0.03 \\
&= 0.74445 - \mathrm{j}9.908 \\
Y_{33} &= y_{13} + y_{23} + y_{30} \\
&= 0.9901 - \mathrm{j}9.901 + 0.49505 - \mathrm{j}4.9505 + \mathrm{j}0.02 \\
&= 1.48515 - \mathrm{j}14.8315 \\
Y_{12} &= Y_{21} = - y_{12} = - 0.2494 + \mathrm{j}4.9875 \\
Y_{13} &= Y_{31} = - y_{13}/t = (-0.9901 + \mathrm{j}9.901)/1.05 = - 0.9430 + \mathrm{j}9.430 \\
Y_{23} &= Y_{32} = - y_{23} - 0.49505 + \mathrm{j}4.9505
\end{aligned}
$$

导纳矩阵是对称矩阵，只需求出上三角部分。最后求得导纳矩阵为

$$
\boldsymbol{Y} = \begin{bmatrix} 1.1474 - \mathrm{j}13.9580 & -0.2494 + \mathrm{j}4.9875 & -0.9430 + \mathrm{j}9.430 \\ -0.2494 + \mathrm{j}4.9875 & 0.74445 - \mathrm{j}9.908 & -0.49505 + \mathrm{j}4.9505 \\ -0.9430 + \mathrm{j}9.430 & -0.49505 + \mathrm{j}4.9505 & 1.48515 - \mathrm{j}14.8315 \end{bmatrix}
$$

2.1.3 节点导纳矩阵的修改

1. 支路移去和添加

当支路 l 从网络中移出，则导纳矩阵将变成 $\boldsymbol{Y}'$，并有

$$
\boldsymbol{Y}' = \boldsymbol{Y} - \boldsymbol{M}_l y_l \boldsymbol{M}_l^{\mathrm{T}} \tag{2-6}
$$

只需像建立节点导纳矩阵那样考虑支路 l 对修改前导纳矩阵的贡献，所贡献的支路导纳为 $-y_l$，即相当于在原网络的支路 l 上并联一个 $-y_l$ 的支路。

对支路 l 添加到网络中的情况与支路移出的情况相同，区别是所考虑的修改支路贡献的导纳为 y_l。

对支路 l 移出的情况，当支路 l 是原网络中一连支时，$\boldsymbol{Y}'$ 仍保持非奇异；当 l 是一孤立树支，即其一个端点出线度是 1 时，$\boldsymbol{Y}'$ 中将有一行一列为零；当支路 l 是桥时，若支路 l 移去，由支路 l 连接的两个子网络解列，$\boldsymbol{Y}'$ 变成两个块对角矩阵。

2. 节点合并

双母线母联开关合上时，两节点合并为一个节点，新节点的注入电流等于原两个节点的注入电流之和。例如节点 p,q 合并，合并后节点称之为 p，则有 $\dot{V}_p=\dot{V}_q=\dot{V}'_p$，$\dot{I}_p+\dot{I}_q=\dot{I}'_p$，带"′"表示新值。这时，网络方程降低一阶。$\dot{V}_p$ 用 $\dot{V}'_p$ 代替，$\dot{V}_q$ 消去；$\dot{I}_p$ 用 $\dot{I}'_p$ 代替，$\dot{I}_q$ 消去；相应地把导纳矩阵的第 q 行加到第 p 行上，将第 q 列加到第 p 列上。节点合并不改变导纳阵的奇异性。

另外一个方法可以用在节点 p,q 之间追加一个大导纳支路来模拟，这种方法不改变导纳矩阵的阶次。

3. 节点消去

网络化简时需要消去某些节点。令节点 p 为待消节点，将节点 p 排在后面，则有用导纳矩阵表示的网络方程是

$$\begin{bmatrix} \boldsymbol{Y}_n & \boldsymbol{Y}_p \\ \boldsymbol{Y}_p^{\mathrm{T}} & Y_{pp} \end{bmatrix}\begin{bmatrix} \dot{\boldsymbol{V}}_n \\ \dot{V}_p \end{bmatrix} = \begin{bmatrix} \dot{\boldsymbol{I}}_n \\ \dot{I}_p \end{bmatrix}$$

消去节点 p 后有

$$(\boldsymbol{Y}_n-\boldsymbol{Y}_p Y_{pp}^{-1}\boldsymbol{Y}_p^{\mathrm{T}})\dot{\boldsymbol{V}}_n = \dot{\boldsymbol{I}}_n-\boldsymbol{Y}_p Y_{pp}^{-1}\dot{I}_p \tag{2-7a}$$

令

$$\boldsymbol{Y}' = \boldsymbol{Y}_n-\boldsymbol{Y}_p Y_{pp}^{-1}\boldsymbol{Y}_p^{\mathrm{T}}$$

为消去节点 p 后的节点导纳矩阵，则有

$$Y'_{ij} = Y_{ij}-\frac{Y_{ip}Y_{pj}}{Y_{pp}} \tag{2-7b}$$

因此，消去节点 p，只需对 $\boldsymbol{Y}$ 阵中和 p 有支路直接相连的节点之间的元素进行修正，其他节点之间的元素不用修正。当 i,k 都和 p 相连，而消去前节点 i,k 间无支路时，消去节点 p 将在 Y_{ik} 处产生注入元。这可用图 2.6 说明。

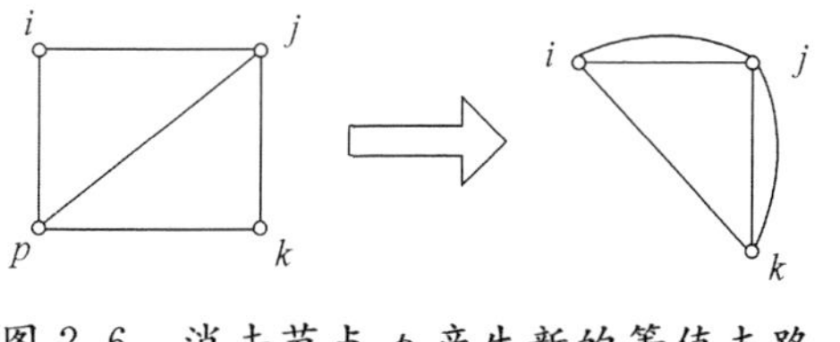

图 2.6 消去节点 p 产生新的等值支路

应注意，消去节点 p，导纳矩阵将降阶，但不影响导纳矩阵的奇异性。

式(2-7a)右端项$-\boldsymbol{Y}_p Y_{pp}^{-1}\dot{I}_p$是将节点$p$的电流移置到其相邻节点上的电流。当节点$p$无注入电流时，即$\dot{I}_p=0$时，该节点为浮游节点，消去该节点后其他节点的注入电流不变。

4. 节点电压给定的情况

电网计算中通常都选地节点为参考点，其电位为零。有时某一个节点的电压是给定的，其余n个节点电压是待求的，这时，独立变量只有n个。令电压给定节点为s，则有

$$\begin{bmatrix}\boldsymbol{Y}_n & \boldsymbol{Y}_s\\ \boldsymbol{Y}_s^{\mathrm{T}} & Y_{ss}\end{bmatrix}\begin{bmatrix}\dot{\boldsymbol{V}}_n\\ \dot{V}_s\end{bmatrix}=\begin{bmatrix}\dot{\boldsymbol{I}}_n\\ \dot{I}_s\end{bmatrix}$$

展开得

$$\boldsymbol{Y}_n\dot{\boldsymbol{V}}_n=\dot{\boldsymbol{I}}_n-\boldsymbol{Y}_s\dot{V}_s \tag{2-8a}$$

$$\dot{I}_s=\boldsymbol{Y}_s^{\mathrm{T}}\dot{\boldsymbol{V}}_n+Y_{ss}\dot{V}_s \tag{2-8b}$$

给定$\dot{\boldsymbol{I}}_n$和$\dot{V}_s$，可以用式(2-8a)解出节点电压$\dot{\boldsymbol{V}}_n$，用式(2-8b)求出节点s的电流。式(2-8a)中，$\boldsymbol{Y}_n$为原节点导纳矩阵$\boldsymbol{Y}$划去第s行第s列后得到的矩阵。

回忆由不定导纳矩阵$\boldsymbol{Y}_0$得到以地为参考点的定节点导纳矩阵$\boldsymbol{Y}$的过程，也是将$\boldsymbol{Y}_0$划掉地节点所对应的行列。就导纳矩阵$\boldsymbol{Y}$本身而言，从$\boldsymbol{Y}$到$\boldsymbol{Y}_n$也相当于把电压给定节点s视为参考节点。对于地节点，其参考电位为零；对于电压给定节点，其参考电位不为零。

5. 变压器变比发生变化的情况

当变压器变比发生变化时，节点导纳矩阵的结构不发生变化，只是和该变压器支路有关的几个非零元素的数值将发生变化。设支路l是变压器支路，该支路两端节点分别是i和j。该变压器支路原来的非标准变比是t，在节点j侧，变化后的变比为t'。此时，节点导纳矩阵中Y_{ii}不变，$Y_{ij}=Y_{ji}$，它们和Y_{jj}将发生变化。设Y_{ij}变成Y'_{ij}，变化量是ΔY_{ij}，并有

$$\Delta Y_{ij}=Y'_{ij}-Y_{ij}=\left(-\frac{y_l}{t'}\right)-\left(-\frac{y_l}{t}\right)=-\left(\frac{1}{t'}-\frac{1}{t}\right)y_l \tag{2-9a}$$

$$Y'_{ij}=Y'_{ji}=Y_{ij}+\Delta Y_{ij} \tag{2-9b}$$

节点j所对应的对角元素将由Y_{jj}变成Y'_{jj}，其变化量是ΔY_{jj}，并有

$$\Delta Y_{jj}=Y'_{jj}-Y_{jj}=\frac{y_l}{t'^2}-\frac{y_l}{t^2}=\left(\frac{1}{t'^2}-\frac{1}{t^2}\right)y_l \tag{2-9c}$$

$$Y'_{jj}=Y_{jj}+\Delta Y_{jj} \tag{2-9d}$$

只要利用式(2-9a)～式(2-9d)对原来导纳矩阵的三个元素进行修正即可。也可以首先移去这个非标准变比为t的支路l，然后再追加一条非标准变比是t'的变压器

支路 l。

6. 一条支路导纳参数发生变化的情况

两端节点是 i 和 j 的支路 l 的导纳由 y_l 变成 y'_l，原来的节点导纳矩阵的结构不变，节点导纳矩阵中和该支路有关的四个元素的数值发生变化。这种情况相当于添加一条与支路 l 并联且导纳为 $\Delta y_l = y'_l - y_l$ 的支路，这可用前述支路添加的方法修正原来的节点导纳矩阵得到新的节点导纳矩阵。

7. 移去和添加带互感支路的情况

添加一条和原网络中支路 k 有互感的连支支路 l 时，可分两步进行修正：①将支路 k 移出；②将支路 l 和支路 k 成组追加进去。步骤①和步骤②的效果相当于向原网络追加

$$-\boldsymbol{M}_k y_k \boldsymbol{M}_k^{\mathrm{T}} + [\boldsymbol{M}_k \quad \boldsymbol{M}_l]\begin{bmatrix} y_{kk} & y_{kl} \\ y_{lk} & y_{ll} \end{bmatrix}\begin{bmatrix} \boldsymbol{M}_k^{\mathrm{T}} \\ \boldsymbol{M}_l^{\mathrm{T}} \end{bmatrix} \tag{2-10}$$

其中

$$\begin{bmatrix} y_{kk} & y_{kl} \\ y_{lk} & y_{kk} \end{bmatrix} = \begin{bmatrix} z_k & z_{\mathrm{m}} \\ z_{\mathrm{m}} & z_l \end{bmatrix}^{-1} \tag{2-11}$$

式中，z_k 和 z_l 是支路 k 和 l 的自阻抗；z_{m} 为两者之间的互阻抗。

移出一条和原网络中支路 l 有互感的连支支路 k 时，可分两步进行修正：①将支路 k 和 l 成组移出；②将支路 l 追加进去。这相当于向原网络追加

$$-[\boldsymbol{M}_k \quad \boldsymbol{M}_l]\begin{bmatrix} y_{kk} & y_{kl} \\ y_{lk} & y_{ll} \end{bmatrix}\begin{bmatrix} \boldsymbol{M}_k^{\mathrm{T}} \\ \boldsymbol{M}_l^{\mathrm{T}} \end{bmatrix} + \boldsymbol{M}_l y_l \boldsymbol{M}_l^{\mathrm{T}} \tag{2-12}$$

添加（或移出）一条和原网络中支路 k 有互感的树支支路 l。修正公式同式(2-10)（或式(2-12)），只不过树支支路 l 的一个节点不在原网络中。

2.2　节点阻抗矩阵

2.2.1　节点阻抗矩阵的性质及物理意义

1. 以地为参考节点的节点阻抗矩阵

以地为参考节点的节点导纳矩阵 $\boldsymbol{Y}$，它是 $N \times N$ 阶稀疏矩阵。如果网络中存在接地支路，$\boldsymbol{Y}$ 是非奇异的，其逆矩阵是节点阻抗矩阵，为

$$\boldsymbol{Z} = \boldsymbol{Y}^{-1} \tag{2-13}$$

用节点阻抗矩阵 $\boldsymbol{Z}$ 表示的网络方程是

$$\boldsymbol{Z}\dot{\boldsymbol{I}} = \dot{\boldsymbol{V}} \tag{2-14}$$

2. 节点阻抗矩阵元素的物理意义

由式(2-14)可知，当节点 i 注入单位电流，其他节点均开路时，节点 i 的电压

数值上是 Z_{ii}，节点 j 的电压数值上是 Z_{ij}。节点阻抗矩阵元素代表开路参数。Z_{ii} 称为节点 i 的自阻抗，Z_{ij} 称为节点 i,j 之间的互阻抗，如图 2.7 所示。节点阻抗矩阵的元素包含了全网的信息，例如 Z_{ii} 是全网元件等值到节点 i 和地组成的端口后的等值阻抗。

从节点对 i,j 组成的端口注入单位电流时，本节点对的电位差定义为节点对 i,j 的自阻抗，用 $Z_{ij,ij}$ 表示；另一节点对 p,q 的电位差定义为节点对 p,q 和节点对 i,j 之间的互阻抗，用 $Z_{pq,ij}$ 表示，它们是

$$Z_{ij,ij} = \boldsymbol{M}_{ij}^{\mathrm{T}}\boldsymbol{Z}\boldsymbol{M}_{ij} = Z_{ii} + Z_{jj} - 2Z_{ij} \tag{2-15}$$

$$Z_{pq,ij} = \boldsymbol{M}_{pq}^{\mathrm{T}}\boldsymbol{Z}\boldsymbol{M}_{ij} = Z_{pi} + Z_{qj} - Z_{pj} - Z_{qi} \tag{2-16}$$

式中

$$\boldsymbol{M}_{ij} = [0 \quad \underset{i}{1} \quad \cdots \quad \underset{j}{-1} \quad 0]^{\mathrm{T}}, \quad \boldsymbol{M}_{pq} = [0 \quad \underset{p}{1} \quad \cdots \quad \underset{q}{-1} \quad 0]^{\mathrm{T}}$$

节点对的自阻抗和互阻抗可用图 2.8 说明。

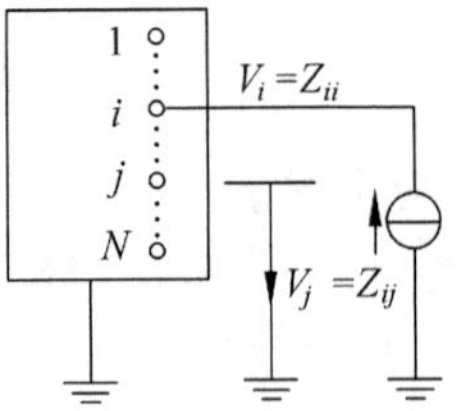

图 2.7　自阻抗和互阻抗

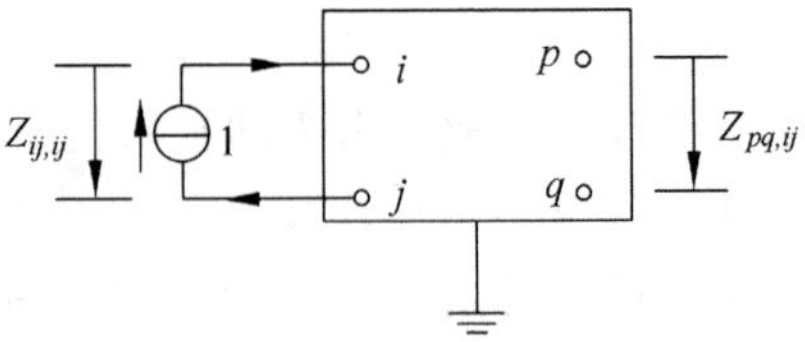

图 2.8　节点对的自阻抗和互阻抗

3. 节点阻抗矩阵的性质

性质 1　节点阻抗矩阵是对称矩阵。

由于 $\boldsymbol{Y}$ 是对称矩阵，故其逆 $\boldsymbol{Z}$ 也是对称矩阵，即 $Z_{ij}=Z_{ji}$。这很容易结合互阻抗的定义，并用电路原理中的互易定理来证明。

性质 2　对于连通的电力系统网络，当网络中有接地支路时，$\boldsymbol{Z}$ 是非奇异满矩阵。

当有接地支路时，$\boldsymbol{Y}$ 非奇异，其逆 $\boldsymbol{Z}$ 也为非奇异。对于连通网络，任一节点注入单位电流都会在网络其他节点上产生非零值的对地电位，除非该节点金属接地。由 $\boldsymbol{Z}$ 的物理意义知，$\boldsymbol{Z}$ 是满阵。对于无接地支路的网络，$\boldsymbol{Y}$ 奇异、不能用对 $\boldsymbol{Y}$ 求逆得到 $\boldsymbol{Z}$，这时 $\boldsymbol{Z}$ 无定义。这容易理解，因为对于浮空网，任一节点的电位是不定的。

性质 3　对纯感性支路组成的电网，有 $|Z_{ii}| \geqslant |Z_{ij}|$；且节点对自阻抗不小于节点对互阻抗，即 $|Z_{ij,ij}| \geqslant |Z_{ij,pq}|$。

对纯感性网络，节点 i 注入单位电流时，节点 i 的电位最高，其他节点电位不

会高于节点 i 的电位，由节点阻抗矩阵元素的物理意义，有 $|Z_{ii}| \geqslant |Z_{ij}|$。又因为网络内无源，节点对 ij 端口注入单位电流时，节点对 ij 本身的电位差不会小于其他节点对的电位差，故有 $|Z_{ij,ij}| \geqslant |Z_{ij,pq}|$。对非纯感性的电网，情况比较复杂，不能保证上述结论成立。

2.2.2 用支路追加法建立节点阻抗矩阵

建立节点阻抗矩阵要比建立节点导纳矩阵困难得多。常用的方法有两种，即支路追加法和对 $\boldsymbol{Y}$ 矩阵（或 $\boldsymbol{Y}$ 的因子表）用求逆的方法形成节点阻抗矩阵。先介绍支路追加法形成节点阻抗矩阵。为了推导支路追加法，首先引出部分网络的概念。

1. 部分网络

部分网络是指所要分析的电网的一个连通子网络。支路追加法形成节点阻抗矩阵是在部分网络上进行的。假定部分网络的原始支路阻抗矩阵是 $\boldsymbol{z}_0$，关联矩阵是 $\boldsymbol{A}_{(0)}$，相对应的节点阻抗矩阵和节点导纳矩阵分别是 $\boldsymbol{Z}_{(0)}$ 和 $\boldsymbol{Y}_{(0)}$，则有

$$\boldsymbol{Z}_{(0)} = \boldsymbol{Y}_{(0)}^{-1} = (\boldsymbol{A}_0 \boldsymbol{z}_0^{-1} \boldsymbol{A}_0^{\mathrm{T}})^{-1} \tag{2-17}$$

当部分网络各支路之间无耦合时，$\boldsymbol{z}_0$ 是对角线矩阵；否则，$\boldsymbol{z}_0$ 的非对角线部分将有非零元。

支路追加法的主要思想是以部分网络的节点阻抗阵 $\boldsymbol{Z}_{(0)}$ 为基础，每次追加一条新支路时，都对 $\boldsymbol{Z}_{(0)}$ 进行更新，形成追加支路后的节点阻抗矩阵。如此重复，当全部支路追加完毕，部分网络最终变成全网络，就得到全网络的节点阻抗矩阵。考虑在部分网络中追加一元件 α 的情况。其自阻抗为 $z_{\alpha\alpha}$，它和部分网络各元件间的互阻抗用列矢量 $\boldsymbol{z}_{0\alpha}$ 表示，则部分网络和元件 α 一起构成的网络支路方程可用阻抗形式写成

$$\begin{bmatrix} \dot{\boldsymbol{V}}_{b0} \\ \dot{V}_{b\alpha} \end{bmatrix} = \begin{bmatrix} \boldsymbol{z}_0 & \boldsymbol{z}_{0\alpha} \\ \boldsymbol{z}_{\alpha 0} & z_{\alpha\alpha} \end{bmatrix} \begin{bmatrix} \dot{\boldsymbol{I}}_{b0} \\ \dot{I}_{b\alpha} \end{bmatrix} \tag{2-18}$$

式中，$\dot{\boldsymbol{I}}_{b0}$，$\dot{\boldsymbol{V}}_{b0}$ 是原部分网络元件的电流和电压列矢量；$\dot{I}_{b\alpha}$，$\dot{V}_{b\alpha}$ 是元件 α 的电流和电压。

根据元件阻抗矩阵和元件导纳矩阵之间的互逆关系：

$$\begin{bmatrix} \boldsymbol{z}_0 & \boldsymbol{z}_{0\alpha} \\ \boldsymbol{z}_{\alpha 0} & z_{\alpha\alpha} \end{bmatrix} \begin{bmatrix} \boldsymbol{y}_0 & \boldsymbol{y}_{0\alpha} \\ \boldsymbol{y}_{\alpha 0} & y_{\alpha\alpha} \end{bmatrix} = \begin{bmatrix} \boldsymbol{I} & \\ & 1 \end{bmatrix}$$

展开上式可以得到四个方程。经整理，可将元件导纳矩阵元素用元件阻抗矩阵元素表示如下：

$$\begin{cases} \boldsymbol{y}_0^{-1} = \boldsymbol{z}_0 - \boldsymbol{z}_{0\alpha} z_{\alpha\alpha}^{-1} \boldsymbol{z}_{\alpha 0} \\ y_{\alpha\alpha}^{-1} = z_{\alpha\alpha} + \boldsymbol{z}_{\alpha 0} \boldsymbol{c}_1 \\ \boldsymbol{y}_{0\alpha} = \boldsymbol{c}_1 y_{\alpha\alpha} \\ \boldsymbol{y}_{\alpha 0} = y_{\alpha\alpha} \boldsymbol{c}_2 \\ \boldsymbol{c}_1 = - \boldsymbol{z}_0^{-1} \boldsymbol{z}_{0\alpha} \\ \boldsymbol{c}_2 = - \boldsymbol{z}_{\alpha 0} \boldsymbol{z}_0^{-1} \end{cases} \tag{2-19}$$

注意以下几点：

(1) 当元件 α 与部分网络中的元件无耦合时，$\boldsymbol{z}_{0\alpha} = \boldsymbol{0}$，$\boldsymbol{z}_{\alpha 0} = \boldsymbol{0}^{\mathrm{T}}$；

(2) 当部分网络中的元件之间无耦合时，$\boldsymbol{z}_0$ 是对角线矩阵；

(3) 当 α 是一组元件时，$z_{\alpha\alpha}$，$\boldsymbol{z}_{\alpha 0}$，$\boldsymbol{z}_{0\alpha}$ 将增维而变成矩阵；

(4) 当元件 α 不是移相器支路时，有 $\boldsymbol{z}_{0\alpha} = \boldsymbol{z}_{\alpha 0}^{\mathrm{T}}$，是移相器支路时为共轭转置。以下推导都假定 $\boldsymbol{z}_{0\alpha} = \boldsymbol{z}_{\alpha 0}^{\mathrm{T}}$。

式(2-18)只表达了网络中元件电流电压之间的关系，是原始网络方程，并未包含网络拓扑的信息。还需结合描述网络拓扑关系的基尔霍夫定律，进一步推导。

2. 追加连支支路

如果支路 α 作为连支追加到部分网络中，部分网络增加了新支路但未增加节点，如图 2.9 所示。可以用关联矩阵描述部分网络和追加支路之间的连接关系。

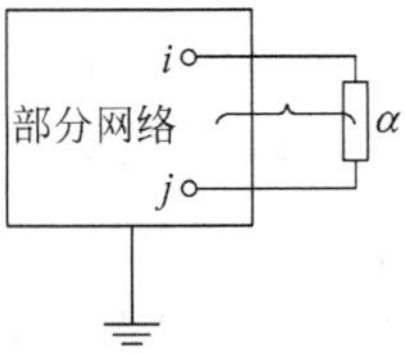

图 2.9　部分网络追加一条连支

追加支路 α 前，部分网络的节点导纳矩阵是

$$\boldsymbol{Y}_{(0)} = \boldsymbol{A}_0 \boldsymbol{z}_0^{-1} \boldsymbol{A}_0^{\mathrm{T}} \tag{2-20}$$

式中，$\boldsymbol{A}_0$ 为部分网络的节点-支路关联矩阵。如果支路 α 本身的关联矢量为 $\boldsymbol{M}_\alpha$，追加支路 α 后，节点导纳矩阵变成

$$\boldsymbol{Y} = [\boldsymbol{A}_0 \quad \boldsymbol{M}_\alpha] \begin{bmatrix} \boldsymbol{y}_0 & \boldsymbol{y}_{0\alpha} \\ \boldsymbol{y}_{\alpha 0} & y_{\alpha\alpha} \end{bmatrix} \begin{bmatrix} \boldsymbol{A}_0^{\mathrm{T}} \\ \boldsymbol{M}_\alpha^{\mathrm{T}} \end{bmatrix} \tag{2-21}$$

将式(2-21)展开，将式(2-19)代入，将导纳换成阻抗的表达式，利用附录 A 中的矩阵求逆辅助定理整理后可得

$$\boldsymbol{Y} = \boldsymbol{Y}_{(0)} + \boldsymbol{C}_1 y_{\alpha\alpha} \boldsymbol{C}_2 \tag{2-22}$$

式中

$$\boldsymbol{C}_1 = \boldsymbol{A}_0 \boldsymbol{c}_1 + \boldsymbol{M}_\alpha, \quad \boldsymbol{C}_2 = \boldsymbol{C}_1^{\mathrm{T}} \tag{2-23}$$

式(2-22)的正确性可以通过将式(2-19)分别代入式(2-21)和式(2-22)，再将两者结果相互比较来验证。需要注意的是，式(2-20)中的 $\boldsymbol{z}_0^{-1}$ 和式(2-21)中的 $\boldsymbol{y}_0$ 不同，它们之间的关系在式(2-19)中给出。

利用附录 A 的矩阵求逆辅助定理，对式(2-22)的节点导纳矩阵求逆，可得节

点阻抗矩阵

$$Z = Y^{-1} = Z_{(0)} - Z_{(0)} C_1 \hat{z}_{\alpha\alpha}^{-1} C_2 Z_{(0)} \tag{2-24}$$

式中

$$\begin{cases} Z_{(0)} = Y_{(0)}^{-1} \\ \hat{z}_{\alpha\alpha} = y_{\alpha\alpha}^{-1} + C_2 Z_{(0)} C_1 \\ y_{\alpha\alpha}^{-1} = z_{\alpha\alpha} - z_{\alpha 0} z_0^{-1} z_{0\alpha} \end{cases} \tag{2-25}$$

式(2-24)和式(2-25)就是采用支路追加法追加连支时形成节点阻抗矩阵的一般公式。它利用已知的部分网络的节点阻抗矩阵 $Z_{(0)}$、追加的连支 α 和部分网络之间的关联信息和支路参数信息，求出追加支路 α 后的节点阻抗矩阵 Z。

下面讨论几种特殊情况：

(1) 追加支路 α 与部分网络元件无耦合时，$z_{0\alpha} = z_{\alpha 0}^{T} = \mathbf{0}$，有 $C_1 = M_\alpha$，$C_2 = M_\alpha^{T}$，则

$$\hat{z}_{\alpha\alpha} = z_{\alpha\alpha} + M_\alpha^{T} Z_{(0)} M_\alpha \tag{2-26}$$

这时的计算相对简单。因此，相互有耦合的支路作为一组同时追加到网络中，可以保证追加支路和部分网络元件无耦合，这样做是有利的。若追加的是接地连支，则 M_α 只在非接地端节点 p 处有非零元 1，其余都为 0。

(2) 当追加的一条连支 α 只和部分网络中的一条支路 β 之间有耦合，而和其他支路无耦合，则 $z_{0\alpha}$ 和 $z_{\alpha 0}$ 中只在 β 位置上有一个非零元素 $z_{\beta\alpha}$，$z_{\beta\alpha}$ 是支路 α 和 β 之间的互感抗，并有

$$\begin{aligned} C_1 = C_2^{T} &= M_\alpha - A_0 z_0^{-1} z_{0\alpha} \\ &= M_\alpha - A_0 \begin{bmatrix} \ddots & & \\ & z_{\beta\beta}^{-1} & \\ & & \ddots \end{bmatrix} \begin{bmatrix} 0 \\ \vdots \\ 0 \\ z_{\beta\alpha} \\ 0 \\ \vdots \\ 0 \end{bmatrix} = M_\alpha - M_\beta \frac{z_{\beta\alpha}}{z_{\beta\beta}} \end{aligned} \tag{2-27}$$

式中，$z_{\beta\beta}$ 为支路 β 的自阻抗。

(3) 当追加的连支和部分网络中多于一条支路有耦合时，则 $z_{0\alpha}$ 中有多于一个非零元素，此时式(2-27)将变成

$$C_1 = C_2^{T} = M_\alpha - \sum_{j \in \Omega} M_j \frac{z_{j\alpha}}{z_{jj}} \tag{2-28}$$

式中，Ω 为部分网络中和支路 α 有耦合的所有支路的集合；z_{jj} 为支路 j 的自阻抗。

(4) 追加一组连支时，$z_{\alpha\alpha}$，$z_{0\alpha}$，$z_{\alpha 0}$，M_α，C_1 和 C_2 都将增维为矩阵。当这组连支

之间有耦合时，增维后的 $z_{\alpha\alpha}$ 为非对角线矩阵；否则，$z_{\alpha\alpha}$ 为对角线矩阵。

3. 追加树支支路

在部分网络的节点 p 上追加一条树支支路 α，此时将增加一个新节点 q，见图 2.10。

原来的部分网络的关联矩阵是 $\boldsymbol{A}_0$，追加树支支路 α 后关联矩阵变成 $\boldsymbol{A}$，即

$$\boldsymbol{A}=\begin{bmatrix}\boldsymbol{A}_0 & \boldsymbol{e}_p\\ \boldsymbol{0}^{\mathrm{T}} & -1\end{bmatrix}_q \tag{2-29}$$

其最后的一行一列对应于节点 q。式中，$\boldsymbol{e}_p$ 表示单位列矢量，只在节点 p 的位置有一个非零元 1，其余都是零元素；$\boldsymbol{0}$ 表示零矢量。

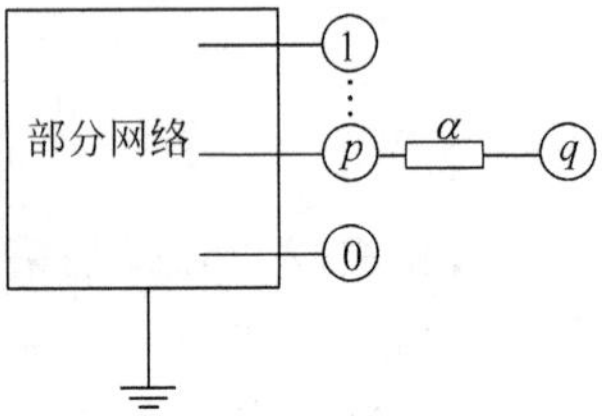

图 2.10 在节点 p 上增加一条树支支路

追加支路 α 后，节点导纳矩阵变成了

$$\boldsymbol{Y}=\begin{bmatrix}\boldsymbol{A}_0 & \boldsymbol{e}_p\\ \boldsymbol{0}^{\mathrm{T}} & -1\end{bmatrix}\begin{bmatrix}\boldsymbol{y}_0 & \boldsymbol{y}_{0\alpha}\\ \boldsymbol{y}_{\alpha 0} & y_{\alpha\alpha}\end{bmatrix}\begin{bmatrix}\boldsymbol{A}_0^{\mathrm{T}} & \boldsymbol{0}\\ \boldsymbol{e}_p^{\mathrm{T}} & -1\end{bmatrix} \tag{2-30}$$

将式(2-30)展开，并利用公式(2-19)将导纳换成阻抗的表达式，整理后可得

$$\boldsymbol{Y}=\begin{bmatrix}\boldsymbol{Y}_{(0)}+\boldsymbol{C}_1 y_{\alpha\alpha}\boldsymbol{C}_2 & -\boldsymbol{C}_1 y_{\alpha\alpha}\\ -y_{\alpha\alpha}\boldsymbol{C}_2 & y_{\alpha\alpha}\end{bmatrix} \tag{2-31}$$

式中

$$\boldsymbol{C}_1=\boldsymbol{A}_0\boldsymbol{c}_1+\boldsymbol{e}_p=\boldsymbol{C}_2^{\mathrm{T}} \tag{2-32}$$

式(2-31)的正确性可以通过将式(2-19)分别代入式(2-30)和式(2-31)，并将两者相互比较来验证。

式(2-31)可以写成

$$\boldsymbol{Y}=\begin{bmatrix}\boldsymbol{I} & -\boldsymbol{C}_1\\ & 1\end{bmatrix}\begin{bmatrix}\boldsymbol{Y}_{(0)} & \\ & y_{\alpha\alpha}\end{bmatrix}\begin{bmatrix}\boldsymbol{I} & \\ -\boldsymbol{C}_2 & 1\end{bmatrix}$$

对该式求逆可得

$$\boldsymbol{Y}^{-1}=\begin{bmatrix}\boldsymbol{I} & \\ \boldsymbol{C}_2 & 1\end{bmatrix}\begin{bmatrix}\boldsymbol{Z}_{(0)} & \\ & y_{\alpha\alpha}^{-1}\end{bmatrix}\begin{bmatrix}\boldsymbol{I} & \boldsymbol{C}_1\\ & 1\end{bmatrix}$$

最后得到

$$\boldsymbol{Z}=\begin{bmatrix}\boldsymbol{Z}_{(0)} & \boldsymbol{Z}_{(0)}\boldsymbol{C}_1\\ \boldsymbol{C}_2\boldsymbol{Z}_{(0)} & y_{\alpha\alpha}^{-1}+\boldsymbol{C}_2\boldsymbol{Z}_{(0)}\boldsymbol{C}_1\end{bmatrix} \tag{2-33}$$

可见原节点阻抗矩阵对应的部分 $\boldsymbol{Z}_{(0)}$ 不变。这很容易利用节点阻抗矩阵的物理意义，从图 2.10 来理解，即追加支路后从节点 q 注入单位电流和追加支路前从节点 p 注入单位电流，两者相比，原部分网络的电压是一样的。追加树支后节点阻抗矩阵增维，即在原部分网络的节点阻抗矩阵 $\boldsymbol{Z}_{(0)}$ 的基础上加边。加边的部分由式(2-33)中相应的部分计算。

考虑以下几种特殊情况：

(1) 当追加的树支支路和部分网络中的元件无耦合时，由式(2-19)知，$\boldsymbol{c}_1$ 和 $\boldsymbol{c}_2$ 是零矢量，由式(2-32)可知，$\boldsymbol{C}_1=\boldsymbol{e}_p=\boldsymbol{C}_2^{\mathrm{T}}$，则式(2-33)可写成

$$\boldsymbol{Z}=\begin{bmatrix}\boldsymbol{Z}_{(0)} & \boldsymbol{Z}_{(0)p} \\ \boldsymbol{Z}_{(0)p}^{\mathrm{T}} & z_{\alpha\alpha}+Z_{(0)pp}\end{bmatrix} \tag{2-34}$$

式中，$\boldsymbol{Z}_{(0)p}$ 为阻抗矩阵 $\boldsymbol{Z}_{(0)}$ 的第 p 个列矢量；$Z_{(0)pp}$ 为矩阵 $\boldsymbol{Z}_{(0)}$ 对应节点 p 的自阻抗。

式(2-34)的正确性可由节点阻抗矩阵元素的物理意义来解释。

(2) 当树支支路 α 只与原部分网络中的支路 β 之间有耦合时，互感阻抗为 $z_{\beta\alpha}$，则由式(2-32)和式(2-19)有

$$\boldsymbol{C}_1=\boldsymbol{C}_2^{\mathrm{T}}=-\boldsymbol{A}_0\boldsymbol{z}_0^{-1}\boldsymbol{z}_{0\alpha}+\boldsymbol{e}_p=\boldsymbol{e}_p-\boldsymbol{M}_\beta\frac{z_{\beta\alpha}}{z_{\beta\beta}} \tag{2-35}$$

由于矢量 $\boldsymbol{M}_\beta$ 只在支路 β 的两个端节点的位置有非零元素 1 和 -1，$\boldsymbol{e}_p$ 在位置 p 有非零元 1，所以 $\boldsymbol{C}_1$ 和 $\boldsymbol{C}_2$ 是稀疏矢量，最多只在三个位置处有非零元素。因此，式(2-33)的加边 $\boldsymbol{Z}_{(0)}\boldsymbol{C}_1$ 的计算最多只需取出 $\boldsymbol{Z}_{(0)}$ 的三个列参加计算即可，计算工作量不大。

(3) 对于元件间无耦合的树支形电网，由式(2-34)知，其节点阻抗矩阵相当于按各树支的阻抗逐条追加列写出来，由于不涉及乘除运算，因此本质上是一种直接方法。而根据回路分析法知：对于辐射网，将式(1-54)代入式(1-55)，可得辐射网节点阻抗矩阵 $\boldsymbol{Z}=\boldsymbol{T}\boldsymbol{Z}_b\boldsymbol{T}^{\mathrm{T}}$，可以利用这个关系式累加道路树上的支路的阻抗，通过目视直接写出节点阻抗矩阵，即节点 i 的自阻抗等于节点 i 沿道路树到根节点所经道路上的支路阻抗之和；节点 i,j 之间的互阻抗等于这两个节点到树根节点所经的共同道路上的支路阻抗之和。这说明对树支形电网的分析，回路法和节点法是殊途同归的。

因为追加和部分网络有耦合的树支支路时不必修改原部分网络的节点阻抗矩阵，所以按树支支路追加时，追加的支路和部分网络是否有耦合关系不大；如果按连支追加，有耦合的连支支路最好成组追加，以保持追加支路和原部分网络支路无耦合。

4. 小结

追加连支支路 α 时，节点阻抗矩阵维数不变；追加树支支路 α 时，节点阻抗矩阵要增加一维。当支路 α 是非移相器支路时，$\boldsymbol{z}_{0\alpha}=\boldsymbol{z}_{\alpha0}^{\mathrm{T}}$，$\boldsymbol{C}_1=\boldsymbol{C}_2^{\mathrm{T}}$。表 2.1 给出了几种情况的公式。

对表 2.1 中移去树支支路 α 的情况，只要支路 α 的端节点 q 所对应的行和列删去即可。若追加的支路和部分网络中支路之间有耦合时，$\boldsymbol{z}_{0\alpha}$ 和 $\boldsymbol{z}_{\alpha0}$ 中只有和耦合支路组有关的位置处才有非零元素。在以上计算公式中，$\boldsymbol{z}_{0\alpha}$，$\boldsymbol{z}_{\alpha0}$，$\boldsymbol{z}_0$ 及 $\boldsymbol{A}_0$ 只要取和耦合支路组有关的部分参加计算。

表 2.1 支路追加法的计算公式

阻抗矩阵计算公式	追加连支	追加树支
	$\boldsymbol{Z}=\boldsymbol{Z}_{(0)}-\boldsymbol{Z}_{(0)}\boldsymbol{C}_1\hat{z}_{\alpha\alpha}^{-1}\boldsymbol{C}_2\boldsymbol{Z}_{(0)}$	$\boldsymbol{Z}=\begin{bmatrix}\boldsymbol{Z}_{(0)} & \boldsymbol{Z}_{(0)}\boldsymbol{C}_1\\ \boldsymbol{C}_2\boldsymbol{Z}_{(0)} & \hat{z}_{\alpha\alpha}\end{bmatrix}$
追加支路与部分网络无耦合	$\hat{z}_{\alpha\alpha}=\pm z_{\alpha\alpha}+\boldsymbol{C}_2\boldsymbol{Z}_{(0)}\boldsymbol{C}_1$	$\hat{z}_{\alpha\alpha}=z_{\alpha\alpha}+\boldsymbol{C}_2\boldsymbol{Z}_{(0)}\boldsymbol{C}_1$
	$\boldsymbol{C}_1=\boldsymbol{C}_2^{\mathrm{T}}=\boldsymbol{M}_\alpha$	$\boldsymbol{C}_1=\boldsymbol{C}_2^{\mathrm{T}}=\boldsymbol{e}_p$
追加支路与部分网络有耦合	$\hat{z}_{\alpha\alpha}=\pm z_{\alpha\alpha}-z_{\alpha 0}z_0^{-1}z_{0\alpha}+\boldsymbol{C}_2\boldsymbol{Z}_{(0)}\boldsymbol{C}_1$	$\hat{z}_{\alpha\alpha}=z_{\alpha\alpha}-z_{\alpha 0}z_0^{-1}z_{0\alpha}+\boldsymbol{C}_2\boldsymbol{Z}_{(0)}\boldsymbol{C}_1$
	$\boldsymbol{C}_1=\boldsymbol{C}_2^{\mathrm{T}}=\boldsymbol{M}_\alpha-\boldsymbol{A}_0z_0^{-1}z_{0\alpha}$	$\boldsymbol{C}_1=\boldsymbol{C}_2^{\mathrm{T}}=\boldsymbol{e}_p-\boldsymbol{A}_0z_0^{-1}z_{0\alpha}$

注：表中“＋”号表示追加支路，“－”号表示移去支路。

例 2.4 对于例 2.1 中的电网，用支路追加法形成以节点⑤为参考点的节点阻抗矩阵。

解 把例 2.1 中的网络图重画为图 2.11(a)。

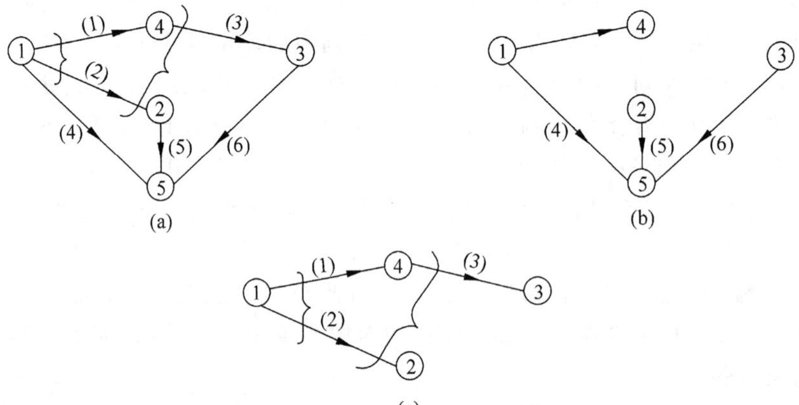

图 2.11 支路追加法形成节点阻抗矩阵

因支路(1)，(2)，(3)是有耦合的，适宜成组追加。先追加树支支路(4)，(5)，(6)，再追加树支支路(1)，以使节点④出现在部分网络上，最后成组追加连支支路(2)，(3)。追加连支支路(2)，(3)时，它们和部分网络的支路(1)有耦合，这是不利的。本例只是为了用一个相对复杂的情况来说明算法原理。实用时，尽量选和部分网络无耦合的连支来追加。

步骤 1：追加树支支路(4)，(5)，(6)，形成三个节点的节点阻抗矩阵，该阻抗矩阵是

$$
\mathrm{j}\begin{bmatrix}0.1 & & \\ & 0.5 & \\ & & 0.5\end{bmatrix}\begin{matrix}①\\②\\③\end{matrix}
$$

步骤 2：追加树支支路(1)，产生新节点④，利用式(2-34)计算节点阻抗矩阵有

$$\boldsymbol{Z}_{(0)}=\mathrm{j}\begin{bmatrix}0.1 & & & 0.1\\ & 0.5 & & \\ & & 0.5 & \\ 0.1 & & & 0.3\end{bmatrix}\begin{matrix}①\\②\\③\\④\end{matrix}$$

这时的部分网络如图 2.11(b)。

步骤 3：将最后剩下的两条有耦合连支(2)，(3)成组追加。支路(1)，(2)，(3)组成耦合支路组，如图 2.11(c)所示。

注意，在式(2-18)中，z_0 是部分网络的支路阻抗矩阵。因为向部分网络中追加的两条连支支路(2)，(3)只和部分网络中的支路(1)有耦合，为了简单，和部分网络有关的矩阵只写出与支路(1)有关的部分，相应的矩阵和矢量可降阶。由式(2-18)，耦合组支路阻抗矩阵是

$$\begin{bmatrix}z_0 & \boldsymbol{z}_{0\alpha}\\ \boldsymbol{z}_{\alpha 0} & \boldsymbol{z}_{\alpha\alpha}\end{bmatrix}=\mathrm{j}\begin{array}{c}\begin{matrix}(1) & (2) & (3)\end{matrix}\\ \left[\begin{array}{c:cc}0.2 & 0.1 & 0\\ \hdashline 0.1 & 0.4 & 0.2\\ 0 & 0.2 & 0.3\end{array}\right]\end{array}\begin{matrix}(1)\\(2)\\(3)\end{matrix}$$

这里只列出耦合支路有关的部分，没有列出无耦合的支路(4)，(5)，(6)。

利用式(2-23)计算中间量 $\boldsymbol{c}_1$ 有

$$\boldsymbol{c}_1=-z_0^{-1}\boldsymbol{z}_{0\alpha}=-\frac{1}{\mathrm{j}0.2}\times[\mathrm{j}0.1\quad 0]=[-0.5\quad 0]$$

式(2-21)中耦合支路组关联矩阵是

$$[\boldsymbol{A}_0\ \vdots\ \boldsymbol{M}_\alpha]=\begin{array}{c}\begin{matrix}(1) & (2) & (3)\end{matrix}\\ \left[\begin{array}{c:cc}1 & 1 & 0\\ 0 & -1 & 0\\ 0 & 0 & -1\\ -1 & 0 & 1\end{array}\right]\end{array}\begin{matrix}①\\②\\③\\④\end{matrix}$$

为简单起见，在这里 $\boldsymbol{A}_0$ 只取和部分网络中的支路(1)有关的部分。

由式(2-23)，中间量 $\boldsymbol{C}_1=\boldsymbol{C}_2^{\mathrm{T}}$ 为

$$\boldsymbol{C}_1=\boldsymbol{C}_2^{\mathrm{T}}=\boldsymbol{A}_0\boldsymbol{c}_1+\boldsymbol{M}_\alpha$$

$$=\begin{bmatrix}1\\0\\0\\-1\end{bmatrix}[-0.5\quad 0]+\begin{bmatrix}1 & 0\\-1 & 0\\0 & -1\\0 & 1\end{bmatrix}=\begin{array}{c}\begin{matrix}(2) & (3)\end{matrix}\\ \begin{bmatrix}0.5 & 0\\-1 & 0\\0 & -1\\0.5 & 1\end{bmatrix}\end{array}\begin{matrix}①\\②\\③\\④\end{matrix}$$

对追加有耦合支路组，由式(2-25)有

$$\hat{\boldsymbol{z}}_{\alpha\alpha}=\boldsymbol{z}_{\alpha\alpha}-\boldsymbol{z}_{\alpha 0}z_0^{-1}\boldsymbol{z}_{0\alpha}+\boldsymbol{C}_2\boldsymbol{Z}_{(0)}\boldsymbol{C}_1$$

$$= \mathrm{j}\begin{bmatrix}0.4 & 0.2\\0.2 & 0.3\end{bmatrix} - \mathrm{j}\begin{bmatrix}0.1\\0\end{bmatrix} \times \frac{1}{0.2} \times [0.1 \quad 0]$$

$$+ \begin{bmatrix}0.5 & -1 & 0 & 0.5\\0 & 0 & -1 & 1\end{bmatrix} \mathrm{j}\begin{bmatrix}0.1 & & & 0.1\\ & 0.5 & & \\ & & 0.5 & \\0.1 & & & 0.3\end{bmatrix}\begin{bmatrix}0.5 & 0\\-1 & 0\\0 & -1\\0.5 & 1\end{bmatrix}$$

$$= \mathrm{j}\begin{bmatrix}1.0 & 0.4\\0.4 & 1.1\end{bmatrix}$$

$$\boldsymbol{Z}_{(0)}\boldsymbol{C}_1 = \mathrm{j}\begin{bmatrix}0.1 & & & 0.1\\ & 0.5 & & \\ & & 0.5 & \\0.1 & & & 0.3\end{bmatrix}\begin{bmatrix}0.5 & 0\\-1 & 0\\0 & -1\\0.5 & 1\end{bmatrix} = \mathrm{j}\begin{bmatrix}0.1 & 0.1\\-0.5 & 0\\0 & -0.5\\0.2 & 0.3\end{bmatrix}$$

由式(2-24)有

$$\boldsymbol{Z} = \mathrm{j}\begin{bmatrix}0.1 & & & 0.1\\ & 0.5 & & \\ & & 0.5 & \\0.1 & & & 0.3\end{bmatrix} - \mathrm{j}\begin{bmatrix}0.1 & 0.1\\-0.5 & 0\\0 & -0.5\\0.2 & 0.3\end{bmatrix}$$

$$\times \begin{bmatrix}1.0 & 0.4\\0.4 & 1.1\end{bmatrix}^{-1}\begin{bmatrix}0.1 & -0.5 & 0 & 0.2\\0.1 & 0 & -0.5 & 0.3\end{bmatrix}$$

$$\begin{matrix} & ① & ② & ③ & ④ & \\ = \mathrm{j} & \left[\begin{matrix}0.086\,17\\0.037\,23\\0.031\,92\\0.065\,96\end{matrix}\right. & \begin{matrix}0.037\,23\\0.207\,45\\0.106\,38\\0.053\,19\end{matrix} & \begin{matrix}0.031\,92\\0.106\,38\\0.234\,04\\0.117\,02\end{matrix} & \left.\begin{matrix}0.065\,96\\0.053\,20\\0.117\,02\\0.208\,51\end{matrix}\right] & \begin{matrix}①\\②\\③\\④\end{matrix}\end{matrix}$$

可以验证,这一结果和例2.1中求出的节点定导纳矩阵 $\boldsymbol{Y}$ 互为逆矩阵。

2.2.3 连续回代法形成节点阻抗矩阵

若网络的节点导纳矩阵的因子表已计算出来并可用,也可以利用连续回代法快速求取节点阻抗矩阵。因为节点导纳矩阵的因子表是稀疏矩阵,所以计算中可利用稀疏矩阵技术,计算速度很快,尤其适合于计算节点阻抗矩阵中的部分元素,它在短路电流计算[2,3]等领域得到广泛的应用。

1. 连续回代法的原理

假定节点导纳矩阵的因子表已形成

$$\boldsymbol{Y} = \boldsymbol{LDU} \tag{2-36}$$

式中,$\boldsymbol{L}=\boldsymbol{U}^{\mathrm{T}}$,为单位下三角矩阵。由于 $\boldsymbol{Y}$ 和 $\boldsymbol{Z}$ 互逆,有

$$(\boldsymbol{LDU})\boldsymbol{Z}=\boldsymbol{I}$$

式中,$\boldsymbol{I}$ 是单位矩阵。令

$$\boldsymbol{W}=(\boldsymbol{LD})^{-1} \tag{2-37}$$

这是一个下三角矩阵,则有

$$\boldsymbol{UZ}=\boldsymbol{W} \tag{2-38}$$

令 $\tilde{\boldsymbol{U}}=\boldsymbol{U}-\boldsymbol{I}$,这是一个对角线元素都是零的严格上三角矩阵,将它代入式(2-38)有

$$\boldsymbol{Z}=\boldsymbol{W}-\tilde{\boldsymbol{U}}\boldsymbol{Z} \tag{2-39}$$

其具体结构是

$$\left[\begin{array}{ccccc} Z_{11} & Z_{12} & \cdots & \cdots & Z_{1N} \\ * & Z_{22} & Z_{23} & \cdots & Z_{2N} \\ * & * & \ddots & \ddots & \vdots \\ \vdots & \vdots & \ddots & Z_{N-1,N-1} & Z_{N-1,N} \\ * & * & \cdots & * & Z_{NN} \end{array}\right]=\left[\begin{array}{ccccc} W_{11} & & & & \\ * & W_{22} & & & \\ * & * & \ddots & & \\ \vdots & \vdots & \ddots & W_{N-1,N-1} & \\ * & * & \cdots & * & W_{NN} \end{array}\right]$$

$$-\left[\begin{array}{ccccc} & U_{12} & U_{13} & \cdots & U_{1N} \\ & & U_{23} & \cdots & U_{2N} \\ & & & \ddots & \vdots \\ & & & & U_{N-1,N} \\ & & & & \end{array}\right]\left[\begin{array}{ccccc} Z_{11} & Z_{12} & \cdots & \cdots & Z_{1N} \\ * & Z_{22} & Z_{23} & \cdots & Z_{2N} \\ * & * & \ddots & \ddots & \vdots \\ \vdots & \vdots & * & Z_{N-1,N-1} & Z_{N-1,N} \\ * & * & \cdots & * & Z_{NN} \end{array}\right] \tag{2-40}$$

以上诸矩阵的结构有以下特点:

(1) 式(2-37)中的 $\boldsymbol{LD}$ 是下三角矩阵,由于 $\boldsymbol{L}$ 的对角元素都是 1,所以 $\boldsymbol{LD}$ 的对角元素就是 $\boldsymbol{D}$ 的对角元素,因此 $\boldsymbol{W}$ 也是下三角矩阵,其对角元素是 $\boldsymbol{D}$ 的对角元素的倒数,即

$$W_{ii}=1/D_{ii} \quad i=1,2,\cdots,N \tag{2-41}$$

这是已知量，即式(2-40)中矩阵 W 的对角线元素是已知量。

(2) 观察式(2-40)中矩阵 W 的右上角部分是零，$\tilde{U}$ 右上角部分是已知的，所以 W 和 $\tilde{U}$ 从对角线开始以上右上角部分都是已知的，因此，计算 Z 的右上角部分是有利的。

(3) 待求的 Z 矩阵是对称矩阵，只要求得 Z 的右上角部分即可。在计算中当用到矩阵 Z 的左下角部分的元素时，可从和该元素对称位置的右上角部位去取。

因此有以下计算准则：

(1) 计算从右下角开始，按从下到上、从右到左的顺序进行；

(2) 只计算 Z 的右上角部分。

于是有

$$
\begin{aligned}
Z_{NN} &= W_{NN} \\
Z_{N-1,N} &= -U_{N-1,N}Z_{NN} \\
Z_{N-1,N-1} &= W_{N-1,N-1} - U_{N-1,N}Z_{N,N-1} \\
&\vdots
\end{aligned}
$$

其中 $Z_{N,N-1}$ 用刚刚求出的 $Z_{N-1,N}$ 代替，W_{NN}，$W_{N-1,N-1}$，…由式(2-41)给出。

把以上过程用下面的图示说明。取出式(2-40)的第 i 行如下：

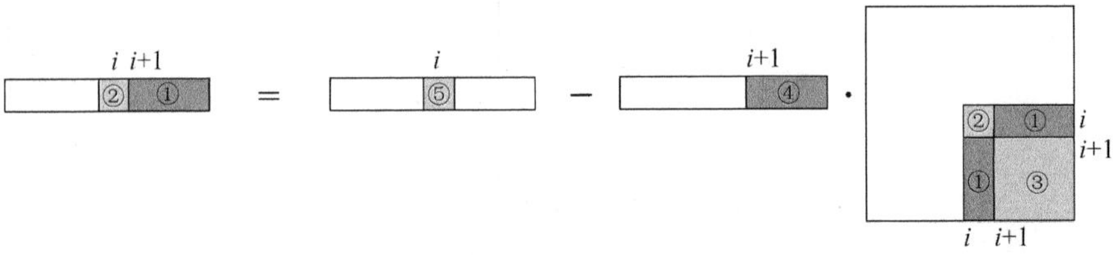

(2-42)

在式(2-42)中，把计算中要用到的部分编上序号。很明显，等号左边第①块是

(2-43)

式中为零的块没有写出。

注意到在计算 Z 的第 i 行块①时，式(2-42)中 Z 矩阵第 $i+1$ 行第 $i+1$ 列以下的块③已在先前求出并可用，$\tilde{U}$ 的第 i 行的非零元部分在式(2-43)中是第④块，是已知的，所以式(2-43)的计算可以进行。

式(2-42)中 Z 的第 i 行块②，即 Z_{ii} 为

$$\begin{array}{c} i \\ i\,\boxed{②} \end{array} = \begin{array}{c} i \\ i\,\boxed{⑤} \end{array} - \begin{array}{c} i+1 \\ i\,\boxed{④} \end{array} \cdot \begin{array}{c} \\ \boxed{①}\,{}^{i+1} \\ i \end{array} \quad (2\text{-}44)$$

式(2-44)中的右端块⑤由式(2-41)给出，是已知的。块①已在式(2-43)中算出来，只不过两者互为转置，所以用式(2-44)可求出 Z_{ii}。

到此，只要 Z 的 $i+1$ 行 $i+1$ 列后面的元素，即式(2-42)中的块③已求出，则可用式(2-43)及式(2-44)求出 Z 的第 i 行对角元素及其后面的元素，即求出块①和块②的元素。这样，计算可以向左上角方向进行下去。

由于 $\tilde{U}$ 是严格上三角矩阵，又是稀疏的，故块④只有少量非零元素；在式(2-43)和式(2-44)中只取④中非零元素参加运算，所以可以使用稀疏矩阵技术，计算速度很快。

2. 连续回代法的算法流程

连续回代法计算节点阻抗矩阵可用下面的程序流程实现：

$$① \begin{cases} Z_{NN} = 1/D_{NN} \\ \text{Loop } i = N-1,\cdots,1 \\ \quad ② \begin{cases} \text{loop } j = N,\cdots,i+1 \\ \quad Z_{ij} = -\sum_{k>i, U_{ik}\neq 0} U_{ik} Z_{kj} \\ \text{end loop} \end{cases} \\ \quad Z_{ii} = 1/D_{ii} - \sum_{k>i, U_{ik}\neq 0} U_{ik} Z_{ik} \\ \text{end loop} \end{cases} \quad (2\text{-}45)$$

在式(2-45)的计算中，只有当 U_{ik} 为非零时才进行乘法运算，大大减少了计算量。另外在式(2-45)的内环②中，Z_{kj} 的下标 k 和 j 的取用应注意，因为只计算并存储 Z 的上三角部分，所以 Z_{kj} 当行号大于列号时应交换行列号，始终保持列号大于行号。

2.2.4 基于连续回代法的稀疏阻抗矩阵法

连续回代法常用于计算阻抗矩阵 Z 中的部分元素。令阻抗矩阵 Z 中与导纳矩阵 Y 的上三角非零元素位置相对应的元素用集合 S_Y 表示，和 U 中非零元素位置相对应的元素用集合 S_U 表示，有 $S_Y \subset S_U$。尽管 Z 是满阵，但在许多应用领域，例如只需要计算短路点和短路点相关支路上的电流时，只需要用 S_Y 中的阻抗矩阵元素，因此计算 Z 的全部元素是不必要的。考虑到 Z 中属于 S_U 的元素而不属于 S_Y 的元素尽管最终并不需要，但在计算 S_Y 的元素时需要用到 S_U 的元素，因此，在式(2-45)的内环②需要扫描并计算 S_U 的元素。这种利用导纳矩阵因子表求取节点阻抗矩阵的部分元素的方法称为稀疏阻抗矩阵法[24]。

例如一个 4 阶节点导纳矩阵 $\boldsymbol{Y}$ 和它的因子表矩阵 $\boldsymbol{D},\boldsymbol{U}$ 如下(只写出上三角部分):

$$\boldsymbol{Y}=\begin{bmatrix} Y_{11} & Y_{12} & & \\ & Y_{22} & Y_{23} & Y_{24} \\ & & Y_{33} & \\ & & & Y_{44} \end{bmatrix},\quad \boldsymbol{D}=\begin{bmatrix} D_{11} & & & \\ & D_{22} & & \\ & & D_{33} & \\ & & & D_{44} \end{bmatrix},$$

$$\boldsymbol{U}=\begin{bmatrix} 1 & U_{12} & & \\ & 1 & U_{23} & U_{24} \\ & & 1 & U_{34} \\ & & & 1 \end{bmatrix}$$

下面用连续回代法计算 S_Y 中的元素。

对要计算的 S_U 中的阻抗矩阵的元素,只写出其上三角部分如下:

$$\boldsymbol{Z}=\begin{bmatrix} Z_{11} & Z_{12} & & \\ & Z_{22} & Z_{23} & Z_{24} \\ & & Z_{33} & Z_{34} \\ & & & Z_{44} \end{bmatrix}$$

与 S_Y 中元素相比多了一个元素 Z_{34}。

按式(2-45)的程序流程有

$$Z_{44}=1/D_{44}$$

$$i=3\begin{cases} Z_{34}=-U_{34}Z_{44} \\ Z_{33}=1/D_{33}-U_{34}Z_{34} \end{cases}$$

$$i=2\begin{cases} Z_{24}=-U_{24}Z_{44}-U_{23}Z_{34} \\ Z_{23}=-U_{24}Z_{34}-U_{23}Z_{33} \\ Z_{22}=1/D_{22}-U_{24}Z_{24}-U_{23}Z_{23} \end{cases}$$

$$i=1\begin{cases} Z_{14}\text{ 不用算} \\ Z_{13}\text{ 不用算} \\ Z_{12}=-U_{12}Z_{22} \\ Z_{11}=1/D_{11}-U_{12}Z_{12} \end{cases}$$

通过此例可以看到以下几点:

(1) 由于只需要 S_Y 中的元素,$\boldsymbol{Z}$ 矩阵中 Z_{13},Z_{14} 不属于 S_Y 中的元素,可以不计算。

(2) 由于 $\boldsymbol{U}$ 中有零元素,例如 U_{13} 和 U_{14} 是零元素,所以在计算 Z_{12} 和 Z_{11} 时,和零元素 U_{13},U_{14} 的乘法运算可以省略,在上面流程中没有列出来。

(3) Z_{34}尽管不属于 S_Y 集，但由于它属于 S_U 集，即 U_{34}是非零元，在后边的计算中需要用到 Z_{34}，例如在计算 Z_{33}，Z_{24}，Z_{23}时要用到 Z_{34}，所以 Z_{34}也应当计算。

(4) 在每一计算步，所有用到 $\boldsymbol{Z}$ 的下三角部分的元素都改用对称位置的上三角部分的元素，而这些元素在前边的计算步中已算出。

稀疏阻抗矩阵法在电力系统故障分析[24]和状态估计中不良数据的辨识[115]等方面得到了非常广泛的应用。

2.2.5 网络变更时节点阻抗矩阵的修正

当网络结构或参数发生局部变化时，不必重新形成节点阻抗矩阵，而只需对原来的节点阻抗矩阵做少量修正即可得到新的节点阻抗矩阵。

1. 支路移去和添加

移去一条支路，等效于添加一条负阻抗支路，可以采用支路追加法对原阻抗矩阵进行修正。当移去连支时，阻抗矩阵阶次不变，但阻抗矩阵的所有元素都需要修正。当移去树支支路时，阻抗矩阵降低一阶，和树支的端节点对应的行列应划去，其余部分不变。

对于有耦合支路的移去，可参考有耦合支路的添加的逆过程进行修正。

2. 节点合并

当节点 p 和节点 q 合并时，可以在节点 p,q 之间连接一个阻抗为 ε 的支路，ε 是一个足够小的正数。新的导纳矩阵是

$$\widetilde{\boldsymbol{Y}} = \boldsymbol{Y} + \boldsymbol{M}_{pq}\varepsilon^{-1}\boldsymbol{M}_{pq}^{\mathrm{T}} \tag{2-46}$$

根据附录 A 中的矩阵求逆辅助定理，其逆矩阵为

$$\widetilde{\boldsymbol{Z}} = \boldsymbol{Z} - \boldsymbol{Z}_{pq}(\varepsilon + Z_{pq,pq})^{-1}\boldsymbol{Z}_{pq}^{\mathrm{T}} = \boldsymbol{Z} - \boldsymbol{Z}_{pq}\boldsymbol{Z}_{pq}^{\mathrm{T}}/Z_{pq,pq} \tag{2-47}$$

式中，$Z_{pq,pq}$是节点对 p,q 的自阻抗；$\boldsymbol{Z}_{pq}$是 $\boldsymbol{Z}$ 的第 p 列和 $\boldsymbol{Z}$ 的第 q 列相减得到的矢量。

3. 消去节点(网络化简)

若要消去网络中注入电流为零的浮游节点 p，则由

$$\begin{bmatrix} \boldsymbol{Z}_n & \boldsymbol{Z}_p \\ \boldsymbol{Z}_p^{\mathrm{T}} & Z_{pp} \end{bmatrix} \begin{bmatrix} \dot{\boldsymbol{I}}_n \\ 0 \end{bmatrix} = \begin{bmatrix} \dot{\boldsymbol{V}}_n \\ \dot{V}_p \end{bmatrix} \tag{2-48}$$

有

$$\boldsymbol{Z}_n\dot{\boldsymbol{I}}_n = \dot{\boldsymbol{V}}_n \tag{2-49}$$

式中，$\boldsymbol{Z}_n$ 为阻抗矩阵 $\boldsymbol{Z}$ 划去节点 p 所对应的行列后剩下的 $n\times n$ 阶矩阵；$n=N-1$。

4. 存在电压给定节点的情况

网络中节点 s 电压 $\dot{V}_s$ 给定，其余 n 个节点电压待求，网络方程可以写成

$$\begin{bmatrix} \boldsymbol{Z}_n & \boldsymbol{Z}_s \\ \boldsymbol{Z}_s^{\mathrm{T}} & Z_{ss} \end{bmatrix} \begin{bmatrix} \dot{\boldsymbol{I}}_n \\ \dot{I}_s \end{bmatrix} = \begin{bmatrix} \dot{\boldsymbol{V}}_n \\ \dot{V}_s \end{bmatrix} \tag{2-50}$$

用高斯消去法消去节点 s 后，剩余 n 个节点的节点阻抗矩阵为

$$\widetilde{\boldsymbol{Z}}_n = \boldsymbol{Z}_n - \boldsymbol{Z}_s Z_{ss}^{-1} \boldsymbol{Z}_s^{\mathrm{T}} \tag{2-51}$$

将式(2-50)中的 $\dot{I}_s$ 消去，可以得到给定 $\dot{\boldsymbol{I}}_n$，$\dot{V}_s$ 时，计算节点电压 $\dot{\boldsymbol{V}}_n$ 的公式

$$\dot{\boldsymbol{V}}_n = \widetilde{\boldsymbol{Z}}_n \dot{\boldsymbol{I}}_n + \boldsymbol{Z}_s Z_{ss}^{-1} \dot{V}_s \tag{2-52}$$

2.3 节点导纳矩阵和节点阻抗矩阵之间的关系

对于有接地支路的电力网络，选地为参考点，形成 $N \times N$ 阶节点导纳矩阵 $\boldsymbol{Y}$ 和节点阻抗矩阵 $\boldsymbol{Z}$。如果从 N 个节点中选择一个节点 s，将 $\boldsymbol{Z}$ 和 $\boldsymbol{Y}$ 中和节点 s 相对应的行和列单独列出来，则有分块矩阵的形式

$$\boldsymbol{Y} = \begin{bmatrix} \boldsymbol{Y}_n & \boldsymbol{Y}_s \\ \boldsymbol{Y}_s^{\mathrm{T}} & Y_{ss} \end{bmatrix} \tag{2-53}$$

和

$$\boldsymbol{Z} = \begin{bmatrix} \boldsymbol{Z}_n & \boldsymbol{Z}_s \\ \boldsymbol{Z}_s^{\mathrm{T}} & Z_{ss} \end{bmatrix} \tag{2-54}$$

利用附录 A 中的分块矩阵求逆公式，有

$$\boldsymbol{Z}_n = \widetilde{\boldsymbol{Y}}_n^{-1} \tag{2-55}$$

$$\widetilde{\boldsymbol{Y}}_n = \boldsymbol{Y}_n - \boldsymbol{Y}_s Y_{ss}^{-1} \boldsymbol{Y}_s^{\mathrm{T}} \tag{2-56}$$

及

$$\boldsymbol{Y}_n = \widetilde{\boldsymbol{Z}}_n^{-1} \tag{2-57}$$

$$\widetilde{\boldsymbol{Z}}_n = \boldsymbol{Z}_n - \boldsymbol{Z}_s Z_{ss}^{-1} \boldsymbol{Z}_s^{\mathrm{T}} \tag{2-58}$$

注意

$$\boldsymbol{Z}_n \neq \boldsymbol{Y}_n^{-1}$$

根据上述公式可以归纳出以下结论：

(1) $\boldsymbol{Y}$ 和 $\boldsymbol{Z}$ 互为逆矩阵，都是以地为参考点。当电力网络中无接地支路时，可在网络中选择一个电压已知的节点为参考节点，该点的电压给定，这时 $\boldsymbol{Y}$ 和 $\boldsymbol{Z}$ 都是 $n \times n$ 阶矩阵。

(2) $\boldsymbol{Z}_n$ 和 $\widetilde{\boldsymbol{Y}}_n$ 相对应，二者互为逆矩阵，都是消去节点 s 后的网络矩阵。$\boldsymbol{Z}_n$ 是从 $\boldsymbol{Z}$ 中将与被消去的节点 s 对应的行和列划去后得到的；$\widetilde{\boldsymbol{Y}}_n$ 相当于在 $\boldsymbol{Y}$ 矩阵上用高斯消去法消去节点 s 所对应的行和列后得到的，如式(2-56)所示。

(3) $\boldsymbol{Y}_n$ 和 $\widetilde{\boldsymbol{Z}}_n$ 相对应，二者互为逆矩阵，都是以 s 为电压给定节点的情况。$\boldsymbol{Y}_n$ 是从 $\boldsymbol{Y}$ 中将与节点 s 对应的行和列划去后得到的；$\widetilde{\boldsymbol{Z}}_n$ 相当于在 $\boldsymbol{Z}$ 矩阵上用高斯消去法消去节点 s 所对应的行和列后得到的，如式(2-58)所示。

(4) $\boldsymbol{Y}_n$ 和 $\boldsymbol{Z}_n$ 不是互为逆矩阵。

(5) 结论(2)可以进一步推广到多个节点的情况。若要消去网络中的 m 个节点，只需将 $\boldsymbol{Z}$ 中与这 m 个节点对应的行和列划去，剩下的阻抗矩阵元素即组成化简后网络的节点阻抗矩阵。对于导纳矩阵，则需要对 $\boldsymbol{Y}$ 中的 m 个行和列施以高斯消去。

(6) 结论(3)可以进一步推广到多个节点的情况。若网络中有 m 个节点的电压给定，只需将 $\boldsymbol{Y}$ 中与这 m 个节点对应的行和列划去，剩下的导纳矩阵元素即组成 m 个节点电压给定情况的节点导纳矩阵；对于阻抗矩阵，则需要对 $\boldsymbol{Z}$ 中的 m 个行和列施以高斯消去。

2.4 节点法和回路法之间的关系

由 1.1.4 小节中基于道路的回路网络方程中的式(1-53)可知，支路电流 $\dot{\boldsymbol{I}}_b$ 和节点注入电流 $\dot{\boldsymbol{I}}_N$ 之间有如下关系：

$$\dot{\boldsymbol{I}}_b = (\boldsymbol{T}^{\mathrm{T}} - \boldsymbol{B}^{\mathrm{T}}\boldsymbol{Z}_L^{-1}\boldsymbol{B}\boldsymbol{z}_b\boldsymbol{T}^{\mathrm{T}})\dot{\boldsymbol{I}}_N$$

利用支路电流，可利用 1.2.5 中定义的 $N\times b$ 阶道路-支路关联矩阵 $\boldsymbol{T}$ 写出计算 N 个节点电压的表达式：

$$\dot{\boldsymbol{V}}_N = \boldsymbol{T}\boldsymbol{z}_b\dot{\boldsymbol{I}}_b = \boldsymbol{T}\boldsymbol{z}_b(\boldsymbol{T}^{\mathrm{T}} - \boldsymbol{B}^{\mathrm{T}}\boldsymbol{Z}_L^{-1}\boldsymbol{B}\boldsymbol{z}_b\boldsymbol{T}^{\mathrm{T}})\dot{\boldsymbol{I}}_N \tag{2-59}$$

式(2-14)中用 $N\times N$ 阶节点阻抗矩阵 $\boldsymbol{Z}$ 表示的网络方程为

$$\dot{\boldsymbol{V}} = \boldsymbol{Z}\dot{\boldsymbol{I}}$$

对照以上两式，忽略式(2-59)中表示节点量的下标 N，有

$$\boldsymbol{Z} = \boldsymbol{T}\boldsymbol{z}_b\boldsymbol{T}^{\mathrm{T}} - \boldsymbol{T}\boldsymbol{z}_b\boldsymbol{B}^{\mathrm{T}}\boldsymbol{Z}_L^{-1}\boldsymbol{B}\boldsymbol{z}_b\boldsymbol{T}^{\mathrm{T}} \tag{2-60}$$

可见，$N\times N$ 阶节点阻抗矩阵可以用基于道路的回路法的式(2-60)计算出来。

如果将电网的树支支路排在前面，把连支支路排在后面，道路-支路关联矩阵 $\boldsymbol{T}=[\boldsymbol{T}_T \quad \boldsymbol{T}_L]$。因为节点的道路不经过连支，所以，$\boldsymbol{T}$ 中对应连支的部分 $\boldsymbol{T}_L$ 为零，只有对应树支支路的部分 $\boldsymbol{T}_T$。回路-支路关联矩阵也作同样的划分 $\boldsymbol{B}=[\boldsymbol{B}_T \quad \boldsymbol{B}_L]$，于是式(2-60)可以写成

$$\boldsymbol{Z} = \boldsymbol{Z}_{\mathrm{radial}} + \boldsymbol{Z}_{\mathrm{loop}} = \boldsymbol{T}_T\boldsymbol{z}_T\boldsymbol{T}_T^{\mathrm{T}} - \boldsymbol{T}_T\boldsymbol{z}_T\boldsymbol{B}_T^{\mathrm{T}}\boldsymbol{Z}_L^{-1}\boldsymbol{B}_T\boldsymbol{z}_T\boldsymbol{T}_T^{\mathrm{T}} \tag{2-61}$$

式中，$\boldsymbol{z}_T$ 为 $b\times b$ 阶支路阻抗对角线矩阵 $\boldsymbol{z}_b$ 中对应树支支路的部分；$\boldsymbol{Z}_{\mathrm{radial}}$ 及 $\boldsymbol{Z}_{\mathrm{loop}}$ 分别为树支及连支部分对阻抗矩阵的贡献。

对于没有回路的辐射状电网，式(2-61)右侧第 2 项为零，辐射网的节点阻抗矩

阵是

$$Z_{\text{radial}} = T_T z_T T_T^{\mathrm{T}} \tag{2-62}$$

利用式(2-62),可以通过目视直接写出辐射网的节点阻抗矩阵:即节点的自阻抗就是该节点到树根途径的道路上的支路阻抗之和,两个节点之间的互阻抗是两个节点发出的道路之间的公共道路上的支路阻抗之和。

对于环网,还要计及式(2-61)中回路的贡献:

$$Z_{\text{loop}} = -T_T z_T B_T^{\mathrm{T}} Z_L^{-1} B_T z_T T_T^{\mathrm{T}} \tag{2-63}$$

例 2.5　对于图 2.12 所示的电网,节点和支路的编号如图所示,每条支路的阻抗都是 1,选节点⑥为参考节点,用回路法计算节点阻抗矩阵。

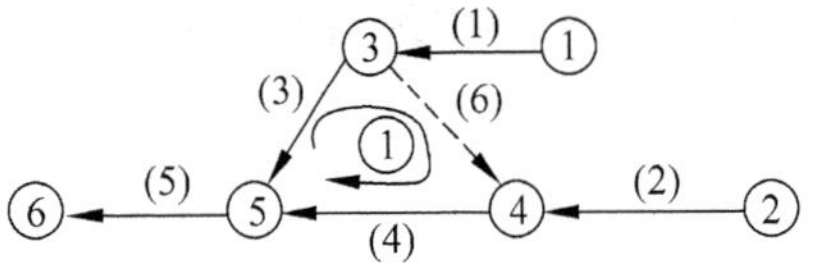

图 2.12　六节点电网图

解　先建立几个相关矩阵

$$T_T = \begin{bmatrix} 1 & 0 & 1 & 0 & 1 \\ & 1 & 0 & 1 & 1 \\ & & 1 & 0 & 1 \\ & & & 1 & 1 \\ & & & & 1 \end{bmatrix};\quad z_b = \operatorname{diag}[1,1,1,1,1,1],$$

$$z_T = \operatorname{diag}[1,1,1,1,1],\quad z_L = 1;$$

$$B = [B_T \quad B_L],\quad B_T = [0 \quad 0 \quad -1 \quad 1 \quad 0],\quad B_L = 1$$

如果没有连支支路 6,则式(2-62)的辐射状电网的节点阻抗矩阵是

$$Z_{\text{radial}} = T_T z_T T_T^{\mathrm{T}}$$

$$= \begin{bmatrix} 1 & 0 & 1 & 0 & 1 \\ & 1 & 0 & 1 & 1 \\ & & 1 & 0 & 1 \\ & & & 1 & 1 \\ & & & & 1 \end{bmatrix} \operatorname{diag}[1,1,1,1,1] \begin{bmatrix} 1 & & & & \\ 0 & 1 & & & \\ 1 & 0 & 1 & & \\ 0 & 1 & 0 & 1 & \\ 1 & 1 & 1 & 1 & 1 \end{bmatrix} = \begin{bmatrix} 3 & 1 & 2 & 1 & 1 \\ 1 & 3 & 1 & 2 & 1 \\ 2 & 1 & 2 & 1 & 1 \\ 1 & 2 & 1 & 2 & 1 \\ 1 & 1 & 1 & 1 & 1 \end{bmatrix}$$

实际操作时,Z_{radial} 可以通过目视的方法,从节点沿着道路累加支路阻抗直接写出。

为了计算回路对节点阻抗矩阵的贡献,需要计算回路阻抗矩阵 Z_L 和回路导纳矩阵 Z_L^{-1}(本例中,它们是标量):

$$Z_L=\boldsymbol{B}\boldsymbol{z}_b\boldsymbol{B}^{\mathrm{T}}$$
$$=[0\quad 0\quad -1\quad 1\quad 0\ \vdots\ 1]\mathrm{diag}[1,1,1,1,1][0\quad 0\quad -1\quad 1\quad 0\ \vdots\ 1]^{\mathrm{T}}=3$$

是回路上的支路阻抗之和。并有

$$Z_L^{-1}=1/3$$

$$\boldsymbol{B}_T\boldsymbol{z}_T\boldsymbol{T}_T^{\mathrm{T}}=[0\quad 0\quad -1\quad 1\quad 0]\mathrm{diag}[1,1,1,1,1]\begin{bmatrix}1&&&&\\0&1&&&\\1&0&1&&\\0&1&0&1&\\1&1&1&1&1\end{bmatrix}$$
$$=[-1\quad 1\quad -1\quad 1\quad 0]$$

实际操作时，$\boldsymbol{B}_T\boldsymbol{z}_T\boldsymbol{T}_T^{\mathrm{T}}$ 可用回路和道路相交的支路阻抗之和来计算。

用式(2-63)计算回路对节点阻抗矩阵的贡献如下：

$$\boldsymbol{Z}_{\mathrm{loop}}=-(\boldsymbol{T}_T\boldsymbol{z}_T\boldsymbol{B}_T^{\mathrm{T}})Z_L^{-1}(\boldsymbol{B}_T\boldsymbol{z}_T\boldsymbol{T}_T^{\mathrm{T}})=-\begin{bmatrix}-1\\1\\-1\\1\\0\end{bmatrix}\times\frac{1}{3}\times[-1\quad 1\quad -1\quad 1\quad 0]$$

$$=\begin{bmatrix}-\frac{1}{3}&\frac{1}{3}&-\frac{1}{3}&\frac{1}{3}&0\\\frac{1}{3}&-\frac{1}{3}&\frac{1}{3}&-\frac{1}{3}&0\\-\frac{1}{3}&\frac{1}{3}&-\frac{1}{3}&\frac{1}{3}&0\\\frac{1}{3}&-\frac{1}{3}&\frac{1}{3}&-\frac{1}{3}&0\\0&0&0&0&0\end{bmatrix}$$

最后有

$$\boldsymbol{Z}=\boldsymbol{Z}_{\mathrm{radial}}+\boldsymbol{Z}_{\mathrm{loop}}=\begin{bmatrix}3&1&2&1&1\\1&3&1&2&1\\2&1&2&1&1\\1&2&1&2&1\\1&1&1&1&1\end{bmatrix}+\begin{bmatrix}-\frac{1}{3}&\frac{1}{3}&-\frac{1}{3}&\frac{1}{3}&0\\\frac{1}{3}&-\frac{1}{3}&\frac{1}{3}&-\frac{1}{3}&0\\-\frac{1}{3}&\frac{1}{3}&-\frac{1}{3}&\frac{1}{3}&0\\\frac{1}{3}&-\frac{1}{3}&\frac{1}{3}&-\frac{1}{3}&0\\0&0&0&0&0\end{bmatrix}$$

$$
=\begin{bmatrix}
\frac{8}{3} & \frac{4}{3} & \frac{5}{3} & \frac{4}{3} & 1 \\
\frac{4}{3} & \frac{8}{3} & \frac{4}{3} & \frac{5}{3} & 1 \\
\frac{5}{3} & \frac{4}{3} & \frac{5}{3} & \frac{4}{3} & 1 \\
\frac{4}{3} & \frac{5}{3} & \frac{4}{3} & \frac{5}{3} & 1 \\
1 & 1 & 1 & 1 & 1
\end{bmatrix}
$$

这样计算出来的 $\boldsymbol{Z}$ 矩阵的正确性可以通过节点阻抗矩阵的物理意义来验证。

配电网通常只有极少数环，称之为弱环网，可以用特殊的方法来求解。先忽略环网，用式(2-62)分析辐射网，然后用式(2-63)通过计算回路对辐射网的贡献，最后得到考虑弱环网的配电网络的潮流结果。

2.5 小结

节点导纳矩阵和节点阻抗矩阵是用来描述电力系统网络模型的最基本的矩阵，它们由网络的结构和网络元件的参数决定。节点导纳矩阵描述了网络的短路参数，它通常是稀疏矩阵；节点阻抗矩阵描述了网络的开路参数，对于连通的电网它一般是满矩阵。

通过扫描网络中的支路，并根据支路在网络中的连接关系直接形成自导纳和互导纳，最后可以建立节点导纳矩阵。节点阻抗矩阵可以通过支路追加法直接建立，也可以利用已形成的节点导纳矩阵的因子表用连续回代法建立。当网络结构或网络中元件参数发生局部变化时，可以不必从头开始形成节点导纳矩阵和节点阻抗矩阵，而是在原有矩阵基础上进行修正得到新的矩阵，这样可以提高计算速度。

节点导纳矩阵和节点阻抗矩阵互为逆矩阵，但它们的相应子块不互逆。用高斯消去法在节点导纳矩阵上消去节点 s 所对应的行列最后得到的降阶矩阵，在节点阻抗矩阵上相当于划去和节点 s 所对应的行列得到的子矩阵，两者互为逆矩阵。在节点阻抗矩阵上用高斯消去法消去节点 s 所对应的行列，在节点导纳矩阵上相当于划去节点 s 所对应的行列得到的子矩阵，两者互为逆矩阵。

节点导纳矩阵是稀疏矩阵，可以利用稀疏矩阵技术进行存储，因此在电网计算中得到非常广泛的应用。节点导纳矩阵的元素只包含了网络的局部信息，例如节点互导纳只包含一条支路的导纳的信息，而节点的自导纳只包含了和一个节点相连的各支路导纳的信息。节点阻抗矩阵的元素包含了全网的信息，例如节点的自阻抗是节点和地组成的端口看进去的等值阻抗，该阻抗反映了网络中所有元件等值到端口处后的等值阻抗。节点阻抗矩阵在电力系统短路电流计算中应用得十分普遍。

节点阻抗矩阵可以用回路法描述，这对具有弱环网的配电网络分析有参考意义。

习　题

2.1　如题图 2.1 所示的三节点电力系统，支路电导和每个节点的注入电流已在图中给出。

(1) 写出包括地节点的节点导纳矩阵 $\boldsymbol{Y}_0$，验证 $\boldsymbol{Y}_0$ 每行元素之和为零；

(2) 写出以地为参考点的节点导纳矩阵 $\boldsymbol{Y}$，并写出网络方程，求解各节点电压；

(3) 验证 $\boldsymbol{Y}$ 的所有性质；

(4) 当节点③的电压不需要求解时，可消去节点③得 $\widetilde{\boldsymbol{Y}}_n$，试利用注入电流 I_1，I_2，I_3 计算 V_1，V_2；

(5) 选节点③为电压给定节点，并令 $V_3=1$，求解 V_1，V_2，并和(4)的结果进行比较；

(6) 用支路追加法形成 3×3 阶节点阻抗矩阵 $\boldsymbol{Z}$，试验证和(2)中计算出的 $\boldsymbol{Y}$ 互逆；

(7) 选③为待消节点，试验证 $\widetilde{\boldsymbol{Y}}_n$ 和 $\boldsymbol{Z}_n$ 互逆，$\widetilde{\boldsymbol{Z}}_n$ 和 $\boldsymbol{Y}_n$ 互逆。

2.2　对如题图 2.2 所示的 3 母线电力系统，试建立以地为参考点的节点导纳矩阵和节点阻抗矩阵。系统元件参数如下：

元件	阻抗	互感抗
1	j0.01	—
2	j0.02	—
3	j0.04	3,5 间,j0.02
4	j0.04	
5	j0.04	5,3 间,j0.02

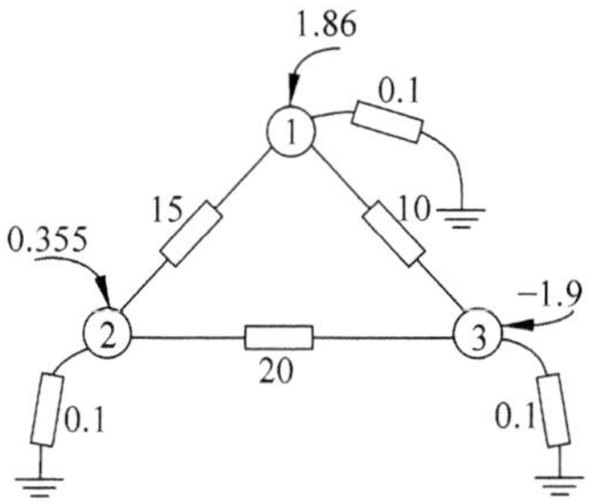

题图 2.1

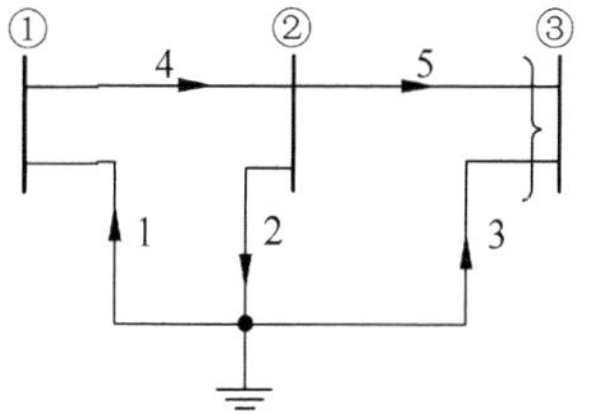

题图 2.2

2.3　如题图2.3所示的电力系统，支路阻抗参数为：

支路	阻抗	1/2对地电容容纳
①－②	j0.06	—
②－③	j0.05	—
③－①	j0.09	j0.2

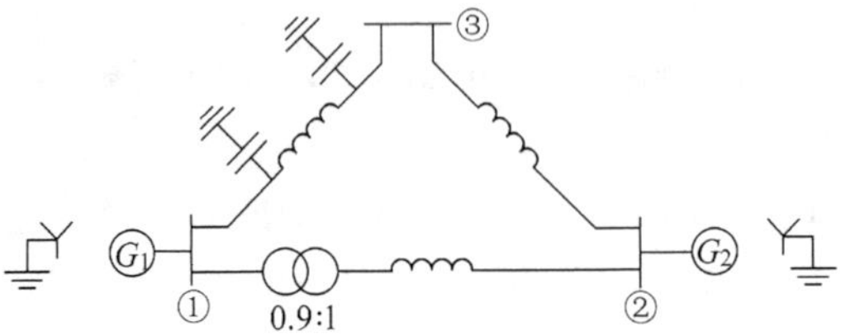

题图2.3

发电机 G_1 阻抗为 $Z_1=\mathrm{j}0.2$，发电机 G_2 阻抗为 $Z_2=\mathrm{j}0.1$，试求该网络的节点导纳矩阵和节点阻抗矩阵。

2.4　将习题2.3建立的节点导纳矩阵分解成因子表，然后用连续回代法求它的节点阻抗矩阵。

2.5　给定以地为参考点的节点导纳矩阵 $\boldsymbol{Y}$ 和节点阻抗矩阵 $\boldsymbol{Z}$。在网络变换过程中将某节点作为电压给定节点，这在 $\boldsymbol{Y}$ 和 $\boldsymbol{Z}$ 中分别相当于做什么样的处理？若在网络变换中通过星网变换消去某一节点，这在 $\boldsymbol{Y}$ 和 $\boldsymbol{Z}$ 中分别相当于什么样的处理？

2.6　如题图2.6所示的电力网络，各支路电抗在图上标出。选节点④为参考节点，建立节点阻抗矩阵。

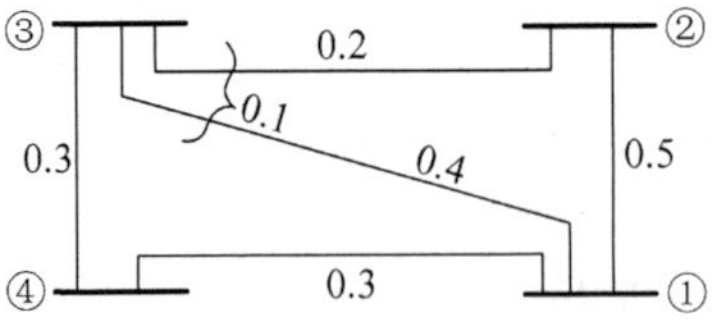

题图2.6

2.7　对以下情况修正习题2.6的节点阻抗矩阵：

(1) 移去线路(1,2)；

(2) 移去线路(1,3)；

(3) 在节点①、②之间增加一条电抗是0.4的支路；

(4) 支路(3,1)和支路(3,2)之间的耦合电抗变成0.15；

(5) 支路(3,1)和支路(3,2)之间的耦合电抗消失。

2.8　编写计算程序计算节点导纳矩阵，并用习题2.1～习题2.3验证。

2.9　编写计算程序形成节点阻抗矩阵，并用习题 2.2、习题 2.3、习题 2.6 验证。

2.10　电力系统网络中有一条输电线(i,j)的中间新增一个节点 d，节点 d 距节点 i 的距离是输电线全长的 β 倍$(0<\beta<1)$。假定原网络的节点阻抗矩阵已知，试求新增节点 d 后的节点阻抗矩阵。

2.11　试用式(2-19)和式(2-21)推导式(2-22)。

2.12　试用式(2-19)和式(2-30)推导式(2-31)。

2.13　节点对的自阻抗和互阻抗和网络中参考节点的选择有关吗？为什么？

2.14　变电所内双母线，母联开关打开和母联开关合上，两种情况哪种节点的自阻抗更小？两种情况自阻抗之间是否有加和关系？

第3章 电力网络计算中的稀疏技术

3.1 概述

电网计算广泛涉及与矩阵和矢量相关的运算。由于电力网络本身的结构特点，这些矩阵中往往只有少量的非零元，矢量中参加运算的非零元也不多，这种情况下的矩阵和矢量被称为是稀疏的。给定一个 $n\times m$ 阶矩阵，设其中的非零元有 τ 个，则度量其稀疏性的指标是 τ 与 $n\times m$ 的比值，称其为稀疏度。以节点导纳矩阵为例，若系统有 N 个节点，每个节点平均与 α 条支路(不包括接地支路)相连，则有 $\tau=(\alpha+1)N$，$m\times n=N^2$。对于实际的电力系统，$\alpha=3\sim5$，基本与系统规模无关。对 $N=500$ 的系统，导纳矩阵的稀疏度约为 1%，是相当稀疏的。显然系统规模越大，导纳矩阵的稀疏度数值越小。对于稀疏矢量，也可类似地定义稀疏度。稀疏度数值很小的矩阵和矢量称为稀疏矩阵和稀疏矢量。

与稀疏矩阵和稀疏矢量相关的运算中，零元参与的运算是没有必要进行的，对零元的存储也是多余的。所以，可以采用“排零存储”、“排零运算”的办法，只存储稀疏矩阵和稀疏矢量中的非零元及必要的检索信息，只取非零元参加运算，这样既大大减少了存储量，又可以大幅度提高计算速度。这种技术用计算机程序来实现，就称为稀疏技术，它包括了稀疏矩阵技术和稀疏矢量技术两方面。与非稀疏技术相比，采用稀疏技术可以使计算速度提高几十乃至上百倍。电力系统规模越大，稀疏技术带来的效益越明显。稀疏技术的引入是对电力系统计算技术的一次革命，使许多原来不能做的电网计算可以高效地实现。

最早将稀疏矩阵技术引入电力系统计算的是美国学者 W. F. Tinney。他于 1967 年发表了一篇利用稀疏矩阵技术求解稀疏线性代数方程组的论文[25]，并用于牛顿法潮流计算中[71]。20 世纪 60 年代，计算 100 节点的系统的潮流还是十分困难的；如今，稀疏矩阵技术使几千甚至上万个节点的潮流计算都得以实现，成为所有实用的电力网络分析程序都采用的技术。

20 世纪 80 年代中期，人们在稀疏矩阵技术的基础上，又进一步发展了稀疏矢量技术[30]，使电网计算中的许多问题的解算效率得以大幅提高。在编制电网计算程序时，灵活运用稀疏矩阵和稀疏矢量技术，是电力系统计算工作者应当掌握的基本技能。

3.2 稀疏技术

3.2.1 稀疏矢量和稀疏矩阵的存储

稀疏矢量和稀疏矩阵的存储特点是排零存储，即只存储其中的非零元和有关的检索信息。存储的目的是为了在计算中能方便地访问和引用，这就要求所采用的存储格式既节省内存，又能够方便地检索和存取，同时还要考虑网络结构变化时能方便地对存储的信息加以修改。稀疏矢量的存储比较简单，只需存储矢量中的非零元值和相应的下标。对稀疏矩阵，有几种不同的存储方法，除了和矩阵的稀疏结构有关，还和所采用的算法有关。不同的算法往往要求对非零元有不同的检索方式。因此，应根据实际情况来选择合适的存储方式。

1. 散居格式

对 $n\times m$ 阶稀疏矩阵 $\boldsymbol{A}$，其非零元共有 τ 个，令 a_{ij} 为 $\boldsymbol{A}$ 中第 i 行第 j 列非零元。可以定义三个数组，按下面的格式存储矩阵 $\boldsymbol{A}$ 中非零元的信息：

VA——存储 $\boldsymbol{A}$ 中非零元 a_{ij} 的值，共 τ 个；

IA——存储 $\boldsymbol{A}$ 中非零元 a_{ij} 的行指标 i，共 τ 个；

JA——存储 $\boldsymbol{A}$ 中非零元 a_{ij} 的列指标 j，共 τ 个。

共需要 3τ 个存储单元。散居格式的特点是 $\boldsymbol{A}$ 中的非零元在上面数组中的位置可任意排列，修改灵活。缺点是因其存储顺序无一定规律，检索起来不方便。例如，要查找元素 a_{ij}，需要查找在数组 IA 中下标是 i 同时在数组 JA 中下标是 j 的元素，最坏的情况是要把整个数组查找一遍，工作量很大。为使查找更为方便快捷，有必要设计更有效的稀疏矩阵存储格式。

2. 按行(列)存储格式

这种存储方式按行(列)顺序依次存储 $\boldsymbol{A}$ 中的非零元，同一行(列)元素依次排在一起。以按行存储为例，其存储格式是：

VA——按行存储矩阵 $\boldsymbol{A}$ 中的非零元 a_{ij}，共 τ 个；

JA——按行存储矩阵 $\boldsymbol{A}$ 中非零元的列号，共 τ 个；

IA——记录 $\boldsymbol{A}$ 中每行第一个非零元在 VA 中的位置，共 n 个。

这种格式查找第 i 行的非零元十分容易，即在 VA 中取出从 $k=\mathrm{IA}(i)$ 到 $\mathrm{IA}(i+1)-1$ 共 $\mathrm{IA}(i+1)-\mathrm{IA}(i)$ 个非零元就是 $\boldsymbol{A}$ 中第 i 行的全部非零元，非零元的值为 $\mathrm{VA}(k)$，其列号由 $\mathrm{JA}(k)$ 给出。

如果想找第 i 行第 j 列元素 a_{ij} 在 VA 中的位置，也只要对 k 从 $\mathrm{IA}(i)$ 到 $\mathrm{IA}(i+1)-1$ 扫描，对列号 $\mathrm{JA}(k)$ 等于 j 的 k，其相应 $\mathrm{VA}(k)$ 即是要找的非零元 a_{ij}。

这种存储方案可以用于存储任意稀疏矩阵，$\boldsymbol{A}$ 可以不是方阵。如果 $\boldsymbol{A}$ 是方阵，还可以把 **A** 的对角元素提出来单独存储，而对角元素的行列指标都无需记忆。

3. 三角检索存储格式

三角检索的存储格式特别适合稀疏矩阵的三角分解的计算格式。有几种不同的存储格式，这里以按行存储 **A** 的上三角部分非零元，按列存储 **A** 的下三角部分非零元这种存储格式来说明。令 **A** 是 $n\times n$ 阶方阵。

U——按行存储 **A** 的上三角部分的非零元的值；

JU——按行存储 **A** 的上三角部分的非零元的列号；

IU——存 **A** 中上三角部分每行第一个非零元在 U 中的位置(行首地址)；

L——按列存储 **A** 的下三角部分的非零元的值；

IL——按列存储 **A** 的下三角部分的非零元的行号；

JL——存储 **A** 的下三角部分每列第一个非零元在 L 中的位置(列首地址)；

D——存储 **A** 的对角元素的值，其检索下标不需要存储。

以下面的稀疏矩阵 **A** 为例说明。设

$$\boldsymbol{A}=\begin{bmatrix} a_{11} & a_{12} & 0 & a_{14} \\ a_{21} & a_{22} & a_{23} & 0 \\ 0 & 0 & a_{33} & 0 \\ 0 & a_{42} & a_{43} & a_{44} \end{bmatrix}$$

当采用三角检索存储格式时各数组的内容如下：

序号	1	2	3	4
U	a_{12}	a_{14}	a_{23}	
JU	2	4	3	
IU	1	3	4	4
L	a_{21}	a_{42}	a_{43}	
IL	2	4	4	
JL	1	2	3	4
D	a_{11}	a_{22}	a_{33}	a_{44}

在本例中，IU(3)＝4 表明 **A** 矩阵上三角部分第 3 行的第 1 个非零元应在 U 的第 4 个位置。由于 U 表中第 4 个位置没有非零元，为了检索方便，IU(3)仍应赋值 4，表示如有非零元时应放在第 4 个位置。有了 IU 表即可知道 **A** 的上三角部分第 i 行的非零元的数目。例如第 i 行的上三角非零元的数目是 $\mathrm{IU}(i+1)-\mathrm{IU}(i)$，对第 1 行为 $\mathrm{IU}(2)-\mathrm{IU}(1)=3-1=2$，对第 2 行为 $\mathrm{IU}(3)-\mathrm{IU}(2)=4-3=1$，对第 3 行为 $\mathrm{IU}(4)-\mathrm{IU}(3)=4-4=0$。如果要查找 **A** 的上三角第 i 行所有非零元，只要对 k 从 $\mathrm{IU}(i)$ 到 $\mathrm{IU}(i+1)-1$ 扫描即可，$\mathrm{U}(k)$是非零元的值，$\mathrm{JU}(k)$是非零元的列号。对于按列存储的格式，查找过程类似。

需要占用的存储单元可分析如下。对于数组 U,L,D 共需 τ 个存储单元,此例中为 10;对 JU,IL 共需 $\tau-n$ 个存储单元,此例中为 6;对 IU,JL,共需 $2n$ 个存储单元,此例为 8。因此,总计需占用 $2\tau+n$ 个存储单元,其中 τ 为矩阵 **A** 中的非零元的数目。

在矩阵 **A** 的稀疏结构已确定的情况下,使用三角检索存储格式是十分方便的。但如果 **A** 的稀疏结构在计算过程中发生了变化,即其中的非零元的分布位置发生变化,相应的检索信息也要随着变化,很不方便。有两种办法处理这类问题。

第一种办法,事先估计出在随后的计算中 **A** 的哪些位置可能产生注入元素(即原来是零元,在计算过程中变成非零元),在存储时事先留了位置,即把这个零元按非零元一样来存储。这样在计算中该元素由零元变成非零元时就不必改变原来的检索信息。

第二种办法,可以用下面介绍的链表存储格式。其特点是当矩阵 **A** 的结构发生变化时修改灵活,不必事先存储这些零元,也不必在产生非零注入元素时进行插入等处理。

4. 链表(Link)存储格式

以按行存储的格式为例来说明。这时除了需要按行存储格式中的三个数组外,还需要增加下列辅助检索数组:

LINK——下一个非零元在 VA 中的位置,对每行最后一个非零元,该值置为 0;

NA——每行非零元的个数。

对于前面给出的 **A** 矩阵的例,各数组的内容如下:

序号	1	2	3	4	5	6	7	8	9	10
VA	a_{11}	a_{12}	a_{14}	a_{21}	a_{22}	a_{23}	a_{33}	a_{42}	a_{43}	a_{44}
JA	1	2	4	1	2	3	3	2	3	4
LINK	2	3	0	5	6	0	0	9	10	0
IA	1	4	7	8	11					
NA	3	3	1	3						

当新增加一个非零元时,可把它排在最后,并根据该非零元在该行中的位置的不同来修改其相邻元素的 LINK 值。例如,新增 a_{13},把 a_{13} 排在第 11 个位置,把 a_{12} 的 LINK 值由 3 改为 11,a_{13} 本身的 LINK 值置为 3,NA(1)增加 1,变为 4。

当查询第 i 行的所有非零元时,只要按下面的程序流程去做:

$$k = \mathrm{IA}(i)$$

$$① \begin{cases} \text{loop while } (k \neq 0) \\ \qquad j = \mathrm{JA}(k) \\ \qquad a_{ij} = \mathrm{VA}(k) \\ \qquad k = \mathrm{LINK}(k) \\ \text{end loop} \end{cases}$$

所以，只要用 IA 把该行第一个非零元找到，就可以按 LINK 的指示找下一个非零元，直到把该行中所有非零元都找出来为止。循环在 LINK$(k)=0$ 时结束。

为适应不同计算的需要，还可以设计一些更特殊的稀疏矩阵的存储格式，这里从略。

3.2.2 稀疏矩阵的因子分解

对 $n\times n$ 阶矩阵 $\boldsymbol{A}$ 可以通过 LU 分解的方法将它分解成一个下三角矩阵 $\boldsymbol{L}$ 和一个单位上三角矩阵 $\boldsymbol{U}$ 的乘积，即 $\boldsymbol{A}=\boldsymbol{LU}$。LU 分解可分成两步：(1)按行规格化运算；(2)消去运算或更新运算。可用下面的计算流程表示：

$$① \begin{cases} \text{Loop } p = 1,\cdots,n-1 \\ ② \begin{cases} \text{Loop } j = p+1,\cdots,n \\ \qquad a_{pj} = a_{pj}/a_{pp} \qquad \text{(规格化)} \\ ③ \begin{cases} \text{Loop } i = p+1,\cdots,n \\ \qquad a_{ij} = a_{ij} - a_{ip}a_{pj} \qquad \text{(消去运算)} \\ \text{end loop} \end{cases} \\ \text{end loop} \end{cases} \\ \text{end loop} \end{cases}$$

在第 p 步计算中，如果 $a_{pj}=0$，规格化计算可不必做。另外，当 a_{ip} 和 a_{pj} 中任何一个是零时，消去运算可不必做。计算结束时，对角线上的元素及其以下的部分组成了 $\boldsymbol{L}$ 矩阵，对角线以上的部分(不包括对角元素)组成了 $\boldsymbol{U}$ 矩阵，$\boldsymbol{U}$ 矩阵的对角线元素是 1。

上述计算流程与存储格式有关。对于非稀疏存储格式，只要在第 2 层循环中判 $a_{pj}\neq 0$ 则执行，在第③层循环中判 $a_{ip}\neq 0$ 则执行即可。对稀疏的三角检索存储格式，假定已对矩阵 $\boldsymbol{A}$ 进行了符号分解，即在后面可能产生非零元的位置上已预留了存储单元。三角检索存储格式中开始时存放矩阵 $\boldsymbol{A}$ 的值，分解后则存放因子表的结果。采用稀疏存储格式的计算流程如下：

```
① ┌loop p = 1,…,n-1
  │ ② ┌loop k = IU(p),…,IU(p+1)-1
  │   │        U(k) = U(k)/D(p)
  │   │        j = JU(k)
  │   │ ③ ┌loop l = JL(p),…,JL(p+1)-1
  │   │   │    i = IL(l)
  │   │   │    y_ij = y_ij - U(k) * L(l)
  │   │   └end loop
  │   └end loop
  └end loop
```

上述流程中，只取非零元 U(k)，L(l)进行计算，省去了非稀疏存储格式中对零元的大量判断。在第③层循环的消去运算中，y_{ij} 应视其下标 i,j 大小的不同而取不同的值：

$$y_{ij}=\begin{cases}\mathrm{D}(i) & i=j\\ \mathrm{U}(q) & i<j,q\text{ 由 }i,j\text{ 决定其位置}\\ \mathrm{L}(q) & i>j,q\text{ 由 }j,i\text{ 决定其位置}\end{cases}$$

例 3.1 对下面的非对称矩阵进行因子分解：

$$\boldsymbol{A}=\begin{bmatrix}2 & 7 & 0 & -3\\ 5 & 4 & 0 & 0\\ 0 & 0 & 5 & 0\\ 0 & -2 & 0 & 6\end{bmatrix}$$

解 首先对第一行进行规格化运算并以第一行第一列为轴线对右下角部分进行消去运算($p=1$)，结果是

$$\left[\begin{array}{c:ccc}2 & 3.5 & 0 & -1.5\\ \hdashline 5 & -13.5 & 0 & 7.5\\ 0 & 0 & 5 & 0\\ 0 & -2 & 0 & 6\end{array}\right]$$

然后对第二行重复上述过程($p=2$)，得

$$\left[\begin{array}{cc:cc}2 & 3.5 & 0 & -1.5\\ 5 & -13.5 & 0 & -0.555\\ \hdashline 0 & 0 & 5 & 0\\ 0 & -2 & 0 & 4.889\end{array}\right]$$

最后对 $p=3$，重复上述过程，得

$$\left[\begin{array}{ccc|c} 2 & 3.5 & 0 & -1.5 \\ 5 & -13.5 & 0 & -0.555 \\ 0 & 0 & 5 & 0 \\ \hline 0 & -2 & 0 & 4.889 \end{array}\right]$$

最后得到 $\boldsymbol{A}$ 的分解式为 $\boldsymbol{A}=\boldsymbol{LU}$,其中

$$\boldsymbol{L}=\begin{bmatrix} 2 & & & \\ 5 & -13.5 & & \\ 0 & 0 & 5 & \\ 0 & -2 & 0 & 4.889 \end{bmatrix},\quad \boldsymbol{U}=\begin{bmatrix} 1 & 3.5 & 0 & -1.5 \\ & 1 & 0 & -0.555 \\ & & 1 & 0 \\ & & & 1 \end{bmatrix}$$

在对第一行的消去运算中,由于 a_{14} 和 a_{21} 都是非零元,在 a_{24} 的位置产生了注入元。

另一种因子分解形式是将 $\boldsymbol{A}$ 分解为单位下三角矩阵 $\boldsymbol{L}$、对角线矩阵 $\boldsymbol{D}$ 和单位上三角矩阵 $\boldsymbol{U}$ 的乘积形式:

$$\boldsymbol{A}=\boldsymbol{LDU}$$

和LU分解相对比,两者的 $\boldsymbol{U}$ 矩阵相同,$\boldsymbol{D}$ 矩阵是由LU分解中的矩阵 $\boldsymbol{L}$ 的对角线元素组成的,而这里的单位下三角矩阵 $\boldsymbol{L}$ 和LU分解中的下三角矩阵 $\boldsymbol{L}$ 不同,其对角元素为1,非对角线元素都除以相应列的对角线元素,即按列规格化。当 $\boldsymbol{A}$ 对称时,$\boldsymbol{L}$ 和 $\boldsymbol{U}$ 互为转置。

3.2.3　利用稀疏矩阵因子表求解稀疏线性代数方程组

对于 n 维线性代数方程组

$$\boldsymbol{Ax}=\boldsymbol{b} \tag{3-1}$$

式中,$\boldsymbol{b}$ 称为独立矢量;$\boldsymbol{x}$ 称为解矢量。如果系数矩阵 $\boldsymbol{A}$ 已分解成因子表,即

$$\boldsymbol{A}=\boldsymbol{LDU} \tag{3-2}$$

通过引入两个中间矢量 $\boldsymbol{y}$ 和 $\boldsymbol{z}$,可以用下面的方法求解 $\boldsymbol{x}$:

$$\boldsymbol{Lz}=\boldsymbol{b} \tag{3-3}$$

$$\boldsymbol{Dy}=\boldsymbol{z} \tag{3-4}$$

$$\boldsymbol{Ux}=\boldsymbol{y} \tag{3-5}$$

用式(3-3)求解 $\boldsymbol{z}$ 的过程是前代过程,用式(3-5)求解 $\boldsymbol{x}$ 的过程是回代过程。

1. 前代过程(forward substitution)

如果将 $\boldsymbol{L}$ 分解成一个单位矩阵和一个严格下三角矩阵 $\tilde{\boldsymbol{L}}$ 的和,则式(3-3)可改写成

$$\boldsymbol{z}=\boldsymbol{b}-\tilde{\boldsymbol{L}}\boldsymbol{z}=\boldsymbol{b}-\sum_{i=1}^{n-1}\boldsymbol{l}_i z_i \tag{3-6}$$

式中,$\boldsymbol{l}_i$ 为 $\tilde{\boldsymbol{L}}$ 的第 i 个列矢量。式(3-6)的结构如下:

$$\begin{bmatrix} z_1 \\ z_2 \\ z_3 \\ \vdots \\ z_n \end{bmatrix} = \begin{bmatrix} b_1 \\ b_2 \\ b_3 \\ \vdots \\ b_n \end{bmatrix} - \begin{bmatrix} 0 & & & & \\ l_{2,1} & 0 & & & \\ l_{3,1} & l_{3,2} & \ddots & & \\ \vdots & \vdots & \ddots & 0 & \\ l_{n,1} & l_{n,2} & \cdots & l_{n,n-1} & 0 \end{bmatrix} \begin{bmatrix} z_1 \\ z_2 \\ z_3 \\ \vdots \\ z_n \end{bmatrix}$$

或写成

$$\begin{bmatrix} z_1 \\ z_2 \\ z_3 \\ \vdots \\ z_n \end{bmatrix} = \begin{bmatrix} b_1 \\ b_2 \\ b_3 \\ \vdots \\ b_n \end{bmatrix} - \begin{bmatrix} 0 \\ l_{2,1} \\ l_{3,1} \\ \vdots \\ l_{n,1} \end{bmatrix} z_1 - \begin{bmatrix} 0 \\ 0 \\ l_{3,2} \\ \vdots \\ l_{n,2} \end{bmatrix} z_2 - \cdots - \begin{bmatrix} 0 \\ 0 \\ \vdots \\ 0 \\ l_{n,n-1} \end{bmatrix} z_{n-1} \tag{3-6a}$$

由上式可见，等式右边 z_i 的前乘矢量 $\boldsymbol{l}_i$ 中的前 i 个元素都是零，所以 z_i 只对等式左边矢量 z 的第 $i+1$ 到第 n 个元素有贡献。因此，前代运算应按下标从小到大的次序进行，计算流程如下：

$$\begin{aligned} & \boldsymbol{z} \leftarrow \boldsymbol{b} \\ ① & \begin{cases} \text{loop } i = 1,\cdots,n-1 \\ ② \begin{cases} \text{loop } j = i+1,\cdots,n \\ \qquad z_j = z_j - l_{ji} * z_i \\ \text{end loop} \end{cases} \\ \text{end loop} \end{cases} \end{aligned} \tag{3-6b}$$

进一步考虑 $\boldsymbol{L}$ 的稀疏性，即式(3-6a)中 $\widetilde{\boldsymbol{L}}$ 的第 i 列矢量 $\boldsymbol{l}_i$ 中，行号大于 i 的元素中也有许多是零元，和这些零元进行的运算可以省略。这样，在式(3-6b)的②环中只需扫描 $\boldsymbol{l}_i$ 中的非零元并和 z_i 进行乘法运算，这是稀疏矩阵技术的作法。

另外，在式(3-6b)的外环①中，如果 z_i 是零，则该次循环的运算也可以省略。这种前代考虑了矢量 $\boldsymbol{z}$ 的稀疏性(由矢量 $\boldsymbol{b}$ 决定)，称为快速前代，这是稀疏矢量技术的做法。

考虑矩阵和矢量的稀疏性，重写式(3-6b)的计算流程如下：

$$\begin{aligned} & \boldsymbol{z} \leftarrow \boldsymbol{b} \\ ① & \begin{cases} \text{loop } i = 1,\cdots,n-1 \\ \qquad \text{if } z_i \neq 0 \text{ then} \\ \qquad ② \begin{cases} \text{loop } j = i+1,\cdots,n \\ \qquad \begin{cases} \text{if } l_{ji} \neq 0 \text{then} \\ \qquad z_j = z_j - l_{ji} * z_i \\ \text{end if} \end{cases} \\ \text{end loop} \end{cases} \\ \qquad \text{end if} \\ \text{end loop} \end{cases} \end{aligned} \tag{3-6c}$$

实际应用中，按照排零存储格式直接取出非零元来进行运算，避免了判断元素是否为零。

例 3.2 $\widetilde{\boldsymbol{L}}$ 的结构如下所示，试写出前代过程。

$$\widetilde{\boldsymbol{L}} = \begin{bmatrix} 0 & & & & \\ l_{21} & 0 & & & \\ 0 & 0 & 0 & & \\ 0 & l_{42} & l_{43} & 0 & \\ l_{51} & l_{52} & 0 & l_{54} & 0 \end{bmatrix}$$

解 首先将独立矢量 $\boldsymbol{b}$ 送入 $\boldsymbol{z}$。依次对 $i=1,2,3,4$ 进行前代，有

$$i = 1 \quad \begin{cases} z_2 = z_2 - l_{21} z_1 \\ z_5 = z_5 - l_{51} z_1 \end{cases}$$

$$i = 2 \quad \begin{cases} z_4 = z_4 - l_{42} z_2 \\ z_5 = z_5 - l_{52} z_2 \end{cases}$$

$$i = 3 \quad z_4 = z_4 - l_{43} z_3$$

$$i = 4 \quad z_5 = z_5 - l_{54} z_4$$

通过本例可以注意到以下几点：

(1) $\boldsymbol{z}$ 中下标大的元素不会影响下标小的元素，所以前代运算是从下标小的开始，由前向后的过程；

(2) 计算中只扫描 $\widetilde{\boldsymbol{L}}$ 每列中的非零元，并用它和 $\boldsymbol{z}$ 矢量中相应元素进行前代运算；

(3) 如果前代之前独立矢量 $\boldsymbol{b}$ 是稀疏的，则前代结束后的解矢量 $\boldsymbol{z}$ 也可能是稀疏的，其稀疏性取决于 $\widetilde{\boldsymbol{L}}$ 的稀疏结构和独立矢量 $\boldsymbol{b}$ 中非零元的分布。

2. 除法运算

求解式(3-4)，只需做以下除法运算：

$$y_i = z_i / d_{ii} \quad i = 1,2,\cdots,n \tag{3-7}$$

式中，d_{ii} 为 $\boldsymbol{D}$ 的第 i 个对角元素。很明显，对于 $z_i=0$ 的情况，除法运算可以省略。

3. 回代运算(backward substitution)

将 $\boldsymbol{U}$ 分解为一个单位矩阵和一个严格上三角矩阵 $\widetilde{\boldsymbol{U}}$ 的和，则式(3-5)可以写成

$$\boldsymbol{x} = \boldsymbol{y} - \widetilde{\boldsymbol{U}}\boldsymbol{x} = \boldsymbol{y} - \sum_{j=2}^{n} \boldsymbol{u}_j x_j \tag{3-8}$$

式中，$\boldsymbol{u}_j$ 为严格上三角矩阵 $\widetilde{\boldsymbol{U}}$ 的第 j 个列矢量。式(3-8)的结构为

$$
\begin{bmatrix} x_1 \\ \vdots \\ x_{n-2} \\ x_{n-1} \\ x_n \end{bmatrix} = \begin{bmatrix} y_1 \\ \vdots \\ y_{n-2} \\ y_{n-1} \\ y_n \end{bmatrix} - \begin{bmatrix} 0 & u_{12} & \cdots & u_{1,n-1} & u_{1,n} \\ & 0 & \ddots & \vdots & \vdots \\ & & \ddots & u_{n-2,n-1} & u_{n-2,n} \\ & & & 0 & u_{n-1,n} \\ & & & & 0 \end{bmatrix} \begin{bmatrix} x_1 \\ \vdots \\ x_{n-2} \\ x_{n-1} \\ x_n \end{bmatrix}
$$

或写成

$$
\begin{bmatrix} x_1 \\ \vdots \\ x_{n-2} \\ x_{n-1} \\ x_n \end{bmatrix} = \begin{bmatrix} y_1 \\ \vdots \\ y_{n-2} \\ y_{n-1} \\ y_n \end{bmatrix} - \begin{bmatrix} u_{1,2} \\ 0 \\ \vdots \\ 0 \\ 0 \end{bmatrix} x_2 - \cdots - \begin{bmatrix} u_{1,n-1} \\ \vdots \\ u_{n-2,n-1} \\ 0 \\ 0 \end{bmatrix} x_{n-1} - \begin{bmatrix} u_{1,n} \\ \vdots \\ u_{n-2,n} \\ u_{n-1,n} \\ 0 \end{bmatrix} x_n \tag{3-8a}
$$

由上式可见，右边 x_j 的前乘矢量 $\boldsymbol{u}_j$ 中仅前 $j-1$ 个元素是非零元，所以 x_j 只对左边矢量 $\boldsymbol{x}$ 中前 $j-1$ 个元素有贡献。因此，回代运算应按下标从大到小的次序进行，计算流程如下：

$$\boldsymbol{x} \leftarrow \boldsymbol{y}$$

$$
① \left\{ \begin{array}{l} \text{loop } j = n, \cdots, 2 \\ \quad ② \left\{ \begin{array}{l} \text{loop } i = j-1, \cdots, 1 \\ \quad x_i = x_i - u_{ij} * x_j \\ \text{end loop} \end{array} \right. \\ \text{end loop} \end{array} \right. \tag{3-8b}
$$

进一步考虑 $\boldsymbol{U}$ 的稀疏性，即 $\boldsymbol{u}_j$ 的前 $j-1$ 个元素中只有少数是非零元，所以式(3-8b)内环②中只需扫描 u_{ij} 的非零元进行运算，这是稀疏矩阵技术的作法。

如果 $\boldsymbol{x}$ 中只有少数元素是需要求解的，例如某元素 x_k 需要计算，式(3-8b)的外环①只需扫描到 $k+1$ 即可。这是因为 $j \leqslant k$ 的回代对 x_k 无贡献，而且 $j=n, \cdots, k+1$ 的各步也并非都要计算。因为 $x_n, x_{n-1}, \cdots, x_{k+1}$ 各元素中有些对 x_k 的结果有贡献，有些没有，取决于 $\boldsymbol{u}_n, \boldsymbol{u}_{n-1}, \cdots, \boldsymbol{u}_{k+1}$ 诸矢量中非零元的分布。为了求 x_k，在 $x_n, \cdots, x_{k+1}$ 诸元素中需要计算哪些元素？这一问题后面将专门讨论。这种考虑解矢量稀疏性的方法叫快速回代，是稀疏矢量技术的应用。

考虑矩阵稀疏性和解矢量 $\boldsymbol{x}$ 的稀疏性的回代运算的算法流程如下：

$$\boldsymbol{x} \leftarrow \boldsymbol{y}$$

$$
① \begin{cases} \text{loop } j = n, \cdots, 2 \\ \quad \text{if } x_j \in S \text{ then} \\ \quad ② \begin{cases} \text{loop } i = j-1, \cdots, 1 \\ \quad \begin{cases} \text{if } u_{ij} \neq 0 \text{ then} \\ \quad x_i = x_i - u_{ij} x_j \\ \text{end if} \end{cases} \\ \text{end loop} \end{cases} \\ \quad \text{end if} \\ \text{end loop} \end{cases} \tag{3-8c}
$$

式中,S 为 $\boldsymbol{x}$ 中应当进行回代的元素的集合。

例 3.3 对下面的 $\widetilde{\boldsymbol{U}}$,试写出回代过程。

$$
\widetilde{\boldsymbol{U}} = \begin{bmatrix} 0 & u_{12} & 0 & 0 & u_{15} \\ & 0 & 0 & u_{24} & u_{25} \\ & & 0 & u_{34} & 0 \\ & & & 0 & u_{45} \\ & & & & 0 \end{bmatrix}
$$

解 首先将 $\boldsymbol{y}$ 送入 $\boldsymbol{x}$。依次对 $j=5,4,3,2$ 进行回代,有

$$
j = 5 \quad \begin{cases} x_4 = x_4 - u_{45} x_5 \\ x_2 = x_2 - u_{25} x_5 \\ x_1 = x_1 - u_{15} x_5 \end{cases}
$$

$$
j = 4 \quad \begin{cases} x_3 = x_3 - u_{34} x_4 \\ x_2 = x_2 - u_{24} x_4 \end{cases}
$$

$j = 3$ 因 u_{23}, u_{13} 都是零,此步回代跳过

$$
j = 2 \quad x_1 = x_1 - u_{12} x_2
$$

通过此例可以注意到以下几点:

(1) $\boldsymbol{x}$ 中下标小的元素不会影响下标大的元素,所以回代运算是从下标大的元素开始,由后向前的过程。

(2) 计算中,只扫描 $\boldsymbol{u}_j$ 中的非零元和 $\boldsymbol{x}$ 矢量中的相应元素进行乘法运算。

(3) 如果只需要求解一个元素 x_2,可以省略上面的某些计算步。首先,j 等于 2 和 3 的两步都可省略,因为它们对 x_2 无影响。在 $j=4$ 步中,x_2 受 x_4 影响,在

$j=5$ 步中，x_2 和 x_4 受 x_5 影响，所以，只需进行以下几步回代运算：

$$j=5 \quad \begin{cases} x_4 = x_4 - u_{45}x_5 \\ x_2 = x_2 - u_{25}x_5 \end{cases}$$

$$j=4 \quad x_2 = x_2 - u_{34}x_4$$

而其他步都可省略。$j=5$ 这步中，需要对 x_4 修正，因为在后续的 $j=4$ 这步中，x_4 会对 x_2 产生影响。对于哪些计算步是必需的，哪些计算步可省略，这一问题后面将专门讨论。

3.3 稀疏矩阵技术的图论描述

在电力网络分析中，线性代数方程组的系数矩阵的稀疏结构和网络的拓扑结构相对应，例如，节点导纳矩阵的非对角非零元和网络中的串联支路有一一对应的关系。导纳矩阵的稀疏结构可以用图来描述，而且稀疏矩阵的因子表的稀疏结构也可以用图来描述。在因子分解过程中，矩阵的稀疏结构将发生变化，相应的图结构也发生变化。为了更形象地说明稀疏技术的操作过程和稀疏技术的原理，本节利用网络图对稀疏矩阵的因子分解和对稀疏矢量的前代回代过程进行分析。本节主要讨论对称矩阵的情况，主元消去限制在对角元上。

3.3.1 基本定义和术语

令矩阵 $\boldsymbol{A}$ 是对称矩阵，例如，矩阵 $\boldsymbol{A}$ 中非零元的分布是

$$\begin{array}{cccccccccccc} 1 & 2 & 3 & 4 & 5 & 6 & 7 & 8 & 9 & 10 & 11 & 12 \end{array}$$

$$\boldsymbol{A} = \left(\begin{array}{cccccccccccc} \bullet & & & & & & \bullet & & & & & \bullet \\ & \bullet & & & \bullet & & & & \bullet & & & \\ & & \bullet & & & \bullet & & & \bullet & & & \\ & & & \bullet & & & \bullet & & & \bullet & & \\ & & & & \bullet & & & & & & & \bullet \\ & & & & & \bullet & & & & \bullet & & \\ & & & & & & \bullet & & & & & \\ & & & & & & & \bullet & \bullet & & \bullet & \\ & & & & & & & & \bullet & & & \\ & & & & & & & & & \bullet & \bullet & \\ & & & & & & & & & & \bullet & \bullet \\ & & & & & & & & & & & \bullet \end{array}\right) \begin{array}{c} 1 \\ 2 \\ 3 \\ 4 \\ 5 \\ 6 \\ 7 \\ 8 \\ 9 \\ 10 \\ 11 \\ 12 \end{array} \qquad (3\text{-}9)$$

因为 $\boldsymbol{A}$ 是对称矩阵，所以上面只画出上三角部分。矩阵 $\boldsymbol{A}$ 中非零元的分布可以用一个网络图来描述，如图 3.1(a)所示。

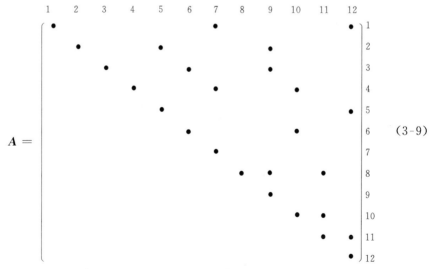

A 的因子表矩阵为 $\boldsymbol{A}=\boldsymbol{U}^{\mathrm{T}}\boldsymbol{D}\boldsymbol{U}$，$\boldsymbol{U}$ 中非零元的分布是

$\boldsymbol{U}=$　　(3-10)

	1	2	3	4	5	6	7	8	9	10	11	12
1	●						●					●
2		●			●				●			
3			●			●			●			
4				●			●			●		
5					●				○			●
6						●			○	●		
7							●			○		○
8								●	●		●	
9									●	○	○	○
10										●	●	○
11											●	●
12												●

式中，"○"表示在因子分解过程中新产生的元素，称为注入元素。矩阵 **U** 中的非零元的分布也可以用一个网络图来描述，如图 3.2(b)所示。

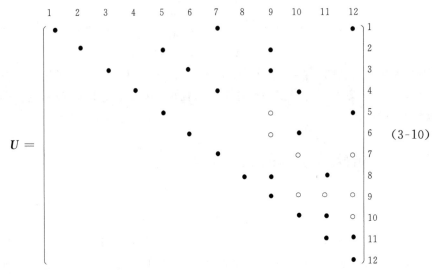

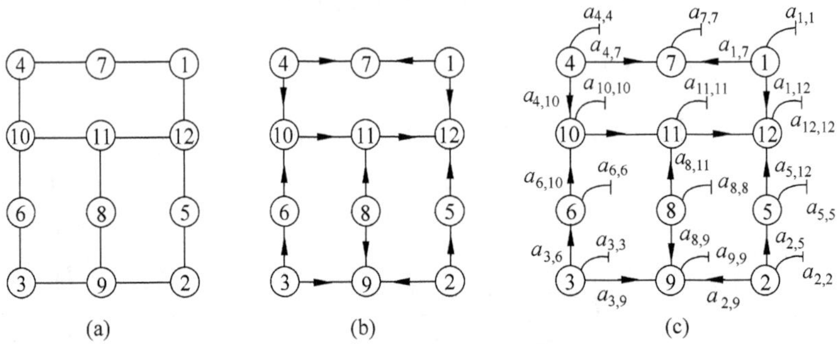

图 3.1　和矩阵 **A** 有关的图

(a) *A* 图；(b) 有向 *A* 图；(c) 赋权有向 *A* 图

为了说明如何进行图上因子分解，先给出以下几个定义：

A 图，是和矩阵 **A** 有相同拓扑结构的网络图。

有向 A 图，对给定的 *A* 图及节点编号，规定每条边的正方向都是由小号节点指向大号节点，由此而形成的有向图。

赋权有向 A 图，在有向 *A* 图上，将 **A** 的非对角非零元所对应的边称为互边，并将该边的权赋之以该非零元的值。将 **A** 的对角元素用在有向 *A* 图上的接地边模拟，称之为自边，并赋之以该对角元素的值。这样得到的有向 *A* 图称之为赋权有向 *A* 图。

例如，式(3-9)的 $\boldsymbol{A}$ 所对应的 A 图、有向 A 图和赋权有向 A 图如图 3.1 的(a)，(b)，(c)所示。可以看到，赋权有向 A 图中已保存了矩阵 $\boldsymbol{A}$ 中的所有信息。

按同样的方式，可以用图来描述因子表 $\boldsymbol{U}$。

因子图，是和因子表矩阵 $\boldsymbol{U}$ 有相同拓扑结构的网络图。

有向因子图，在因子图上规定每条边的正方向都是由小号节点指向大号节点，这样形成的有向图。

赋权有向因子图，在有向因子图上，将和矩阵 $\boldsymbol{U}$ 的上三角非零元所对应的边称为互边，并赋之以该非零元的值。将对角线矩阵 $\boldsymbol{D}$ 的对角元素用在有向因子图上的接地边模拟，称之为自边，并赋之以该对角元素的值。这样得到的有向因子图称之为赋权有向因子图。

例如，式(3-10)的因子表所对应的因子图、有向因子图和赋权有向因子图分别如图 3.2(a)，(b)，(c)所示。可见，赋权有向因子图中已保存了因子表矩阵 $\boldsymbol{U}$ 和 $\boldsymbol{D}$ 的所有信息。

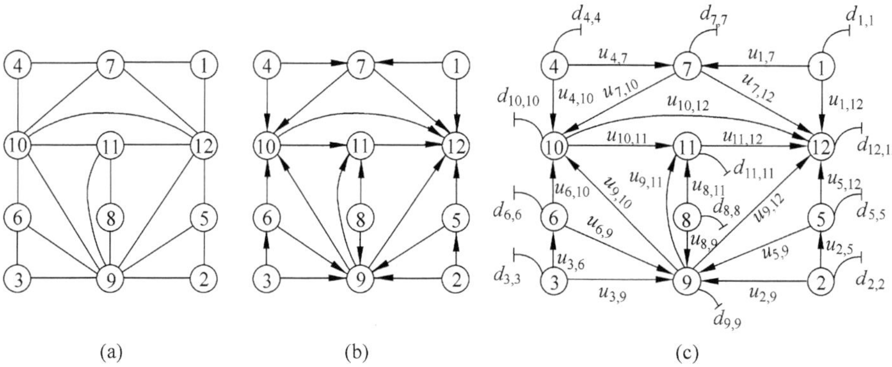

图 3.2 和因子表矩阵 $\boldsymbol{U}$ 和 $\boldsymbol{D}$ 有关的图

(a) 因子图；(b) 有向因子图；(c) 赋权有向因子图

将对称矩阵 $\boldsymbol{A}$ 因子分解为 $\boldsymbol{A}=\boldsymbol{U}^{\mathrm{T}}\boldsymbol{D}\boldsymbol{U}$，实际上就是要将图 3.1(c)的赋权有向 A 图变成图 3.2(c)的赋权有向因子图，这一过程称为图上因子分解。注意，两者的结构不同，后者互边的数目较前者多，而且两者的边权也不同。下面考察如何进行图上的因子分解。

3.3.2 因子分解过程的图论描述

因子分解过程是按节点号顺序由小到大依次进行的，每步计算中要消去下三角部分的非零非对角元，包括规格化运算和消去运算两个主要步，因此在图上也有相应的描述。

1. 规格化运算

由于 **A** 是对称矩阵，对其第 p 行的规格化只需要对上三角部分中的第 p 行非零元进行。以图 3.3 为例说明。第 p 步因子分解需规格化的三个元素的列号分别是 j,k,l，则有

$$a_{pi} = a_{pi}/a_{pp} \quad i(=j,k,l) > p \tag{3-11}$$

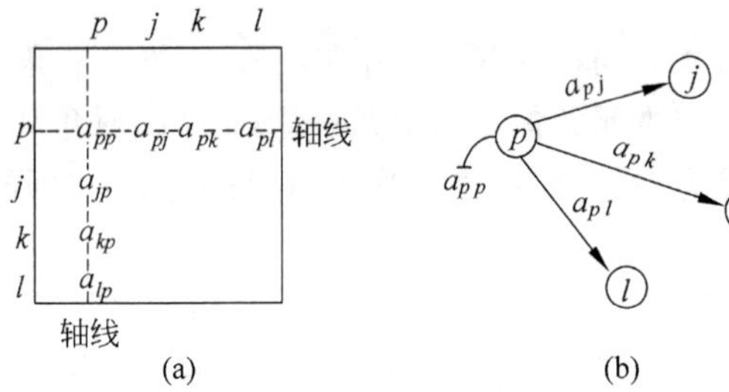

图 3.3　对第 p 行元素的规格化运算

在赋权有向 A 图上，相当于对节点 p 发出的所有互边的边权加以修正，新的边权等于原边权除以节点 p 的自边边权。这种操作不改变互边的数目。

2. 消去运算

取第 p 行第 p 列为轴线。第 p 步的消去运算实际上是要对处于轴线上的非零元所在的行列相交叉的位置上的元素(包括零元素)进行消去运算。例如图 3.4 中要对处于第 p 行第 p 列上的非零元所在的 j,k,l 行和 j,k,l 列相交叉的位置上的共 9 个元素进行消去运算，在图中用划“×”表示，其中带“○”者表示消去前已经存在的非零元。9 个元素中 3 个是对角元素，6 个是非对角元素。在对称的情况下，只需对 3 个对角元素和 3 个非对角元素进行消去运算。

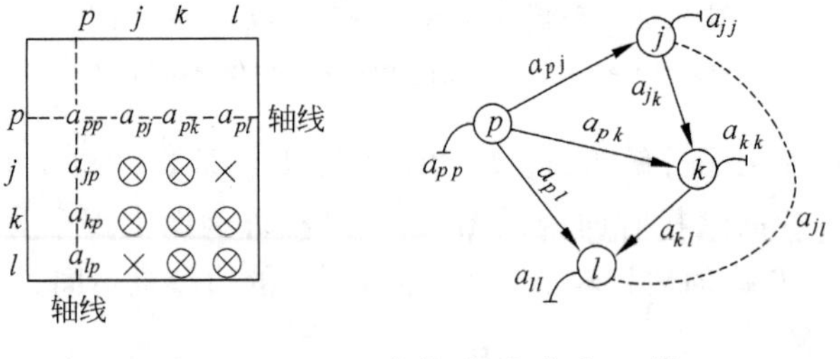

图 3.4　以 p 为轴线的消去运算

首先应对对角元进行修正，修正公式是

$$a_{ii} = a_{ii} - a_{ip}a_{pi} \quad i(=j,k,l) > p \tag{3-12}$$

因为在消去运算之前已对 a_{pi} 用式(3-11)进行过规格化运算，由矩阵的对称性知上三角部分的元素 a_{pi} 与下三角部分的元素 a_{ip} 有如下关系：

$$a_{ip}=a_{pi}a_{pp} \tag{3-13}$$

所以当存储的是上三角部分元素时，应采用的修正公式为

$$a_{ii}=a_{ii}-a_{pi}^2a_{pp} \quad i(=j,k,l)>p \tag{3-14}$$

在赋权有向 A 图上，就是对节点 p 发出的边的收点 j,k,l 上的自边边权按式(3-14)进行修正。

除对角元外，还应对上三角部分的非零元 a_{jk}，a_{jl}，a_{kl} 进行修正，修正公式是

$$a_{im}=a_{im}-a_{ip}a_{pm} \quad i<m;p<i,p<m$$
$$i,m \text{ 从 } j,k,l \text{ 中取值}$$

同样因为只存储 **A** 的上三角部分，下三角部分的元素 a_{ip} 应该用上三角部分的元素 a_{pi} 代替，利用式(3-13)有

$$a_{im}=a_{im}-a_{pi}a_{pm}a_{pp}, \quad i<m,p<i,p<m \quad i,m \text{ 从 } j,k,l \text{ 中取值} \tag{3-15}$$

在图 3.4 中，相当于在节点 p 发出的边中任取两边，其收点所夹的边的边权应被修正，该边权应减少的数值是 p 点发出的两个边的边权与 p 点自边边权三者的乘积。由此可见：式(3-14)给出的修正可看作式(3-15)的一种特殊情况，式(3-14)相当于式(3-15)中节点 p 发出的两条边重合，即发出两条同样的边(p,i)，被夹住的边为(i,i)，它是节点 i 的自边。在消去运算中修正后的互边若边权变为零，仍应保留之。

如果节点对之间原来无边，例如图 3.4 中节点对 j,l 之间原来无边，消去运算后会产生新边，这和因子分解过程产生注入元素相对应。新边的方向为从小节点号指向大节点号。

对节点 p 进行消去运算后，节点 p 的自边和从其发出的互边不再参与后面的消去运算，可以对其遮盖。当对所有节点都做完规格化和消去运算后，打开遮盖，原来的赋权有向 A 图就变成赋权有向因子图。

3. 算法流程

上述图上因子分解过程可以总结如下。在赋权有向 A 图上按节点号由小到大的顺序(例如对节点 p)执行下面的操作：

(1) 对节点 p 发出的互边将其边权除以节点 p 的自边边权；

(2) 对节点 p 发出的互边的收点，将该点上的自边边权减去该互边边权平方乘以节点 p 上的自边边权；

(3) 对节点 p 发出的所有互边，这些互边两两之间所夹的互边边权应减去两条相夹边边权与节点 p 的自边边权三者乘积。操作前被夹节点对之间无边的情况应视为有一条零权值边。

当执行完上面的操作后，原来的赋权有向 A 图就变成了赋权有向因子图。

例 3.4 对图 3.5(a)所示的 **A** 矩阵其赋权有向 A 图如图 3.5(b)所示。试对

它进行图上因子分解并求出其赋权有向因子图。

解 按节点号由小到大的顺序进行计算。

(1) 对节点①的运算。它发出两条边(1,2)和(1,4)。规格化运算和消去运算的过程如下：

$$a_{12} = a_{12}/a_{11} = -1/2 = -0.5$$

$$a_{14} = a_{14}/a_{11} = -1/2 = -0.5$$

$$a_{22} = a_{22} - a_{12}^2 a_{11} = 2 - (-0.5)^2 \times 2 = 1.5$$

$$a_{44} = a_{44} - a_{14}^2 a_{11} = 4 - (-0.5)^2 \times 2 = 3.5$$

$$a_{24} = a_{24} - a_{12} a_{14} a_{11} = 0 - (-0.5) \times (-0.5) \times 2 = -0.5$$

为清晰起见，将和节点①相连的边(1,2)、(1,4)和自边用虚线表示，示于图3.5(c)。

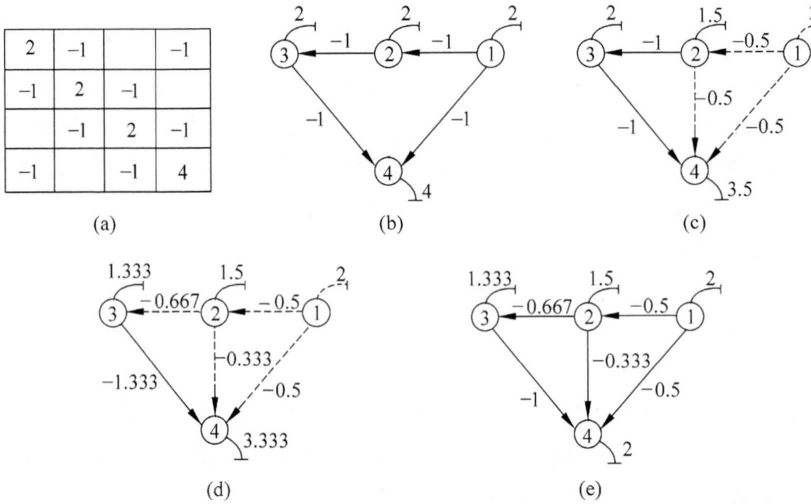

图3.5 图上因子分解的例

(a) **A**矩阵；(b) 赋权有向*A*图；(c) 对节点①因子分解；(d) 对节点②因子分解；(e) 对节点③因子分解

(2) 对节点②的运算。它发出的边有两条，为(2,3)和(2,4)。规格化运算和消去运算过程如下：

$$a_{23} = a_{23}/a_{22} = (-1)/1.5 = -0.667$$

$$a_{24} = a_{24}/a_{22} = (-0.5)/1.5 = -0.333$$

$$a_{33} = a_{33} - a_{23}^2 a_{22} = 2 - (-0.667)^2 \times 1.5 = 1.333$$

$$a_{44} = a_{44} - a_{24}^2 a_{22} = 3.5 - (-0.333)^2 \times 1.5 = 3.333$$

$$a_{34} = a_{34} - a_{23} a_{24} a_{22} = -1 - (-0.667) \times (-0.333) \times 1.5 = -1.333$$

将和节点②相连的边(2,3)和(2,4)以及自边用虚线表示,画在图 3.5(d)。

(3) 对节点③的运算。它发出的边只有一条,为(3,4)。规格化运算和消去运算是

$$a_{34}=a_{34}/a_{33}=-1.333/1.333=-1$$

$$a_{44}=a_{44}-a_{34}^2a_{33}=3.333-(-1)^2\times 1.333=2$$

将和节点③相连的边(3,4)用虚线表示,最后也将和节点④相连的自边用虚线表示。这时图上的因子分解全部完成,再将虚线改为实线,得到图 3.5(e)所示的赋权有向因子图,并可以写出其因子表如下:

$$\boldsymbol{A}=\boldsymbol{U}^{\mathrm{T}}\boldsymbol{D}\boldsymbol{U}$$

$$=\begin{bmatrix}1&&&\\-0.5&1&&\\&-0.667&1&\\-0.5&-0.333&-1&1\end{bmatrix}\begin{bmatrix}2&&&\\&1.5&&\\&&1.333&\\&&&2\end{bmatrix}\begin{bmatrix}1&-0.5&&-0.5\\&1&-0.667&-0.333\\&&1&-1\\&&&1\end{bmatrix}$$

分析以上介绍的图上因子分解过程可以看到:每步操作在图上都是对某节点 p 发出的边以及这些边所夹的边进行的,这实际上和矩阵 $\boldsymbol{A}$ 中第 p 行的非零元相对应。图上因子分解所进行的操作都是有效操作,是稀疏矩阵因子分解需要进行的最基本的操作。整个过程并未涉及任何无效操作,例如未涉及任何和零元的乘法运算。这是因为矩阵中的零元,在赋权有向 A 图中没有边与之对应。在图上进行因子分解,可以使读者对稀疏矩阵的作用机理有一个更为形象,更为直观的理解和认识,并确保编写出正确、高效、简练的计算程序。

3.3.3 前代回代过程的图论描述

和前述图上因子分解过程相似,也可以在图上进行求解线性代数方程组的前代回代操作,这种分析方法有助于对稀疏矩阵和稀疏矢量技术有一个更为直观形象的理解。

1. 前代过程

对于 $\boldsymbol{A}$ 是对称矩阵的情况,式(3-2)中因子表矩阵 $\boldsymbol{L}$ 和 $\boldsymbol{U}$ 互为转置,前代运算公式(3-6c)中的 l_{ji} 可用 u_{ij} 代替。假定已将独立矢量 $\boldsymbol{b}$ 赋值到工作矢量 $\boldsymbol{z}$ 中。前代计算从小号点到大号点依次进行。对第 i 步前代,将式(3-6c)内环取出有

$$
② \left\{\begin{array}{l}
\text{loop } j = i+1,\cdots,n \\
\quad \left\{\begin{array}{l}
\text{if } u_{ij} \neq 0 \text{ then} \\
\qquad z_j = z_j - u_{ij} z_i \\
\text{end if}
\end{array}\right. \\
\text{end loop}
\end{array}\right.
$$

仔细分析这段程序可看到以下两点：第一，下标 $j>i$，表明边是由小号节点指向大号节点；第二，$u_{ij}\neq 0$，即表示是上三角矩阵 $\boldsymbol{U}$ 中的非零元。将这段程序和赋权有向因子图联系起来，$u_{ij}\neq 0$ 就表示赋权有向因子图上节点 i,j 之间有边，$u_{ij}=0$ 表示在图上不出现边。

如果把 z_i 定义为赋权有向因子图上的点位，用 e_i 表示；赋权有向因子图上的互边的边权是 u_{ij}，则上面的程序可写成

$$e_j = e_j - u_{ij} e_i \qquad i<j, j\in i \tag{3-16}$$

条件 $i<j,j\in i$ 表示 u_{ij} 是从节点 i 发出的边的边权，这就隐含了 $u_{ij}\neq 0$ 这一条件。

线性代数方程组中独立矢量或解矢量中的非零元可用赋权有向因子图上节点的点位来描述，而前代过程可在赋权有向因子图上用点位的变化来描述。首先，在赋权有向因子图上，将每个节点的点位赋以独立矢量 $\boldsymbol{b}$ 中相应的非零元的值。然后在赋权有向因子图上按节点号 i 从小到大顺序依次按式(3-16)修正该节点 i 发出边的收端节点 j 的点位，收端节点 j 的点位减小 $u_{ij}e_i$。该过程一直进行到所有节点都扫描完。如果节点 i 的点位为零，上述修正不需要做。这一过程结束后，因子图上的点位就是前代后的结果。

2. 规格化过程

参考式(3-7)，将前代结束后节点 i 的点位 e_i 除以赋权有向因子图上节点 i 的自边边权，即得规格化的结果，其算式为

$$e_i = e_i / d_{ii} \tag{3-17}$$

3. 回代过程

参考式(3-8c)，令赋权有向因子图上的点位是经过前代和规格化后的值。在此图上节点号 j 从 n 开始，由大到小，对所有指向 j 的边其发端节点 i 的点位按下式进行修正：

$$e_i = e_i - u_{ij} e_j \qquad i<j, i\in j \tag{3-18}$$

当所有节点的点位都修正完后，回代过程结束。

也可以换一种说法：将赋权有向因子图上所有边反向，然后按节点号从大到小顺序像前代计算过程一样按箭头方向去修正收点点位。

4. 总的计算流程

总结以上过程，图上的前代回代计算步骤如下：

(1) 将独立矢量 $\boldsymbol{b}$ 的非零元赋值为赋权有向因子图上的点位；

(2) 扫描 i 从 1 到 $n-1$，用式(3-16)修正节点 i 发出的边的收端节点 j 的点位；

(3) 对所有节点用式(3-17)对点位规格化；

(4) 扫描 j 从 n 到 2，对所有指向节点 j 的边的发端节点 i，用式(3-18)修正其点位。

以上过程结束后，赋权有向因子图上的节点点位就是前代回代的结果。

在前代过程中，某节点 i 的点位是零时，该步前代计算可以省略，即式(3-16)只需对 $e_i \neq 0$ 的节点进行计算，但应注意前代开始前点位是零的节点在前代进行过程中也可能会变成非零。式(3-17)的规格化计算也只在点位不等于零的节点上进行。在回代过程中，某点 i 的点位只受到由该点发出的边的收点 j 的点位的影响，这些收点 j 的点位，又受到它们各自发出的边的收点的点位的影响，以此类推。所以，从某节点 i 沿图上箭头方向搜索直到根节点 n，就可以找到影响该节点 i 的点位的所有节点。就研究节点 i 的点位而言，只需要进行影响该节点 i 的点位的节点上的回代，其他节点的回代可以省略。因此，如果解矢量 $\boldsymbol{x}$ 中只需要求解少数几个元素，可以用这一原理在图上找到影响这几个元素的节点，回代计算只对这些节点的点位进行。这些原理构成了后面将要介绍的稀疏矢量法的基础。

例 3.5　在例 3.4 中的赋权有向因子图上进行前代回代。已知独立矢量是 $\boldsymbol{b}=[0\quad 1\quad 0\quad 0]^{\mathrm{T}}$。

解　在图 3.6(a)中画出赋权有向因子图和点位，只有节点②的点位为 1，其余都是 0。

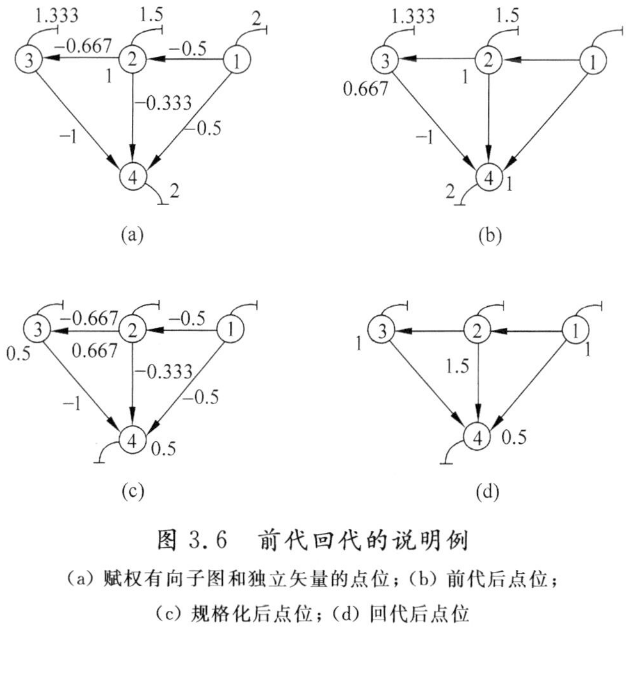

图 3.6　前代回代的说明例

(a) 赋权有向子图和独立矢量的点位；(b) 前代后点位；

(c) 规格化后点位；(d) 回代后点位

(1) 前代过程。按节点号由小到大顺序搜索点位不是零的节点进行运算。节点①点位为零不用计算。对节点②进行前代运算。节点②发出两条边，即(2,3)和(2,4)。利用式(3-16)有

$$e_3 = e_3 - u_{23}e_2 = 0-(-0.667)\times 1 = 0.667$$

$$e_4 = e_4 - u_{24}e_2 = 0-(-0.333)\times 1 = 0.333$$

再做节点③，它只发出一条边(3,4)，则

$$e_4 = e_4 - u_{34}e_3 = 0.333-(-1)\times 0.667 = 1$$

前代结束后点位示于图3.6(b)。节点②，③，④的点位不等于零。

(2) 规格化过程。点①的点位是零，只需利用式(3-17)对点②，③和④规格化，有

$$e_2 = e_2/d_{22} = 1/1.5 = 0.667$$

$$e_3 = e_3/d_{33} = 0.667/1.333 = 0.5$$

$$e_4 = e_4/d_{44} = 1/2 = 0.5$$

规格化后的点位示于图3.6(c)。

(3) 回代过程。按节点号由大到小做。以节点④为收点的边有三条，为(3,4)，(2,4)，(1,4)。用式(3-18)修正指向节点④的边的发点的点位，有

$$e_3 = e_3 - u_{34}e_4 = 0.5-(-1)\times 0.5 = 1$$

$$e_2 = e_2 - u_{24}e_4 = 0.667-(-0.333)\times 0.5 = 0.834$$

$$e_1 = e_1 - u_{14}e_4 = 0-(-0.5)\times 0.5 = 0.25$$

以节点③为收点的边只有一条(2,3)，修正发点②的点位

$$e_2 = e_2 - u_{23}e_3 = 0.834-(-0.667)\times 1 = 1.5$$

以节点②为收点的边只有一条(1,2)，修正发点①的点位

$$e_1 = e_1 - u_{12}e_2 = 0.25-(-0.5)\times 1.5 = 1$$

最后的点位如图3.6(d)所示。这组点位就是前代回代的结果

$$\boldsymbol{x} = [1 \quad 1.5 \quad 1 \quad 0.5]^{\mathrm{T}}$$

3.3.4　不对称稀疏矩阵的处理

在前面的分析中，假定式(3-1)所示的线性代数方程组的系数矩阵 $\boldsymbol{A}$ 是对称的，该对称性隐含了矩阵 $\boldsymbol{A}$ 既是稀疏结构对称的，也是数值对称的，后面要介绍的快速分解潮流计算中遇到的矩阵就是这种类型。

在电力系统分析中经常遇到的另一情况是矩阵 $\boldsymbol{A}$ 具有对称的稀疏结构，但数值不对称。后面要介绍的牛顿法潮流计算即针对这种情况。此种情况的处理方式与系数矩阵 $\boldsymbol{A}$ 对称时的情况是相似的。在将 $\boldsymbol{A}$ 按式(3-2)分解成因子表时，$\boldsymbol{L}$ 和 $\boldsymbol{U}$ 由于数值不对称，在因子分解过程中必须全部保留下来，并用 $\boldsymbol{L}$ 进行前代运算，用 $\boldsymbol{U}$ 进行回代运算。对这种情况，赋权有向 A 图中每条边可用一对双元组来表示，

双元组中的一个数代表 **A** 的下三角元素，另一个数代表 **A** 的上三角元素。图上因子分解过程中，赋权有向因子图的每条边也用一对双元组来表示，一个数代表 **L** 中的下三角元素，另一个数代表 **U** 中的上三角元素。

还有一种情况是矩阵 **A** 是稀疏结构不对称的。对这种情况，有两种处理方法。其一是在矩阵 **A** 的适当位置补充零元素，将其化为稀疏结构对称的形式，而后用前述方法处理。另一方法是采用基于赋权双向因子图的方法来处理，其主要思路是对下三角矩阵和上三角矩阵分别用两个图描述，此处从略。可以采用与对称矩阵处理相类似的分析方法。有关不对称稀疏矩阵的处理均留作习题。

3.3.5 计算代价的分析

通过图上因子分解和前代回代，已经对因子分解和前代回代的过程有了比较清晰的认识，进而可以对其计算代价做一些分析。

下面以对称矩阵 **A** 的情况为例，分析其因子分解过程的计算量。令有向 A 图上的互边的边数是 b，自边的边数是 n，有向因子图上的互边的边数是 τ，自边的边数仍是 n。$\tau-b$ 是因子分解过程中产生的注入元素数。注入元素（或因子图上的新边）的多少不但和导纳图本身有关，也和导纳图的节点的编号顺序有关。有关的计算量可做如下估计。

(1) 用式(3-11)进行的规格化是对每一节点发出的边进行的，所以总乘法次数等于有向因子图上的互边边数，其值为 τ。

(2) 消去运算。令节点 p 发出的边有 K_p 条。对于节点 p，用式(3-14)所进行的对自边的消去运算有 K_p 次。用式(3-15)进行的对互边的消去运算有 $C_{K_p}^2$ 次，即 K_p 中取 2 个的组合数。因为式(3-14)和式(3-15)中消去运算每次有两次乘法，故总的乘法次数为

$$2(K_p + C_{K_p}^2) = 2\left(K_p + \frac{K_P(K_P-1)}{2}\right) = K_p + K_p^2$$

p 取值为从 1 到 $n-1$，故总乘法次数为

$$\sum_{p=1}^{n-1}(K_p + K_p^2) = \tau + \sum_{p=1}^{n-1}K_p^2$$

这里用到公式

$$\sum_{p=1}^{n-1}K_p = \tau$$

(3) 整个因子分解的乘法次数为

$$2\tau + \sum_{p=1}^{n-1}K_p^2 \tag{3-19}$$

由式(3-19)可见，在有向因子图上只要节点发出边数 K_p 不随节点数的增加而增

加，那么整个因子分解的计算量随 τ 呈线性关系增加。实际上，K_p 随节点数增加而略有增加，因此因子分解的计算量随节点数略呈超线性增加。

对于电力网，其导纳矩阵对应的有向 A 图的边数 b 一般不大于 $1.5n$，因子图的边数 τ 约为 $2.5n$。如果在因子图中每个节点发出的边其平均数为4，则式(3-19)求和项的值大约为 $16n$，这时总的计算量约为 $21n$ 次乘除。

对前代回代过程，最大乘除次数均为 τ，对规格化为 n，总数为 $2\tau+n$，约为 $6n$ 次乘除。

3.4　稀疏矢量法

由图上因子分解过程可知，每一步的规格化运算和消去运算，都是在与某点相连的边上进行的，这在矩阵中相当于以某行(某列)为轴线，只取用轴线上的非零元以及只在轴线行列上的非零元相交叉的位置上进行运算。排零存储和排零计算在图上是显而易见的。这是稀疏矩阵的情况。

下面讨论稀疏矢量的情况。在前代过程开始前，如果独立矢量 $\boldsymbol{b}$ 中只有少数非零元，即图上只有少数节点的点位不是零，大多数节点的点位都是零，则由图上的前代过程可知，前代中对零点位的点进行的前代操作是多余的，可以省略。在回代过程中，如果只对解矢量 $\boldsymbol{x}$ 中的少数几个元素感兴趣，即只取用回代后点位中少数感兴趣的节点的点位，则在回代过程中与这些待求点位无关的回代操作也是多余的，可以省略。在前代回代中，哪些计算步是必不可少的，哪些计算步是多余的，这是稀疏矢量法要解决的问题。稀疏矢量法[30,31]充分开发了前代回代过程中矢量的稀疏性，避免不必要的计算，进一步提高了计算速度。

3.4.1　有关稀疏矢量法的几个定义

稀疏矢量法的关键技术在于明确地指明在前代回代过程中那些必不可少的计算步。利用3.3节介绍的有向因子图作为工具，首先给出因子分解道路的概念，它指明了前代回代所经过的路径。本节主要讨论对称矩阵的情况，其方法也很容易推广到稀疏结构不对称的情形。

下面给出几个与稀疏矢量法有关的概念。

稀疏独立矢量，一个给定的只有少量非零元的独立矢量，其余元素都是零。

稀疏解矢量，一个只有少数元素待求的解矢量，其余元素我们并不关心。

道路树，在有向因子图上，从每个节点发出的边中取收点号最小的边作为树边，这样得到的有向树。在由连通的有向 A 图形成的有向因子图上，其道路树的根节点只有一个。

点的路，在道路树上该点沿道路树到树根所经过的路径，它是道路树的一个子集。

点集的路集，是该点集中所有点的路的并集。

将图 3.2(b)的有向因子图重画在图 3.7(a)，其道路树如图 3.7(b)所示。其中节点①的道路是节点集{1,7,10,11,12}，如图 3.7(c)所示。点集{1,4,8}的道路集是点集{1,4,7,8,9,10,11,12}，如图 3.7(d)所示。

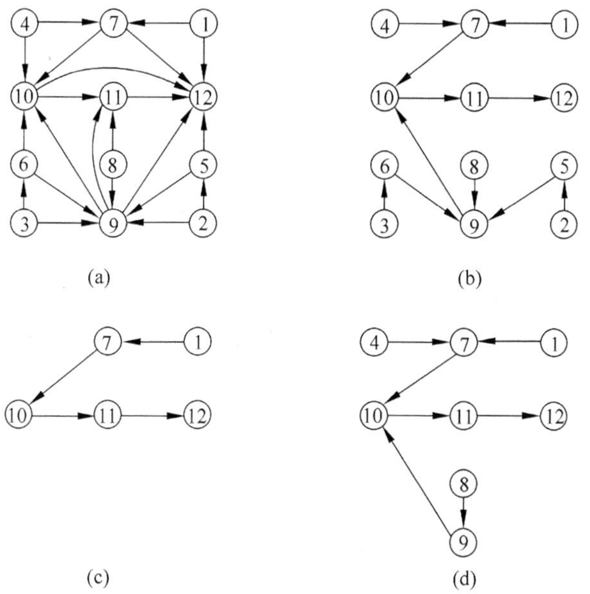

图 3.7 道路树、道路和点集的路集

(a) 有向因子图；(b) 道路树；(c) 点①的路；(d) 点集①，④，⑧的路集

3.4.2 稀疏矢量法中的几个性质和定理

下面给出因子分解道路的有关性质。

性质 1 有向因子图上任一点发出的边的收点必在该点的道路上。

这个性质是显然的。当某一节点发出的边是树边时，树边的收点自然在该点的道路上。当发出的边不是树边时，该边必然在道路树上闭合一个回路，该边的收点仍在该点的道路上。

例如图 3.7 中节点⑧发出的边是树边(8,9)时，节点⑨自然在点⑧的道路上。若发出的边是(8,11)时，该边将闭合一个回路，⑧→⑨→⑩→⑪到⑪，点⑪仍在点⑧的道路上。

性质 2 有向因子图上任何边的两个端节点的路集就是其中编号小的节点的道路。

这可由性质 1 直接推论出来。

性质3 如果有向因子图中任何一组点集中的节点对之间都有边，则该点集的路集就是该点集中编号最小的节点的道路。

因该点集中的点两两之间都有边，由性质2知每条边的大号节点在小号节点的道路上，所以这些节点都在点集中最小号节点的道路上。例如在图3.7(a)上，节点③，⑥，⑨两两节点之间都有边，所以点⑥，⑨都在点③的道路上。

有了以上性质，考察前代运算在有向因子图上的操作过程，有如下定理。

定理3.1 在有向因子图上，前代运算只在稀疏独立矢量中非零元点集的路集上进行。

证明 如果 $\boldsymbol{b}$ 中只有一个非零元，前代开始时赋权有向因子图上只有一个节点的点位非零，因为前代只影响该点发出边的收点的点位，而发点号小于所有收点的号。由性质1，这些收点必在该发点的道路上。对这些收点，每一个都重复应用性质1，可见所有前代中执行操作的点都在这个点的道路上。

如果 $\boldsymbol{b}$ 中有多于一个非零元，每个非零元的道路的并集构成该非零元点集的道路集，所以对该点集中的任何一个的前代运算，要执行的操作都在该点集的路集上。

对于后一情况，由于对小号点的前代将影响路集上大号点的点位值，而大号点的前代不会影响小号点的点位，所以前代运算应按路集中一定的节点号顺序准则进行。

定理3.2 路集上任一点的前代运算必须在路集上比该点编号小且其道路经过该点的点的前代完成之后才能进行，而路集中分支点以上的几条路先做哪个没有关系。

例如图3.7(d)中给出了点集①，④，⑧的路集。由定理3.2，必须在点①，④，⑦，⑧，⑨上的前代都做完后才能做点⑩的前代。点⑩是分支点。分支点以上几条路既可先做点⑧，⑨，⑩再做点①，④，⑦，⑩，也可先做①，④，⑦，⑩后做⑧，⑨，⑩。点⑦也是分支点，先做①，⑦或先做④，⑦都是可以的，但只有①，④的前代都做完后才能做点⑦的前代。

回代过程的分析方法类似。对某点的回代运算只会影响以该点为收点的边的发点处的点位，例如图3.7(d)对点⑦的回代只会影响点①和点④的点位值。换言之，某发点的点位将受到该点发出的边的收点处所进行的回代运算的影响。例如图3.7(a)中发点①的点位将受收点⑦和收点⑫处进行的回代的影响。假设点①的点位是待求的，因为点①的点位受点⑦、点⑫处的回代的影响，而点⑦的点位受点⑩、点⑫处的回代的影响，……，以此类推。最后可以看出，点①的位只受在点①，⑦，⑩，⑪，⑫（即点①的道路）上的回代的影响。如果最终多个点的点位待求，这些点组成节点集，则回代过程中只有该点集的路集上的回代运算是必要的，不在该路集上的回代运算可省略，于是有以下定理。

定理 3.3 在有向因子图上，回代运算只在稀疏解矢量的待解元素的点集的路集上进行。

例如图 3.7(a)中要求点①的位，回代运算应在点①的路集，即沿⑫→⑪→⑩→⑦→①进行。若要求点集①，④，⑧三个点的位，就应在图 3.7(d)所示的路集上进行回代。

在有向因子图上，大号点的回代可能会影响小号点的点位，小号点的回代不会对大号点的点位产生影响，所以回代运算应满足一定的先后次序准则。

定理 3.4 任一点的回代运算都必须在该点的道路上比该点编号大的点的回代运算完成之后才能进行，而路集中分支点以上几条路先沿哪条路做回代没有关系。

例如图 3.7(b)中点⑧的回代必须在点⑧的道路上比点⑧编号大的点沿⑫，⑪，⑩，⑨的回代运算完成之后才能进行。由于小号点的回代不会影响大号点的点位，所以点⑨的回代做完之后，先做⑨→⑧的回代或先做⑨→⑤→②的回代都是可以的。

3.4.3 道路集的形成

由以上分析可见，要确定稀疏矢量的前代回代路径，只需确定稀疏矢量非零元点集的路集。根据道路树的定义，某点的道路是由该点发出边中收点号最小的点确定的，这在因子表检索信息中就是上三角矩阵中该行第一个非零元的列号，这很容易由搜索上三角矩阵每行第一个非零元的列号来确定这个点的道路。对多个节点组成的点集，在道路树上，只需将点集中每一个点沿树达根所经过的道路的并集组成该点集的路集。

如果将 3.2.1 节中三角检索的存储格式应用于对称矩阵的因子表，即只存上三角部分的信息，则找某节点 p 的道路可用以下流程实现：

$$\begin{cases}\text{loop until } p \text{ is root} \\ \quad \begin{cases}\text{put } p \text{ into } P \\ p = \mathrm{JU}(\mathrm{IU}(p))\end{cases} \\ \text{end loop}\end{cases} \tag{3-20}$$

式中，P 为节点 p 的路集；IU 存储上三角矩阵因子表每行第一个非零元的首地址；JU 为非零元的列号；root 为有向因子图的根节点。

也可以确定点集 G 中点的路集 P。开始时路集 P 是空集。计算流程如下：

$$\begin{cases}\text{loop until } G \text{ is empty} \\ \quad \text{get } p \text{ from } G \\ \quad \begin{cases}\quad \text{loop until } p \text{ is root or } p \in P \\ \quad \text{put } p \text{ into } P \\ \quad p = \mathrm{JU}(\mathrm{IU}(p)) \\ \text{end loop}\end{cases} \\ \text{end loop}\end{cases} \tag{3-21}$$

3.4.4 计算代价的分析

由图上前代回代的计算过程可知，前代是在稀疏独立矢量中非零元点集的路集上进行的，回代是在稀疏解矢量中待解元素点集的路集上进行的，而这两个子集只是节点集的一个子集。当网络很大时，稀疏矢量的点集的路集比道路树小得多，稀疏矢量法区分出点集的路集，并在该路集上进行前代回代，使前代回代的计算量大大减少。

令有向因子图有 n 个节点，τ 条边。令稀疏独立矢量 $\boldsymbol{b}$ 中有 n_F 个非零元，在解矢量 $\boldsymbol{x}$ 中有 n_B 个元素是待求的。n_F 个非零元在有向因子图上的点集的路集共有 P_F 个节点，这 P_F 个节点发出的边共有 τ_F 条。n_B 个待解元素在有向因子图上的点集的路集共有 P_B 个节点，指向这 n_B 个节点的边共 τ_B 条。很明显，前代回代及规格化共需

$$\tau_F + P_F + \tau_B \tag{3-22}$$

次乘除运算。如果不用稀疏矢量法则需

$$2\tau + n \tag{3-23}$$

次乘除。对于大型电网，式(3-22)各项的数值远比式(3-23)中各项的数值小，因此稀疏矢量法可使前代回代的计算量减小到相当低的水平，通常可以减少一半以上的计算量。

3.5 节点优化编号

稀疏技术在实施时有两个关键点，一是排零存储和排零运算，二是节点优化编号。排零存储和排零运算能有效地避免对计算结果没有影响的元素的存储和计算，大大提高程序的计算效率。节点的编号顺序会直接影响到矩阵 **A** 的因子表矩阵的稀疏度，也对计算效率有直接影响。严格地说，最优编号是一个组合优化问题，求其最优解是困难的，因此在实际工程中，实用的次优编号方法得到了广泛的应用。

3.5.1 稀疏矩阵中节点优化编号方法

在电力系统计算中，最常用的稀疏矩阵的节点优化编号方法是 Tinney 提出的三种方法[25]，其实现的复杂程度和最终的编号效果各不相同，下面分别介绍。

1. Tinney-1 编号方法

这种方法也称静态节点优化编号方法。这种方法在 A 图上统计每一个节点的出线度，即该节点和其他节点相连接的支路数，然后按节点出线度由小到大按顺序进行编号。对于出线度相同的节点，哪个排在前边是任意的。这种编号方法的

出发点是认为在图上因子分解的过程中出线度小的节点消去时产生新边的数目也小。

这种编号方法简单，但编号效果较差。由图上因子分解过程可知，在图上对某点进行消去运算，只影响该节点发出的边的收端节点集中节点对之间的边，而对指向该节点的边无影响，因为它们已在前边的因子分解过程中被消去。因此，这些已被消去的边在后面统计出线度时不应计入，利用这一思想引出半动态节点优化编号算法。

2. Tinney-2 编号方法

这种方法称为半动态节点优化编号方法或最小度算法。这种方法还是按最小出线度编号，不同点是在编号过程中及时排除已经被编号的节点发出的边对未编号节点的出线度的影响。选出某个出线度小的节点参与编号，按图上因子分解的办法模拟消去该节点，只进行网络结构变化的处理，而不进行真实的边权计算，这个已编号的节点及其发出的边不再参与后面的模拟消去运算。在剩下的未消去的子图上重复进行上述编号过程。

这种方法也较简单，图上因子分解产生新边以及标记已处理过的边这些变化可用在原来的图上的修正来实现。这种编号方法可使有向因子图上的新添边数大大减少，而程序复杂性和计算量又增加不多，是一种使用十分广泛的编号方法。但是，由于每步编号仍按最小出线度作为编号准则，而出线度最少不等于消去该节点时产生的新边最少，因此，也可以按产生新边最少作为准则来编号，这就是下面介绍的动态节点优化编号方法。

3. Tinney-3 编号方法

这种方法也称动态节点优化编号，它和上面的 Tinney-2 编号的不同之处是对所有待编号的节点，统计如果消去该节点时会产生多少新边，并以该数目最小者为优先编号的准则。某节点编号完成之后，也应立即修正因子图并对已被消去的边做标记，被标记的边不再参与后面的模拟消去运算。

这种方法在每步编号前都要对所有待编号节点统计消去后产生的新边数，程序的复杂程度和编号时的计算量都很大，而最终编号结果相对于 Tinney-2 的结果略有改善，改善效果并不特别明显，所以 Tinney-3 编号没有 Tinney-2 编号用得普遍。

3.5.2 提高稀疏矢量法计算效率的节点优化编号方法

Tinney 的节点优化编号方法可使因子分解过程中产生的注入元素最少，提高因子表矩阵的稀疏性。稀疏矢量技术提出后，人们自然会想到如何改进 Tinney 的编号方法，使得在稀疏矢量应用中进一步提高计算效率。一个非常自然的想法是，如果优化编号结果使得在有向因子图上得到的因子道路树比较矮，类似于灌木丛，即浅树，则依此确定的点集的路集就会比较小，从而可以提高稀疏矢量法应用时前代回代的计算速度。为了获得这样的浅树，人们提出了不同的改进的节点编号方法，下面简介其中的两种。

文献[34]提出了最小度最小深度算法(minimum degree-minimum length，MD-ML算法)。在因子道路树上，每一个节点都处于一定的深度。在用Tinney-2算法(即最小度算法，minimum degree，MD算法)进行编号时，如果有几个节点具有同样的最小出线度，MD-ML算法在这些节点中选择具有最小深度的节点优先编号。编号开始时所有节点的深度都是零，当节点i的编号被选定后，与其相连的尚未编号的其他节点的深度要作修正，而后再选择下一个具有最小度最小深度的节点编号。采用MD-ML算法，可以使最终形成的有向因子图的道路树更矮，使得在稀疏矢量技术应用中，比单纯的MD算法平均提高25%的计算效率。

文献[35]提出了最小度最小前趋节点数的算法(minimium-degree-minimum number of predecessors，MD-MNP算法)。MD-MNP算法中定义了一个前趋节点数指标，即在道路树上位于节点i之前的节点数与其本身之和。在用MD法编号过程中，对于具有相同数目的最小出线度的节点，选其中前趋节点数最小者优先编号，并对与之相关联的其他节点的前趋节点数指标作必要的修正。采用MD-MNP技术编号可使稀疏矢量法应用的效率提高35%。

3.6 小结

稀疏技术包括稀疏矩阵技术和稀疏矢量技术，是电网计算中使用最为广泛的计算技术。

稀疏技术的关键在于排零存储和排零运算。稀疏矩阵技术充分开发网络矩阵的稀疏结构，减少和稀疏矩阵有关的计算量。稀疏矢量技术充分开发矢量的稀疏性，在前代回代计算中只进行和稀疏矢量中非零元有关的计算，省略不必要的计算，以进一步提高求解网络方程的计算速度。稀疏矢量技术的要点是引入了因子分解道路的概念。

稀疏矩阵技术和稀疏矢量技术可用图的方法来描述。赋权有向A图包含了矩阵$\boldsymbol{A}$的所有信息，赋权有向因子图包含了矩阵$\boldsymbol{A}$的因子表矩阵的所有信息。利用图上作业法将赋权有向A图变成赋权有向因子图，可以形象地描述因子分解的过程。图上的边和矩阵中的非零元相对应。图上因子分解是按节点号从小到大顺序沿每节点发出的边进行，形象地说明了稀疏矩阵技术中排零存储和排零运算的实质。因子道路是稀疏矢量法中的关键概念，它表明稀疏矢量法中快速前代和快速回代所进行的路径。在赋权有向因子图上定义点位的概念，可以形象地说明稀疏矢量法中前代回代所经过的路径。

节点优化编号对稀疏技术性能的提高至关重要。半动态节点优化编号方法简单有效，得到最为广泛的应用，可大大减少因子分解过程中注入元的数量。改进的半动态节点优化编号方法还可以使最终形成的有向因子图上的道路树的树支尽可能短，即浅树，使得稀疏矢量技术中快速前代回代所经过的路径也较短，提高了稀疏矢量技术的效率。稀疏技术运用的好坏对程序的计算效率有直接影响，是电网计算人员应当掌握的一项基本功。

习　题

3.1　编写对称稀疏矩阵的因子分解的计算程序并用例 3.4 的结果验证程序的正确性。

3.2　编写利用对称稀疏矩阵的因子表进行前代回代的计算程序并用例 3.5 的结果验证所编程序的正确性。

3.3　编程确定某点 p 的道路及点集的路集，并用图 3.7 验证。

3.4　编写稀疏矢量法的快速前代和快速回代程序。

3.5　给定电力网络中各支路两端节点号，采用 Tinney-1 和 Tinney-2 方法编程对该网络进行节点优化编号，给出新节点号和老节点号对照表。用附录 B 列出的 IEEE 14 母线和 30 母线系统验证。

3.6　在习题 3.5 的 Tinney-2 编号方法程序基础上，试编写 MD-ML 算法和 MD-MNP 算法程序。用附录 B 列出的 IEEE 14 母线和 30 母线系统验证并与习题 3.5 的结果相比较。

3.7　对例 3.4 形成的 $\boldsymbol{A}$ 矩阵的因子表，用连续回代法计算其逆矩阵。如果只需要用到 $\boldsymbol{A}$ 的逆中对应于矩阵 $\boldsymbol{A}$ 中非零元素位置上的值，试用稀疏阻抗矩阵法计算这些元素，并分析哪些计算步骤可以省略。

3.8　编写形成稀疏阻抗矩阵的计算程序。

3.9　稀疏阻抗矩阵包括了节点阻抗矩阵中的部分元素，这些元素和节点导纳矩阵中非零元素的位置相对应。为了计算这些元素，需要计算出因子表矩阵中非零元素相对应位置上的阻抗矩阵元素。用有向因子图说明其中的原因。

3.10　对题图 3.10 所示的五节点电力网络，图上标出了支路的导纳值。选节点⑤为根节点(电压给定节点)，试画出赋权有向导纳图，然后进行图上因子分解，求赋权有向因子图。分析对树支形辐射网，图上因子分解后的赋权有向因子图的拓扑结构和边权

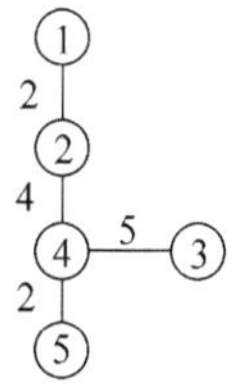

题图 3.10

有何特点，是否可以直接写出赋权有向因子图？为有上述特点，辐射状电网的节点编号应满足什么条件？

3.11 对于辐射状电网(无环路)，利用节点阻抗阵元素的物理意义直接写出节点阻抗阵。

3.12 试分析稀疏结构对称但数值不对称的矩阵的图上因子分解过程。

3.13 试分析稀疏结构不对称的矩阵的图上因子分解过程。

第4章　网络方程的修正解法

在电力系统分析与计算中，经常会遇到网络结构或者运行参数发生局部变化的情况。例如，在电力系统在线分析应用中，需要对多种运行工况进行计算，而每种工况只涉及电网中的局部变化，网络的大部分没有变化。这时要多次反复计算大量的网络改变后的结果，在这样的应用场合，如果能够有效利用变化前已有的信息快速计算出变化后的网络解，则可以使电网计算速度大幅提高。网络方程修正解法可以满足这样的应用要求。其基本思想是利用变化前网络方程的解，进行少量的修正计算得到变化后的网络方程的解。由于这种修正解法可以成倍地提高计算速度，因而在电网计算的诸多领域已得到了十分广泛的应用。

4.1　补偿法网络方程的修正解

4.1.1　矩阵求逆辅助定理

矩阵求逆辅助定理(inverse matrix modification lemma)也称为 Householder 公式，它给出了矩阵发生局部变化时新矩阵的逆的计算公式。

若令 $n\times n$ 阶非奇异矩阵 $\boldsymbol{A}$ 发生如下变化：

$$\widetilde{\boldsymbol{A}}=\boldsymbol{A}+\boldsymbol{MaN}^{\mathrm{T}} \tag{4-1a}$$

式中，$\boldsymbol{M},\boldsymbol{N}$ 为 $n\times m$ 阶矩阵，$\boldsymbol{a}$ 为 $m\times m$ 阶非奇异矩阵，$m\leqslant n$，则有

$$\widetilde{\boldsymbol{A}}^{-1}=\boldsymbol{A}^{-1}-\boldsymbol{A}^{-1}\boldsymbol{M}(\boldsymbol{a}^{-1}+\boldsymbol{N}^{\mathrm{T}}\boldsymbol{A}^{-1}\boldsymbol{M})^{-1}\boldsymbol{N}^{\mathrm{T}}\boldsymbol{A}^{-1} \tag{4-1b}$$

其条件是 $\boldsymbol{a}^{-1}+\boldsymbol{N}^{\mathrm{T}}\boldsymbol{A}^{-1}\boldsymbol{M}$ 可逆。如果原来的矩阵 $\boldsymbol{A}$ 的逆 $\boldsymbol{A}^{-1}$ 已知，可在 $\boldsymbol{A}^{-1}$ 的基础上利用式(4-1b)求出变化后的矩阵 $\widetilde{\boldsymbol{A}}$ 的逆。这个定理的证明见附录 A。

式(4-1a)中的 $\boldsymbol{a}$ 可取正也可取负，相应地，在式(4-1b)中的 $\boldsymbol{a}^{-1}$ 前也相应取正或负。当矩阵 $\boldsymbol{A}$ 的阶次较高而 $\boldsymbol{a}$ 的阶次较低时，式(4-1b)右侧括号中的项的阶次较低，利用式(4-1b)求 $\widetilde{\boldsymbol{A}}$ 的逆是十分快速的。

4.1.2　补偿法网络方程的修正计算

令 n 维电力系统的网络方程是

$$\boldsymbol{Y}\dot{\boldsymbol{V}} = \dot{\boldsymbol{I}} \tag{4-2}$$

当网络结构或参数发生微小变化而节点注入电流不变时，新的网络方程可写为

$$(\boldsymbol{Y} + \Delta\boldsymbol{Y})\dot{\tilde{\boldsymbol{V}}} = \dot{\boldsymbol{I}}$$

式中，$\Delta\boldsymbol{Y}$ 在电力网络分析中一般是由于元件的增加/移出或元件参数发生变化引起的，它可以用节点支路关联矩阵描述为

$$(\boldsymbol{Y} + \boldsymbol{M}\delta\boldsymbol{y}\boldsymbol{M}^{\mathrm{T}})\dot{\tilde{\boldsymbol{V}}} = \dot{\boldsymbol{I}} \tag{4-3}$$

式中，$\delta\boldsymbol{y}$ 为 $m\times m$ 阶矩阵，通常是由支路导纳参数组成的对角线矩阵；$\boldsymbol{M}$ 为与发生变化的元件相对应的 $n\times m$ 阶节点支路关联矩阵。下面考察如何快速求取式(4-3)的解 $\dot{\tilde{\boldsymbol{V}}}$。

利用矩阵求逆辅助定理式(4-1)有

$$\dot{\tilde{\boldsymbol{V}}} = (\boldsymbol{Y}^{-1} - \boldsymbol{Y}^{-1}\boldsymbol{M}\boldsymbol{c}\boldsymbol{M}^{\mathrm{T}}\boldsymbol{Y}^{-1})\dot{\boldsymbol{I}} \tag{4-4}$$

式中

$$\boldsymbol{c} = (\delta\boldsymbol{y}^{-1} + \boldsymbol{M}^{\mathrm{T}}\boldsymbol{Y}^{-1}\boldsymbol{M})^{-1} \tag{4-4a}$$

如果式(4-4a)右侧括号内的项不可逆，说明变化后网络中发生解列现象，这样的修正不能进行，这时需要采取特殊的措施。

式(4-4a)也有另外两种写法，即

$$\boldsymbol{c} = (\boldsymbol{I} + \delta\boldsymbol{y}\Delta\boldsymbol{z})^{-1}\delta\boldsymbol{y} \tag{4-4b}$$

或

$$\boldsymbol{c} = \Delta\boldsymbol{z}^{-1}(\delta\boldsymbol{y} + \Delta\boldsymbol{z}^{-1})^{-1}\delta\boldsymbol{y} \tag{4-4c}$$

式中，$\boldsymbol{I}$ 为 $m\times m$ 阶单位矩阵，其中

$$\Delta\boldsymbol{z} = \boldsymbol{M}^{\mathrm{T}}\boldsymbol{Y}^{-1}\boldsymbol{M}$$

这两种写法适用于 $\delta\boldsymbol{y}$ 不可逆的情况，而其中式(4-4b)不需要求 $\Delta\boldsymbol{z}$ 的逆。

为实现式(4-4)的补偿计算，依计算补偿量的先后次序不同有以下几种计算模式[42]。

1. 后补偿

后补偿法先计算网络方程的解，然后再计算补偿项，对式(4-4)重新排列次序，可得其计算模式是

(a)		$\dot{\boldsymbol{V}}=\boldsymbol{Y}^{-1}\dot{\boldsymbol{I}}$
(b)		$\Delta\dot{\boldsymbol{V}}=-\boldsymbol{\eta}\boldsymbol{c}\boldsymbol{M}^{\mathrm{T}}\dot{\boldsymbol{V}}$
	或	$\Delta\dot{\boldsymbol{V}}=-\boldsymbol{Y}^{-1}\boldsymbol{M}\boldsymbol{c}\boldsymbol{M}^{\mathrm{T}}\dot{\boldsymbol{V}}$
(c)		$\dot{\tilde{\boldsymbol{V}}}=\dot{\boldsymbol{V}}+\Delta\dot{\boldsymbol{V}}$

(4-5)

式中

$$\boldsymbol{\eta} = \boldsymbol{Y}^{-1}\boldsymbol{M} \tag{4-6}$$

2. 前补偿

这种模式先计算补偿项，然后再求解网络方程，其计算模式是

(a)		$\Delta\dot{\boldsymbol{I}} = -\boldsymbol{M}c\tilde{\boldsymbol{\eta}}^{\mathrm{T}}\dot{\boldsymbol{I}}$
	或	$\Delta\dot{\boldsymbol{I}} = -\boldsymbol{M}c\boldsymbol{M}^{\mathrm{T}}\boldsymbol{Y}^{-1}\dot{\boldsymbol{I}}$
(b)		$\tilde{\dot{\boldsymbol{I}}} = \dot{\boldsymbol{I}} + \Delta\dot{\boldsymbol{I}}$
(c)		$\tilde{\dot{\boldsymbol{V}}} = \boldsymbol{Y}^{-1}\tilde{\dot{\boldsymbol{I}}}$

(4-7)

式中

$$\tilde{\boldsymbol{\eta}}^{\mathrm{T}} = \boldsymbol{M}^{\mathrm{T}}\boldsymbol{Y}^{-1} \tag{4-8}$$

3. 中补偿

这种模式利用原网络导纳矩阵的因子表进行网络方程求解，补偿修正步夹在网络方程求解的前代和回代计算之间。

假设节点导纳矩阵 $\boldsymbol{Y}$ 已被分解成因子表，即

$$\boldsymbol{Y} = \boldsymbol{L}\boldsymbol{U}$$

式中，$\boldsymbol{L}$ 为下三角矩阵；$\boldsymbol{U}$ 为单位上三角矩阵，其对角元素都是 1。

定义中间矢量

$$\boldsymbol{W} = \boldsymbol{L}^{-1}\boldsymbol{M} \tag{4-9a}$$

$$\tilde{\boldsymbol{W}}^{\mathrm{T}} = \boldsymbol{M}^{\mathrm{T}}\boldsymbol{U}^{-1} \tag{4-9b}$$

中补偿采用如下计算模式：

(a)	$\dot{\boldsymbol{F}} = \boldsymbol{L}^{-1}\dot{\boldsymbol{I}}$
(b)	$\Delta\dot{\boldsymbol{F}} = -\boldsymbol{W}c\tilde{\boldsymbol{W}}^{\mathrm{T}}\dot{\boldsymbol{F}}$
(c)	$\tilde{\dot{\boldsymbol{F}}} = \dot{\boldsymbol{F}} + \Delta\dot{\boldsymbol{F}}$
(d)	$\tilde{\dot{\boldsymbol{V}}} = \boldsymbol{U}^{-1}\tilde{\dot{\boldsymbol{F}}}$

(4-10)

4. 计算代价的分析

三种补偿法各有特点，计算代价有所不同。当 m 不很大时，使用补偿法在计算速度上可以获得很高的效益。下面分析 $m=1$ 时各补偿法的计算量。

对于后补偿，式(4-5)的计算代价主要花在(a)和(b)两步上。步(a)要执行一次完全前代和一次完全回代，其计算量用 FS＋BS 表示，其中，FS 和 BS 分别为前代和回代的计算量。步(b)中的 $\boldsymbol{Y}^{-1}$ 右侧的项 $\boldsymbol{M}$ 是一个稀疏列矢量，只有两个非零元素，计算 $\Delta\dot{\boldsymbol{V}}$ 只需要用 $\boldsymbol{Y}$ 的因子表对稀疏矢量进行前代回代，涉及一次快速前代和一次完全回代，其计算量用 FFS＋BS 表示，其中，FFS 表示快速前代的计算量。后补偿的总计算量为 FFS＋FS＋2BS。

对前补偿，式(4-7)计算量主要花在(a)步和(c)步。(a)步主要计算量为FFS+BS，步(c)计算量是FS+BS。前补偿总计算量为FFS+FS+2BS。

对中补偿，步(a)的计算量为一次前代的计算量，即为FS；步(b)中用式(4-9)计算$\boldsymbol{W}$和$\tilde{\boldsymbol{W}}$的计算工作量为2FFS；步(d)为一次完全回代，计算量是BS。总计算量为2FFS+FS+BS。

可见中补偿计算量最小。特别是当$\boldsymbol{Y}$是对称矩阵时，有$\boldsymbol{Y}=\boldsymbol{UDU}^{\mathrm{T}}$($\boldsymbol{U}$为单位下三角矩阵)，可用$\boldsymbol{W}=\boldsymbol{U}^{-1}\boldsymbol{M}$计算$\boldsymbol{W}$，用$\tilde{\boldsymbol{W}}=\boldsymbol{D}^{-1}\boldsymbol{W}$计算$\tilde{\boldsymbol{W}}$，这又省去了一次前代，总计算量为FFS+FS+BS。

如果原网络解已知，后补偿式(4-5)中的步(a)可省去，这时用后补偿有明显优势。

补偿法特别适合于注入电流不变，而又要对网络中不同部位发生局部变化时求网络方程的解的应用场合。这时只要利用原来的导纳矩阵的因子表进行前代回代求解，省去了重新分解因子表的计算量。

4.1.3 补偿法在电网计算中的应用

补偿法在电网静态安全分析及短路电流计算中得到了广泛的应用。应用补偿法时，关键是要合理地构造导纳阵的修正量$\Delta\boldsymbol{Y}$，以正确反映网络的变化，同时尽量减小计算量。

1. 面向支路的修正

这种方法多用于$\Delta\boldsymbol{Y}$对称的情况。例如对支路开断(或添加)，导纳矩阵的修正项$\Delta\boldsymbol{Y}$可以写成

$$\Delta\boldsymbol{Y}=-\boldsymbol{M}\delta\boldsymbol{y}\boldsymbol{M}^{\mathrm{T}} \tag{4-11}$$

式中，$\boldsymbol{M}$为由节点支路关联矩阵中和开断支路对应的关联矢量组成的矩阵。对一条支路开断，$\boldsymbol{M}$是$n\times1$列矢量，有

$$\boldsymbol{M}^{\mathrm{T}}=\begin{cases}\begin{bmatrix} \underset{i}{1} & \underset{j}{-1} \end{bmatrix} & \text{对线路}\\ \begin{bmatrix} \underset{i}{1} & \underset{j}{-1/t} \end{bmatrix} & \text{对变压器支路}\end{cases} \tag{4-12}$$

$\boldsymbol{M}$只在开断支路两个端节点处有非零元。$\delta\boldsymbol{y}$是标量δy，其值是支路导纳。当多条支路开断时，例如开断m条支路时，$\boldsymbol{M}$是$n\times m$阶矩阵。当m条开断支路之间无互感耦合时，$\delta\boldsymbol{y}$是$m\times m$阶对角矩阵。

2. 面向节点的修正

面向节点的修正适用于$\Delta\boldsymbol{Y}$对称或不对称的情况。考虑支路l开断，$\Delta\boldsymbol{Y}$为

$$\Delta \boldsymbol{Y} = -\begin{array}{c} \\ \end{array}\begin{bmatrix} & & & \\ & \Delta y_l & -\Delta y_l & \\ & -\Delta y_l & \Delta y_l & \\ & & & \end{bmatrix}_{n\times n}\begin{matrix} i \\ j \end{matrix}$$
$$\qquad\qquad\qquad\quad i \qquad\quad j$$

式中，i,j 是开断支路 l 两端的节点号。此时 $\Delta\boldsymbol{Y}$ 可以用下面的矩阵乘积表示：

$$\Delta \boldsymbol{Y} = -\begin{matrix} i \\ j \end{matrix}\begin{bmatrix} 1 & \vdots & \\ & \vdots & 1 \\ & \vdots & \end{bmatrix}_{n\times 2}\begin{bmatrix} \Delta y_l & -\Delta y_l \\ -\Delta y_l & \Delta y_l \end{bmatrix}_{2\times 2}\overset{\quad i \quad j}{\begin{bmatrix} 1 & \\ \cdots\cdots & \cdots\cdots \\ & 1 \end{bmatrix}_{2\times n}} = \boldsymbol{M}\delta\boldsymbol{y}\boldsymbol{M}^{\mathrm{T}} \tag{4-13}$$

注意式(4-13)中三个乘积矩阵的阶数与式(4-11)中对应的矩阵阶数是不同的。

对于一般情况，式(4-13)中的 $\delta\boldsymbol{y}$ 为 $m\times m$ 矩阵；m 为与 $\Delta\boldsymbol{Y}$ 中非零元相对应的行列数；$\boldsymbol{M}$ 为 $n\times m$ 阶矩阵，其每个列矢量只有一个非零元 1。在某些特殊情况下，$\delta\boldsymbol{y}$ 中的元素可以不相同，式(4-13)在 $\boldsymbol{M}^{\mathrm{T}}$ 位置处的矩阵与矩阵 $\boldsymbol{M}$ 也可不是互为转置的，因此这种方法更具一般性。如果 $\delta\boldsymbol{y}$ 不可逆，例如本例中即是，这时要用式(4-4b)或式(4-4c)计算。

3. 两种表示方法的比较

对于给定的 $\Delta\boldsymbol{Y}$ 的变化，可以用以上两种方法之一表述。两种表达方法计算代价不同。一般应设法使 $\boldsymbol{M}$ 和 $\boldsymbol{N}$ 矩阵的阶次尽可能低，即 m 尽可能小。显然上面例中用面向支路的修正公式更为简洁。

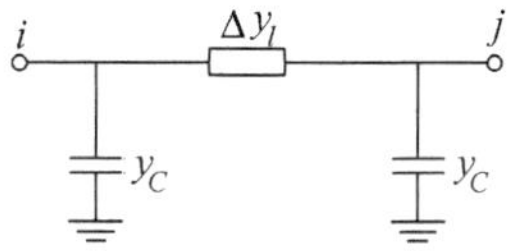

图 4.1 输电线的 Π 型等值模型

当线路 l 两端有充电电容支路时，其等值电路如图 4.1 所示。该支路开断引起导纳矩阵的变化是

$$\Delta \boldsymbol{Y} = -\begin{bmatrix} & & & \\ & \Delta y_l + y_C & -\Delta y_l & \\ & -\Delta y_l & \Delta y_l + y_C & \\ & & & \end{bmatrix}_{n\times n}\begin{matrix} i \\ j \end{matrix}$$
$$\qquad\qquad\qquad\quad i \qquad\qquad j$$

用面向支路的修正可表达为

$$\Delta \boldsymbol{Y} = -\begin{matrix} i \\ j \end{matrix}\begin{bmatrix} 1 \\ -1 \end{bmatrix}\Delta y_l \begin{bmatrix} \underset{i}{1} & \underset{j}{-1} \end{bmatrix} - \begin{matrix} i \\ \ \end{matrix}\begin{bmatrix} 1 \\ \ \end{bmatrix} y_C \begin{bmatrix} \underset{i}{1} & \ \end{bmatrix} - \begin{matrix} \ \\ j \end{matrix}\begin{bmatrix} \ \\ 1 \end{bmatrix} y_C \begin{bmatrix} \ & \underset{j}{1} \end{bmatrix}$$

$$
=-\begin{matrix} \\ i \\ j \\ \\ \end{matrix}\begin{bmatrix} & \vdots & \vdots & \\ 1 & 1 & & \\ -1 & & 1 & \\ & \vdots & \vdots & \end{bmatrix}_{n\times 3}\begin{bmatrix}\Delta y_l & & \\ & y_C & \\ & & y_C\end{bmatrix}_{3\times 3}\begin{bmatrix} \cdots & \overset{i}{1} & \overset{j}{-1} & \cdots \\ \cdots & 1 & & \cdots \\ \cdots & & 1 & \cdots \end{bmatrix}_{3\times n} \tag{4-14}
$$

这里 $m=3$。若用面向节点的修正方法有

$$
\Delta \boldsymbol{Y}=-\begin{matrix} \\ i \\ j \\ \\ \end{matrix}\begin{bmatrix} & \vdots \\ 1 & \\ & 1 \\ & \vdots \end{bmatrix}_{n\times 2}\begin{bmatrix}\Delta y_l+y_C & -\Delta y_l \\ -\Delta y_l & \Delta y_l+y_C\end{bmatrix}_{2\times 2}\begin{bmatrix} \cdots & \overset{i}{1} & \overset{j}{} & \cdots \\ \cdots & & 1 & \cdots \end{bmatrix}_{2\times n} \tag{4-15}
$$

这时 $m=2$。显然面向节点的修正更简单。

4.1.4　补偿法的物理解释

下面以单支路开断为例分析补偿法的物理意义。

令支路 l 开断，如图 4.2(a)所示，相当于在支路 l 两端节点 i,j 之间并联一条负阻抗支路，即补偿公式(4-3)中的 $\delta y_l=-y_l$。也可以理解为原网络结构不变，注入电流也不变，但在节点 i,j 上注入电流 $-\dot{I}_{ij}$ 和 $\dot{I}_{ij}$，这个电流 $\dot{I}_{ij}$ 就是在原网络上并联 δy_l 之后在该支路上流过的电流。

由图 4.2(b)可见，只要求出 $\dot{I}_{ij}$，把它注入到节点 i 和 j 上，再和原来的注入电流矢量 $\dot{\boldsymbol{I}}$ 一起作为开断前网络的注入电流，就可以求解出变化后网络的节点电压 $\dot{\tilde{\boldsymbol{V}}}$。

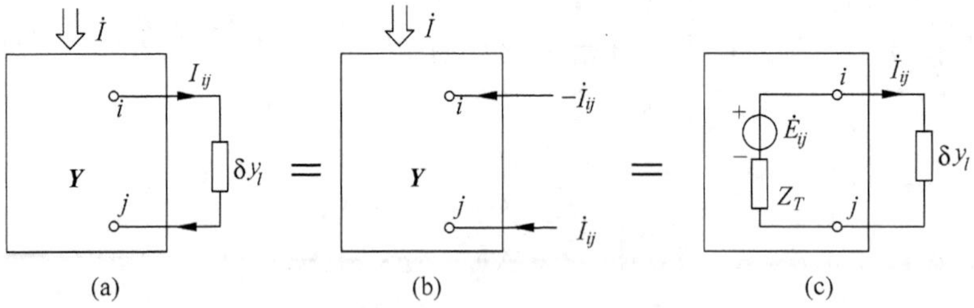

图 4.2　补偿法物理意义的说明图例

(a) 并联支路 $\delta \boldsymbol{y}_l$；(b) 用注入电流代替；(c) 求 $\dot{I}_{ij}$ 的等值电流

从节点 i,j 向原网络看进去可用一个等值电动势源表示，如图 4.2(c)所示。其内电动势即节点 i,j 之间的开路电压，即

$$
\dot{E}_{ij}=\boldsymbol{M}^{\mathrm{T}}\dot{\boldsymbol{V}}
$$

式中，$\dot{\boldsymbol{V}}$ 是没有接入支路 $\delta \boldsymbol{y}_l$ 时节点电压列矢量，即

$$\dot{\boldsymbol{V}} = \boldsymbol{Y}^{-1}\dot{\boldsymbol{I}}$$

而电动势源内阻抗是

$$Z_T = \boldsymbol{M}^{\mathrm{T}}\boldsymbol{Y}^{-1}\boldsymbol{M}$$

图 4.2(c)的回路阻抗是

$$\delta y_l^{-1} + Z_T = c^{-1}$$

式中,c 和式(4-4a)中的相同,但在这里是标量。

考虑到图 4.2(c)中的电流正方向以及 $\dot{E}_{ij}$,$\dot{\boldsymbol{V}}$ 的计算式,有

$$\dot{I}_{ij} = \dot{E}_{ij}/c^{-1} = c\dot{E}_{ij} = c\boldsymbol{M}^{\mathrm{T}}\boldsymbol{Y}^{-1}\dot{\boldsymbol{I}}$$

把这个电流转换成节点注入电流有

$$\Delta\dot{\boldsymbol{I}} = -\boldsymbol{M}\dot{I}_{ij} = -\boldsymbol{M}c\boldsymbol{M}^{\mathrm{T}}\boldsymbol{Y}^{-1}\dot{\boldsymbol{I}}$$

这正是前补偿计算公式(4-7b)。

在图 4.2(b)中把 $\dot{\boldsymbol{I}}$ 和补偿注入电流 $\Delta\dot{\boldsymbol{I}}$ 相加有

$$\tilde{\dot{\boldsymbol{I}}} = \dot{\boldsymbol{I}} + \Delta\dot{\boldsymbol{I}}$$

并以 $\tilde{\dot{\boldsymbol{I}}}$ 为新的注入电流注入到原网络中就可求出变化后的节点电压

$$\tilde{\dot{\boldsymbol{V}}} = \boldsymbol{Y}^{-1}\tilde{\dot{\boldsymbol{I}}}$$

例 4.1 在例 3.4 中,导纳矩阵 $\boldsymbol{A}$ 和它的因子表是

$$\boldsymbol{A} = \begin{bmatrix} 2 & -1 & 0 & -1 \\ -1 & 2 & -1 & 0 \\ 0 & -1 & 2 & -1 \\ -1 & 0 & -1 & 4 \end{bmatrix}$$

$$\boldsymbol{L}^{\mathrm{T}} = \boldsymbol{U} = \begin{bmatrix} 1 & -0.5 & 0 & -0.5 \\ & 1 & -0.667 & -0.333 \\ & & 1 & -1 \\ & & & 1 \end{bmatrix}$$

$$\boldsymbol{D} = \mathrm{diag}[2,\ \ 1.5,\ \ 1.333,\ \ 2]$$

注入电流 $\boldsymbol{I}=[0\ \ 1\ \ 0\ \ 0]^{\mathrm{T}}$ 是实数矢量。当导纳矩阵发生变化并且式(4-3)中 $\delta y=1$,$\boldsymbol{M}=[1\ \ -1\ \ 0\ \ 0]^{\mathrm{T}}$,试用三种补偿法分别计算 $\tilde{\boldsymbol{V}}$。(在本例,式(4-3)与式(4-4)中 $\delta\boldsymbol{y}$ 与 $\boldsymbol{c}$ 降阶为标量,分别用 δy 和 c 表示)。

解 由例 3.5 的结果可知,当注入电流 $\boldsymbol{I}=[0\ \ 1\ \ 0\ \ 0]^{\mathrm{T}}$ 时,$\boldsymbol{V}=[1\ \ 1.5\ \ 1\ \ 0.5]^{\mathrm{T}}$。以下用 $\boldsymbol{Y}$ 表示矩阵 $\boldsymbol{A}$。

(1) 后补偿

用式(4-4a)求 c。为此,先用式(4-6)求行矢量

$$\boldsymbol{\eta}=\boldsymbol{Y}^{-1}\boldsymbol{M}^{\mathrm{T}}$$

式中，$\boldsymbol{M}=[1\quad -1\quad 0\quad 0]^{\mathrm{T}}$。用例 3.5 相同的方法在赋权有向因子图上进行前代回代：

前代后点位是 $[1\quad -0.5\quad -0.333\quad 0]^{\mathrm{T}}$

除法运算后是 $[0.5\quad -0.333\quad -0.25\quad 0]^{\mathrm{T}}$

回代运算后是 $\boldsymbol{\eta}=[0.25\quad -0.5\quad -0.25\quad 0]^{\mathrm{T}}$

$$c=(\delta y^{-1}+\boldsymbol{M}^{\mathrm{T}}\boldsymbol{\eta})^{-1}=\left(1+[1\quad -1\quad 0\quad 0]\begin{bmatrix}0.25\\-0.5\\-0.25\\0\end{bmatrix}\right)^{-1}=\frac{4}{7}$$

用式(4-5b)计算则有

$$\Delta\boldsymbol{V}=-\boldsymbol{\eta}c\boldsymbol{M}^{\mathrm{T}}\boldsymbol{V}=-\begin{bmatrix}0.25\\-0.5\\-0.25\\0\end{bmatrix}\times\frac{4}{7}\times[1\quad -1\quad 0\quad 0]\begin{bmatrix}1\\1.5\\1\\0.5\end{bmatrix}=\begin{bmatrix}0.0714\\-0.1429\\-0.0714\\0\end{bmatrix}$$

最后用式(4-5c)则有

$$\tilde{\boldsymbol{V}}=\boldsymbol{V}+\Delta\boldsymbol{V}=\begin{bmatrix}1\\1.5\\1\\0.5\end{bmatrix}+\begin{bmatrix}0.0714\\-0.1429\\-0.0714\\0\end{bmatrix}=\begin{bmatrix}1.0714\\1.3571\\0.9286\\0.5\end{bmatrix}$$

(2) 前补偿

因导纳矩阵是对称矩阵，所以式(4-8)的$\tilde{\boldsymbol{\eta}}$与式(4-6)的$\boldsymbol{\eta}$相同，即

$$\tilde{\boldsymbol{\eta}}=\boldsymbol{\eta}=[0.25\quad -0.5\quad -0.25\quad 0]^{\mathrm{T}}$$

由式(4-7a)则有

$$\Delta\boldsymbol{I}=-\boldsymbol{M}c\,\tilde{\boldsymbol{\eta}}^{\mathrm{T}}\boldsymbol{I}=-\begin{bmatrix}1\\-1\\0\\0\end{bmatrix}\times\frac{4}{7}\times[0.25\quad -0.5\quad -0.25\quad 0]\begin{bmatrix}0\\1\\0\\0\end{bmatrix}$$

$$=\begin{bmatrix}0.2857\\-0.2857\\0\\0\end{bmatrix}$$

由式(4-7b)有

$$\widetilde{\boldsymbol{I}}=\boldsymbol{I}+\Delta\boldsymbol{I}=-\begin{bmatrix}0\\1\\0\\0\end{bmatrix}+\begin{bmatrix}0.2857\\-0.2857\\0\\0\end{bmatrix}=\begin{bmatrix}0.2857\\0.7143\\0\\0\end{bmatrix}$$

由式(4-7c)有

$$\widetilde{\boldsymbol{V}}=\boldsymbol{Y}^{-1}\widetilde{\boldsymbol{I}}=\begin{bmatrix}1.0714\\1.3571\\0.9286\\0.5\end{bmatrix}$$

和上面前补偿的计算结果相同。

(3) 中补偿

先用式(4-10a)求 $\boldsymbol{F}$

$$\boldsymbol{F}=\boldsymbol{L}^{-1}\boldsymbol{I}=(\boldsymbol{U}^{\mathrm{T}}\boldsymbol{D})^{-1}\boldsymbol{I}=\boldsymbol{D}^{-1}\boldsymbol{U}^{-\mathrm{T}}\boldsymbol{I}$$

即将向量 $\boldsymbol{I}$ 作为初始点位，在赋权有向因子图上进行前代和除法运算，过程如下：

前代后点位是 $[0\quad 1.0\quad 0.6667\quad 1.0]^{\mathrm{T}}$

除法运算后是 $\boldsymbol{F}=[0\quad 0.6667\quad 0.5\quad 0.5]^{\mathrm{T}}$

接着，用式(4-10b)计算 $\Delta\boldsymbol{F}$。为此，需要先求 $\boldsymbol{W}$，$\widetilde{\boldsymbol{W}}$ 和 c。

由式(4-9b)，有

$$\widetilde{\boldsymbol{W}}^{\mathrm{T}}=\boldsymbol{M}^{\mathrm{T}}\boldsymbol{U}^{-1}=(\boldsymbol{U}^{-\mathrm{T}}\boldsymbol{M})^{\mathrm{T}}$$

可以将 $\boldsymbol{M}$ 作为初始点位，在赋权有向因子图上进行一次前代运算，得到 $\widetilde{\boldsymbol{W}}$。前代后的点位是：

$$\widetilde{\boldsymbol{W}}=\boldsymbol{U}^{-\mathrm{T}}\boldsymbol{M}=[1.0\quad -0.5\quad -0.3333\quad 0]^{\mathrm{T}}$$

然后由式(4-9a)，有

$$\boldsymbol{W}=\boldsymbol{L}^{-1}\boldsymbol{M}=(\boldsymbol{U}^{\mathrm{T}}\boldsymbol{D})^{-1}\boldsymbol{M}=\boldsymbol{D}^{-1}\boldsymbol{U}^{-\mathrm{T}}\boldsymbol{M}=\boldsymbol{D}^{-1}\widetilde{\boldsymbol{W}}$$

在赋权有向因子图上对刚刚得到的点位 $\widetilde{\boldsymbol{W}}$ 做除法运算，计算后的点位是

$$\boldsymbol{W}=[0.5\quad -0.3333\quad -0.25\quad 0]^{\mathrm{T}}$$

于是有

$$c=(\delta y^{-1}+\boldsymbol{W}^{\mathrm{T}}\widetilde{\boldsymbol{W}})^{-1}=\left(1+\frac{3}{4}\right)^{-1}=\frac{4}{7}$$

由式(4-10b)有

$$\Delta\boldsymbol{F}=-\boldsymbol{W}c\widetilde{\boldsymbol{W}}^{\mathrm{T}}F$$

$$=-\begin{bmatrix}0.5\\-0.3333\\-0.25\\0\end{bmatrix}\times\frac{4}{7}\times[1.0\quad -0.5\quad -0.3333\quad 0]\begin{bmatrix}0\\0.6667\\0.5\\0.5\end{bmatrix}=\begin{bmatrix}0.1429\\-0.0952\\-0.0714\\0\end{bmatrix}$$

进而由式(4-10c)有

$$\widetilde{\boldsymbol{F}}=\boldsymbol{F}+\Delta\boldsymbol{F}=[0.1429\quad 0.5715\quad 0.4286\quad 0.5]^{\mathrm{T}}$$

由式(4-10d)，将 $\widetilde{\boldsymbol{F}}$ 作为初始点位，在赋权有向因子图上进行回代运算，得

$$\widetilde{\boldsymbol{V}}=\boldsymbol{U}^{-1}\dot{\widetilde{\boldsymbol{F}}}=[1.0716\quad 1.3573\quad 0.9286\quad 0.5]^{\mathrm{T}}$$

和前面的计算结果相同。

4.2 因子表的修正算法

网络结构或参数发生变化时，补偿法不改变网络方程的系数矩阵，而以补偿项的方式来计及这种变化。对需要多次应用网络变化后的因子表的情况，可以通过修正的方法计算网络发生新的变化后的新的因子表。本节将介绍对产生变化的系数矩阵直接进行处理的因子表修正算法。该类算法以原来的导纳矩阵因子表为基础，对其进行修正得到新的因子表。因子表的修正方法有两种，一种直接对原因子表进行修正，另一种对因子表要改变的部位重新进行局部再分解。这两种方法可以大大提高网络方程修正计算的速度，得到了十分广泛的应用。

4.2.1 因子表的秩1修正算法

1. 因子表秩1修正算法原理

令原来的网络方程系数矩阵 $\boldsymbol{A}$ 的因子分解形式是

$$\boldsymbol{A}=\boldsymbol{LDU} \tag{4-16}$$

网络结构或参数发生局部变化后的系数矩阵变成

$$\widetilde{\boldsymbol{A}}=\boldsymbol{A}+\boldsymbol{M}a\boldsymbol{N}^{\mathrm{T}}=\boldsymbol{A}+\Delta\boldsymbol{A} \tag{4-17}$$

式中，$\boldsymbol{M}$ 和 $\boldsymbol{N}$ 都是 $n\times1$ 矢量，a 为标量。新的矩阵 $\widetilde{\boldsymbol{A}}$ 的因子表为

$$\widetilde{\boldsymbol{A}}=\widetilde{\boldsymbol{L}}\widetilde{\boldsymbol{D}}\widetilde{\boldsymbol{U}} \tag{4-18}$$

则式(4-17)可写成

$$\widetilde{\boldsymbol{L}}\widetilde{\boldsymbol{D}}\widetilde{\boldsymbol{U}}=\boldsymbol{LDU}+\boldsymbol{M}a\boldsymbol{N}^{\mathrm{T}} \tag{4-19}$$

已知式(4-19)的右端诸项，考察如何求得式(4-19)的左端诸项。

因为因子表是一行一列逐次形成的，因此，网络变化引起的因子表的修正也应该是一行一列地逐次修正。

不失一般性，先考虑如何由 $\boldsymbol{LDU}$ 的第一行和第一列求 $\widetilde{\boldsymbol{L}}\widetilde{\boldsymbol{D}}\widetilde{\boldsymbol{U}}$ 的第一行和第一列。为此，选 $\boldsymbol{LDU}$ 和 $\widetilde{\boldsymbol{L}}\widetilde{\boldsymbol{D}}\widetilde{\boldsymbol{U}}$ 的第一行和第一列并写成分块矩阵的形式，即：

$$\boldsymbol{L}=\begin{bmatrix}1 & \\ \boldsymbol{l}_1 & \boldsymbol{L}_1\end{bmatrix},\quad \boldsymbol{D}=\begin{bmatrix}d_1 & \\ & \boldsymbol{D}_1\end{bmatrix},\quad \boldsymbol{U}=\begin{bmatrix}1 & \boldsymbol{u}_1\\ & \boldsymbol{U}_1\end{bmatrix} \tag{4-20}$$

和

$$\widetilde{\boldsymbol{L}} = \begin{bmatrix} 1 & \\ \widetilde{\boldsymbol{l}}_1 & \widetilde{\boldsymbol{L}}_1 \end{bmatrix}, \quad \widetilde{\boldsymbol{D}} = \begin{bmatrix} \widetilde{d}_1 & \\ & \widetilde{\boldsymbol{D}}_1 \end{bmatrix}, \quad \widetilde{\boldsymbol{U}} = \begin{bmatrix} 1 & \widetilde{\boldsymbol{u}}_1 \\ & \widetilde{\boldsymbol{U}}_1 \end{bmatrix} \tag{4-21}$$

将式(4-20)代入式(4-16)可将 $\boldsymbol{A}$ 写成分块矩阵形式

$$\boldsymbol{A} = \left[\begin{array}{c:c} d_1 & d_1\boldsymbol{u}_1 \\ \hdashline \boldsymbol{l}_1 d_1 & \boldsymbol{l}_1 d_1 \boldsymbol{u}_1 + \boldsymbol{L}_1\boldsymbol{D}_1\boldsymbol{U}_1 \end{array}\right] \tag{4-22}$$

将式(4-21)代入式(4-18)可将 $\widetilde{\boldsymbol{A}}$ 写成分块矩阵形式

$$\widetilde{\boldsymbol{A}} = \left[\begin{array}{c:c} \widetilde{d}_1 & d_1\widetilde{\boldsymbol{u}}_1 \\ \hdashline \widetilde{\boldsymbol{l}}_1 \widetilde{d}_1 & \widetilde{\boldsymbol{l}}_1 \widetilde{d}_1 \widetilde{\boldsymbol{u}}_1 + \widetilde{\boldsymbol{L}}_1\widetilde{\boldsymbol{D}}_1\widetilde{\boldsymbol{U}}_1 \end{array}\right] \tag{4-23}$$

再把 $\boldsymbol{M}$ 和 $\boldsymbol{N}$ 也写成分块形式

$$\boldsymbol{M} = \begin{bmatrix} m_1 \\ \boldsymbol{M}_1 \end{bmatrix}, \quad \boldsymbol{N} = \begin{bmatrix} n_1 \\ \boldsymbol{N}_1 \end{bmatrix} \tag{4-24}$$

将 $\Delta\boldsymbol{A}$ 也写成分块形式

$$\Delta\boldsymbol{A} = \boldsymbol{M}a\boldsymbol{N}^{\mathrm{T}} = \left[\begin{array}{c:c} m_1 a n_1 & m_1 a \boldsymbol{N}_1^{\mathrm{T}} \\ \hdashline \boldsymbol{M}_1 a n_1 & \boldsymbol{M}_1 a \boldsymbol{N}_1^{\mathrm{T}} \end{array}\right] \tag{4-25}$$

将 $\widetilde{\boldsymbol{A}}$,$\boldsymbol{A}$ 和 $\Delta\boldsymbol{A}$ 的分块形式代入式(4-17)则有

$$\begin{aligned} \widetilde{\boldsymbol{A}} = \boldsymbol{A} + \Delta\boldsymbol{A} &= \left[\begin{array}{c:c} \widetilde{d}_1 & \widetilde{d}_1\widetilde{\boldsymbol{u}}_1 \\ \hdashline \widetilde{\boldsymbol{l}}_1 \widetilde{d}_1 & \widetilde{\boldsymbol{l}}_1 \widetilde{d}_1 \widetilde{\boldsymbol{u}}_1 + \widetilde{\boldsymbol{L}}_1\widetilde{\boldsymbol{D}}_1\widetilde{\boldsymbol{U}}_1 \end{array}\right] \\ &= \left[\begin{array}{c:c} d_1 & d_1\boldsymbol{u}_1 \\ \hdashline \boldsymbol{l}_1 d_1 & \boldsymbol{l}_1 d_1 \boldsymbol{u}_1 + \boldsymbol{L}_1\boldsymbol{D}_1\boldsymbol{U}_1 \end{array}\right] + \left[\begin{array}{c:c} m_1 a n_1 & m_1 a \boldsymbol{N}_1^{\mathrm{T}} \\ \hdashline \boldsymbol{M}_1 a n_1 & \boldsymbol{M}_1 a \boldsymbol{N}_1^{\mathrm{T}} \end{array}\right] = \boxed{\begin{array}{c:c} ① & ② \\ \hdashline ③ & ④ \end{array}} \end{aligned} \tag{4-26}$$

一共有①、②、③、④共 4 个子块,可以写出 4 个方程,按照式(4-26)中子块的顺序推导。

只要能计算出式(4-21)中的 $\widetilde{d}_1$,$\widetilde{\boldsymbol{u}}_1$,$\widetilde{\boldsymbol{l}}_1$,同时,式(4-21)中的 $\widetilde{\boldsymbol{L}}_1$,$\widetilde{\boldsymbol{D}}_1$,$\widetilde{\boldsymbol{U}}_1$ 和式(4-20)中已知量 $\boldsymbol{L}_1$,$\boldsymbol{D}_1$,$\boldsymbol{U}_1$ 之间能写成类似式(4-19)的形式,就可以组成递归计算公式。

计算①:式(4-26)中的方程①是

$$\widetilde{d}_1 = d_1 + m_1 a n_1 \tag{4-27}$$

计算②:式(4-26)中的方程②是

$$\widetilde{d}_1\widetilde{\boldsymbol{u}}_1 = d_1\boldsymbol{u}_1 + m_1 a\boldsymbol{N}_1^{\mathrm{T}} \tag{4-28}$$

用式(4-27)消去式(4-28)中的 d_1,得 $\widetilde{\boldsymbol{u}}_1$ 的表达式为

$$\widetilde{\boldsymbol{u}}_1 = \boldsymbol{u}_1 + \widetilde{d}_1^{-1} m_1 a \widetilde{\boldsymbol{N}}_1^{\mathrm{T}} \tag{4-29}$$

其中

$$\widetilde{\boldsymbol{N}}_1^{\mathrm{T}} = \boldsymbol{N}_1^{\mathrm{T}} - n_1 \boldsymbol{u}_1 \tag{4-30}$$

计算③：式(4-26)中的方程③是

$$\tilde{\boldsymbol{l}}_1 \tilde{d}_1 = \boldsymbol{l}_1 d_1 + \boldsymbol{M}_1 a n_1 \tag{4-31}$$

用式(4-27)消去式(4-31)中的 d_1，得 $\tilde{\boldsymbol{l}}_1$ 的表达式为

$$\tilde{\boldsymbol{l}}_1 = \boldsymbol{l}_1 + \widetilde{\boldsymbol{M}}_1 a n_1 \tilde{d}_1^{-1} \tag{4-32}$$

其中

$$\widetilde{\boldsymbol{M}}_1 = \boldsymbol{M}_1 - \boldsymbol{l}_1 m_1 \tag{4-33}$$

计算④：式(4-26)中的方程④是

$$\tilde{\boldsymbol{l}}_1 \tilde{d}_1 \tilde{\boldsymbol{u}} + \widetilde{\boldsymbol{L}}_1 \widetilde{\boldsymbol{D}}_1 \widetilde{\boldsymbol{U}}_1 = \boldsymbol{l}_1 d_1 \boldsymbol{u}_1 + \boldsymbol{L}_1 \boldsymbol{D}_1 \boldsymbol{U}_1 + \boldsymbol{M}_1 a \boldsymbol{N}_1^{\mathrm{T}} \tag{4-34}$$

可写成

$$\begin{cases} \widetilde{\boldsymbol{A}}_1 = \boldsymbol{A}_1 + \Delta \boldsymbol{A}_1 \\ \widetilde{\boldsymbol{A}}_1 = \widetilde{\boldsymbol{L}}_1 \widetilde{\boldsymbol{D}}_1 \widetilde{\boldsymbol{U}}_1 \\ \boldsymbol{A}_1 = \boldsymbol{L}_1 \boldsymbol{D}_1 \boldsymbol{U}_1 \\ \Delta \boldsymbol{A}_1 = \boldsymbol{l}_1 d_1 \boldsymbol{u}_1 - \tilde{\boldsymbol{l}}_1 \tilde{d}_1 \tilde{\boldsymbol{u}}_1 + \boldsymbol{M}_1 a \boldsymbol{N}_1^{\mathrm{T}} \end{cases} \tag{4-35}$$

式(4-35)表达了式(4-17)中除去一行一列后剩下的子矩阵之间的关系。对照式(4-17)和式(4-19)，只要能将式(4-35)中的 $\Delta \boldsymbol{A}_1$ 写成和式(4-17)中的 $\Delta \boldsymbol{A}$ 相类似的形式，就可以继续递归地进行后续因子修正。为了得到类似式(4-19)的结构，将式(4-29)的 $\tilde{\boldsymbol{u}}_1$ 和式(4-32)的 $\tilde{\boldsymbol{l}}_1$ 代入式(4-35)中 $\Delta \boldsymbol{A}_1$ 的表达式，并利用式(4-27)的$\tilde{d}_1$、式(4-30)的 $\widetilde{\boldsymbol{N}}_1^{\mathrm{T}}$ 和式(4-33)的 $\widetilde{\boldsymbol{M}}_1$ 的公式进行化简，最后可得

$$\Delta \boldsymbol{A}_1 = \widetilde{\boldsymbol{M}}_1 \tilde{a} \widetilde{\boldsymbol{N}}_1^{\mathrm{T}} \tag{4-36}$$

其中

$$\tilde{a} = a - a n_1 \tilde{d}_1^{-1} m_1 a \tag{4-37}$$

因此，式(4-35)可以写成以下形式：

$$\widetilde{\boldsymbol{L}}_1 \widetilde{\boldsymbol{D}}_1 \widetilde{\boldsymbol{U}}_1 = \boldsymbol{L}_1 \boldsymbol{D}_1 \boldsymbol{U}_1 + \widetilde{\boldsymbol{M}}_1 \tilde{a} \widetilde{\boldsymbol{N}}_1^{\mathrm{T}} \tag{4-38}$$

该式和式(4-19)形式完全相同，但维数降低了一维。

归纳以上结果可知，矩阵因子表修正计算公式本质上是反复以式(4-19)的结构为基础的。修正计算的第一步是用 $\boldsymbol{LDU}$ 中的第一行及第一列的分量，计算出修正后的 $\widetilde{\boldsymbol{L}}\widetilde{\boldsymbol{D}}\widetilde{\boldsymbol{U}}$ 中的第一行及第一列的分量，而剩下的式(4-38)的子矩阵具有与式(4-19)相似的结构，维数降低了一维，因此算法可以递归重复，即用 $\boldsymbol{LDU}$ 中的第二行及第二列的分量，计算出 $\widetilde{\boldsymbol{L}}\widetilde{\boldsymbol{D}}\widetilde{\boldsymbol{U}}$ 中的第二行及第二列的分量，依次类推可得全

部要修正的因子表。

2. 因子表秩1修正算法计算流程

(1) 不对称矩阵情况

用程序来实现以上计算的流程如下：

$$\begin{cases}\text{loop } i = 1,2,\cdots,n-1 \\ \qquad d_i = d_i + m_i a n_i \\ \qquad \boldsymbol{M}_i = \boldsymbol{M}_i - \boldsymbol{l}_i m_i \\ \qquad \boldsymbol{l}_i = \boldsymbol{l}_i + \boldsymbol{M}_i a n_i d_i^{-1} \\ \qquad \boldsymbol{N}_i = \boldsymbol{N}_i - \boldsymbol{u}_i^{\mathrm{T}} n_i \\ \qquad \boldsymbol{u}_i = \boldsymbol{u}_i + d_i^{-1} m_i a \boldsymbol{N}_i^{\mathrm{T}} \\ \qquad a = a - a n_i d_i^{-1} m_i a \\ \text{end loop}\end{cases} \tag{4-39}$$

$$d_n = d_n + m_n a n_n$$

计算中，若 $m_i=0$，则无需对 d_i，$\boldsymbol{M}_i$，$\boldsymbol{u}_i$ 做修正；若 $n_i=0$，也无需对 d_i，$\boldsymbol{N}_i$，$\boldsymbol{l}_i$ 做修正。m_i，n_i 是否为零，取决于开始时 $\boldsymbol{M}$，$\boldsymbol{N}$ 中非零元素的分布以及 $\boldsymbol{L}$，$\boldsymbol{U}$ 的非零元素的分布。

如果 $m_i \neq 0$，经式(4-39)的修正计算，非零的 m_i 可通过 $\boldsymbol{l}_i$ 中的非零元素改变 $\boldsymbol{M}_i$ 中的非零元素的分布。$\boldsymbol{M}_i$ 中原来的零元素修正后可能变成非零元素。

当 $m_i \neq 0$ 时，由式(4-39)可见，$\boldsymbol{l}_i$ 将参与计算，$\boldsymbol{l}_i$ 中的非零元素将导致 $\boldsymbol{M}_i$ 中相应位置的元素由零变成非零。由于 $\boldsymbol{l}_i$ 中的非零元素一定在节点 i 的因子道路上，因此，节点 i 的因子道路是因子修正发生的地方，只要对 $\boldsymbol{M}$ 和 $\boldsymbol{N}$ 中非零元点集的路集上的点进行因子修正，不在路集上的点不必修正。因此可以借助稀疏矢量法提高上述修正的计算速度。

令稀疏矢量 $\boldsymbol{M}$ 中非零元素的点集的道路集是 S_M，$\boldsymbol{N}$ 中非零元素的点集的道路集是 S_N，采用稀疏矩阵法的因子修正程序流程变为

$$\begin{cases}\text{loop for } i \in S_M \cup S_N \\ \qquad d_i = d_i + m_i a n_i \\ \qquad \begin{cases}\text{loop for } j > i \text{ and } j \in S_M \cup S_N \\ \qquad m_j = m_j - l_{ji} m_i \\ \qquad l_{ji} = l_{ji} + m_j a n_i d_i^{-1} \\ \qquad n_j = n_j - u_{ij} n_i \\ \qquad u_{ij} = u_{ij} + d_i^{-1} m_i a n_j \\ \text{end loop}\end{cases} \\ \qquad a = a - a n_i d_i^{-1} m_i a \\ \text{end loop}\end{cases} \tag{4-40}$$

式中 m_i 和 n_i 分别是 $\boldsymbol{M}$ 和 $\boldsymbol{N}$ 中的第 i 个元素，l_{ji} 是 $\boldsymbol{l}_i$ 的第 j 个行元素，u_{ij} 是 $\boldsymbol{u}_i$ 的第 j 个列元素。

以上讨论的是假定 $\boldsymbol{M}$,$\boldsymbol{N}$ 都是矢量的情况，称为秩1因子修正。如果 $\boldsymbol{M}$ 和 $\boldsymbol{N}$ 是 $n\times m$ 阶矩阵，a 是 $m\times m$ 阶对角线矩阵，$m>1$，可以递归地调用秩1因子修正计算。

(2) 对称矩阵情况

若 $\boldsymbol{A}$ 及其修正项都是对称阵，可进一步合并重复项，减少计算量。此时有 $\boldsymbol{L}=\boldsymbol{U}^{\mathrm{T}}$，即 $\boldsymbol{l}_i=\boldsymbol{u}_i^{\mathrm{T}}$，$\boldsymbol{M}=\boldsymbol{N}$ 及 $\Delta\boldsymbol{A}=\boldsymbol{M}a\boldsymbol{M}^{\mathrm{T}}$，合并式(4-39)中重复项，则流程为

$$\begin{cases}\text{loop } i=1,2,\cdots,n-1\\ \quad\alpha=am_i;d_i=d_i+\alpha m_i;\beta=\alpha/d_i\\ \quad\boldsymbol{M}_i=\boldsymbol{M}_i-\boldsymbol{u}_i^{\mathrm{T}}m_i\\ \quad\boldsymbol{u}_i^{\mathrm{T}}=\boldsymbol{u}_i^{\mathrm{T}}+\beta\boldsymbol{M}_i\\ \quad a=a-\alpha\beta\\ \text{end loop}\end{cases}\tag{4-41}$$

$$\alpha=am_n;\quad d_n=d_n+\alpha m_n$$

考虑到 $\boldsymbol{M}$ 是稀疏矢量，其道路集是 S_M，使用稀疏矢量法，对称矩阵情况最后的程序流程是

$$\begin{cases}\text{loop for } i\in S_M\\ \quad\alpha=am_i,d_i=d_i+\alpha m_i,\beta=\alpha/d_i\\ \quad\begin{cases}\text{loop for } j>i \text{ and } j\in S_M\\ \quad m_j=m_j-u_{ij}m_i\\ \quad u_{ij}=u_{ij}+\beta m_j\\ \text{end loop}\end{cases}\\ \quad a=a-\alpha\beta\\ \text{end loop}\end{cases}\tag{4-42}$$

3. 因子表秩1修正算法代价分析

采用式(4-42)的程序流程的计算量很小。如果稀疏矢量 $\boldsymbol{M}$ 中非零元素点集所决定的道路集长度(即节点数)是 P，则式(4-42)的外环共执行 P 次。内环中的计算量取决于道路上的点发出的边数，平均每个节点发出的边数为 τ/n，内环循环 τ/n 次，n 是节点数，τ 是 $\boldsymbol{U}$ 的非对角非零元素数，或有向因子图上互边的边数。观察上面的程序可知，式(4-42)外环有4次乘除，内环有2次乘除。对于秩1因子修正算法，其计算量(乘除次数)是

$$(4+2\times\tau/n)P=2\rho(2n+\tau)$$

式中，$\rho=P/n$ 为规格化后道路长度，其典型数值是0.1～0.15。

取 $\rho=0.15$，因子表修正算法的计算量约为 $0.3(2n+\tau)$，可见是随节点数呈线

性关系增长的。对电力网络，通常 $\tau=2n\sim3n$，所以计算量总数为 $1.2n\sim1.5n$，可见秩 1 因子修正算法的计算量极小。需强调指出的是，计算量的减少主要得益于使用了稀疏矢量技术。

例 4.2 例 3.4 中导纳矩阵及其因子表已在例 4.1 中给出。如果 $\boldsymbol{A}$ 发生变化，$\widetilde{\boldsymbol{A}}=\boldsymbol{A}+\boldsymbol{M}a\boldsymbol{M}^{\mathrm{T}}$，其中 $a=1$，$\boldsymbol{M}=[0\quad 1\quad -1\quad 0]^{\mathrm{T}}$，试用秩 1 因子修正算法修正 $\boldsymbol{A}$ 的因子表。

解 例 4.1 中的已知条件如下：

$$\boldsymbol{U}=\begin{bmatrix}1 & -0.5 & 0 & -0.5\\ & 1 & -2/3 & -1/3\\ & & 1 & -1\\ & & & 1\end{bmatrix}$$

$$\boldsymbol{D}=\mathrm{diag}[2,\quad 1.5,\quad 4/3,\quad 2]$$

利用式(4-42)中的程序进行计算。$\boldsymbol{M}$ 中非零元素在点②、③上，其点集的路集是 $S_M=\{2,\quad 3,\quad 4\}$。下面给出 $i=1,2,3,4$ 每步的计算过程。

$i=1$

因为 $m_1=0$，所以不用修正 d_1 和 $\boldsymbol{u}_1$。

$$d_1=2$$

$$\boldsymbol{M}_1=[1\quad -1\quad 0]^{\mathrm{T}}$$

$$\boldsymbol{u}_1=[-0.5\quad 0\quad -0.5]$$

$$a=1$$

$i=2$

$$\alpha=am_2=1\times1=1;\quad d_2=d_2+\alpha m_2=1.5+1\times1=2.5;$$

$$\beta=\alpha/d_2=1/2.5=2/5$$

$$\boldsymbol{M}_2=\begin{bmatrix}m_3\\ m_4\end{bmatrix}-\begin{bmatrix}u_{23}\\ u_{24}\end{bmatrix}m_2=\begin{bmatrix}-1\\ 0\end{bmatrix}-\begin{bmatrix}-\dfrac{2}{3}\\ -\dfrac{1}{3}\end{bmatrix}\times1=\begin{bmatrix}-\dfrac{1}{3}\\ \dfrac{1}{3}\end{bmatrix}=\begin{bmatrix}m_3\\ m_4\end{bmatrix}$$

$$\boldsymbol{u}_2=[u_{23}\quad u_{24}]+\beta[m_3\quad m_4]=\left[-\frac{2}{3}\quad -\frac{1}{3}\right]+\frac{2}{5}\left[-\frac{1}{3}\quad \frac{1}{3}\right]$$

$$=[-0.8\quad -0.2]=[u_{23}\quad u_{24}]$$

$$a=a-\alpha\beta=1-1\times2/5=3/5$$

$i=3$

$$\alpha=am_3=\frac{3}{5}\times\left(-\frac{1}{3}\right)=-\frac{1}{5};$$

$$d_3=d_3+\alpha m_3=\frac{4}{3}+\left(-\frac{1}{5}\right)\times\left(-\frac{1}{3}\right)=\frac{7}{5};$$

$$\beta = \alpha/d_3 = \left(-\frac{1}{5}\right)\bigg/\frac{7}{5} = -\frac{1}{7}$$

$$\boldsymbol{M}_3 = m_4 - u_{34}m_3 = \left(\frac{1}{3}\right) - (-1)\times\left(-\frac{1}{3}\right) = 0 = m_4$$

$$\boldsymbol{u}_3 = u_{34} + \beta m_4 = (-1) + \left(-\frac{1}{7}\right)\times 0 = -1 = u_{34}$$

$$a = a - \alpha\beta = \frac{3}{5} - \left(-\frac{1}{5}\right)\left(-\frac{1}{7}\right) = \frac{4}{7}$$

$i=4$

$$\alpha = am_4 = \frac{4}{7}\times 0 = 0;\quad d_4 = d_4 + \alpha m_4 = 2 + 0\times 0 = 2$$

将中间计算过程中 $\widetilde{\boldsymbol{U}}$ 的每行整理到一起，最后有

$$\widetilde{\boldsymbol{L}}^{\mathrm{T}} = \widetilde{U} = \begin{bmatrix} 1 & -0.5 & 0 & -0.5 \\ & 1 & -0.8 & -0.2 \\ & & 1 & -1 \\ & & & 1 \end{bmatrix}$$

将每步计算的对角元素整理一下，有

$$\widetilde{\boldsymbol{D}} = \mathrm{diag}[2,\quad 2.5,\quad 1.4,\quad 2]$$

用以上结果可以验证式(4-19)是满足的。

4.2.2　系数矩阵阶次变化时因子表的修正

以上介绍的秩1因子表修正算法是假定网络变化前后网络方程系数矩阵的阶次不变。当网络变化使矩阵及因子表的阶次变化时，应使用特殊的因子表修正算法。

1. 在原矩阵的右下角加边

已知原矩阵 $\boldsymbol{A}$ 已经分解成因子表，即

$$\boldsymbol{A} = \boldsymbol{LDU} \tag{4-43}$$

求在矩阵 $\boldsymbol{A}$ 右下角增加 m 行 m 列后形成的加边矩阵 $\widetilde{\boldsymbol{A}}$ 的因子表，即计算

$$\widetilde{\boldsymbol{A}} = \begin{bmatrix} \boldsymbol{A} & \boldsymbol{M} \\ \boldsymbol{N}^{\mathrm{T}} & \boldsymbol{a} \end{bmatrix} = \begin{bmatrix} \boldsymbol{L} & 0 \\ \boldsymbol{l}_N & \boldsymbol{l}_a \end{bmatrix}\begin{bmatrix} \boldsymbol{D} & 0 \\ 0 & \boldsymbol{d} \end{bmatrix}\begin{bmatrix} \boldsymbol{U} & \boldsymbol{u}_M \\ 0 & \boldsymbol{u}_a \end{bmatrix} \tag{4-44}$$

展开上式的右边项，对照两边相对应的项，可知原来的因子表相对应的部分不变，即 $\boldsymbol{A}=\boldsymbol{LDU}$。其他部分经整理后有

$$\boldsymbol{u}_M = \boldsymbol{D}^{-1}\boldsymbol{L}^{-1}\boldsymbol{M} \tag{4-45}$$

$$\boldsymbol{l}_N = \boldsymbol{N}^{\mathrm{T}}\boldsymbol{U}^{-1}\boldsymbol{D}^{-1} \tag{4-46}$$

$$\widetilde{\boldsymbol{a}} \overset{\mathrm{def}}{=} \boldsymbol{l}_a\boldsymbol{d}\boldsymbol{u}_a = \boldsymbol{a} - \boldsymbol{l}_N\boldsymbol{D}\boldsymbol{u}_M \tag{4-47}$$

因此可以利用原因子表 $\boldsymbol{L},\boldsymbol{D},\boldsymbol{U}$ 按式(4-45)～式(4-47)计算 $\boldsymbol{u}_M$，$\boldsymbol{l}_N$ 和 $\tilde{\boldsymbol{a}}$。观察式(4-47)可知，对 $\tilde{\boldsymbol{a}}$ 分解因子表即可得式(4-44)中的 $\boldsymbol{l}_a$，$\boldsymbol{d}$，$\boldsymbol{u}_a$。

由于加边矩阵 $\boldsymbol{a}$ 的阶次为 $m\times m$，$m\ll n$，所以，对 $\tilde{\boldsymbol{a}}$ 分解因子表的计算量是很小的。当 $\boldsymbol{M}$ 和 $\boldsymbol{N}$ 很稀疏时，式(4-45)和式(4-46)的计算都可以用稀疏矢量法的快速前代来实现。特别是 $\boldsymbol{A}$ 和 $\tilde{\boldsymbol{A}}$ 都是对称矩阵并且 $\boldsymbol{M}$ 和 $\boldsymbol{N}$ 互为转置时，式(4-46)的计算可省略。

当 $m=1$ 时，$\boldsymbol{M}$ 和 $\boldsymbol{N}$ 都是列矢量，式(4-44)中的 a 是标量，l_a 和 u_a 都是 1，则式(4-47)变成

$$\tilde{a}=a-\boldsymbol{l}_N\boldsymbol{D}\boldsymbol{u}_M=l_a d u_a=d \tag{4-48}$$

例 4.3 导纳矩阵的因子表在例 4.1 中给出。已知式(4-44)中 $\boldsymbol{M}=\boldsymbol{N}^{\mathrm{T}}=[-1\quad 0\quad 0\quad -1]$，$a=2$。利用矩阵右下角加边因子表修正公式计算修正后的因子表。

解 由于 $\boldsymbol{M}=\boldsymbol{N}^{\mathrm{T}}$，式(4-45)和式(4-46)计算一个即可。下面计算式(4-45)。只要在原赋权有向因子图上，以 $\boldsymbol{M}$ 中的非零元素作为初始点位，进行前代和除法运算：

前代后点位是 $\left[-1\quad -0.5\quad -\dfrac{1}{3}\quad -2\right]$

除法运算后为 $\left[-0.5\quad -\dfrac{1}{3}\quad -0.25\quad -1\right]$

故有 $\boldsymbol{l}_N=\boldsymbol{u}_M^{\mathrm{T}}=\left[-0.5\quad -\dfrac{1}{3}\quad -\dfrac{1}{4}\quad -1\right]$

由式(4-47)有

$$\tilde{a}=a-\boldsymbol{l}_N\boldsymbol{D}\boldsymbol{u}_M$$

$$=2-\left[-0.5\quad -\frac{1}{3}\quad -\frac{1}{4}\quad -1\right]\mathrm{diag}\left[2,\quad 1.5,\quad \frac{4}{3},\quad 2\right]\left[-0.5\quad -\frac{1}{3}\quad -\frac{1}{4}\quad -1\right]^{\mathrm{T}}$$

$$=-0.75$$

将 $\tilde{a}$ 分解因子表可得：$l_a=u_a=1$，$d=\tilde{a}=-0.75$。最后得

$$\tilde{\boldsymbol{L}}^{\mathrm{T}}=\tilde{\boldsymbol{U}}=\left[\begin{array}{cccc:c}1 & -0.5 & 0 & -0.5 & -0.5\\ & 1 & -0.667 & -0.333 & -0.333\\ & & 1 & -1 & -0.25\\ & & & 1 & -1\\ \hdashline & & & & 1\end{array}\right]$$

$$\tilde{\boldsymbol{D}}=\mathrm{diag}[2,\quad 1.5,\quad 1.333,\quad 2,\quad -0.75]$$

经过验证，有 $\tilde{\boldsymbol{A}}=\tilde{\boldsymbol{L}}\tilde{\boldsymbol{D}}\tilde{\boldsymbol{U}}$。

2. 在原有矩阵的左上角加边

已知原有矩阵 $\boldsymbol{A}$ 及其因子表 $\boldsymbol{A}=\boldsymbol{LDU}$,先考虑在 $\boldsymbol{A}$ 的左上角增加1行1列后形成新的加边矩阵 $\tilde{\boldsymbol{A}}$,$\tilde{\boldsymbol{A}}$ 分解后的因子表矩阵为

$$\tilde{\boldsymbol{A}}=\begin{bmatrix} a & \boldsymbol{N}^{\mathrm{T}} \\ \boldsymbol{M} & \boldsymbol{A} \end{bmatrix}=\begin{bmatrix} 1 & 0 \\ \boldsymbol{l}_M & \tilde{\boldsymbol{L}} \end{bmatrix}\begin{bmatrix} d & 0 \\ 0 & \tilde{\boldsymbol{D}} \end{bmatrix}\begin{bmatrix} 1 & \boldsymbol{u}_N \\ 0 & \tilde{\boldsymbol{U}} \end{bmatrix} \tag{4-49}$$

在式(4-49)中,与原矩阵 $\boldsymbol{A}$ 的位置相对应的因子矩阵和原来的因子表不同,加上标"～"区分之。展开式(4-49),比较两边相对应的项,经整理后有

$$d=a \tag{4-50}$$

$$\boldsymbol{l}_M=\boldsymbol{M}d^{-1} \tag{4-51}$$

$$\boldsymbol{u}_N=d^{-1}\boldsymbol{N}^{\mathrm{T}} \tag{4-52}$$

$$\tilde{\boldsymbol{L}}\tilde{\boldsymbol{D}}\tilde{\boldsymbol{U}}=\boldsymbol{A}-\boldsymbol{l}_M d\boldsymbol{u}_N=\boldsymbol{A}-\boldsymbol{M}a^{-1}\boldsymbol{N}^{\mathrm{T}}=\boldsymbol{A}' \tag{4-53}$$

在式(4-53)中矩阵 $\boldsymbol{A}$ 的因子表已知,所以,可用4.2.1小节中介绍的秩1因子表修正算法对 $\boldsymbol{A}$ 的因子表 $\boldsymbol{L},\boldsymbol{D},\boldsymbol{U}$ 进行秩1因子修正可得 $\boldsymbol{A}'$ 的因子表 $\tilde{\boldsymbol{L}},\tilde{\boldsymbol{D}},\tilde{\boldsymbol{U}}$。

当 $m>1$ 时,式(4-49)中的 a 是 $m\times m$ 矩阵 $\boldsymbol{a}$,可以递归地一次一阶地调用上述方法求增阶后的因子表。也可以采用下面的方法。加边后的矩阵可以写成

$$\begin{bmatrix} \boldsymbol{a} & \boldsymbol{N}^{\mathrm{T}} \\ \boldsymbol{M} & \boldsymbol{A} \end{bmatrix}=\begin{bmatrix} \boldsymbol{l}_a & \\ \boldsymbol{l}_M & \tilde{\boldsymbol{L}} \end{bmatrix}\begin{bmatrix} \boldsymbol{d} & \\ & \tilde{\boldsymbol{D}} \end{bmatrix}\begin{bmatrix} \boldsymbol{u}_a & \boldsymbol{u}_N \\ & \tilde{\boldsymbol{U}} \end{bmatrix} \tag{4-54}$$

展开并整理后有

$$\boldsymbol{a}=\boldsymbol{l}_a\boldsymbol{d}\boldsymbol{u}_a \tag{4-55}$$

$$\boldsymbol{l}_M=\boldsymbol{M}\boldsymbol{u}_a^{-1}\boldsymbol{d}^{-1} \tag{4-56}$$

$$\boldsymbol{u}_N=\boldsymbol{d}^{-1}\boldsymbol{l}_a^{-1}\boldsymbol{N}^{\mathrm{T}} \tag{4-57}$$

$$\boldsymbol{A}'=\tilde{\boldsymbol{L}}\tilde{\boldsymbol{D}}\tilde{\boldsymbol{U}}=\boldsymbol{A}-\boldsymbol{M}\boldsymbol{a}^{-1}\boldsymbol{N}^{\mathrm{T}} \tag{4-58}$$

式(4-55)实际上是将 $\boldsymbol{a}$ 分解因子表以得到 $\boldsymbol{l}_a,\boldsymbol{d},\boldsymbol{u}_a$,其中 $\boldsymbol{d}$ 是对角线矩阵,然后即可进行式(4-56)和式(4-57)的计算。观察式(4-58),由于 $\boldsymbol{A}$ 的因子表已知,可用4.2.1小节中介绍的因子表修正算法对 $\boldsymbol{A}$ 进行因子修正得到式(4-54)右下角的新的因子表。

例4.4　左上角加边的因子表修正公式(4-49)中的 $\boldsymbol{M},\boldsymbol{N},a,\boldsymbol{A}$ 同例4.3,修正前因子表已在例4.1中给出。用左上角加边因子表修正公式求修正后的因子表。

解　首先由式(4-50)～式(4-52)计算左上角的加边矢量:

$$d=a=2$$

$$\boldsymbol{u}_N=\boldsymbol{l}_M^{\mathrm{T}}=d^{-1}\boldsymbol{M}^{\mathrm{T}}=[-0.5\quad 0\quad 0\quad -0.5]$$

再将右下角的式(4-53)写成

$$\boldsymbol{A}'=\tilde{\boldsymbol{L}}\tilde{\boldsymbol{D}}\tilde{\boldsymbol{U}}=\boldsymbol{A}-\boldsymbol{M}a^{-1}\boldsymbol{N}^{\mathrm{T}}=\boldsymbol{LDU}+\boldsymbol{M}a'\boldsymbol{M}^{\mathrm{T}}$$

修正前,例4.1中的导纳矩阵 $\boldsymbol{A}$ 和它的因子表是

$$A=\begin{bmatrix}2 & -1 & 0 & -1\\ -1 & 2 & -1 & 0\\ 0 & -1 & 2 & -1\\ -1 & 0 & -1 & 4\end{bmatrix},\quad L^{\mathrm{T}}=U=\begin{bmatrix}1 & -0.5 & 0 & -0.5\\ & 1 & -2/3 & -1/3\\ & & 1 & -1\\ & & & 1\end{bmatrix},$$

$$D=\mathrm{diag}[2,\ 1.5,\ 1.333,\ 2]$$

秩 1 修正项是

$$a'=-a^{-1}=-2^{-1}=-0.5\quad M=[-1\ \ 0\ \ 0\ \ -1]^{\mathrm{T}}$$

采用式(4-41)中的秩 1 因子修正算法来求 $\tilde{L},\tilde{D},\tilde{U}$，最终结果是

$$\tilde{L}^{\mathrm{T}}=\tilde{U}=\left[\begin{array}{c:cccc}1 & -0.5 & 0 & 0 & -0.5\\ \hdashline & 1 & -0.667 & 0 & -1\\ & & 1 & -0.75 & -0.75\\ & & & 1 & 1.4\\ & & & & 1\end{array}\right]$$

$$\tilde{D}=\mathrm{diag}[2,\ 1.5,\ 1.333,\ 1.25,\ -1.2]$$

经过验证，有 $\tilde{A}=\tilde{L}\tilde{D}\tilde{U}$。

3. 网络增加树支支路的例

增加一个树支支路就增加了一个新节点，导纳矩阵将增加一阶。设原网络节点 p 上增加了一条树支支路，新增节点为 q，则有

$$\tilde{A}=\left[\begin{array}{c:c}A & \mathbf{0}\\ \hdashline \mathbf{0} & 0\end{array}\right]_q+MaM^{\mathrm{T}}\tag{4-59}$$

式中，M 是第 p 个元素为 1、第 q 个元素为 −1、其余元素为 0 的列矢量；a 为支路 (p,q) 的导纳。如果 A 的因子表已形成，仍可用 4.2.1 小节中介绍的秩 1 因子修正算法来得到 $\tilde{A}$ 的因子表。式(4-59)中，将 A 增维后右下角的零不影响因子修正算法的进行。

例 4.5 导纳矩阵 A 及其因子表已在例 4.1 中给出。利用式(4-59)计算增加树支后的因子表，其中 $M=[0\ \ 1\ \ 0\ \ 0\ \ -1]^{\mathrm{T}}$，$a=1$。

解 直接利用秩 1 因子修正公式(4-42)，利用 A 的因子表 L,D,U 计算。式(4-59)可写成如下形式：

$$\tilde{A}=A+MaM^{\mathrm{T}}$$

式中，

$$\boldsymbol{A}=\begin{bmatrix}2 & -1 & 0 & -1 & 0\\ -1 & 2 & -1 & 0 & 0\\ 0 & -1 & 2 & -1 & 0\\ -1 & 0 & -1 & 4 & 0\\ 0 & 0 & 0 & 0 & 0\end{bmatrix},\quad \boldsymbol{M}=\begin{bmatrix}0\\ 1\\ 0\\ 0\\ -1\end{bmatrix},\quad a=1$$

A 的因子表 $\boldsymbol{A}=\boldsymbol{LDU}$ 如下：

$$\boldsymbol{U}=\boldsymbol{L}^{\mathrm{T}}=\begin{bmatrix}1 & -1/2 & 0 & -1/2 & 0\\ & 1 & -2/3 & -1/3 & 0\\ & & 1 & -1 & 0\\ & & & 1 & 0\\ & & & & 1\end{bmatrix}$$

$$\boldsymbol{D}=\mathrm{diag}[2,\ \ 3/2,\ \ 4/3,\ \ 2,\ \ 0]$$

尽管 **A** 的最后一行一列都是零，仍按常规因子表修正公式的计算流程式(4-42)计算。

$i=1$：

$$m_1=0,\text{不用修正 } d_1,\boldsymbol{u}_1$$
$$d_1=2$$
$$\boldsymbol{M}_1=[1\quad 0\quad 0\quad -1]^{\mathrm{T}}$$
$$\boldsymbol{u}_1=[-1/2\quad 0\quad -1/2\quad 0]$$
$$a=1$$

$i=2$：

$$\alpha=am_2=1\times 1=1,\quad d_2=d_2+\alpha m_2=3/2+1\times 1=5/2,$$
$$\beta=\alpha/d_2=2/5$$

$$\boldsymbol{M}_2=\boldsymbol{M}_2-\boldsymbol{u}_2^{\mathrm{T}}m_2=\begin{bmatrix}0\\ 0\\ -1\end{bmatrix}-\begin{bmatrix}-2/3\\ -1/3\\ 0\end{bmatrix}\times 1=\begin{bmatrix}2/3\\ 1/3\\ -1\end{bmatrix}$$

$$\boldsymbol{u}_2^{\mathrm{T}}=\boldsymbol{u}_2^{\mathrm{T}}+\beta\boldsymbol{M}_2=\begin{bmatrix}-2/3\\ -1/3\\ 0\end{bmatrix}+\frac{2}{5}\times\begin{bmatrix}2/3\\ 1/3\\ -1\end{bmatrix}=\begin{bmatrix}-2/5\\ -1/5\\ -2/5\end{bmatrix}$$

$$a=a+\alpha\beta=1-1\times\frac{2}{5}=3/5$$

$i=3$：

$$\alpha=am_3=\frac{3}{5}\times\frac{2}{3}=\frac{2}{5},\quad d_3=d_3+\alpha m_3=\frac{4}{3}+\frac{2}{5}\times\frac{2}{3}=\frac{8}{5},$$

$$\beta=\alpha/d_3=\frac{1}{4}$$

$$\boldsymbol{M}_3=\boldsymbol{M}_3-\boldsymbol{u}_3^{\mathrm{T}}m_3=\begin{bmatrix}1/3\\-1\end{bmatrix}-\begin{bmatrix}-1\\0\end{bmatrix}\times\frac{2}{3}=\begin{bmatrix}1\\-1\end{bmatrix}$$

$$\boldsymbol{u}_3=\boldsymbol{u}_3+\beta\boldsymbol{M}_3^{\mathrm{T}}=\begin{bmatrix}-1\\0\end{bmatrix}+\frac{1}{4}\times\begin{bmatrix}1\\-1\end{bmatrix}=\begin{bmatrix}-3/4\\-1/4\end{bmatrix}$$

$$a=a-\alpha\beta=\frac{3}{5}-\frac{2}{5}\times\frac{1}{4}=\frac{1}{2}$$

$i=4$：

$$\alpha=am_4=\frac{1}{2}\times1=\frac{1}{2},\quad d_4=d_4+\alpha m_4=2+\frac{1}{2}\times1=\frac{5}{2},$$

$$\beta=\frac{\alpha}{d_4}=\frac{1}{5}$$

$$\boldsymbol{M}_4=\boldsymbol{M}_4-\boldsymbol{u}_4^{\mathrm{T}}m_4=[-1]-[0]\times1=[-1]$$

$$\boldsymbol{u}_4^{\mathrm{T}}=\boldsymbol{u}_4^{\mathrm{T}}+\beta\boldsymbol{M}_4=[0]+\frac{1}{5}\times[-1]=\left[-\frac{1}{5}\right]$$

$$a=a-\alpha\beta=\frac{1}{2}-\frac{1}{2}\times\frac{1}{5}=\frac{2}{5}$$

$i=5$：

$$\alpha=am_5=\frac{2}{5}\times(-1)=-\frac{2}{5},\quad d_5=d_5+\alpha m_5=0+\left(-\frac{2}{5}\right)\times(-1)=\frac{2}{5}$$

最后得 $\widetilde{\boldsymbol{A}}$ 的因子表是

$$\widetilde{\boldsymbol{L}}^{\mathrm{T}}=\widetilde{\boldsymbol{U}}=\begin{bmatrix}1&-0.5&0&-0.5&0\\&1&-0.4&-0.2&-0.4\\&&1&-0.75&-0.25\\&&&1&-0.2\\&&&&1\end{bmatrix}$$

$$\widetilde{\boldsymbol{D}}=\mathrm{diag}[2,\quad 2.5,\quad 1.6,\quad 2.5,\quad 0.4]$$

可见尽管 $\boldsymbol{A}$ 的最后一行和最后一列都是零，但因子分解工作仍能正常进行。

4.2.3 因子表的局部再分解

对于 $\boldsymbol{M}$ 和 $\boldsymbol{N}$ 的列阶次较高的场合，秩 1 因子表修正程序需要被多次调用，使计算效率降低。本节介绍另一种因子表修正算法，其核心思想是只对因子表中受影响的行和列执行局部因子再分解[43]，即执行普通的因子分解计算。这种作法比修正导纳矩阵然后重新进行因子分解计算速度要快，因此得到了广泛的应用。

将原网络矩阵 $\boldsymbol{A}$ 的因子分解 $\boldsymbol{A}=\boldsymbol{LDU}$，写成分块矩阵的形式如下：

$$\boldsymbol{A}=\begin{bmatrix}\boldsymbol{A}_{11}&\boldsymbol{A}_{12}\\\boldsymbol{A}_{21}&\boldsymbol{A}_{22}\end{bmatrix}=\begin{bmatrix}\boldsymbol{L}_{11}&\boldsymbol{0}\\\boldsymbol{L}_{21}&\boldsymbol{L}_{22}\end{bmatrix}\begin{bmatrix}\boldsymbol{D}_{11}&\boldsymbol{0}\\\boldsymbol{0}&\boldsymbol{D}_{22}\end{bmatrix}\begin{bmatrix}\boldsymbol{U}_{11}&\boldsymbol{U}_{12}\\\boldsymbol{0}&\boldsymbol{U}_{22}\end{bmatrix}$$

$$= \begin{bmatrix} \boldsymbol{L}_{11}\boldsymbol{D}_{11}\boldsymbol{U}_{11} & \boldsymbol{L}_{11}\boldsymbol{D}_{11}\boldsymbol{U}_{12} \\ \boldsymbol{L}_{21}\boldsymbol{D}_{11}\boldsymbol{U}_{11} & \boldsymbol{L}_{21}\boldsymbol{D}_{11}\boldsymbol{U}_{12} + \boldsymbol{L}_{22}\boldsymbol{D}_{22}\boldsymbol{U}_{22} \end{bmatrix} \tag{4-60}$$

所以

$$\boldsymbol{A}_{22} = \boldsymbol{L}_{21}\boldsymbol{D}_{11}\boldsymbol{U}_{12} + \boldsymbol{L}_{22}\boldsymbol{D}_{22}\boldsymbol{U}_{22} \tag{4-61}$$

如果网络方程发生变化时，$\boldsymbol{A}$ 矩阵受影响的只是右下角部分 $\boldsymbol{A}_{22}$，则可用下式表示：

$$\widetilde{\boldsymbol{A}} = \boldsymbol{A} + \Delta\boldsymbol{A} \quad \Delta\boldsymbol{A} = \begin{bmatrix} \boldsymbol{0} & \boldsymbol{0} \\ \boldsymbol{0} & \Delta\boldsymbol{A}_{22} \end{bmatrix} \tag{4-62}$$

所以

$$\widetilde{\boldsymbol{A}} = \begin{bmatrix} \boldsymbol{A}_{11} & \boldsymbol{A}_{12} \\ \boldsymbol{A}_{21} & \widetilde{\boldsymbol{A}}_{22} \end{bmatrix} \quad \widetilde{\boldsymbol{A}}_{22} = \boldsymbol{A}_{22} + \Delta\boldsymbol{A}_{22} \tag{4-63}$$

分析对 $\widetilde{\boldsymbol{A}}$ 进行因子分解的过程可知，除了和 $\widetilde{\boldsymbol{A}}_{22}$ 相对应的部分之外，$\boldsymbol{A}$ 矩阵其余部分的因子表不受影响，所以

$$\begin{aligned} \widetilde{\boldsymbol{A}} &= \begin{bmatrix} \boldsymbol{A}_{11} & \boldsymbol{A}_{12} \\ \boldsymbol{A}_{21} & \widetilde{\boldsymbol{A}}_{22} \end{bmatrix} = \begin{bmatrix} \boldsymbol{L}_{11} & \boldsymbol{0} \\ \boldsymbol{L}_{21} & \widetilde{\boldsymbol{L}}_{22} \end{bmatrix} \begin{bmatrix} \boldsymbol{D}_{11} & \boldsymbol{0} \\ \boldsymbol{0} & \widetilde{\boldsymbol{D}}_{22} \end{bmatrix} \begin{bmatrix} \boldsymbol{U}_{11} & \boldsymbol{U}_{12} \\ \boldsymbol{0} & \widetilde{\boldsymbol{U}}_{22} \end{bmatrix} \\ &= \begin{bmatrix} \boldsymbol{L}_{11}\boldsymbol{D}_{11}\boldsymbol{U}_{11} & \boldsymbol{L}_{11}\boldsymbol{D}_{11}\boldsymbol{U}_{12} \\ \boldsymbol{L}_{21}\boldsymbol{D}_{11}\boldsymbol{U}_{11} & \boldsymbol{L}_{21}\boldsymbol{D}_{11}\boldsymbol{U}_{12} + \widetilde{\boldsymbol{L}}_{22}\widetilde{\boldsymbol{D}}_{22}\widetilde{\boldsymbol{U}}_{22} \end{bmatrix} \end{aligned} \tag{4-64}$$

$$\widetilde{\boldsymbol{A}}_{22} = \boldsymbol{L}_{21}\boldsymbol{D}_{11}\boldsymbol{U}_{12} + \widetilde{\boldsymbol{L}}_{22}\widetilde{\boldsymbol{D}}_{22}\widetilde{\boldsymbol{U}}_{22} \tag{4-65}$$

式(4-65)减去式(4-61)有

$$\widetilde{\boldsymbol{A}}_{22} - \boldsymbol{A}_{22} = \widetilde{\boldsymbol{L}}_{22}\widetilde{\boldsymbol{D}}_{22}\widetilde{\boldsymbol{U}}_{22} - \boldsymbol{L}_{22}\boldsymbol{D}_{22}\boldsymbol{U}_{22} = \Delta\boldsymbol{A}_{22}$$

即

$$\widetilde{\boldsymbol{L}}_{22}\widetilde{\boldsymbol{D}}_{22}\widetilde{\boldsymbol{U}}_{22} = \boldsymbol{L}_{22}\boldsymbol{D}_{22}\boldsymbol{U}_{22} + \Delta\boldsymbol{A}_{22} \tag{4-66}$$

令

$$\widetilde{\boldsymbol{A}}'_{22} = \widetilde{\boldsymbol{L}}_{22}\widetilde{\boldsymbol{D}}_{22}\widetilde{\boldsymbol{U}}_{22} \tag{4-67}$$

$$\boldsymbol{A}'_{22} = \boldsymbol{L}_{22}\boldsymbol{D}_{22}\boldsymbol{U}_{22} \tag{4-68}$$

则有

$$\widetilde{\boldsymbol{A}}'_{22} = \boldsymbol{A}'_{22} + \Delta\boldsymbol{A}_{22} \tag{4-69}$$

因此，可以取出原网络的因子表中相应的部分按式(4-68)计算出 $\boldsymbol{A}'_{22}$(注意 $\boldsymbol{A}'_{22} \neq \boldsymbol{A}_{22}$)，然后用式(4-69)计入 $\Delta\boldsymbol{A}_{22}$ 的影响得到修正后的 $\widetilde{\boldsymbol{A}}'_{22}$，最后对 $\widetilde{\boldsymbol{A}}'_{22}$ 按式(4-67)作常规的因子分解。

以上的分析是假定 $\boldsymbol{A}$ 矩阵发生变化的部分正好被排列在 $\boldsymbol{A}$ 矩阵的右下角。实际情况是 $\boldsymbol{A}$ 矩阵发生变化的部分分散在矩阵当中。对这种情况，$\boldsymbol{A}$ 矩阵的因子

表受影响的部分会比 $\boldsymbol{A}$ 矩阵发生变化的部分为大，即 $\Delta\boldsymbol{A}_{22}$ 只是 $\widetilde{\boldsymbol{L}}_{22}\widetilde{\boldsymbol{D}}_{22}\widetilde{\boldsymbol{U}}_{22}=\widetilde{\boldsymbol{A}}'_{22}$ 中的非零元素的子集。用稀疏矢量的因子道路来分析可知，$\boldsymbol{A}$ 的因子表中需要修正的部分恰是由 $\Delta\boldsymbol{A}$ 的非零元素所对应的节点的道路集所确定。对于这种一般的情况，可以用局部因子再分解算法，其计算步骤如下：

(1) 确定 $\boldsymbol{A}$ 中发生变化的元素的行号和列号组成的节点集 S_1；

(2) 在 $\boldsymbol{A}$ 的因子表所确定的有向因子图上求出 S_1 确定的道路集 $S_2(S_1\subset S_2)$；

(3) 对 S_2 确定的部分矩阵由式(4-68)计算 $\boldsymbol{A}'_{22}$；

(4) 考虑 $\Delta\boldsymbol{A}_{22}$ 的影响，由式(4-69)计算 $\widetilde{\boldsymbol{A}}'_{22}$，按道路集 S_2 将 $\widetilde{\boldsymbol{A}}'_{22}$ 分解因子表得到修正后的 $\widetilde{\boldsymbol{L}}_{22}$，$\widetilde{\boldsymbol{D}}_{22}$ 和 $\widetilde{\boldsymbol{U}}_{22}$。

例 4.6　对于例 4.1 的矩阵 $\boldsymbol{A}$ 的因子表有

$$\boldsymbol{U}=\begin{bmatrix}1 & -0.5 & 0 & -0.5\\ & 1 & -0.667 & -0.333\\ & & 1 & -1\\ & & & 1\end{bmatrix},\quad \boldsymbol{D}=\begin{bmatrix}2 & & & \\ & 1.5 & & \\ & & 1.333 & \\ & & & 2\end{bmatrix}$$

如果网络方程发生变化，变化部分为 $\Delta\boldsymbol{A}$。$\Delta\boldsymbol{A}$ 与 $\boldsymbol{A}$ 分别为

$$\Delta\boldsymbol{A}=\begin{bmatrix}0 & 0 & 0 & 0\\ 0 & 1 & -1 & 0\\ 0 & -1 & 1 & 0\\ 0 & 0 & 0 & 0\end{bmatrix},\quad \boldsymbol{A}=\begin{bmatrix}2 & -1 & 0 & -1\\ -1 & 2 & -1 & 0\\ 0 & -1 & 2 & -1\\ -1 & 0 & -1 & 4\end{bmatrix}$$

利用因子表的局部再分解算法计算 $\widetilde{\boldsymbol{A}}=\boldsymbol{A}+\Delta\boldsymbol{A}$ 的因子表。

解　$\Delta\boldsymbol{A}$ 中非零元素所对应点集是节点②和③，先确定其路集。由 $\boldsymbol{U}$ 的结构知有向因子图如图 4.3(a)所示，其道路树如图 4.3(b)所示，点集②和③的道路集如图 4.3(c)所示。应恢复的矩阵 $\boldsymbol{A}'_{22}$ 应包括节点②，③，④，而不只是节点②和③。由式(4-68)恢复矩阵 $\boldsymbol{A}'_{22}$ 有

$$\boldsymbol{A}'_{22}=\boldsymbol{L}_{22}\boldsymbol{D}_{22}\boldsymbol{U}_{22}=\begin{bmatrix}1 & & \\ -0.667 & 1 & \\ -0.333 & -1 & 1\end{bmatrix}\begin{bmatrix}1.5 & & \\ & 1.333 & \\ & & 2\end{bmatrix}\begin{bmatrix}1 & -0.667 & 0.333\\ & 1 & -1\\ & & 1\end{bmatrix}$$

$$=\begin{bmatrix}1.5 & -1 & -0.5\\ -1 & 2 & -1\\ -0.5 & -1 & 3.5\end{bmatrix}\begin{matrix}②\\ ③\\ ④\end{matrix}$$

注意 $\boldsymbol{A}'_{22}$ 和 $\boldsymbol{A}$ 中相应的子块不同。这是一个非常容易混淆的重要概念，这一点在 5.2.3 小节中还要专门讨论。

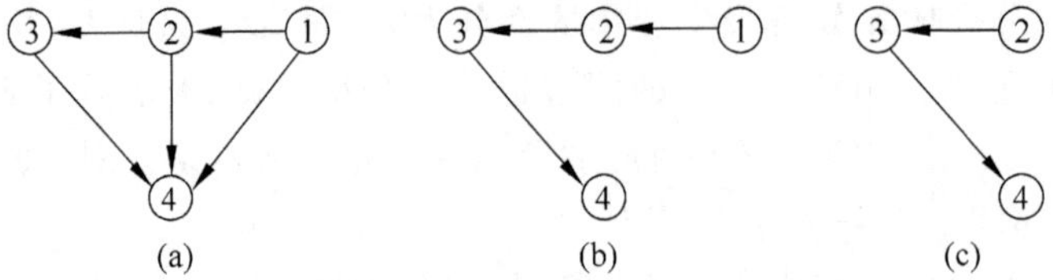

图 4.3 例 4.6 图

(a) U 的有向因子图；(b) 道路树；(c) 点②、③的路集

再用式(4-69)计算 $\widetilde{\boldsymbol{A}}'_{22}$ 如下：

$$\widetilde{\boldsymbol{A}}'_{22}=\boldsymbol{A}'_{22}+\Delta\boldsymbol{A}_{22}=\begin{bmatrix}1.5 & -1 & -0.5\\ -1 & 2 & -1\\ -0.5 & -1 & 3.5\end{bmatrix}+\begin{bmatrix}1 & -1 & 0\\ -1 & 1 & 0\\ 0 & 0 & 0\end{bmatrix}$$

$$=\begin{bmatrix}2.5 & -2 & -0.5\\ -2 & 3 & -1\\ -0.5 & -1 & 3.5\end{bmatrix}$$

对 $\widetilde{\boldsymbol{A}}'_{22}$ 重新分解因子表有

$$\widetilde{\boldsymbol{L}}_{22}^{\mathrm{T}}=\widetilde{\boldsymbol{U}}_{22}=\begin{bmatrix}1 & -0.8 & -0.2\\ & 1 & -1\\ & & 1\end{bmatrix},\quad \widetilde{\boldsymbol{D}}_{22}=\begin{bmatrix}2.5 & & \\ & 1.4 & \\ & & 2\end{bmatrix}$$

将它放回到原来因子表的相应位置，最后得修正后 $\widetilde{\boldsymbol{A}}$ 的因子表

$$\widetilde{\boldsymbol{A}}=\widetilde{\boldsymbol{L}}^{\mathrm{T}}=\widetilde{\boldsymbol{U}}=\begin{bmatrix}1 & -0.5 & 0 & -0.5\\ & 1 & -0.8 & -0.2\\ & & 1 & -1\\ & & & 1\end{bmatrix}$$

$$\widetilde{\boldsymbol{D}}=\mathrm{diag}[2,\quad 2.5,\quad 1.4,\quad 2]$$

验证知 $\widetilde{\boldsymbol{A}}=\widetilde{\boldsymbol{L}}\widetilde{\boldsymbol{D}}\widetilde{\boldsymbol{U}}=\boldsymbol{LDU}+\Delta\boldsymbol{A}$。

实际上此例和例 4.2 相同，但例 4.2 是用秩 1 因子修正来计算的，两者算法不同，但结果相同。

4.2.4 块稀疏矩阵的因子表修正算法

在电力系统计算中，有时要求解的线性方程组的系数矩阵的每个元素具有 2×2 分块的形式，例如牛顿潮流雅可比矩阵就是这种情况。如果把每个 2×2 块矩阵看作一个元素，则这个矩阵是一个块稀疏矩阵，其稀疏结构和具有标量元素的矩阵是相同的。可以用与普通稀疏矩阵相同的作法进行因子表修正或者局部再分

解，只不过在每个数值计算步中不是进行两个标量之间的运算（加减乘除），而是 2×2 块阵之间的运算[37,46]。矩阵因子表的指针与标量元素情况下的指针相同，即检索信息不变。

4.3 小结

当网络结构或参数发生局部变化时，重新建立网络方程然后再从头重新求解是低效的，而采用网络方程修正解法只修正计算发生变化的部分，可以大大提高计算速度。常用的网络方程修正解法有两种：一种是补偿法，另一种是因子表修正算法。

补偿法基于矩阵求逆辅助定理，在变化部分阶次较低时有明显优势。补偿法可以分后补偿、前补偿和中补偿三种计算格式，各有其特点。补偿也可分为面向节点的补偿和面向支路的补偿。补偿法可用线性电路中的叠加原理得到物理意义上的解释。

因子表修正算法特别适用于这种网络变化是永久性的应用场合。因子表修正在原有的因子表上进行，有秩 1 因子修正和局部因子再分解两种方法。这两种方法可以利用稀疏矢量技术，因此计算量相当小。当网络变化引起网络方程阶次变化时，也有相应的处理办法，而且利用稀疏矢量技术可以使计算速度大大提高。

网络方程的修正解法和稀疏技术的使用对提高电网分析的计算速度起到决定性的作用。在电力系统静态安全分析[42]、电力系统故障计算[24]、状态估计[27]、最优潮流[28]和暂态安全评定[41]计算中都有广泛的应用。

习 题

4.1 对例 3.4 中形成的 $\boldsymbol{A}$ 矩阵的因子表，若矩阵 $\boldsymbol{A}$ 发生变化，变成 $\widetilde{\boldsymbol{A}}$，并有 $\widetilde{\boldsymbol{A}}=\boldsymbol{A}+\boldsymbol{M}a\boldsymbol{M}^{\mathrm{T}}$，式中 $a=1$，$\boldsymbol{M}^{\mathrm{T}}=[0\quad 1\quad -1\quad 0]$；独立矢量 $\boldsymbol{b}^{\mathrm{T}}=[1\quad 1\quad 1\quad 0]$，试用三种补偿法分别计算修正后的网络方程 $\widetilde{\boldsymbol{A}}\boldsymbol{x}=\boldsymbol{b}$ 的解。

4.2 编写计算机程序实现三种补偿法网络方程的修正计算，并用习题 4.1 的结果验证。

4.3 试用秩 1 因子修正算法重做习题 4.1，先计算出修正后的 $\widetilde{\boldsymbol{A}}$ 的因子表，然后求解网络方程 $\widetilde{\boldsymbol{A}}x=\boldsymbol{b}$。注意分析哪些计算步可省略。

4.4 编写计算机程序实现矩阵的秩 1 因子表修正，并用习题 4.3 的结果验证。

4.5 对例 3.4 计算出的矩阵 $\boldsymbol{A}$ 的因子表，试用右下角加边矩阵因子表的修正算法计算变化后矩阵 $\tilde{\boldsymbol{A}}$ 的因子表：

$$\tilde{\boldsymbol{A}}=\begin{bmatrix}\boldsymbol{A} & \boldsymbol{M}\\ \boldsymbol{M}^{\mathrm{T}} & a\end{bmatrix}$$

其中，$\boldsymbol{M}^{\mathrm{T}}=[1\quad 1\quad 0\quad 0]$；$a=1$。

4.6　对例3.4计算出的矩阵 $\boldsymbol{A}$ 的因子表，试用左上角加边矩阵因子表修正算法计算变化后 $\tilde{\boldsymbol{A}}$ 矩阵的因子表：

$$\tilde{\boldsymbol{A}}=\begin{bmatrix}a & \boldsymbol{M}^{\mathrm{T}}\\ \boldsymbol{M} & \boldsymbol{A}\end{bmatrix}$$

其中，$\boldsymbol{M}^{\mathrm{T}}=[-1\quad 0\quad 0\quad 0]$；$a=1$。

4.7　对于例3.4的矩阵 $\boldsymbol{A}$ 的因子表，如果网络发生变化，矩阵 $\boldsymbol{A}$ 变成 $\tilde{\boldsymbol{A}}$，其变化量为

$$\Delta\boldsymbol{A}=\begin{bmatrix}-1 & 1 & 0 & 0\\ 1 & -1 & 0 & 0\\ 0 & 0 & 0 & 0\\ 0 & 0 & 0 & 0\end{bmatrix}$$

试用因子表的局部再分解算法计算 $\tilde{\boldsymbol{A}}$ 的因子表。

4.8　试编写右下角加边矩阵因子表修正算法的计算程序，并用习题4.5的结果验证。

4.9　试编写左上角加边矩阵因子表修正算法的计算程序，并用习题4.6的结果验证。

4.10　试编写因子表局部再分解算法的计算程序并用习题4.8的结果验证。

4.11　试推导式(4-36)。

4.12　$\boldsymbol{M}$ 的两个非零元分别是1和-1，位于节点 i 和 j 的位置。当进行秩1因子修正后，试分析原来因子表的非零元的分布会发生变化吗？什么时候会发生变化？哪些地方会发生变化？

4.13　追加支路时，可以用秩1因子修正法计算新的因子表，也可以用因子表局部再分解算法计算新的因子表。从计算量角度看，追加几条支路时后者更有利？试进行分析。

第 5 章　网络变换、化简和等值

电网计算中经常需要进行网络变换、化简和等值。网络变换可以把原网络变成便于计算的形式；网络化简可以把网络中不需要详细分析的部分用简化网代替，保留需要详细分析的部分；网络等值使研究的网络规模大大减小，可以提高计算速度，也可以突出重点，以便把注意力集中在需要详细分析的部分网络上。因此，网络变换、化简和等值是电网计算中很常用的技术。

5.1　星形接法变成网形接法以及负荷移置

电网计算中经常要将某种连接方式的网络变换成另一种连接方式的网络，以便于网络元件的归并和化简，把星形接法变成网形接法是最常见的一种变换。

图 5.1(a)所示的部分网络是星形接法，支路导纳用小写字母 y 表示。可以将它变成图 5.1(b)所示的网形接法，即消去节点 i，并将其电流移置到临近节点上，但应保证网络中三个端节点对外部的电气特性不变。下面讨论如何求图 5.1(b)中的等值导纳 y_{12}，y_{23}，y_{13}和移置电流 $\Delta\dot{I}_1$，$\Delta\dot{I}_2$，$\Delta\dot{I}_3$。

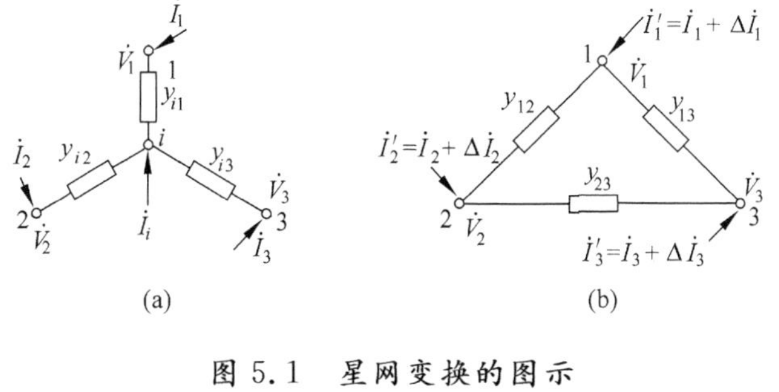

图 5.1　星网变换的图示

(a) 星形接法；(b) 网形接法

首先写出图 5.1(a)的部分网络的导纳矩阵表示的网络方程如下：

$$\begin{bmatrix} y_{i1}+y_{i2}+y_{i3} & -y_{i1} & -y_{i2} & -y_{i3} \\ -y_{i1} & y_{i1} & & \\ -y_{i2} & & y_{i2} & \\ -y_{i3} & & & y_{i3} \end{bmatrix} \begin{bmatrix} \dot{V}_i \\ \dot{V}_1 \\ \dot{V}_2 \\ \dot{V}_3 \end{bmatrix} = \begin{bmatrix} \dot{I}_i \\ \dot{I}_1 \\ \dot{I}_2 \\ \dot{I}_3 \end{bmatrix} \tag{5-1}$$

消去节点 i 的电压 $\dot{V}_i$，经整理后有

$$\frac{1}{y_\Sigma}\begin{bmatrix} y_{i1}y_{i2}+y_{i1}y_{i3} & -y_{i1}y_{i2} & -y_{i1}y_{i3} \\ -y_{i1}y_{i2} & y_{i1}y_{i2}+y_{i2}y_{i3} & -y_{i2}y_{i3} \\ -y_{i1}y_{i3} & -y_{i2}y_{i3} & y_{i1}y_{i3}+y_{i2}y_{i3} \end{bmatrix} \begin{bmatrix} \dot{V}_1 \\ \dot{V}_2 \\ \dot{V}_3 \end{bmatrix} = \begin{bmatrix} \dot{I}_1 \\ \dot{I}_2 \\ \dot{I}_3 \end{bmatrix} + \frac{1}{y_\Sigma}\begin{bmatrix} y_{i1} \\ y_{i2} \\ y_{i3} \end{bmatrix} \dot{I}_i \tag{5-2}$$

其中 y_Σ 为三条星形接法的支路导纳的并联值，即

$$y_\Sigma = \sum_{j=1}^{3} y_{ij} \tag{5-3}$$

式(5-2)可简记为

$$\tilde{\boldsymbol{Y}}\dot{\boldsymbol{V}} = \tilde{\dot{\boldsymbol{I}}} = \dot{\boldsymbol{I}} + \Delta\dot{\boldsymbol{I}} \tag{5-4}$$

其中，$\tilde{\boldsymbol{Y}}$ 为是变换后的导纳阵，可以写为

$$\tilde{\boldsymbol{Y}} = \begin{bmatrix} y_{12}+y_{13} & -y_{12} & -y_{13} \\ -y_{12} & y_{12}+y_{23} & -y_{23} \\ -y_{13} & -y_{23} & y_{13}+y_{23} \end{bmatrix} \tag{5-5}$$

式(5-5)中的元素和式(5-2)中系数矩阵的元素应相等，经比较有

$$\begin{cases} y_{12} = \dfrac{y_{i1}y_{i2}}{y_{i1}+y_{i2}+y_{i3}} = \dfrac{y_{i1}y_{i2}}{y_\Sigma} \\ y_{13} = \dfrac{y_{i1}y_{i3}}{y_{i1}+y_{i2}+y_{i3}} = \dfrac{y_{i1}y_{i3}}{y_\Sigma} \\ y_{23} = \dfrac{y_{i2}y_{i3}}{y_{i1}+y_{i2}+y_{i3}} = \dfrac{y_{i2}y_{i3}}{y_\Sigma} \end{cases} \tag{5-6}$$

式(5-4)中的式 $\Delta\dot{\boldsymbol{I}}$ 是星形接法的中心点上的电流 $\dot{I}_i$ 在其余三个节点上的移置电流，

$$\Delta\dot{\boldsymbol{I}} = \begin{bmatrix} \Delta\dot{I}_1 \\ \Delta\dot{I}_2 \\ \Delta\dot{I}_3 \end{bmatrix} = \begin{bmatrix} y_{i1} \\ y_{i2} \\ y_{i3} \end{bmatrix} \frac{\dot{I}_i}{y_\Sigma} \tag{5-7}$$

式中，$\dot{I}_i/y_{\Sigma}$ 是中心连接点 i 上的电流在并联导纳上产生的电压降，前边乘以 y_{ij} $(j=1,2,3)$ 是在各并联支路上流过的电流。定义

$$\alpha_k = y_{ik}/y_{\Sigma} \quad k=1,2,3 \tag{5-8}$$

为中心点上的电流 $\dot{I}_i$ 在相邻节点上的分配系数(负荷移置系数)，显然

$$\sum_{k=1}^{3}\alpha_k = 1 \tag{5-9}$$

式(5-7)可写成

$$\Delta\dot{\boldsymbol{I}} = \begin{bmatrix}\alpha_1\\ \alpha_2\\ \alpha_3\end{bmatrix}\dot{I}_i \tag{5-10}$$

由式(5-8)可见，y_{ik}越大，α_k就越大，移置到节点 k 上的电流也越大，但三个节点上的移置电流之和应等于星形连接点 i 上的电流 $\dot{I}_i$。

上述例子可以推广到节点 i 连接有 m 条星形接法支路的情况。当变成网形接法时，式(5-6)变成

$$y_{pq} = \frac{y_{ip}y_{iq}}{y_{\Sigma}} \quad p=1,2,\cdots,m;q=1,2,\cdots,m;p\neq q \tag{5-11}$$

$$y_{\Sigma} = \sum_{j=1}^{m} y_{ij} \tag{5-12}$$

星形接法中心连接点 i 上的电流 $\dot{I}_i$ 在其余 m 个节点上的移置电流为

$$\Delta\dot{\boldsymbol{I}} = \begin{bmatrix}\Delta\dot{I}_1\\ \Delta\dot{I}_2\\ \vdots\\ \Delta\dot{I}_m\end{bmatrix} = \begin{bmatrix}\alpha_1\\ \alpha_2\\ \vdots\\ \alpha_m\end{bmatrix}\dot{I}_i \tag{5-13}$$

式中

$$\alpha_k = y_{ik}/y_{\Sigma} \quad k=1,2,\cdots,m \tag{5-14}$$

并有

$$\sum_{k=1}^{m}\alpha_k = 1 \tag{5-15}$$

$$\tilde{\dot{\boldsymbol{I}}} = \dot{\boldsymbol{I}} + \Delta\dot{\boldsymbol{I}} \tag{5-16}$$

5.2 网络化简

在电网计算中，有时要仔细研究网络中感兴趣的部分，这时可以将其余不感兴趣的部分网络进行化简，以得到感兴趣部分网络的电流电压关系。最常用的网络

化简方法是矩阵方程的高斯消去法。网络化简既可在导纳矩阵上进行，也可以在阻抗矩阵上进行，还可以在导纳矩阵的因子表上进行，下面分别介绍。

5.2.1　用导纳矩阵表示的形式

令原网络的节点用集合 N 表示。欲化简掉的部分称为外部网络，其节点集用 E 表示。保留部分网络的节点用保留集 G 表示。则有 $G\cup E=N$。在保留集中和外部网络节点相关联的节点组成边界节点集，用 B 表示。不和外部节点集关联的部分为内部节点集，用 I 表示，如图5.2所示。若将导纳矩阵表示的网络方程按 I,B,E 集合划分，则可以写出用分块矩阵形式表示的网络方程如下：

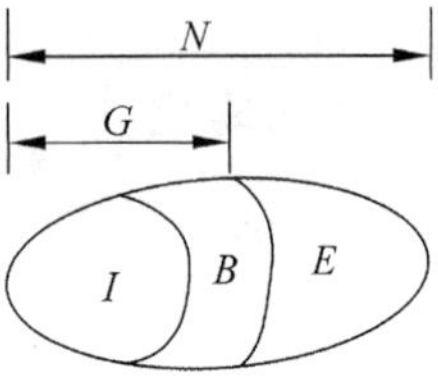

图5.2　网络的划分

$$\begin{bmatrix} \boldsymbol{Y}_{EE} & \boldsymbol{Y}_{EB} & \boldsymbol{0} \\ \boldsymbol{Y}_{BE} & \boldsymbol{Y}_{BB} & \boldsymbol{Y}_{BI} \\ \boldsymbol{0} & \boldsymbol{Y}_{IB} & \boldsymbol{Y}_{II} \end{bmatrix} \begin{bmatrix} \dot{\boldsymbol{V}}_E \\ \dot{\boldsymbol{V}}_B \\ \dot{\boldsymbol{V}}_I \end{bmatrix} = \begin{bmatrix} \dot{\boldsymbol{I}}_E \\ \dot{\boldsymbol{I}}_B \\ \dot{\boldsymbol{I}}_I \end{bmatrix} \tag{5-17}$$

消去外部节点的电压变量 $\dot{\boldsymbol{V}}_E$，有

$$\begin{bmatrix} \widetilde{\boldsymbol{Y}}_{BB} & \boldsymbol{Y}_{BI} \\ \boldsymbol{Y}_{IB} & \boldsymbol{Y}_{II} \end{bmatrix} \begin{bmatrix} \dot{\boldsymbol{V}}_B \\ \dot{\boldsymbol{V}}_I \end{bmatrix} = \begin{bmatrix} \dot{\widetilde{\boldsymbol{I}}}_B \\ \dot{\boldsymbol{I}}_I \end{bmatrix} \tag{5-18}$$

式中

$$\widetilde{\boldsymbol{Y}}_{BB} = \boldsymbol{Y}_{BB} - \boldsymbol{Y}_{BE}\boldsymbol{Y}_{EE}^{-1}\boldsymbol{Y}_{EB} \tag{5-19}$$

$$\dot{\widetilde{\boldsymbol{I}}}_B = \dot{\boldsymbol{I}}_B - \boldsymbol{Y}_{BE}\boldsymbol{Y}_{EE}^{-1}\dot{\boldsymbol{I}}_E \tag{5-20}$$

$\widetilde{\boldsymbol{Y}}_{BB}$ 是等值后的边界导纳矩阵，它包括了外部网络化简后产生的等值支路的贡献。式(5-20)中右侧第二项是外部网节点注入电流移置到边界节点时的等值电流。

式(5-18)的方程的阶次较式(5-17)的阶次为低，因此容易计算。由于等值边界导纳矩阵 $\widetilde{\boldsymbol{Y}}_{BB}$ 相对于原来的 $\boldsymbol{Y}_{BB}$ 增加了一个附加项，而附加项在很多情况下是满阵，所以 $\widetilde{\boldsymbol{Y}}_{BB}$ 的非零元比 $\boldsymbol{Y}_{BB}$ 多，即 $\widetilde{\boldsymbol{Y}}_{BB}$ 将部分丧失稀疏性。当 $\widetilde{\boldsymbol{Y}}_{BB}$ 维数较低，即边界节点较少时求解简化后的网络方程(5-18)比求解原网络方程(5-17)要快。

5.2.2　用阻抗矩阵表示的形式

用节点阻抗矩阵表示式(5-17)所示的网络方程，有

$$\begin{bmatrix}\dot{\boldsymbol{V}}_E\\ \dot{\boldsymbol{V}}_B\\ \dot{\boldsymbol{V}}_I\end{bmatrix}=\begin{bmatrix}\boldsymbol{Z}_{EE} & \boldsymbol{Z}_{EB} & \boldsymbol{Z}_{EI}\\ \boldsymbol{Z}_{BE} & \boldsymbol{Z}_{BB} & \boldsymbol{Z}_{BI}\\ \boldsymbol{Z}_{IE} & \boldsymbol{Z}_{IB} & \boldsymbol{Z}_{II}\end{bmatrix}\begin{bmatrix}\dot{\boldsymbol{I}}_E\\ \dot{\boldsymbol{I}}_B\\ \dot{\boldsymbol{I}}_I\end{bmatrix} \tag{5-21}$$

从式(5-21)中抽出 B 集和 I 集方程有

$$\begin{bmatrix}\dot{\boldsymbol{V}}_B\\ \dot{\boldsymbol{V}}_I\end{bmatrix}=\begin{bmatrix}\boldsymbol{Z}_{BB} & \boldsymbol{Z}_{BI}\\ \boldsymbol{Z}_{IB} & \boldsymbol{Z}_{II}\end{bmatrix}\begin{bmatrix}\dot{\boldsymbol{I}}_B\\ \dot{\boldsymbol{I}}_I\end{bmatrix}+\begin{bmatrix}\boldsymbol{Z}_{BE}\\ \boldsymbol{Z}_{IE}\end{bmatrix}\dot{\boldsymbol{I}}_E \tag{5-22}$$

显然，给定 $\dot{\boldsymbol{I}}_E$、$\dot{\boldsymbol{I}}_B$ 和 $\dot{\boldsymbol{I}}_I$，可由式(5-22)求出保留集节点电压。

阻抗矩阵和导纳矩阵互为逆矩阵的关系，即

$$\left[\begin{array}{c:cc}\boldsymbol{Y}_{EE} & \boldsymbol{Y}_{EB} & \\ \hdashline \boldsymbol{Y}_{BE} & \boldsymbol{Y}_{BB} & \boldsymbol{Y}_{BI}\\ & \boldsymbol{Y}_{IB} & \boldsymbol{Y}_{II}\end{array}\right]\left[\begin{array}{c:cc}\boldsymbol{Z}_{EE} & \boldsymbol{Z}_{EB} & \boldsymbol{Z}_{EB}\\ \hdashline \boldsymbol{Z}_{BE} & \boldsymbol{Z}_{BB} & \boldsymbol{Z}_{BI}\\ \boldsymbol{Z}_{IE} & \boldsymbol{Z}_{IB} & \boldsymbol{Z}_{II}\end{array}\right]=\begin{bmatrix}\boldsymbol{I} & \\ & \boldsymbol{I}\end{bmatrix}$$

式中，$\boldsymbol{I}$ 为适当维数的单位矩阵。消去第一行第一列，取出右下角部分得到

$$\begin{bmatrix}\widetilde{\boldsymbol{Y}}_{BB} & \boldsymbol{Y}_{BI}\\ \boldsymbol{Y}_{IB} & \boldsymbol{Y}_{II}\end{bmatrix}\begin{bmatrix}\boldsymbol{Z}_{BB} & \boldsymbol{Z}_{BI}\\ \boldsymbol{Z}_{IB} & \boldsymbol{Z}_{II}\end{bmatrix}=\boldsymbol{I} \tag{5-23}$$

式中，$\widetilde{\boldsymbol{Y}}_{BB}$ 即边界导纳矩阵，且

$$\widetilde{\boldsymbol{Y}}_{BB}=\boldsymbol{Y}_{BB}-\boldsymbol{Y}_{BE}\boldsymbol{Y}_{EE}^{-1}\boldsymbol{Y}_{EB} \tag{5-24}$$

由式(5-23)可知，基于式(5-18)的导纳矩阵表示法与基于式(5-22)的阻抗矩阵表示法在本质上是相同的。尽管节点阻抗矩阵是满矩阵，其计算和存储都很困难，但由于只要取出与子网相关部分就是该子网的外网等值后的结果，所以基于阻抗矩阵的网络化简方法可以用于需要多次对不同网做外网等值的场合。

5.2.3 网络的自适应化简

1. 算法原理

网络自适应化简[57]是利用导纳矩阵因子表进行网络化简的方法，适合于原网络的导纳矩阵因子表已经求出的应用场合。下面首先给出网络矩阵和因子表之间关系的定理。

定理 5.1 按图 5.2 所示的网络划分，将外部网络(E 集)进行化简，化简后的网络的导纳矩阵与化简前网络导纳矩阵的因子表满足如下关系：

$$\begin{bmatrix}\widetilde{\boldsymbol{Y}}_{BB} & \boldsymbol{Y}_{BI}\\ \boldsymbol{Y}_{IB} & \boldsymbol{Y}_{II}\end{bmatrix}=\begin{bmatrix}\boldsymbol{L}_{BB} & \boldsymbol{0}\\ \boldsymbol{L}_{IB} & \boldsymbol{L}_{II}\end{bmatrix}\begin{bmatrix}\boldsymbol{D}_{BB} & \boldsymbol{0}\\ \boldsymbol{0} & \boldsymbol{D}_{II}\end{bmatrix}\begin{bmatrix}\boldsymbol{U}_{BB} & \boldsymbol{U}_{BI}\\ \boldsymbol{0} & \boldsymbol{U}_{II}\end{bmatrix} \tag{5-25}$$

式中，$\widetilde{\boldsymbol{Y}}_{BB}$ 是化简后网络的边界导纳矩阵，且

$$\widetilde{\boldsymbol{Y}}_{BB}=\boldsymbol{Y}_{BB}-\boldsymbol{Y}_{BE}\boldsymbol{Y}_{EE}^{-1}\boldsymbol{Y}_{EB} \tag{5-26}$$

证明 原网络的导纳矩阵及其因子表满足关系式

$$\begin{bmatrix}\boldsymbol{Y}_{EE} & \boldsymbol{Y}_{EB} & \\ \boldsymbol{Y}_{BE} & \boldsymbol{Y}_{BB} & \boldsymbol{Y}_{BI}\\ & \boldsymbol{Y}_{IB} & \boldsymbol{Y}_{II}\end{bmatrix}=\begin{bmatrix}\boldsymbol{L}_{EE} & \boldsymbol{0} & \boldsymbol{0}\\ \boldsymbol{L}_{BE} & \boldsymbol{L}_{BB} & \boldsymbol{0}\\ \boldsymbol{0} & \boldsymbol{L}_{IB} & \boldsymbol{L}_{II}\end{bmatrix}\begin{bmatrix}\boldsymbol{D}_{EE} & \boldsymbol{0} & \boldsymbol{0}\\ \boldsymbol{0} & \boldsymbol{D}_{BB} & \boldsymbol{0}\\ \boldsymbol{0} & \boldsymbol{0} & \boldsymbol{D}_{II}\end{bmatrix}\begin{bmatrix}\boldsymbol{U}_{EE} & \boldsymbol{U}_{EB} & \boldsymbol{0}\\ \boldsymbol{0} & \boldsymbol{U}_{BB} & \boldsymbol{U}_{BI}\\ \boldsymbol{0} & \boldsymbol{0} & \boldsymbol{U}_{II}\end{bmatrix} \tag{5-27}$$

利用分块矩阵乘法将式(5-27)展开并整理后有

$$\begin{bmatrix}\boldsymbol{Y}_{BB} & \boldsymbol{Y}_{BI}\\ \boldsymbol{Y}_{IB} & \boldsymbol{Y}_{II}\end{bmatrix}=\begin{bmatrix}\boldsymbol{L}_{BE}\boldsymbol{D}_{EE}\boldsymbol{U}_{EB} & \\ & \end{bmatrix}+\begin{bmatrix}\boldsymbol{L}_{BB} & \boldsymbol{0}\\ \boldsymbol{L}_{IB} & \boldsymbol{L}_{II}\end{bmatrix}\begin{bmatrix}\boldsymbol{D}_{BB} & \boldsymbol{0}\\ \boldsymbol{0} & \boldsymbol{D}_{II}\end{bmatrix}\begin{bmatrix}\boldsymbol{U}_{BB} & \boldsymbol{U}_{BI}\\ \boldsymbol{0} & \boldsymbol{U}_{II}\end{bmatrix}$$

或写成

$$\begin{bmatrix}\widetilde{\boldsymbol{Y}}_{BB} & \boldsymbol{Y}_{BI}\\ \boldsymbol{Y}_{IB} & \boldsymbol{Y}_{II}\end{bmatrix}=\begin{bmatrix}\boldsymbol{L}_{BB} & \boldsymbol{0}\\ \boldsymbol{L}_{IB} & \boldsymbol{L}_{II}\end{bmatrix}\begin{bmatrix}\boldsymbol{D}_{BB} & \boldsymbol{0}\\ \boldsymbol{0} & \boldsymbol{D}_{II}\end{bmatrix}\begin{bmatrix}\boldsymbol{U}_{BB} & \boldsymbol{U}_{BI}\\ \boldsymbol{0} & \boldsymbol{U}_{II}\end{bmatrix} \tag{5-28}$$

式中

$$\widetilde{\boldsymbol{Y}}_{BB}=\boldsymbol{Y}_{BB}-\boldsymbol{L}_{BE}\boldsymbol{D}_{EE}\boldsymbol{U}_{EB} \tag{5-29}$$

另外,由式(5-27)还可得到

$$\begin{cases}\boldsymbol{Y}_{EE}=\boldsymbol{L}_{EE}\boldsymbol{D}_{EE}\boldsymbol{U}_{EE}\\ \boldsymbol{Y}_{EB}=\boldsymbol{L}_{EE}\boldsymbol{D}_{EE}\boldsymbol{U}_{EB}\\ \boldsymbol{Y}_{BE}=\boldsymbol{L}_{BE}\boldsymbol{D}_{EE}\boldsymbol{U}_{EE}\end{cases} \tag{5-30}$$

利用这一关系有

$$\boldsymbol{Y}_{BE}\boldsymbol{Y}_{EE}^{-1}\boldsymbol{Y}_{EB}=(\boldsymbol{L}_{BE}\boldsymbol{D}_{EE}\boldsymbol{U}_{EE})(\boldsymbol{L}_{EE}\boldsymbol{D}_{EE}\boldsymbol{U}_{EE})^{-1}(\boldsymbol{L}_{EE}\boldsymbol{D}_{EE}\boldsymbol{U}_{EE})=\boldsymbol{L}_{BE}\boldsymbol{D}_{EE}\boldsymbol{U}_{EB}$$

代入式(5-29)有

$$\widetilde{\boldsymbol{Y}}_{BB}=\boldsymbol{Y}_{BB}-\boldsymbol{Y}_{BE}\boldsymbol{Y}_{BB}^{-1}\boldsymbol{Y}_{EB}$$

定理5.1得证。

定理5.2 对式(5-20)的等值边界注入电流,可以用导纳矩阵因子表来表达如下:

$$\dot{\widetilde{\boldsymbol{I}}}_{B}=\dot{\boldsymbol{I}}_{B}-\boldsymbol{L}_{BE}\boldsymbol{L}_{EE}^{-1}\dot{\boldsymbol{I}}_{E} \tag{5-31}$$

证明 由式(5-20)

$$\dot{\widetilde{\boldsymbol{I}}}_{B}=\dot{\boldsymbol{I}}_{B}-\boldsymbol{Y}_{BE}\boldsymbol{Y}_{EE}^{-1}\dot{\boldsymbol{I}}_{E}$$

将式(5-30)的关系式代入有

$$\dot{\widetilde{\boldsymbol{I}}}_{B}=\dot{\boldsymbol{I}}_{B}-\boldsymbol{L}_{BE}\boldsymbol{D}_{EE}\boldsymbol{U}_{EE}(\boldsymbol{L}_{EE}\boldsymbol{D}_{EE}\boldsymbol{U}_{EE})^{-1}\dot{\boldsymbol{I}}_{E}=\dot{\boldsymbol{I}}_{B}-\boldsymbol{L}_{BE}\boldsymbol{L}_{EE}^{-1}\dot{\boldsymbol{I}}_{E}$$

此即式(5-31)表达的定理5.2。

利用以上两个结果,可写出用导纳矩阵因子表表示的化简后的网络方程为

$$\begin{bmatrix} \boldsymbol{L}_{BB} & \boldsymbol{0} \\ \boldsymbol{L}_{IB} & \boldsymbol{L}_{II} \end{bmatrix} \begin{bmatrix} \boldsymbol{D}_{BB} & \boldsymbol{0} \\ \boldsymbol{0} & \boldsymbol{D}_{II} \end{bmatrix} \begin{bmatrix} \boldsymbol{U}_{BB} & \boldsymbol{U}_{BI} \\ \boldsymbol{0} & \boldsymbol{U}_{II} \end{bmatrix} \begin{bmatrix} \dot{\boldsymbol{V}}_B \\ \dot{\boldsymbol{V}}_I \end{bmatrix} = \begin{bmatrix} \dot{\tilde{\boldsymbol{I}}}_B \\ \dot{\boldsymbol{I}}_I \end{bmatrix} \tag{5-32}$$

上式表明,直接从原网络导纳矩阵的因子表中取出与保留集相对应的部分(包括 B 集和 I 集),并由式(5-31)计算等值边界注入电流,则由式(5-32)就可以求得保留集节点的电压。

这种方法的特点是可以任意指定保留集。化简后网络的导纳矩阵的因子表直接从原网络导纳矩阵的因子表中取出,等值边界注入电流也可用原网络因子表的信息求出,方便灵活,这也是自适应化简这一名称的由来。

2. 和常规方法的不同

使用自适应化简法要注意它和常规方法的两点不同:

(1) 常规方法用式(5-18)在保留集上化简,而自适应化简法用式(5-32)在保留集的路集上化简。保留集的路集大于保留集,所以,首先应将图5.2的保留集 G 扩大到图5.3的保留集的路集 R。这样确定的外部集为图5.3的 E',$E'=N-R$。路集 R 中与外部集 E' 相关联的节点集为边界集 B',其余节点为内部集 I'。自适应方法对外部集 E' 进行网络化简,然后对 R 集求解网络方程得 R 集的节点电压。原来保留集 G 中待求的节点电压直接在 R 集中取。因此,式(5-31)和式(5-32)的方程中下标的符号都应加撇。

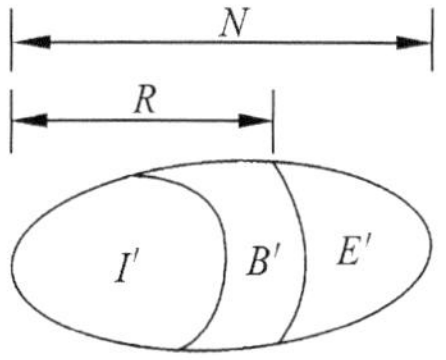

图5.3 自适应化简的网络节点集的划分

(2) 和常规方法比,两者边界集不同。自适应法的边界集一般较大,但是其外部集到边界集的等值导纳矩阵 $\tilde{\boldsymbol{Y}}_{B'B'}$ 却很稀疏。

常规方法在导纳图上进行网络化简,而自适应方法在导纳矩阵的有向因子图上进行网络化简。为使内部集和外部集的节点隔开,两者的边界集不同,这在下面的例中可以看到。

例如,对于图5.4(a)所示的导纳图,选节点①,④,⑦为保留集,其余节点是外部集,很明显,节点①,④是边界节点,⑦是内部节点。当用式(5-18)~式(5-20)进行网络化简时,有 $G=\{1,4,7\}$,$B=\{1,4\}$,$I=\{7\}$,$E=\{2,3,5,6,8,9,10,11,12\}$。这是常规网络化简法中的节点划分方法。

自适应网络化简是在图5.4(b)所示的有向因子图上进行的。由于节点①,④,⑦的道路集包括了节点⑩,⑪,⑫,如图5.4(d)所示,因此尽管节点⑩,⑪,⑫的电压并不需要,但由于在回代过程中,节点⑩,⑪,⑫的电压对节点①,④,⑦的电压的求解有影响,所以这几个节点的电压也需要求解。另一方面,在有向因子图上,

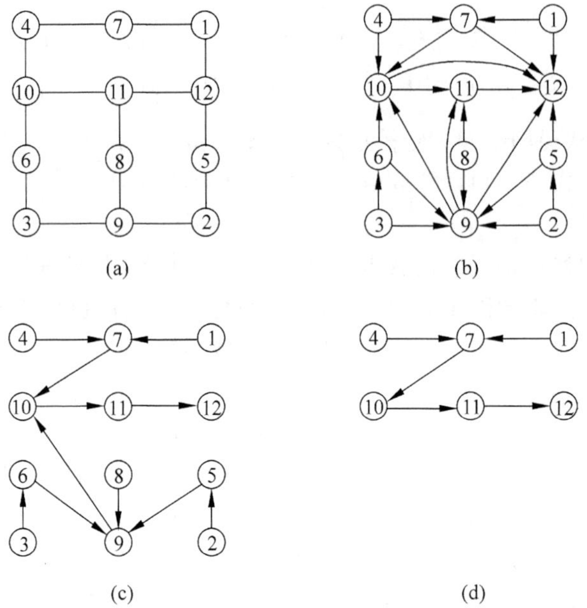

图 5.4 自适应化简说明例

(a) 导纳图；(b) 有向因子图；(c) 道路树；(d) 点 1,4,7 的路集

只有把节点⑩包括到边界集中，才能使节点⑦与外部节点分隔开。因此，应把原来的保留集 G 扩大到其路集 R，即图 5.4(d)所示的节点集 $R=\{1,4,7,10,11,12\}$。外部集变成 $E'=\{2,3,5,6,8,9\}$，新的边界集是 $B'=\{10,11,12\}$，内部集是 $I'=\{1,4,7\}$。可见，在保留集的路集 R 中包括了原来的保留集 G 中的所有节点。当 R 集中的节点电压全部求出后，G 集中的节点电压也就全部求出。

3. 算法步骤

自适应网络化简的计算由下面几步组成：

(1) 在导纳矩阵因子表对应的有向因子图上，确定预先指定的保留集 G 的路集 R，其余节点组成新的外部集 E'。在 R 中划分出边界节点集 B' 和内部节点集 I'。

(2) 用公式

$$\dot{\tilde{\boldsymbol{I}}}_{B'}=\dot{\boldsymbol{I}}_{B'}-\boldsymbol{L}_{B'E'}\boldsymbol{L}_{E'E'}^{-1}\dot{\boldsymbol{I}}_{E'} \tag{5-33}$$

计算等值边界注入电流。

(3) 利用公式

$$\begin{bmatrix}\boldsymbol{L}_{B'B'} & \\ \boldsymbol{L}_{I'B'} & \boldsymbol{L}_{I'I'}\end{bmatrix}\begin{bmatrix}\boldsymbol{D}_{B'B'} & \\ & \boldsymbol{D}_{I'I'}\end{bmatrix}\begin{bmatrix}\boldsymbol{U}_{B'B'} & \boldsymbol{U}_{B'I'} \\ & \boldsymbol{U}_{I'I'}\end{bmatrix}\begin{bmatrix}\dot{\boldsymbol{V}}_{B'} \\ \dot{\boldsymbol{V}}_{I'}\end{bmatrix}=\begin{bmatrix}\dot{\tilde{\boldsymbol{I}}}_{B'} \\ \dot{\boldsymbol{I}}_{I'}\end{bmatrix} \tag{5-34}$$

通过前代回代计算保留集节点电压 $\dot{\boldsymbol{V}}_{B'}$ 和 $\dot{\boldsymbol{V}}_{I'}$。

所有上述计算都是用原来的网络因子表进行的，只需取出相应于节点集 E'，B'，I'的部分进行计算，这在计算程序上是容易实现的。对于不同的保留集，在导纳矩阵的因子表中取不同部分即可，不用增加额外的化简计算的工作量，这是其优点。

例 5.1 对图 5.4 分析式(5-33)和式(5-34)的计算路径。

解 计算式(5-33)的等值边界注入电流是在图 5.5(a)的 E'集以及图 5.5(b)的 B'和 E'相交的节点集上进行，这是在外网层面上进行的操作。计算式(5-34)是在图 5.5(c)的保留集的路集 R 上进行前代回代操作，这是在内网层面上进行的操作。图 5.5 的三个图准确显示了总的计算路径：相当于在全网上进行一次前代(3 个图的并集)，在 R 集上进行一次回代(图 5.5(c))，可见计算代价相当小。

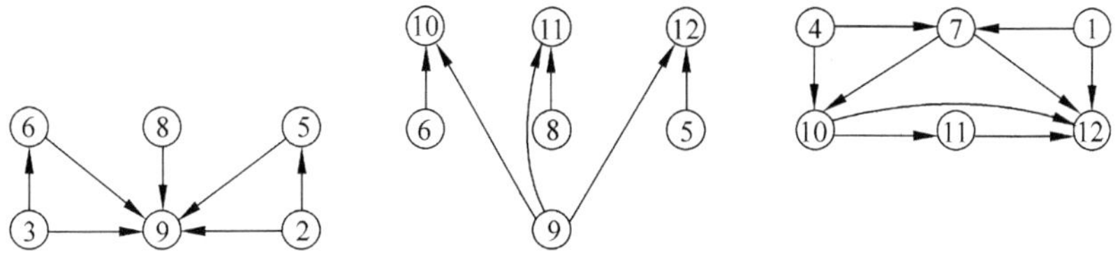

(a) (b) (c)

图 5.5 自适应网络化简的计算路径

(a) $\Delta \dot{I}_{E'} = L_{E'}^{-1} \dot{I}_{E'}$ 的计算路径；(b) $\Delta \dot{I}_{B'} = -L_{B'E'} \Delta \dot{I}_{E'}$ 的计算路径；
(c) 式(5-34)前代回代的计算路径

5.3 电力系统外部网络的静态等值

电网分析计算中，由于信息交换或安全性的原因，外部网络的变化并不总能及时由内部网的控制中心所掌握，这时就需要认真地对外部系统进行等值，以正确反映外部系统对内部系统中扰动的影响。尤其是在内部系统中进行预想事故的安全分析时，外部系统对内部系统的分析结果有重要影响。对外部网络进行等值可分为静态等值和动态等值，静态等值只涉及稳态潮流(代数方程)，动态等值则涉及暂态过程(微分代数方程)。本书主要讨论静态等值。

5.3.1 外部网络静态等值的原理

外网等值常将原网络节点集划分为内部系统节点集 I、边界系统节点集 B 和外部系统节点集 E。内部系统节点集 I 和外部系统节点集 E 不直接关联。外部网络的网络拓扑结构和元件参数由上一级电网控制中心提供，内部系统和边界系统的实时潮流解通过内部网络的状态估计给出。需要求解的是外部系统的等值网络和等值边界节点注入电流。目标是使等值后在内部网络中进行的各种操作调整后的稳态分析与在全网未等值系统所做的分析结果相同，或者十分接近。电力系统外部网络的静态等值过程实质上是5.2节中介绍的网络化简过程，在电力系统应用中处理方法略有不同。应用最广泛的等值是WARD等值及在其基础上的各种改进等值方法。

在网络分析计算中，如果外部网中的节点注入电流不变，则等值计算可以用式(5-17)～式(5-20)所描述的网络化简公式来完成。等值网的边界节点导纳矩阵为$\tilde{\boldsymbol{Y}}_{BB}$，等值边界节点的注入电流为$\dot{\tilde{\boldsymbol{I}}}_B$。这样的等值称为节点电流给定情况下的WARD等值。

由于实际电力系统一般给定的是节点注入功率，而不是节点注入电流，所以上面的等值不能在电力系统计算中直接使用，应进行一些处理。

由于电流和功率满足关系

$$\dot{\boldsymbol{I}} = \hat{\dot{\boldsymbol{E}}}^{-1}\hat{\dot{\boldsymbol{S}}} \tag{5-35}$$

式中，$\hat{\dot{\boldsymbol{S}}}$为节点注入功率的共轭；

$$\hat{\dot{\boldsymbol{E}}}^{-1} = \mathrm{diag}[\hat{\dot{\boldsymbol{V}}}_i^{-1}] \tag{5-36}$$

这样，边界节点注入电流公式(5-20)变成

$$\dot{\tilde{\boldsymbol{I}}}_B = \dot{\boldsymbol{I}}_B - \boldsymbol{Y}_{BE}\boldsymbol{Y}_{EE}^{-1}\dot{\boldsymbol{I}}_E = \hat{\dot{\boldsymbol{E}}}_B^{-1}\hat{\dot{\boldsymbol{S}}}_B - \boldsymbol{Y}_{BE}\boldsymbol{Y}_{EE}^{-1}\hat{\dot{\boldsymbol{E}}}_E^{-1}\hat{\dot{\boldsymbol{S}}}_E \tag{5-37}$$

由此可见，等值边界注入电流$\dot{\tilde{\boldsymbol{I}}}_B$是边界节点以及外部节点电压的函数。当功率给定时，由于内部系统中发生的扰动可以使外部系统节点电压发生变化，外部系统等值到边界的电流$\dot{\tilde{\boldsymbol{I}}}_B$也是变化的，所以WARD等值在这种情况下有一定的误差。

在在线环境下，内部系统节点集I和边界系统节点集B的节点电压$\dot{\boldsymbol{V}}_I$和$\dot{\boldsymbol{V}}_B$可由内部系统状态估计器给出。由式(5-18)有

$$\dot{\tilde{\boldsymbol{I}}}_B = \tilde{\boldsymbol{Y}}_{BB}\dot{\boldsymbol{V}}_B + \boldsymbol{Y}_{BI}\dot{\boldsymbol{V}}_I \tag{5-38}$$

可见，等值边界注入电流$\dot{\tilde{\boldsymbol{I}}}_B$可以直接求出，而不需要外部系统的注入电流或注入功率的信息。这种作法称为在线边界匹配。

5.3.2　外部网络静态等值的实用化

由于外部网中可能既有PV节点又有PQ节点，而且PV节点的无功功率有一定的上、下界限制。所以在内部网中发生扰动时，外网发电机节点无功注入功率会发生变化，以维持机端电压恒定；当外部发电机节点无功越界时，该节点电压不再维持不变。外网发电机节点当时的工作状态不同时，它对内网扰动的反应各不

相同。常规 WARD 等值假定在内部网扰动前后外部网节点注入电流不变，这一假定会产生一定误差。为克服这一困难，产生了各种改进的 WARD 等值方法[53]，其中扩展 WARD 等值和缓冲网等值具有较好的效果。

PV 节点具有无功支援能力，可维持其节点电压恒定，所以，扩展 WARD 等值法采用将外网中 *PV* 节点接地来模拟 *PV* 节点电压恒定这一情况。扩展 WARD 等值步骤如下：①不考虑外网中的接地支路，不区分外网节点类型，进行常规 WARD 等值，并进行边界匹配，获得常规外网等值模型；②将外网中有较大无功调节容量的 *PV* 节点接地，模拟发电机的无功支援，相当于在 $\boldsymbol{Y}$ 矩阵中划去 *PV* 节点对应的行和列（或在对角元上加个大数），消去外网中的所有节点，获得边界节点处的等值导纳，既可以在节点导纳矩阵 $\boldsymbol{Y}$ 上做消去运算[53]，也可以利用快速分解潮流的 $\boldsymbol{B}''$ 矩阵做消去运算[47]；③将边界节点处的等值导纳矩阵的对角元素和非对角元素相加，取其值的负虚部的一半，作为边界节点的接地支路，贴到第①步得到的等值模型上[53]，完成了最后的等值。扩展 WARD 等值法容易实现，而且无功响应特性相当好。

缓冲网等值法在高斯消去过程中保留外网中对内网扰动影响较大的缓冲节点。当内网扰动发生在离边界节点较近的联络线上时，由于保留了外部网的缓冲节点，缓冲节点对扰动的响应将得到体现，因此改善了外网等值的效果。

外网等值需要实时在线进行，通常由上一级控制中心完成，当网络拓扑结构发生变化时才自动更新下级电网的外网等值模型。因为联络线是被连接的两个子系统所共同关心的，所以，可以将联络线两端的节点共同作为子系统之间的边界节点，文献[63,64]采用了这一思想并用程序自动选择外网中的缓冲网，获得了较好的外网等值的实际应用效果。

例 5.2 对图 5.6 所示的电力系统，各条支路的导纳和节点注入电流在图上标出。若将系统节点划分为内部系统节点集 $I=\{5\}$，边界系统节点集 $B=\{3,4\}$，外部系统节点集 $E=\{1,2\}$，对该系统进行 WARD 等值。

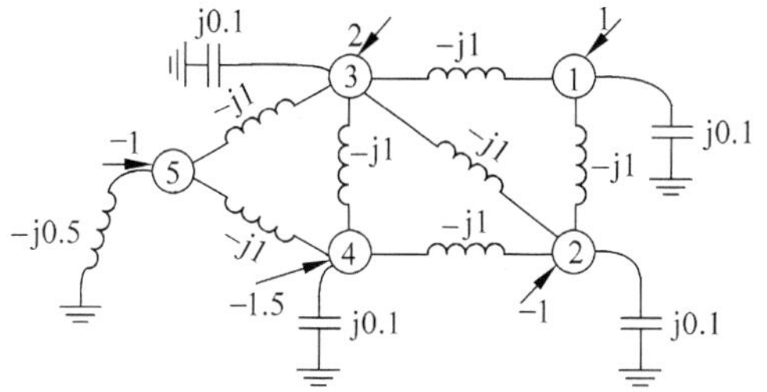

图 5.6 WARD 等值

解 首先按 E,B,I 的顺序建立节点导纳矩阵，并写出导纳矩阵表示的式(5-17)的网络方程：

$$
\begin{bmatrix} Y_{EE} & Y_{EB} & \\ Y_{BE} & Y_{BB} & Y_{BI} \\ & Y_{IB} & Y_{II} \end{bmatrix}\begin{bmatrix} \dot{V}_E \\ \dot{V}_B \\ \dot{V}_I \end{bmatrix} = \mathrm{j}\begin{bmatrix} -1.9 & 1 & 1 & 0 & 0 \\ 1 & -2.9 & 1 & 1 & 0 \\ 1 & 1 & -3.9 & 1 & 1 \\ 0 & 1 & 1 & -2.9 & 1 \\ 0 & 0 & 1 & 1 & -2.5 \end{bmatrix}\begin{matrix} ① \\ ② \\ ③ \\ ④ \\ ⑤ \end{matrix}\begin{bmatrix} \dot{V}_1 \\ \dot{V}_2 \\ \dot{V}_3 \\ \dot{V}_4 \\ \dot{V}_5 \end{bmatrix}
$$

(列标号：① ② ③ ④ ⑤)

$$
= \begin{bmatrix} \dot{I}_1 \\ \dot{I}_2 \\ \dot{I}_3 \\ \dot{I}_4 \\ \dot{I}_5 \end{bmatrix} = \begin{bmatrix} 1 \\ -1 \\ 2 \\ -1.5 \\ -1 \end{bmatrix}
$$

由此式有

$$
Y_{EE} = \mathrm{j}\begin{bmatrix} -1.9 & 1 \\ 1 & -2.9 \end{bmatrix}, \quad Y_{EB} = \mathrm{j}\begin{bmatrix} 1 & 0 \\ 1 & 1 \end{bmatrix}, \quad Y_{BE} = Y_{EB}^{\mathrm{T}}
$$

$$
Y_{BB} = \mathrm{j}\begin{bmatrix} -3.9 & 1 \\ 1 & -2.9 \end{bmatrix}, \quad Y_{BI} = \mathrm{j}\begin{bmatrix} 1 \\ 1 \end{bmatrix}, \quad Y_{IB} = Y_{BI}^{\mathrm{T}}
$$

$$
Y_{II} = -\mathrm{j}2.5, \quad \dot{I}_E = \begin{bmatrix} 1 \\ -1 \end{bmatrix}, \quad \dot{I}_B = \begin{bmatrix} 2 \\ -1.5 \end{bmatrix}, \quad \dot{I}_I = -1
$$

由式(5-19)可知边界等值导纳矩阵

$$
\begin{aligned}
\widetilde{Y}_{BB} &= Y_{BB} - Y_{BE}Y_{EE}^{-1}Y_{EB} \\
&= \mathrm{j}\begin{bmatrix} -3.9 & 1 \\ 1 & -2.9 \end{bmatrix} - \mathrm{j}\begin{bmatrix} 1 & 1 \\ 0 & 1 \end{bmatrix}\begin{bmatrix} -1.9 & 1 \\ 1 & -2.9 \end{bmatrix}^{-1}\begin{bmatrix} 1 & 0 \\ 1 & 1 \end{bmatrix} \\
&= \mathrm{j}\left(\begin{bmatrix} -3.9 & 1 \\ 1 & -2.9 \end{bmatrix} + \begin{bmatrix} 1 & 1 \\ 0 & 1 \end{bmatrix}\begin{bmatrix} 0.6430 & 0.2217 \\ 0.2217 & 0.4213 \end{bmatrix}\begin{bmatrix} 1 & 0 \\ 1 & 1 \end{bmatrix}\right) \\
&= \mathrm{j}\begin{bmatrix} -2.392 & 1.6430 \\ 1.6430 & -2.4787 \end{bmatrix}
\end{aligned}
$$

用式(5-20)求等值边界注入电流为

$$
\dot{\widetilde{I}}_B = \dot{I}_B - Y_{BE}Y_{EE}^{-1}\dot{I}_E = \begin{bmatrix} 2 \\ -1.5 \end{bmatrix} - \begin{bmatrix} 1 & 1 \\ 0 & 1 \end{bmatrix}\begin{bmatrix} -1.9 & 1 \\ 1 & -2.9 \end{bmatrix}^{-1}\begin{bmatrix} 1 \\ -1 \end{bmatrix}
$$

$$
= \begin{bmatrix} 2.2217 \\ -1.6996 \end{bmatrix}
$$

用式(5-18)表示的等值后的网络方程如下：

$$
\mathrm{j}\begin{array}{c} \\ \end{array}\left[\begin{array}{cc|c} \overset{③}{-2.392} & \overset{④}{1.6430} & \overset{⑤}{1} \\ 1.6430 & -2.4787 & 1 \\ \hline 1 & 1 & -2.5 \end{array}\right]\begin{array}{c} ③ \\ ④ \\ ⑤ \end{array}\begin{bmatrix} \dot{V}_3 \\ \dot{V}_4 \\ \dot{V}_5 \end{bmatrix} = \begin{bmatrix} 2.2217 \\ -1.6996 \\ -1 \end{bmatrix}
$$

5.4 诺顿等值、戴维南等值及其推广

在电网分析中，有时需要研究从网络的某一端口或多个端口看进去时该网络的表现。每个端口都是由感兴趣的一对网络节点组成的，其中一个节点还可以是公共参考节点(即地节点)。这时，可以把该电网在端口处看成一个等值的电流源或电压源，但要求等值前后端口的电气特性是相同的。这就是常规的诺顿等值和戴维南等值的作法。

5.4.1 诺顿等值和戴维南等值

1. 基本原理

应用诺顿等值和戴维南等值对网络进行化简，需要满足两个条件：①被观察的网络是线性的；②每个端口上的净流入电流为零，即要求每个端口所连接的外部电路与被观察网络没有电磁耦合，各个端口所连接的外部电路之间也没有电气耦合。对网络中任意两个感兴趣的节点，可以将该节点对从网络中抽出来构成一个端口，将原来的网络在端口上作诺顿等值或戴维南等值。若有多个感兴趣的节点对，则可以引出多个端口，并利用叠加原理将诺顿等值和戴维南等值推广到多端口的情况。一个端口上的两个节点在网络内部可能直接相连，也可能不相连。下面直接从节点方程推导多端口的戴维南等值电路和诺顿等值电路。

如图 5.7 所示，令原来的电力网络有 N 个节点，地节点作为参考节点不包括在内。从中抽出 m 个感兴趣的端口，这 m 个端口分别用下标“$\alpha,\beta,\cdots,m$”来表示，相应端口上的节点对用(p,q)，(k,l)等来表示。每个端口上第一个节点的电流以流出网络为正方向，第二个节点的电流以流入网络为正方向，二者大小相等。第一个节点和第二个节点之间的电压降作为端口电压的正方向。另外不失一般性，第二个节点还可能是参考节点(即接地点)。

首先引入节点-端口关联矢量和节点-端口关联矩阵的概念。以端口 α 为例，若其上的端节点 p,q 都不是参考点，则其对应的 $N\times1$ 维节点-端口关联矢量为

$$
\boldsymbol{M}_\alpha = [0 \quad \cdots \quad \underset{p}{1} \quad \cdots \quad \underset{q}{-1} \quad \cdots \quad 0]^{\mathrm{T}}
$$

若端口 α 上的端节点 q 是参考点，则其对应的 $N\times1$ 维节点-端口关联矢量为

$$
\boldsymbol{M}_\alpha = [0 \quad \cdots \quad \underset{p}{1} \quad \cdots \quad 0 \quad \cdots \quad 0]^{\mathrm{T}}
$$

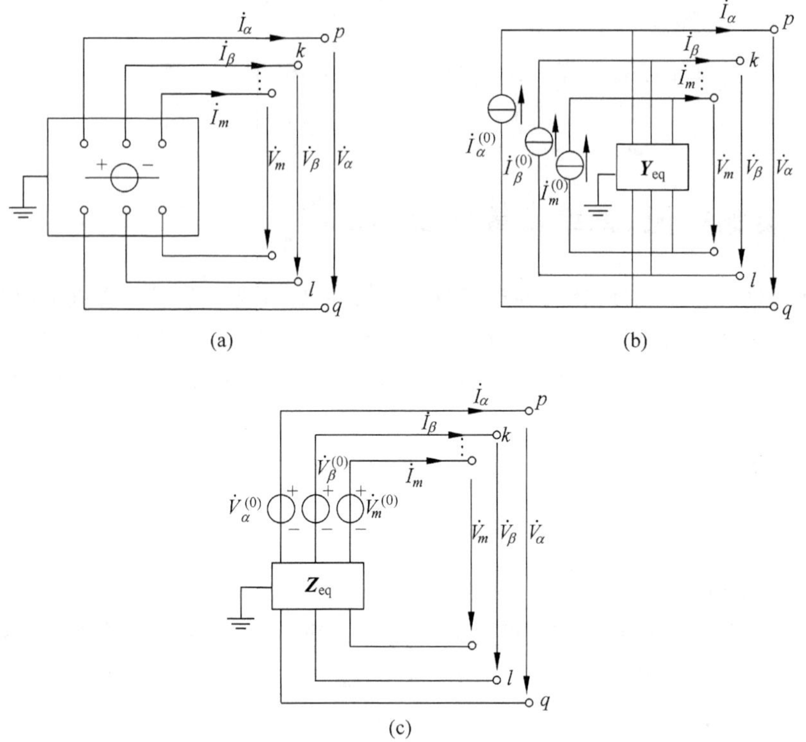

图 5.7　多端口诺顿等值和戴维南等值

(a) 原网络 m 组节点对组成的 m 端口；(b) 诺顿等值；(c) 戴维南等值

把所有节点-端口关联矢量按列排在一起，就构成了 $N\times m$ 维的节点-端口关联矩阵 $\boldsymbol{M}_L$，可以写成

$$\boldsymbol{M}_L=[\boldsymbol{M}_\alpha\quad \boldsymbol{M}_\beta\quad \cdots\quad \boldsymbol{M}_m]$$

设系统原来的网络方程是

$$\boldsymbol{Y}\dot{\boldsymbol{V}}^{(0)}=\dot{\boldsymbol{I}}^{(0)} \tag{5-39}$$

或

$$\dot{\boldsymbol{V}}^{(0)}=\boldsymbol{Z}\dot{\boldsymbol{I}}^{(0)} \tag{5-40}$$

式中，$\dot{\boldsymbol{V}}^{(0)}$ 为节点电压列矢量；$\dot{\boldsymbol{I}}^{(0)}$ 为节点注入电流列矢量；$\boldsymbol{Y}$，$\boldsymbol{Z}$ 分别为节点导纳矩阵和节点阻抗矩阵。

图 5.7(c)的多端口戴维南等值电路的 $m\times m$ 阶等值阻抗矩阵为

$$\boldsymbol{Z}_{\mathrm{eq}}=\boldsymbol{M}_L^{\mathrm{T}}\boldsymbol{Z}\boldsymbol{M}_L \tag{5-41}$$

戴维南等值电动势即为原网络的 m 个端口的开路电压，

$$\dot{\boldsymbol{V}}_{\mathrm{eq}}^{(0)}=\boldsymbol{M}_L^{\mathrm{T}}\dot{\boldsymbol{V}}^{(0)}=\left[\dot{V}_\alpha^{(0)}\quad \dot{V}_\beta^{(0)}\quad \cdots\quad \dot{V}_m^{(0)}\right]^{\mathrm{T}} \tag{5-42}$$

图 5.7(b)的多端口诺顿等值电路的 $m\times m$ 阶等值导纳矩阵为

$$\boldsymbol{Y}_{\text{eq}}=\boldsymbol{Z}_{\text{eq}}^{-1} \tag{5-43}$$

诺顿等值电流源为图 5.7(c)的网络中各端口短路时的短路电流，

$$\dot{\boldsymbol{I}}_{\text{eq}}^{(0)}=\begin{bmatrix}\dot{I}_{\alpha}^{(0)} & \dot{I}_{\beta}^{(0)} & \cdots & \dot{I}_{m}^{(0)}\end{bmatrix}^{\text{T}}=\boldsymbol{Y}_{\text{eq}}\dot{\boldsymbol{V}}_{\text{eq}}^{(0)} \tag{5-44}$$

根据前面规定的正方向，定义端口上的电流矢量和电压矢量分别如下：

$$\dot{\boldsymbol{I}}_{L}=\begin{bmatrix}\dot{I}_{\alpha} & \dot{I}_{\beta} & \cdots & \dot{I}_{m}\end{bmatrix}^{\text{T}},\quad \dot{\boldsymbol{V}}_{L}=\begin{bmatrix}\dot{V}_{\alpha} & \dot{V}_{\beta} & \cdots & \dot{V}_{m}\end{bmatrix}^{\text{T}}$$

从这些端口向原网络看进去，节点注入电流由两部分组成，其一是图 5.7(a)网络内部的节点注入电流 $\dot{\boldsymbol{I}}^{(0)}$，其二是与它连接的外部电路从端口注入的电流 $-\boldsymbol{M}_{L}\dot{\boldsymbol{I}}_{L}$，因此可以写出网络的节点电压方程如下：

$$\boldsymbol{Y}\dot{\boldsymbol{V}}=\dot{\boldsymbol{I}}^{(0)}-\boldsymbol{M}_{L}\dot{\boldsymbol{I}}_{L}$$

由此可得

$$\dot{\boldsymbol{V}}=\boldsymbol{Y}^{-1}\dot{\boldsymbol{I}}^{(0)}-\boldsymbol{Y}^{-1}\boldsymbol{M}_{L}\dot{\boldsymbol{I}}_{L}$$

上式两边同乘 $\boldsymbol{M}_{L}^{\text{T}}$，并考虑到 $\dot{\boldsymbol{V}}_{L}=\boldsymbol{M}_{L}^{\text{T}}\dot{\boldsymbol{V}}$，$\dot{\boldsymbol{V}}^{(0)}=\boldsymbol{Y}^{-1}\dot{\boldsymbol{I}}^{(0)}$ 及 $\dot{\boldsymbol{V}}_{\text{eq}}^{(0)}=\boldsymbol{M}_{L}^{\text{T}}\dot{\boldsymbol{V}}^{(0)}$，并考虑式(5-41)的戴维南等值阻抗矩阵则有

$$\dot{\boldsymbol{V}}_{L}=\dot{\boldsymbol{V}}_{\text{eq}}^{(0)}-\boldsymbol{Z}_{\text{eq}}\dot{\boldsymbol{I}}_{L} \tag{5-45}$$

这就是多端口戴维南等值电路方程。利用式(5-43)和式(5-44)的关系式，式(5-45)可以写成

$$\dot{\boldsymbol{I}}_{L}=\dot{\boldsymbol{I}}_{\text{eq}}^{(0)}-\boldsymbol{Y}_{\text{eq}}\dot{\boldsymbol{V}}_{L} \tag{5-46}$$

这就是多端口诺顿等值电路方程。

式(5-45)和式(5-46)的等值电路方程分别为 m 个，而待求变量 $\dot{\boldsymbol{V}}_{L}$ 和 $\dot{\boldsymbol{I}}_{L}$ 共有 $2m$ 个，其余的 m 个方程由外部电路给出。对外部接入的是无源系统的情况，m 个方程由 $\dot{\boldsymbol{V}}_{L}$ 和 $\dot{\boldsymbol{I}}_{L}$ 之间的关系

$$\dot{\boldsymbol{V}}_{L}=\boldsymbol{Z}_{LL}\dot{\boldsymbol{I}}_{L} \tag{5-47}$$

给出。

无论是诺顿等值还是戴维南等值(见式(5-45)和式(5-46))，在写出外部电路方程再与等值电路方程联立后都可求出 $\dot{\boldsymbol{V}}_{L}$ 和 $\dot{\boldsymbol{I}}_{L}$。作为一种特殊情况，即当 $m=N$ 时，原网络方程本身就是 N 端口等值模型。

2. 讨论几种情况

(1) 单端口诺顿等值和戴维南等值

设只有一个端口 α，又可分为两种情况。其一是端节点 p 是网络节点，而端节点 q 是参考点，此时有

$$\boldsymbol{M}_L = \boldsymbol{M}_\alpha = [0 \quad \cdots \quad \underset{p}{1} \quad \cdots \quad 0 \quad \cdots \quad 0]^{\mathrm{T}}$$

易推得戴维南等值电路参数

$$Z_{\mathrm{eq}} = \boldsymbol{M}_L^{\mathrm{T}} \boldsymbol{Z} \boldsymbol{M}_L = Z_{pp}, \quad \dot{V}_{\mathrm{eq}}^{(0)} = \dot{V}_p^{(0)} \tag{5-48}$$

如果端节点 p 和 q 都是网络节点，此时有

$$\boldsymbol{M}_L = \boldsymbol{M}_\alpha = [0 \quad \cdots \quad \underset{p}{1} \quad \cdots \quad \underset{q}{-1} \quad \cdots \quad 0]^{\mathrm{T}}$$

则可推得

$$Z_{\mathrm{eq}} = Z_{pp} + Z_{qq} - 2Z_{pq}, \quad \dot{V}_{\mathrm{eq}}^{(0)} = \dot{V}_p^{(0)} - \dot{V}_q^{(0)} \tag{5-49}$$

诺顿等值电路参数可利用戴维南等值电路参数求得：

$$Y_{\mathrm{eq}} = 1/Z_{\mathrm{eq}}, \quad \dot{I}_{\mathrm{eq}}^{(0)} = Y_{\mathrm{eq}} \dot{V}_{\mathrm{eq}}^{(0)} \tag{5-50}$$

（2）诺顿等值和戴维南等值的几种形式

对两个端口的情况，若端口 α 和 β 的端节点中都有一个参考节点，即图 5.7 中的节点 q 和 l 都是接地节点，则有

$$\boldsymbol{M}_L = [\boldsymbol{M}_\alpha \quad \boldsymbol{M}_\beta] = \begin{bmatrix} 0 & \cdots & 0 & \cdots & 1 & \cdots & 0 \\ 0 & \cdots & \underset{k}{1} & \cdots & \underset{p}{0} & \cdots & 0 \end{bmatrix}^{\mathrm{T}}$$

易推得戴维南等值电路参数为

$$\boldsymbol{Z}_{\mathrm{eq}} = \boldsymbol{M}_L^{\mathrm{T}} \boldsymbol{Z} \boldsymbol{M}_L = \begin{bmatrix} Z_{pp} & Z_{pk} \\ Z_{kp} & Z_{kk} \end{bmatrix}, \quad \dot{\boldsymbol{V}}_{\mathrm{eq}}^{(0)} = \begin{bmatrix} \dot{V}_p^{(0)} \\ \dot{V}_k^{(0)} \end{bmatrix} \tag{5-51}$$

这是面向节点的等值，如图 5.8 所示。由阻抗矩阵及节点-端口关联矩阵的性质可知，$\boldsymbol{Z}_{\mathrm{eq}}$就是原电力网络阻抗矩阵中和 m 个端口（节点）相关的行列元素组成的子矩阵。

若图 5.7 中的两个端口 α 和 β 的端节点全部是网络节点，此时有面向节点对的等值

$$\boldsymbol{M}_L = [\boldsymbol{M}_\alpha \quad \boldsymbol{M}_\beta] = \begin{bmatrix} 0 & \cdots & 1 & \cdots & -1 & \cdots & \cdots & 0 \\ 0 & \cdots & \cdots & 1 & \cdots & -1 & \cdots & 0 \end{bmatrix}^{\mathrm{T}}$$
$$\qquad\qquad p \quad k \quad q \quad l$$

相应戴维南等值电路参数为

$$\boldsymbol{Z}_{\mathrm{eq}} = \boldsymbol{M}_L^{\mathrm{T}} \boldsymbol{Z} \boldsymbol{M}_L = \begin{bmatrix} Z_{\alpha\alpha} & Z_{\alpha\beta} \\ Z_{\beta\alpha} & Z_{\beta\beta} \end{bmatrix}, \quad \dot{\boldsymbol{V}}_{\mathrm{eq}}^{(0)} = \begin{bmatrix} \dot{V}_p^{(0)} - \dot{V}_q^{(0)} \\ \dot{V}_k^{(0)} - \dot{V}_l^{(0)} \end{bmatrix} \tag{5-52}$$

其中，

$$\begin{cases} Z_{\alpha\alpha} = Z_{pp} + Z_{qq} - 2Z_{pq}, \quad Z_{\beta\beta} = Z_{kk} + Z_{ll} - 2Z_{kl}, \\ Z_{\alpha\beta} = Z_{\beta\alpha} = Z_{pk} + Z_{ql} - Z_{pl} - Z_{qk} \end{cases} \tag{5-53}$$

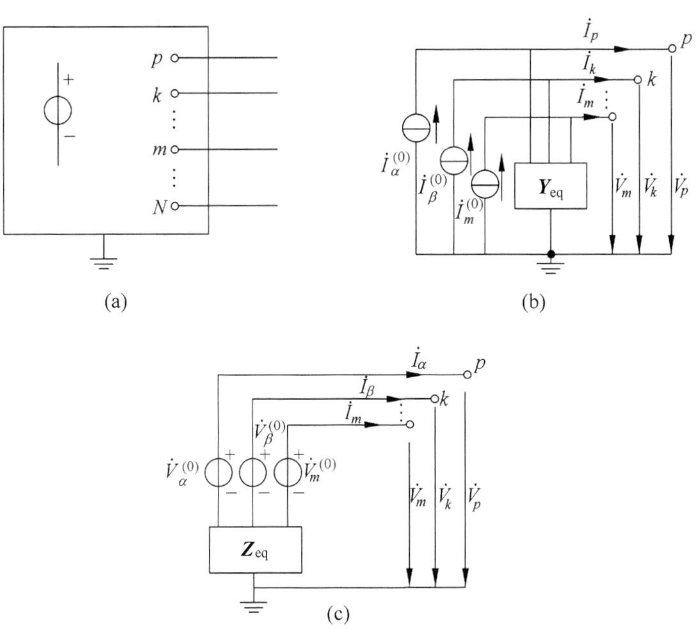

图 5.8 面向节点的 m 端口诺顿等值和戴维南等值

(a) 原网络抽出 m 个端口；(b) m 端口诺顿等值；(c) m 端口戴维南等值

如果端口 α 的端节点都是网络节点，端口 β 的端节点中有一个参考点，此时有

$$\boldsymbol{M}_L=[\boldsymbol{M}_\alpha \quad \boldsymbol{M}_\beta]=\begin{bmatrix}0 & \cdots & 1 & \cdots & -1 & \cdots & 0\\ 0 & \cdots & \cdots & 1 & \cdots & \cdots & 0\end{bmatrix}^{\mathrm{T}}$$
$$\qquad\qquad\qquad\qquad p \qquad k \qquad q$$

则戴维南等值电路参数为

$$\boldsymbol{Z}_{\mathrm{eq}}=\begin{bmatrix}Z_{\alpha\alpha} & Z_{\alpha\beta}\\ Z_{\beta\alpha} & Z_{\beta\beta}\end{bmatrix},\quad \dot{\boldsymbol{V}}_{\mathrm{eq}}^{(0)}=\begin{bmatrix}\dot{V}_p^{(0)}-\dot{V}_q^{(0)}\\ \dot{V}_k^{(0)}\end{bmatrix} \tag{5-54}$$

其中，

$$Z_{\alpha\alpha}=Z_{pp}+Z_{qq}-2Z_{pq},\quad Z_{\beta\beta}=Z_{kk},\quad Z_{\alpha\beta}=Z_{\beta\alpha}=Z_{pk}-Z_{qk} \tag{5-55}$$

诺顿等值电路参数可利用戴维南等值电路参数通过式(5-43)和式(5-44)相互转换求得。

实际应用中，通常不存储节点阻抗矩阵 $\boldsymbol{Z}$，而只存储节点导纳矩阵 $\boldsymbol{Y}$ 及其因子表。这时可以利用节点-端口关联矩阵的高度稀疏性，采用 $\boldsymbol{Y}$ 的因子表及稀疏矢量技术来快速求取 $\boldsymbol{Z}$ 中要用到的元素，从而形成维数较低的 $\boldsymbol{Z}_{\mathrm{eq}}$ 矩阵及 $\boldsymbol{Y}_{\mathrm{eq}}$ 矩阵。

(3) WARD 等值与多端口诺顿等值的关系

5.3节中介绍的 WARD 等值实际上就是一种多端口诺顿等值，内部节点和边界节点组成了保留集 R，消去外部网的节点，得到以边界节点为端口的外部网的诺顿等值。如图5.9所示，$\dot{\boldsymbol{I}}_{\mathrm{eq}}$包括边界节点注入电流，也包括了外部网注入电流等值后在边界节点上的贡献；$\boldsymbol{Y}_{\mathrm{eq}}$是外部网等值到边界节点端口处的等值导纳。

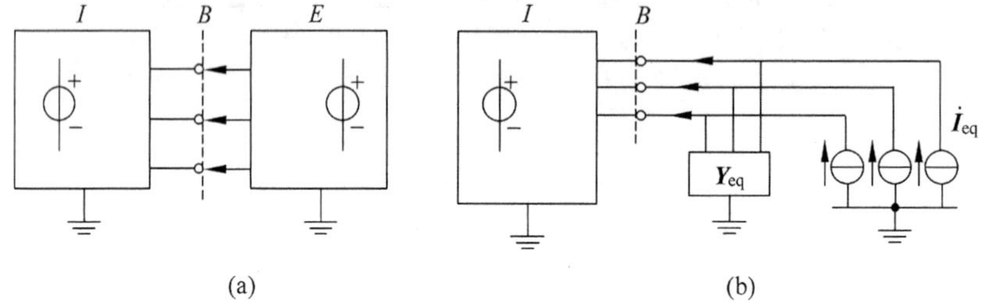

图5.9 WARD 等值和多端口诺顿等值的关系

(a) 网络被划分为 I,B,E 集；(b) 外部网的诺顿等值

m 个端口的诺顿等值的过程实际上就是保留 m 个边界节点，对其余节点进行高斯消去，即网络化简的过程。

例5.3 如图5.10所示的电力系统，支路电抗和节点注入电流都标在图上。试以节点①和节点②为一个端口，节点③和地为第二个端口，建立两端口诺顿等值和戴维南等值。

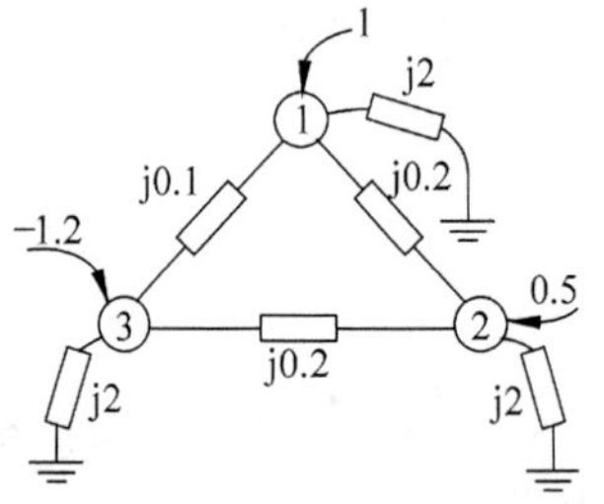

图5.10 三节点电力系统

解 首先建立以地为参考节点的节点导纳矩阵：

$$\boldsymbol{Y}=\mathrm{j}\begin{bmatrix}-15.5 & 5 & 10\\ 5 & -10.5 & 5\\ 10 & 5 & -15.5\end{bmatrix}\begin{matrix}①\\②\\③\end{matrix}$$

其逆矩阵为

$$\boldsymbol{Z}=\mathrm{j}\begin{bmatrix}0.6970 & 0.6452 & 0.6578\\ 0.6452 & 0.7097 & 0.6452\\ 0.6578 & 0.6452 & 0.6970\end{bmatrix}$$

两个端口的关联矢量组成了关联矩阵。其中节点①和②组成的端口 α 的关联矢量、节点③与地组成的端口 β 的关联矢量分别为

$$\boldsymbol{M}_{\alpha}=\begin{bmatrix}1\\-1\\0\end{bmatrix},\quad \boldsymbol{M}_{\beta}=\begin{bmatrix}0\\0\\1\end{bmatrix}$$

由式(5-41)得两端口戴维南等值阻抗为

$$\boldsymbol{Z}_{\mathrm{eq}}=\begin{bmatrix}\boldsymbol{M}_\alpha^{\mathrm{T}}\\\boldsymbol{M}_\beta^{\mathrm{T}}\end{bmatrix}\boldsymbol{Z}[\boldsymbol{M}_\alpha\quad\boldsymbol{M}_\beta]$$

$$=\begin{bmatrix}1&-1&0\\0&0&1\end{bmatrix}\cdot\mathrm{j}\begin{bmatrix}0.6970&0.6452&0.6578\\0.6452&0.7097&0.6452\\0.6578&0.6452&0.6970\end{bmatrix}\cdot\begin{bmatrix}1&0\\-1&0\\0&1\end{bmatrix}$$

$$=\mathrm{j}\begin{bmatrix}0.1163&0.0126\\0.0126&0.6970\end{bmatrix}$$

为求戴维南等值电动势，首先求各节点电压：

$$\boldsymbol{V}^{(0)}=\boldsymbol{Z}\dot{\boldsymbol{I}}^{(0)}=\mathrm{j}\begin{bmatrix}0.6970&0.6452&0.6578\\0.6452&0.7097&0.6452\\0.6578&0.6452&0.6970\end{bmatrix}\begin{bmatrix}1\\0.5\\-1.2\end{bmatrix}=\mathrm{j}\begin{bmatrix}0.23024\\0.22581\\0.14400\end{bmatrix}$$

用式(5-41)求端口戴维南等值电动势：

$$\dot{\boldsymbol{V}}_{\mathrm{eq}}^{(0)}=\boldsymbol{M}_L^{\mathrm{T}}\dot{\boldsymbol{V}}^{(0)}=\begin{bmatrix}1&-1&0\\0&0&1\end{bmatrix}\cdot\mathrm{j}\begin{bmatrix}0.23024\\0.22581\\0.14400\end{bmatrix}=\mathrm{j}\begin{bmatrix}0.00443\\0.14400\end{bmatrix}$$

用式(5-56)求诺顿等值导纳和诺顿等值电流：

$$\boldsymbol{Y}_{\mathrm{eq}}=\boldsymbol{Z}_{\mathrm{eq}}^{-1}=\left(\mathrm{j}\begin{bmatrix}0.1163&0.0126\\0.0126&0.6970\end{bmatrix}\right)^{-1}=\mathrm{j}\begin{bmatrix}-8.6156&0.1557\\0.1557&-1.4376\end{bmatrix}$$

$$\dot{\boldsymbol{I}}_{\mathrm{eq}}^{(0)}=\boldsymbol{Z}_{\mathrm{eq}}^{-1}\dot{\boldsymbol{V}}_{\mathrm{eq}}^{(0)}=\mathrm{j}\begin{bmatrix}-8.6156&0.1557\\0.1557&-1.4376\end{bmatrix}\cdot\mathrm{j}\begin{bmatrix}0.00443\\0.14400\end{bmatrix}=\begin{bmatrix}0.01575\\0.20632\end{bmatrix}$$

5.4.2 网络变化时等值参数的修正

电力网络发生局部变更时，例如网络中发生少量支路移去或添加，前面介绍的两种等值网络参数将发生变化。如果对变化后的网络重新进行网络等值，计算量很大。这时可以用网络修正算法对原来已做好的等值网络参数进行修正来计算变更后的等值网络参数。

网络等值描述的是从端口向电网看进去所看到的电网的内部表现，而网络变化引起原网络结构或参数的变化会通过端口表现出来，所以，只需要用第4章的网络方程修正解法研究电网发生局部变更时网络方程的变化，然后再通过端口看这一变化对端口处的外部表现的影响即可。

1. 面向支路的修正

电网中的支路 α 移出，移出后的节点导纳矩阵是

$$\boldsymbol{Y}'=\boldsymbol{Y}-\boldsymbol{M}_\alpha y_\alpha\boldsymbol{M}_\alpha^{\mathrm{T}}\tag{5-56}$$

式中，$\boldsymbol{M}_\alpha$ 为支路 α 的节点-支路关联矢量。利用附录A中的矩阵求逆辅助定理，移出后的节点阻抗矩阵是

$$\boldsymbol{Z}' = (\boldsymbol{Y}')^{-1} = \boldsymbol{Z} - \boldsymbol{Z}\boldsymbol{M}_\alpha(-y_\alpha^{-1} + \boldsymbol{M}_\alpha^{\mathrm{T}}\boldsymbol{Z}\boldsymbol{M}_\alpha)^{-1}\boldsymbol{M}_\alpha^{\mathrm{T}}\boldsymbol{Z}$$

整理后有

$$\boldsymbol{Z}' = \boldsymbol{Z} - \boldsymbol{Z}_\alpha Y_{\alpha\alpha}\boldsymbol{Z}_\alpha^{\mathrm{T}}$$

式中，$\boldsymbol{Z}'$为网络变更后的电网节点阻抗矩阵；$\boldsymbol{Z}_\alpha = \boldsymbol{Z}\boldsymbol{M}_\alpha$ 为 $N\times 1$ 列矢量；$Y_{\alpha\alpha} = (-y_\alpha^{-1} + Z_{\alpha\alpha})^{-1}$为标量；$Z_{\alpha\alpha} = \boldsymbol{M}_\alpha^{\mathrm{T}}\boldsymbol{Z}\boldsymbol{M}_\alpha$ 为支路 α 两端节点对组成的端口的自阻抗。

利用式(5-41)，从等值端口看进去，网络变更后的戴维南等值端口阻抗是

$$\boldsymbol{Z}'_{\mathrm{eq}} = \boldsymbol{M}_L^{\mathrm{T}}\boldsymbol{Z}'\boldsymbol{M}_L = \boldsymbol{Z}_{\mathrm{eq}} - \boldsymbol{Z}_{L\alpha}Y_{\alpha\alpha}\boldsymbol{Z}_{L\alpha}^{\mathrm{T}} \tag{5-57}$$

式中，$\boldsymbol{Z}_{L\alpha} = \boldsymbol{M}_L^{\mathrm{T}}\boldsymbol{Z}_\alpha$ 为 $m\times 1$ 列矢量。

原网络变化后的节点电压为

$$\dot{\boldsymbol{V}}'^{(0)} = \boldsymbol{Z}'\dot{\boldsymbol{I}}^{(0)} = (\boldsymbol{Z} - \boldsymbol{Z}_\alpha Y_{\alpha\alpha}\boldsymbol{Z}_\alpha^{\mathrm{T}})\dot{\boldsymbol{I}}^{(0)} = \dot{\boldsymbol{V}}^{(0)} - \boldsymbol{Z}_\alpha Y_{\alpha\alpha}\dot{\boldsymbol{V}}_\alpha^{(0)}$$

式中，$\dot{V}_\alpha^{(0)} = \boldsymbol{Z}_\alpha^{\mathrm{T}}\dot{\boldsymbol{I}}^{(0)}$为原网络支路 α 两端节点对之间的电压差。利用式(5-42)，支路 α 移出后的等值戴维南端口开路电压为

$$\dot{\boldsymbol{V}}'^{(0)}_{\mathrm{eq}} = \boldsymbol{M}_L^{\mathrm{T}}\dot{\boldsymbol{V}}'^{(0)} = \dot{\boldsymbol{V}}_{\mathrm{eq}}^{(0)} - \boldsymbol{Z}_{L\alpha}Y_{\alpha\alpha}\dot{\boldsymbol{V}}_\alpha^{(0)} \tag{5-58}$$

上式右侧第2项是支路 α 的移出对端口等值电压的影响。对支路 α 移入的情况，只要将式(5-56)中的 $-y_\alpha$ 变成 y_α 即可。

对于支路 α 移出(移入)的诺顿等值参数，可根据式(5-57)和式(5-58)的戴维南等值参数，利用式(5-43)和式(5-44)的转换关系计算。

对于多条支路的移出和移入，也是从式(5-56)的导纳矩阵的变化开始，利用矩阵求逆定理推导，过程和上面相同。

2. 面向节点的修正

设网络变更引起节点导纳矩阵的部分元素发生变化，变化量是 $\Delta\boldsymbol{Y}$，即

$$\boldsymbol{Y}' = \boldsymbol{Y} + \Delta\boldsymbol{Y} \tag{5-59}$$

将 $\Delta\boldsymbol{Y}$ 写成 $\Delta\boldsymbol{Y}\cdot\boldsymbol{I}\cdot\boldsymbol{I}$ 的形式利用附录A中的矩阵求逆辅助定理对上式求逆有

$$\boldsymbol{Z}' = \boldsymbol{Z} - \boldsymbol{Z}\Delta\boldsymbol{Y}(\boldsymbol{I} + \boldsymbol{Z}\Delta\boldsymbol{Y})^{-1}\boldsymbol{Z} \tag{5-60}$$

式中，$\boldsymbol{I}$为单位矩阵。若 $\Delta\boldsymbol{Y}$ 中只有少部分非零元素，例如

$$\Delta\boldsymbol{Y} = \begin{bmatrix} \Delta\boldsymbol{Y}_{BB} & \boldsymbol{0} \\ \boldsymbol{0} & \boldsymbol{0} \end{bmatrix} \tag{5-61}$$

其中，$\Delta\boldsymbol{Y}_{BB}$是非零元素部分，它可以是任意矩阵，其维数较低，于是有

$$\boldsymbol{Z}\Delta\boldsymbol{Y} = \begin{bmatrix} \boldsymbol{Z}_{BB}\Delta\boldsymbol{Y}_{BB} & \boldsymbol{0} \\ \boldsymbol{Z}_{CB}\Delta\boldsymbol{Y}_{BB} & \boldsymbol{0} \end{bmatrix}$$

下标 B 和 C 分别表示 $\Delta\boldsymbol{Y}$ 中和非零部分以及和其余部分相对应的部分。式(5-60)中括号内的项是

$$\boldsymbol{I} + \boldsymbol{Z}\Delta\boldsymbol{Y} = \begin{bmatrix} \boldsymbol{I}_{BB} + \boldsymbol{Z}_{BB}\Delta\boldsymbol{Y}_{BB} & \boldsymbol{0} \\ \boldsymbol{Z}_{CB}\Delta\boldsymbol{Y}_{BB} & \boldsymbol{I}_{CC} \end{bmatrix}$$

利用矩阵恒等式

$$\begin{bmatrix} \boldsymbol{C} & \boldsymbol{0} \\ \boldsymbol{D} & \boldsymbol{I} \end{bmatrix}^{-1} = \begin{bmatrix} \boldsymbol{C}^{-1} & \boldsymbol{0} \\ -\boldsymbol{D}\boldsymbol{C}^{-1} & \boldsymbol{I} \end{bmatrix}$$

式中，$\boldsymbol{I}$ 为相当维数的单位矩阵，有

$$(\boldsymbol{I}+\boldsymbol{Z}\Delta\boldsymbol{Y})^{-1} = \begin{bmatrix} (\boldsymbol{I}_{BB}+\boldsymbol{Z}_{BB}\Delta\boldsymbol{Y}_{BB})^{-1} & \boldsymbol{0} \\ -\boldsymbol{Z}_{CB}\boldsymbol{y}_{BB} & \boldsymbol{I}_{CC} \end{bmatrix}$$

式中

$$\boldsymbol{y}_{BB} = \Delta\boldsymbol{Y}_{BB}(\boldsymbol{I}_{BB}+\boldsymbol{Z}_{BB}\Delta\boldsymbol{Y}_{BB})^{-1} \tag{5-62}$$

将以上结果代入计算 $\boldsymbol{Z}'$ 的式(5-60)中，有

$$\begin{aligned}\boldsymbol{Z}' &= \boldsymbol{Z} - \begin{bmatrix} \boldsymbol{Z}_{BB}\Delta\boldsymbol{Y}_{BB} & \boldsymbol{0} \\ \boldsymbol{Z}_{CB}\Delta\boldsymbol{Y}_{BB} & \boldsymbol{0} \end{bmatrix}\begin{bmatrix} (\boldsymbol{I}_{BB}+\boldsymbol{Z}_{BB}\Delta\boldsymbol{Y}_{BB})^{-1} & \boldsymbol{0} \\ -\boldsymbol{Z}_{CB}\boldsymbol{y}_{BB} & \boldsymbol{I}_{CC} \end{bmatrix}\begin{bmatrix} \boldsymbol{Z}_{BB} & \boldsymbol{Z}_{BC} \\ \boldsymbol{Z}_{CB} & \boldsymbol{Z}_{CC} \end{bmatrix} \\ &= \begin{bmatrix} \boldsymbol{Z}_{BB} & \boldsymbol{Z}_{BC} \\ \boldsymbol{Z}_{CB} & \boldsymbol{Z}_{CC} \end{bmatrix} - \begin{bmatrix} \boldsymbol{Z}_{BB} \\ \boldsymbol{Z}_{CB} \end{bmatrix}\boldsymbol{y}_{BB}\begin{bmatrix} \boldsymbol{Z}_{BB} & \boldsymbol{Z}_{BC} \end{bmatrix}\end{aligned}$$

或写成

$$\boldsymbol{Z}' = \boldsymbol{Z} + \Delta\boldsymbol{Z} \tag{5-63}$$

$$\Delta\boldsymbol{Z} = -\boldsymbol{Z}_B\boldsymbol{y}_{BB}\boldsymbol{Z}_B^{\mathrm{T}} \tag{5-64}$$

式中，$\boldsymbol{Z}_B$ 为节点阻抗矩阵和 B 有关的列组成的矩阵；$\boldsymbol{y}_{BB}$ 含义同式(5-62)。

利用式(5-41)，将式(5-63)取出 m 个端口对应的部分，有

$$\boldsymbol{Z}'_{\mathrm{eq}} = \boldsymbol{M}_L^{\mathrm{T}}\boldsymbol{Z}'\boldsymbol{M}_L = \boldsymbol{Z}_{\mathrm{eq}} + \Delta\boldsymbol{Z}_{\mathrm{eq}} \tag{5-65}$$

$$\Delta\boldsymbol{Z}_{\mathrm{eq}} = -\boldsymbol{Z}_{LB}\boldsymbol{y}_{BB}\boldsymbol{Z}_{LB}^{\mathrm{T}} \tag{5-66}$$

式中，$\boldsymbol{Z}_{LB}=\boldsymbol{M}_L^{\mathrm{T}}\boldsymbol{Z}_B$。式(5-66)就是面向节点的戴维南等值阻抗的修正公式。

利用式(5-60)计算网络变更后的开路电压，参考式(5-63)和式(5-64)有

$$\begin{aligned}\dot{\boldsymbol{V}}'^{(0)} &= \boldsymbol{Z}'\dot{\boldsymbol{I}}^{(0)} = \{\boldsymbol{Z}-\boldsymbol{Z}\Delta\boldsymbol{Y}(\boldsymbol{I}+\boldsymbol{Z}\Delta\boldsymbol{Y})^{-1}\boldsymbol{Z}\}\dot{\boldsymbol{I}}^{(0)} \\ &= \dot{\boldsymbol{V}}^{(0)} - \boldsymbol{Z}\Delta\boldsymbol{Y}(\boldsymbol{I}+\boldsymbol{Z}\Delta\boldsymbol{Y})^{-1}\dot{\boldsymbol{V}}^{(0)} = \dot{\boldsymbol{V}}^{(0)} - \boldsymbol{Z}_B\boldsymbol{y}_{BB}\dot{\boldsymbol{V}}_B^{(0)}\end{aligned}$$

利用公式(5-42)，上式两边同乘 $\boldsymbol{M}_L^{\mathrm{T}}$ 可得 m 个端口所对应的戴维南等值内电势

$$\dot{\boldsymbol{V}}'^{(0)}_{\mathrm{eq}} = \dot{\boldsymbol{V}}^{(0)}_{\mathrm{eq}} + \Delta\dot{\boldsymbol{V}}^{(0)}_{\mathrm{eq}} \tag{5-67}$$

$$\Delta\dot{\boldsymbol{V}}^{(0)}_{\mathrm{eq}} = -\boldsymbol{Z}_{LB}\boldsymbol{y}_{BB}\dot{\boldsymbol{V}}_B^{(0)} \tag{5-68}$$

网络变化后的诺顿等值参数可以根据戴维南等值参数求得。

5.5 小结

网络变换、化简和等值是最基本的网络分析技术，在电网计算中得到十分广泛的应用。

星网变换和负荷移置是为了等值地改变电网的连接形态，以便于分析和处理。网络化简是一种基本的网络处理技术，所用的方法是高斯消去法。对网络中不拟详细分析的部分进行化简处理，减小了网络分析的规模。网络化简工作也可以在导纳矩阵的因子表上进行。由于化简后网络的导纳矩阵的因子表就是原网络导纳矩阵的因子表中与化简后网相对应的部分，所以可以直接从原网络导纳矩阵因子表中取出这部分进行网络化简计算，这称为自适应网络化简。注意，此时应把原来的拟保留的节点集扩大到保留集的路集。

电网的外部网络的静态等值是电网实时计算中提出的要求，常用 WARD 法及其变化形式。WARD 等值实际上是一种网络化简。在此基础上发展起来的扩展 WARD 等值和缓冲网等值具有很强的实用性，已经在大电力系统多控制中心的分解协调计算中得到应用。

在对大电力系统进行暂态稳定分析时，也需要对外部网络进行化简和等值，但这时涉及对外部网络的动态元件作等值，因此称为动态等值。在数学上，动态等值要把描述外部系统的大量微分代数方程组等值为规模较小的微分代数方程组，要求等值前后系统的动态行为是一致的。动态等值的重点是有关发电机元件的等值，例如可以把外部网络中的所有发电机等值成一台机、两台机或多台机，显然等值机的数量将影响暂态仿真结果的精度。因为发电机的微分方程是通过电网联系起来并相互产生影响的，所以动态等值中对电网的等值处理是外网动态等值的重要内容。外网动态等值是一个远比静态等值复杂而困难的研究课题，本书没有作进一步的介绍。

诺顿等值和戴维南等值是电网分析中使用最为广泛的等值。等值端口既可以是面向节点的，也可以是面向支路的，也可以两者兼有。两种等值可以相互转换。

网络发生微小变化时，可以修正原有等值，得到变化后的等值。有面向节点的修正和面向支路的修正可供选择。先写出节点导纳矩阵的变化，然后利用矩阵求逆辅助定理来推导变化后的电网方程，最后再从等值端口抽出相应的部分即可。

习　题

5.1　如题图 5.1 所示的电力系统，支路电纳在图上标出，各节点注入电流也如图所示。试选节点⑤，⑥为内部节点，③，④为边界节点，①，②为外部节点进行 WARD 等值，求出边界节点上的等值支路和等值注入电流。

5.2　如题图 5.2 所示的电网，支路电纳和节点注入电流已在图上标出。试求以节点③，④对地为端口的戴维南等值参数，求出等值阻抗和等值戴维南电动势，然后转换成诺顿等值导纳和等值电流。

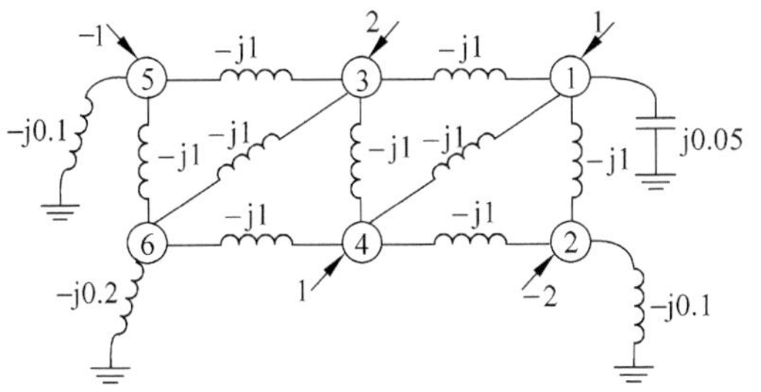

题图 5.1

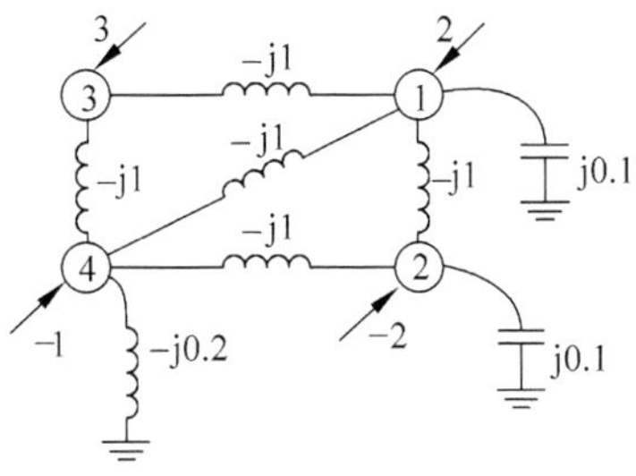

题图 5.2

5.3　当习题 5.2 中的电网中的支路(1,4)开断，试对习题 5.2 求出的戴维南等值参数进行修正，计算出修正后的等值参数。

5.4　对题图 5.2 的电网，以节点对③，④为一个端口，以节点①对地为第二个端口，试求这个两端口网络的戴维南等值参数。

5.5　题图 5.5 所示的电力网络，各支路阻抗参数见题表 5.5。

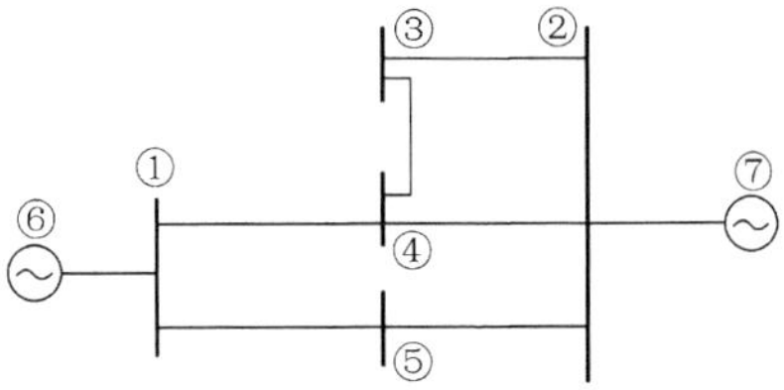

题图 5.5

节点⑥，⑦是发电机内电动势点。

题表 5.5

首节点	末节点	电阻	电抗
1	4	0.15	0.60
1	5	0.05	0.20
2	3	0.05	0.20
2	4	0.10	0.40
2	5	0.05	0.20
3	4	0.10	0.40
1	6	0	0.25
2	7	0	1.25

(1) 编写计算机程序从节点导纳矩阵消去指定的节点,形成降阶节点导纳矩阵;

(2) 对以上数据,用上述程序实现保留发电机内电动势节点⑥和⑦,消去其余所有节点,获得降阶节点导纳矩阵。

5.6 选定某端口并对原网络进行诺顿等值,可以得到端口处的诺顿等值电流。若将这个诺顿等值电流从等值端口处注入原网络,以此取代原网络的节点注入电流,此时求得的网络的各节点电压与等值前原网络各节点电压是否相等?为什么?

5.7 讨论“5.4.2 小节网络变化时等值参数的修正”中面向节点的修正和“4.1.3 小节补偿法在电网计算中的应用”中面向节点的修正两种情况,分析它们之间的相通关系。

第 6 章　大规模电力网络的分块计算

在对大规模互联电力系统进行统一分析时，分块计算是一种提高计算速度的有效处理手段。网络分块计算最早由 Kron 于 20 世纪 50 年代初提出[58]，他利用张量分析的概念发展了网络分裂算法(piecewise，diakoptics)。其基本思想是把大电网分解成若干规模较小的子网，对每一个子网在分割的边界处分别进行等值计算，然后再求出分割边界处的协调变量，最后求出各个子网的内部电量，得到全系统的解。由于每一个子网相对全网较易求解，因此分块计算可以充分利用有限的计算资源来提高计算效率。

电力系统本身所具有的分层分区结构也特别适合分块计算的应用。就信息的传送而言，每一个地区电网只能收集到本地区系统内的信息，其中重要的信息将被传送到更高一级的调度中心。调度中心根据各地区传送来的信息进行加工处理，将协调信息传送给各地区电力系统的调度中心。分块计算正好可以适应这一分层调度的要求。近年来，随着计算机技术的发展，各种并行计算机和多处理机组成的阵列机相继出现。这样的应用背景促进了人们对并行计算的兴趣，并开展了大量的研究工作，提出了各种基于网络分块的并行算法。

根据协调变量的不同，网络分块计算主要分为两类：一类是支路切割法(branch cutting)，通过切割原网络中的某些支路把原网络分解[59]；另一类是节点撕裂法(node tearing)，即将原网络的部分节点“撕裂”开，把网络分解[60,61]。前者的协调变量是切割线电流，后者的协调变量是分裂点电位。两种方法有各自的特点，将两种方法统一起来，就产生了统一的网络分裂算法[62]。

6.1　网络的分块解法

6.1.1　节点分裂法

1. 节点分裂法的列式

对于一个给定的电力网络，其用导纳矩阵描述的网络方程是

$$\boldsymbol{Y}\dot{\boldsymbol{V}} = \dot{\boldsymbol{I}}$$

式中，$\boldsymbol{Y}$ 为 $N\times N$ 阶节点导纳矩阵；$\dot{\boldsymbol{V}}$ 为 N 维节点电压列矢量；$\dot{\boldsymbol{I}}$ 为 N 维节点电流

列矢量。如果在该网络中选择部分节点，把这些节点撕裂，则原网络可以分解成几个较小的独立子网络，这些节点称为分裂点。将这些分裂点排在后面，并将每个子网络的节点排在一起，则网络方程可以写成块对角的形式：

$$\left[\begin{array}{cccc:c} \boldsymbol{Y}_{11} & & & & \boldsymbol{Y}_{1t} \\ & \boldsymbol{Y}_{22} & & & \boldsymbol{Y}_{2t} \\ & & \ddots & & \vdots \\ & & & \boldsymbol{Y}_{KK} & \boldsymbol{Y}_{Kt} \\ \hdashline \boldsymbol{Y}_{t1} & \boldsymbol{Y}_{t2} & \cdots & \boldsymbol{Y}_{tK} & \boldsymbol{Y}_{tt} \end{array}\right] \begin{bmatrix} \dot{\boldsymbol{V}}_1 \\ \dot{\boldsymbol{V}}_2 \\ \vdots \\ \dot{\boldsymbol{V}}_K \\ \dot{\boldsymbol{V}}_t \end{bmatrix} = \begin{bmatrix} \dot{\boldsymbol{I}}_1 \\ \dot{\boldsymbol{I}}_2 \\ \vdots \\ \dot{\boldsymbol{I}}_K \\ \dot{\boldsymbol{I}}_t \end{bmatrix} \tag{6-1}$$

式中，原网络被分成了 K 个子网络，每个子网络相互独立，它们分别和分裂点有关联。分裂点的集合用下标 t 表示。

如果式(6-1)中分裂点对地电压(以下简称分裂点电压)$\dot{\boldsymbol{V}}_t$ 已知，则每一个子网络的节点电压可以用下式求出：

$$\boldsymbol{Y}_{ii}\dot{\boldsymbol{V}}_i = \dot{\boldsymbol{I}}_i - \boldsymbol{Y}_{it}\dot{\boldsymbol{V}}_t \quad i = 1,2,\cdots,K \tag{6-2}$$

这可用图6.1说明。

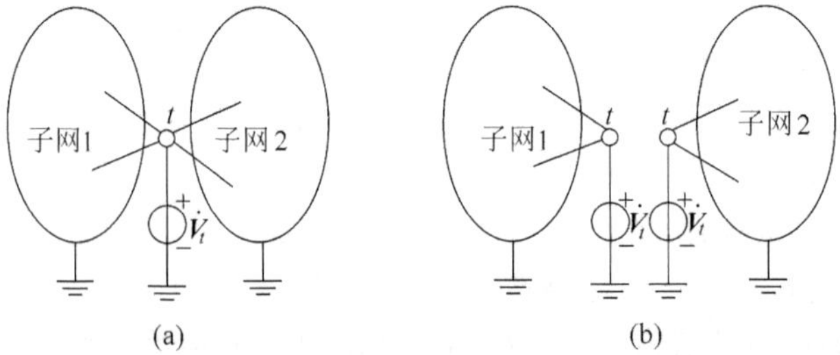

图6.1 节点分裂把原网络分解成两个子网络

图6.1是撕裂一个节点(t=1)将原网络分成两个子网络(K=2)的情况。图6.1(a)的分裂点 t 的电压 $\dot{\boldsymbol{V}}_t$ 若已知，则图6.1(b)的两个子网络可以分别用式(6-2)求解。由此可见，分裂点电压是一个关键的变量。下面考察如何求解这个变量。

对于式(6-1)，消去各子网络所对应的网络，只保留分裂点 t 相对应的部分，有

$$\tilde{\boldsymbol{Y}}_{tt}\dot{\boldsymbol{V}}_t = \tilde{\dot{\boldsymbol{I}}}_t \tag{6-3}$$

式中

$$\begin{cases} \tilde{\boldsymbol{Y}}_{tt} = \boldsymbol{Y}_{tt} - \sum\limits_{i=1}^{K}\boldsymbol{Y}_{ti}\boldsymbol{Y}_{ii}^{-1}\boldsymbol{Y}_{it} \\ \tilde{\dot{\boldsymbol{I}}}_t = \dot{\boldsymbol{I}}_t - \sum\limits_{i=1}^{K}\boldsymbol{Y}_{ti}\boldsymbol{Y}_{ii}^{-1}\dot{\boldsymbol{I}}_i \end{cases} \tag{6-4}$$

这相当于保留分裂点 t，而将其余节点消去，这时得到的“浓缩”的导纳矩阵就是 $\widetilde{\boldsymbol{Y}}_{tt}$。将消去的节点上的电流移置到分裂点 t 上，这时得到的电流是 $\dot{\widetilde{\boldsymbol{I}}}_t$。用式(6-3)求得分裂点电压 $\dot{\boldsymbol{V}}_t$ 后，各子网络内部的节点电压即可用式(6-1)求出。由于各子网络被分裂点隔开，所以消去某一网络节点时不会对其他子网络产生影响，只会对边界点的导纳矩阵产生影响。

注意节点分裂法可计算的条件是 $\boldsymbol{Y}_{ii}^{-1}$ 存在，这是可以保证的。因为对每个子网络，从网络导纳矩阵中划出分裂点所在的行和列，在子网络中相当于将分裂点 t 接地，或者将分裂点处理成电压给定节点，剩下的子网络的导纳矩阵必是非奇异的。

分裂节点的电压带有各子系统相互之间的协调信息，也称协调变量。

例 6.1 对于如图 6.2 所示的直流电路，各支路电导和各节点注入电流都标在图上，试用节点③作为分裂节点，以节点⑥作为全网参考节点，用节点分裂法计算各节点的电压。

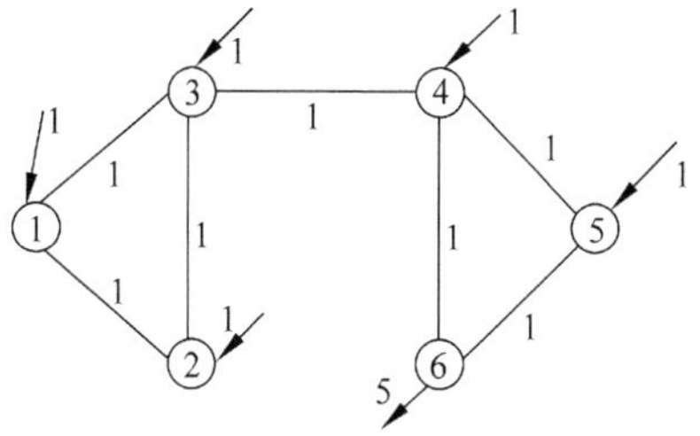

图 6.2 六节点直流电路

解 选节点③为边界分裂节点，把节点③排在最后形成以节点⑥为参考点的节点导纳矩阵 $\boldsymbol{Y}$ 和节点注入电流矢量 $\boldsymbol{I}$，这两个量是

$$\boldsymbol{Y}=\begin{array}{c}\begin{array}{ccccc}\text{①}&\text{②}&\text{④}&\text{⑤}&\text{③}\end{array}\\ \left[\begin{array}{cccc:c}2&-1&&&-1\\-1&2&&&-1\\ \hdashline &&3&-1&-1\\&&-1&2&0\\ \hdashline -1&-1&-1&0&3\end{array}\right]\end{array}\begin{array}{c}\\\text{①}\\\text{②}\\\text{④}\\\text{⑤}\\\text{③}\end{array},\quad \boldsymbol{I}=\left[\begin{array}{c}1\\1\\1\\1\\1\end{array}\right]\begin{array}{c}\text{①}\\\text{②}\\\text{④}\\\text{⑤}\\\text{③}\end{array}$$

因是直流电路，所以 $\boldsymbol{Y}$ 和 $\boldsymbol{I}$ 是实数矩阵和矢量。因此式(6-1)中的各量如下：

$$\boldsymbol{Y}_{11}=\begin{array}{c}\begin{array}{cc}\text{①}&\text{②}\end{array}\\\begin{bmatrix}2&-1\\-1&2\end{bmatrix}\end{array}\begin{array}{c}\\\text{①}\\\text{②}\end{array},\quad \boldsymbol{Y}_{22}=\begin{array}{c}\begin{array}{cc}\text{④}&\text{⑤}\end{array}\\\begin{bmatrix}3&-1\\-1&2\end{bmatrix}\end{array}\begin{array}{c}\\\text{④}\\\text{⑤}\end{array},\quad \boldsymbol{Y}_{1t}=\begin{array}{c}\text{③}\\\begin{bmatrix}-1\\-1\end{bmatrix}\end{array}\begin{array}{c}\\\text{①}\\\text{②}\end{array},\quad \boldsymbol{Y}_{2t}=\begin{array}{c}\text{③}\\\begin{bmatrix}-1\\0\end{bmatrix}\end{array}\begin{array}{c}\\\text{④}\\\text{⑤}\end{array}$$

$$Y_{tt}=3,\quad \boldsymbol{I}_1=\begin{bmatrix}1\\1\end{bmatrix}\begin{array}{c}\text{①}\\\text{②}\end{array},\quad \boldsymbol{I}_2=\begin{bmatrix}1\\1\end{bmatrix}\begin{array}{c}\text{④}\\\text{⑤}\end{array},\quad I_t=1$$

由式(6-4)计算边界节点等值导纳矩阵和等值注入电流有

$$\widetilde{Y}_{tt}=Y_{tt}-\sum_{i=1}^{2}\boldsymbol{Y}_{ti}\boldsymbol{Y}_{ii}^{-1}\boldsymbol{Y}_{it}$$

$$=3-\begin{bmatrix}-1&-1\end{bmatrix}\begin{bmatrix}2&-1\\-1&2\end{bmatrix}^{-1}\begin{bmatrix}-1\\-1\end{bmatrix}-\begin{bmatrix}-1&0\end{bmatrix}\begin{bmatrix}3&-1\\-1&2\end{bmatrix}^{-1}\begin{bmatrix}-1\\0\end{bmatrix}=\frac{3}{5}$$

$$\widetilde{I}_t = I_t - \sum_{i=1}^{K} \boldsymbol{Y}_{ti}\boldsymbol{Y}_{ii}^{-1}\boldsymbol{I}_i$$

$$= 1 - [-1 \quad -1]\begin{bmatrix} 2 & -1 \\ -1 & 2 \end{bmatrix}^{-1}\begin{bmatrix} 1 \\ 1 \end{bmatrix} - [-1 \quad 0]\begin{bmatrix} 3 & -1 \\ -1 & 2 \end{bmatrix}^{-1}\begin{bmatrix} 1 \\ 1 \end{bmatrix} = \frac{18}{5}$$

求解式(6-3)得边界节点电压为

$$V_t = \widetilde{Y}_{tt}^{-1}\widetilde{I}_t = \frac{5}{3} \times \frac{18}{5} = 6$$

然后用式(6-2)求各子系统的电压。对子系统 1 有

$$\boldsymbol{V}_1 = \boldsymbol{Y}_{11}^{-1}(\boldsymbol{I}_1 - \boldsymbol{Y}_{1t}V_t) = \begin{bmatrix} 2 & -1 \\ -1 & 2 \end{bmatrix}^{-1}\left(\begin{bmatrix} 1 \\ 1 \end{bmatrix} - \begin{bmatrix} -1 \\ -1 \end{bmatrix} \times 6\right) = \begin{bmatrix} 7 \\ 7 \end{bmatrix}$$

对子系统 2 有

$$\boldsymbol{V}_2 = \boldsymbol{Y}_{22}^{-1}(\boldsymbol{I}_2 - \boldsymbol{Y}_{2t}V_t) = \begin{bmatrix} 3 & -1 \\ -1 & 2 \end{bmatrix}^{-1}\left(\begin{bmatrix} 1 \\ 1 \end{bmatrix} - \begin{bmatrix} -1 \\ 0 \end{bmatrix} \times 6\right) = \begin{bmatrix} 3 \\ 2 \end{bmatrix}$$

最终结果的各节点电压标在图 6.3 上。可见各个节点电流平衡，结果正确。

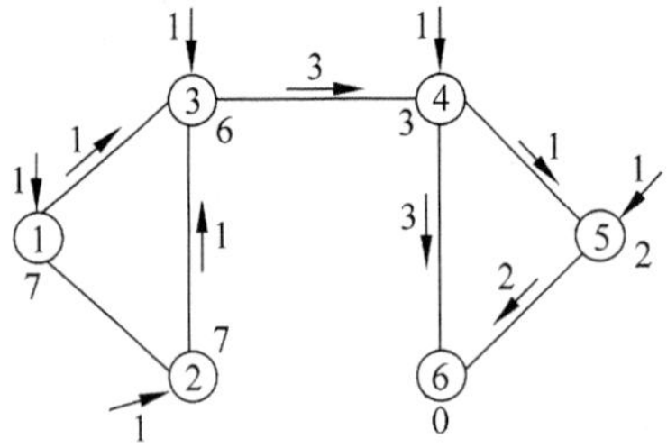

图 6.3　各节点的电压

对于式(6-1)所示的线性系统，只需在上、下级之间交换一次信息，就能保证子系统独立进行的计算和全网计算结果一致。非线性潮流方程的计算则需要多次求解线性代数方程组，每次求解线性代数方程组可用网络分块算法求解，因此，上述分解协调计算过程需要多次调用。

在实际电力系统应用中，子系统之间通常是通过联络线相互连接的，相连的两个子系统都关心联络线上的潮流，联络线潮流也是上级控制中心监控的对象，实用的做法可将联络线连同两端节点一起放到边界，共同组成 t 集，此时，式(6-1)的加边包括了联络线两端节点。在图 6.2 的例子中，除节点③外，节点④也被取为边界分裂节点，此时节点③、节点④以及它们之间的联络线(3,4)都在上级协调层建模，式(6-2)～式(6-4)仍可用。这种情况下的推导作为练习留给读者，详见参考文献[63]。由于每个子网络被联络支路两端节点隔开，所以消去某一子网络节点时不会对其他子网络产生影响，而只会对自己网络的边界点的导纳产生影响。虽然这种作法是通过切割支路将两个子网络分开的，但是协调变量仍是联络支路两端节点的电压，所以这种方法仍是节点分裂法，称为**面向支路的节点分裂法**，而把式(6-2)和式(6-3)表示的节点分裂法称为**面向节点的节点分裂法**。

面向支路的节点分裂法适合应用于需要监视联络线的场合[63]。

2. 节点分裂法的物理解释

节点分裂网络分块算法主要分两步，第一步是用式(6-3)和式(6-4)计算协调变量，即计算分裂点电压 $\dot{\boldsymbol{V}}_t$，第二步是用式(6-2)计算子网络内部电量。

下面用图 6.4(a)所示的两个子网络、一个分裂节点的例子说明。两个子网络的节点注入电流矢量分别为 $\dot{\boldsymbol{I}}_1$ 和 $\dot{\boldsymbol{I}}_2$。分裂点 t 的注入电流为 $\dot{I}_t$，因为本例中只有一个分裂点，所以在这里是标量。

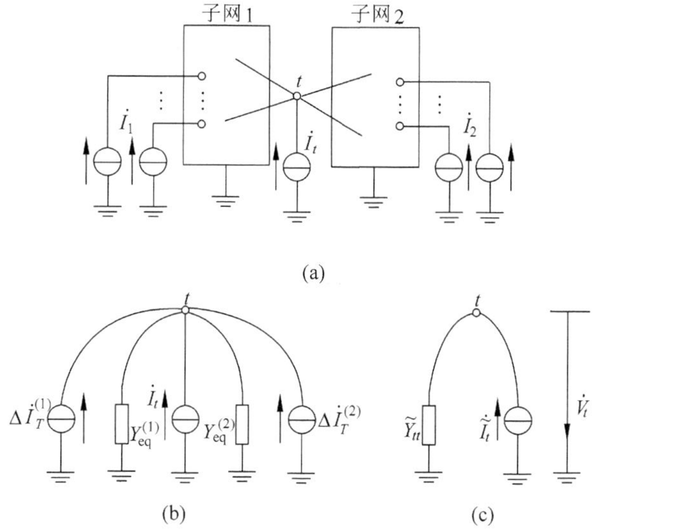

图 6.4 节点分裂法计算分裂点电压的过程

(a) 原网络由两个子网络组成；(b) 两个子网络用诺顿等值代替；(c) 计算分裂点电压

节点分裂法首先用式(6-4)计算分裂点的等值导纳矩阵 $\tilde{\boldsymbol{Y}}_{tt}$，在本例中用标量 $\tilde{Y}_{tt}$ 表示，于是，式(6-4)可写成

$$\tilde{Y}_{tt} = Y_{tt} + \Delta Y_{tt}^{(1)} + \Delta Y_{tt}^{(2)} \tag{6-5}$$

其中

$$\Delta Y_{tt}^{(1)} = -\boldsymbol{Y}_{t1}\boldsymbol{Y}_{11}^{-1}\boldsymbol{Y}_{1t}$$

$$\Delta Y_{tt}^{(2)} = -\boldsymbol{Y}_{t2}\boldsymbol{Y}_{22}^{-1}\boldsymbol{Y}_{2t}$$

式(6-5)中的 Y_{tt} 是分裂点 t 的自导纳，并有 $Y_{tt}=Y_{tt}^{(1)}+Y_{tt}^{(2)}$，$Y_{tt}^{(1)}$ 和 $Y_{tt}^{(2)}$ 分别是节点 t 与子网络 1 和子网络 2 相连的支路导纳的和，则式(6-5)可写成

$$\tilde{Y}_{tt} = Y_{eq}^{(1)} + Y_{eq}^{(2)} \tag{6-6}$$

式中 $Y_{eq}^{(1)}=Y_{tt}^{(1)}+\Delta Y_{tt}^{(1)}$，$Y_{eq}^{(2)}=Y_{tt}^{(2)}+\Delta Y_{tt}^{(2)}$，它们分别是从分裂节点 t 向两个子网络看进去的诺顿等值导纳。式(6-5)可用图 6.4(b)说明。

节点分裂法还要用式(6-4)计算边界节点等值注入电流 $\dot{\tilde{\boldsymbol{I}}}_t$，这里是标量 $\dot{\tilde{I}}_t$，

$$\dot{\tilde{I}}_t = \dot{I}_t + \Delta\dot{I}_t^{(1)} + \Delta\dot{I}_t^{(2)} \tag{6-7}$$

其中

$$\Delta\dot{I}_t^{(1)} = -\boldsymbol{Y}_{t1}\boldsymbol{Y}_{11}^{-1}\dot{\boldsymbol{I}}_1$$

$$\Delta\dot{I}_t^{(2)} = -\boldsymbol{Y}_{t2}\boldsymbol{Y}_{22}^{-1}\dot{\boldsymbol{I}}_2$$

分别是两个子网络中的节点注入电流向分裂节点 t 移置的结果。

综上所述，为计算分裂点 t 的电压，可将两个子网络在 t 处进行诺顿等值，其诺顿参数分别是 $Y_{\text{eq}}^{(1)}$，$\Delta\dot{I}_t^{(1)}$ 和 $Y_{\text{eq}}^{(2)}$，$\Delta\dot{I}_t^{(2)}$，分裂点原来的注入电流是 $\dot{I}_t$。等值后的网络如图6.4(b)所示。

利用式(6-6)和式(6-7)的求和，就得到分裂点处的等值导纳 $\tilde{Y}_{tt}$ 和等值电流 $\dot{\tilde{I}}_t$，如图6.4(c)所示。最后用式(6-3)计算分裂点电压 $\dot{V}_t$，即

$$\dot{V}_t = \tilde{Y}_{tt}^{-1}\dot{\tilde{I}}_t$$

分裂点电压 $\dot{V}_t$ 求出之后，就可转入第二步，用每个子网络的注入电流矢量 $\dot{\boldsymbol{I}}_1$ 和 $\dot{\boldsymbol{I}}_2$，根据式(6-2)分别计算两个子网络的节点电压：

$$\left.\begin{aligned} \dot{\boldsymbol{V}}_1 &= \boldsymbol{Y}_{11}^{-1}(\dot{\boldsymbol{I}}_1 - \boldsymbol{Y}_{1t}\dot{V}_t) \\ \dot{\boldsymbol{V}}_2 &= \boldsymbol{Y}_{22}^{-1}(\dot{\boldsymbol{I}}_2 - \boldsymbol{Y}_{2t}\dot{V}_t) \end{aligned}\right\} \tag{6-8}$$

这可以用图6.5示意表示。

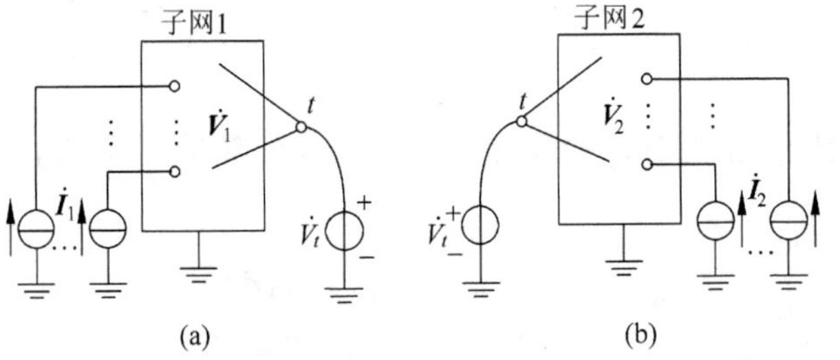

图6.5　求解两个子网络的电量

(a) 求解子网络1；(b) 求解子网络2

6.1.2　支路切割法

1. 常规支路切割法的列式

在一个给定的电力网络中选择部分支路，将这些支路切割开(从网络中移去)，如果此时原网络能变成几个相互独立的子网络，就把这些支路称为切割支路。如果把这些支路用电流源代替，电流源的电流等于支路上流过的电流，则原来用导纳

矩阵 $\boldsymbol{Y}$ 描述的网络方程可用下面的形式表示：

$$\boldsymbol{Y}_d\dot{\boldsymbol{V}} = \dot{\boldsymbol{I}} - \boldsymbol{M}\boldsymbol{i}_L \tag{6-9}$$

式中，$\boldsymbol{i}_L$ 为切割线支路上的电流列矢量，如果有 L 条切割线支路，$\boldsymbol{i}_L$ 是 $L\times1$ 矢量；$\boldsymbol{M}$ 为节点支路关联矩阵中与切割支路对应的子矩阵，每列只在切割支路的两端节点处有非零元素，分别是 1 和 −1；$\boldsymbol{Y}_d$ 为移去切割支路后各子网组成的节点导纳矩阵，是分块对角阵。

式(6-9)可用图 6.6 来说明。原网络图 6.6(a)中联络线电流可用图 6.6(b)所示的电流源代替，这一电流源最后用图 6.6(c)的节点注入电流代替，于是原网络分解成两个独立的子网络。如果图 6.6(b)的联络线电流可求出，则图 6.6(c)的每个子网络的节点注入电流已知，子网络内部电量很容易求出。

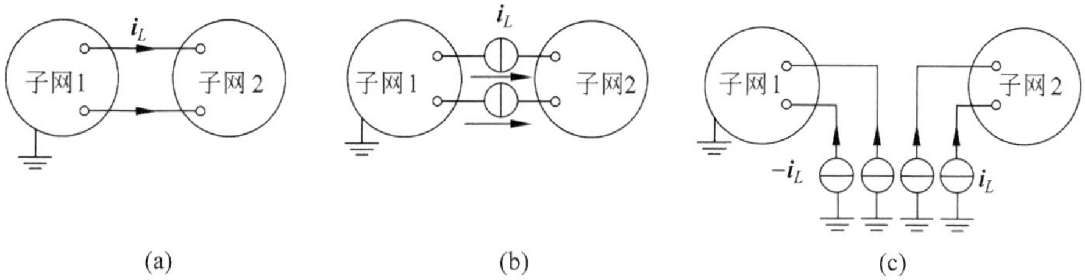

图 6.6 支路移去过程的图示

(a) 联络线电流；(b) 用等值电流源代替；(c) 用注入电流代替

利用欧姆定律，切割线上的电流和切割线两端节点之间的电位差有如下关系：

$$\boldsymbol{y}_L^{-1}\boldsymbol{i}_L = \boldsymbol{M}^{\mathrm{T}}\dot{\boldsymbol{V}} \tag{6-10}$$

式中，$\boldsymbol{y}_L$ 为切割支路导纳矩阵。将式(6-9)和式(6-10)放到一起，写成分块矩阵方程的形式有

$$\begin{bmatrix} \boldsymbol{Y}_d & \boldsymbol{M} \\ \boldsymbol{M}^{\mathrm{T}} & -\boldsymbol{y}_L^{-1} \end{bmatrix} \begin{bmatrix} \dot{\boldsymbol{V}} \\ \boldsymbol{i}_L \end{bmatrix} = \begin{bmatrix} \dot{\boldsymbol{I}} \\ \boldsymbol{0} \end{bmatrix} \tag{6-11}$$

如果支路移去后网络被分成 K 个子网络，则式(6-11)的详细表达式是

$$\left[\begin{array}{cccc:c} \boldsymbol{Y}_{11} & & & & \boldsymbol{M}_1 \\ & \boldsymbol{Y}_{22} & & & \boldsymbol{M}_2 \\ & & \ddots & & \vdots \\ & & & \boldsymbol{Y}_{KK} & \boldsymbol{M}_K \\ \hdashline \boldsymbol{M}_1^{\mathrm{T}} & \boldsymbol{M}_2^{\mathrm{T}} & \cdots & \boldsymbol{M}_K^{\mathrm{T}} & -\boldsymbol{y}_L^{-1} \end{array}\right] \begin{bmatrix} \dot{\boldsymbol{V}}_1 \\ \dot{\boldsymbol{V}}_2 \\ \vdots \\ \dot{\boldsymbol{V}}_K \\ \boldsymbol{i}_L \end{bmatrix} = \begin{bmatrix} \dot{\boldsymbol{I}}_1 \\ \dot{\boldsymbol{I}}_2 \\ \vdots \\ \dot{\boldsymbol{I}}_K \\ 0 \end{bmatrix} \tag{6-12}$$

它与式(6-1)一样有相同的加边块对角结构，可以用相同的方法求解。如果已知切割线电流 $\boldsymbol{i}_L$，各子系统节点电压易由

$$\boldsymbol{Y}_{ii}\dot{\boldsymbol{V}}_i = \dot{\boldsymbol{I}}_i - \boldsymbol{M}_i\boldsymbol{i}_L \quad i = 1,2,\cdots,K \tag{6-13}$$

求出。可见 $\boldsymbol{i}_L$ 是关键变量，也是支路切割法中的协调变量。保留式(6-12)中的 $\boldsymbol{i}_L$，消去其他变量，可得求解 $\boldsymbol{i}_L$ 的方程为

$$\left(\boldsymbol{y}_L^{-1} + \sum_{i=1}^{K} \boldsymbol{M}_i^{\mathrm{T}} \boldsymbol{Y}_{ii}^{-1} \boldsymbol{M}_i\right) \boldsymbol{i}_L = \sum_{i=1}^{K} \boldsymbol{M}_i^{\mathrm{T}} \boldsymbol{Y}_{ii}^{-1} \dot{\boldsymbol{I}}_i \tag{6-14}$$

用式(6-14)计算 $\boldsymbol{i}_L$，只需要分别独立地求解阶次较低的矩阵 $\boldsymbol{Y}_{ii}$ 的逆，或者求解这个逆中和关联矢量 M_i 非零元有关的元素即可。

观察式(6-14)，其中 $\sum_{i=1}^{K} \boldsymbol{M}_i^{\mathrm{T}} \boldsymbol{Y}_{ii}^{-1} \boldsymbol{M}_i$ 相当于把切割支路移去，在剩下的网络中，从切割支路两个端点组成的节点对看进去的节点对的端口自阻抗。很明显，如果切割支路移去后剩余的网络不连通，例如像图 6.6(a)那样，子网络 2 没有接地支路，子网络 2 的 $\boldsymbol{Y}_{ii}$ 奇异，这种情况应特殊处理。

解决此问题的方法之一是：在每个子网络中都设置一个电压指定节点作为参考点，这种作法需要计及各子网络参考点电压之间的协调问题。下面介绍的广义支路切割法可以解决这个问题。

也可以将子系统之间的边界节点拆分成两个节点，两个节点之间用一条零阻抗支路来连接，将这条支路作为切割支路，用上面的支路切割法构造网络分块计算模式。文献[66]用这种方法进行了电磁暂态并行计算。由于协调变量是被切割的零阻抗支路上的电流，所以，这仍是一种支路切割法，称为面向节点的支路切割法，而把式(6-13)和式(6-14)所表示的方法称为面向支路的支路切割法。支路切割法在电力系统暂态稳定计算中也得到了应用[67]。

2. 广义支路切割法

原网络的节点导纳矩阵是 $\boldsymbol{Y}$，如果图 6.6(a)中只有一条联络线 L，它对 $\boldsymbol{Y}$ 的贡献是 $\boldsymbol{M}y_L\boldsymbol{M}^{\mathrm{T}}$，将联络线 L 移出后的节点导纳矩阵是 $\boldsymbol{Y}_d$，则有

$$\begin{aligned}\boldsymbol{Y} &= \boldsymbol{Y}_d + \boldsymbol{M}y_L\boldsymbol{M}^{\mathrm{T}} = \boldsymbol{Y}_d + \boldsymbol{M}y_L\boldsymbol{M}^{\mathrm{T}} + \boldsymbol{N}y_L\boldsymbol{N}^{\mathrm{T}} - \boldsymbol{N}y_L\boldsymbol{N}^{\mathrm{T}} \\ &= \boldsymbol{Y}_b - \boldsymbol{N}y_L\boldsymbol{N}^{\mathrm{T}}\end{aligned} \tag{6-15}$$

式中

$$\boldsymbol{Y}_b = \boldsymbol{Y}_d + \boldsymbol{M}y_L\boldsymbol{M}^{\mathrm{T}} + \boldsymbol{N}y_L\boldsymbol{N}^{\mathrm{T}},\quad \boldsymbol{M}^{\mathrm{T}} = [\quad \underset{i}{1} \quad\quad \underset{j}{-1} \quad]$$

$$\boldsymbol{N}^{\mathrm{T}} = [\quad \underset{i}{1} \quad \underset{j}{1} \quad] \tag{6-16}$$

由于 $\boldsymbol{M}y_L\boldsymbol{M}^{\mathrm{T}} + \boldsymbol{N}y_L\boldsymbol{N}^{\mathrm{T}}$ 对导纳矩阵的贡献相当于在联络线 L 的两个端点上各接一个导纳为 $2y_L$ 的接地支路，即

$$\boldsymbol{Y}_b = \boldsymbol{Y}_d + \begin{bmatrix} & & & \\ & 2y_L & & \\ & & 2y_L & \\ & & & \end{bmatrix}\begin{matrix} \\ i \\ j \\ \\ \end{matrix} \tag{6-17}$$
$$\qquad\qquad\qquad i \qquad\quad j$$

这样，$\boldsymbol{Y}_b$ 和 $\boldsymbol{Y}_d$ 一样，是块对角矩阵，而由于 $\boldsymbol{Y}_b$ 在联络线两端节点上各接了一个导纳

为 $2y_L$ 的接地支路，所以式(6-16)中的 $\boldsymbol{Y}_b$ 描述的子网络的导纳矩阵是非奇异的。

扩展到多条联络线情况，利用式(6-15)描述的导纳矩阵，原来的网络方程可写成

$$(\boldsymbol{Y}_b - \boldsymbol{N}\boldsymbol{y}_L\boldsymbol{N}^{\mathrm{T}})\dot{\boldsymbol{V}} = \dot{\boldsymbol{I}} \tag{6-18}$$

令

$$\boldsymbol{i}_L = -\boldsymbol{y}_L\boldsymbol{N}^{\mathrm{T}}\dot{\boldsymbol{V}} \tag{6-19}$$

则式(6-18)可写成

$$\begin{bmatrix} \boldsymbol{Y}_b & \boldsymbol{N} \\ \boldsymbol{N}^{\mathrm{T}} & \boldsymbol{y}_L^{-1} \end{bmatrix}\begin{bmatrix} \dot{\boldsymbol{V}} \\ \boldsymbol{i}_L \end{bmatrix} = \begin{bmatrix} \dot{\boldsymbol{I}} \\ \boldsymbol{0} \end{bmatrix} \tag{6-20}$$

它和式(6-11)的结构相同。

式(6-20)中的 $\boldsymbol{Y}_b$ 也是块对角矩阵，它的每一个分块子矩阵都是非奇异的。式(6-20)是描述广义支路切割法的网络方程，其系数矩阵也具有加边块对角矩阵的形式。

消去式(6-20)中的 $\dot{\boldsymbol{V}}$，可推得计算切割支路电流 $\boldsymbol{i}_L$ 的方程

$$(\boldsymbol{y}_L^{-1} - \boldsymbol{N}^{\mathrm{T}}\boldsymbol{Y}_b^{-1}\boldsymbol{N})\boldsymbol{i}_L = -\boldsymbol{N}^{\mathrm{T}}\boldsymbol{Y}_b^{-1}\dot{\boldsymbol{I}} \tag{6-21}$$

将 $\boldsymbol{i}_L$ 再代回到式(6-20)的第一个方程得

$$\boldsymbol{Y}_b\dot{\boldsymbol{V}} = \dot{\boldsymbol{I}} - \boldsymbol{N}\boldsymbol{i}_L \tag{6-22}$$

根据 $\boldsymbol{Y}_b$ 的分块对角特性，可以按子网分别独立来求解电压矢量 $\dot{\boldsymbol{V}}$。由于这里的切割支路电流 $\boldsymbol{i}_L$ 并不是物理电网支路 L 上的电流，可理解为一个广义的电流，所以称这种方法为广义支路切割法。

例 6.2 对于例 6.1 所示的电路，选支路(3,4)为切割支路，用两种支路切割法计算该电路的解。

解 (1) 常规支路切割法

首先形成以节点⑥为参考点的节点导纳矩阵

$$\boldsymbol{Y} = \begin{array}{c} \begin{array}{ccccc} ① & ② & ③ & ④ & ⑤ \end{array} \\ \left[\begin{array}{ccccc} 2 & -1 & -1 & & \\ -1 & 2 & -1 & & \\ -1 & -1 & 3 & -1 & \\ & & -1 & 3 & -1 \\ & & & -1 & 2 \end{array}\right] \end{array} \begin{array}{c} \\ ① \\ ② \\ ③ \\ ④ \\ ⑤ \end{array}$$

当选(3,4)为切割支路时，若用常规支路切割法，式(6-11)中的

$$Y_d = \begin{bmatrix} \overset{①}{2} & \overset{②}{-1} & \overset{③}{-1} & \overset{④}{} & \overset{⑤}{} \\ -1 & 2 & -1 & & \\ -1 & -1 & 2 & & \\ \hline & & & 2 & -1 \\ & & & -1 & 2 \end{bmatrix} \begin{matrix} ① \\ ② \\ ③ \\ ④ \\ ⑤ \end{matrix}, \quad M = \begin{bmatrix} 0 \\ 0 \\ 1 \\ -1 \\ 0 \end{bmatrix} \begin{matrix} ① \\ ② \\ ③ \\ ④ \\ ⑤ \end{matrix}, \quad y_L = 1, \quad I = \begin{bmatrix} 1 \\ 1 \\ 1 \\ 1 \\ 1 \end{bmatrix} \begin{matrix} ① \\ ② \\ ③ \\ ④ \\ ⑤ \end{matrix}$$

很明显,Y_d 的第一个子矩阵是奇异的,因为它的每行元素之和都是零。原因是图 6.6(c) 的常规支路切割法在边界节点处没有接地支路,子网 2 浮空,无法求解。

(2) 广义支路切割法

当采用式(6-20)时,由式(6-16)和式(6-17)有

$$Y_b = \begin{bmatrix} \overset{①}{2} & \overset{②}{-1} & \overset{③}{-1} & \overset{④}{} & \overset{⑤}{} \\ -1 & 2 & -1 & & \\ -1 & -1 & 4 & & \\ \hline & & & 4 & -1 \\ & & & -1 & 2 \end{bmatrix} \begin{matrix} ① \\ ② \\ ③ \\ ④ \\ ⑤ \end{matrix}, \quad N = \begin{bmatrix} 0 \\ 0 \\ 1 \\ 1 \\ 0 \end{bmatrix} \begin{matrix} ① \\ ② \\ ③ \\ ④ \\ ⑤ \end{matrix}, \quad y_L = 1$$

N 和 M 在节点④的位置处的元素不同,一个是 1,另一个是 -1。另外 Y_b 和 Y_d 在节点③和④的对角元上的元素也不同,前者比后者增加了支路(3,4)导纳值 1 的 2 倍。这时 Y_b 的子矩阵不再是奇异的了。

首先用式(6-21)求解 i_L(在本例中是标量 i_L),有

$$i_L = (y_L^{-1} - N^T Y_b^{-1} N)^{-1} (-N^T Y_b^{-1} I)$$

因为 Y_b 是分块对角矩阵,所以

$$i_L = \left(y_L^{-1} - \sum_{i=1}^{2} N_i^T Y_{bi}^{-1} N_i\right)^{-1} \left(-\sum_{i=1}^{2} N_i^T Y_{bi}^{-1} I_i\right)$$

其中

$$Y_{b1} = \begin{bmatrix} \overset{①}{2} & \overset{②}{-1} & \overset{③}{-1} \\ -1 & 2 & -1 \\ -1 & -1 & 4 \end{bmatrix} \begin{matrix} ① \\ ② \\ ③ \end{matrix}, \quad Y_{b2} = \begin{bmatrix} \overset{④}{4} & \overset{⑤}{-1} \\ -1 & 2 \end{bmatrix} \begin{matrix} ④ \\ ⑤ \end{matrix},$$

$$N_1 = \begin{bmatrix} 0 \\ 0 \\ 1 \end{bmatrix} \begin{matrix} ① \\ ② \\ ③ \end{matrix}, \quad N_2 = \begin{bmatrix} 1 \\ 0 \end{bmatrix} \begin{matrix} ④ \\ ⑤ \end{matrix}, \quad I_1 = \begin{bmatrix} 1 \\ 1 \\ 1 \end{bmatrix} \begin{matrix} ① \\ ② \\ ③ \end{matrix}, \quad I_2 = \begin{bmatrix} 1 \\ 1 \end{bmatrix} \begin{matrix} ④ \\ ⑤ \end{matrix}$$

i_L 可进一步写成

$$i_L = (y_L^{-1} - N_1^T \eta_1 - N_2^T \eta_2)^{-1} (-\eta_1^T I_1 - \eta_2^T I_2)$$

式中

$$\boldsymbol{\eta}_1=\boldsymbol{Y}_{b1}^{-1}\boldsymbol{N}_1=\begin{bmatrix}2&-1&-1\\-1&2&-1\\-1&-1&4\end{bmatrix}^{-1}\begin{bmatrix}0\\0\\1\end{bmatrix}=\begin{bmatrix}1/2\\1/2\\1/2\end{bmatrix}$$

$$\boldsymbol{\eta}_2=\boldsymbol{Y}_{b2}^{-1}\boldsymbol{N}_2=\begin{bmatrix}4&-1\\-1&2\end{bmatrix}^{-1}\begin{bmatrix}1\\0\end{bmatrix}=\begin{bmatrix}2/7\\1/7\end{bmatrix}$$

所以

$$i_L=\left\{1^{-1}-\begin{bmatrix}0&0&1\end{bmatrix}\begin{bmatrix}1/2\\1/2\\1/2\end{bmatrix}-\begin{bmatrix}1&0\end{bmatrix}\begin{bmatrix}2/7\\1/7\end{bmatrix}\right\}^{-1}$$

$$\left\{-\begin{bmatrix}1/2&1/2&1/2\end{bmatrix}\begin{bmatrix}1\\1\\1\end{bmatrix}-\begin{bmatrix}2/7&1/7\end{bmatrix}\begin{bmatrix}1\\1\end{bmatrix}\right\}=-\left(\frac{3}{14}\right)^{-1}\frac{27}{14}=-9$$

然后由式(6-22)求各子系统节点电压

$$\boldsymbol{Y}_b\boldsymbol{V}=\boldsymbol{I}-\boldsymbol{N}i_L=\begin{bmatrix}1\\1\\1\\1\\1\end{bmatrix}-\begin{bmatrix}0\\0\\1\\1\\0\end{bmatrix}(-9)=\begin{bmatrix}1\\1\\10\\10\\1\end{bmatrix}=\widetilde{\boldsymbol{I}}$$

对子系统 1 有

$$\boldsymbol{V}_1=\boldsymbol{Y}_{b1}^{-1}\widetilde{\boldsymbol{I}}_1=\begin{bmatrix}2&-1&-1\\-1&2&-1\\-1&-1&4\end{bmatrix}^{-1}\begin{bmatrix}1\\1\\10\end{bmatrix}=\begin{bmatrix}7\\7\\6\end{bmatrix}$$

对子系统 2 有

$$\boldsymbol{V}_2=\boldsymbol{Y}_{b2}^{-1}\widetilde{\boldsymbol{I}}_2=\begin{bmatrix}4&-1\\-1&2\end{bmatrix}^{-1}\begin{bmatrix}10\\1\end{bmatrix}=\begin{bmatrix}3\\2\end{bmatrix}$$

可见它和例 6.1 的结果相同。

将本题的广义支路切割法计算结果写到图 6.7 上，可见在子网 1 中节点③上和在子网 2 中节点④上分别并联了电导是 2 的接地支路，两个端节点上都接入一个电流源，流出节点③和节点④的电流都是−9，即注入节点的电流是 9，可见各个节点的电流是平衡的。

由于每个子网络有自己的新增接地支路，网络不“浮空”。给定每个子网络中各节点注入电流以及切割线两端节点③和④的注入电流(这里是 9)，则每个子网络的解就可以分别独立求出来了。注意，这里新增接地支路在原网络中并不存在，接入的电流源也不是切割支路上的物理电流，完全是一种计算上的需要。

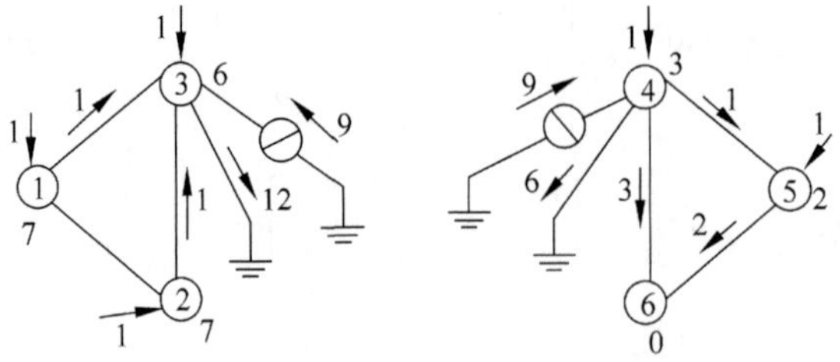

图 6.7 广义支路分割法的说明例

(a) 子网络 1；(b) 子网络 2

3. 常规支路切割法的物理解释

支路切割法的计算也分成两步：第一步是协调变量的计算，这里是切割线电流；第二步是子网络内部电量的计算。

下面用图 6.8 所示的两个子网络和一条联络线(切割支路)的例子说明。注意两个子网络都有接地支路。

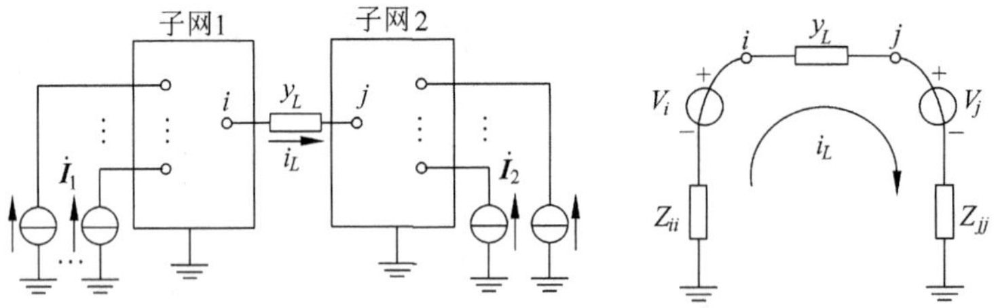

图 6.8 支路切割法计算切割支路电流的过程

(a) 原网络由两个子网络组成；(b) 子网络由戴维南等值代替

连接两个子网络的切割线支路(i,j)的支路导纳是 y_L。移去支路(i,j)后，子网络 1 和子网络 2 的导纳矩阵分别是 $\boldsymbol{Y}_{11}$ 和 $\boldsymbol{Y}_{22}$，节点注入电流矢量分别是 $\dot{\boldsymbol{I}}_1$ 和 $\dot{\boldsymbol{I}}_2$。节点支路关联矩阵中对应于支路(i,j)的关联矢量为 $\boldsymbol{M}^{\mathrm{T}}=[\cdots \quad \underset{i}{1} \quad \underset{j}{-1} \quad \cdots]$，对应于子网络 1 的部分为 $\boldsymbol{M}_1^{\mathrm{T}}=[\cdots \quad \underset{i}{1}]$，对应于子网络 2 的部分为 $\boldsymbol{M}_2^{\mathrm{T}}=[\underset{j}{-1} \quad \cdots]$。因此，式(6-14)为

$$(y_L^{-1}+\boldsymbol{M}_1^{\mathrm{T}}\boldsymbol{Y}_{11}^{-1}\boldsymbol{M}_1+\boldsymbol{M}_2^{\mathrm{T}}\boldsymbol{Y}_{22}^{-1}\boldsymbol{M}_2)i_L=\boldsymbol{M}_1^{\mathrm{T}}\boldsymbol{Y}_{11}^{-1}\dot{\boldsymbol{I}}_1+\boldsymbol{M}_2^{\mathrm{T}}\boldsymbol{Y}_{22}^{-1}\dot{\boldsymbol{I}}_2$$

简记为

$$(y_L^{-1}+Z_{ii}+Z_{jj})i_L=\dot{V}_i-\dot{V}_j \tag{6-23}$$

式中

$$Z_{ii} = \boldsymbol{M}_1^{\mathrm{T}}\boldsymbol{Y}_{11}^{-1}\boldsymbol{M}_1, \quad Z_{jj} = \boldsymbol{M}_2^{\mathrm{T}}\boldsymbol{Y}_{22}^{-1}\boldsymbol{M}_2$$

$$\dot{V}_i = \boldsymbol{M}_1^{\mathrm{T}}\boldsymbol{Y}_{11}^{-1}\dot{\boldsymbol{I}}_1, \quad -\dot{V}_j = \boldsymbol{M}_2^{\mathrm{T}}\boldsymbol{Y}_{22}^{-1}\dot{\boldsymbol{I}}_2$$

分别是从节点 i 向子网络 1 以及从节点 j 向子网络 2 看进去的戴维南等值阻抗和戴维南等值电动势。式(6-23)中的 i_L 是图 6.8(b)的回路电流,可利用回路电压和回路阻抗通过式(6-23)求得。

式(6-23)可用图 6.8(b)所示的等值电路表示。利用式(6-23)可以计算出协调变量,即切割线电流 i_L,而后就可以利用式(6-13)计算每个子网络中各节点的电压

$$\begin{cases}\dot{\boldsymbol{V}}_1 = \boldsymbol{Y}_{11}^{-1}(\dot{\boldsymbol{I}}_1 - \boldsymbol{M}_1 i_L) \\ \dot{\boldsymbol{V}}_2 = \boldsymbol{Y}_{22}^{-1}(\dot{\boldsymbol{I}}_2 - \boldsymbol{M}_2 i_L)\end{cases} \tag{6-24}$$

式(6-24)可以用图 6.9 示意表示。

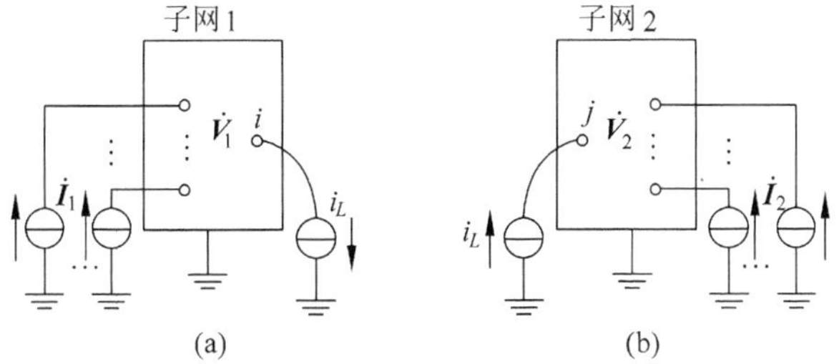

图 6.9 求解两个子网络的电量

(a) 求解子网 1;(b) 求解子网 2

6.1.3 统一的网络分块解法

除了前面介绍的节点分裂法和支路切割法外,还可以通过既撕裂节点又切割支路的办法把原网络分解成若干子网络。将式(6-1)和式(6-12)写在一起,有

$$\begin{bmatrix} \boldsymbol{Y}_{11} & & & & \boldsymbol{Y}_{1t} & \boldsymbol{M}_1 \\ & \boldsymbol{Y}_{22} & & & \boldsymbol{Y}_{2t} & \boldsymbol{M}_2 \\ & & \ddots & & \vdots & \vdots \\ & & & \boldsymbol{Y}_{KK} & \boldsymbol{Y}_{Kt} & \boldsymbol{M}_K \\ \boldsymbol{Y}_{1t}^{\mathrm{T}} & \boldsymbol{Y}_{2t}^{\mathrm{T}} & \cdots & \boldsymbol{Y}_{Kt}^{\mathrm{T}} & \boldsymbol{Y}_{tt} & \\ \boldsymbol{M}_1^{\mathrm{T}} & \boldsymbol{M}_2^{\mathrm{T}} & \cdots & \boldsymbol{M}_K^{\mathrm{T}} & & -\boldsymbol{y}_L^{-1} \end{bmatrix} \begin{bmatrix} \dot{\boldsymbol{V}}_1 \\ \dot{\boldsymbol{V}}_2 \\ \vdots \\ \dot{\boldsymbol{V}}_K \\ \dot{\boldsymbol{V}}_t \\ \boldsymbol{i}_L \end{bmatrix} = \begin{bmatrix} \dot{\boldsymbol{I}}_1 \\ \dot{\boldsymbol{I}}_2 \\ \vdots \\ \dot{\boldsymbol{I}}_K \\ \dot{\boldsymbol{I}}_t \\ \boldsymbol{0} \end{bmatrix} \tag{6-25}$$

将式(6-25)简写成

$$\left[\begin{array}{cccc|c} \boldsymbol{Y}_{11} & & & & \boldsymbol{Y}_{1T} \\ & \boldsymbol{Y}_{22} & & & \boldsymbol{Y}_{2T} \\ & & \ddots & & \vdots \\ & & & \boldsymbol{Y}_{KK} & \boldsymbol{Y}_{KT} \\ \hline \boldsymbol{Y}_{1T}^{\mathrm{T}} & \boldsymbol{Y}_{2T}^{\mathrm{T}} & \cdots & \boldsymbol{Y}_{KT}^{\mathrm{T}} & \boldsymbol{Y}_{TT} \end{array}\right]\left[\begin{array}{c} \dot{\boldsymbol{V}}_1 \\ \dot{\boldsymbol{V}}_2 \\ \vdots \\ \dot{\boldsymbol{V}}_K \\ \hline \dot{\boldsymbol{V}}_T \end{array}\right]=\left[\begin{array}{c} \dot{\boldsymbol{I}}_1 \\ \dot{\boldsymbol{I}}_2 \\ \vdots \\ \dot{\boldsymbol{I}}_K \\ \hline \dot{\boldsymbol{I}}_T \end{array}\right] \quad \text{或} \quad \begin{bmatrix} \boldsymbol{Y}_{II} & \boldsymbol{Y}_{IT} \\ \boldsymbol{Y}_{IT}^{\mathrm{T}} & \boldsymbol{Y}_{TT} \end{bmatrix}\begin{bmatrix} \dot{\boldsymbol{V}}_I \\ \dot{\boldsymbol{V}}_T \end{bmatrix}=\begin{bmatrix} \dot{\boldsymbol{I}}_I \\ \dot{\boldsymbol{I}}_T \end{bmatrix} \tag{6-26}$$

式中

$$\boldsymbol{Y}_{II}=\begin{bmatrix} \boldsymbol{Y}_{11} & & & \\ & \boldsymbol{Y}_{22} & & \\ & & \ddots & \\ & & & \boldsymbol{Y}_{KK} \end{bmatrix}, \quad \boldsymbol{Y}_{1T}=\begin{bmatrix} \boldsymbol{Y}_{1T} \\ \boldsymbol{Y}_{2T} \\ \vdots \\ \boldsymbol{Y}_{KT} \end{bmatrix}=\begin{bmatrix} \boldsymbol{Y}_{1t} & \boldsymbol{M}_1 \\ \boldsymbol{Y}_{2t} & \boldsymbol{M}_2 \\ \vdots & \vdots \\ \boldsymbol{Y}_{Kt} & \boldsymbol{M}_K \end{bmatrix},$$

$$\boldsymbol{Y}_{TT}=\begin{bmatrix} \boldsymbol{Y}_{tt} & \\ & -\boldsymbol{y}_L^{-1} \end{bmatrix}$$

$$\dot{\boldsymbol{V}}_I=\begin{bmatrix} \dot{\boldsymbol{V}}_1 \\ \dot{\boldsymbol{V}}_2 \\ \vdots \\ \dot{\boldsymbol{V}}_K \end{bmatrix}, \quad \dot{\boldsymbol{V}}_T=\begin{bmatrix} \dot{\boldsymbol{V}}_t \\ \boldsymbol{i}_L \end{bmatrix}, \quad \dot{\boldsymbol{I}}_I=\begin{bmatrix} \dot{\boldsymbol{I}}_1 \\ \dot{\boldsymbol{I}}_2 \\ \vdots \\ \dot{\boldsymbol{I}}_K \end{bmatrix}, \quad \dot{\boldsymbol{I}}_T=\begin{bmatrix} \dot{\boldsymbol{I}}_t \\ 0 \end{bmatrix}$$

因此,可以通过求解

$$\widetilde{\boldsymbol{Y}}_{TT}\dot{\boldsymbol{V}}_T=\dot{\widetilde{\boldsymbol{I}}}_T \tag{6-27}$$

得到协调变量 $\dot{\boldsymbol{V}}_T$,式中

$$\begin{cases} \widetilde{\boldsymbol{Y}}_{TT}=\boldsymbol{Y}_{TT}-\boldsymbol{Y}_{IT}^{\mathrm{T}}\boldsymbol{Y}_{II}^{-1}\boldsymbol{Y}_{IT}=\boldsymbol{Y}_{TT}-\sum\limits_{i=1}^{K}\boldsymbol{Y}_{iT}^{\mathrm{T}}\boldsymbol{Y}_{ii}^{-1}\boldsymbol{Y}_{iT} \\ \dot{\widetilde{\boldsymbol{I}}}_T=\dot{\boldsymbol{I}}_T-\boldsymbol{Y}_{IT}^{\mathrm{T}}\boldsymbol{Y}_{II}^{-1}\dot{\boldsymbol{I}}_I=\dot{\boldsymbol{I}}_T-\sum\limits_{i=1}^{K}\boldsymbol{Y}_{iT}^{\mathrm{T}}\boldsymbol{Y}_{ii}^{-1}\dot{\boldsymbol{I}}_i \end{cases} \tag{6-28}$$

然后用

$$\boldsymbol{Y}_{II}\dot{\boldsymbol{V}}_I=\dot{\boldsymbol{I}}_I-\boldsymbol{Y}_{IT}\dot{\boldsymbol{V}}_T \tag{6-29}$$

或者

$$\boldsymbol{Y}_{ii}\dot{\boldsymbol{V}}_i=\dot{\boldsymbol{I}}_i-\boldsymbol{Y}_{iT}\dot{\boldsymbol{V}}_T, \quad i=1,2,\cdots,K \tag{6-30}$$

求解子系统的电压 $\dot{\boldsymbol{V}}_I$。这里 $\boldsymbol{Y}_{II}$ 是块对角矩阵,所以可以对子系统逐个独立求解。

对于统一的网络分裂法,当所选边界变量只包含分裂点而不含切割支路时,

式(6-25)中的$\boldsymbol{M}_i$，$\boldsymbol{y}_L$，$\boldsymbol{i}_L$都不存在，式(6-25)退化成式(6-1)。当边界变量只含切割支路电流而不含分裂点电压时，式(6-25)中的$\boldsymbol{Y}_{it}$，$\boldsymbol{Y}_{ti}$，$\dot{\boldsymbol{V}}_t$，$\dot{\boldsymbol{I}}_t$都不存在，式(6-25)退化成式(6-12)。

对于节点分裂法，由于所选分裂节点的电压在每个相关子网络中作为已知量，这相当于在网络导纳矩阵中划去相应的行列，所以剩下的子网络导纳矩阵可以保证是非奇异的。

当采用广义支路切割法时，式(6-24)中$-\boldsymbol{y}_L^{-1}$变成$\boldsymbol{y}_L^{-1}$，$\boldsymbol{M}_i$变成$\boldsymbol{N}_i$，$\boldsymbol{Y}_{ii}$见式(6-18)中的$\boldsymbol{Y}_b$。

例 6.3 对于图6.10(a)所示的电路，支路电导和节点注入电流如图所示。选择节点⑥为全网的参考节点，选择支路(2,4)为切割支路，节点③为分裂节点，试用统一的网络分裂法求解全网各节点的电压。

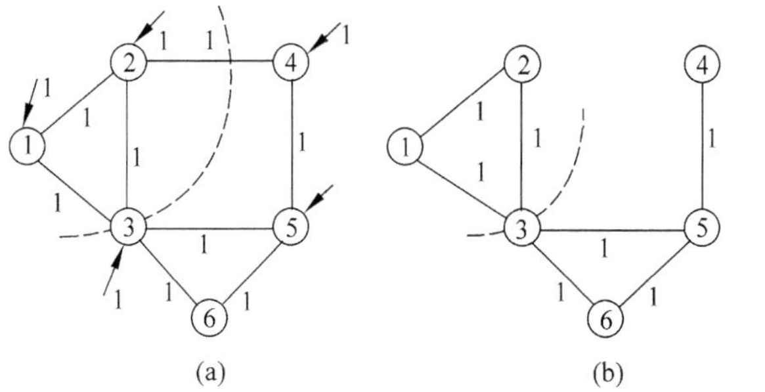

图 6.10 用统一网络分裂法求解

解 首先写出式(6-25)的节点导纳矩阵，注意支路(2,4)已被移去，如图6.10(b)所示。

$$
\begin{array}{c}
\begin{matrix} \text{①} & \text{②} & \text{④} & \text{⑤} & \text{③} & (2,4) \end{matrix} \\
\left[\begin{array}{cc:cc:c:c}
2 & -1 & & & -1 & 0 \\
-1 & 2 & & & -1 & 1 \\
\hdashline
 & & 1 & -1 & 0 & -1 \\
 & & -1 & 3 & -1 & 0 \\
\hdashline
-1 & -1 & 0 & -1 & 4 & \\
\hdashline
0 & 1 & -1 & 0 & & -1
\end{array}\right]
\begin{matrix} \text{①} \\ \text{②} \\ \text{④} \\ \text{⑤} \\ \text{③} \\ (2,4) \end{matrix}
\end{array}
$$

式(6-25)中各矩阵(向量)为

$$
\boldsymbol{Y}_{II} = \left[\begin{array}{cc:cc}
2 & -1 & & \\
-1 & 2 & & \\
\hdashline
 & & 1 & -1 \\
 & & -1 & 3
\end{array}\right], \quad
\boldsymbol{Y}_{II}^{-1} = \left[\begin{array}{c:c}
\frac{1}{3}\begin{bmatrix} 2 & 1 \\ 1 & 2 \end{bmatrix} & \\
\hdashline
 & \frac{1}{2}\begin{bmatrix} 3 & 1 \\ 1 & 1 \end{bmatrix}
\end{array}\right]
$$

$$\boldsymbol{Y}_{11}^{-1}=\begin{bmatrix}2 & -1\\ -1 & 2\end{bmatrix}^{-1}=\frac{1}{3}\begin{bmatrix}2 & 1\\ 1 & 2\end{bmatrix},\quad \boldsymbol{Y}_{22}^{-1}=\begin{bmatrix}1 & -1\\ -1 & 3\end{bmatrix}^{-1}=\frac{1}{2}\begin{bmatrix}3 & 1\\ 1 & 1\end{bmatrix}$$

$$\boldsymbol{Y}_{IT}=\begin{bmatrix}-1 & 0\\ -1 & 1\\ \hdashline 0 & -1\\ -1 & 0\end{bmatrix},\quad \boldsymbol{Y}_{1T}=\begin{bmatrix}-1 & 0\\ -1 & 1\end{bmatrix},\quad \boldsymbol{Y}_{2T}=\begin{bmatrix}0 & -1\\ -1 & 0\end{bmatrix},$$

$$\boldsymbol{Y}_{TT}=\begin{bmatrix}4 & \\ & -1\end{bmatrix},\quad \boldsymbol{V}_{T}=\begin{bmatrix}V_3\\ i_{24}\end{bmatrix},\quad \boldsymbol{I}_{I}=\begin{bmatrix}1\\ 1\\ 1\\ 1\end{bmatrix},$$

$$\boldsymbol{I}_{1}=\begin{bmatrix}1\\ 1\end{bmatrix},\quad \boldsymbol{I}_{2}=\begin{bmatrix}1\\ 1\end{bmatrix},\quad \boldsymbol{I}_{T}=\begin{bmatrix}1\\ 0\end{bmatrix}$$

利用式(6-28)计算边界节点等值导纳矩阵和节点等值注入电流：

$$\begin{aligned}\widetilde{\boldsymbol{Y}}_{TT}&=\boldsymbol{Y}_{TT}-\boldsymbol{Y}_{TI}\boldsymbol{Y}_{II}^{-1}\boldsymbol{Y}_{IT}=\boldsymbol{Y}_{TT}-\sum_{i=1}^{2}\boldsymbol{Y}_{Ti}\boldsymbol{Y}_{ii}^{-1}\boldsymbol{Y}_{iT}\\ &=\begin{bmatrix}4 & \\ & -1\end{bmatrix}-\frac{1}{3}\begin{bmatrix}-1 & -1\\ 0 & 1\end{bmatrix}\begin{bmatrix}2 & 1\\ 1 & 2\end{bmatrix}\begin{bmatrix}-1 & 0\\ -1 & 1\end{bmatrix}\\ &\quad-\frac{1}{2}\begin{bmatrix}0 & -1\\ -1 & 0\end{bmatrix}\begin{bmatrix}3 & 1\\ 1 & 1\end{bmatrix}\begin{bmatrix}0 & -1\\ -1 & 0\end{bmatrix}\\ &=\begin{bmatrix}4 & \\ & -1\end{bmatrix}+\begin{bmatrix}-2 & 1\\ 1 & -2/3\end{bmatrix}-\begin{bmatrix}0.5 & 0.5\\ 0.5 & 1.5\end{bmatrix}=\begin{bmatrix}1.5 & 0.5\\ 0.5 & -3.167\end{bmatrix}\end{aligned}$$

$$\begin{aligned}\widetilde{\boldsymbol{I}}_{T}&=\boldsymbol{I}_{T}-\boldsymbol{Y}_{TI}\boldsymbol{Y}_{II}^{-1}\boldsymbol{I}_{I}=\boldsymbol{I}_{T}-\sum_{i=1}^{2}\boldsymbol{Y}_{Ti}\boldsymbol{Y}_{ii}^{-1}\boldsymbol{I}_{i}\\ &=\begin{bmatrix}1\\ 0\end{bmatrix}-\frac{1}{3}\begin{bmatrix}-1 & -1\\ 0 & 1\end{bmatrix}\begin{bmatrix}2 & 1\\ 1 & 2\end{bmatrix}\begin{bmatrix}1\\ 1\end{bmatrix}-\frac{1}{2}\begin{bmatrix}0 & -1\\ -1 & 0\end{bmatrix}\begin{bmatrix}3 & 1\\ 1 & 1\end{bmatrix}\begin{bmatrix}1\\ 1\end{bmatrix}\\ &=\begin{bmatrix}1\\ 0\end{bmatrix}+\begin{bmatrix}2\\ -1\end{bmatrix}+\begin{bmatrix}1\\ 2\end{bmatrix}=\begin{bmatrix}4\\ 1\end{bmatrix}\end{aligned}$$

用式(6-27)计算边界处协调变量 $\boldsymbol{V}_T$：

$$\boldsymbol{V}_{T}=\widetilde{\boldsymbol{Y}}_{TT}^{-1}\widetilde{\boldsymbol{I}}_{T}=\begin{bmatrix}1.5 & 0.5\\ 0.5 & -3.167\end{bmatrix}^{-1}\begin{bmatrix}4\\ 1\end{bmatrix}=\frac{1}{5}\begin{bmatrix}3.167 & 0.5\\ 0.5 & -1.5\end{bmatrix}\begin{bmatrix}4\\ 1\end{bmatrix}=\begin{bmatrix}2.634\\ 0.1\end{bmatrix}$$

最后利用式(6-29)计算两个子系统内的节点电压：

$$\boldsymbol{V}_{1}=\boldsymbol{Y}_{11}^{-1}(\boldsymbol{I}_{1}-\boldsymbol{Y}_{1T}\boldsymbol{V}_{T})=\frac{1}{3}\begin{bmatrix}2 & 1\\ 1 & 2\end{bmatrix}\left(\begin{bmatrix}1\\ 1\end{bmatrix}-\begin{bmatrix}-1 & 0\\ -1 & 1\end{bmatrix}\begin{bmatrix}2.634\\ 0.1\end{bmatrix}\right)=\begin{bmatrix}3.601\\ 3.567\end{bmatrix}$$

$$\boldsymbol{V}_{2}=\boldsymbol{Y}_{22}^{-1}(\boldsymbol{I}_{2}-\boldsymbol{Y}_{2T}\boldsymbol{V}_{T})=\frac{1}{2}\begin{bmatrix}3 & 1\\ 1 & 1\end{bmatrix}\left(\begin{bmatrix}1\\ 1\end{bmatrix}-\begin{bmatrix}0 & -1\\ -1 & 0\end{bmatrix}\begin{bmatrix}2.634\\ 0.1\end{bmatrix}\right)=\begin{bmatrix}3.467\\ 2.367\end{bmatrix}$$

将上面的结果整理如下：

$$\boldsymbol{V}_1=\begin{bmatrix}3.601\\3.567\end{bmatrix}\begin{matrix}①\\②\end{matrix},\quad \boldsymbol{V}_2=\begin{bmatrix}3.467\\2.367\end{bmatrix}\begin{matrix}④\\⑤\end{matrix},$$

$$\boldsymbol{V}_T=\begin{bmatrix}2.634\\0.1\end{bmatrix}\begin{matrix}③\\(2,4)\end{matrix}$$

并把这一结果标在图 6.11 上，各支路电导都是 1，所以各支路电流很容易计算出来。支路电流也标在图 6.11 上。可见各节点的电流是平衡的。

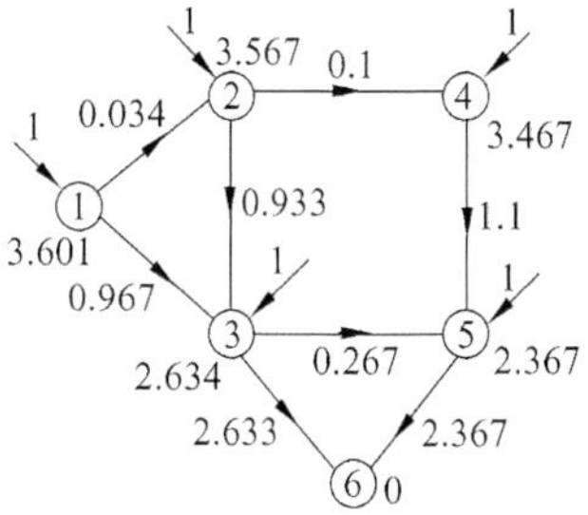

图 6.11 统一的网络分裂法的计算结果

6.2 大规模电网的分解协调计算和并行计算

6.2.1 网络分块解法的并行计算特性分析

通过以上分析可以看到以下几点：

(1) 由于网络方程的系数矩阵是加边块对角结构，所以，不论是求子网络的等值电路（节点分裂法的诺顿等值和支路切割法的戴维南等值）还是求解子网络内部的电量，都可以分别独立地进行，子网络相互之间不受影响，这就为并行计算创造了条件。

(2) 在求子网络的诺顿等值或戴维南等值时，并不需要求子网络内部电量，而是求边界协调变量。对线性系统，网络分块算法不是一个迭代过程。

(3) 求解协调变量时方程阶次很低，所以计算速度极快。

(4) 网络方程的分块解法用相对少的计算代价计算出协调变量，即式(6-27)的 $\dot{\boldsymbol{V}}_T$，而用式(6-30)计算每个子网络时的计算相互独立，该步计算可以用并行计算机来实现。

利用这种加边块对角结构，可以设计出实用的并行计算方法，也可以设计出适合分布式计算模式的分解协调计算方法。

6.2.2 大规模电网的分解协调计算和并行计算

可以采用求解式(6-27)、式(6-28)和式(6-30)的方法来求解式(6-25)。式(6-28)可以写成

$$\begin{cases}\widetilde{\boldsymbol{Y}}_{TT}=\boldsymbol{Y}_{TT}+\sum\limits_{i=1}^{K}\Delta\boldsymbol{Y}_{TT}^{i}\\ \Delta\boldsymbol{Y}_{TT}^{i}=-\boldsymbol{Y}_{Ti}\boldsymbol{Y}_{ii}^{-1}\boldsymbol{Y}_{iT}\end{cases}\tag{6-31}$$

$$\begin{cases}\dot{\tilde{I}}_T = \dot{I}_T + \sum_{i=1}^{K} \Delta \dot{I}_T^i \\ \Delta \dot{I}_T^i = -Y_{Ti} Y_{ii}^{-1} \dot{I}_i \end{cases} \tag{6-32}$$

式中，ΔY_{TT}^i是将子系统i化简到边界节点后的导纳矩阵；$\Delta \dot{I}_T^i$是子系统i中的电流移置到边界T处的等值电流。利用子系统内部信息，在子系统级同时分别独立地计算ΔY_{TT}^i和$\Delta \dot{I}_T^i$，然后将结果上传到协调层，协调层用以上两式汇总这些结果，得到$\tilde{Y}_{TT}$和$\dot{\tilde{I}}_T$，最后用式(6-27)计算协调变量$\dot{V}_T$，并下传。各子系统收到$\dot{V}_T$后，用式(6-30)计算子系统内部节点电压。整个计算过程可用图6.12说明。

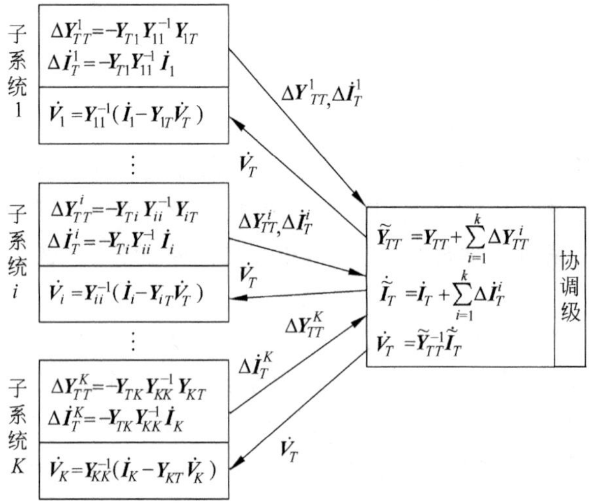

图6.12　分解协调计算框图

在图6.12中，因为各子系统的计算可以采用自己的处理器并行进行，而且每个子系统规模较小，因此，总的计算速度可以大大提高。实际计算中，还应充分利用稀疏矩阵技术来提高各子系统的计算速度。

要实现分解协调计算或者并行计算，首先要对电网进行划分，划分子系统的多少对总体计算速度的提高有直接影响。由于协调级的计算也要占用一定的计算时间，因此子系统分得太多会使协调级的计算负担加重。另外，每个子系统内部的计算负担，子系统和协调级之间的通信负担都是需要考虑的。总的划分原则是：各个分区电网的大小应尽量均匀，分区电网的个数应适当，应兼顾子系统和协调级之间通信所需的开销。

节点分裂法的应用相对较为广泛。将联络线连同两端节点一起作为边界，这种面向支路的节点分裂法符合电网实际，更为实用[63,64]。在有些应用场合，例如研究联络线交换功率计划时,可用支路切割法直接取联络线作为切割支路,联络线潮流作为协调变量,有其优势。

在技术层面上,还需要研究如何利用稀疏技术提高计算效率。可以采用节点导纳矩阵的因子表进行网络分块计算,这是最快速的计算方法。如果式(6-26)的系数矩阵已分解成如下因子表的形式:

$$\begin{bmatrix} \boldsymbol{Y}_{11} & & & & \boldsymbol{Y}_{1T} \\ & \boldsymbol{Y}_{22} & & & \boldsymbol{Y}_{2T} \\ & & \ddots & & \vdots \\ & & & \boldsymbol{Y}_{KK} & \boldsymbol{Y}_{KT} \\ \boldsymbol{Y}_{T1} & \boldsymbol{Y}_{T2} & \cdots & \boldsymbol{Y}_{TK} & \boldsymbol{Y}_{TT} \end{bmatrix}$$

$$= \begin{bmatrix} \boldsymbol{L}_{11} & & & & \\ & \boldsymbol{L}_{22} & & & \\ & & \ddots & & \\ & & & \boldsymbol{L}_{KK} & \\ \boldsymbol{L}_{T1} & \boldsymbol{L}_{T2} & \cdots & \boldsymbol{L}_{TK} & \boldsymbol{L}_{TT} \end{bmatrix} \begin{bmatrix} \boldsymbol{D}_{11} & & & & \\ & \boldsymbol{D}_{22} & & & \\ & & \ddots & & \\ & & & \boldsymbol{D}_{KK} & \\ & & & & \boldsymbol{D}_{TT} \end{bmatrix} \begin{bmatrix} \boldsymbol{U}_{11} & & & & \boldsymbol{U}_{1T} \\ & \boldsymbol{U}_{22} & & & \boldsymbol{U}_{2T} \\ & & \ddots & & \vdots \\ & & & \boldsymbol{U}_{KK} & \boldsymbol{U}_{KT} \\ & & & & \boldsymbol{U}_{TT} \end{bmatrix} \tag{6-33}$$

将式(6-33)右侧矩阵展开,并和左侧相应的项相对照,有

$$\begin{cases} \boldsymbol{Y}_{ii} = \boldsymbol{L}_{ii}\boldsymbol{D}_{ii}\boldsymbol{U}_{ii} \\ \boldsymbol{Y}_{iT} = \boldsymbol{L}_{ii}\boldsymbol{D}_{ii}\boldsymbol{U}_{iT} \quad i = 1,2,\cdots,K \\ \boldsymbol{Y}_{Ti} = \boldsymbol{L}_{Ti}\boldsymbol{D}_{ii}\boldsymbol{U}_{ii} \end{cases} \tag{6-34}$$

利用这个结果可将式(6-31)中的 $\Delta\boldsymbol{Y}_{TT}^{i}$ 和式(6-32)中的 $\Delta\dot{\boldsymbol{I}}_{T}^{i}$ 用因子表形式写成

$$\Delta\boldsymbol{Y}_{TT}^{i} = -\boldsymbol{Y}_{Ti}\boldsymbol{Y}_{ii}^{-1}\boldsymbol{Y}_{iT} = -\boldsymbol{L}_{Ti}\boldsymbol{D}_{ii}\boldsymbol{U}_{iT} \tag{6-35a}$$

$$\Delta\dot{\boldsymbol{I}}_{T}^{i} = -\boldsymbol{Y}_{Ti}\boldsymbol{Y}_{ii}^{-1}\dot{\boldsymbol{I}}_{i} = -\boldsymbol{L}_{Ti}\boldsymbol{L}_{ii}^{-1}\dot{\boldsymbol{I}}_{i} \tag{6-35b}$$

这是式(6-31)和式(6-32)的另一种用因子表矩阵的表示方法。

将式(6-34)代入式(6-30),可得用因子表计算子系统内节点电压的公式

$$\dot{\boldsymbol{V}}_{i} = \boldsymbol{Y}_{ii}^{-1}(\dot{\boldsymbol{I}}_{i} - \boldsymbol{Y}_{iT}\dot{\boldsymbol{V}}_{T}) = \boldsymbol{U}_{ii}^{-1}((\boldsymbol{L}_{ii}\boldsymbol{D}_{ii})^{-1}\dot{\boldsymbol{I}}_{i} - \boldsymbol{U}_{iT}\dot{\boldsymbol{V}}_{T}) \tag{6-36}$$

因此,每个子系统只要计算出各自的 $\boldsymbol{L}_{ii}$,$\boldsymbol{D}_{ii}$,$\boldsymbol{U}_{ii}$,$\boldsymbol{L}_{Ti}$,$\boldsymbol{U}_{iT}$,网络分块计算即可以进行。这可通过对下面的和子系统有关的导纳矩阵分解因子表得到:

$$\begin{bmatrix} \boldsymbol{Y}_{ii} & \boldsymbol{Y}_{iT} \\ \boldsymbol{Y}_{Ti} & \boldsymbol{0} \end{bmatrix} = \begin{bmatrix} \boldsymbol{L}_{ii} & \boldsymbol{0} \\ \boldsymbol{L}_{Ti} & \Delta\boldsymbol{Y}_{TT}^{i} \end{bmatrix} \begin{bmatrix} \boldsymbol{D}_{ii} & \\ & \boldsymbol{I} \end{bmatrix} \begin{bmatrix} \boldsymbol{U}_{ii} & \boldsymbol{U}_{iT} \\ \boldsymbol{0} & \boldsymbol{I} \end{bmatrix} \tag{6-37}$$

式中 $\boldsymbol{I}$ 表示单位矩阵。利用分块矩阵的乘积,比较式(6-37)两端相应的项,可验证式(6-34)、式(6-35a)和式(6-37)中诸式是一致的。

实际应用中,对式(6-37)左边的矩阵进行高斯消去,消到边界节点时,$\boldsymbol{L}_{ii}$,$\boldsymbol{D}_{ii}$,$\boldsymbol{V}_{ii}$,$\boldsymbol{L}_{Ti}$,$\boldsymbol{V}_{iT}$ 即可得到。另外,在原来左边矩阵右下角为零的地方剩下的子矩阵就

是 ΔY_{TT}^{i}。

当选好边界变量并将网络分解开后，利用上面介绍的原理，用式(6-35a)代替式(6-31)计算 ΔY_{TT}^{i}，用式(6-35b)代替式(6-32)计算 $\Delta \dot{I}_{T}^{i}$，用式(6-36)代替式(6-30)计算子系统内部的节点电压，就可以得到并行算法，具体步骤留作练习。

6.3 广义支路切割法的一般形式

6.3.1 一般形式广义支路切割法的列式

6.1.2 小节介绍的是面向支路的支路切割法，特点是分块计算过程中的协调变量是联络线支路电流。为了避免切割联络线支路后子网络浮空，介绍了广义支路切割法。

利用同样的思想，还可以设计出更通用的广义支路切割法。

对于图 6.13(a)所示的电力系统，连接子系统①和子系统②的联络线 $L(i,j)$ 的导纳是 y_L，如果将该支路 L 像图 6.13(b)那样用 Π 型等值电路移出，在被移出的联络线 L 的两个端节点 i,j 上分别接入接地支路 $-\alpha y_L$ 和 $-\alpha y_L$（α 是一个实数），将接地支路 αy_L 留在子网络中。由于正负相抵，如果图 6.13(b)所示的 Π 型等值电路“贴”回去，则和图 6.13(a)等价。

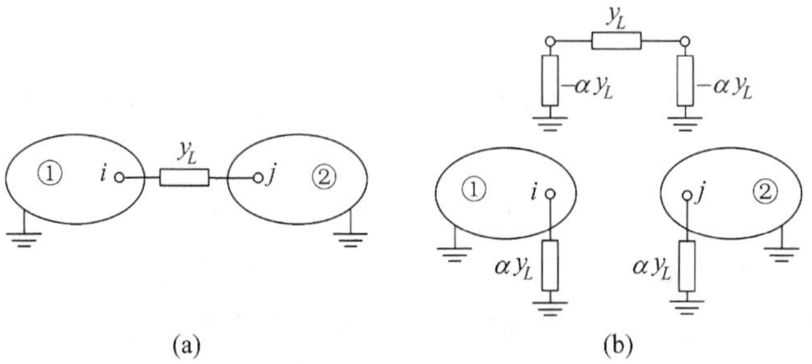

图 6.13 一般形式的广义支路切割法的说明例

(a) 联络线和两个子网络相连；(b) 移出联络线

图 6.13(a)的原网络的节点导纳矩阵可以参考图 6.13(b)写成

$$Y = Y_D + Y_L \tag{6-38}$$

式中，Y_D 为图 6.13(b)下方的网络的节点导纳矩阵，是块对角形矩阵，两块之间无耦合；Y_L 为被移出的 Π 型等值电路对节点导纳矩阵的贡献。

首先观察式(6-38)中的 Y_D。如果图 6.13(a)中不包含支路 L 的节点导纳矩阵是 Y_d。Y_D 和 Y_d 的差别是 Y_D 在节点 i，j 上多了个导纳为 αy_L 的接地支

路，即

$$\boldsymbol{Y}_D=\boldsymbol{Y}_d+\begin{bmatrix} & & & \\ i & \alpha y_L & & \\ & & & \\ j & & \alpha y_L & \\ & & & \end{bmatrix}=\left[\begin{array}{c:c} \boldsymbol{Y}_1 & \\ \hdashline & \boldsymbol{Y}_2 \end{array}\right] \tag{6-39}$$

$\boldsymbol{Y}_D$ 仍为块对角矩阵，并有

$$\boldsymbol{Z}_D=\boldsymbol{Y}_D^{-1}=\begin{bmatrix}\boldsymbol{Z}_1 & \\ & \boldsymbol{Z}_2\end{bmatrix},\quad \boldsymbol{Z}_1=\boldsymbol{Y}_1^{-1},\quad \boldsymbol{Z}_2=\boldsymbol{Y}_2^{-1} \tag{6-40}$$

再观察式(6-38)中的 $\boldsymbol{Y}_L$。$\boldsymbol{Y}_L$ 是被移出的 Π 型等值电路的节点导纳矩阵，它只有 4 个非零元素，并可以写成浓缩的形式

$$\boldsymbol{Y}_L=\begin{bmatrix} & & & \\ i & y_L-\alpha y_L & -y_L & \\ & & & \\ j & -y_L & y_L-\alpha y_L & \\ & & & \end{bmatrix}_{N\times N}=\boldsymbol{e}_L\Delta\boldsymbol{Y}_{LL}\boldsymbol{e}_L^{\mathrm{T}} \tag{6-41}$$

其中

$$\boldsymbol{e}_L=\left[\begin{array}{c:c} & \\ 1 & \\ & \\ & 1 \\ & \end{array}\right]\begin{array}{l} \\ i \\ \\ j \\ \\ \end{array},\quad \Delta\boldsymbol{Y}_{LL}=\begin{bmatrix}y_L-\alpha y_L & -y_L\\ -y_L & y_L-\alpha y_L\end{bmatrix}_{2\times 2} \tag{6-42}$$

考虑到式(6-38)～式(6-42)，利用矩阵求逆辅助定理，原来的网络方程可用如下方法求解：

$$\begin{aligned}\dot{\boldsymbol{V}}&=(\boldsymbol{Y}_D+\boldsymbol{e}_L\Delta\boldsymbol{Y}_{LL}\boldsymbol{e}_L^{\mathrm{T}})^{-1}\dot{\boldsymbol{I}}=(\boldsymbol{Z}_D-\boldsymbol{Z}_D\boldsymbol{e}_L\boldsymbol{y}_{LL}\boldsymbol{e}_L^{\mathrm{T}}\boldsymbol{Z}_D)\dot{\boldsymbol{I}}\\ &=\begin{bmatrix}\dot{\boldsymbol{V}}_1'\\ \dot{\boldsymbol{V}}_2'\end{bmatrix}-\left[\begin{array}{c:c}\boldsymbol{Z}_{1,i} & \\ & \boldsymbol{Z}_{2,j}\end{array}\right]\boldsymbol{y}_{LL}\begin{bmatrix}\dot{V}_{1,i}'\\ \dot{V}_{2,j}'\end{bmatrix}\end{aligned} \tag{6-43}$$

式中

$$\begin{bmatrix}\dot{\boldsymbol{V}}_1'\\ \dot{\boldsymbol{V}}_2'\end{bmatrix}=\boldsymbol{Z}_D\dot{\boldsymbol{I}}=\begin{bmatrix}\boldsymbol{Z}_1\dot{\boldsymbol{I}}_1\\ \boldsymbol{Z}_2\dot{\boldsymbol{I}}_2\end{bmatrix} \tag{6-44}$$

是原网络的注入电流注入到图6.13(b)下方网络后产生的节点电压，它是节点中间电压，不是图6.13(a)的最终的节点电压，因为此时还没有考虑图6.13(b)中移出支路的贡献；$\boldsymbol{Z}_{1,i}$是$\boldsymbol{Z}_1$的第i个列矢量；$\boldsymbol{Z}_{2,j}$是$\boldsymbol{Z}_2$的第j个列矢量；$\dot{V}_{1,i}'$是子网络①的中间电压$\dot{\boldsymbol{V}}_1'$中对应节点i的电压；$\dot{V}_{2,j}'$是子网络②的中间电压$\dot{\boldsymbol{V}}_2'$中对应节点j的电压；式(6-43)中的

$$\boldsymbol{y}_{LL}=(\Delta\boldsymbol{Y}_{LL}^{-1}+\boldsymbol{Z}_{LL})^{-1} \tag{6-45}$$

具有导纳的量纲，其中

$$\boldsymbol{Z}_{LL}=\boldsymbol{e}_L^{\mathrm{T}}\boldsymbol{Z}_D\boldsymbol{e}_L=\begin{bmatrix}Z_{1,ii} & \\ & Z_{2,jj}\end{bmatrix}_{2\times2} \tag{6-46}$$

是联络线两端节点i和j对地组成的端口的自阻抗，即图6.13(b)下方网络的节点i和j对地的自阻抗。

如果式(6-42)中$\alpha=0$或$\alpha=2$，此时$\Delta\boldsymbol{Y}_{LL}$不可逆，可用

$$\boldsymbol{y}_{LL}=\Delta\boldsymbol{Y}_{LL}(\boldsymbol{I}_{LL}+\boldsymbol{Z}_{LL}\Delta\boldsymbol{Y}_{LL})^{-1} \tag{6-47}$$

代替式(6-45)来计算，式中$\boldsymbol{I}_{LL}$是单位矩阵。

定义式(6-43)中

$$\begin{bmatrix}\dot{I}_{1,i}'\\ \dot{I}_{2,j}'\end{bmatrix}=\boldsymbol{y}_{LL}\begin{bmatrix}\dot{V}_{1,i}'\\ \dot{V}_{2,j}'\end{bmatrix} \tag{6-48}$$

是边界节点i和j上的中间注入电流，它是图6.13(b)下方网络中节点i,j的中间电压$\dot{V}_{1,i}'$和$\dot{V}_{2,j}'$作用在节点i和j对地等值导纳上产生的电流。将它代入式(6-43)可以求得最终节点电压

$$\begin{bmatrix}\dot{\boldsymbol{V}}_1\\ \dot{\boldsymbol{V}}_2\end{bmatrix}=\begin{bmatrix}\dot{\boldsymbol{V}}_1'\\ \dot{\boldsymbol{V}}_2'\end{bmatrix}-\begin{bmatrix}\boldsymbol{Z}_{1,i}\dot{I}_{1,i}'\\ \boldsymbol{Z}_{2,j}\dot{I}_{2,j}'\end{bmatrix} \tag{6-49}$$

这种方法切割的是支路，但是协调变量是式(6-48)的被切割支路两端节点的电流$\dot{I}_{1,i}'$和$\dot{I}_{2,j}'$，并不是支路L上的物理电流，所以这种方法是一种**广义支路切割法**。由于对α的不同取值可以得到不同的网络分割算法，所以该方法更具有一般性。

6.3.2 讨论几种情况

1. $\alpha=0$ 的情况

此时式(6-42)变成

$$\Delta \boldsymbol{Y}_{LL}=\begin{bmatrix} y_L & -y_L \\ -y_L & y_L \end{bmatrix}_{2\times 2} \tag{6-50}$$

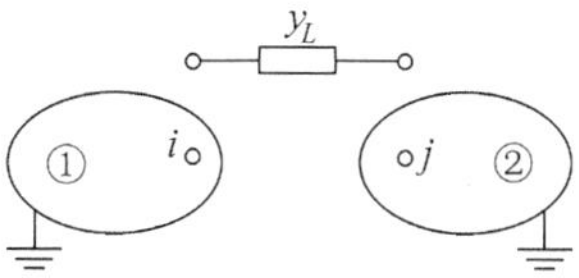

图 6.14 $\alpha=0$ 时的图示

图 6.13(b)的模型变成图 6.14 所示的模型。从图上看，这与 6.1.2 小节中的常规支路切割法相同。

注意到式(6-50)的矩阵虽然是 2×2 阶的，但是它的秩实际是 1，可以降阶处理。可将式(6-42)的 $\Delta \boldsymbol{Y}_{LL}$ 和 $\boldsymbol{e}_L$ 写成

$$\Delta \boldsymbol{Y}_{LL}=[y_L]_{1\times 1},\quad \boldsymbol{e}_L=\boldsymbol{M}_L=[\underset{i}{1}\quad \underset{j}{-1}]^{\mathrm{T}} \tag{6-51}$$

式(6-41)中的 $\boldsymbol{Y}_L$ 为

$$\boldsymbol{e}_L \Delta \boldsymbol{Y}_{LL} \boldsymbol{e}_L^{\mathrm{T}}=\begin{array}{c} \\ i \\ \\ j \\ \\ \end{array}\begin{bmatrix} & \\ 1 & \\ & \\ & 1 \\ & \end{bmatrix}\begin{bmatrix} y_L & -y_L \\ -y_L & y_L \end{bmatrix}\begin{bmatrix} 1 & & \\ & & 1 \end{bmatrix}_{\substack{\ \\ i \qquad j}}=\begin{array}{c} \\ i \\ \\ j \\ \\ \end{array}\begin{bmatrix} \\ 1 \\ \\ -1 \\ \\ \end{bmatrix} y_L [\underset{i}{1}\quad \underset{j}{-1}]^{\mathrm{T}}$$

由于 $\alpha=0$，所以式(6-39)的 $\boldsymbol{Y}_D=\boldsymbol{Y}_d$，$\boldsymbol{Y}_d$ 对应图 6.14 下方的移去支路 $L(i,j)$ 后的电网，其节点导纳矩阵是块对角矩阵。用式(6-51)代替式(6-42)，则式(6-43)变成

$$\dot{\boldsymbol{V}}=(\boldsymbol{Y}_d+\boldsymbol{M}_L y_L \boldsymbol{M}_L^{\mathrm{T}})^{-1}\dot{\boldsymbol{I}}=\begin{bmatrix} \dot{\boldsymbol{V}}_1' \\ \dot{\boldsymbol{V}}_2' \end{bmatrix}-\begin{bmatrix} \boldsymbol{Z}_{1,i} \\ -\boldsymbol{Z}_{2,j} \end{bmatrix} y_{LL}[\dot{V}_{1,i}'-\dot{V}_{2,j}']_{1\times 1}$$

$$y_{LL}=(y_L^{-1}+Z_{LL})^{-1}$$

$$Z_{LL}=\boldsymbol{M}_L^{\mathrm{T}} Z_d \boldsymbol{M}_L=Z_{1,ii}+Z_{2,jj}$$

这时，中间电流

$$\dot{I}_{i,j}'=y_{LL}[\dot{V}_{1,i}'-\dot{V}_{2,j}']_{1\times 1}$$

实际就是支路 $L(i,j)$ 上的物理电流，这种情况实际是 6.1.2 小节中介绍的常规支路切割法。

2. $\alpha=2$ 的情况

此时式(6-42)变成

$$\Delta \boldsymbol{Y}_{LL} = -\begin{bmatrix} y_L & y_L \\ y_L & y_L \end{bmatrix}_{2\times 2} \tag{6-52}$$

图 6.13 变成图 6.15。从图上看，这和 6.1.2 小节中的广义支路切割法相同。

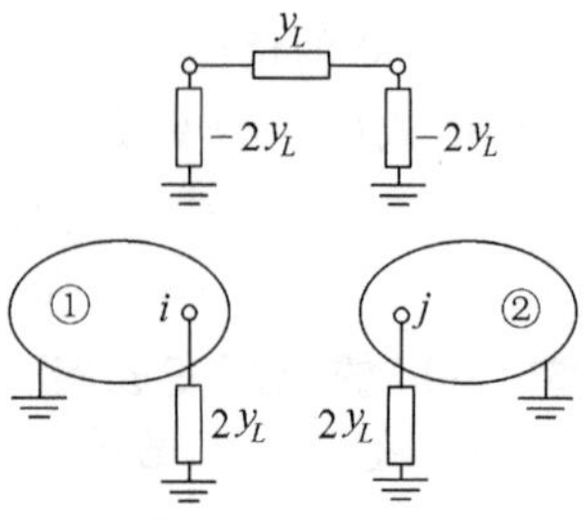

图 6.15　$\alpha=2$ 时的图示

式(6-52)中的矩阵是 2×2 阶的，但是它的秩实际是 1，所以可以降阶处理。对于式(6-52)的情况可将式(6-42)中的 $\Delta \boldsymbol{Y}_{LL}$ 和 $\boldsymbol{e}_L$ 写成

$$\Delta \boldsymbol{Y}_{LL} = [-y_L]_{1\times 1},\quad \boldsymbol{e}_L = \boldsymbol{N}_L = [\ \underset{i}{1}\ \ \underset{j}{1}\ ]^{\mathrm{T}} \tag{6-53}$$

式(6-41)中的 $\boldsymbol{Y}_L$ 为

$$\boldsymbol{Y}_L = \boldsymbol{e}_L \Delta \boldsymbol{Y}_{LL} \boldsymbol{e}_L^{\mathrm{T}} = -\begin{bmatrix} & \\ 1 & \\ & \\ & 1 \\ & \end{bmatrix}\begin{matrix} \\ i \\ \\ j \\ \\ \end{matrix} \begin{bmatrix} y_L & y_L \\ y_L & y_L \end{bmatrix}\begin{bmatrix} \underset{}{1} & \\ & 1 \end{bmatrix}_{\substack{\ \\ i\quad j}} = -\begin{bmatrix} \\ 1 \\ \\ 1 \\ \\ \end{bmatrix}\begin{matrix} \\ i \\ \\ j \\ \\ \end{matrix} y_L [\ \underset{i}{1}\quad \underset{j}{1}\ ]$$

此时式(6-39)的 $\boldsymbol{Y}_D=\boldsymbol{Y}_b$，$\boldsymbol{Y}_b$ 是在 $\boldsymbol{Y}_d$ 的基础上，在支路 L 的两个端节点 i,j 上接入导纳是 $2y_L$ 的支路而形成的节点导纳矩阵，它仍是块对角矩阵。

用式(6-53)代替式(6-42)的 $\Delta \boldsymbol{Y}_{LL}$ 和 $\boldsymbol{e}_L$，则式(6-43)变成

$$\dot{\boldsymbol{V}} = (\boldsymbol{Y}_b + \boldsymbol{N}_L(-y_L)\boldsymbol{N}_L^{\mathrm{T}})^{-1}\dot{\boldsymbol{I}} = \begin{bmatrix} \dot{\boldsymbol{V}}'_1 \\ \dot{\boldsymbol{V}}'_2 \end{bmatrix} - \begin{bmatrix} \boldsymbol{Z}_{1,i} \\ \boldsymbol{Z}_{2,j} \end{bmatrix} y_{LL}[\dot{V}'_{1,i} + \dot{V}'_{2,j}]_{1\times 1}$$

$$y_{LL} = (-y_L^{-1} + Z_{LL})^{-1}$$

$$Z_{LL} = \boldsymbol{N}_L^{\mathrm{T}}\boldsymbol{Z}_b\boldsymbol{N}_L = Z_{1,ii} + Z_{2,jj}$$

这时的中间电流

$$\dot{I}'_{i,j} = y_{LL}[\dot{V}'_{1,i} + \dot{V}'_{2,j}]_{1\times 1}$$

并不是支路 $L(i,j)$ 上的物理电流。这种情况实际上就是 6.1.2 小节介绍的广义支路切割法。

3. $\alpha=1$ 的情况

此时式(6-42)变成

$$\Delta \boldsymbol{Y}_{LL} = \begin{bmatrix} & y_L \\ y_L & \end{bmatrix}_{2\times 2} \tag{6-54}$$

图 6.13 变成图 6.16。

式(6-54)中的矩阵 $\Delta \boldsymbol{Y}_{LL}$ 是 2×2 阶的，它的秩也是 2，不能降阶。需要用

式(6-43)～式(6-46)来求解。

如图 6.16 所示，由于 $\boldsymbol{Y}_D$ 相当于在 $\boldsymbol{Y}_d$ 的基础上，在支路 L 的两个端节点 i,j 上接入导纳是 y_L 的支路，所以 $\boldsymbol{Y}_D$ 不奇异。

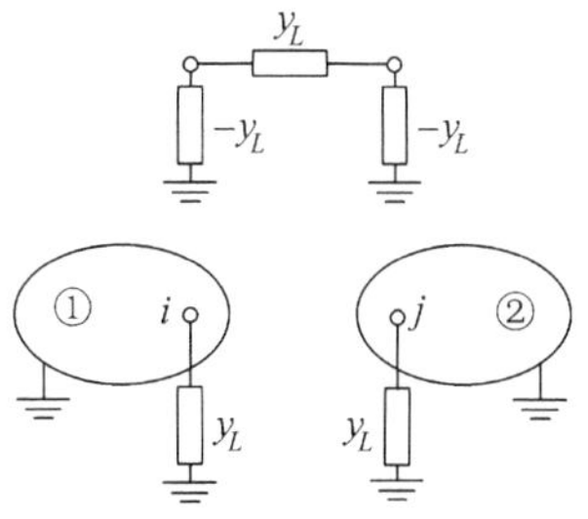

图 6.16 $\alpha=1$ 时的图示

这种方法和文献[65]中的方法实质是一样的。文献[65]用这种方法进行小干扰稳定的并行计算，并称之为端口逆矩阵法。因为该方法切割的是子系统之间的联络线支路，而协调变量不一定是切割支路上的物理电流，加之对 α 的不同取值可以得到更广泛的算法列式，所以称之为**一般形式的广义的支路切割法**。这种方法是一种数学上的处理，并没有明确的物理意义与之对应。

6.3.3 并行算法的实现

由于用式(6-48)计算出节点中间电流后就可以用式(6-49)独立地计算各子网的节点电压了，所以可以组成以下并行协调算法。

第一步：中间电压的子系统级并行计算

(1) 用式(6-44)计算各子系统内节点的中间电压 $\dot{\boldsymbol{V}}_1'$ 和 $\dot{\boldsymbol{V}}_2'$，并将 $\dot{V}_{1,i}'$ 和 $\dot{V}_{2,j}'$ 发送给协调级；

(2) 用式(6-46)计算子系统端节点的自阻抗 $Z_{1,ii}$ 和 $Z_{2,jj}$，并发送给协调级。

第二步：协调变量的协调级计算

(1) 用式(6-45)或式(6-47)计算 $\boldsymbol{y}_{LL}$；

(2) 用式(6-48)计算端节点中间电流 $\dot{I}_{1,i}'$ 和 $\dot{I}_{2,j}'$；

(3) 将端节点中间电流发送给相关子系统。

第三步：最终电压的子系统级并行计算

利用中间电流，用式(6-49)计算各个子系统内部节点电压，得到最终结果。

可见，第一步和第三步中的子系统级计算可以同时分别独立进行，互不影响。第二步计算中，端节点中间电流 $\dot{I}_{1,i}'$ 和 $\dot{I}_{2,j}'$ 是协调变量，各个子系统只有获得了这个协调变量，才能进行后续第三步的内部电网节点电压的计算。

例 6.4 对于例 6.1 所示的电路，选支路(3,4)为切割支路，令 $\alpha=1$，用本小节介绍的一般形式的广义支路切割法进行网络分块计算。

解 对例 6.1 所示的电路，选择节点 6 为参考点，将支路(3,4)移出，图 6.2 可以画成图 6.17。

由式(6-38)

$$\boldsymbol{Y}=\boldsymbol{Y}_D+\boldsymbol{Y}_L$$

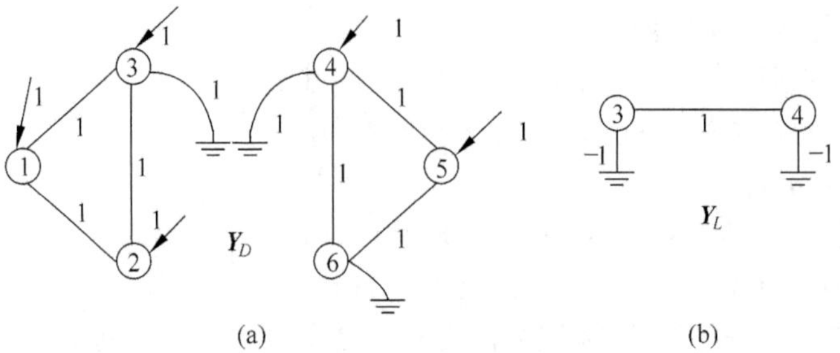

图 6.17　移出广义支路的图示

对照图 6.17，计算式(6-39)和式(6-41)可得

$$
\boldsymbol{Y}_D=\begin{array}{c}\begin{matrix}① & ② & ③ & ④ & ⑤\end{matrix}\\ \left[\begin{array}{ccc|cc}2 & -1 & -1 & & \\ -1 & 2 & -1 & & \\ -1 & -1 & 3 & & \\ \hline & & & 3 & -1\\ & & & -1 & 2\end{array}\right]\begin{matrix}①\\ ②\\ ③\\ ④\\ ⑤\end{matrix}\end{array}=\begin{bmatrix}\boldsymbol{Y}_1 & \\ & \boldsymbol{Y}_2\end{bmatrix},
$$

$$
\boldsymbol{Y}_L=\begin{array}{c}\begin{matrix}① & ② & ③ & ④ & ⑤\end{matrix}\\ \left[\begin{array}{ccc|cc} & & & & \\ & & & & \\ & & & -1 & \\ \hline & & -1 & & \\ & & & & \end{array}\right]\begin{matrix}①\\ ②\\ ③\\ ④\\ ⑤\end{matrix}\end{array}=\boldsymbol{e}_L\Delta\boldsymbol{Y}_{LL}\boldsymbol{e}_L^{\mathrm{T}}
$$

式(6-42)为

$$
\boldsymbol{e}_L=\begin{matrix}①\\ ②\\ ③\\ ④\\ ⑤\end{matrix}\left[\begin{array}{c|c} & \\ & \\ 1 & \\ & 1\\ & \end{array}\right],\quad \Delta\boldsymbol{Y}_{LL}=\begin{bmatrix} & -1\\ -1 & \end{bmatrix}_{2\times 2}
$$

第一步：中间电压的子系统级并行计算

用式(6-44)计算子系统的节点的中间电压和移出支路两端节点的端口自阻抗。

对子系统①有

$$
\boldsymbol{Z}_1=\boldsymbol{Y}_1^{-1}=\begin{bmatrix}2 & -1 & -1\\ -1 & 2 & -1\\ -1 & -1 & 3\end{bmatrix}^{-1}=\begin{bmatrix}\frac{5}{3} & \frac{4}{3} & 1\\ \frac{4}{3} & \frac{5}{3} & 1\\ 1 & 1 & 1\end{bmatrix}
$$

$$\dot{\boldsymbol{V}}_1' = \boldsymbol{Z}_1\dot{\boldsymbol{I}}_1 = \begin{bmatrix} \frac{5}{3} & \frac{4}{3} & 1 \\ \frac{4}{3} & \frac{5}{3} & 1 \\ 1 & 1 & 1 \end{bmatrix}\begin{bmatrix}1\\1\\1\end{bmatrix} = \begin{bmatrix}4\\4\\3\end{bmatrix}$$

将与端节点 3 相关的 $\dot{V}'_{1,i}=\dot{V}'_{1,3}=3$，$Z_{1,ii}=Z_{1,33}=1$ 发送给协调级。

对子系统②有

$$\boldsymbol{Z}_2 = \boldsymbol{Y}_2^{-1} = \begin{bmatrix} 3 & -1 \\ -1 & 2 \end{bmatrix}^{-1} = \frac{1}{5}\begin{bmatrix} 2 & 1 \\ 1 & 3 \end{bmatrix}$$

$$\dot{\boldsymbol{V}}_2' = \boldsymbol{Z}_2\dot{\boldsymbol{I}}_2 = \frac{1}{5}\begin{bmatrix} 2 & 1 \\ 1 & 3 \end{bmatrix}\begin{bmatrix}1\\1\end{bmatrix} = \begin{bmatrix}\frac{3}{5}\\ \frac{4}{5}\end{bmatrix}$$

将与端节点 4 相关的 $\dot{V}'_{2,j}=\dot{V}'_{2,4}=\frac{3}{5}$，$Z_{2,jj}=Z_{2,44}=\frac{2}{5}$，发送给协调级。

实际应用中，不必计算出子系统的阻抗矩阵，只需计算出和端节点相关的阻抗以及所有节点的中间电压即可。

第二步：协调变量的协调级计算

因为

$$\Delta\boldsymbol{Y}_{LL} = \begin{bmatrix} & -1 \\ -1 & \end{bmatrix},\quad \boldsymbol{Z}_{LL} = \begin{bmatrix} Z_{1,ii} & \\ & Z_{2,jj} \end{bmatrix} = \begin{bmatrix} Z_{1,33} & \\ & Z_{2,44} \end{bmatrix} = \begin{bmatrix} 1 & \\ & \frac{2}{5} \end{bmatrix}$$

由式(6-45)计算得

$$\boldsymbol{y}_{LL} = (\Delta\boldsymbol{Y}_{LL}^{-1} + \boldsymbol{Z}_{LL})^{-1} = \begin{bmatrix} 1 & -1 \\ -1 & \frac{2}{5} \end{bmatrix}^{-1} = -\frac{1}{3}\begin{bmatrix} 2 & 5 \\ 5 & 5 \end{bmatrix}$$

用式(6-48)计算端节点中间电流

$$\begin{bmatrix} \dot{I}'_{1,i} \\ \dot{I}'_{2,j} \end{bmatrix} = \boldsymbol{y}_{LL}\begin{bmatrix} \dot{V}'_{1,i} \\ \dot{V}'_{2,j} \end{bmatrix} = -\frac{1}{3}\begin{bmatrix} 2 & 5 \\ 5 & 5 \end{bmatrix}\begin{bmatrix} 3 \\ \frac{3}{5} \end{bmatrix} = -\begin{bmatrix} 3 \\ 6 \end{bmatrix}$$

将端节点中间电流发送给相关子系统。

第三步：最终电压的子系统级并行计算

利用协调级发过来的中间电流，用式(6-49)计算各个子系统内部节点电压。

对子系统①有

$$\dot{\boldsymbol{V}}_1 = \dot{\boldsymbol{V}}_1' - \boldsymbol{Z}_{1,i}\dot{I}'_{1,i} = \begin{bmatrix}4\\4\\3\end{bmatrix} - \begin{bmatrix}1\\1\\1\end{bmatrix}(-3) = \begin{bmatrix}7\\7\\6\end{bmatrix}$$

对子系统②有

$$\dot{V}_2=\dot{V}'_2-Z_{2,j}\dot{I}'_{2,j}=\begin{bmatrix}\frac{3}{5}\\ \frac{4}{5}\end{bmatrix}-\begin{bmatrix}\frac{2}{5}\\ \frac{1}{5}\end{bmatrix}(-6)=\begin{bmatrix}3\\ 2\end{bmatrix}$$

可见,计算结果和例6.1的结果相同。

6.4　大规模电网分块计算的实际应用

从前面的介绍可知,大规模电网的网络方程系数矩阵如果能写成分块对角的形式,就可以用前几节介绍的网络分块算法进行计算。

在电网计算的许多应用领域,都需要求解稀疏线性代数方程组。例如潮流计算需要求解修正方程,其系数矩阵是雅可比矩阵或者解耦形式的雅可比矩阵。而雅可比矩阵和节点导纳矩阵有相同的稀疏结构,都和电网的节点-支路连接关系相一致。可以类似节点导纳矩阵那样,适当地排列节点,使系数矩阵变成分块对角矩阵,然后用分块并行算法求解。非线性潮流方程需要迭代求解,每步都要线性化,每步求解的是一个线性代数方程组,可以用本章的方法组成并行计算模式。

在短路电流计算中要用到节点阻抗矩阵,它是一个高维数的满矩阵,适当地选择切割支路,也可以将原来规模较大的电网分解成几个规模较小的网络。移去切割支路以后的电网其节点阻抗矩阵对每个子网络是相互独立的,而切割支路上的电流用等值电流源代替,可用前述的支路切割法进行分块并行计算。短路电流计算求解的是线性代数方程组,所以不需要迭代。

电力系统暂态稳定计算涉及联立求解微分方程和代数方程(differential algebra equation,DAE),可以用分块算法构造并行计算模式。在求解发电机微分方程的每个积分步,都要求解一个代数方程组,采用类似潮流的分块算法,进行分解协调并行计算。

此外,电网的分块计算方法在电力系统多区域经济分配计算,多区域发电计划安排以及联络线潮流控制和区域间经济交换功率控制等方面都有应用[59]。

使用一台计算机并用网络分块算法串行地模拟并行网络计算,其计算代价不比常规的总体算法为少。但如果使用多台计算机并行计算,计算速度将会有较大提高。例如将大网络分成4块,使用4台计算机并行计算,计算速度理论上最多可以提高4倍。考虑到协调级的计算以及协调机和子机之间的通信所占用的时间,并行计算的速度一般只能提高2～3倍。一般来说,并行计算机越多,计算速度越快;但是,由于通信开销的制约使得并行计算速度的提高受到限制。达到一定程度后,随着并行机增加,计算速度不再增大,反而会下降。

网络的分块算法更重要的价值是可用于解决多控制中心分解协调计算问题。电网互联为一个整体，而电网的调度控制却是分层分区的，两者互相矛盾。怎样做才能使各个子系统控制中心分别独立进行的网络分析计算，其结果和全网计算两者结果一致，需要上级调度中心的协调。利用本章介绍的网络分块算法，可以设计出实用的分布式分解协调计算方法。

如果电网计算求解的是一组线性代数方程组，则多控制中心网络分解协调计算只需要上下交换一次信息，不需要迭代。但是，实际电网应用面对的都是非线性代数方程组，需要通过多次线性化，多次迭代求得最终解。在多控制中心应用时，每次线性化都需要交换一次协调信息，这相当费时，而且子系统之间的计算需要相互等待，通信故障会导致全系统计算失败。这种同步迭代模式在多控制中心的实际应用中很不可靠，通常只用于在同一地点的并行计算，例如用于潮流、暂态稳定和小干扰稳定的并行计算中[65,67]。

由于多控制中心异地分布式分解协调计算需要上、下级调度中心之间频繁交换信息，这对计算机网络通信性能的要求甚高，因此，设计一个好的分解协调算法，需要充分考虑通信瓶颈问题。另外，为了提高计算的鲁棒性，要求电网各个子系统之间相互依赖越少越好，即每个子系统应尽量保持相对独立。异步迭代是具有这样特点的方法。异步迭代中，每个子系统独立地进行自己的潮流计算，只和协调级交换少量信息，以使子系统之间的边界电量匹配[63]。更实用的方法是进行外网实时跟踪等值。上级电网控制中心实时跟踪电网变化，及时给下级电网控制中心计算并下发外网等值模型，保证下级电网控制中心独立对自己电网进行的计算，其结果和全网计算结果两者尽量一致[64]。

网络分块计算或并行计算是一个比较活跃的研究领域，但要真正实用还有许多工作要做。

6.5 小结

本章介绍了大规模电网的分块解法。分块计算的要点是：选择合适的边界变量(例如切割线电流或分裂点电位)，使原网络分解成几个相互独立的子网络，每个子网络的解只和自己内部变量及边界变量有关，而和其他子网络内的变量无关，这样，每个子网络可以单独求解。在数学上，分块解法的实质是将网络方程写成加边块对角形式。边界变量是网络分块计算中的关键变量，也是协调变量，它包含了各子网络之间的关联信息。

支路切割法选择切割线电流为协调变量，节点分裂法选择分裂点电位为协调变量。为防止切割支路导致子网络“浮空”，可以采用广义支路切割法。另外，支路切割和节点分裂可以结合起来，形成统一的网络分裂计算方法。还可以设计出面向节点的支路切割法。

网络分块算法主要用于多计算机集群的并行计算和多控制中心的分解协调计算。前者由于多台并行计算机处于同一地点，可以采用高速通信技术，用同步迭代模式来实现；后者各个控制中心计算机处于异地，通信瓶颈问题突出，通常只能采用异步迭代来实现。

多控制中心异地分布式计算比较实用的方法是进行实时跟踪等值。只要很好地模拟了子系统的外部电网的网络结构，就能保证子系统内部进行的开断计算有相当好的计算精度。

网络分块计算中可以使用稀疏矩阵技术。网络分块计算方法在多区域互联电力系统的分析和控制中有广阔的应用前景。

习　题

6.1　如题图6.1所示的五节点电网，支路导纳和节点注入电流已在图上标出。试以支路(2,4)和(3,5)为切割支路，用网络分块解法求各节点的电压。试用常规的支路切割法和改进的广义支路切割法分别计算。

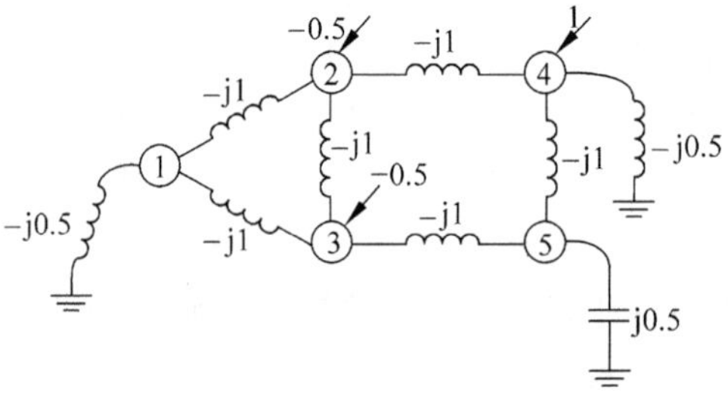

题图6.1

6.2　对题图6.1所示的电网络，选择节点②，③为分裂节点，用网络分块算法计算各节点的电压。

6.3　对题图6.1所示的电网络，选择节点②为分裂节点，支路(3,5)为切割支路，试用统一的网络分块算法计算各节点的电压。

6.4　对于例6.4，分别取 $\alpha=0$ 和 $\alpha=2$，用6.3.1小节介绍的一般形式的广义支路切割法重做例6.4。注意，此时 $\Delta \boldsymbol{Y}_{LL}$ 不可逆，需要用式(6-45)来计算 $\boldsymbol{y}_{LL}$。最后将所得结果与例6.4的结果进行比较。

6.5　将联络线连同两个端节点一起作为边界，即边界既包括联络线，又包括联络线两端的节点，试设计这种分割模式的分解协调计算流程。

6.6　如果一个省级电网由若干个(例如10个)地区级电网组成，需要在省级电网调度中心对所有地区电网分别发送各自的外网等值信息。可以采用以下两种方法形成每个子网的外网等值模型：(1)用阻抗矩阵方法；(2)用导纳矩阵的因子表进行自适应网络化简。试分析两种方法分别在什么情况下更为有效。

6.7　电力系统分析通常是给定节点注入功率，它和节点电压之间呈非线性关系。多区域互联电力系统潮流的分解协调计算如何处理这种非线性关系？是在每个子区域潮流计算收敛后再协调，还是在潮流每次迭代过程中都协调，还是如果没有网络结构的变化就不协调？分析几种协调方式的优缺点。

应　用　篇

潮流计算与故障分析

第7章　潮流计算的数学模型及基本解法

给定电力系统的网络结构、参数和决定系统运行状况的边界条件，电力系统的稳态运行状态便随之确定。潮流计算就是要通过数值仿真的方法把电力系统的详细运行状态呈现给运行和规划人员，以便研究系统在给定条件下的稳态运行特点。潮流计算是电力系统分析中最基本、最重要的计算，是电力系统运行、规划以及安全性、可靠性分析和优化的基础，也是各种电磁暂态和机电暂态分析的基础和出发点。

从数学上说，潮流计算是要求解一组由潮流方程描述的非线性代数方程组。其计算方法的发展是与人们所能使用的计算工具的发展相连系的。在早期，无论是手算还是交流计算台模拟方法，都受到系统规模等因素的限制，无法进行大电网的潮流分析。

20世纪50年代中期，随着电子计算机技术的发展，人们开始在计算机上用数学模拟方法进行潮流计算。最初在计算机上实现的潮流计算方法是以导纳矩阵为基础的高斯迭代法(Gauss法)[72]。这种方法内存需求小，但收敛性差。后来发展了以阻抗矩阵为基础的算法[73]。这种方法收敛性好，但内存占用量大大增加，限制了解题规模。牛顿-拉夫逊(Newton-Raphson，N-R)方法是解非线性代数方程组的一种基本方法，在潮流计算中也得到了应用。20世纪60年代中后期，稀疏矩阵技术和节点编号优化技术的提出[25]使牛顿-拉夫逊法的解题规模和计算效率进一步提高[71]，至今仍是潮流计算中的广泛采用的优秀算法。20世纪70年代中期，Stott在大量计算实践的基础上提出了潮流计算的快速分解法[74]，使潮流计算的速度大大提高，可以应用于在线。快速分解法不但计算速度快，而且收敛性也相当好，当时人们对此并不能给出很好的解释，后来经过多年的理论探索，在20世纪80年代末期才对快速分解法潮流的收敛机理给出了比较满意的解释[75]。

由于潮流计算在电力系统分析中所处的特殊地位和作用，对其计算方法有如下较高的要求：

(1) 要有可靠的收敛性，对不同的系统及不同的运行条件都能收敛；

(2) 占用内存少、计算速度快；

(3) 调整和修改容易，使用灵活方便。

各种算法的改进以及新算法的提出，很多都是为了使潮流计算能更好地满足以上计算要求。

7.1 潮流计算问题的数学模型

7.1.1 潮流方程

对于 N 个节点的电力网络(地作为参考节点不包括在内),如果网络结构和元件参数已知,则网络方程可表示为

$$\boldsymbol{Y}\dot{\boldsymbol{V}} = \dot{\boldsymbol{I}} \tag{7-1}$$

式中,$\boldsymbol{Y}$ 为 $N \times N$ 阶节点导纳矩阵;$\dot{\boldsymbol{V}}$ 为 $N\times1$ 维节点电压列矢量;$\dot{\boldsymbol{I}}$ 为 $N\times1$ 维节点注入电流列矢量。如果不计网络元件的非线性,也不考虑移相变压器,则 $\boldsymbol{Y}$ 为对称矩阵。

电力系统计算中,给定的运行变量是节点注入功率,而不是节点注入电流,这两者之间有如下关系:

$$\hat{\dot{\boldsymbol{E}}}\dot{\boldsymbol{I}} = \hat{\dot{\boldsymbol{S}}} \tag{7-2}$$

式中,$\dot{\boldsymbol{S}}$ 为节点的注入复功率,是 $N\times1$ 维列矢量;$\hat{\dot{\boldsymbol{S}}}$ 为 $\dot{\boldsymbol{S}}$ 的共轭;$\hat{\dot{\boldsymbol{E}}}=\mathrm{diag}[\hat{\dot{\boldsymbol{V}}}_i]$,是由节点电压的共轭组成的 $N \times N$ 阶对角线矩阵。由式(7-1)和式(7-2),可得

$$\hat{\dot{\boldsymbol{S}}} = \hat{\dot{\boldsymbol{E}}}\boldsymbol{Y}\dot{\boldsymbol{V}}$$

上式就是潮流方程的复数形式,是 N 维的非线性复数代数方程组。将其展开,有

$$P_i - \mathrm{j}Q_i = \hat{\dot{V}}_i \sum_{j\in i} Y_{ij}\dot{V}_j \quad j = 1,2,\cdots,N \tag{7-3}$$

式中,$j\in i$ 表示所有和 i 相连的节点 j,包括 $j=i$。

如果节点电压用直角坐标表示,即令 $\dot{V}_i=e_i+\mathrm{j}f_i$,代入式(7-3)中有

$$\begin{aligned} P_i - \mathrm{j}Q_i &= (e_i - \mathrm{j}f_i)\sum_{j\in i}(G_{ij} + \mathrm{j}B_{ij})(e_j + \mathrm{j}f_j) \\ &= (e_i - \mathrm{j}f_i)(a_i + \mathrm{j}b_i) \quad i = 1,2,\cdots,N \end{aligned}$$

式中

$$\begin{cases} a_i = \sum\limits_{j\in i}(G_{ij}e_j - B_{ij}f_j) \\ b_i = \sum\limits_{j\in i}(G_{ij}f_j + B_{ij}e_j) \end{cases} \tag{7-4}$$

故有

$$\begin{cases} P_i = e_ia_i + f_ib_i \quad i = 1,2,\cdots,N \\ Q_i = f_ia_i - e_ib_i \quad i = 1,2,\cdots,N \end{cases} \tag{7-5}$$

式(7-4)和式(7-5)是直角坐标系表示的潮流方程。

如果节点电压用极坐标表示,即令 $\dot{V}_i=V_i\angle\theta_i$,代入式(7-3)中则有

$$\begin{aligned}P_i-\mathrm{j}Q_i&=V_i\angle-\theta_i\sum_{j\in i}(G_{ij}+\mathrm{j}B_{ij})V_j\angle\theta_j\\&=V_i\sum_{j\in i}V_j(G_{ij}+\mathrm{j}B_{ij})(\cos\theta_{ij}-\mathrm{j}\sin\theta_{ij})\end{aligned}$$

故有

$$\begin{cases}P_i=V_i\sum\limits_{j\in i}V_j(G_{ij}\cos\theta_{ij}+B_{ij}\sin\theta_{ij}) & i=1,2,\cdots,N\\Q_i=V_i\sum\limits_{j\in i}V_j(G_{ij}\sin\theta_{ij}-B_{ij}\cos\theta_{ij}) & i=1,2,\cdots,N\end{cases}\tag{7-6}$$

式(7-6)是用极坐标表示的潮流方程。

7.1.2 潮流方程的讨论和节点类型的划分

对于 N 个节点的电力系统,每个节点有四个运行变量(例如,对于节点 i 有 P_i,Q_i,V_i 和 θ_i),故全系统共有 $4N$ 个变量。对于式(7-3)所描述的复数潮流方程,共有 $2N$ 个实数方程。要给定 $2N$ 个变量,另外 $2N$ 个变量才可以求解。但这绝不是说任意给定 $2N$ 个变量潮流方程都是可解的。一般说来,每个节点的四个变量中给定两个,另外两个待求。哪两个作为给定量由该节点的类型决定。

对于负荷节点,该节点的 P,Q 是由负荷需求决定的,一般是不可控的。该类节点的特点是 P,Q 给定,则该节点 V,θ 待求。这类节点称为 PQ 节点。无注入的联络节点也可以看作 P,Q 给定节点,其 P,Q 值都为零。

对于发电机节点,由于发电机励磁调节作用使该节点的电压幅值维持不变,有功功率由发电机输出功率决定,所以该节点的 P,V 给定,θ,Q 待求。这类节点称为 PV 节点。

全系统还应当满足功率平衡条件,即全网注入功率之和应等于网络损耗,由式(7-6)并考虑到 $\sin\theta_{ij}$ 是奇函数,即 $\sin\theta_{ij}+\sin\theta_{ji}=0$,则有

$$\begin{cases}\sum\limits_{i=1}^{N}P_i=P_{\mathrm{loss}}=\sum\limits_{i=1}^{N}V_i\sum\limits_{j\in i}V_jG_{ij}\cos\theta_{ij}\\\sum\limits_{i=1}^{N}Q_i=Q_{\mathrm{loss}}=-\sum\limits_{i=1}^{N}V_i\sum\limits_{j\in i}V_jB_{ij}\cos\theta_{ij}\end{cases}\tag{7-7}$$

可见,系统有功网损 P_{loss} 和无功网损 Q_{loss} 都是节点电压幅值和角度的函数,只有在 V 和 θ 都计算出来之后,P_{loss} 和 Q_{loss} 才能确定,所以 N 个节点中至少有一个节点的 P,Q 不能预先给出,其值要待潮流计算结束,P_{loss} 和 Q_{loss} 确定之后才能确定,该节点称为松弛节点(slack bus)或平衡节点。

因为平衡节点的 P,Q 不能预先给出,所以该节点的 V,θ 就应预先给出,该节点也称为 $V\theta$ 节点,其 P,Q 值由潮流计算来确定。平衡节点的选取是一种计算上

的需要，有多种选法。因为平衡节点的 P,Q 事先无法确定，为使潮流计算结果符合实际，常把平衡节点选在有较大调节余量的发电机节点。潮流计算结束时若平衡节点的有功功率、无功功率和实际情况不符，就要调整其他节点的边界条件以使平衡节点的功率在实际允许的范围之内。

综上所述，若选第 N 个节点为平衡节点，剩下 n 个节点($n=N-1$)中有 r 个节点是 PV 节点，则有 $n-r$ 个节点是 PQ 节点。因此，除了平衡节点外，有 n 个节点的注入有功功率、$n-r$ 个 PQ 节点的注入无功功率以及 r 个 PV 节点的电压幅值是已知量。

在直角坐标系，待求的状态变量共 $2n$ 个，用

$$\boldsymbol{x}=[\boldsymbol{e}^{\mathrm{T}}\quad \boldsymbol{f}^{\mathrm{T}}]^{\mathrm{T}}=[e_1\quad e_2\quad \cdots\quad e_n\quad f_1\quad f_2\quad \cdots\quad f_n]^{\mathrm{T}}$$

表示，其潮流方程是

$$\begin{cases}\Delta P_i=P_i^{\mathrm{SP}}-(e_ia_i+f_ib_i)=0 & i=1,2,\cdots,n\\ \Delta Q_i=Q_i^{\mathrm{SP}}-(f_ia_i-e_ib_i)=0 & i=1,2,\cdots,n-r\\ \Delta V_i^2=(V_i^{\mathrm{SP}})^2-(e_i^2+f_i^2)=0 & i=n-r+1,\cdots,n\end{cases}\tag{7-8}$$

式中，P_i^{SP} 与 Q_i^{SP} 是节点 i 的有功和无功功率给定值(specified value)。式(7-8)共有 $2n$ 个方程，$2n$ 个待求状态变量，两者个数相等。

在极坐标系，由于 PV 节点的电压幅值已知，所以待求的状态变量是

$$\boldsymbol{x}=[\boldsymbol{\theta}^{\mathrm{T}}\quad \boldsymbol{V}^{\mathrm{T}}]^{\mathrm{T}}=[\theta_1\quad \theta_2\quad \cdots\quad \theta_n\quad V_1\quad V_2\quad \cdots\quad V_{n-r}]^{\mathrm{T}}$$

共 $2n-r$ 个待求量。其潮流方程是

$$\begin{cases}\Delta P_i=P_i^{\mathrm{SP}}-V_i\sum\limits_{j\in i}V_j(G_{ij}\cos\theta_{ij}+B_{ij}\sin\theta_{ij}) & i=1,2,\cdots,n\\ \Delta Q_i=Q_i^{\mathrm{SP}}-V_i\sum\limits_{j\in i}V_j(G_{ij}\sin\theta_{ij}-B_{ij}\cos\theta_{ij}) & i=1,2,\cdots,n-r\end{cases}\tag{7-9}$$

共 $2n-r$ 个方程。待求量和方程个数相等。

为了更清晰地表达潮流方程中给定量和待求量之间的关系，表 7.1 中把每列中的两个给定量用阴影部分表示，另两个无阴影字符表示待求量，平衡节点号为 $s=N=n+1$。可见每列都有两个量给定，另两个量待求。

表 7.1 潮流方程中的给定量和待求量

节点	PQ 节点	PV 节点	$V\theta$ 节点
变量	$P_1\quad P_2\quad \cdots\quad P_{n-r}$	$P_{n-r+1}\quad \cdots\quad P_n$	P_s
	$Q_1\quad Q_2\quad \cdots\quad Q_{n-r}$	$Q_{n-r+1}\quad \cdots\quad Q_n$	Q_s
	$\theta_1\quad \theta_2\quad \cdots\quad \theta_{n-r}$	$\theta_{n-r+1}\quad \cdots\quad \theta_n$	θ_s
	$V_1\quad V_2\quad \cdots\quad V_{n-r}$	$V_{n-r+1}\quad \cdots\quad V_n$	V_s

7.2　以高斯迭代法为基础的潮流计算方法

高斯迭代法是最早在计算机上实现的潮流计算方法[72]。这种方法编程简单，在某些应用领域，如配电网潮流计算中还有应用。另外，也用于为牛顿-拉夫逊法提供初值。

7.2.1　高斯迭代法

首先考察基于节点导纳矩阵的高斯迭代法。在网络方程(7-1)中，将平衡节点 s 排在最后，并将导纳矩阵写成分块的形式，取出前 n 个方程有

$$\boldsymbol{Y}_n\dot{\boldsymbol{V}}_n + \boldsymbol{Y}_s\dot{V}_s = \dot{\boldsymbol{I}}_n$$

平衡节点 s 的电压 $\dot{V}_s$ 给定，n 个节点的注入电流矢量 $\dot{\boldsymbol{I}}_n$ 已知，则有

$$\boldsymbol{Y}_n\dot{\boldsymbol{V}}_n = \dot{\boldsymbol{I}}_n - \boldsymbol{Y}_s\dot{V}_s \tag{7-10}$$

实际电力系统给定量是 n 个节点的注入功率。注入电流和注入功率之间的关系是

$$\dot{I}_i = \frac{\hat{\dot{S}}_i}{\hat{\dot{V}}_i} \quad i = 1,2,\cdots,n$$

写成矢量形式为

$$\dot{\boldsymbol{I}}_n = [\hat{\dot{\boldsymbol{S}}}/\hat{\dot{\boldsymbol{V}}}]$$

再把 $\boldsymbol{Y}_n$ 写成对角线矩阵 $\boldsymbol{D}$ 和严格上三角矩阵 $\boldsymbol{U}$ 以及严格下三角矩阵 $\boldsymbol{L}$ 的和，即令

$$\boldsymbol{Y}_n = \boldsymbol{L} + \boldsymbol{D} + \boldsymbol{U} = \begin{bmatrix} 0 & & & \\ Y_{21} & & & \\ \vdots & \ddots & & \\ Y_{n,1} & \cdots & Y_{n,n-1} & 0 \end{bmatrix} + \begin{bmatrix} Y_{11} & & & \\ & Y_{22} & & \\ & & \ddots & \\ & & & Y_{nn} \end{bmatrix} + \begin{bmatrix} 0 & Y_{12} & \cdots & Y_{1n} \\ & & \ddots & \vdots \\ & & & Y_{n-1,n} \\ & & & 0 \end{bmatrix}$$

代入式(7-10)，经整理后有

$$\dot{\boldsymbol{V}}_n = \boldsymbol{D}^{-1}\{\dot{\boldsymbol{I}}_n - \boldsymbol{Y}_s\dot{V}_s - \boldsymbol{L}\dot{\boldsymbol{V}}_n - \boldsymbol{U}\dot{\boldsymbol{V}}_n\} \tag{7-11}$$

考虑到电流和功率的关系式，上式写成迭代格式为

$$\dot{V}_i^{(k+1)} = \frac{1}{Y_{ii}}\left\{\frac{\hat{\dot{S}}_i}{\hat{\dot{V}}_i^{(k)}} - Y_{is}\dot{V}_s - \sum_{j=1}^{i-1} Y_{ij}\dot{V}_j^{(k)} - \sum_{j=i+1}^{n} Y_{ij}\dot{V}_j^{(k)}\right\} \quad i=1,2,\cdots,n \tag{7-12}$$

给定 $\dot{V}_i^{(0)}, i=1,2,\cdots,n$，代入上式可求得电压新值，逐次迭代直到前后两次迭代求得的电压值的差小于某一收敛精度为止。这是高斯迭代法的基本解算步骤。

每次迭代要从节点 1 扫描到节点 n。在计算 $\dot{V}_i^{(k+1)}$ 时，$\dot{V}_j^{(k+1)}, j=1,2,\cdots,i-1$ 已经求出，若迭代是一个收敛过程，它们应比 $\dot{V}_j^{(k)}, j=1,2,\cdots,i-1$ 更接近于真值。所以，用 $\dot{V}_j^{(k+1)}$ 代替 $\dot{V}_j^{(k)}$ 可以得到更好的收敛效果。这就是高斯-赛德尔(Gauss-Seidel)迭代的基本思想，即一旦求出电压新值，在随后的迭代中立即使用。这种方法的迭代公式是

$$\dot{V}_i^{(k+1)} = \frac{1}{Y_{ii}}\left\{\frac{\hat{\dot{S}}_i}{\hat{\dot{V}}_i^{(k)}} - Y_{is}\dot{V}_s - \sum_{j=1}^{i-1} Y_{ij}\dot{V}_j^{(k+1)} - \sum_{j=i+1}^{n} Y_{ij}\dot{V}_j^{(k)}\right\} \quad i=1,2,\cdots,n \tag{7-13}$$

高斯-赛德尔法比高斯迭代法的收敛性要好。

在上述基于导纳矩阵的高斯迭代公式中，由于导纳矩阵高度稀疏，每行只有少数几个是非零元素，所以，上一次迭代后得到的电压值，只有少数几个对本次迭代的电压改进有贡献，这使得每次迭代中节点电压向解点方向的变化十分缓慢，算法收敛性较差。

高斯迭代法的另一种迭代格式是以节点阻抗阵为基础。由于阻抗矩阵是满阵，用阻抗矩阵设计的迭代格式可望获得更好的收敛性。式(7-10)可以改写为

$$\dot{\boldsymbol{V}}_n = \boldsymbol{Y}_n^{-1}(\dot{\boldsymbol{I}}_n - \boldsymbol{Y}_s\dot{V}_s) \tag{7-14}$$

上式也可以写成

$$\dot{\boldsymbol{V}}_n = \widetilde{\boldsymbol{Z}}_n(\dot{\boldsymbol{I}}_n - \boldsymbol{Y}_s\dot{V}_s) \tag{7-15}$$

其中 $\widetilde{\boldsymbol{Z}}_n$ 是 $\boldsymbol{Y}_n$ 的逆矩阵，即以平衡节点为电压给定节点建立的节点阻抗矩阵。

7.2.2 关于高斯法的讨论

对于形如

$$\boldsymbol{f}(\boldsymbol{x}) = \boldsymbol{0} \tag{7-16}$$

的非线性代数方程组，总可以写成

$$\boldsymbol{x} = \boldsymbol{\varphi}(\boldsymbol{x})$$

的形式，于是，有如下的高斯迭代公式：

$$\begin{cases} \boldsymbol{x}^{(0)} = \boldsymbol{x}_0 \\ \boldsymbol{x}^{(k+1)} = \boldsymbol{\varphi}(\boldsymbol{x}^{(k)}) \end{cases} \tag{7-17}$$

高斯法迭代的收敛性主要由

$$\boldsymbol{\Phi}(\boldsymbol{x}^*) \overset{\text{def}}{=} \frac{\partial \boldsymbol{\varphi}(\boldsymbol{x})}{\partial \boldsymbol{x}^{\mathrm{T}}}\bigg|_{x=x^*} \tag{7-18}$$

的谱半径[或矩阵$\boldsymbol{\Phi}(\boldsymbol{x}^*)$的最大特征值]决定。$\boldsymbol{x}^*$是$\boldsymbol{x}$的解点。当$\boldsymbol{\Phi}(\boldsymbol{x}^*)$的谱半径小于1时,高斯迭代法可以收敛;$\boldsymbol{\Phi}(\boldsymbol{x}^*)$的谱半径越小高斯迭代法的收敛性越好。

求解式(7-17)有两种方法,即高斯法和高斯-赛德尔法。高斯法的迭代格式是

$$x_i^{(k+1)} = \varphi_i(x_1^{(k)}, x_2^{(k)}, \cdots, x_n^{(k)}) \quad i = 1,2,\cdots,n \tag{7-19}$$

高斯-赛德尔法的迭代公式是

$$x_i^{(k+1)} = \varphi_i(x_1^{(k+1)}, x_2^{(k+1)}, \cdots, x_{i-1}^{(k+1)}, x_i^{(k)}, \cdots, x_n^{(k)}) \quad i = 1,2,\cdots,n \tag{7-20}$$

即刚刚计算出的x值在下次迭代中被立即使用。当$\max(|x_i^{(k+1)} - x_i^{(k)}|, i=1,2,\cdots,n) < \varepsilon$时,迭代收敛。

对于连通的电力网络,各节点的电压是相关的,而不管两个节点之间是否有支路直接相连。由于$\boldsymbol{Y}$矩阵是高度稀疏的,由高斯迭代法的式(7-12)可见,计算节点i的电压时,只有和节点i有支路直接相连的节点j的电压对$\dot{V}_i$有贡献。这种方法在迭代修正时利用的信息较少,收敛性较差,其优点是内存需求较少。当用阻抗矩阵法时,由于阻抗矩阵是满矩阵,由式(7-15)可见,在迭代修正时网络中所有节点的电压都会对$\dot{V}_i$的计算产生影响,这种方法利用的信息较多,收敛性大大提高了,但由于占用内存较多,目前已经很少采用。

从程序实现角度看,如果使用式(7-14),利用$\boldsymbol{Y}_n$的因子表而不是直接使用式(7-15)中的$\widetilde{\boldsymbol{Z}}_n$矩阵,可大大节省内存,缺点是不易组成高斯-赛德尔迭代的计算格式。

不论用Y矩阵还是用Z矩阵,对PV节点的处理都是困难的。通常的处理方法是,给定PV节点Q的初值,在高斯迭代过程中,若计算得到的PV节点的电压幅值与给定值不同,就要修正给定的Q,直到PV节点的电压幅值的计算值和给定值相等为止。高斯迭代法中关于PV节点的处理可参考文献[16]。

例7.1　对于例2.3的三母线电力系统,各网络元件参数和节点导纳矩阵已在该例中给出。假定节点①的注入功率是$\dot{S}_1 = -2.0 - \mathrm{j}1.0$,节点②的注入功率是$\dot{S}_2 = 0.5 + \mathrm{j}0.415$,节点③是$V\theta$节点,$\dot{V}_3 = 1.0\angle 0^\circ$。试用基于节点导纳矩阵的高斯-赛德尔迭代法计算潮流。

解　根据例2.3的导纳矩阵可写出式(7-11)的表达式

$$\dot{\boldsymbol{V}}_n=\begin{bmatrix}\dot{V}_1\\ \dot{V}_2\end{bmatrix}=\boldsymbol{D}^{-1}\{\dot{\boldsymbol{I}}_n-\boldsymbol{Y}_s\dot{V}_s-\boldsymbol{L}\dot{\boldsymbol{V}}_n-\boldsymbol{U}\dot{\boldsymbol{V}}_n\}$$

$$=\begin{bmatrix}1.1474-\mathrm{j}13.9580 & \\ & 0.74445-\mathrm{j}9.908\end{bmatrix}^{-1}\left\{\begin{bmatrix}\dfrac{-2.0+\mathrm{j}1.0}{\hat{\dot{V}}_1}\\ \dfrac{0.5-\mathrm{j}0.415}{\hat{\dot{V}}_2}\end{bmatrix}\right.$$

$$-\begin{bmatrix}-0.9430+\mathrm{j}9.430\\ -0.49505+\mathrm{j}4.9505\end{bmatrix}\times 1.0$$

$$\left.-\begin{bmatrix}0\\ (-0.2494+\mathrm{j}4.9875)\dot{V}_1\end{bmatrix}-\begin{bmatrix}(-0.2494+\mathrm{j}4.9875)\dot{V}_2\\ 0\end{bmatrix}\right\}$$

于是有

$$\dot{V}_1^{(k+1)}=(1.1474-\mathrm{j}13.9580)^{-1}\times\left\{\frac{-2.0+\mathrm{j}1.0}{\hat{\dot{V}}_1^{(k)}}+(0.2494-\mathrm{j}4.9875)\dot{V}_2^{(k)}+0.9430-\mathrm{j}9.430\right\}$$

$$\dot{V}_2^{(k+1)}=(0.74445-\mathrm{j}9.908)^{-1}\times\left\{\frac{0.5-\mathrm{j}0.415}{\hat{\dot{V}}_2^{(k)}}+(0.2494-\mathrm{j}4.9875)\dot{V}_1^{(k+1)}+0.49505-\mathrm{j}4.9505\right\}$$

将上式写成简单迭代法的高斯-赛德尔迭代格式为

$$\begin{cases}\dot{V}_1^{(k+1)}=f_1(\dot{V}_1^{(k)},\dot{V}_2^{(k)})\\ \dot{V}_2^{(k+1)}=f_2(\dot{V}_1^{(k+1)},\dot{V}_2^{(k)})\end{cases}$$

给定初值，$\dot{V}_1^{(0)}=1.0$，$\dot{V}_2^{(0)}=1.0$，计算过程如下：

$k=0$

$$\begin{cases}\dot{V}_1^{(1)}=f_1(\dot{V}_1^{(0)},\dot{V}_2^{(0)})=0.95010-\mathrm{j}0.13596\\ \dot{V}_2^{(1)}=f_2(\dot{V}_1^{(1)},\dot{V}_2^{(0)})=1.02165-\mathrm{j}0.02086\end{cases}$$

$k=1$

$$\begin{cases}\dot{V}_1^{(2)}=f_1(\dot{V}_1^{(1)},\dot{V}_2^{(1)})=0.93483-\mathrm{j}0.13570\\ \dot{V}_2^{(2)}=f_2(\dot{V}_1^{(2)},\dot{V}_2^{(1)})=1.01394-\mathrm{j}0.02246\end{cases}$$

$$\vdots$$

整个迭代过程如表 7.2 所示。

表 7.2　导纳矩阵为基础的高斯-赛德尔法的迭代过程

k	$\dot{V}_1^{(k)}$	$\dot{V}_1^{(k+1)}-\dot{V}_1^{(k)}$	$\dot{V}_2^{(k)}$	$\dot{V}_2^{(k+1)}-\dot{V}_2^{(k)}$
1	0.950 10−j0.135 96	−0.049 90+j0.135 96	1.021 65−j0.020 86	−0.021 65+j0.020 86
2	0.934 83−j0.135 70	−0.015 27+j0.000 26	1.013 94−j0.022 46	−0.007 71−j0.001 60
3	0.930 11−j0.138 02	−0.004 72−j0.002 32	1.011 96−j0.023 31	−0.001 98−j0.000 85
4	0.928 48−j0.138 56	−0.001 63−j0.000 54	1.011 27−j0.023 51	−0.000 69−j0.000 20
5	0.927 95−j0.138 75	−0.000 53−j0.000 19	1.011 04−j0.023 57	−0.000 23−j0.000 06
6	0.927 77−j0.138 81	−0.000 18−j0.000 06	1.010 96−j0.023 59	−0.000 08−j0.000 02
7	0.927 71−j0.138 83	−0.000 06−j0.000 02	1.010 94−j0.023 60	−0.000 02−j0.000 01

由以上结果可见收敛过程是较慢的，7次迭代后仍未稳定在一个固定的值上。若以前后两次迭代结果相差0.0001为收敛准则，则 $k=7$ 时收敛。此例如果不采用高斯-赛德尔迭代格式，那么迭代次数还会大大增加。

7.3　牛顿-拉夫逊法潮流计算

7.3.1　牛顿-拉夫逊法的一般描述

牛顿-拉夫逊法是求解非线性代数方程组的有效方法，因此也被广泛用于求解潮流方程。

电力网络的节点功率方程可用一般的形式

$$\boldsymbol{y}^{\mathrm{SP}} = \boldsymbol{y}(\boldsymbol{x}) \tag{7-21}$$

表示。式中，$\boldsymbol{y}^{\mathrm{SP}}$ 为节点注入功率给定值；$\boldsymbol{y}$ 为 $\boldsymbol{y}^{\mathrm{SP}}$ 对应的物理量和节点电压之间的函数表达式；$\boldsymbol{x}$ 为节点电压。上式也可以写成功率偏差的形式

$$\boldsymbol{f}(\boldsymbol{x}) = \boldsymbol{y}^{\mathrm{SP}} - \boldsymbol{y}(\boldsymbol{x}) = \boldsymbol{0} \tag{7-22}$$

牛顿-拉夫逊法的求解步骤如下。在给定的初值 $\boldsymbol{x}^{(0)}$ 处将式(7-22)作一阶泰勒(Taylor)展开

$$\boldsymbol{f}(\boldsymbol{x}^{(0)}) + \left.\frac{\partial \boldsymbol{f}}{\partial \boldsymbol{x}^{\mathrm{T}}}\right|_{\boldsymbol{x}^{(0)}} \Delta\boldsymbol{x} = \boldsymbol{0}$$

定义 $\boldsymbol{J}=\dfrac{\partial \boldsymbol{f}}{\partial \boldsymbol{x}^{\mathrm{T}}}$ 为潮流方程的雅可比(Jacobi)矩阵，$\boldsymbol{J}_0$ 为 $\boldsymbol{J}$ 在 $\boldsymbol{x}^{(0)}$ 处的值，则有

$$\Delta\boldsymbol{x} = -\boldsymbol{J}_0^{-1}\boldsymbol{f}(\boldsymbol{x}^{(0)})$$

用 $\Delta\boldsymbol{x}$ 修正 $\boldsymbol{x}^{(0)}$ 就得到 $\boldsymbol{x}$ 的新值。如果用 k 表示迭代次数，写成一般的表达式，有

$$\begin{cases} \Delta\boldsymbol{x}^{(k)} = -\boldsymbol{J}(\boldsymbol{x}^{(k)})^{-1}\boldsymbol{f}(\boldsymbol{x}^{(k)}) \\ \boldsymbol{x}^{(k+1)} = \boldsymbol{x}^{(k)} + \Delta\boldsymbol{x}^{(k)} \end{cases} \tag{7-23}$$

对于潮流收敛的情况，$\boldsymbol{x}^{(k+1)}$ 应比 $\boldsymbol{x}^{(k)}$ 更接近于解点。收敛条件为

$\max|f_i(x^{(k)})|<\varepsilon$。

上式也可以写成下面的简单迭代法的计算格式：

$$\boldsymbol{x}^{(k+1)}=\boldsymbol{x}^{(k)}-\boldsymbol{J}(\boldsymbol{x}^{(k)})^{-1}\boldsymbol{f}(\boldsymbol{x}^{(k)})=\boldsymbol{\varphi}(\boldsymbol{x}^{(k)})$$

因为

$$\boldsymbol{\Phi}(\boldsymbol{x})=\frac{\partial\boldsymbol{\varphi}(\boldsymbol{x})}{\partial\boldsymbol{x}^{\mathrm{T}}}=\boldsymbol{I}-\frac{\partial\boldsymbol{J}^{-1}}{\partial\boldsymbol{x}^{\mathrm{T}}}\boldsymbol{f}(\boldsymbol{x})-\boldsymbol{J}^{-1}\frac{\partial\boldsymbol{f}(\boldsymbol{x})}{\partial\boldsymbol{x}^{\mathrm{T}}}=-\frac{\partial\boldsymbol{J}^{-1}}{\partial\boldsymbol{x}^{\mathrm{T}}}\boldsymbol{f}(\boldsymbol{x})$$

式中，$\boldsymbol{I}$为单位矩阵。随着迭代的进行，$\boldsymbol{x}$逐渐趋近于解点$\boldsymbol{x}^*$。在解点处有$\boldsymbol{f}(\boldsymbol{x}^*)=\boldsymbol{0}$，所以，随着迭代的进行，$\boldsymbol{\Phi}(\boldsymbol{x})$的谱半径逐渐趋于0。由简单迭代法收敛性分析的结论知，越接近解点，牛顿-拉夫逊法收敛越快，它具有局部二阶收敛速度。

7.3.2 直角坐标的牛顿-拉夫逊法

对于式(7-8)所示的直角坐标系潮流方程，式(7-22)有如下的形式：

$$\boldsymbol{f}(\boldsymbol{x})=\begin{bmatrix}\Delta\boldsymbol{P}(\boldsymbol{e},\boldsymbol{f})\\ \Delta\boldsymbol{Q}(\boldsymbol{e},\boldsymbol{f})\\ \Delta\boldsymbol{V}^2(\boldsymbol{e},\boldsymbol{f})\end{bmatrix}=\begin{bmatrix}\boldsymbol{P}^{\mathrm{SP}}-\boldsymbol{P}(\boldsymbol{e},\boldsymbol{f})\\ \boldsymbol{Q}^{\mathrm{SP}}-\boldsymbol{Q}(\boldsymbol{e},\boldsymbol{f})\\ (\boldsymbol{V}^{\mathrm{SP}})^2-\boldsymbol{V}^2(\boldsymbol{e},\boldsymbol{f})\end{bmatrix}\begin{matrix}n\\ n-r\\ r\end{matrix}\tag{7-24}$$

状态变量是$\boldsymbol{x}^{\mathrm{T}}=[\boldsymbol{e}^{\mathrm{T}}\quad\boldsymbol{f}^{\mathrm{T}}]$，是$2n$维的。雅可比矩阵是$2n\times2n$阶矩阵，其结构是

$$\boldsymbol{J}=\frac{\partial\boldsymbol{f}}{\partial\boldsymbol{x}^{\mathrm{T}}}=\begin{bmatrix}\dfrac{\partial\Delta\boldsymbol{P}}{\partial\boldsymbol{e}^{\mathrm{T}}} & \dfrac{\partial\Delta\boldsymbol{P}}{\partial\boldsymbol{f}^{\mathrm{T}}}\\ \dfrac{\partial\Delta\boldsymbol{Q}}{\partial\boldsymbol{e}^{\mathrm{T}}} & \dfrac{\partial\Delta\boldsymbol{Q}}{\partial\boldsymbol{f}^{\mathrm{T}}}\\ \dfrac{\partial\Delta\boldsymbol{V}^2}{\partial\boldsymbol{e}^{\mathrm{T}}} & \dfrac{\partial\Delta\boldsymbol{V}^2}{\partial\boldsymbol{f}^{\mathrm{T}}}\end{bmatrix}\begin{matrix}n\\ n-r\\ r\end{matrix}\tag{7-25}$$

(列维数：n　n)

式(7-23)所示的修正方程中有$2n$个未知量和$2n$个方程，只要式(7-23)中的$\boldsymbol{J}$非奇异，$\Delta\boldsymbol{x}$即可解。

在直角坐标情况下，平衡节点s的电压是已知量，其实部和虚部可用下式确定：

$$e_s+\mathrm{j}f_s=V_s\cos\theta_s+\mathrm{j}V_s\sin\theta_s\tag{7-26}$$

式中，V_s和θ_s分别为平衡节点给定的电压幅值和相角。

7.3.3 极坐标的牛顿-拉夫逊法

对于式(7-9)所示的极坐标系潮流方程，$\boldsymbol{f}(\boldsymbol{x})$有如下的形式：

$$\boldsymbol{f}(\boldsymbol{x})=\begin{bmatrix}\Delta\boldsymbol{P}(\boldsymbol{\theta},\boldsymbol{V})\\ \Delta\boldsymbol{Q}(\boldsymbol{\theta},\boldsymbol{V})\end{bmatrix}=\begin{bmatrix}\boldsymbol{P}^{\mathrm{SP}}-\boldsymbol{P}(\boldsymbol{\theta},\boldsymbol{V})\\ \boldsymbol{Q}^{\mathrm{SP}}-\boldsymbol{Q}(\boldsymbol{\theta},\boldsymbol{V})\end{bmatrix}\begin{matrix}n\\ n-r\end{matrix}\tag{7-27}$$

共$2n-r$个方程，状态变量是

$$\boldsymbol{x}^{\mathrm{T}}=[\boldsymbol{\theta}^{\mathrm{T}}\quad\boldsymbol{V}^{\mathrm{T}}]=[\theta_1\quad\theta_2\quad\cdots\quad\theta_n\quad V_1\quad V_2\quad\cdots\quad V_{n-r}]$$

共$2n-r$个待求量。r个PV节点的电压幅值给定，不需求解。潮流雅可比矩阵的维数是$(2n-r)\times(2n-r)$，结构如下：

$$\boldsymbol{J}=\frac{\partial \boldsymbol{f}}{\partial \boldsymbol{x}^{\mathrm{T}}}=\begin{bmatrix}\dfrac{\partial \Delta \boldsymbol{P}}{\partial \boldsymbol{\theta}^{\mathrm{T}}} & \dfrac{\partial \Delta \boldsymbol{P}}{\partial \boldsymbol{V}^{\mathrm{T}}} \\ \dfrac{\partial \Delta \boldsymbol{Q}}{\partial \boldsymbol{\theta}^{\mathrm{T}}} & \dfrac{\partial \Delta \boldsymbol{Q}}{\partial \boldsymbol{V}^{\mathrm{T}}}\end{bmatrix}\begin{matrix} n \\ n-r\end{matrix}$$
$$\qquad\qquad n \qquad n-r$$

上式右侧的对电压幅值的偏导数项中的电压幅值的阶次减少了1，为使雅可比矩阵的各部分子矩阵具有一致的形式，在实际计算中，常将该项乘以电压幅值，并选取$[\Delta \boldsymbol{V}/\boldsymbol{V}]^{\mathrm{T}}=[\Delta V_1/V_1 \quad \Delta V_2/V_2 \quad \cdots \quad \Delta V_{n-r}/V_{n-r}]$作为待求的修正量，则雅可比矩阵可写成

$$\boldsymbol{J}=\frac{\partial \boldsymbol{f}}{\partial \boldsymbol{x}^{\mathrm{T}}}=\begin{bmatrix}\dfrac{\partial \Delta \boldsymbol{P}}{\partial \boldsymbol{\theta}^{\mathrm{T}}} & \dfrac{\partial \Delta \boldsymbol{P}}{\partial \boldsymbol{V}^{\mathrm{T}}}\boldsymbol{V} \\ \dfrac{\partial \Delta \boldsymbol{Q}}{\partial \boldsymbol{\theta}^{\mathrm{T}}} & \dfrac{\partial \Delta \boldsymbol{Q}}{\partial \boldsymbol{V}^{\mathrm{T}}}\boldsymbol{V}\end{bmatrix}\begin{matrix} n \\ n-r\end{matrix} \tag{7-28}$$
$$\qquad\qquad n \qquad n-r$$

将式(7-27)和式(7-28)代入式(7-23)的修正方程即可求得$\boldsymbol{x}$的修正量$\Delta\boldsymbol{x}$，用它修正$\boldsymbol{x}$直到$\max|f_i(x^{(k)})|<\varepsilon$为止。

7.3.4　雅可比矩阵的讨论

雅可比矩阵是牛顿-拉夫逊法的核心内容，需要认真分析其特点。首先考察直角坐标系的雅可比矩阵。将式(7-25)写成

$$\boldsymbol{J}=\begin{bmatrix}\boldsymbol{H} & \boldsymbol{N} \\ \boldsymbol{M} & \boldsymbol{L} \\ \boldsymbol{R} & \boldsymbol{S}\end{bmatrix}\begin{matrix} n \\ n-r \\ r\end{matrix}$$
$$\qquad n \quad n$$

矩阵中各子块的维数已在上式中示意地指出。其中各子块的元素由下式计算：

$$\begin{cases}H_{ii}=\dfrac{\partial \Delta P_i}{\partial e_i}=-a_i-(G_{ii}e_i+B_{ii}f_i) \\ H_{ij}=\dfrac{\partial \Delta P_i}{\partial e_j}=-(G_{ij}e_i+B_{ij}f_i) \\ N_{ii}=\dfrac{\partial \Delta P_i}{\partial f_i}=-b_i+(B_{ii}e_i-G_{ii}f_i) \\ N_{ij}=\dfrac{\partial \Delta P_i}{\partial f_j}=B_{ij}e_i-G_{ij}f_i \\ M_{ii}=\dfrac{\partial \Delta Q_i}{\partial e_i}=b_i+(B_{ii}e_i-G_{ii}f_i),\quad M_{ij}=N_{ij} \\ L_{ii}=\dfrac{\partial \Delta Q_i}{\partial f_i}=-a_i+(G_{ii}e_i+B_{ii}f_i),\quad L_{ij}=-H_{ij} \\ R_{ii}=\dfrac{\partial \Delta V_i^2}{\partial e_i}=-2e_i,\quad R_{ij}=0 \\ S_{ii}=\dfrac{\partial \Delta V_i^2}{\partial f_i}=-2f_i,\quad S_{ij}=0\end{cases} \tag{7-29}$$

下面再考察极坐标系的雅可比矩阵，即式(7-28)可用下式表示：

$$\boldsymbol{J}=\begin{bmatrix}\boldsymbol{H} & \boldsymbol{N}\\ \boldsymbol{M} & \boldsymbol{L}\end{bmatrix}\begin{matrix}n\\ n-r\end{matrix}$$
$$\quad\; n \qquad n-r$$

各子块的计算公式是

$$\left\{\begin{aligned}
&H_{ii}=\frac{\partial\Delta P_i}{\partial\theta_i}=V_iH'_{ii}V_i,\quad H'_{ii}=B_{ii}+\frac{Q_i}{V_i^2}\\
&H_{ij}=\frac{\partial\Delta P_i}{\partial\theta_j}=V_iH'_{ij}V_j,\quad H'_{ij}=B_{ij}\cos\theta_{ij}-G_{ij}\sin\theta_{ij}\\
&N_{ii}=\frac{\partial\Delta P_i}{\partial V_i}V_i=V_iN'_{ii}V_i,\quad N'_{ii}=-G_{ii}-\frac{P_i}{V_i^2}\\
&N_{ij}=\frac{\partial\Delta P_i}{\partial V_j}V_j=V_iN'_{ij}V_j,\quad N'_{ij}=-G_{ij}\cos\theta_{ij}-B_{ij}\sin\theta_{ij}\\
&M_{ii}=\frac{\partial\Delta Q_i}{\partial\theta_i}=V_iM'_{ii}V_i,\quad M'_{ii}=G_{ii}-\frac{P_i}{V_i^2}\\
&M_{ij}=\frac{\partial\Delta Q_i}{\partial\theta_j}=V_iM'_{ij}V_j,\quad M'_{ij}=-N'_{ij}\\
&L_{ii}=\frac{\partial\Delta Q_i}{\partial V_i}V_i=V_iL'_{ii}V_i,\quad L'_{ii}=B_{ii}-\frac{Q_i}{V_i^2}\\
&L_{ij}=\frac{\partial\Delta Q_i}{\partial V_j}V_j=V_iL'_{ij}V_j,\quad L'_{ij}=H'_{ij}
\end{aligned}\right. \tag{7-30}$$

于是雅可比矩阵可写成

$$\boldsymbol{J}=\begin{bmatrix}\boldsymbol{V}_P & \\ & \boldsymbol{V}_Q\end{bmatrix}\begin{bmatrix}\boldsymbol{H}' & \boldsymbol{N}'\\ \boldsymbol{M}' & \boldsymbol{L}'\end{bmatrix}\begin{bmatrix}\boldsymbol{V}_P & \\ & \boldsymbol{V}_Q\end{bmatrix}$$

等号右边中间项带撇的量具有导纳的量纲。式中，$\boldsymbol{V}_P$ 和 $\boldsymbol{V}_Q$ 分别为 n 阶和 $n-r$ 阶节点电压幅值对角线矩阵。代入牛顿-拉夫逊法修正方程式(7-23)后有

$$-\begin{bmatrix}\boldsymbol{V}_P & \\ & \boldsymbol{V}_Q\end{bmatrix}\begin{bmatrix}\boldsymbol{H}' & \boldsymbol{N}'\\ \boldsymbol{M}' & \boldsymbol{L}'\end{bmatrix}\begin{bmatrix}\boldsymbol{V}_P & \\ & \boldsymbol{V}_Q\end{bmatrix}\begin{bmatrix}\Delta\boldsymbol{\theta}\\ \Delta\boldsymbol{V}/\boldsymbol{V}\end{bmatrix}=\begin{bmatrix}\Delta\boldsymbol{P}\\ \Delta\boldsymbol{Q}\end{bmatrix}$$

整理后有

$$-\begin{bmatrix}\boldsymbol{H}' & \boldsymbol{N}'\\ \boldsymbol{M}' & \boldsymbol{L}'\end{bmatrix}\begin{bmatrix}\boldsymbol{V}\Delta\boldsymbol{\theta}\\ \Delta\boldsymbol{V}\end{bmatrix}=\begin{bmatrix}\Delta\boldsymbol{P}/\boldsymbol{V}\\ \Delta\boldsymbol{Q}/\boldsymbol{V}\end{bmatrix} \tag{7-31}$$

式中，$\Delta\boldsymbol{V}/\boldsymbol{V}$，$\boldsymbol{V}\Delta\boldsymbol{\theta}$，$\Delta\boldsymbol{P}/\boldsymbol{V}$ 和 $\Delta\boldsymbol{Q}/\boldsymbol{V}$ 分别表示以 $\Delta V_i/V_i$，$V_i\Delta\theta_i$，$\Delta P_i/V_i$ 和 $\Delta Q_i/V_i$ 为元素的矢量，本书其余部分亦同。式(7-31)中的系数矩阵与雅可比矩阵 $\boldsymbol{J}$ 不同，记为 $\boldsymbol{J}'$，即

$$\boldsymbol{J}'=\begin{bmatrix}\boldsymbol{H}' & \boldsymbol{N}'\\ \boldsymbol{M}' & \boldsymbol{L}'\end{bmatrix}$$

除了对角线元素之外，$\boldsymbol{J}'$ 中没有电压幅值项，它的计算公式为式(7-30)。式

(7-31)中右侧项具有电流的量纲，左边的相角修正项前乘一个电压幅值项，使用时应注意。观察式(7-30)的雅可比矩阵的元素，有含余弦的项、含正弦的项和含 P 或 Q 的项，故可把雅可比矩阵拆成三个矩阵的和，式(7-31)的系数矩阵可写成

$$\boldsymbol{J}'=\begin{bmatrix}\boldsymbol{B}\cos\theta & -\boldsymbol{G}\cos\theta\\ \boldsymbol{G}\cos\theta & \boldsymbol{B}\cos\theta\end{bmatrix}-\begin{bmatrix}\boldsymbol{G}\sin\theta & \boldsymbol{B}\sin\theta\\ -\boldsymbol{B}\sin\theta & \boldsymbol{G}\sin\theta\end{bmatrix}-\begin{bmatrix}-\boldsymbol{Q} & \boldsymbol{P}\\ \boldsymbol{P} & \boldsymbol{Q}\end{bmatrix} \tag{7-32}$$

式中，$\boldsymbol{B}\cos\theta$ 为矩阵的一种简化的写法，它和节点导纳矩阵的虚部 $\boldsymbol{B}$ 的结构相同，区别在于矩阵 $\boldsymbol{B}$ 中的元素 B_{ij} 在这里是 $B_{ij}\cos\theta_{ij}$；其他项类同。另外，$\boldsymbol{Q}=\text{diag}[Q_i/V_i^2]$，$\boldsymbol{P}=\text{diag}[P_i/V_i^2]$。

在正常情况下，θ_{ij} 很小，可令 $\cos\theta_{ij}=1$，$\sin\theta_{ij}=0$，式(7-32)右侧中间的项可以忽略；另外，从自导纳的定义可知，节点的自导纳远比节点注入的功率大，即式(7-32)中右边最后一项相对于第一项数值较小，可忽略。于是式(7-32)的雅可比矩阵可简化成

$$\boldsymbol{J}'\approx\boldsymbol{J}_0=\begin{bmatrix}\boldsymbol{B} & -\boldsymbol{G}\\ \boldsymbol{G} & \boldsymbol{B}\end{bmatrix} \tag{7-33}$$

将式(7-33)代入式(7-31)，即得到定雅可比法潮流计算的公式，其修正方程是

$$-\begin{bmatrix}\boldsymbol{B} & -\boldsymbol{G}\\ \boldsymbol{G} & \boldsymbol{B}\end{bmatrix}\begin{bmatrix}\boldsymbol{V}\Delta\boldsymbol{\theta}\\ \Delta\boldsymbol{V}\end{bmatrix}=\begin{bmatrix}\Delta\boldsymbol{P}/\boldsymbol{V}\\ \Delta\boldsymbol{Q}/\boldsymbol{V}\end{bmatrix} \tag{7-34}$$

定雅可比矩阵 $\boldsymbol{J}_0$ 是常数，只要在迭代开始时形成其因子表，在以后的迭代过程中就可以连续使用，因此这是一种固定斜率的牛顿-拉夫逊法，具有一阶收敛速度。由于每次迭代不用重新形成雅可比矩阵，也不用重新形成因子表，所以总的计算速度比标准牛顿-拉夫逊法大大提高。

注意，在实际潮流计算中，由于有 r 个节点是 PV 节点，这时式(7-34)中系数矩阵的四个子矩阵的维数可能不同，为区分这种情况，式(7-34)也可写成

$$-\begin{bmatrix}\boldsymbol{B}_H & -\boldsymbol{G}_N\\ \boldsymbol{G}_M & \boldsymbol{B}_L\end{bmatrix}\begin{bmatrix}\boldsymbol{V}\Delta\boldsymbol{\theta}\\ \Delta\boldsymbol{V}\end{bmatrix}=\begin{bmatrix}\Delta\boldsymbol{P}/\boldsymbol{V}\\ \Delta\boldsymbol{Q}/\boldsymbol{V}\end{bmatrix} \tag{7-35}$$

式中，$\boldsymbol{B}_H$，$\boldsymbol{G}_N$，$\boldsymbol{G}_M$，$\boldsymbol{B}_L$ 分别与 $\boldsymbol{H}$，$\boldsymbol{N}$，$\boldsymbol{M}$，$\boldsymbol{L}$ 的维数相同。

由于电网 N 个节点中总有一个取为 $V\theta$ 给定节点，尽管节点导纳矩阵是 $N\times N$ 阶的，但对不含 PV 节点情况，矩阵 $\boldsymbol{J}$ 是 $2n\times 2n$ 阶的，$n=N-1$，它不包含 $V\theta$ 节点对应的行列。如果将 $V\theta$ 节点也包含到矩阵 $\boldsymbol{J}$ 中，那么 $2N\times 2N$ 阶的雅可比矩阵奇异，其中对相角取偏导的列中会有一列不独立，因此，电网中一定要有一个相角给定节点作为全网电压相角的参考。

例 7.2 对于例 2.3 所示的三母线电力系统，假定节点①是 PQ 母线，它的注入功率是 $P_1+\text{j}Q_1=-2.0-\text{j}1.0$；节点②是 PV 母线，它的有功注入 $P_2=0.5$，节点电压给定值是 1.01；节点③是 $V\theta$ 母线，电压是 $\dot{V}_3=1.0\angle 0^\circ$。试用牛顿-拉夫逊

法计算潮流，分直角坐标和极坐标两种情况分析。

解 (1) 首先用直角坐标系分析。给定量是 $\boldsymbol{y}^{\mathrm{SP}}=[P_1^{\mathrm{SP}} \quad P_2^{\mathrm{SP}} \quad Q_1^{\mathrm{SP}} \quad (V_2^{\mathrm{SP}})^2]^{\mathrm{T}}$，先按式(7-8)写出潮流方程。本例中 $n=2, r=1$，则共有4个潮流方程

$$\begin{cases}\Delta P_1 = P_1^{\mathrm{SP}} - (e_1 a_1 + f_1 b_1) = 0 \\ \Delta P_2 = P_2^{\mathrm{SP}} - (e_2 a_2 + f_2 b_2) = 0 \\ \Delta Q_1 = Q_1^{\mathrm{SP}} - (f_1 a_1 - e_1 b_1) = 0 \\ \Delta V_2^2 = (V_2^{\mathrm{SP}})^2 - (e_2^2 + f_2^2) = 0\end{cases} \tag{7-36}$$

式中

$$a_1 = \sum_{j=1}^{3}(G_{1j}e_j - B_{1j}f_j), \quad b_1 = \sum_{j=1}^{3}(G_{1j}f_j + B_{1j}e_j)$$

$$a_2 = \sum_{j=1}^{3}(G_{2j}e_j - B_{2j}f_j), \quad b_2 = \sum_{j=1}^{3}(G_{2j}f_j + B_{2j}e_j)$$

由式(7-25)可以写出雅可比矩阵如下：

$$\boldsymbol{J} = \left[\begin{array}{cc:cc} H_{11} & H_{12} & N_{11} & N_{12} \\ H_{21} & H_{22} & N_{21} & N_{22} \\ \hdashline M_{11} & M_{12} & L_{11} & L_{12} \\ \hdashline 0 & R_{22} & 0 & S_{22} \end{array}\right]$$

由式(7-29)可写出 $\boldsymbol{J}$ 矩阵诸元素的计算式如下：

$$\begin{aligned}
&H_{11} = -a_1 - (G_{11}e_1 + B_{11}f_1), && H_{22} = -a_2 - (G_{22}e_2 + B_{22}f_2) \\
&H_{12} = -(G_{12}e_1 + B_{12}f_1), && H_{21} = -(G_{21}e_2 + B_{21}f_2) \\
&N_{11} = -b_1 + (B_{11}e_1 - G_{11}f_1), && N_{22} = -b_2 + (B_{22}e_2 - G_{22}f_2) \\
&N_{12} = B_{12}e_1 - G_{12}f_1, && N_{21} = B_{21}e_2 - G_{21}f_2 \\
&M_{11} = b_1 + (B_{11}e_1 - G_{11}f_1), && M_{12} = N_{12} \\
&L_{11} = -a_1 + (G_{11}e_1 + B_{11}f_1), && L_{12} = -H_{12} \\
&R_{22} = -2e_2, && S_{22} = -2f_2
\end{aligned}$$

待求的状态变量是 $\boldsymbol{x}^{\mathrm{T}}=[e_1 \quad e_2 \quad f_1 \quad f_2]$。状态变量 $\boldsymbol{x}$ 的修正量由下式求出：

$$-\left[\begin{array}{cc:cc} H_{11} & H_{12} & N_{11} & N_{12} \\ H_{21} & H_{22} & N_{21} & N_{22} \\ \hdashline M_{11} & M_{12} & L_{11} & L_{12} \\ 0 & R_{22} & 0 & S_{22} \end{array}\right]\left[\begin{array}{c}\Delta e_1 \\ \Delta e_2 \\ \hdashline \Delta f_1 \\ \Delta f_2\end{array}\right] = \left[\begin{array}{c}\Delta P_1 \\ \Delta P_2 \\ \hdashline \Delta Q_1 \\ \Delta V_2^2\end{array}\right] \tag{7-37}$$

以 $\boldsymbol{x}^{(0)}=[1.0 \quad 1.01 \quad 0.0 \quad 0.0]^{\mathrm{T}}$ 为初值计算雅可比矩阵，用式(7-36)计算式(7-37)的右手项，求解式(7-37)得 $\Delta\boldsymbol{x}^{(0)}$，然后修正 $\Delta\boldsymbol{x}^{(0)}$，即 $\boldsymbol{x}^{(1)}=\boldsymbol{x}^{(0)}+\Delta\boldsymbol{x}^{(0)}$。

以 $\boldsymbol{x}^{(1)}$ 为初值重复上述过程，迭代过程见表7.3。表中带阴影的行是功率偏差 $f(x^{(k)})$，它是收敛判据，由表中结果可见，$k=3$ 时的最大功率偏差已经小于 10^{-5}，已经收敛了。可见牛顿-拉夫逊法收敛十分快速，尤其是在接近解点时，收敛更快，具有二阶敛速。

表 7.3 直角坐标牛顿-拉夫逊法潮流迭代过程

	k	0	1	2	3
$\boldsymbol{x}^{(k)}$	$e_1^{(k)}$	1.000 000	0.951 554	0.927 838	0.927 157
	$e_2^{(k)}$	1.010 000	1.010 000	1.009 730	1.009 728
	$f_1^{(k)}$	0.000 000	−0.138 898	−0.138 837	−0.138 835
	$f_2^{(k)}$	0.000 000	−0.022 077	−0.023 399	−0.023 440
$\boldsymbol{f}(\boldsymbol{x}^{(k)})$	$\Delta P_1^{(k)}$	−1.952 604	−0.018 731	−0.000 487	−0.000 000
	$\Delta P_2^{(k)}$	0.492 481	−0.004 933	−0.000 156	−0.000 000
	$\Delta Q_1^{(k)}$	−0.491 100	−0.287 018	−0.007 827	−0.000 006
	$\Delta V_2^{2(k)}$	0.000 000	−0.000 487	−0.000 002	−0.000 000
$\Delta\boldsymbol{x}^{(k)}$	$\Delta e_1^{(k)}$	−0.048 446	−0.023 717	−0.000 681	−0.000 000
	$\Delta e_2^{(k)}$	−0.000 000	−0.000 270	−0.000 002	−0.000 000
	$\Delta f_1^{(k)}$	−0.138 898	0.000 060	0.000 003	0.000 000
	$\Delta f_2^{(k)}$	−0.022 077	−0.001 322	−0.000 041	−0.000 000

(2) 用极坐标分析。给定量是 $\boldsymbol{y}^{SP}=[P_1^{SP}\quad P_2^{SP}\quad Q_1^{SP}]^T$，$n=2$，$r=1$，共有 $2n-r=3$ 个潮流方程。按式(7-9)写出潮流方程：

$$\begin{cases}\Delta P_1 = P_1^{SP} - V_1\sum_{j=1}^{3}V_j(G_{1j}\cos\theta_{1j} + B_{1j}\sin\theta_{1j}) = 0\\ \Delta P_2 = P_2^{SP} - V_2\sum_{j=1}^{3}V_j(G_{2j}\cos\theta_{2j} + B_{2j}\sin\theta_{2j}) = 0\\ \Delta Q_1 = Q_1^{SP} - V_1\sum_{j=1}^{3}V_j(G_{1j}\sin\theta_{1j} - B_{1j}\cos\theta_{1j}) = 0\end{cases} \tag{7-38}$$

状态变量是 $\boldsymbol{x}^T=[\theta_1\quad \theta_2\quad V_1]$，用式(7-28)求解其修正量 $\Delta\boldsymbol{x}^T=[\Delta\theta_1\quad \Delta\theta_2\quad \Delta V_1]$

$$-\begin{bmatrix}H_{11} & H_{12} & N_{11}\\ H_{21} & H_{22} & N_{21}\\ M_{11} & M_{12} & L_{11}\end{bmatrix}\begin{bmatrix}\Delta\theta_1\\ \Delta\theta_2\\ \Delta V_1/V_1\end{bmatrix} = \begin{bmatrix}\Delta P_1\\ \Delta P_2\\ \Delta Q_1\end{bmatrix} \tag{7-39}$$

其中

$H_{11} = V_1^2 B_{11} + Q_1$， $H_{22} = V_2^2 B_{22} + Q_2$

$H_{12} = V_1 V_2 (B_{12}\cos\theta_{12} - G_{12}\sin\theta_{12})$， $H_{21} = V_1 V_2 (B_{21}\cos\theta_{21} - G_{21}\sin\theta_{21})$

$N_{11} = -V_1^2 G_{11} - P_1$， $N_{21} = V_2 V_1 (-G_{21}\cos\theta_{21} - B_{21}\sin\theta_{21})$

$M_{11} = V_1^2 G_{11} - P_1$， $M_{12} = V_1 V_2 (G_{12}\cos\theta_{12} + B_{12}\sin\theta_{12})$

$L_{11} = V_1^2 B_{11} - Q_1$

以 $\boldsymbol{x}^{\mathrm{T}}=[0.0\quad 0.0\quad 1.0]$ 为初值计算雅可比矩阵各元素，用式(7-38)计算式(7-39)的右边项，求解式(7-39)得 $\Delta\boldsymbol{x}^{(0)}$，并用 $\Delta\boldsymbol{x}^{(0)}$ 修正 $\boldsymbol{x}^{(0)}$，即 $\boldsymbol{x}^{(1)}=\boldsymbol{x}^{(0)}+\Delta\boldsymbol{x}^{(0)}$。

然后以 $\boldsymbol{x}^{(1)}$ 为初值，重复上述过程，3 次迭代收敛，整个迭代过程如表 7.4 所示。

表 7.4 极坐标牛顿-拉夫逊法潮流迭代过程

	k	0	1	2	3
$\boldsymbol{f}(\boldsymbol{x}^{(k)})$	$\Delta P_1^{(k)}$	−1.952 604	−0.110 271	−0.002 117	−0.000 000
	$\Delta P_2^{(k)}$	0.492 481	0.028 074	0.000 581	0.000 000
	$\Delta Q_1^{(k)}$	−0.491 100	−0.143 729	−0.002 812	−0.000 001
$\Delta\boldsymbol{x}^{(k)}$	$\Delta\theta_1^{(k)}$	−0.138 897	−0.009 551	−0.000 189	−0.000 000
	$\Delta\theta_2^{(k)}$	−0.021 859	−0.001 330	−0.000 021	−0.000 000
	$\Delta V_1^{(k)}$	−0.048 556	−0.013 781	−0.000 280	−0.000 000

潮流计算结果和直角坐标的结果相同，示于图 7.1。

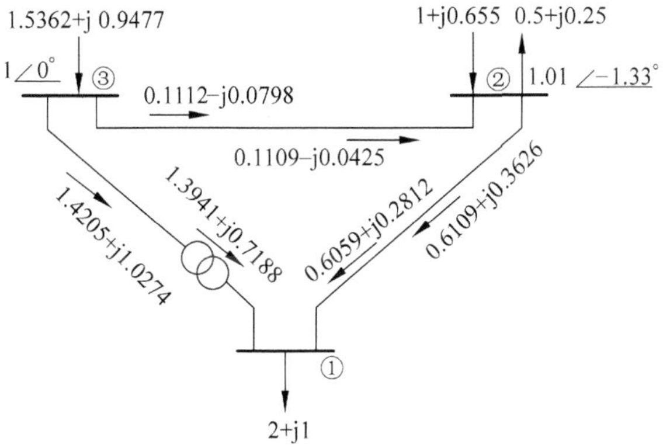

图 7.1 三母线电力系统的潮流计算结果

7.4 小结

潮流计算可以在电网结构和参数给定的情况下确定电网的稳态运行状态。本章介绍了电网稳态分析计算的基础——潮流计算的数学模型和基本解法。

电网中的节点依给定的变量不同可划分为 PQ 节点、PV 节点和 $V\theta$ 节点，要计算的是电网状态变量，即节点电压幅值和相角。潮流方程是一组高阶非线性代数方程组，要用迭代法求解。潮流方程既可在直角坐标也可在极坐标上建立。

以高斯法为基础的算法属于简单迭代法，具有一阶敛速；阻抗矩阵法的收敛性要比导纳矩阵法的收敛性好；牛顿-拉夫逊潮流算法具有二阶收敛性，因此得到了广泛的应用。但由于该方法的雅可比矩阵是待求状态变量的函数，所以在迭代过程中要重新形成雅可比矩阵并进行高斯消去法求解，每次迭代的计算量较大。由于它是各种潮流计算方法的基础，因此在电网分析中有特殊重要的地位。

通过对雅可比矩阵的处理可把雅可比矩阵中的电压幅值项提出来，形成简化的雅可比矩阵，利用平启动初值形成雅可比矩阵并在迭代过程中保持不变，从而构成定雅可比法的迭代公式。定雅可比法在迭代过程中保持雅可比矩阵不变，避免每次迭代都要重新形成雅可比矩阵并分解因子表，所以计算速度可以大大提高。定雅可比潮流算法也是第 8 章介绍的快速分解潮流算法的基础。

习　　题

7.1　对题图 7.1 所示的 3 母线电力系统，各元件参数已在图上标出。取节点③为平衡节点，电压为 $1.05\angle 0^\circ$，节点②的 $P_{G2}+\mathrm{j}Q_{G2}=0.25+\mathrm{j}0.15$，$P_{D2}+\mathrm{j}Q_{D2}=0.5+\mathrm{j}0.25$，节点①的 $P_{D1}+\mathrm{j}Q_{D1}=0.6+\mathrm{j}0.3$。试用 $\boldsymbol{Y}$ 矩阵法进行高斯-赛德尔法的三次迭代。

7.2　习题 7.1 中母线②定为 PV 母线，$V_2=1.02$，无功上下限分别为 0.30 和 −0.10(标幺值)。进行高斯-赛德尔法的三次迭代。

7.3　对于题图 7.3 所示的电力系统，节点①是负荷节点，$P_1+\mathrm{j}Q_1=-0.5-\mathrm{j}0.3$；节点②是平衡节点，其电压给定为 $V_2\angle\theta_2=1.06\angle 0^\circ$。试用牛顿-拉夫逊法求节点①的电压幅值和相角 $V_1\angle\theta_1$。取收敛精度为 $\varepsilon=0.0001$。分别对直角坐标和极坐标两种情况计算。

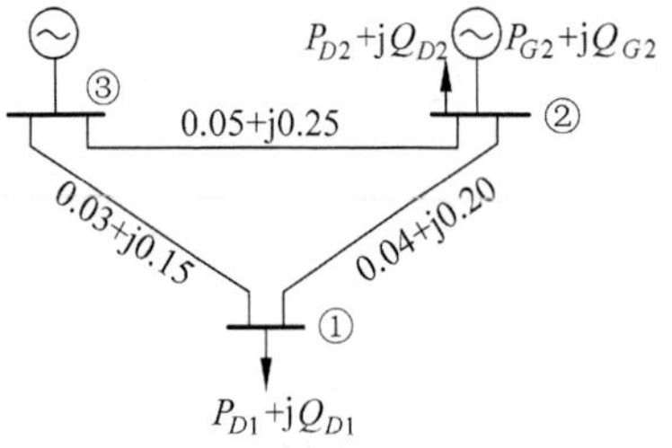

题图 7.1

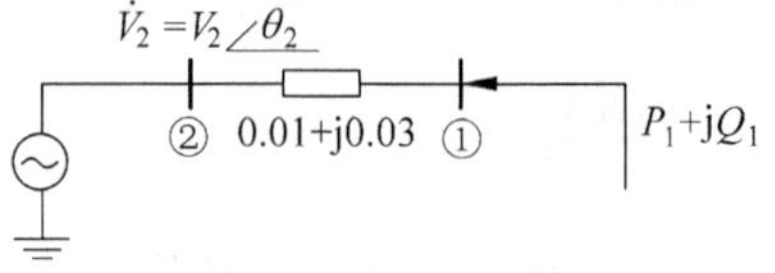

题图 7.3

7.4　在计算习题 7.3 的迭代过程中保持雅可比矩阵为常数，重做习题 7.3。

7.5　编写牛顿-拉夫逊法潮流计算程序计算题图 7.5 所示 4 母线电力系统的

潮流。

$$P_1 + jQ_1 = -0.4 - j0.3$$
$$P_2 + jQ_2 = -0.3 - j0.2$$
$$P_3 = 0.4,\quad V_3 = 1.02$$
$$V_4 = 1.05,\quad \theta_4 = 0°$$
$$t = 0.9625$$

各支路参数如题表 7.5 所示。

题表 7.5

支路	电阻	电抗	$\frac{1}{2}y_c$
1—2	0.02	0.06	0.01
1—3	0.01	0.03	0.01
3—2	0.03	0.07	—
4—3	0.02	0.05	—
4—2	0.0	0.05	—

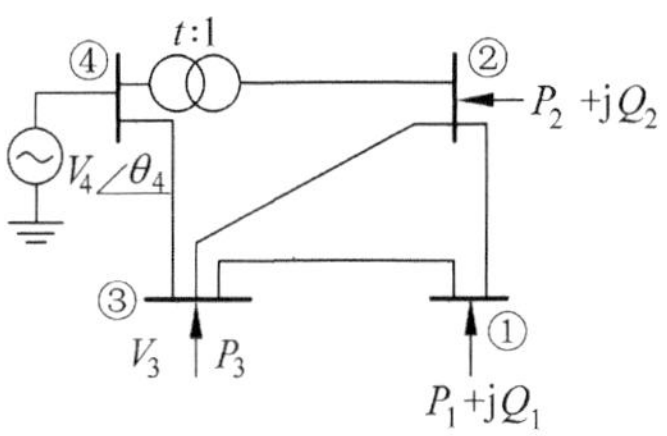

题图 7.5

7.6　试用牛顿-拉夫逊法潮流程序计算附录 B 中的 IEEE 14 母线和 30 母线标准试验系统的潮流。要求改变变压器变比观察变压器两端节点电压幅值的变化；改变负荷节点的有功无功注入功率观察负荷节点电压幅值和相角的变化；改变 PV 节点电压幅值的给定值，观察该 PV 节点无功注入的变化。

7.7　平衡节点电压幅值的给定值保持 1p. u.（标么值）不变，电压相角由原来的 0°增加到 5°，问潮流计算结果各节点电压幅值和相角将发生什么样的变化。如果平衡节点电压相角设定为零不变，而电压幅值给定值由 1p. u. 变为 1.05p. u.，问潮流计算结果各节点电压将发生什么变化。能认为每个节点的电压幅值都增加 0.05p. u. 吗？试用潮流程序验证。

7.8　高斯迭代法中如何处理 PV 节点是一个重要问题，试提出你的处理方法。

7.9　两节点电力系统，两节点之间的支路的电抗 $x=1$，两节点中节点②是平衡节点，$V_2\angle\theta_2=1\angle0°$，另一个节点①是 PQ 节点，该节点的负荷 $P_1=0.2$，$Q_1=0.1$，方向为流出节点①。试用高斯迭代法、直角坐标和极坐标下的牛顿法以及快速分解法计算该系统的潮流。

7.10　试写出利用节点导纳矩阵 $\boldsymbol{Y}_n$ 分解因子表及前代回代方法，进行潮流计算的迭代格式，并说明为什么这种方法不易组成高斯-赛德尔迭代格式。

7.11　通过式(7-29)和式(7-30)分析潮流雅可比矩阵的不对称性。

7.12　在潮流计算中是否可将平衡节点的 P 给定，θ 放开，而将另一个节点的 P 放开，θ 给定？

7.13　式(7-32)中右侧最后一项相对于第一项数值很小，可忽略，试用物理概念分析其原因。

第8章　潮流方程的特殊解法

在电力系统分析的某些应用领域，人们对潮流计算提出了一些特殊的要求。例如在实时控制等在线应用中，要求潮流计算方法计算快速、收敛可靠。为实现这一目标，有时甚至可以放宽对计算精度的要求。为适应各种实际应用中提出的要求，人们发展了各种快速有效的潮流计算方法。例如通过对潮流模型的简化发展出直流潮流算法；对潮流算法的改进提出的快速分解潮流算法以及基于线性化假设的各种灵敏度分析方法。这些方法在电力系统运行和规划中得到了广泛的应用。

8.1　直流潮流

在有些应用场合，如输电网规划中，关心的是电力系统中有功潮流的分布，而不需要计算各节点的电压幅值；另外，当对计算精度的要求不高，而对计算速度要求较高时，可以对潮流方程进行简化处理。直流潮流正是在这样的背景下产生的。直流潮流专门用于研究电网中有功潮流的分布。

8.1.1　直流潮流算法列式

对于支路(i,j)，如果忽略其并联支路，例如忽略线路充电电容或非标准变比变压器支路的等值并联支路，则支路的有功潮流方程可写成

$$P_{ij} = (V_i^2 - V_i V_j \cos\theta_{ij}) g_{ij} - V_i V_j \sin\theta_{ij} b_{ij} \tag{8-1}$$

式中，g_{ij}为支路电导；b_{ij}为支路电纳。

正常运行的电力系统，其节点电压在额定电压附近，且支路两端相角差很小，而对超高压电力网，线路电阻比电抗小得多。因此，可做如下简化假设：$V_i = V_j = 1$，$\sin\theta_{ij} = \theta_{ij}$，$\cos\theta_{ij} = 1$，$r_{ij} = 0$，则式(8-1)可以简化成

$$P_{ij} = -b'_{ij}(\theta_i - \theta_j) = \frac{\theta_i - \theta_j}{x_{ij}} \tag{8-2}$$

式中，$b'_{ij} = -1/x_{ij}$，x_{ij}为支路电抗。对照一般直流电路的欧姆定律，可以把P_{ij}看作直流电流，θ_i和θ_j看作节点i和j的电压，x_{ij}看作支路电阻，则式(8-1)所示非线性的有功潮流方程变成了式(8-2)所示线性的直流潮流方程。

对节点 i 应用基尔霍夫电流定律，则节点 i 的电流平衡条件为

$$P_i^{SP} = \sum_{j\in i, j\neq i} P_{ij} = \sum_{j\in i, j\neq i} \frac{\theta_i - \theta_j}{x_{ij}} \quad i = 1,2,\cdots,N \tag{8-3}$$

P_i^{SP} 是节点 i 给定的注入有功功率。写成矩阵的形式有

$$\boldsymbol{P}^{SP} = \boldsymbol{B}_0\boldsymbol{\theta} \tag{8-4}$$

式中，$\boldsymbol{P}$，$\boldsymbol{\theta}$ 都是 N 维列矢量；$\boldsymbol{B}_0$ 是以 $1/x_{ij}$ 为支路导纳建立起来的 $N\times N$ 阶节点导纳矩阵。可把式(8-4)看作具有电导矩阵形式表示的直流电路方程，$\boldsymbol{P}^{SP}$ 看作电流，$\boldsymbol{\theta}$ 看作直流电压。由于直流电流流过电阻不产生电流损耗，即对支路(i,j)有 $P_{ij}+P_{ji}=0$，由基尔霍夫电流定律有

$$\sum_{i=1}^{N} P_i = 0 \quad 或 \quad P_N = -\sum_{i=1}^{n} P_i$$

式中，$N=n+1$。可以看到 P_N 不独立，可由另外 n 个有功功率(电流)的代数和表示。另外，N 个相角变量(电压)中有一个应事先给定，选为参考点，令节点 N 的相角 $\theta_N=0$。给定量 $\boldsymbol{P}^{SP}$ 和待求量 $\boldsymbol{\theta}$ 都减少一个对应节点 N 的分量，于是 $\boldsymbol{B}_0$ 中应划掉节点 N 所在的行和列。重写式(8-4)可得到实际使用的直流潮流方程

$$\boldsymbol{P}^{SP} = \boldsymbol{B}_0\boldsymbol{\theta} \tag{8-5}$$

式中，$\boldsymbol{P}^{SP}$，$\boldsymbol{\theta}$ 都是 n 维列矢量，平衡节点的相角为零；$\boldsymbol{B}_0$ 为 $n\times n$ 阶矩阵，不包括平衡节点，其元素是

$$\begin{cases} B_0(i,i) = \displaystyle\sum_{j\in i, j\neq i} \frac{1}{x_{ij}} \\ B_0(i,j) = -\dfrac{1}{x_{ij}} \end{cases} \tag{8-6}$$

式(8-5)即为直流潮流方程。因为忽略了接地支路，同时忽略了支路电阻，所以没有有功功率损耗。直流潮流模型中有功功率是无损失流，所以平衡节点的有功功率可由其他节点注入功率唯一确定，其本身不独立。

用式(8-5)不需要迭代就可求出节点电压相角，再用式(8-2)计算各支路的有功潮流，这就是直流潮流的解算过程。由于 $\boldsymbol{B}_0$ 是稀疏矩阵，可以利用稀疏技术加快计算速度。直流潮流的解算没有收敛性问题，而且对于超高压电网有 $r\ll x$，其计算误差通常在 3%～10%内，可以满足许多对精度要求不甚高的应用场合。但这种方法不能计算电压幅值(也有建立无功和电压幅值之间关系的直流潮流模型的，但计算精度很差，这种情况除外)。

8.1.2 直流潮流的理论基础

为什么忽略电阻而只使用电抗参数时直流潮流模型效果更好呢？下面分析这

个问题。

支路潮流方程是

$$P_{ij}=(V_i^2-V_iV_j\cos\theta_{ij})g_{ij}-V_iV_jb_{ij}\sin\theta_{ij}$$
$$Q_{ij}=-V_iV_jg_{ij}\sin\theta_{ij}-(V_i^2-V_iV_j\cos\theta_{ij})b_{ij}$$

写成矩阵形式为

$$\begin{bmatrix}P_{ij}/V_i\\Q_{ij}/V_i\end{bmatrix}=-\begin{bmatrix}b_{ij}&-g_{ij}\\g_{ij}&b_{ij}\end{bmatrix}\begin{bmatrix}V_j\sin\theta_{ij}\\V_i-V_j\cos\theta_{ij}\end{bmatrix}$$

消去无功相关的行，列有

$$\frac{P_{ij}}{V_i}+g_{ij}b_{ij}^{-1}\frac{Q_{ij}}{V_i}=-(b_{ij}+g_{ij}b_{ij}^{-1}g_{ij})V_j\sin\theta_{ij}$$

整理后可得

$$\frac{P_{ij}}{V_i}-\frac{r_{ij}}{x_{ij}}\frac{Q_{ij}}{V_i}=\frac{1}{x_{ij}}V_j\sin\theta_{ij}$$

此式未作任何简化假设，实际上考虑了有功和无功之间的耦合。假定节点电压幅值为1，因 θ_{ij} 较小，$\sin\theta_{ij}$ 可用 $\theta_i-\theta_j$ 代替，于是有

$$P_{ij}-\alpha_{ij}Q_{ij}=\frac{\theta_i-\theta_j}{x_{ij}}$$

通常 $Q_{ij}<P_{ij}$，支路电阻和电抗的比值 α_{ij} 通常远小于1，所以 $\alpha_{ij}Q_{ij}$ 可以忽略，因此，可以得到式(8-2)的直流潮流模型。以上推导说明，忽略了电阻而只取用支路电抗的模型反而是考虑了有功无功潮流之间的耦合，可以改善计算精度，理解这个概念相当重要。

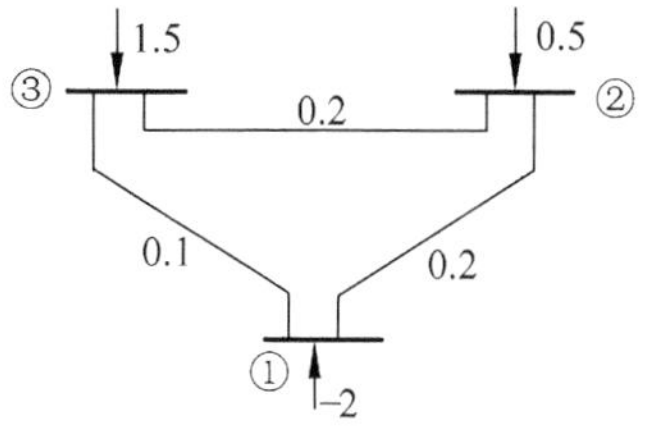

图 8.1 直流潮流模型

例 8.1 对图8.1所示的三母线电力系统，支路电抗和节点注入有功功率如图所示。用直流潮流计算支路有功潮流分布。

解 选节点③为参考点，该节点电压相角为零。取支路电抗用公式(8-6)建立 $\boldsymbol{B}_0$ 有

$$\boldsymbol{B}_0=\begin{bmatrix}15&-5\\-5&10\end{bmatrix},\quad \boldsymbol{X}=\boldsymbol{B}_0^{-1}=\frac{1}{25}\begin{bmatrix}2&1\\1&3\end{bmatrix}$$

由图8.1知

$$\boldsymbol{P}^{\mathrm{SP}}=\begin{bmatrix}-2\\0.5\end{bmatrix}$$

所以

$$\boldsymbol{\theta}=\boldsymbol{XP}^{\mathrm{SP}}=\frac{1}{25}\begin{bmatrix}2&1\\1&3\end{bmatrix}\begin{bmatrix}-2\\0.5\end{bmatrix}=\begin{bmatrix}-0.14\\-0.02\end{bmatrix}\quad(\mathrm{rad})$$

然后利用式(8-2)计算支路有功潮流

$$P_{12}=\frac{\theta_1-\theta_2}{x_{12}}=\frac{-0.14+0.02}{0.2}=-0.6$$

$$P_{13}=\frac{\theta_1-\theta_3}{x_{13}}=\frac{-0.14-0}{0.1}=-1.4$$

$$P_{23}=\frac{\theta_2-\theta_3}{x_{23}}=\frac{-0.02-0}{0.2}=-0.1$$

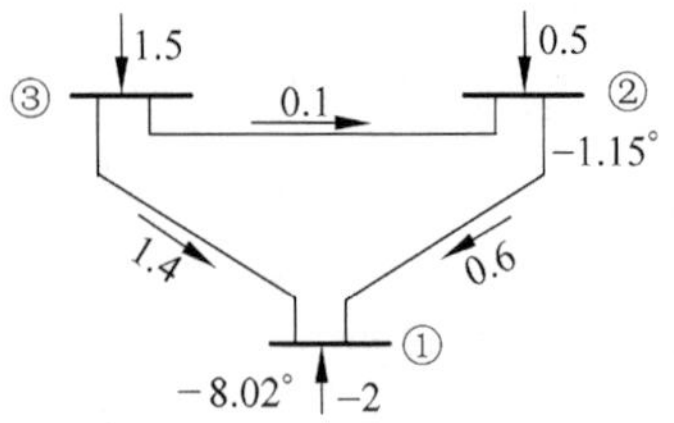

图 8.2 支路有功潮流分布

将以上直流潮流结果标于图 8.2,可见潮流平衡。将这个结果和例 7.2 中图 7.1 的交流潮流结果相比较,可见两者的支路有功潮流非常接近。

8.2 潮流计算的快速分解法

用牛顿-拉夫逊法计算潮流时,每次迭代都要重新形成雅可比矩阵,然后重新对它进行因子表分解并求解修正方程。为避免每次迭代重新形成雅可比矩阵及其因子表,人们研究用定雅可比矩阵(即式(7-33)中的 $\boldsymbol{J}_0$)取代随迭代过程不断变化的雅可比矩阵(即式(7-28)中的 $\boldsymbol{J}$),这种方法叫定雅可比法。此外,人们还结合电力系统的物理特点,发展了各种版本的解耦潮流算法,20 世纪 70 年代初提出的快速分解法是这一阶段的主要研究成果。

关于快速分解潮流算法,有三项里程碑意义的研究成果。其一是 Stott 在 1974 年发现的 XB 型算法[74];其二是 Van Amerongen 在 1989 年发现的 BX 型算法[76];其三是 Monticelli 等人在 1990 年所作的关于快速分解潮流算法收敛机理的理论阐述[75]。这些研究工作不仅是电力系统计算方面的典范,也揭示了这样一个事实:工程上有效的方法一定有其深刻的理论来支持。

8.2.1 快速分解法的修正方程及迭代格式

将式(7-35)给出的极坐标型定雅可比法的修正公式重写如下:

$$-\begin{bmatrix}\boldsymbol{B}_H & -\boldsymbol{G}_N\\ \boldsymbol{G}_M & \boldsymbol{B}_L\end{bmatrix}\begin{bmatrix}\boldsymbol{V}\Delta\boldsymbol{\theta}\\ \Delta\boldsymbol{V}\end{bmatrix}=\begin{bmatrix}\Delta\boldsymbol{P}/\boldsymbol{V}\\ \Delta\boldsymbol{Q}/\boldsymbol{V}\end{bmatrix} \tag{8-7}$$

经验表明,电力系统中有功功率主要受电压相角的影响,而无功功率主要受电压幅值的影响,同时由于高压电网大部分线路的电阻比电抗小,因此在牛顿-拉夫逊迭代中可以忽略雅可比矩阵的非对角块,即将 $\boldsymbol{G}_N$,$\boldsymbol{G}_M$ 设为零,从而实现有功和无功潮流修正方程的解耦。Stott 通过大量的计算实践发现[74],为了获得最好的收敛性,还要对雅可比矩阵的对角块作特殊的常数化处理:对系数矩阵 $\boldsymbol{B}_H$,忽略支路电阻和接地支路的影响,即用 $-1/x$ 为支路电纳建立的节点电纳矩阵 $\boldsymbol{B}'$ 代替 $\boldsymbol{B}_H$;对系数矩阵 $\boldsymbol{B}_L$,用节点导纳矩阵中不包含 PV 节点的虚部 $\boldsymbol{B}''$ 代替;$\boldsymbol{V}\Delta\boldsymbol{\theta}$ 前的电压幅值用标么值 1 代替。于是可得简化的修正方程式如下：

$$-\boldsymbol{B}'\Delta\boldsymbol{\theta}=\Delta\boldsymbol{P}/\boldsymbol{V} \tag{8-8}$$

$$-\boldsymbol{B}''\Delta\boldsymbol{V}=\Delta\boldsymbol{Q}/\boldsymbol{V} \tag{8-9}$$

在潮流计算中，上述两个修正方程式依次交替迭代，Stott 把在此基础发展起来的潮流算法称为快速分解法[74](fast decoupled load flow)。假定当前点为($\boldsymbol{\theta}^{(k)}$，$\boldsymbol{V}^{(k)}$)，则求解($\boldsymbol{\theta}^{(k+1)}$，$\boldsymbol{V}^{(k+1)}$)的连续迭代格式如下：

$$\begin{cases}\Delta\boldsymbol{V}^{(k)}=-\boldsymbol{B}''^{-1}\Delta\boldsymbol{Q}(\boldsymbol{\theta}^{(k)},\boldsymbol{V}^{(k)})/\boldsymbol{V}^{(k)}\\ \boldsymbol{V}^{(k+1)}=\boldsymbol{V}^{(k)}+\Delta\boldsymbol{V}^{(k)}\end{cases} \tag{8-10}$$

$$\begin{cases}\Delta\boldsymbol{\theta}^{(k)}=-\boldsymbol{B}'^{-1}\Delta\boldsymbol{P}(\boldsymbol{\theta}^{(k)},\boldsymbol{V}^{(k+1)})/\boldsymbol{V}^{(k+1)}\\ \boldsymbol{\theta}^{(k+1)}=\boldsymbol{\theta}^{(k)}+\Delta\boldsymbol{\theta}^{(k)}\end{cases} \tag{8-11}$$

快速分解法迭代公式的特点是：①$\boldsymbol{P}$-$\boldsymbol{\theta}$ 和 $\boldsymbol{Q}$-$\boldsymbol{V}$ 迭代分别交替进行；②功率偏差计算时使用最近修正过的电压值，且有功无功偏差都用电压幅值去除；③$\boldsymbol{B}''$和$\boldsymbol{B}'$的构成不同，$\boldsymbol{B}'$应用$-1/x$ 建立，并忽略所有接地支路(对非标准变比变压器支路，变比可取为 1)，而$\boldsymbol{B}''$就是导纳矩阵的虚部，不包括 PV 节点。在快速分解法的实施中，这些技术细节缺一不可，否则程序的收敛性将受到影响。

1989 年，荷兰学者 Van Amerongen 通过大量仿真计算发现了另一版本的快速分解潮流算法，他把该算法称为 BX 型算法，而把 Stott 的算法称为 XB 型算法，用以区分二者。BX 型算法与 XB 型算法的主要不同在于雅可比矩阵对角块的形成上。BX 型算法的处理方式是：在对系数矩阵 $\boldsymbol{B}_H$ 进行简化时，保留了支路电阻的影响，但忽略了接地支路项；在对系数矩阵 $\boldsymbol{B}_L$ 进行简化时，完全忽略支路电阻的影响，但保留接地支路项。BX 型算法的迭代格式与 XB 型算法是相同的。计算经验表明，BX 型和 XB 型两种快速分解潮流算法在大部分情况下性能接近，在某些情况下 BX 型算法收敛性略好[76]。

快速分解法只对雅可比矩阵作了简化，但节点功率偏差量的计算及收敛条件仍是严格的，因此收敛后的潮流结果仍然是准确的。由于方程的维数减小了，且$\boldsymbol{B}'$和$\boldsymbol{B}''$是常数矩阵，只需在迭代计算之前形成一次，然后分解成因子表，并一直在迭代过程中使用，所以计算效率大幅提高。快速分解法是一种定雅可比法，虽然只具有线性收敛速度，但由于其鲁棒性好，适应性强，在电力工业界被广泛采用，特别适合在线计算。

8.2.2 快速分解法的理论基础

Stott 的快速分解法提出时并没有任何理论解释，它是计算实践的产物。多年来，人们普遍认为在满足 $r\ll x$ 的系统中，快速分解法才能有较好的收敛性。但在许多实际应用中，当 $r>x$ 时，快速分解法也能很好收敛[22]。因此，从理论上解释快速分解法的收敛机理，便成为一个有趣的研究课题。20 世纪 80 年代末，Monticelli 等人的研究工作对这一问题做了比较完整的解释[75]，在一定程度上阐明了 XB 型和 BX 型快速分解潮流算法的收敛机理。

Monticelli 等人的分析工作是以定雅可比牛顿-拉夫逊迭代方程为出发点的。具体过程如下：①通过高斯消去法，把牛顿-拉夫逊法的每一次迭代等价地细分为三步计算；②对每一步计算作详细分析，证明了在连续的两次牛顿-拉夫逊迭代中，上一次迭代的第三步和下一次迭代的第一步可以合并，从而导出等效的两步式分解算法；③论证了该两步式分解算法的系数矩阵与快速分解法的系数矩阵是一致的。推导过程并未引用任何解耦的假设。实际上，8.1.2 小节中有关直流潮流的理论基础和下面将要介绍的快速分解法的理论基础有相通之处。

为以后书写方便，将式(8-7)中的 $\Delta\boldsymbol{P}/\boldsymbol{V}$ 用 $\Delta\boldsymbol{P}$ 代替，$\Delta\boldsymbol{Q}/\boldsymbol{V}$ 用 $\Delta\boldsymbol{Q}$ 代替，而 $\boldsymbol{V}\Delta\boldsymbol{\theta}$ 用 $\Delta\boldsymbol{\theta}$ 代替，则给出的定雅可比法的修正公式改写如下

$$-\begin{bmatrix}\boldsymbol{H} & \boldsymbol{N}\\ \boldsymbol{M} & \boldsymbol{L}\end{bmatrix}\begin{bmatrix}\Delta\boldsymbol{\theta}\\ \Delta\boldsymbol{V}\end{bmatrix}=\begin{bmatrix}\Delta\boldsymbol{P}\\ \Delta\boldsymbol{Q}\end{bmatrix} \tag{8-12}$$

式中

$$\boldsymbol{H}=\boldsymbol{B}_H\approx\frac{\partial\Delta\boldsymbol{P}}{\partial\boldsymbol{\theta}^{\mathrm{T}}},\quad \boldsymbol{N}=-\boldsymbol{G}_N\approx\frac{\partial\Delta\boldsymbol{P}}{\partial\boldsymbol{V}^{\mathrm{T}}},$$

$$\boldsymbol{M}=\boldsymbol{G}_M\approx\frac{\partial\Delta\boldsymbol{Q}}{\partial\boldsymbol{\theta}^{\mathrm{T}}},\quad \boldsymbol{L}=\boldsymbol{B}_L\approx\frac{\partial\Delta\boldsymbol{Q}}{\partial\boldsymbol{V}^{\mathrm{T}}}$$

整个推导分三步。

1. 将原问题分解成 P，Q 子问题

首先，对式(8-12)用高斯消去法消去子块 $\boldsymbol{N}$，有

$$-\begin{bmatrix}\boldsymbol{H}-\boldsymbol{N}\boldsymbol{L}^{-1}\boldsymbol{M} & \boldsymbol{0}\\ \boldsymbol{M} & \boldsymbol{L}\end{bmatrix}\begin{bmatrix}\Delta\boldsymbol{\theta}\\ \Delta\boldsymbol{V}\end{bmatrix}=\begin{bmatrix}\Delta\boldsymbol{P}-\boldsymbol{N}\boldsymbol{L}^{-1}\Delta\boldsymbol{Q}\\ \Delta\boldsymbol{Q}\end{bmatrix} \tag{8-13}$$

记

$$\widetilde{\boldsymbol{H}}=\boldsymbol{H}-\boldsymbol{N}\boldsymbol{L}^{-1}\boldsymbol{M},\quad \Delta\widetilde{\boldsymbol{P}}=\Delta\boldsymbol{P}-\boldsymbol{N}\boldsymbol{L}^{-1}\Delta\boldsymbol{Q}$$

并定义

$$\Delta\boldsymbol{V}_L=-\boldsymbol{L}^{-1}\Delta\boldsymbol{Q},\quad \Delta\boldsymbol{V}_M=-\boldsymbol{L}^{-1}\boldsymbol{M}\Delta\boldsymbol{\theta}$$

则式(8-13)的解可以表示为

$$\begin{cases}\Delta\boldsymbol{\theta}=-\widetilde{\boldsymbol{H}}^{-1}\Delta\widetilde{\boldsymbol{P}}\\ \Delta\boldsymbol{V}=\Delta\boldsymbol{V}_L+\Delta\boldsymbol{V}_M\end{cases}$$

上式中对 $\Delta\widetilde{\boldsymbol{P}}$ 的计算可以采用较简单的方法。在给定的电压幅值和相角初值附近，保持电压相角不变，考虑只有电压幅值的变化 $\Delta\boldsymbol{V}_L$ 时，有功功率的偏差量为

$$\Delta\boldsymbol{P}(\boldsymbol{\theta},\boldsymbol{V}+\Delta\boldsymbol{V}_L)\approx\Delta\boldsymbol{P}(\boldsymbol{\theta},\boldsymbol{V})+\frac{\partial\Delta\boldsymbol{P}}{\partial\boldsymbol{V}^{T}}\Delta\boldsymbol{V}_L=\Delta\boldsymbol{P}(\boldsymbol{\theta},\boldsymbol{V})-\boldsymbol{N}\boldsymbol{L}^{-1}\Delta\boldsymbol{Q}=\Delta\widetilde{\boldsymbol{P}} \tag{8-14}$$

综合上述结果，如果当前的迭代点为$(\boldsymbol{\theta}^{(k)},\boldsymbol{V}^{(k)})$，则第 k 次迭代对式(8-12)的计算可以分解为以下三步。

①

$$\begin{cases}\Delta \boldsymbol{V}_L^{(k)} = -\boldsymbol{L}^{-1}\Delta \boldsymbol{Q}(\boldsymbol{\theta}^{(k)}, \boldsymbol{V}^{(k)}) \\ \widetilde{\boldsymbol{V}}^{(k+1)} = \boldsymbol{V}^{(k)} + \Delta \boldsymbol{V}_L^{(k)}\end{cases} \tag{8-15}$$

②

$$\begin{cases}\Delta \boldsymbol{\theta}^{(k)} = -\widetilde{\boldsymbol{H}}^{-1}\Delta \boldsymbol{P}(\boldsymbol{\theta}^{(k)}, \widetilde{\boldsymbol{V}}^{(k+1)}) \\ \boldsymbol{\theta}^{(k+1)} = \boldsymbol{\theta}^{(k)} + \Delta \boldsymbol{\theta}^{(k)}\end{cases} \tag{8-16}$$

③

$$\begin{cases}\Delta \boldsymbol{V}_M^{(k)} = -\boldsymbol{L}^{-1}\boldsymbol{M}\Delta \boldsymbol{\theta}^{(k)} \\ \boldsymbol{V}^{(k+1)} = \widetilde{\boldsymbol{V}}^{(k+1)} + \Delta \boldsymbol{V}_M^{(k)}\end{cases} \tag{8-17}$$

2. 简化无功迭代步骤

按①～③完成第 k 次迭代后，下面再考察第 $k+1$ 次迭代的①，有

$$\begin{cases}\Delta \boldsymbol{V}_L^{(k+1)} = -\boldsymbol{L}^{-1}\Delta \boldsymbol{Q}(\boldsymbol{\theta}^{(k+1)}, \boldsymbol{V}^{(k+1)}) \\ \widetilde{\boldsymbol{V}}^{(k+2)} = \boldsymbol{V}^{(k+1)} + \Delta \boldsymbol{V}_L^{(k+1)}\end{cases} \tag{8-18}$$

利用式(8-17)，上式中的无功功率偏差为

$$\begin{aligned}\Delta \boldsymbol{Q}(\boldsymbol{\theta}^{(k+1)}, \boldsymbol{V}^{(k+1)}) &= \Delta \boldsymbol{Q}(\boldsymbol{\theta}^{(k+1)}, \widetilde{\boldsymbol{V}}^{(k+1)} + \Delta \boldsymbol{V}_M^{(k)}) \\ &\approx \Delta \boldsymbol{Q}(\boldsymbol{\theta}^{(k+1)}, \widetilde{\boldsymbol{V}}^{(k+1)}) + \frac{\partial \Delta \boldsymbol{Q}}{\partial \boldsymbol{V}^{\mathrm{T}}}\Delta \boldsymbol{V}_M^{(k)} \\ &= \Delta \boldsymbol{Q}(\boldsymbol{\theta}^{(k+1)}, \widetilde{\boldsymbol{V}}^{(k+1)}) + \boldsymbol{L}\Delta \boldsymbol{V}_M^{(k)}\end{aligned} \tag{8-19}$$

代入式(8-18)，经整理得

$$\Delta \boldsymbol{V}_L^{(k+1)} + \Delta \boldsymbol{V}_M^{(k)} = -\boldsymbol{L}^{-1}\Delta \boldsymbol{Q}(\boldsymbol{\theta}^{(k+1)}, \widetilde{\boldsymbol{V}}^{(k+1)}) \tag{8-20}$$

式(8-20)说明，如果将第 k 次迭代的①计算出的 $\widetilde{\boldsymbol{V}}^{(k+1)}$ 和②计算出的$\boldsymbol{\theta}^{(k+1)}$，用于计算第 $k+1$ 次迭代的无功偏差量，即式(8-20)中的 $\Delta \boldsymbol{Q}$，则所求得的第 $k+1$ 次迭代的电压修正量将自动包含第 k 次迭代的③计算出的 $\Delta \boldsymbol{V}_M^{(k)}$。所以，$\Delta \boldsymbol{V}_M^{(k)}$ 的计算可以省略，相当于将第 k 次迭代的③的式(8-17)与第 $k+1$ 次迭代的①的式(8-18)合并，只需保留式(8-15)和式(8-16)。因此，第 k 次迭代对式(8-12)的计算可以用以下两步计算完成：

$$\begin{cases}\Delta \boldsymbol{V}^{(k)} = -\boldsymbol{L}^{-1}\Delta \boldsymbol{Q}(\boldsymbol{\theta}^{(k)}, \boldsymbol{V}^{(k)}) \\ \boldsymbol{V}^{(k+1)} = \boldsymbol{V}^{(k)} + \Delta \boldsymbol{V}^{(k)}\end{cases} \tag{8-21}$$

$$\begin{cases}\Delta \boldsymbol{\theta}^{(k)} = -\widetilde{\boldsymbol{H}}^{-1}\Delta \boldsymbol{P}(\boldsymbol{\theta}^{(k)}, \boldsymbol{V}^{(k+1)}) \\ \boldsymbol{\theta}^{(k+1)} = \boldsymbol{\theta}^{(k)} + \Delta \boldsymbol{\theta}^{(k)}\end{cases} \tag{8-22}$$

在式(8-12)处已说明，$\Delta \boldsymbol{P}$ 实际是 $\Delta \boldsymbol{P}/\boldsymbol{V}$，$\Delta \boldsymbol{Q}$ 实际是 $\Delta \boldsymbol{Q}/\boldsymbol{V}$，$\Delta\boldsymbol{\theta}$ 实际是 $\boldsymbol{V}\Delta\boldsymbol{\theta}$，所以，式(8-21)和式(8-22)和快速分解法迭代格式相同。显然，这种迭代算法是否与快速分解法等效，取决于系数矩阵 $\boldsymbol{L}$ 和 $\widetilde{\boldsymbol{H}}$。与 XB 型快速分解法的修正方程相比，系数矩阵 $\boldsymbol{L}$ 是导纳矩阵的虚部，这与 $\boldsymbol{B}''$ 相同，所以关键要看 $\widetilde{\boldsymbol{H}}$ 是否与 $\boldsymbol{B}'$ 有相

同或相似的关系。

3. 简化有功迭代矩阵 $\widetilde{\boldsymbol{H}}$

由 $\widetilde{\boldsymbol{H}}$ 的定义，有

$$\widetilde{\boldsymbol{H}} = \boldsymbol{H} - \boldsymbol{N}\boldsymbol{L}^{-1}\boldsymbol{M} = \boldsymbol{B}_H + \boldsymbol{G}_N\boldsymbol{B}_L^{-1}\boldsymbol{G}_M \tag{8-23}$$

对于一般的电网，$\widetilde{\boldsymbol{H}}$ 可能有较复杂的结构。为了对 $\widetilde{\boldsymbol{H}}$ 有直观的认识，假定网络中无 PV 节点，则式(8-23)中各矩阵的维数相等，并且节点导纳矩阵可用节点支路关联矩阵 $\boldsymbol{A}$ 和支路导纳对角矩阵(分别用的 $\boldsymbol{b}$ 和 $\boldsymbol{g}$ 表示电纳和电导)表示。下面将证明，对于树形电网或所有支路的 r/x 比值都相同的环形网络，$\widetilde{\boldsymbol{H}}$ 与 $\boldsymbol{B}'$ 相等。

如果网络是树状的，其关联矩阵 $\boldsymbol{A}$ 是方阵且非奇异，此时对式(8-23)有

$$\begin{aligned}\widetilde{\boldsymbol{H}} &= \boldsymbol{AbA}^{\mathrm{T}} + (\boldsymbol{AgA}^{\mathrm{T}})(\boldsymbol{AbA}^{\mathrm{T}})^{-1}(\boldsymbol{AgA}^{\mathrm{T}})\\ &= \boldsymbol{A}(\boldsymbol{b} + \boldsymbol{gA}^{\mathrm{T}}\boldsymbol{A}^{-\mathrm{T}}\boldsymbol{b}^{-1}\boldsymbol{A}^{-1}\boldsymbol{Ag})\boldsymbol{A}^{\mathrm{T}}\\ &= \boldsymbol{A}(\boldsymbol{b} + \boldsymbol{gb}^{-1}\boldsymbol{g})\boldsymbol{A}^{\mathrm{T}} = \boldsymbol{Ab}'\boldsymbol{A}^{\mathrm{T}} = \boldsymbol{B}'\end{aligned} \tag{8-24}$$

式中，$\boldsymbol{b}'$ 为以 $-1/x$ 为支路电纳组成的对角线矩阵；$\boldsymbol{B}'$ 为以 $-1/x$ 为支路电纳建立的节点电纳矩阵。这说明对树形电网，$\widetilde{\boldsymbol{H}}$ 就是 XB 型快速分解法中的 $\boldsymbol{B}'$ 阵。

对于环形网络，如果电网是均一网，即对任一支路 l 有 $r_l/x_l=\alpha$，则得

$$g_l = \frac{r_l}{r_l^2 + x_l^2} = \frac{\alpha x_l}{r_l^2 + x_l^2} = -\alpha b_l$$

并有

$$b_l + g_l b_l^{-1} g_l = (1+\alpha^2)b_l = \left(1 + \frac{r_l^2}{x_l^2}\right)\left(-\frac{x_l}{x_l^2 + r_l^2}\right) = -\frac{1}{x_l}$$

所以

$$\boldsymbol{g} = -\alpha\boldsymbol{b},\quad (1+\alpha^2)\boldsymbol{b} = \boldsymbol{b}'$$

故有

$$\begin{aligned}\widetilde{\boldsymbol{H}} &= \boldsymbol{AbA}^{\mathrm{T}} + (\boldsymbol{AgA}^{\mathrm{T}})(\boldsymbol{AbA}^{\mathrm{T}})^{-1}(\boldsymbol{AgA}^{\mathrm{T}})\\ &= \boldsymbol{AbA}^{\mathrm{T}} + \alpha^2(\boldsymbol{AbA}^{\mathrm{T}})(\boldsymbol{AbA}^{\mathrm{T}})^{-1}(\boldsymbol{AbA}^{\mathrm{T}})\\ &= (1+\alpha^2)\boldsymbol{AbA}^{\mathrm{T}} = \boldsymbol{Ab}'\boldsymbol{A}^{\mathrm{T}} = \boldsymbol{B}'\end{aligned} \tag{8-25}$$

如果电网不是均一网，上述结论不再严格成立。但 $\widetilde{\boldsymbol{H}}$ 和 $\boldsymbol{B}'$ 相比，在 $\boldsymbol{B}'$ 的零元素处，相应 $\widetilde{\boldsymbol{H}}$ 的元素近似等于零；在 $\boldsymbol{B}'$ 的非零元素处，相应 $\widetilde{\boldsymbol{H}}$ 的元素近似和 $\boldsymbol{B}'$ 的非零元素相等。这可以用下面的例子来说明。

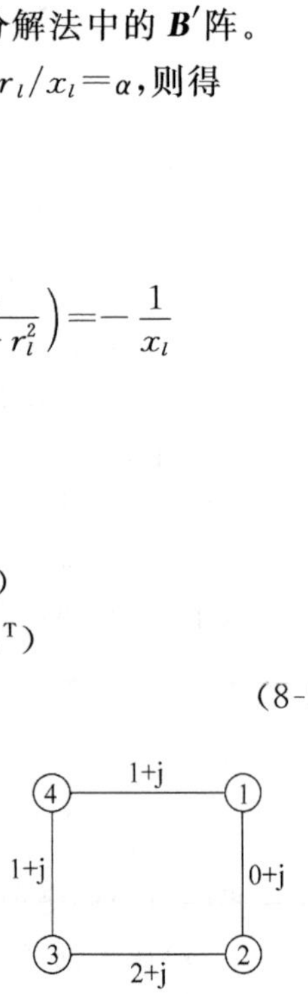

图 8.3　四节点电力系统

以图 8.3 所示的四节点系统为例，图中给出了支路阻抗。该例中 $\boldsymbol{H}$，$\widetilde{\boldsymbol{H}}$ 和 $\boldsymbol{B}'$ 分别为

$$\boldsymbol{H}=\begin{bmatrix}1.5 & -1 & 0 & -0.5\\ -1 & 1.2 & -0.2 & 0\\ 0 & -0.2 & 0.7 & -0.5\\ -0.5 & 0 & -0.5 & 1\end{bmatrix}$$

$$\widetilde{\boldsymbol{H}}=-\begin{bmatrix}1.9 & -0.8 & -0.1 & -1\\ -0.8 & 1.6 & -0.8 & 0\\ -0.1 & -0.8 & 1.9 & -1\\ -1 & 0 & -1 & 2\end{bmatrix}\quad \boldsymbol{B}'=-\begin{bmatrix}2 & -1 & 0 & -1\\ -1 & 2 & -1 & 0\\ 0 & -1 & 2 & -1\\ -1 & 0 & -1 & 2\end{bmatrix}$$

可见，$\boldsymbol{B}'$比 $\boldsymbol{H}$ 更接近于 $\widetilde{\boldsymbol{H}}$，而用 $\boldsymbol{B}'$代替 $\widetilde{\boldsymbol{H}}$ 即得到 XB 型快速分解法。

4. 几点分析

以上推导过程中，只在式(8-14)对有功偏差量和式(8-19)对无功偏差量的计算处做了线性化近似，并未作其他近似，既没有做$\frac{r}{x}<1$ 的假设，也没有引用 PQ 解耦的假设，也就是说该迭代格式实际上蕴含了 $\boldsymbol{P},\boldsymbol{Q}$ 之间的耦合关系。这种耦合关系一方面体现在系数矩阵 $\widetilde{\boldsymbol{H}}$ 中，另一方面也体现在交替迭代格式中始终使用最新修正后的电压幅值和角度。换言之，$\boldsymbol{P}$-$\boldsymbol{\theta}$ 和 $\boldsymbol{Q}$-$\boldsymbol{V}$ 两个子问题交替迭代，其实质与式(8-12)的直接求解基本相同，这就解释了为什么 XB 型快速分解法有较广的适应面，对众多的问题都有较好的收敛性。

前面的推导中，是先消去式(8-12)中的子块 $\boldsymbol{N}$，由此得到 XB 型快速分解法。与此类似，如果在式(8-12)中先消去子块 $\boldsymbol{M}$，则可以推导出 BX 型的快速分解法。由有功潮流方程的雅可比矩阵的形成过程可知，$\boldsymbol{H}$ 是节点有功偏差量对电压相角的偏导数，在潮流方程中接地电纳支路上不流通有功潮流，所以，$\boldsymbol{H}$ 中没有接地支路的贡献项。因此，无论是 XB 型算法还是 BX 型算法，$\boldsymbol{P}$-$\boldsymbol{\theta}$ 迭代方程的系数矩阵都不应考虑接地支路的贡献，而 $\boldsymbol{Q}$-$\boldsymbol{V}$ 迭代方程的系数矩阵则应包括接地支路的贡献。

8.2.3 快速分解法的计算流程

将式(8-21)中的 $\boldsymbol{L}$ 用 $\boldsymbol{B}''$代替，式(8-22)中的 $\widetilde{\boldsymbol{H}}$ 用 $\boldsymbol{B}'$代替，就得到了式(8-10)和式(8-11)的快速分解法迭代公式。式(8-10)和式(8-11)的求解是交替进行的，具体流程读者作为练习。

例 8.2 例 7.2 所示的电力系统如图 8.4 所示，其节点导纳矩阵已在例 2.3 中求出。如果给定各节点的发电和负荷功率以及节点电压，试写出极坐标形式的潮流方程，并用快速分解法计算潮流。已知 $P_{D1}+jQ_{D1}=2+j1$，$P_{D2}+jQ_{D2}=0.5$

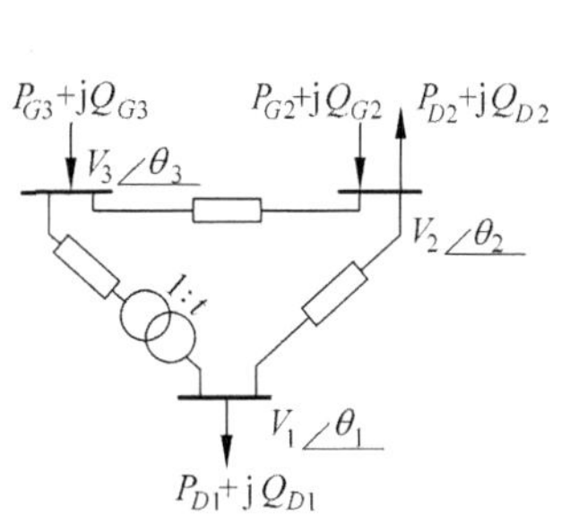

图 8.4 三母线电力系统的例

$+\mathrm{j}0.25, P_{G2}=1, V_2=1.01, V_3\angle\theta_3=1\angle 0°$。

解 图8.4中节点①是 PQ 节点，节点②是 PV 节点，节点③是 $V\theta$ 节点。待求的状态变量是 $\boldsymbol{x}=[\theta_1 \quad \theta_2 \quad V_1]^{\mathrm{T}}$，共有两个有功潮流方程和一个无功潮流方程：

$$\begin{cases}\Delta P_1=-P_{D1}-P_1(\boldsymbol{V},\boldsymbol{\theta})=0\\ \Delta P_2=P_{G2}-P_{D2}-P_2(\boldsymbol{V},\boldsymbol{\theta})=0\\ \Delta Q_1=-Q_{D1}-Q_1(\boldsymbol{V},\boldsymbol{\theta})=0\end{cases}$$

其具体表达式如下：

$$\begin{cases}\Delta P_1=-P_{D1}-V_1^2G_{11}-V_1V_2(G_{12}\cos\theta_{12}+B_{12}\sin\theta_{12})\\ \qquad -V_1V_3(G_{13}\cos\theta_{13}+B_{13}\sin\theta_{13})=0\\ \Delta P_2=P_{G2}-P_{D2}-V_2^2G_{22}-V_2V_1(G_{21}\cos\theta_{21}+B_{21}\sin\theta_{21})\\ \qquad -V_2V_3(G_{23}\cos\theta_{23}+B_{23}\sin\theta_{23})=0\\ \Delta Q_1=-Q_{D1}+V_1^2B_{11}-V_1V_2(G_{12}\sin\theta_{12}-B_{12}\cos\theta_{12})\\ \qquad -V_1V_3(G_{13}\sin\theta_{13}-B_{13}\cos\theta_{13})=0\end{cases}$$

这个系统的节点导纳矩阵已在例2.3中求出，为

$$\boldsymbol{Y}=\boldsymbol{G}+\mathrm{j}\boldsymbol{B}=\begin{bmatrix}1.1474 & -0.2494 & -0.9430\\ -0.2494 & 0.7445 & -0.4951\\ -0.9430 & -0.4951 & 1.4852\end{bmatrix}$$

$$+\mathrm{j}\begin{bmatrix}-13.9580 & 4.9875 & 9.4300\\ 4.9875 & -9.9080 & 4.9505\\ 9.4300 & 4.9505 & -14.8315\end{bmatrix}$$

快速分解法中的 $\boldsymbol{B}'$ 和 $\boldsymbol{B}''$ 分别为

$$\boldsymbol{B}'=\begin{matrix} & ① & ② & \\ & \begin{bmatrix}-15 & 5\\ 5 & -10\end{bmatrix} & & \begin{matrix}①\\ ②\end{matrix}\end{matrix},\quad \boldsymbol{B}''=-\overset{①}{[13.9580]}①$$

注意 $\boldsymbol{B}'$ 是用 $-1/x$ 建立的，$\boldsymbol{B}''$ 直接从导纳矩阵虚部中取。将 $\boldsymbol{Y}$ 矩阵的具体数值代入功率偏差方程有

$$\begin{cases}\Delta P_1=-2-1.1474V_1^2-V_1V_2(-0.2494\cos\theta_{12}+4.9875\sin\theta_{12})\\ \qquad -V_1V_3(-0.9430\cos\theta_{13}+9.430\sin\theta_{13})=0\\ \Delta P_2=1-0.5-0.74445V_2^2-V_2V_1(-0.2494\cos\theta_{21}+4.9875\sin\theta_{21})\\ \qquad -V_2V_3(-0.4951\cos\theta_{23}+4.951\sin\theta_{23})=0\\ \Delta Q_1=-1-13.9580V_1^2-V_1V_2(-0.2494\sin\theta_{12}-4.9875\cos\theta_{12})\\ \qquad -V_1V_3(-0.9430\sin\theta_{13}-9.4300\sin\theta_{13})=0\end{cases}$$

从平启动开始，所有 PQ 节点电压为 $1\angle 0°$，这时电压初值为

$$[\dot{V}_1 \quad \dot{V}_2 \quad \dot{V}_3]=[1\angle 0° \quad 1.01\angle 0° \quad 1\angle 0°]$$

代入有功潮流方程中计算第一次迭代时的有功不平衡量

$$\Delta P_1^{(0)} = -2 - 1.1474 - 1.01 \times (-0.2494) + 0.9430 = -1.9525$$

$$\Delta P_2^{(0)} = 0.5 - 0.74445 \times 1.01^2 - 1.01 \times (-0.2494) - 1.01 \times (-0.4951) = 0.49248$$

所以

$$\left[\frac{\Delta \boldsymbol{P}}{\boldsymbol{V}}\right]^{(0)} = \begin{bmatrix} \Delta P_1/V_1 \\ \Delta P_2/V_2 \end{bmatrix}^{(0)} = \begin{bmatrix} -1.9525 \\ 0.48761 \end{bmatrix}$$

计算相角修正量

$$\Delta \boldsymbol{\theta}^{(0)} = -\boldsymbol{B}'^{-1}\left[\frac{\Delta \boldsymbol{P}}{\boldsymbol{V}}\right]^{(0)} = -\begin{bmatrix} -15 & 2 \\ 5 & -10 \end{bmatrix}^{-1}\begin{bmatrix} -1.9525 \\ 0.48761 \end{bmatrix} = \begin{bmatrix} -0.1367 \\ -0.01959 \end{bmatrix}$$

$$\boldsymbol{\theta}^{(1)} = \Delta \boldsymbol{\theta}^{(0)} + \Delta \boldsymbol{\theta}^{(0)} = \begin{bmatrix} 0 \\ 0 \end{bmatrix} + \begin{bmatrix} -0.1367 \\ -0.01959 \end{bmatrix} = \begin{bmatrix} -0.1367 \\ -0.01959 \end{bmatrix}$$

式中，$\Delta\theta$ 前的电压幅值项取值为 1。然后进行无功迭代。先计算节点无功不平衡量。这时节点电压相角用最新修正后的值

$$\boldsymbol{V}^{(0)} = \begin{bmatrix} 1 \\ 1.01 \\ 1 \end{bmatrix}, \quad \boldsymbol{\theta}^{(1)} = \begin{bmatrix} -0.1367 \\ -0.01959 \\ 0 \end{bmatrix}$$

只有一个 PQ 节点，故只有一个无功平衡方程

$$\begin{aligned}\Delta Q_1^{(0)} &= -1 - 13.9580 - 1.01 \\ &\quad \times [-0.2494 \times \sin(-0.1171) - 4.9875 \times \cos(-0.1171)] \\ &\quad - [-0.9430 \times \sin(-0.1367) - 9.430 \times \cos(-0.1367)] \\ &= -14.9580 - 1.01 \times (-4.92421) + 9.21352 = -0.7715\end{aligned}$$

$$\left(\frac{\Delta Q_1}{V_1}\right)^{(0)} = -0.7715$$

再计算电压修正值：

$$\Delta V_1^{(0)} = -B''^{-1}\left(\frac{\Delta Q_1}{V_1}\right)^{(0)} = \frac{1}{13.958} \times (-0.7715) = -0.055273$$

$$V_1^{(1)} = V_1^{(0)} + \Delta V_1^{(0)} = 1 - 0.055273 = 0.94473$$

再利用新计算出的电压转入第二次有功迭代。

整个迭代过程中功率不平衡量、电压幅值和角度的修正量以及电压幅值和角度的变化量列在表 8.1 中。表中，带阴影的列用于判断收敛。可见第 6 次迭代时有功功率和无功功率不平衡量已小于预先指定的收敛阈值 $\varepsilon = 0.00005$，因此不用继续做电压相角和幅值的修正。潮流计算后各支路的潮流和各节点电压已画在图 7.1 中，与牛顿-拉夫逊法的计算结果相同。这说明计算公式的简化并不影响计算结果的正确性。另外，快速分解法迭代次数比牛顿法为多，但每次迭代计算量

小，所以总的计算速度比牛顿法快通常可以快几倍。

表 8.1 快速分解法潮流计算迭代过程（$\varepsilon=0.00005$）

迭代次数	ΔP_1	ΔP_2	$\Delta\theta_1$	$\Delta\theta_2$	θ_1	θ_2	ΔQ_1	ΔV_1	V_1
1	−1.952 60	0.492 48	0.136 70	0.019 59	−0.136 70	−0.019 59	−0.771 51	0.055 27	0.944 73
2	−0.135 18	0.018 72	0.010 71	0.003 50	−0.147 41	−0.023 09	−0.084 05	0.006 37	0.938 35
3	−0.014 86	0.004 31	0.001 10	0.000 12	−0.148 51	−0.023 21	−0.009 94	0.000 76	0.937 59
4	−0.001 67	0.000 60	0.000 12	0.000 00	−0.0148 62	−0.023 21	−0.001 16	0.000 09	0.937 50
5	−0.000 19	0.000 07	0.000 01	0.000 00	−0.148 64	−0.023 21	−0.000 14	0.000 01	0.937 49
6	−0.000 02	0.000 01					−0.000 01		

8.3 潮流计算中的灵敏度分析和分布因子

对给定的电力系统运行状态，有时还要分析某些变量发生变化时，会引起其他变量发生多大的变化，这时就需要进行灵敏度分析。例如，为了调整某些中枢点电压，需要利用可控变量与被控变量之间的灵敏度系数来研究哪些控制量改变多少才能使被控变量改变所需要的值。另外，还需要考察某些发电机有功功率变化引起支路有功潮流的变化，或考察某条支路开断，该支路上的潮流在网络中其他支路上是如何转移的。借助灵敏度系数或分布因子可使这些分析工作简化。由于系统当前运行状态必须满足潮流方程，所以灵敏度和分布因子计算通常以潮流方程在给定运行点的局部线性化为基础。由此得到的灵敏度和分布因子本质上描述了所感兴趣的变量之间的局部线性关系[78,79,82,83]。灵敏度系数在电力系统静态安全分析和优化潮流、电网规划以及电力市场阻塞管理等领域有广泛的应用，本节研究潮流计算中常用的灵敏度系数和分布因子。

8.3.1 灵敏度分析的基本方法

1. 常规的灵敏度计算方法

电力系统中的潮流计算可以用下面的一般性公式来描述：

$$\begin{cases}\boldsymbol{f}(\boldsymbol{x},\boldsymbol{u})=\mathbf{0}\\ \boldsymbol{y}=\boldsymbol{y}(\boldsymbol{x},\boldsymbol{u})\end{cases}\tag{8-26}$$

式中，$\boldsymbol{x}$ 为状态变量，如负荷节点的电压幅值和相角；$\boldsymbol{u}$ 为控制变量，如发电机节点的有功功率和机端电压；$\boldsymbol{y}$ 为依从变量，如线路上的有功功率；$\boldsymbol{f}$ 为反映网络拓扑结构的非线性潮流方程。

通常的潮流计算过程是：当网络结构和控制量 $\boldsymbol{u}$ 给定，从潮流方程求得状态变量 $\boldsymbol{x}$，进一步再求得依从变量 $\boldsymbol{y}$。如果系统的给定条件发生调整，例如控制变量 $\boldsymbol{u}$ 发生了 $\Delta\boldsymbol{u}$ 的变化，这时无需做完整的潮流计算，而可以通过灵敏度系数快速地把状态变量和依从变量的变化量 $\Delta\boldsymbol{x}$ 及 $\Delta\boldsymbol{y}$ 求得。这就是常规灵敏度计算的思路。把潮流方程在当前点线性化，得

$$\begin{cases}\Delta\boldsymbol{x}=\boldsymbol{S}_{xu}\Delta\boldsymbol{u}\\ \Delta\boldsymbol{y}=\boldsymbol{S}_{yu}\Delta\boldsymbol{u}\end{cases} \tag{8-27}$$

式中，$\boldsymbol{S}_{xu}$，$\boldsymbol{S}_{yu}$ 为 $\boldsymbol{u}$ 的变化量分别引起 $\boldsymbol{x}$ 和 $\boldsymbol{y}$ 变化量的灵敏度系数矩阵，计算公式如下：

$$\boldsymbol{S}_{xu}=-\left(\frac{\partial\boldsymbol{f}}{\partial\boldsymbol{x}^{\mathrm{T}}}\right)^{-1}\left(\frac{\partial\boldsymbol{f}}{\partial\boldsymbol{u}^{\mathrm{T}}}\right),\quad \boldsymbol{S}_{yu}=\left(\frac{\partial\boldsymbol{y}}{\partial\boldsymbol{u}^{\mathrm{T}}}\right)+\left(\frac{\partial\boldsymbol{y}}{\partial\boldsymbol{x}^{\mathrm{T}}}\right)\boldsymbol{S}_{xu} \tag{8-28}$$

灵敏度矩阵的最大优点是将由非线性方程隐含确定的变量关系用明显的方式表达出来，不但物理概念清晰，而且可使分析计算工作简化。

2. 准稳态灵敏度计算方法

以上的灵敏度系数计算方法隐含地假设：当控制变量发生了改变量 $\Delta\boldsymbol{u}$ 后，该改变量将持续作用在系统上直到新的稳态运行点，而不考虑期间的变化过程，但实际的电力系统并非总是以这样的模式运行。例如，某个节点的功率发生变化后，在实际运行中该变化量将被系统负荷的频率响应特性和发电机的频率调节特性共同消化，因此在新的稳态运行点，实际上有多个控制变量发生变化。再比如，当平衡节点的功率发生改变时，常规方法得到的灵敏度系数为零，而实际情况必然是：其他的某些发电机一定会调整出力，以共同承担系统出现的功率不平衡量。由此可见，常规的灵敏度系数计算方法不符合实际情况。准稳态灵敏度分析方法可以克服这些不足[83]。

准稳态灵敏度分析方法的思路是：将控制变量的改变量区分为初始改变量 $\Delta\boldsymbol{u}^{(0)}$ 和最终改变量 $\Delta\boldsymbol{u}$；再根据系统的具体特点和控制变量的物理特性，认为只有最终改变量 $\Delta\boldsymbol{u}$ 才会作用于新的稳态运行点。从而在 $\Delta\boldsymbol{u}^{(0)}$ 和 $\Delta\boldsymbol{u}$ 之间建立相互关系如下：

$$\Delta\boldsymbol{u}=\boldsymbol{F}_u\Delta\boldsymbol{u}^{(0)} \tag{8-29}$$

式中，$\boldsymbol{F}_u$ 描述了最终改变量 $\Delta\boldsymbol{u}$ 和初始改变量 $\Delta\boldsymbol{u}^{(0)}$ 之间的关系。

由此得到准稳态灵敏度关系

$$\begin{cases}\Delta\boldsymbol{x}=\boldsymbol{S}_{xu}^{\mathrm{R}}\Delta\boldsymbol{u}^{(0)}\\ \Delta\boldsymbol{y}=\boldsymbol{S}_{yu}^{\mathrm{R}}\Delta\boldsymbol{u}^{(0)}\end{cases} \tag{8-30}$$

其中准稳态灵敏度系数为

$$\boldsymbol{S}_{xu}^{\mathrm{R}}=\boldsymbol{S}_{xu}\boldsymbol{F}_u,\quad \boldsymbol{S}_{yu}^{\mathrm{R}}=\boldsymbol{S}_{yu}\boldsymbol{F}_u \tag{8-31}$$

由于系统的控制变量种类繁多，特性各异，因此 $\Delta\boldsymbol{u}^{(0)}$ 和 $\Delta\boldsymbol{u}$ 之间的关系矩阵

$\boldsymbol{F}_u$ 应当根据具体情况计算。准稳态灵敏度分析方法实际上提供的是一套思路，即在控制过程中如何考虑物理系统实际发生的变化。8.3.3 小节中将介绍如何计算准稳态发电机输出功率转移分布因子，其他准稳态灵敏度系数的计算方法详见文献[83]。

8.3.2 潮流灵敏度矩阵

在以下分析中，令负荷母线电压矢量为 $\boldsymbol{V}_D$，发电机母线电压矢量为 $\boldsymbol{V}_G$，变压器分接头的可调变比矢量为 $\boldsymbol{t}$。用下标“D”和“G”区分负荷母线和发电机母线有关的量。

1. $\Delta\boldsymbol{V}_D$ 和 $\Delta\boldsymbol{V}_G$ 之间的灵敏度关系

当发电机母线电压改变 $\Delta\boldsymbol{V}_G$ 时，假定负荷母线的无功功率 $\boldsymbol{Q}_D$ 不变，这时负荷母线的电压将发生变化，改变量是 $\Delta\boldsymbol{V}_D$。在电力系统负荷节点的电压控制中经常要用到 $\Delta\boldsymbol{V}_D$ 和 $\Delta\boldsymbol{V}_G$ 之间的灵敏度关系。

对式(8-21)的快速解耦潮流的 $\boldsymbol{Q}$-$\boldsymbol{V}$ 迭代方程为

$$-\boldsymbol{L}\Delta\boldsymbol{V} = \Delta\boldsymbol{Q} \tag{8-32}$$

这是 $n-r$ 阶方程，$\boldsymbol{L}$ 即 $\boldsymbol{B}''$。式中，$\Delta\boldsymbol{V}$ 和 $\Delta\boldsymbol{Q}$ 都是负荷母线(PQ 母线)的量，不包括 PV 节点。如果将发电机母线(PV 母线)增广到上面的修正方程中，则有

$$-\begin{bmatrix} \boldsymbol{L}_{DD} & \boldsymbol{L}_{DG} \\ \boldsymbol{L}_{GD} & \boldsymbol{L}_{GG} \end{bmatrix}\begin{bmatrix} \Delta\boldsymbol{V}_D \\ \Delta\boldsymbol{V}_G \end{bmatrix} = \begin{bmatrix} \Delta\boldsymbol{Q}_D \\ \Delta\boldsymbol{Q}_G \end{bmatrix} \tag{8-33}$$

这是 n 阶方程，和下标“G”相对应的 PV 母线在快速分解法潮流计算公式中不出现。$\boldsymbol{L}_{DD}$ 即为式(8-21)中的 $\boldsymbol{L}$ 或者式(8-10)的 $\boldsymbol{B}''$；$\boldsymbol{L}_{DG}$ 和 $\boldsymbol{L}_{GD}$ 为发电机母线和负荷母线之间的互导纳；$\boldsymbol{L}_{GG}$ 为发电机母线自导纳。式(8-33)中忽略了 $\Delta\boldsymbol{Q}/\boldsymbol{V}$ 中的电压幅值项，用 $\Delta\boldsymbol{Q}$ 代替。

当调整 $\boldsymbol{V}_G$ 时，假定负荷母线注入无功不变，即 $\Delta\boldsymbol{Q}_D=\boldsymbol{0}$，则式(8-33)的第一式为

$$\boldsymbol{L}_{DD}\Delta\boldsymbol{V}_D + \boldsymbol{L}_{DG}\Delta\boldsymbol{V}_G = \boldsymbol{0}$$

则有

$$\Delta\boldsymbol{V}_D = \boldsymbol{S}_{DG}\Delta\boldsymbol{V}_G \tag{8-34}$$

式中

$$\boldsymbol{S}_{DG} = -\boldsymbol{L}_{DD}^{-1}\boldsymbol{L}_{DG} \tag{8-35}$$

是 $\Delta\boldsymbol{V}_D$ 和 $\Delta\boldsymbol{V}_G$ 之间的灵敏度矩阵，它是无量纲的。利用灵敏度矩阵 $\boldsymbol{S}_{DG}$，可以知道哪些发电机对控制负荷母线电压最有效，并可实现对负荷母线电压的定量控制。

如果不是调整所有发电机母线电压，而只调整其中的一部分，这时 $\boldsymbol{L}_{DG}$ 只取相应的发电机有关的列。

以上推导是假定在调整发电机母线电压时，系统中其他 V 给定节点(包括平衡节点)的发电机的无功出力充足，可以维持母线电压不变。如果 V 给定节点的

发电机无功出力达界，不能将该母线电压 V 维持在给定值，就需要将其转化为 PQ 节点。因此，在控制变量变化较大时，如果不考虑其他节点无功电压变化时的约束越界情况，计算结果会有较大误差。

如果在式(8-33)中被控变量是部分负荷节点的电压，即被控变量只是 D 中的一个子集，则需要在式(8-33)中将其他负荷节点高斯消去，只保留被控负荷节点电压，然后进行后续推导。对于无功达界的发电机节点因已不能维持节点电压不变，也应和负荷节点一样被高斯消去。对无功调节容量足够大的发电机节点，如果本身不作为控制变量，但其机端电压可维持不变，只需在式(8-33)中消去该节点对应的行和列即可，这相当于将该节点看做 PV 节点。

2. $\Delta \boldsymbol{V}_D$，$\Delta \boldsymbol{V}_G$ 和 $\Delta \boldsymbol{Q}_G$ 之间的灵敏度关系

在有些应用场合，为了使控制更直观、更符合实际，需要把 $\Delta \boldsymbol{Q}_G$ 作为控制变量，研究 $\Delta \boldsymbol{V}_D$ 和 $\Delta \boldsymbol{V}_G$ 与发电机无功输出变化量 $\Delta \boldsymbol{Q}_G$ 之间的灵敏度关系。对式(8-33)，令

$$\begin{bmatrix} \boldsymbol{R}_{DD} & \boldsymbol{R}_{DG} \\ \boldsymbol{R}_{GD} & \boldsymbol{R}_{GG} \end{bmatrix} = -\begin{bmatrix} \boldsymbol{L}_{DD} & \boldsymbol{L}_{DG} \\ \boldsymbol{L}_{GD} & \boldsymbol{L}_{GG} \end{bmatrix}^{-1} \tag{8-36}$$

当发电机无功输出功率变化 $\Delta \boldsymbol{Q}_G$ 时，假定负荷母线无功不变，即 $\Delta \boldsymbol{Q}_D=0$，于是有

$$\Delta \boldsymbol{V}_D = \boldsymbol{R}_{DG} \Delta \boldsymbol{Q}_G \tag{8-37}$$

$$\Delta \boldsymbol{V}_G = \boldsymbol{R}_{GG} \Delta \boldsymbol{Q}_G \tag{8-38}$$

式中，$\boldsymbol{R}_{DG}$ 和 $\boldsymbol{R}_{GG}$ 分别为 $\Delta \boldsymbol{V}_D$ 和 $\Delta \boldsymbol{V}_G$ 与 $\Delta \boldsymbol{Q}_G$ 之间的灵敏度矩阵，二者都具有阻抗的量纲。在将 $-\boldsymbol{B}''$ 增广了发电机节点后的矩阵的逆中，取出发电机节点相关的列，其中与负荷节点相关的行是 $\boldsymbol{R}_{DG}$，与发电机节点相关的行是 $\boldsymbol{R}_{GG}$。

注意到分块阻抗矩阵和导纳矩阵的子矩阵之间有以下关系：

$$\boldsymbol{R}_{GG} = -\widetilde{\boldsymbol{L}}_{GG}^{-1}$$

$$\widetilde{\boldsymbol{L}}_{GG} = \boldsymbol{L}_{GG} - \boldsymbol{L}_{GD} \boldsymbol{L}_{DD}^{-1} \boldsymbol{L}_{DG}$$

它相当于只保留发电机节点，消去负荷节点后的等值网络的导纳矩阵。因此，$\boldsymbol{R}_{GG}$ 实际上是发电机母线与地组成的多端口网络的等值阻抗矩阵，该灵敏度关系反映了从发电机母线向网络看进去的网络的电气特性。

如果控制变量只是部分发电机母线上的无功，其余发电机母线无功电源充足，可以维持节点电压不变。在式(8-33)中，这些发电机节点继续保持为 PV 节点，不需要增广到 $\boldsymbol{L}$ 或者 $\boldsymbol{B}''$ 中。对于无功达界的发电机母线，作为 PQ 节点处理，在式(8-37)和式(8-38)中，$\Delta \boldsymbol{Q}_G$ 不包括无功达界的发电机母线的量，这些量将和 PQ 节点一起被高斯消去。这些处理，实际上考虑了发电机的实际工作状态对系统调整的影响，体现了无功电压之间的准稳态灵敏度分析。

3. $\Delta \boldsymbol{V}_D$ 和 $\Delta \boldsymbol{t}$ 之间的灵敏度关系

调节可调变比变压器的分接头可以改变负荷母线的电压。假定变压器变比改变 $\Delta \boldsymbol{t}$，若此时发电机母线电压及负荷母线无功注入不变，则由灵敏度关系

$$\Delta \boldsymbol{Q}_D = \left[\frac{\partial \Delta \boldsymbol{Q}_D}{\partial \boldsymbol{V}_D^{\mathrm{T}}}\right]\Delta \boldsymbol{V}_D + \left[\frac{\partial \Delta \boldsymbol{Q}_D}{\partial \boldsymbol{t}^{\mathrm{T}}}\right]\Delta \boldsymbol{t} = 0 \tag{8-39}$$

有

$$\Delta \boldsymbol{V}_D = \boldsymbol{T}_{Dt}\Delta \boldsymbol{t} \tag{8-40}$$

式中

$$\boldsymbol{T}_{Dt} = -\left[\frac{\partial \Delta \boldsymbol{Q}_D}{\partial \boldsymbol{V}_D^{\mathrm{T}}}\right]^{-1}\left[\frac{\partial \Delta \boldsymbol{Q}_D}{\partial \boldsymbol{t}^{\mathrm{T}}}\right] = -\boldsymbol{L}_{DD}^{-1}\left[\frac{\partial \Delta \boldsymbol{Q}_D}{\partial \boldsymbol{t}^{\mathrm{T}}}\right] \tag{8-41}$$

为 $\Delta \boldsymbol{V}_D$ 和 $\Delta \boldsymbol{t}$ 之间的灵敏度矩阵；$\boldsymbol{L}_{DD}$ 即为 $\boldsymbol{B}''$。式(8-41)中的 $\left[\frac{\partial \Delta \boldsymbol{Q}_D}{\partial \boldsymbol{t}^{\mathrm{T}}}\right]$ 是由稀疏列矢量组成的，行对应负荷节点号，列对应可调变压器支路，每列中最多只有两个非零元素，分别在变压器支路两个端点位置上。

如果变压器支路两端节点中有一个是发电机母线，而且该节点是 PV 节点，由于 PV 节点无功偏差量在 $\Delta \boldsymbol{Q}_D$ 中不出现，所以 $\left[\frac{\partial \Delta \boldsymbol{Q}_D}{\partial \boldsymbol{t}^{\mathrm{T}}}\right]$ 中相对应的列矢量中只有一个非零元素，它在 PQ 节点的端节点位置上。

例 8.3　对例 8.2 中的三母线电力系统，试计算并分析本节介绍的这些灵敏度系数。

解　(1) 分析 $\Delta \boldsymbol{V}_D$ 和 $\Delta \boldsymbol{V}_G$ 之间的灵敏度

式(8-34)和式(8-35)中描述的灵敏度公式中用的矩阵，如果用快速分解潮流中的无功电压修正方程的模型，则 $\boldsymbol{L}$ 即为 $\boldsymbol{B}''$。节点①是 PQ 节点，也是负荷节点，节点②是 PV 节点，也是发电机节点，所以 $\Delta \boldsymbol{V}_D = \Delta V_1$，$\Delta \boldsymbol{V}_G = \Delta V_2$，$\boldsymbol{S}_{DG} = S_{12}$。公式(8-33)的系数矩阵用包括了节点②的 $\boldsymbol{B}''$ 代替，即取例 8.2 中导纳矩阵的虚部，有

$$\boldsymbol{B}'' = \begin{bmatrix} L_{DD} & L_{DG} \\ L_{GD} & L_{GG} \end{bmatrix} = \begin{bmatrix} L_{11} & L_{12} \\ L_{21} & L_{22} \end{bmatrix} = \begin{array}{c} \quad ① \qquad\qquad ② \\ \begin{bmatrix} -13.958 & 4.9875 \\ 4.9875 & -9.908 \end{bmatrix}\begin{matrix} ① \\ ② \end{matrix} \end{array}$$

则式(8-35)可计算如下：

$$S_{12} = -L_{11}^{-1}L_{12} = -(-13.958)^{-1} \times 4.9875 = 0.3573$$

即式(8-34)是

$$\Delta V_1 = 0.3573\Delta V_2$$

为了检验灵敏度系数的合理性，用摄动法，在 $V_2 = 1.01$ 附近增加 V_2 的值，然后重新计算潮流，考察 V_1 和 Q_{G2} 的变化，结果见表 8.2。

表 8.2　V_2 变化时 V_1 及 Q_{G2} 的变化情况

	基态	变化 1	变化量	变化 2	变化量	变化 3	变化量
V_2	1.01	1.03	0.02	1.05	0.04	1.07	0.06
V_1	0.9375	0.9456	0.0081	0.9536	0.0161	0.9617	0.0242
Q_{G2}	0.6551	0.8261	0.171	1.0036	0.3485	1.1876	0.5325

观察变化 2，V_2 增加 $\Delta V_2=0.04$ 时，V_1 增加 $\Delta V_1=0.0161$，故有 $\Delta V_1/\Delta V_2=0.0161/0.04=0.4025$，与上面计算的 0.3573 比较接近。说明线性的灵敏度系数和交流潮流计算出的增量关系是接近的。

(2) 计算 $\Delta \boldsymbol{V}_D$ 和 $\Delta \boldsymbol{Q}_G$ 之间的灵敏度系数

首先计算增广 $\boldsymbol{B}''$的逆：

$$\boldsymbol{R}=-(\boldsymbol{B}'')^{-1}=-\begin{bmatrix}-13.958 & 4.9875\\ 4.9875 & -9.908\end{bmatrix}^{-1}=\frac{1}{113.42}\begin{bmatrix}9.908 & 4.9875\\ 4.9875 & 13.958\end{bmatrix}$$

$$=\begin{bmatrix}0.087\,36 & 0.043\,97\\ 0.043\,97 & 0.1231\end{bmatrix}=\begin{bmatrix}R_{DD} & R_{DG}\\ R_{GD} & R_{GG}\end{bmatrix}$$

有

$$R_{DG}=R_{12}=0.043\,97$$

由式(8-37)有

$$\Delta V_1=0.043\,97\Delta Q_{G2}$$

仍用前面表 8.2 的计算结果，取 $V_2=1.01$ 和 $V_2=1.05$ 两点计算：

$$\frac{\Delta V_1}{\Delta Q_{G2}}=\frac{0.0161}{0.3485}=0.0462$$

和上面计算的灵敏度结果也很接近。

(3) $\Delta \boldsymbol{V}_G$ 和 $\Delta \boldsymbol{Q}_G$ 之间的灵敏度

利用式(8-38)取刚刚计算的增广后的 $\boldsymbol{B}''$的逆中和发电机节点 2 有关的元素可得

$$\Delta V_2=0.1231\Delta Q_{G2}$$

利用表 8.2 中潮流结果

$$\frac{\Delta V_2}{\Delta Q_{G2}}=\frac{0.04}{0.3485}=0.1148$$

与上面结果也较接近。

(4) $\Delta \boldsymbol{V}_D$ 和 $\Delta \boldsymbol{t}$ 之间的灵敏度

由公式(8-41)，首先要计算负荷母线无功 $\boldsymbol{Q}_D$ 对变压器变比 $\boldsymbol{t}$ 的偏导数，在本例中变比只有一个，用标量 t 表示。则

$$\frac{\partial \Delta \boldsymbol{Q}_D}{\partial \boldsymbol{t}^{\mathrm{T}}}=\frac{\partial \Delta Q_1}{\partial t}$$

因为

$$\Delta Q_1=-Q_{D1}+V_1^2B_{11}-V_1\sum_{j=2,3}V_j(G_{1j}\sin\theta_{1j}-B_{1j}\cos\theta_{1j})$$

如果取平启动电压初值计算则有

$$\Delta Q_1\approx -Q_{D1}+B_{11}+\sum_{j=2,3}B_{1j}$$

只有 B_{11},B_{13}与变比 t 有关,因此,上述偏导数是

$$\begin{aligned}\frac{\partial \Delta Q_1}{\partial t}&=\frac{\partial B_{11}}{\partial t}+\frac{\partial B_{13}}{\partial t}=\frac{\partial}{\partial t}\left(\frac{b_{13}}{t^2}\right)+\frac{\partial}{\partial t}\left(-\frac{b_{13}}{t}\right)\\&=b_{13}\left(-\frac{2}{t^3}+\frac{1}{t^2}\right)=-9.901\left(-\frac{2}{1.05^3}+\frac{1}{1.05^2}\right)\\&=8.1252\end{aligned}$$

由式(8-38)可计算出灵敏度系数

$$\begin{aligned}T_{Dt}&=-L_{DD}^{-1}\left[\frac{\partial \Delta \boldsymbol{Q}_D}{\partial \boldsymbol{t}}\right]=-B''^{-1}_{11}\frac{\partial \Delta Q_1}{\partial t}\\&=-(-13.958)^{-1}\times 8.1252=0.5821\end{aligned}$$

为检验此结果,改变支路(1,3)的变比,重新计算潮流,可得负荷节点①的电压变化见表 8.3。由此表取变比为 1.05 和 1.09 的两点计算灵敏度,即有

$$\frac{\Delta V_1}{\Delta K_{13}}=\frac{0.9596-0.9375}{1.09-1.05}=0.5525$$

和上面的结果比较接近。如果取变比取 1.03 和 1.05 两点计算,这个灵敏度系数为 0.575,刚才计算的灵敏度和这个结果相比更为接近。

表 8.3 变比 t 变化时 V_D 的变化情况

t	1.03	1.05	1.07	1.09
V_1	0.9260	0.9375	0.9487	0.9596

由本例的结果可知,如果按照本节介绍的方法求取灵敏度系数,并用来指导调整控制变量,经潮流计算后就可以使被控变量按要求改变,因此,灵敏度矩阵在电力系统规划和运行调度中十分有用。

这里是用快速分解法的简化的雅可比矩阵计算灵敏度系数的,如果用牛顿-拉夫逊法计算的雅可比矩阵来计算灵敏度系数,精度还会更高。

8.3.3 分布因子

在电网分析中,有时需要知道支路有功潮流的变化,这一变化可能是由于电网

中一条支路或几条支路开断引起的，或者是由于发电机有功输出功率变化引起的。这可用分布因子(distribution factor)来描述。

1. 支路开断分布因子

基态情况下支路 l 的有功潮流为 P_l，支路 l 开断会引起支路 k 上的潮流发生变化，变化量是 ΔP_k^l，两者之间的关系用支路开断分布因子 D_{k-l} 表示：

$$\Delta P_k^l = D_{k-l} P_l \tag{8-42}$$

把快速分解法潮流计算中的有功潮流迭代方程重写如下：

$$\Delta \boldsymbol{P} = \boldsymbol{B}_0 \Delta \boldsymbol{\theta} \quad \text{或} \quad \Delta \boldsymbol{\theta} = \boldsymbol{X} \Delta \boldsymbol{P} \tag{8-43}$$

式中，$\boldsymbol{B}_0$ 为用 $1/x$ 为支路参数建立的 $n \times n$ 阶电纳矩阵；$\boldsymbol{X}$ 是 $\boldsymbol{B}_0$ 的逆。式(8-43)实际也是增量形式的直流潮流方程。

先考虑一条支路开断的情况。令开断支路 l 的两端节点是 i,j，假定开断前后节点注入有功功率不变，则支路 l 开断后引起的节点功率变化量为

$$\Delta \boldsymbol{P} = [0 \quad \cdots \quad \underset{i}{P_l} \quad \cdots \quad \underset{j}{-P_l} \quad \cdots \quad 0]^{\mathrm{T}} = \boldsymbol{M}_l P_l$$

式中，$\boldsymbol{M}_l$ 为支路 l 的节点-支路关联矢量，只在两端节点 i,j 对应位置处有 $+1$ 和 -1 两个非零元素，其余元素皆为零。由于开断而引起的电压相角变化量为

$$\Delta \boldsymbol{\theta} = (\boldsymbol{B}_0 - \boldsymbol{M}_l x_l^{-1} \boldsymbol{M}_l^T)^{-1} \boldsymbol{M}_l P_l \tag{8-44}$$

利用附录 A 中的矩阵求逆辅助定理有

$$\Delta \boldsymbol{\theta} = (\boldsymbol{X} - \boldsymbol{\eta}_l c_l \boldsymbol{\eta}_l^{\mathrm{T}}) \boldsymbol{M}_l P_l \tag{8-45}$$

式中

$$\boldsymbol{\eta}_l = \boldsymbol{X}\boldsymbol{M}_l, \quad c_l = (-x_l + X_{l-l})^{-1}, \quad X_{l-l} = \boldsymbol{M}_l^{\mathrm{T}} \boldsymbol{\eta}_l$$

支路 l 开断后在支路 $k(k \neq l)$ 上引起的有功潮流变化量为

$$\Delta P_k^l = \frac{\boldsymbol{M}_k^{\mathrm{T}} \Delta \boldsymbol{\theta}}{x_k} = \frac{\boldsymbol{M}_k^{\mathrm{T}} (\boldsymbol{X} - \boldsymbol{\eta}_l c_l \boldsymbol{\eta}_l^{\mathrm{T}}) \boldsymbol{M}_l P_l}{x_k} = D_{k-l} P_l \tag{8-46}$$

式中，$\boldsymbol{M}_k$ 为支路 k 的节点-支路关联矢量。支路 k 与支路 l 之间的支路开断分布因子是

$$D_{k-l} = \frac{1}{x_k} \boldsymbol{M}_k^{\mathrm{T}} (\boldsymbol{X} - \boldsymbol{\eta}_l c_l \boldsymbol{\eta}_l^{\mathrm{T}}) \boldsymbol{M}_l$$

定义端口 k 和端口 l 两个端口节点对之间的互阻抗为

$$X_{k-l} = \boldsymbol{M}_k^{\mathrm{T}} \boldsymbol{\eta}_l$$

其中为了和节点的自阻抗、互阻抗相区分，在下标中 k 和 l 之间加一个短横线，则易得

$$D_{k-l} = \frac{X_{k-l}/x_k}{1 - X_{l-l}/x_l} \quad \forall k \in \text{支路} \tag{8-47}$$

在一般情况下，式(8-47)中 $X_{l-l} < x_l$，式(8-47)的分母取 0 到 1 之间的有限值。只有当支路 l 开断引起网络解裂时，例如支路 l 是桥的情况，$X_{l-l} = x_l$，此时

D_{k-l}无定义。

上面介绍的方法也可以推广到多条支路开断的情况。此时要注意的是，在单条支路开断的推导过程中，只用到了开断支路 l 的节点-支路关联矢量和电抗。而在双支路开断的情况下，例如无互感耦合的支路 k,l 同时开断的情况，要用到开断支路 k,l 的节点-支路关联矢量组成的节点-支路关联矩阵和两条支路的电纳对角阵。详细推导留作练习。

2. 发电机输出功率转移分布因子

发电机输出功率转移分布因子(generation shift distribution factor，GSDF)定义了由于发电机有功输出功率变化引起的支路潮流的变化量。若节点 i 有功变化 ΔP_i 时引起支路 k 的有功功率变化为 ΔP_k^i，则有

$$\Delta P_k^i = G_{k-i}\Delta P_i \tag{8-48}$$

式中，G_{k-i}为发电机输出功率转移分布因子。

先考虑常规的发电机输出功率转移分布因子的计算。当节点 i 有功功率变化 ΔP_i 时，假定除了平衡节点有功出力变化外其他节点有功注入不变，节点电压相角的变化量是

$$\Delta\boldsymbol{\theta} = \boldsymbol{X}(\boldsymbol{e}_i\Delta P_i) = \boldsymbol{X}_i\Delta P_i \tag{8-49}$$

式中，$\boldsymbol{e}_i$ 为单位列矢量，只在节点 i 所对应位置有非零元素 1，其余都是零元素；$\boldsymbol{X}_i$ 为 $\boldsymbol{X}$ 的第 i 个列矢量，$\boldsymbol{X}$ 是直流潮流中 $\boldsymbol{B}_0$ 的逆矩阵。

节点 i 有功注入变化后，在支路 k(设两端节点号分别是 m，n)上引起的有功潮流变化量可写成

$$\Delta P_k^i = \frac{\boldsymbol{M}_k^{\mathrm{T}}\Delta\boldsymbol{\theta}}{x_k} = \frac{1}{x_k}\boldsymbol{M}_k^{\mathrm{T}}\boldsymbol{X}_i\Delta P_i = \frac{X_{k-i}}{x_k}\Delta P_i = G_{k-i}\Delta P_i$$

式中，$X_{k-i}=\boldsymbol{M}_k^{\mathrm{T}}\boldsymbol{X}_i$；$G_{k-i}$为发电机输出功率转移分布因子，可写为

$$\begin{cases}\Delta P_k^i = G_{k-i}\Delta P_i \\ G_{k-i} = \dfrac{X_{mi}-X_{ni}}{x_k}\end{cases} \tag{8-50}$$

其中有关 X 的双下标元素表示是 $\boldsymbol{X}$ 矩阵中的元素。G_{k-i}描述了发电机节点 i 的有功功率改变单位值时，支路 k 的有功潮流的变化量。当节点 i 注入单位电流时，支路 k 上的电流是 G_{k-i}，因为这一电流不会大于该发电机节点注入的电流，所以 $|G_{k-i}|\leqslant 1$。可以利用发电机输出功率转移分布因子来调整发电机输出功率，使某些线路的潮流控制在指定的范围之内。这在实时调度的联络线潮流控制、电力市场的阻塞管理、在线静态安全分析的校正控制中都有应用。

式(8-50)可以推广到考虑多台发电机调整的情况，也可以推广到考虑多条输电线潮流调整的情况，还可以推广到支路开断情况下的发电机输出功率转移分布因子的计算。详细推导留作练习。

3. 准稳态发电机输出功率转移分布因子

由式(8-50)得到的 GSDF 系数存在以下不足：①$\boldsymbol{X}$ 矩阵与平衡节点的选择有关，选不同的平衡节点将得到不同的 GSDF 系数；②隐含地假定在新的稳态运行点，全系统的功率不平衡量是由平衡节点的发电机来承担的，这与电力系统的实际运行情况不符。用准稳态灵敏度分析方法计算 GSDF 可以克服这些不足[83]。

(1) 准稳态发电机输出功率转移分布因子

将 $n\times n$ 阶直流潮流电纳矩阵 $\boldsymbol{B}_0$ 扩展到包括平衡节点的 $N\times N$ 阶，此时 $\boldsymbol{B}_0$ 奇异。在 $\boldsymbol{B}_0$ 的平衡节点处置大数，此时 $\boldsymbol{B}_0$ 可逆。计算 $N\times N$ 阶矩阵 $\boldsymbol{X}=\boldsymbol{B}_0^{-1}$，此时 $\boldsymbol{X}$ 中和平衡节点对应的行和列都为 0。考虑将 n_G 台(包括平衡节点的)发电机的有功出力调整 $\Delta\boldsymbol{P}_G^{(0)}$，如果所有发电机的调整量之和

$$\sum_{i\in G}\Delta P_{Gi}^{(0)}=\boldsymbol{1}_G^{\mathrm{T}}\Delta\boldsymbol{P}_G^{(0)}\neq 0$$

则这个不平衡功率将要由 n_G 台发电机承担，而不是只是由平衡节点一台发电机承担。式中，G 为 n_G 台发电机节点集合；$\boldsymbol{1}_G$ 是 $n_G\times 1$ 维的全 1 列矢量。

n_G 台(包括平衡节点的)发电机按一个承担系数 $\boldsymbol{\alpha}_G$ 承担这个不平衡功率，$\boldsymbol{\alpha}_G$ 是 $n_G\times 1$ 列矢量，并有

$$\boldsymbol{1}_G^{\mathrm{T}}\boldsymbol{\alpha}_G=\sum_{i\in G}\alpha_i=1\quad \alpha_i\geqslant 0 \tag{8-51}$$

所以，将不平衡功率量分摊到各台发电机上后发电机的实际调整量是

$$\Delta\boldsymbol{P}_G=\Delta\boldsymbol{P}_G^{(0)}-\boldsymbol{\alpha}_G\boldsymbol{1}_G^{\mathrm{T}}\Delta\boldsymbol{P}_G^{(0)}=(\boldsymbol{I}_G-\boldsymbol{\alpha}_G\boldsymbol{1}_G^{\mathrm{T}})\Delta\boldsymbol{P}_G^{(0)}=\boldsymbol{F}_u\Delta\boldsymbol{P}_G^{(0)}$$

即

$$\begin{cases}\Delta\boldsymbol{P}_G=\boldsymbol{F}_u\Delta\boldsymbol{P}_G^{(0)}\\ \boldsymbol{F}_u=\boldsymbol{I}_G-\boldsymbol{\alpha}_G\boldsymbol{1}_G^{\mathrm{T}}\end{cases} \tag{8-52}$$

式中，$\boldsymbol{I}_G$ 为 $n_G\times n_G$ 阶单位矩阵。$\boldsymbol{F}_u$ 为式(8-29)和式(8-30)中的考虑准稳态响应的 $n_G\times n_G$ 阶变换矩阵。

常规的 GSDF 是

$$\begin{cases}\Delta P_k=\boldsymbol{G}_{k-G}\Delta\boldsymbol{P}_G\\ \boldsymbol{G}_{k-G}=\dfrac{1}{x_k}\boldsymbol{M}_k^{\mathrm{T}}\boldsymbol{X}\boldsymbol{e}_G\end{cases} \tag{8-53}$$

式中，$\boldsymbol{e}_G$ 为 $N\times n_G$ 阶矩阵，每列都是一个单位矢量，只在相应的发电机节点处有非零元 1，其余全是 0。

将式(8-52)代入式(8-53)，考虑准稳态灵敏度的 GSDF 是

$$\begin{cases}\Delta P_k=\boldsymbol{G}_{k-G}^{R}\Delta\boldsymbol{P}_G^{(0)}\\ \boldsymbol{G}_{k-G}^{R}=\boldsymbol{G}_{k-G}\boldsymbol{F}_u\end{cases} \tag{8-54}$$

$\boldsymbol{G}_{k-G}^{R}$ 和 $\boldsymbol{G}_{k-G}$ 相比，多了一个变换矩阵 $\boldsymbol{F}_u$。如果式(8-52)中取平衡节点 N 的发电机的分担系数为 1，其他都为 0，式(8-52)中 $N\times N$ 阶矩阵 $\boldsymbol{\alpha}_G\boldsymbol{1}_G^{\mathrm{T}}$ 的右下角最后一个

元素是1,其余全是0,$\boldsymbol{F}_u$ 是单位矩阵,但右下角最后一个元素是0。可见这时式(8-54)中的 $\boldsymbol{G}_{k-G}^{R}$ 与式(8-53)中的 $\boldsymbol{G}_{k-G}$ 相同。这就是常规GSDF的情况。

如果调整发电机的有功出力,使得联络线 k 的有功潮流改变 ΔP_k,发电机的调整量可用伪逆[88]计算如下:

$$\Delta \boldsymbol{P}_G^{(0)} = (\boldsymbol{G}_{k-G}^{R})^{\mathrm{T}}[\boldsymbol{G}_{k-G}^{R}(\boldsymbol{G}_{k-G}^{R})^{\mathrm{T}}]^{-1}\Delta P_k \tag{8-55}$$

这是以调整量最小为目标的优化结果。

用式(8-54)表达的考虑准稳态灵敏度的GSDF的计算结果和平衡节点的选择无关。分析如下。

因为有式(8-51)成立,所以按式(8-52)的变换给出的实际调整量 $\Delta \boldsymbol{P}_G$ 应满足

$$\sum_{i\in G}\Delta P_{Gi} = \boldsymbol{1}_G^{\mathrm{T}}\Delta \boldsymbol{P}_G = \boldsymbol{1}_G^{\mathrm{T}}(\boldsymbol{I}_G - \boldsymbol{\alpha}_G\boldsymbol{1}_G^{\mathrm{T}})\Delta \boldsymbol{P}_G^{(0)} = 0 \tag{8-56}$$

下面证明当式(8-56)条件满足时,计算结果不受平衡节点选择的影响。

以节点 N 为平衡节点的常规GSDF见式(8-53)。如果平衡节点换变成 p,直流潮流的节点电抗矩阵将变成[83]

$$\widetilde{\boldsymbol{X}} = \boldsymbol{T}\boldsymbol{X}\boldsymbol{T}^{\mathrm{T}},\quad \boldsymbol{T} = \boldsymbol{I} - \boldsymbol{1}\boldsymbol{e}_p^{\mathrm{T}} \tag{8-57}$$

式中,$\boldsymbol{T}$ 为 $N\times N$ 阶变换矩阵;$\boldsymbol{I}$ 为 $N\times N$ 阶单位矩阵;$\boldsymbol{1}$ 为 $N\times 1$ 维全1列矢量;$\boldsymbol{e}_p$ 为单位列矢量,只在节点 p 处有非零元1,其余全是0。

当发电机的调整量是 $\Delta \boldsymbol{P}_G$ 时,利用式(8-57)的 $\widetilde{\boldsymbol{X}}$,平衡节点变换后的式(8-53)变成

$$\begin{aligned}\Delta \widetilde{P}_k &= \frac{1}{x_k}\boldsymbol{M}_k^{\mathrm{T}}\boldsymbol{T}\boldsymbol{X}\boldsymbol{T}^{\mathrm{T}}\boldsymbol{e}_G\Delta \boldsymbol{P}_G = \frac{1}{x_k}\boldsymbol{M}_k^{\mathrm{T}}(\boldsymbol{I} - \boldsymbol{1}\boldsymbol{e}_p^{\mathrm{T}})\boldsymbol{X}(\boldsymbol{I} - \boldsymbol{e}_p\boldsymbol{1}^{\mathrm{T}})\boldsymbol{e}_G\Delta \boldsymbol{P}_G \\ &= \frac{1}{x_k}\boldsymbol{M}_k^{\mathrm{T}}(\boldsymbol{I} - \boldsymbol{1}\boldsymbol{e}_p^{\mathrm{T}})\boldsymbol{X}(\boldsymbol{e}_G\Delta \boldsymbol{P}_G - \boldsymbol{e}_p\boldsymbol{1}_G^{\mathrm{T}}\Delta \boldsymbol{P}_G)\end{aligned}$$

如果式(8-56)的 $\boldsymbol{1}_G^{\mathrm{T}}\Delta \boldsymbol{P}_G=0$ 成立,并注意到 $\boldsymbol{M}_k^{\mathrm{T}}\boldsymbol{1}=0$,则上式为

$$\Delta \widetilde{P}_k = \frac{1}{x_k}\boldsymbol{M}_k^{\mathrm{T}}(\boldsymbol{I} - \boldsymbol{1}\boldsymbol{e}_p^{\mathrm{T}})\boldsymbol{X}\boldsymbol{e}_G\Delta \boldsymbol{P}_G = \frac{1}{x_k}\boldsymbol{M}_k^{\mathrm{T}}\boldsymbol{X}\boldsymbol{e}_G\Delta \boldsymbol{P}_G$$

它与式(8-53)相同,说明在发电机调整量 $\boldsymbol{1}_G^{\mathrm{T}}\Delta \boldsymbol{P}_G=0$ 时,常规GSDF和平衡节点变化无关。

如果 $\boldsymbol{1}_G^{\mathrm{T}}\Delta \boldsymbol{P}_G\neq 0$,$\boldsymbol{e}_p\boldsymbol{1}_G^{\mathrm{T}}\Delta \boldsymbol{P}_G$ 项不能忽略,计算结果会不同。

如果确定发电机输出功率的调整量(包括平衡节点)满足 $\boldsymbol{1}_G^{\mathrm{T}}\Delta \boldsymbol{P}_G^{(2)}=0$,则可以直接使用式(8-53)的常规GSDF;否则,使用式(8-54)的准稳态GSDF,尽管这时 $\boldsymbol{1}_G^{\mathrm{T}}\Delta \boldsymbol{P}_G^{(0)}\neq 0$,也能保证 $\boldsymbol{1}_G^{\mathrm{T}}\Delta \boldsymbol{P}_G=0$。

(2) 功率传输转移分布因子

电力市场中,在一个发电机节点和一个负荷节点之间经常存在购售电合同。如果该合同发生变化,执行新合同的结果将引起系统中功率的重新分布。功率传

输转移分布因子(power transfer distribution factor,PTDF)定义了节点对之间的传输功率变化时引起的支路潮流的变化量。

当电网中节点对 i, j 间(该两节点不必有支路直接相连)的传输功率变化了 ΔP_{ij} 时,即节点 i, j 的有功注入功率分别变化 $+\Delta P_{ij}$ 和 $-\Delta P_{ij}$,其他节点有功注入不变,研究支路 k 潮流的变化。由于节点 i, j 的有功注入功率的增减量大小相等,方向相反,满足式(8-56),所以可以直接使用式(8-53)的常规 GSDF,

$$\Delta P_k^{ij} = \frac{1}{x_k}\boldsymbol{M}_k^{\mathrm{T}}\boldsymbol{X}[\boldsymbol{e}_i \ \vdots\ \boldsymbol{e}_j]\begin{bmatrix} 1 \\ -1 \end{bmatrix}\Delta P_{ij} = \frac{X_{mi} - X_{mj} - X_{ni} + X_{nj}}{x_k}\Delta P_{ij}$$

故有

$$\begin{cases} \Delta P_k^{ij} = G_{k-ij}\Delta P_{ij} \\ G_{k-ij} = \dfrac{X_{mi} - X_{mj} - X_{ni} + X_{nj}}{x_k} \end{cases} \tag{8-58}$$

因为节点对 i, j 之间的有功注入发生大小相等、方向相反的变化,因此,平衡节点注入功率不变。

当然,节点对 i, j 中的任何一个也可以是平衡节点。例如节点 j 是平衡节点,则式(8-58)可写成

$$\begin{cases} \Delta P_k^{ij} = G_{k-ij}\Delta P_{ij} \\ G_{k-ij} = \dfrac{X_{mi} - X_{ni}}{x_k}, \quad j = N \end{cases}$$

此时,节点 i 的注入功率变化 ΔP_{ij},节点 j 是平衡节点,它的注入功率变化量一定是 $-\Delta P_{ij}$,在计算中不出现。

式(8-58)的功率传输转移分布因子在电力市场阻塞管理中经常得到应用。

功率传输转移分布因子 PTDF 也可以扩展到考虑多个节点集之间的功率传输情况。定义 α 是上调出力的节点集,β 是下调出力的节点集。当 α 集节点出力上调 $\Delta\boldsymbol{P}_\alpha^+$,$\beta$ 集节点出力下调 $\Delta\boldsymbol{P}_\beta^-$ 时,研究支路 $k(m,n)$ 潮流变化 $\Delta P_k^{\alpha\beta}$。

它们之间的关系是

$$\Delta P_k^{\alpha\beta} = \frac{1}{x_k}\boldsymbol{M}_k^{\mathrm{T}}\boldsymbol{X}(\boldsymbol{e}_\alpha\Delta\boldsymbol{P}_\alpha^+ - \boldsymbol{e}_\beta\Delta\boldsymbol{P}_\beta^-) = \frac{[\boldsymbol{X}_{k-\alpha} \quad -\boldsymbol{X}_{k-\beta}]}{x_k}\begin{bmatrix} \Delta\boldsymbol{P}_\alpha^+ \\ \Delta\boldsymbol{P}_\beta^- \end{bmatrix} \tag{8-59}$$

式中

$$\boldsymbol{X}_{k-\alpha} = \boldsymbol{M}_k^{\mathrm{T}}\boldsymbol{X}\boldsymbol{e}_\alpha = \boldsymbol{X}_{m-\alpha} - \boldsymbol{X}_{n-\alpha}, \quad \boldsymbol{X}_{k-\beta} = \boldsymbol{M}_k^{\mathrm{T}}\boldsymbol{X}\boldsymbol{e}_\beta = \boldsymbol{X}_{m-\beta} - \boldsymbol{X}_{n-\beta} \tag{8-60}$$

是支路-节点集之间的阻抗行矢量,行对应支路 k(端节点 m, n),列分别对应节点集 α 和 β。

调整过程中需要满足

$$\sum_{i\in\alpha}\Delta P_i^+ = \sum_{j\in\beta}\Delta P_j^- \tag{8-61}$$

就可以保证平衡节点没有功率变化。如果上式不满足,两者之间的差值将由平衡

节点功率注入来承担。

在式(8-59)中，如果将 $n\times n$ 阶电抗矩阵 $\boldsymbol{X}$ 增广为 $N\times N$ 阶，增加的行列都是 0；$\boldsymbol{M}_k$，$\boldsymbol{e}_\alpha$ 和 $\boldsymbol{e}_\beta$ 增广为 N 维列矢量，包括了平衡节点 N；α 集和 β 集包括平衡节点 N，那么，式(8-59)和式(8-60)可以直接用于考虑平衡节点参与调整的情况。

以上讨论的是一条支路潮流被控制的情况。需要控制潮流的支路 k 也可以扩展成一个包括多条支路的联络线簇。控制发电机出力，使得联络线簇中的支路有功功率之和控制在某一个定值之内。这在电力市场阻塞管理中是要经常考虑的实际问题。

4. 分布因子算例

例 8.4 对于例 8.1 所示的直流潮流模型，其中支路(2,1)是双回输电线，将图 8.1 重画在图 8.5(a)，图上标出了支路电抗，其支路编号和支路规定的正方向也在图上标出，基态潮流分布见图 8.5(b)。求：

(1) 支路 1,3,4 对支路 2 的支路开断分布因子；

(2) 节点②发电机输出功率对各支路有功潮流的发电输出功率转移分布因子；

(3) 计算发电机节点②和③对支路 2 的准稳态发电输出功率转移分布因子。

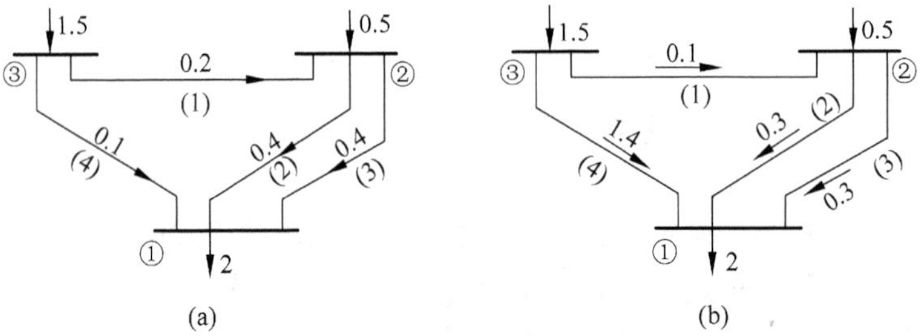

图 8.5 开断前直流潮流模型

(a) 三母线电力系统；(b) 支路基态潮流分布

解 (1) 由公式(8-47)，式中支路 l 在这里是支路 2，k 取 1,3,4。$\boldsymbol{B}_0$ 的逆 $\boldsymbol{X}$ 已在例 8.1 中计算出来。由支路开断分布因子的计算公式有

$$\boldsymbol{\eta}_2=\boldsymbol{X}\boldsymbol{M}_2=\frac{1}{25}\begin{bmatrix}2 & 1\\ 1 & 3\end{bmatrix}\begin{bmatrix}-1\\ 1\end{bmatrix}=\frac{1}{25}\begin{bmatrix}-1\\ 2\end{bmatrix}=\begin{bmatrix}-0.04\\ 0.08\end{bmatrix}$$

然后求各条支路对应的节点对和支路 2 节点对之间的自阻抗和互阻抗：

$$X_{1-2}=\boldsymbol{M}_1^{\mathrm{T}}\boldsymbol{\eta}_2=\begin{bmatrix}0 & -1\end{bmatrix}\begin{bmatrix}-0.04\\ 0.08\end{bmatrix}=-0.08$$

$$X_{2-2}=\boldsymbol{M}_2^{\mathrm{T}}\boldsymbol{\eta}_2=\begin{bmatrix}-1 & 1\end{bmatrix}\begin{bmatrix}-0.04\\ 0.08\end{bmatrix}=0.12$$

$$X_{3-2} = \boldsymbol{M}_3^{\mathrm{T}}\boldsymbol{\eta}_2 = X_{2-2} = 0.12$$

$$X_{4-2} = \boldsymbol{M}_4^{\mathrm{T}}\boldsymbol{\eta}_2 = [-1 \quad 0]\begin{bmatrix}-0.04\\0.08\end{bmatrix} = 0.04$$

由式(8-47)有

$$D_{1-2} = \frac{X_{1-2}/x_1}{1-X_{2-2}/x_2} = \frac{-0.08/0.2}{1-0.12/0.4} = -\frac{4}{7}$$

$$D_{3-2} = \frac{X_{3-2}/x_3}{1-X_{2-2}/x_2} = \frac{0.12/0.4}{1-0.12/0.4} = \frac{3}{7}$$

$$D_{4-2} = \frac{X_{4-2}/x_4}{1-X_{2-2}/x_2} = \frac{0.04/0.1}{1-0.12/0.4} = \frac{4}{7}$$

利用这些分布因子,用式(8-46)可计算出支路2开断后支路1,3,4的有功潮流:

$$P_1^2 = P_1 + D_{1-2}P_2 = 0.1 - \frac{4}{7}\times 0.3 = -0.07143$$

$$P_3^2 = P_3 + D_{3-2}P_2 = 0.3 + \frac{3}{7}\times 0.3 = 0.42857$$

$$P_4^2 = P_4 + D_{4-2}P_2 = 1.4 + \frac{4}{7}\times 0.3 = 1.57143$$

将这个结果标注在图8.6(a)。可见各节点潮流是平衡的。图8.6(b)给出用交流潮流计算出的潮流结果,可见两者的有功潮流十分接近。

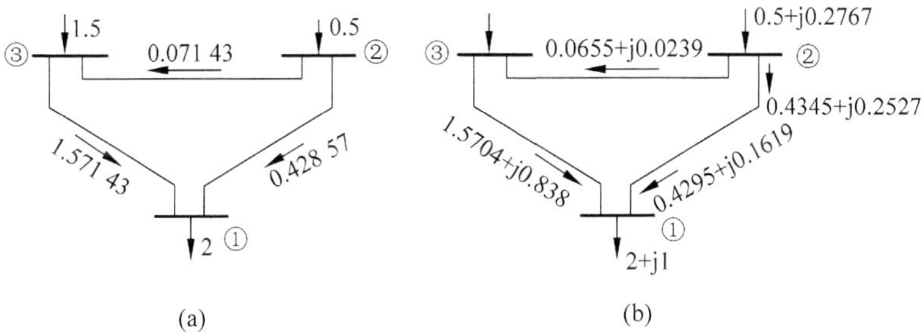

图8.6 支路2开断后的潮流

(a) 支路开断分布因子计算结果;(b) 交流潮流计算结果

(2) 计算节点②发电机输出功率变化对各支路有功潮流变化的发电机输出功率转移分布因子GSDF。为了和支路的数字序号相区别,发电机节点②的下标仍用 i 表示。各量分别为

$$\boldsymbol{X}_i = \boldsymbol{X}\boldsymbol{e}_i = \frac{1}{25}\begin{bmatrix}2 & 1\\1 & 3\end{bmatrix}\begin{bmatrix}0\\1\end{bmatrix} = \frac{1}{25}\begin{bmatrix}1\\3\end{bmatrix} = \begin{bmatrix}0.04\\0.12\end{bmatrix}$$

$$G_{1-i} = \frac{\boldsymbol{M}_1^{\mathrm{T}}\boldsymbol{X}_i}{x_1} = \frac{[0 \quad -1]\begin{bmatrix}0.04\\0.12\end{bmatrix}}{0.2} = -0.6$$

$$G_{2-i}=\frac{\boldsymbol{M}_1^{\mathrm{T}}\boldsymbol{X}_i}{x_2}=\frac{[-1\quad 1]\begin{bmatrix}0.04\\0.12\end{bmatrix}}{0.4}=0.2=G_{3-i}$$

$$G_{4-i}=\frac{\boldsymbol{M}_4^{\mathrm{T}}\boldsymbol{X}_i}{x_4}=\frac{[-1\quad 0]\begin{bmatrix}0.04\\0.12\end{bmatrix}}{0.1}=-0.4$$

由式(8-48)计算出节点②发电机输出功率变化 ΔP_i 后各支路的有功潮流，例如 $\Delta P_i=1$ 时，有

$$P_1^i=P_1+G_{1-i}\Delta P_i=0.1-0.6=-0.5$$
$$P_2^i=P_2^i=P_2+G_{2-i}\Delta P_i=0.3+0.2=0.5$$
$$P_4^i=P_4+G_{4-i}\Delta P_i=1.4-0.4=1$$

即节点②发电机有功出力由原来的0.5增加到1.5，增加量是1时，平衡节点有功注入将减少1，由原来的1.5减少到0.5，用GSDF计算出新的有功潮流分布见图8.7，可见潮流平衡。

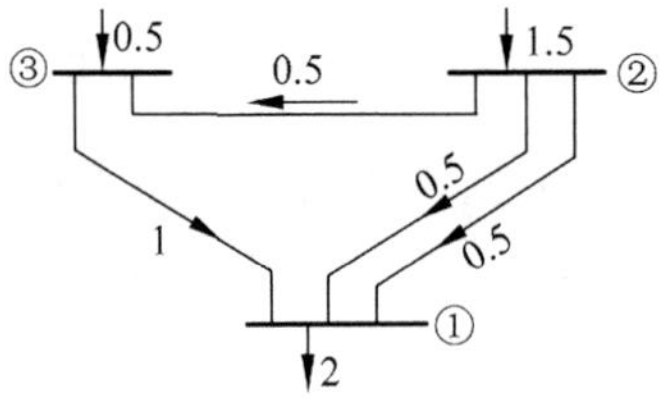

图 8.7　节点②发电机输出功率增加1时的有功潮流分布

(3) 扩展了平衡节点后的 $\boldsymbol{B}_0,\boldsymbol{X},\boldsymbol{M}_k,\boldsymbol{e}_G$ 为

$$\boldsymbol{B}_0=\begin{bmatrix}15 & -5 & -10\\ -5 & 10 & -5\\ -5 & -10 & 15+\infty\end{bmatrix},\quad \boldsymbol{X}=\boldsymbol{B}_0^{-1}=\begin{bmatrix}0.08 & 0.04 & \\ 0.04 & 0.12 & \\ & & \end{bmatrix},$$

$$\boldsymbol{M}_k=\begin{bmatrix}-1\\ 1\\ \ \end{bmatrix},\quad \boldsymbol{e}_G=\begin{bmatrix} & \\ 1 & \\ & 1\end{bmatrix}$$

利用式(8-53)可得常规GSDF矩阵：

$$\boldsymbol{G}_{k-G}=\frac{1}{x_k}\boldsymbol{M}_k^{\mathrm{T}}\boldsymbol{X}\boldsymbol{e}_G=\frac{1}{0.4}[-1\quad 1\quad\ ]\begin{bmatrix}0.08 & 0.04 & \\ 0.04 & 0.12 & \\ & & \end{bmatrix}\begin{bmatrix} & \\ 1 & \\ & 1\end{bmatrix}=[0.2\quad 0]$$

令节点②和节点③上的发电机的分担系数相同，$\boldsymbol{\alpha}_G=[0.5\quad 0.5]^{\mathrm{T}}$，则有

$$\boldsymbol{F}_u = \boldsymbol{I}_G - \boldsymbol{\alpha}_G \boldsymbol{1}_G^{\mathrm{T}} = \begin{bmatrix} 1 & \\ & 1 \end{bmatrix} - \begin{bmatrix} 0.5 \\ 0.5 \end{bmatrix} \begin{bmatrix} 1 & 1 \end{bmatrix} = \begin{bmatrix} 0.5 & -0.5 \\ -0.5 & 0.5 \end{bmatrix}$$

$$\boldsymbol{G}_{k-G}^{R} = \boldsymbol{G}_{k-G} \boldsymbol{F}_u = \begin{bmatrix} 0.2 & 0 \end{bmatrix} \begin{bmatrix} 0.5 & -0.5 \\ -0.5 & 0.5 \end{bmatrix} = \begin{bmatrix} 0.1 & -0.1 \end{bmatrix}$$

由式(8-54)

$$\Delta P_k = \boldsymbol{G}_{k-G}^{R} \Delta \boldsymbol{P}_G = \begin{bmatrix} 0.1 & -0.1 \end{bmatrix} \begin{bmatrix} \Delta P_{G2} \\ \Delta P_{G3} \end{bmatrix}$$

可用式(8-55)的伪逆求出满足 $\Delta P_k = 0.2$ 的解

$$\begin{bmatrix} \Delta P_{G2} \\ \Delta P_{G3} \end{bmatrix} = \begin{bmatrix} 0.1 \\ -0.1 \end{bmatrix} \left(\begin{bmatrix} 0.1 & -0.1 \end{bmatrix} \begin{bmatrix} 0.1 \\ -0.1 \end{bmatrix} \right)^{-1} \times 0.2 = \begin{bmatrix} 1 \\ -1 \end{bmatrix}$$

8.4 小结

为满足快速计算潮流的需要,人们提出了各种分析稳态潮流的快速算法。本章介绍的直流潮流和快速分解潮流算法以及灵敏度分析方法都是为了快速计算而提出来的。

直流潮流用直流电路模型研究电力系统中的有功潮流分布,其没有收敛性问题,而且计算速度极快,已广泛应用于在线静态安全分析和电网规划计算中。但用直流潮流无法分析电压问题。

快速分解潮流算法实际上是平启动定雅可比潮流算法的另一种简化迭代格式。本章介绍了如何从定雅可比潮流迭代公式推导快速分解潮流算法的迭代公式。实际上,有功功率和无功功率的耦合作用已隐含在快速分解法的特殊迭代模式之中,因此它有良好的收敛特性。简单地把快速分解潮流看成是 PQ 解耦是不合适的,把两种方法混淆也是不妥的。快速分解法分别求解两个低阶的修正方程,而且修正方程的系数矩阵 $\boldsymbol{B}'$ 和 $\boldsymbol{B}''$ 是常数矩阵,在迭代过程中保持不变,所以这种方法计算速度极快,在电网实时计算中得到了广泛的应用。

潮流灵敏度描述了潮流变量之间的线性关系,是潮流调整计算的有用工具。分布因子和发电机输出功率转移分布因子是基于研究有功潮流分布的直流潮流模型上的,其特点是可以利用调整前系统的有功潮流分布快速求出调整后的有功潮流分布,这对电网运行调度人员是一个分析电网表现的有用工具。准稳态灵敏度系数的计算提供了一套更符合电力系统实际的思路,使分布因子的计算不受平衡节点的影响,结果也更合理。这些在电网在线计算中,例如静态安全分析的安全校正计算、优化潮流计算、电力市场阻塞管理计算和电网规划计算中得到广泛的应用。

习 题

8.1 用直流潮流算法计算习题 7.5 的有功潮流分布。

8.2 利用快速分解法计算习题 7.3 的潮流。

8.3 编写快速分解法潮流计算程序并计算习题 7.5 的潮流。

8.4 利用快速分解法潮流计算程序计算附录 B 中的 IEEE 14 母线和 30 母线试验系统的潮流。

8.5 试推导 BX 型的快速分解潮流计算迭代公式。

8.6 在快速分解法潮流计算程序中，将 $\boldsymbol{B}'$ 改用导纳矩阵虚部代替，以 IEEE 14 母线和 30 母线试验系统为算例，检验当某支路 r/x 增大时，收敛性是否会下降。

8.7 对于习题 7.5 的 4 母线电力系统，计算 XB 型快速分解潮流的 $\boldsymbol{B}''$ 矩阵。然后计算以下灵敏度系数：$\partial V_2/\partial V_3$，$\partial V_2/\partial t$，$\partial V_3/\partial Q_3$。

8.8 对于习题 8.1 直流潮流模型的 4 母线电力系统，计算支路(2,3)开断对其他支路的分布因子，然后计算发电机输出功率 P_3 对网络中各支路的发电机输出功率转移分布因子。为使支路(2,3)上的有功潮流改变 0.1p.u.，发电机输出功率 P_3 应改变多少？

8.9 考虑线路充电电容和不考虑线路充电电容两种情况下，负荷母线的电压灵敏度有何不同，是增大还是减小？试做概念上的分析。

8.10 在电力系统潮流计算中，发电机节点的电压恒定，常作为 PV 节点，其幅值保持不变。当系统中某些负荷节点的无功负荷增加时，发电机节点的无功出力也将增加。试推导发电机节点无功出力增量与负荷节点无功负荷增量之间的灵敏度系数，即 $\Delta\boldsymbol{Q}_G=\boldsymbol{S}_{GD}\times\Delta\boldsymbol{Q}_D$，求 $\boldsymbol{S}_{GD}$。试按 PQ 解耦(只考虑 $\Delta\boldsymbol{Q}_D$ 引起节点电压幅值的变化)和不解耦(考虑 $\Delta\boldsymbol{Q}_D$ 引起节点电压相角和幅值同时变化)两种情况讨论。

8.11 在 XB 型快速分解潮流程序上进行少量修改，得到 BX 型快速分解潮流程序，然后用附录 B 中的 IEEE 14 母线和 30 母线试验系统试验算法的收敛性，并和 XB 型算法程序计算的结果做比较。

8.12 利用牛顿法潮流程序编写本章介绍的所有灵敏度系数计算程序，然后用潮流程序并用摄动法验证所计算的灵敏度系数的正确性。

8.13 令无互感耦合的两条支路 k,l 同时开断，开断后电网不解列，假定开断前后电网中各节点注入有功功率不变，试推导电网中的支路 j 上的有功潮流对支路 k,l 同时开断的开断分布因子。

8.14 当节点 i 的发电机输出功率变化 ΔP_i，同时网络中存在支路 l 开断，试推导存在支路 l 开断时的发电机输出功率的发电出力转移分布因子。在例题 8.4 中，计算支路 2 开断后，节点②发电机输出功率对支路 l,3,4 的发电机输出功率转移分布因子。

8.15　将式(8-59)～式(8-61)的多节点集情况下的功率传输转移分布因子PTDF公式扩展到包括平衡节点，分析平衡节点注入功率也参与调整时，这些公式中的矩阵和矢量的表现形式。

8.16　电网中可以通过调整某发电机无功出力来控制某中枢母线节点电压，这时需要计算两者之间的灵敏度。试分析电网中其他发电机的无功出力达界和不达界两种情况下，这两者之间的灵敏度的计算有什么不同。

8.17　对于例8.4的第(3)个问题，如果选节点①为平衡节点，也能得到同样的结果，试验证。

8.18　式(8-34)给出了发电机节点电压和负荷节点电压之间的灵敏度关系。如果只考虑电网中部分发电机节点电压和部分负荷节点电压之间的灵敏度关系，公式如何推导？其他发电机节点和其他负荷节点应该如何处理？分不同的运行工况讨论。

8.19　如何用导纳矩阵来描述 $\Delta \boldsymbol{V}_G$ 和 $\Delta \boldsymbol{Q}_G$ 之间的灵敏度？

8.20　给出控制一组联络线簇的潮流的方案，使得联络线簇中所有线路潮流之和小于某一个限制值。

8.21　电压控制问题中，当调整一台发电机时，其他发电机的无功也会变化，如何考虑其他发电机无功出力达界和不达界的问题？

第9章　潮流计算中的特殊问题

实际电力系统中，由于元件种类繁多和数量大，使得系统异常庞大，数千个节点的系统是很常见的，因此对正常条件下的电力系统进行潮流分析本身相当复杂。这样的大系统还经常要受到各种外界干扰，各种故障、随机因素都影响系统的正常运行，从而产生各种特殊的运行问题，更增加了分析计算的复杂性。许多特殊问题是实际规划和运行部门在日常潮流分析中经常遇到的，有不少问题至今尚未得到满意的解决，有必要研究解决。本章扼要提出这方面的有关问题及可能的解决办法。这里主要进行概念上的说明，实际应用时还要做许多工作，但从这些介绍中，读者可以了解解决问题的思路。

9.1　负荷的电压静态特性

负荷功率是系统频率和电压的函数，通常给出的负荷值都是指在一定频率和电压下的功率值。实际系统运行中，系统频率相对稳定，节点电压则可能出现较大变化，尤其是发生网络结构变化或发电机开断时更是如此。所以，计及负荷的电压静特性是较合理的。

令 $P_{Di}^{(0)}$ 和 $Q_{Di}^{(0)}$，V_{is} 是正常运行情况下负荷节点 i 的有功负荷、无功负荷和节点电压，当其实际运行的节点电压为 V_i 时，一个常用的方法是将有功负荷 P_{Di} 和无功负荷 Q_{Di} 表示成节点电压的二次函数，即有

$$\begin{cases} P_{Di} = P_{Di}^{(0)}\left[a_{Pi}\left(\dfrac{V_i}{V_{is}}\right)^2 + b_{Pi}\left(\dfrac{V_i}{V_{is}}\right) + c_{Pi}\right] \\ Q_{Di} = Q_{Di}^{(0)}\left[a_{Qi}\left(\dfrac{V_i}{V_{is}}\right)^2 + b_{Qi}\left(\dfrac{V_i}{V_{is}}\right) + c_{Qi}\right] \end{cases} \tag{9-1}$$

式中各次项的系数满足

$$a_{Pi} + b_{Pi} + c_{Pi} = 1$$

$$a_{Qi} + b_{Qi} + c_{Qi} = 1$$

因此节点负荷可以看作是由阻抗负荷、电流负荷和功率负荷三项组成，对应于式(9-1)右侧括号中的三项，也称 ZIP 模型，这是一种较为精确的表示方法。更简单的表示方法是忽略电压的二次项，把负荷表示成节点电压的线性函数，即有

$$\begin{cases} P_{Di} = P_{Di}^{(0)}\left[b_{Pi}\left(\dfrac{V_i}{V_{is}}\right)+c_{Pi}\right] = P_{Di}^{(0)}\left[1+\alpha_i\dfrac{V_i - V_{is}}{V_{is}}\right] \\ Q_{Di} = Q_{Di}^{(0)}\left[b_{Qi}\left(\dfrac{V_i}{V_{is}}\right)+c_{Qi}\right] = Q_{Di}^{(0)}\left[1+\beta_i\dfrac{V_i - V_{is}}{V_{is}}\right] \end{cases} \tag{9-2}$$

式中，$b_{Pi}=\alpha_i$，$c_{Pi}=1-\alpha_i$，$b_{Qi}=\beta_i$，$c_{Qi}=1-\beta_i$，α_i，β_i 分别为有功负荷和无功负荷与电压偏移量之间关系中的线性项的系数。

计及电压静特性后，P_{Di}和 Q_{Di}变成了电压幅值的函数，因此，要在潮流迭代过程中计算功率不平衡量时要计算它们的值，而且潮流方程的雅可比矩阵式(7-28)中和电压偏导数有关的子矩阵 $\boldsymbol{N}$ 和 $\boldsymbol{L}$ 的对角线元素要增加$\partial P_{Di}/\partial V_i$ 和$\partial Q_{Di}/\partial V_i$ 有关的部分。对快速分解法，$\boldsymbol{B}''$的对角线元素也应补上$\partial Q_{Di}/\partial V_i$ 的贡献项。由于快速分解法中 $\boldsymbol{B}''$是常数矩阵，为了减少计算工作量，该值也可以取为常数，不需在每步迭代时都更新。

计及负荷电压静态特性后，可以使稳态潮流计算结果更加符合实际。例如在静态安全分析的开断计算中，由于开断后节点电压可能会出现较大变化，因此有必要考虑负荷的电压静态特性。在应用中，式(9-1)和式(9-2)中的负荷电压静特性系数如何根据实际情况取值的问题没有很好解决。

9.2 节点类型的相互转换和多 $V\boldsymbol{\theta}$ 节点问题

在潮流计算中，如果给定的原始条件和实际的运行情况不符，或者由于电力系统运行方式本身就存在某些元件的参数违限，就会使得潮流计算的结果出现不合理现象，这时就需要对潮流计算的给定的数据进行调整，以便得到合理的、可行的潮流结果[84]。

常见的潮流调整计算涉及节点类型的转换，主要有下面几种情况：

(1) 发电机节点无功越界，该节点由 PV 节点转换为 PQ 节点；

(2) 负荷节点电压越界，该节点由 PQ 节点转变为 PV 节点；

(3) 在处理外部网等值时，会遇到在边界上设定多平衡节点的潮流计算问题。

9.2.1 PV 节点转换成 PQ 节点

当发电机节点的无功越界，为了使该节点的无功功率保持在限制值之内，需要调整 PV 节点的给定电压值。在潮流计算中，可将 PV 节点转变为 PQ 节点。

设节点 i 的无功功率的限制值是 Q_i^{limit}，而潮流计算结果中节点 i 的无功是 Q_i，若二者有如下关系：

$$\Delta Q_i = Q_i^{\text{limit}} - Q_i = \begin{cases} <0 & Q_i^{\text{limit}} = Q_i^{\max} \\ >0 & Q_i^{\text{limit}} = Q_i^{\min} \end{cases}$$

则说明节点 i 发生无功越界，该节点的无功不足以维持该节点电压不变。这时可将节点 i 由 PV 节点转变为 PQ 节点，令该点的无功给定值是 Q_i^{limit}，然后重新进行潮流计算。由于节点类型发生了变化，潮流计算中雅可比矩阵及其因子表也将变化。

对牛顿-拉夫逊法，当使用极坐标系时，多了一个 PQ 节点，应增加一个无功平衡方程及一个电压幅值变量，所以雅可比矩阵的阶次将增加1。如果把无功越界节点 i 排在最后，则雅可比矩阵的右下角将加边。对于定雅可比法，利用加边矩阵因子表修正算法可以求得新的因子表。对于常规牛顿-拉夫逊法，在重新形成雅可比矩阵及其因子表时，只要把这个新增的行列考虑进去即可。当使用直角坐标时，原 PV 节点对应的电压方程 $(V_i^{\text{SP}})^2-e_i^2-f_i^2=0$ 将转变为无功平衡方程。

对快速分解法，P-θ 迭代修正方程不变，对 Q-V 迭代修正方程有三种处理方法。

1. 改变 PV-PQ 节点类型

将 $\boldsymbol{B}''$ 增加一阶。如果 $\boldsymbol{B}''$ 是原来的 Q-V 修正方程的系数矩阵，则节点 i 转换为 PQ 节点后，系数矩阵变成

$$\widetilde{\boldsymbol{B}}''=\begin{bmatrix}\boldsymbol{B}'' & \boldsymbol{B}_i\\ \boldsymbol{B}_i^{\mathrm{T}} & B_{ii}\end{bmatrix}\tag{9-3}$$

原来的 $\boldsymbol{B}''$ 是 $m\times m$ 阶矩阵，$m=n-r$，r 是 PV 节点数。这里 $\boldsymbol{B}_i$ 是 $m\times 1$ 列矢量，其元素是节点 i 与和它相关联的节点间的互导纳虚部，B_{ii} 是节点 i 的自导纳的虚部。利用 $\boldsymbol{B}''$ 的因子表，使用右下角加边矩阵因子表修正算法即可求得 $\widetilde{\boldsymbol{B}}''$ 的因子表，然后求解增加了节点 i 的无功-电压修正方程，得到节点 i 的电压修正量。当节点 i 的电压达到或超过该节点原来给定的电压限值时，则该节点仍恢复为 PV 节点，免去上面的计算。

2. $\boldsymbol{B}''$ 对角元加大数

在快速分解法形成 $\boldsymbol{B}''$ 时，使 $\boldsymbol{B}''$ 的阶次为 $n\times n$，即把 PV 节点所对应的部分也包括在内，然后在 PV 节点所对应的 $\boldsymbol{B}''$ 的对角元上增加一个很大的数。这种处理方法的 $\boldsymbol{B}''$ 和 $\boldsymbol{B}'$ 结构相同，可以共用一套检索信息。在正常 Q-V 迭代中，由于 $\boldsymbol{B}''$ 中 PV 节点对应的对角元数值很大，在求 ΔV 时节点导纳矩阵虚部 $\boldsymbol{B}''$ 对该节点不起作用，相当于保持 PV 节点电压不变。当要将 PV 节点转变为 PQ 节点时，则可将 $\boldsymbol{B}''$ 中相应的对角元上增加的大数去掉，用秩1因子更新算法修正因子表即可。这种处理方法非常灵活方便，尤其是迭代过程中 PV 节点和 PQ 节点发生频繁转换时处理起来更显其优势。

3. 改变 PV 节点 V 的给定值

保留 $\boldsymbol{B}''$，仍把该节点作为 PV 节点，PV 节点的 Q 越界说明 PV 节点的电压值给得不合理，需要改变电压值，以使无功功率回到界内。设 PV 节点的电压由 V_i^{SP}

变成 $V_i^{SP}+\Delta V_i$，相对应的无功功率改变值为

$$\Delta Q_i = Q_i^{\text{limit}} - Q_i \tag{9-4}$$

ΔQ_i 和 ΔV_i 之间的灵敏度关系由式(8-38)给出

$$\Delta V_i = R_{ii}\Delta Q_i \tag{9-5}$$

R_{ii} 是增广的 $\boldsymbol{B}''$ 的逆矩阵中和节点 i 相对应的对角线元素。求得 ΔV_i 后，有

$$V_i^{\text{new}} = V_i^{SP} + \Delta V_i \tag{9-6}$$

并用这个 V_i^{new} 作为 PV 节点的给定电压，重新进行潮流计算。这种方法不用改变原来的 $\boldsymbol{B}''$ 因子表，是一种简单实用的方法。

例 9.1 利用例 8.3 中的灵敏度，说明如何改变发电机节点的电压设定值以解决发电机节点无功达界问题。

解 例 8.3 中，发电机节点②的电压和无功之间的灵敏度关系是

$$\Delta V_2 = 0.1231\Delta Q_2$$

如果节点②无功上限是 0.6，而当前节点②的发电机无功输出功率是 0.6551，可见当前发电机节点②的无功已超过其上限，则由式(9-4)计算其越界量

$$\Delta Q_i = 0.6 - 0.6551 = -0.0551$$

由电压和无功输出功率之间的灵敏度关系可计算出该 PV 节点的电压调整量是

$$\Delta V_2 = 0.1231 \times (-0.0551) = -0.006\,783$$

新的给定电压由式(9-6)算出为

$$V_i^{\text{new}} = 1.01 - 0.006\,783 = 1.0032$$

为便于计算，这里将 $\Delta Q_2/V_2$ 中的 V_2 取值为 1。用该值作为节点②的给定电压重新进行潮流计算，其结果可见发电机节点②发出的无功功率变成 0.5985，已解除了违限。

下面讨论如何快速计算式(9-5)中的 R_{ii}。

式(9-5)中的 R_{ii} 和式(8-36)中的 $\boldsymbol{R}_{GG}$ 相对应，由式(8-36)下面描述的 $\boldsymbol{R}_{GG}$ 的计算式可知：

$$R_{ii} = -\widetilde{L}_{ii}^{-1} = -(L_{ii} - \boldsymbol{L}_{iD}\boldsymbol{L}_{DD}^{-1}\boldsymbol{L}_{Di})^{-1}$$

式中，L_{ii} 为导纳矩阵虚部中和发电机节点 i 相对应的对角元素 B_{ii}；$\boldsymbol{L}_{Di}$ 是导纳矩阵虚部中发电机节点 i 和所有 PQ 节点相关的元素组成的列矢量，这里用 $\boldsymbol{B}_i$ 表示；$\boldsymbol{L}_{DD}$ 就是 $\boldsymbol{B}''$。若把 $\boldsymbol{B}''$ 写成 $\boldsymbol{LDU}$ 因子表形式，代入上式后则有

$$R_{ii} = -(B_{ii} - \boldsymbol{\eta}^{\mathrm{T}}\boldsymbol{D}^{-1}\boldsymbol{\eta})^{-1} \tag{9-7}$$

式中

$$\boldsymbol{\eta} = \boldsymbol{L}^{-1}\boldsymbol{B}_i \tag{9-8}$$

因为 $\boldsymbol{B}_i$ 是稀疏列矢量，只在和节点 i 有关联的负荷节点处有非零元素，所以只要用 $\boldsymbol{B}''$ 的因子表中的 $\boldsymbol{L}$ 对 $\boldsymbol{B}_i$ 进行一次快速前代，就可用式(9-7)计算出灵敏度因子。

例如对本例，B_{ii} 是节点②的自导纳 B_{22}，参见例 8.2 中节点导纳矩阵虚部，$B_{22}=-9.908$。$\boldsymbol{B}_i$ 是发电机节点②和 PQ 节点①相关联的导纳矩阵虚部元素，即节点①和节点②之间的互导纳的虚部，$\boldsymbol{B}_i=[4.9875]$。在例 8.2 中，$\boldsymbol{B}''$ 只有一阶，即 $\boldsymbol{B}''=[-13.9580]$，将它分解成因子表有 $\boldsymbol{B}''=\boldsymbol{LDU}, \boldsymbol{L}=\boldsymbol{U}^{\mathrm{T}}=[1], \boldsymbol{D}=[-13.9580]$。利用式(9-8)有

$$\boldsymbol{\eta}=\boldsymbol{L}^{-1}\boldsymbol{B}_i=[1]^{-1}[4.9875]=[4.9875]$$

由式(9-7)有

$$\begin{aligned}R_{ii}&=-(B_{ii}-\boldsymbol{\eta}^{\mathrm{T}}\boldsymbol{D}^{-1}\boldsymbol{\eta})^{-1}=(\boldsymbol{\eta}^{\mathrm{T}}\boldsymbol{D}^{-1}\boldsymbol{\eta}-B_{ii})^{-1}\\&=[4.9875\times(-13.9580)^{-1}\times 4.9875+9.908]^{-1}\\&=8.1259^{-1}=0.1231\end{aligned}$$

与本例开始时引用的例 8.3 的电压和无功输出功率之间的灵敏度系数的结果相同。

9.2.2　PQ 节点转换成 PV 节点

当负荷节点的电压低于允许的下限值或高于允许的上限值时，如果该节点有无功调节手段，则可改变该节点无功使其电压维持在允许范围内。

设节点 i 的电压的限制值是 V_i^{limit}，而潮流计算结果节点 i 的电压是 V_i，若二者之间有如下关系：

$$\Delta V_i=V_i^{\text{limit}}-V_i=\begin{cases}<0 & V_i^{\text{limit}}=V_i^{\max}\\>0 & V_i^{\text{limit}}=V_i^{\min}\end{cases}$$

则说明节点 i 发生电压越界。这时应将该节点的电压幅值固定在限制值上，使其由 PQ 节点转变为 PV 节点，然后重新进行潮流迭代计算。对牛顿-拉夫逊法，由于每次迭代要重新形成雅可比矩阵及其因子表，这种节点类型的改变不会遇到困难。

对于快速分解法，有两种常用的处理方法。

1. 改变 PV-PQ 节点类型

在 Q-V 迭代方程的 $\boldsymbol{B}''$ 中划去将要转变成 PV 类型的节点所在的行和列，这相当于在该节点的对角元上加一个很大的数，再用秩 1 因子更新算法对 $\boldsymbol{B}''$ 进行修正即可。

2. 改变 PQ 节点 Q 的给定值

不改变节点类型，但要改变该 PQ 节点的无功给定量，下面介绍该方法。

设节点 i 是 PQ 节点，其原无功给定值是 Q_i^{SP}，若新的 Q 值变为 $\widetilde{Q}_i^{\mathrm{SP}}$，则改变量是

$$\Delta Q_i = \widetilde{Q}_i^{SP} - Q_i^{SP} \tag{9-9}$$

相应地，节点 i 的电压由 V_i 变成限制值 V^{limit}，这时节点 i 的电压改变量是

$$\Delta V_i = V_i^{\text{limit}} - V_i \tag{9-10}$$

由快速分解法的 Q-V 迭代方程式(8-9)，各节点的电压变化量是

$$\Delta \boldsymbol{V} = -\boldsymbol{B}''^{-1} \boldsymbol{e}_i \Delta Q_i / V_i \tag{9-11}$$

式中，$\boldsymbol{e}_i$ 为单位列矢量，只在节点 i 的位置为 1，其余全是零。当电压幅值的变化 ΔV_i 较大时，式(9-11)中的 V_i 可取变化后的值 V_i^{limit}，这样处理可提高精度。结合式(9-10)和式(9-11)有

$$\Delta V_i = V_i^{\text{limit}} - V_i = \boldsymbol{e}_i^{\mathrm{T}} \Delta \boldsymbol{V} = -\boldsymbol{e}_i^{\mathrm{T}} \boldsymbol{B}''^{-1} \boldsymbol{e}_i \Delta Q_i / V_i$$

$$\Delta Q_i = -\frac{V_i^{\text{limit}} - V_i}{\boldsymbol{e}_i^{\mathrm{T}} \boldsymbol{B}''^{-1} \boldsymbol{e}_i} \cdot V_i \tag{9-12}$$

把用式(9-12)计算出来的 ΔQ_i 代入式(9-11)即可计算各节点电压的修正值。也可把 ΔQ_i 代入式(9-9)，得

$$\widetilde{Q}_i^{SP} = Q_i^{SP} + \Delta Q_i \tag{9-13}$$

$\widetilde{Q}_i^{SP}$ 即为新的无功注入，然后用 $\widetilde{Q}_i^{SP}$ 再进行潮流计算。当 V_i 已进入界内时，上面的修正计算即可停止。

例 9.2 对例 8.2 中给出的潮流，如果负荷节点①的电压下限值是 0.95，求节点①补充多少无功功率时，才能使节点①的电压拉入界内。

解 对本例 $\boldsymbol{B}'' = -13.958$，所以式(9-12)中 $\boldsymbol{B}''^{-1} = -1/13.958 = -0.07164$。式(9-12)中 $V_1^{\text{limit}} = 0.95$，$V_1 = 0.9375$，$\Delta Q_1$ 可用式(9-12)算出为

$$\Delta Q_1 = -\frac{0.95 - 0.9375}{-0.07164} \times 0.9375 = 0.1636$$

因此，用式(9-13)，节点①的无功注入应改变为

$$\widetilde{Q}_1^{SP} = Q_1^{SP} + \Delta Q_1 = -1 + 0.1636 = -0.8364$$

将该负荷节点①的无功负荷由 1 变成 0.8364，以它为无功给定值重新进行潮流计算，结果表明，节点①的电压将上升到 0.9512，可见越下限已解除。

9.2.3 多 $V\theta$ 节点时的潮流计算

一般情况下的潮流计算，都只涉及一个平衡点。但也存在一些特殊的应用场合，此时会涉及多个平衡节点的潮流计算。下面给出两种情况。

1. 由系统等值产生的多 $V\theta$ 节点的潮流算法

根据第 5 章的分析可知，在电力系统实时网络分析中，常把要分析的电网分成内部、边界和外部网等三部分。外部网的运行状态一般不知道，需要要将外部网等

值，用在边界节点上连接的等值支路表示，如图9.1所示。

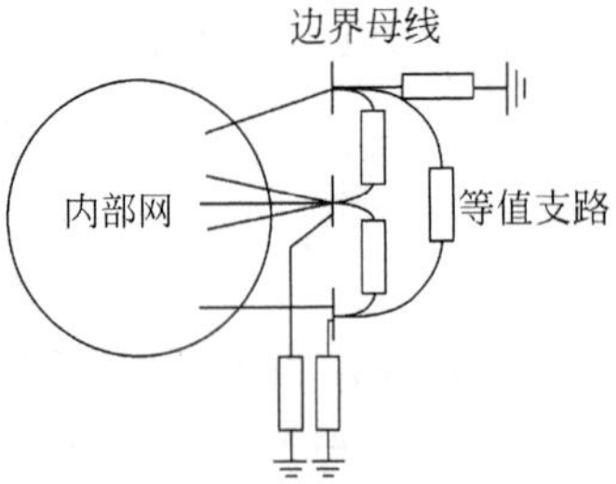

图9.1　将外部网用等值支路表示

内部网和边界母线的电压可以由内部网的状态估计求出，外部网络被等值到边界节点。计算图9.1的系统潮流时，边界节点的 $\boldsymbol{V},\boldsymbol{\theta}$ 是已知量，而边界节点的注入功率是未知量，这时要用多 $V\theta$ 节点的潮流算法来计算。

对于 N 个节点的电力系统，如果有 S 个节点的 $\boldsymbol{V},\boldsymbol{\theta}$ 给定，另外还有 r 个节点 P,V 给定，也包括平衡节点，这时待求的相角变量有 $N-S$ 个，除 $V\theta$ 节点外的 $N-S$ 个节点的有功注入功率给定，可写出 $N-S$ 个有功平衡方程。待求的电压幅值变量有 $N-S-r$ 个，有 $N-S-r$ 个节点的无功注入功率给定，可写出 $N-S-r$ 个无功平衡方程，平衡方程和待求量数量相等。在快速分解潮流计算中，P-θ 修正方程是 $N-S$ 阶，Q-V 修正方程是 $N-S-r$ 阶，即 $\boldsymbol{B}'$ 是 $N-S$ 阶，$\boldsymbol{B}''$ 是 $N-S-r$ 阶。只需在原来的 $\boldsymbol{B}'$ 中划去 S 个 $V\theta$ 节点所对应的行和列（或将该节点所对应的 $\boldsymbol{B}'$ 的对角元素增加一个大的数值），在原来 $\boldsymbol{B}''$ 中划去 S 个 $V\theta$ 节点的行和列（也可以用置大数值的方法）。其余计算和常规快速分解法的计算相同。对于 θ 给定节点，相角不用修正，对于 V 给定节点，电压幅值不用修正。

用以上方法计算出潮流解后，$V\theta$ 节点的 P 和 Q 可以求出，在边界母线上，这个有功无功注入功率体现了外部系统中的负荷移置到边界节点后的等效注入功率。将边界节点的 P 和 Q 作为已知量，就可以进行常规潮流计算。

2. 暂态稳定计算中由发电机内节点产生的多 $V\theta$ 节点的潮流算法

电力系统暂态稳定计算中，要求解由微分方程和代数方程组成的联立方程组

$$\dot{\boldsymbol{u}} = \boldsymbol{f}(\boldsymbol{u},\boldsymbol{x})$$

$$\boldsymbol{Y}_N\boldsymbol{x} = \boldsymbol{I}(\boldsymbol{u},\boldsymbol{x})$$

式中，$\boldsymbol{x}$ 为节点电压幅值和相角共同组成的矢量；$\boldsymbol{u}$ 为系统微分方程中的状态变量，如发电机转子角、暂态电势、励磁电压等动态变量；$\boldsymbol{Y}_N$ 为扩展到发电机内节点的系统导纳矩阵；$\boldsymbol{I}$ 为节点注入电流矢量[13,17]。

最常用的暂态稳定计算方法是联立迭代法和交替迭代法。交替迭代法将微分方程和代数方程分开求解。在每一时刻 t，先求解系统微分方程得系统的状态变量 $\boldsymbol{u}(t)$，再代入到网络方程中求得节点电压 $\boldsymbol{x}(t)$，为了消除交接误差，$\boldsymbol{x}(t)$ 还要代回到微分方程中求得新的 $\boldsymbol{u}(t)$，两个方程如此来回迭代多次。交替迭代法在求解网络方程时，发电机内节点的电压和相角已经由微分方程求得，因此在扩展的网络方程中，这些发电机内节点应当作为 $V\theta$ 节点处理，即要将 $\boldsymbol{Y}_N$ 中与发电机内节点

对应的行和列删除，得到与原系统中 N 个节点对应的 $N\times N$ 导纳阵（也可以用设置大数值的方法），这时待求的电压幅值和相角变量与负荷节点和发电机端节点对应，都是 PQ 节点，系统中没有 PV 节点。其计算方法是第 7 章中介绍的基于节点导纳阵的高斯迭代法。

应注意的是，网络代数方程既可以采用极坐标形式来求解，也可以采用直角坐标形式来求解，直角坐标形式不涉及三角函数的计算，具有更快的计算速度，因此大部分暂态稳定程序采用直角坐标形式求解。

9.3 中枢点电压及联络线功率的控制

在电力系统运行调度中，往往需要监视并控制某些重要的中枢点电压，使其维持在一个给定的数值。这可以通过改变系统中无功可控元件的输出功率、改变变比可调的变压器的分接头，或者改变发电机机端电压来实现，电网无功电压自动控制(automatic voltage control，AVC)系统就是这种应用的一个例子。还在有些应用场合，需要调整发电机的有功输出功率，使得某些重要的联络线的传输功率维持在给定值，像在联络线潮流控制中所做的那样。这对潮流计算提出了特殊的要求。下面介绍如何在潮流计算中改变原来作为给定量的发电机机端电压和发电机有功输出功率，以使指定的中枢点电压和联络线潮流维持在指定的数值上。

9.3.1 中枢点电压的控制

若电网中某中枢点 i 的电压值是 V_i，需要将它控制在指定的数值 V_i^{SP}，电压改变量为

$$\Delta V_i = V_i^{\mathrm{SP}} - V_i \tag{9-14}$$

若原网络中有 r 个 PV 节点的发电机无功可调，令这些节点的机端电压改变 $\Delta \boldsymbol{V}_G$ 时可使节点 i 的电压改变 ΔV_i，下面考察如何求 $\Delta \boldsymbol{V}_G$。

将 PV 节点的修正方程增广到快速分解法的 Q-V 迭代方程中，用下标 D 表示除节点 i 以外的所有 PQ 节点，下标 G 表示端电压可调的 PV 节点。其他发电机节点视其无功出力是否越界而设置为 PQ 节点或者 PV 节点。假定负荷节点无功不变，则有

$$-\begin{bmatrix} \boldsymbol{B}_{DD} & \boldsymbol{B}_{Di} & \boldsymbol{B}_{DG} \\ \boldsymbol{B}_{iD} & B_{ii} & \boldsymbol{B}_{iG} \\ \boldsymbol{B}_{GD} & \boldsymbol{B}_{Gi} & \boldsymbol{B}_{GG} \end{bmatrix} \begin{bmatrix} \Delta \boldsymbol{V}_D \\ \Delta V_i \\ \Delta \boldsymbol{V}_G \end{bmatrix} = \begin{bmatrix} \boldsymbol{0} \\ 0 \\ \Delta \boldsymbol{Q}_G \end{bmatrix} \tag{9-15}$$

消去节点集 D 有关部分得

$$-\begin{bmatrix} \widetilde{B}_{ii} & \widetilde{\boldsymbol{B}}_{iG} \\ \widetilde{\boldsymbol{B}}_{Gi} & \widetilde{\boldsymbol{B}}_{GG} \end{bmatrix} \begin{bmatrix} \Delta V_i \\ \Delta \boldsymbol{V}_G \end{bmatrix} = \begin{bmatrix} 0 \\ \Delta \boldsymbol{Q}_G \end{bmatrix} \tag{9-16}$$

式中，上标“～”表示网络化简后的矩阵。

由第 4 章中的结论知，从式(9-15)系数矩阵的因子表中取出和节点 i 以及节点集 G 有关部分，其结果就是式(9-16)系数矩阵的因子表，即

$$\begin{bmatrix} \widetilde{B}_{ii} & \widetilde{\boldsymbol{B}}_{iG} \\ \widetilde{\boldsymbol{B}}_{Gi} & \widetilde{\boldsymbol{B}}_{GG} \end{bmatrix} = \begin{bmatrix} 1 & 0 \\ \boldsymbol{L}_{Gi} & \boldsymbol{L}_{GG} \end{bmatrix} \begin{bmatrix} d_{ii} & \\ & \boldsymbol{D}_{GG} \end{bmatrix} \begin{bmatrix} 1 & \boldsymbol{L}_{Gi}^{\mathrm{T}} \\ 0 & \boldsymbol{L}_{GG}^{\mathrm{T}} \end{bmatrix} \tag{9-17}$$

并有

$$\begin{cases} \widetilde{B}_{ii} = d_{ii} \\ \widetilde{\boldsymbol{B}}_{iG} = d_{ii}\boldsymbol{L}_{Gi}^{\mathrm{T}} \end{cases} \tag{9-18}$$

将式(9-18)代入式(9-16)有

$$\Delta V_i = -\widetilde{B}_{ii}^{-1}\widetilde{\boldsymbol{B}}_{iG}\Delta\boldsymbol{V}_G = -\boldsymbol{L}_{Gi}^{\mathrm{T}}\Delta\boldsymbol{V}_G \tag{9-19}$$

下面考察如何计算 $\Delta\boldsymbol{V}_G$ 才能使节点 i 的电压改变 ΔV_i。

因为可调发电机较多，电压被控节点只有一个，式(9-19)只有一个方程但是有 r 个待求量，可以有无穷多组解。这里取控制量最小的一组解，即解下面的最优化问题：

$$\begin{cases} \min & \dfrac{1}{2}\Delta\boldsymbol{V}_G^{\mathrm{T}}\Delta\boldsymbol{V}_G \\ \text{s. t.} & \Delta V_i + \boldsymbol{L}_{Gi}^{\mathrm{T}}\Delta\boldsymbol{V}_G = 0 \end{cases} \tag{9-20}$$

建立标量拉格朗日函数

$$L = \frac{1}{2}\Delta\boldsymbol{V}_G^{\mathrm{T}}\Delta\boldsymbol{V}_G + \lambda(\Delta V_i + \boldsymbol{L}_{Gi}^{\mathrm{T}}\Delta\boldsymbol{V}_G) \tag{9-21}$$

优化应满足的必要条件为

$$\frac{\partial L}{\partial \Delta\boldsymbol{V}_G} = \Delta\boldsymbol{V}_G + \boldsymbol{L}_{Gi}\lambda = 0 \tag{9-22}$$

$$\frac{\partial L}{\partial \lambda} = \Delta V_i + \boldsymbol{L}_{Gi}^{T}\Delta\boldsymbol{V}_G = 0 \tag{9-23}$$

由式(9-22)和式(9-23)可解得

$$\lambda = (\boldsymbol{L}_{Gi}^{\mathrm{T}}\boldsymbol{L}_{Gi})^{-1}\Delta V_i \tag{9-24}$$

$$\Delta\boldsymbol{V}_G = -\boldsymbol{L}_{Gi}(\boldsymbol{L}_{Gi}^{\mathrm{T}}\boldsymbol{L}_{Gi})^{-1}\Delta V_i \tag{9-25}$$

在潮流计算接近收敛时检查节点 i 的电压，如果 $V_i \neq V_i^{\mathrm{SP}}$，即可用式(9-25)计算发电机节点的电压改变量，并以此对发电机节点的电压给定值进行修正。用修正后的 PV 节点电压继续进行潮流计算，直到节点 i 的电压等于 V_i^{SP} 为止。

以上公式中下标 G 只含参与电压调节的发电机节点，其余维持 PV 不变的节点在公式中不出现。另外，实际计算中还需要考虑发电机节点无功达界的处理(转变为 PQ 节点，和负荷 PQ 节点同样处理)。

与电压控制密切相关的问题是无功功率的合理分布及其对有功网损的影响。电力系统中母线电压水平主要与系统中无功功率的平衡以及无功功率的分布有关,调节发电机的无功输出大小以及在电网中接入储能元件都会影响电力系统的母线电压。投切并联电容器或电抗器可以有效地改变系统中无功功率的分布,从而有效地改善母线电压,使之维持在给定的范围之内。

合理的无功补偿可以减少输电线路上的无功功率的流动,从而减少有功网损和无功网损。在超高压远距离输电系统中,线路的充电无功功率很大,必须加装并联电抗器将过剩的无功吸收,其优点是避免线路端节点电压偏高,同时防止这些无功流入电网中引起网损。

需要充分利用无功电压的局域性特点进行无功电压控制。应尽量使无功就地平衡,避免无功的远距离传输。因此,进行无功电压的分区控制[91]是有效的方法。可以利用式(9-19)的灵敏度公式,将和中枢点电压耦合紧密的无功源节点分在一个区,在无功源控制空间用聚类分析的方法将电网分成若干个区,通过区内无功源的调控使得中枢点电压控制在期望的值上[90]。

按照与本小节中类似的方法,也可以利用中枢点电压和变压器分接头之间的灵敏度关系求出变压器变比改变量,通过调整变压器变比以使中枢点电压控制在给定值。读者可自行练习推导。

例 9.3 在例 9.2 中,如果调节发电机节点②的给定电压 V_2,调整多少时才能使负荷节点①的电压越下限解除?负荷节点①的电压下限是 0.95 p.u.。

解 将发电机节点②增广到 $\boldsymbol{B}''$ 中,增广后 $\boldsymbol{B}''$ 的因子表是

$$\boldsymbol{B}''=\begin{bmatrix}-13.958 & 4.9875\\ 4.9875 & -9.908\end{bmatrix}$$
$$=\begin{bmatrix}1 & 0\\ -0.3573 & 1\end{bmatrix}\begin{bmatrix}-13.958 & \\ & -8.126\end{bmatrix}\begin{bmatrix}1 & -0.3573\\ & 1\end{bmatrix}$$

从这个结果可知,式(9-25)中的 $L_{Gi}=-0.3573$,把这个值代入式(9-25)有

$$\Delta V_2=-(-0.3573)(0.3573\times 0.3573)^{-1}\Delta V_1=0.3573^{-1}\Delta V_1$$
$$\Delta V_1=V_1^{\text{limit}}-V_1=0.95-0.9375=0.0125$$
$$\Delta V_2=0.3575^{-1}\times 0.0125=0.0350$$

所以,只要把发电机节点的给定电压提高 0.035 即可。新的电压给定值是

$$V_2^{\text{new}}=V_2^{\text{SP}}+\Delta V_2=1.01+0.035=1.045$$

用 $V_2^{\text{new}}=1.045$ 作为 PV 节点②的给定电压,重新进行潮流计算,节点①的电压变为 0.9516,越下限已解除。

9.3.2 联络线功率的控制

联络线有功功率控制需要采用式(8-54)的准稳态发电机输出功率转移分布因子 GSDF 计算:

$$
\begin{cases}
\Delta P_k = \boldsymbol{G}_{k-G}^{R} \Delta \boldsymbol{P}_G^{(0)} \\
\boldsymbol{G}_{k-G}^{R} = \boldsymbol{G}_{k-G} \boldsymbol{F}_u
\end{cases}
\tag{9-26}
$$

当联络线支路 k 的有功潮流调整量为

$$
\Delta P_k = P_k^{\mathrm{SP}} - P_k \tag{9-27}
$$

可用式(8-55)的伪逆[88]来计算发电机的调整量

$$
\Delta \boldsymbol{P}_G^{(0)} = (\boldsymbol{G}_{k-G}^{R})^{\mathrm{T}} [\boldsymbol{G}_{k-G}^{R} (\boldsymbol{G}_{k-G}^{R})^{\mathrm{T}}]^{-1} \Delta P_k \tag{9-28}
$$

用 $\Delta \boldsymbol{P}_G^{(0)}$ 对发电机节点的有功功率修正,然后继续进行潮流计算,直到支路 k 的有功潮流达到控制值时为止。

例 9.4 对于例 8.2 所给出的电力系统,基态下支路(2,1)的潮流是 0.6059,如果要将它控制到 0.5,用准稳态发电机输出功率转移分布因子 GSDF 计算发电机节点②和③的发电机输出功率应改变多少?

解 准稳态的发电机输出功率转移分布因子 GSDF 已在例 8.4 中求出。由于支路(2,1)是并联双回输电线,分布因子应是单支路的 2 倍,即

$$
\boldsymbol{G}_{k-G}^{R} = 2 \times [0.1 \quad -0.1] = [0.2 \quad -0.2]
$$

下标 k 表示双回线支路(2,1),是支路 2 和 3 的并联。支路 k 潮流的调整量为

$$
\Delta \boldsymbol{P}_k = P_k^{\mathrm{SP}} - P_k = 0.5 - 0.6059 = -0.1059
$$

于是,用式(8-55)计算发电机出力调整量

$$
\begin{aligned}
\Delta \boldsymbol{P}_G &= (\boldsymbol{G}_{k-G}^{R})^{\mathrm{T}} (\boldsymbol{G}_{k-G}^{R} (\boldsymbol{G}_{k-G}^{R})^{\mathrm{T}})^{-1} \Delta P_k \\
&= \begin{bmatrix} 0.2 \\ -0.2 \end{bmatrix} \left([0.2 \quad -0.2] \begin{bmatrix} 0.2 \\ -0.2 \end{bmatrix} \right)^{-1} \times (-0.1059) \\
&= \begin{bmatrix} -0.2648 \\ 0.2648 \end{bmatrix} = \begin{bmatrix} \Delta P_{G2} \\ \Delta P_{G3} \end{bmatrix}
\end{aligned}
$$

将发电机节点②的输出功率减少 0.2648,即由原来的 1 减到 0.7352,发电机节点③的输出功率增加 0.2648,重新计算潮流,结果显示支路(2,1)有功潮流计算值为 0.5062,有功越上界大大缓解。由于线性化产生的误差,还有轻微越界没有解除,可以在减少发电机节点②的输出功率时多减一点,例如减到 0.72,这时潮流计算结果显示支路(2,1)的有功潮流将变成 0.5005。

9.4 潮流方程解的存在性、多值性以及病态潮流解法

9.4.1 潮流方程解的存在性和多值性

潮流方程是一组非线性代数方程组。从数学上说,这组非线性代数方程应该有许多组解,在这许多组解中,可能出现下面几种情况:

(1) 有实际意义的解；

(2) 在数学上满足潮流方程，而实际运行中是无法实现的解；

(3) 对给定的运行条件，潮流方程无解，或者无实数解。

在潮流计算中，也常常会发生不收敛的情况，例如：

(1) 潮流方程本身无实数解，所以不可能收敛；

(2) 潮流方程有解，但潮流算法本身不完善，所以不收敛。

即使潮流计算收敛，如果初值给得不合适，也可能收敛到不能运行的解，问题相当复杂。

对规模较大的电力系统，还没有有效的分析方法分析潮流多解情况。在实际的电力系统分析中，由于节点电压接近标么值 1，通常认为以平值启动得到的潮流解是有实际意义的。如果采用实时数据进行潮流计算，由于状态估计的输出结果已经接近实际情况，在此基础上得到的潮流解也被认为是有意义的。从一般的数学角度来考察潮流方程，研究其有没有解，有多少个解，怎样确保潮流计算收敛到可运行解等，都是很困难的研究课题，至今尚未很好解决，所以本书不对潮流多解作更多的讨论。

9.4.2　病态潮流及其解法

对某些潮流计算问题，例如重负荷系统、梳状放射型系统及具有邻近多解的系统，潮流方程有时会无解；或即使有解，用常规方法也难以收敛。这种情况的潮流称为病态潮流，这时往往需要采用特殊的潮流计算方法。

常用的病态潮流计算方法有最优乘子法[86]和非线性规划法[87]。所谓最优乘子法，就是在求解潮流方程 $\boldsymbol{f}(\boldsymbol{x})=\boldsymbol{0}$ 的第 k 次迭代中，当求得修正量 $\Delta\boldsymbol{x}^{(k)}$ 后，用下式来修正 $\boldsymbol{x}^{(k)}$：

$$\boldsymbol{x}^{(k+1)} = \boldsymbol{x}^{(k)} + \mu\Delta\boldsymbol{x}^{(k)} \tag{9-29}$$

以此作为第 $k+1$ 次迭代的初值。其中标量乘子 μ 的选取满足

$$\min_{\mu} \| f(\boldsymbol{x}^{(k)} + \mu\Delta\boldsymbol{x}^{(k)}) \|_2 \tag{9-30}$$

就是要使潮流方程 $\boldsymbol{f}(\boldsymbol{x})=\boldsymbol{0}$ 的失配量的平方和取极小值。这在某种程度上限制了对 $\boldsymbol{x}^{(k)}$ 的修正，极端情况 $\mu=0$，即不修正，避免产生过修正或者欠修正现象，保证了潮流算法绝不会发散。

如果潮流方程有解，则随着迭代的进行目标函数逐渐减小，最后达到零值(某一很小的正数)。如果潮流方程无解，随着迭代的进行，μ 值越来越小，最后达到零值，而目标函数不再下降，保持在一个正的有限值上。此时的 $\boldsymbol{x}$ 可以认为是潮流方程的最小二乘解。

由于式(9-30)中的优化变量是乘子 μ，目标函数是关于标量 μ 的标量函数，所以最优乘子 μ 的求取比较简单。这种方法在数学上也称为阻尼牛顿法[88]。

求解病态潮流的另一种算法是非线性规划法[87]，即求解无约束的非线性规划问题

$$\min_{x} F(\boldsymbol{x}) = \frac{1}{2}\boldsymbol{f}^{\mathrm{T}}(\boldsymbol{x})\boldsymbol{f}(\boldsymbol{x}) \tag{9-31}$$

上式将求解潮流方程 $\boldsymbol{f}(\boldsymbol{x})=\boldsymbol{0}$ 转变为一个标量函数优化问题。其取极值的条件是

$$\boldsymbol{y}(\boldsymbol{x}) = \frac{\partial F(\boldsymbol{x})}{\partial \boldsymbol{x}} = \left[\frac{\partial \boldsymbol{f}^{\mathrm{T}}}{\partial \boldsymbol{x}}\right]\boldsymbol{f}(\boldsymbol{x}) = \boldsymbol{0} \tag{9-32}$$

这是一组非线性代数方程组，$\dfrac{\partial \boldsymbol{f}^{\mathrm{T}}}{\partial \boldsymbol{x}}$是雅可比矩阵的转置。求解潮流方程在这时转化为求解式(9-32)的非线性代数方程组，而这个非线性代数方程组比潮流方程组要复杂得多。

有两种情况值得注意。第一种情况，如果由式(9-32)求得的 $\boldsymbol{x}^*$ 使 $\boldsymbol{f}(\boldsymbol{x}^*)=0$，则 $\boldsymbol{x}^*$ 是潮流方程的解，此时的目标函数满足式(9-31)的 $F(\boldsymbol{x}^*)=0$。这是正常潮流的情况。第二种情况，由式(9-32)求得的 $\boldsymbol{x}^*$ 使式(9-31)的 $F(\boldsymbol{x}^*)$取极小值，此时式(9-32)满足，但$\boldsymbol{f}(\boldsymbol{x}^*)\neq\boldsymbol{0}$，则 $\boldsymbol{x}^*$ 不是 $\boldsymbol{f}(\boldsymbol{x}^*)=\boldsymbol{0}$ 的解，而是 $\boldsymbol{f}(\boldsymbol{x}^*)=\boldsymbol{0}$ 的最小二乘解。

不管潮流方程是否有解，非线性规划方法总能给出有解或无解的明确解答。但是，求解式(9-32)的非线性方程组涉及多维寻优，十分困难，其计算量比最优乘子法大得多。相比之下，最优乘子法只涉及一维寻优，是求解病态潮流的一个实用算法，得到了广泛的应用。

9.5　潮流方程中的二次型

在直角坐标系中，潮流方程具有特殊的结构，它是一个不含自变量一次项和常数项的二次代数方程组。将式(7-4)代入式(7-8)后有

$$\begin{cases} P_i^{\mathrm{SP}} = \sum\limits_{j\in i}((e_ie_j + f_if_j)G_{ij} - (e_if_j - f_ie_j)B_{ij}) \\ Q_i^{\mathrm{SP}} = \sum\limits_{j\in i}(-(e_ie_j + f_if_j)B_{ij} - (e_if_j - f_ie_j)G_{ij}) \\ (V_i^{\mathrm{SP}})^2 = e_i^2 + f_i^2 \end{cases} \tag{9-33}$$

可见方程中没有关于自变量 e 和 f 的一次项，也没有常数项。这个方程可用公式：

$$\boldsymbol{y}^{\mathrm{SP}} = \boldsymbol{y}(\boldsymbol{x}) \tag{9-34}$$

来表示。式(9-34)中，$\boldsymbol{y}^{\mathrm{SP}}$为 $2n\times1$ 矢量，是已知量；$\boldsymbol{y}(\boldsymbol{x})$为 $2n\times1$ 潮流方程的函数矢量；$\boldsymbol{x}$ 为待求的状态变量，也是 $2n\times1$ 维矢量。

在给定 $\boldsymbol{x}$ 的一组初值 $\boldsymbol{x}_0$ 处将式(9-34)右端项进行泰勒展开有

$$\boldsymbol{y}^{SP} = \boldsymbol{y}(\boldsymbol{x}_0) + \boldsymbol{J}\Delta\boldsymbol{x} + \boldsymbol{R}(\Delta\boldsymbol{x}) \tag{9-35}$$

式中，$\boldsymbol{R}(\Delta\boldsymbol{x})$是关于 $\Delta\boldsymbol{x}$ 的二阶以上的残项。

由于 $\boldsymbol{y}(\boldsymbol{x})$是不包含 $\boldsymbol{x}$ 的一次项和常数项的二次函数，这种特殊的函数有如下特点：

(1) $\boldsymbol{y}(\boldsymbol{x})$对 $\boldsymbol{x}$ 的二阶偏导是常数，而对 $\boldsymbol{x}$ 的二阶以上偏导为零，即 $\boldsymbol{R}(\Delta\boldsymbol{x})$中不包含 $\Delta\boldsymbol{x}$ 的高于二阶的项；

(2) 残项 $\boldsymbol{R}(\Delta\boldsymbol{x})$和 $\boldsymbol{y}(\boldsymbol{x})$形式完全相同，只是 $\boldsymbol{y}(\boldsymbol{x})$中的 $\boldsymbol{x}$ 在 $\boldsymbol{R}(\Delta\boldsymbol{x})$中换成了 $\Delta\boldsymbol{x}$，故有

$$\boldsymbol{R}(\Delta\boldsymbol{x}) = \boldsymbol{y}(\Delta\boldsymbol{x}) \tag{9-36}$$

式(9-35)可写成

$$\boldsymbol{y}^{SP} = \boldsymbol{y}(\boldsymbol{x}_0) + \boldsymbol{J}\Delta\boldsymbol{x} + \boldsymbol{y}(\Delta\boldsymbol{x}) \tag{9-37}$$

这一公式是准确的表达式，没有任何近似。为使计算简单，取平启动电压初值，即 $e_i=1, f_i=0, i=1,2,\cdots,n$。平衡节点的电压也取为 1。于是可得如下的潮流迭代公式：

$$\begin{cases} \Delta\boldsymbol{x}^{(k+1)} = \boldsymbol{J}^{-1}(\boldsymbol{y}^{SP} - \boldsymbol{y}(\boldsymbol{x}_0) - \boldsymbol{y}(\Delta\boldsymbol{x})) \\ \boldsymbol{x}^{(k+1)} = \boldsymbol{x}_0 + \Delta\boldsymbol{x}^{(k+1)} \end{cases} \tag{9-38}$$

上式中潮流雅可比矩阵可保持平启动时的值不变，因此是一种定雅可比的算法。

因为 $\boldsymbol{y}(\boldsymbol{x})$是不含一次项和常数项的二次函数，故它有如下性质：

$$\boldsymbol{y}(\mu\boldsymbol{x}) = \mu^2\boldsymbol{y}(\boldsymbol{x}) \tag{9-39}$$

式中，μ 为标量。将这一性质应用于最优乘子法中，以 $\mu\Delta\boldsymbol{x}$ 代入式(9-37)，得

$$\begin{aligned} \boldsymbol{f}(\mu\Delta\boldsymbol{x}) &= \boldsymbol{y}^{SP} - \boldsymbol{y}(\boldsymbol{x}_0) - \boldsymbol{J}\mu\Delta\boldsymbol{x} - \boldsymbol{y}(\mu\Delta\boldsymbol{x}) \\ &= \boldsymbol{y}^{SP} - \boldsymbol{y}(\boldsymbol{x}_0) - \boldsymbol{J}\Delta\boldsymbol{x}\mu - \boldsymbol{y}(\Delta\boldsymbol{x})\mu^2 \end{aligned}$$

可写成

$$\boldsymbol{f}(\mu\Delta\boldsymbol{x}) = \boldsymbol{a} + \boldsymbol{b}\mu + \boldsymbol{c}\mu^2 \tag{9-40}$$

式中

$$\begin{cases} \boldsymbol{a} = \boldsymbol{y}^{SP} - \boldsymbol{y}(\boldsymbol{x}_0) \\ \boldsymbol{b} = -\boldsymbol{J}\Delta\boldsymbol{x} \\ \boldsymbol{c} = -\boldsymbol{y}(\Delta\boldsymbol{x}) \end{cases} \tag{9-41}$$

当用式(9-38)求出 $\Delta\boldsymbol{x}$ 之后，式(9-40)中的系数矢量 $\boldsymbol{a}, \boldsymbol{b}, \boldsymbol{c}$ 即可确定。

求最优乘子 μ 即为求解下面的优化问题：

$$\min_{\mu} \| \boldsymbol{f}(\mu\Delta\boldsymbol{x}) \|_2 = \min_{\mu} \| \boldsymbol{a} + \boldsymbol{b}\mu + \boldsymbol{c}\mu^2 \|_2$$

令关于乘子 μ 的目标函数是

$$F(\mu) = \frac{1}{2}(\boldsymbol{a} + \boldsymbol{b}\mu + \boldsymbol{c}\mu^2)^{\mathrm{T}}(\boldsymbol{a} + \boldsymbol{b}\mu + \boldsymbol{c}\mu^2)$$

对乘子 μ 取偏导并令其为零

$$\frac{\partial F(\mu)}{\partial \mu} = 0$$

可得一元三次方程

$$g_0 + g_1\mu + g_2\mu^2 + g_3\mu^3 = 0 \tag{9-42}$$

$$\begin{cases} g_0 = \boldsymbol{a}^{\mathrm{T}}\boldsymbol{b} \\ g_1 = \boldsymbol{b}^{\mathrm{T}}\boldsymbol{b} + 2\boldsymbol{a}^{\mathrm{T}}\boldsymbol{c} \\ g_2 = 3\boldsymbol{b}^{\mathrm{T}}\boldsymbol{c} \\ g_3 = 2\boldsymbol{c}^{\mathrm{T}}\boldsymbol{c} \end{cases} \tag{9-43}$$

很容易由式(9-42)的一元三次方程求出最优乘子 μ^*。

9.6 连续潮流计算

连续潮流追踪计算负荷变化时的潮流解，可计算出达到电压崩溃点的最大负荷增长量，主要用于静态电压稳定计算。

9.6.1 连续潮流计算的基本原理

潮流方程的物理量可以分为给定量和待求量两类。如果给定量发生变化，则潮流结果也将随之而变。系统运行人员有时会对其中一些特殊的物理量的变化感兴趣，并试图了解这些物理量的变化对系统运行工况的影响。这类问题在数学上便构成了含参变量的潮流方程

$$\boldsymbol{f}(\boldsymbol{x},\lambda) = \boldsymbol{0} \tag{9-44}$$

式中，$\boldsymbol{f}$ 为潮流方程的一般形式；$\boldsymbol{x}$ 为由节点电压和相角组成的待求变量；λ 为系统中感兴趣的可变参数。

在电力系统静态电压稳定性分析和可用传输容量(available transmission capacity，ATC)的计算中[92~94]，经常要研究类似式(9-44)的潮流方程。例如，通过不断地改变潮流方程中感兴趣的典型参数(如从一个发电机母线或一组发电机母线到一个负荷母线或一组负荷母线的传送功率)，以考察潮流方程解的变化趋势。对这类问题的求解，常采用连续潮流(continuation power flow, CPF)算法。

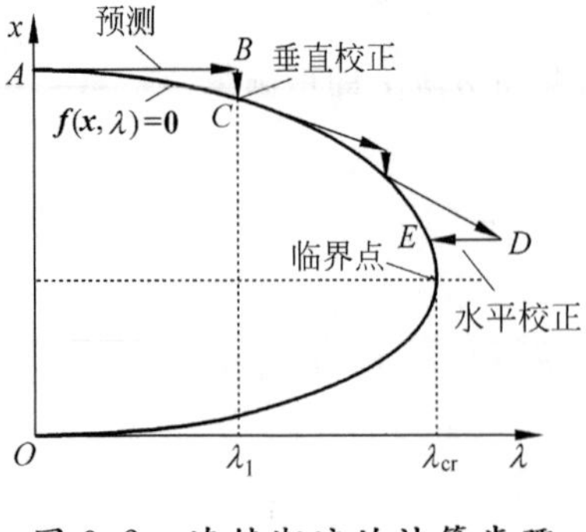

图 9.2 连续潮流的计算步骤

当式(9-44)中的参数连续改变时，用连续潮流算法可以跟踪系统状态的变化，从而得到系统的定常解曲线，在该曲线上的任意点$(\boldsymbol{x}(\lambda),\lambda)$均满足 $\boldsymbol{f}(\boldsymbol{x}(\lambda),\lambda)=\boldsymbol{0}$。显然，参数的改变是有极限的，当参数改变到临近其极限值时，潮流方程的雅可比矩阵将出现病态，对应于数学上的鞍结分岔点。这时，常规的潮流计算方法将失效。因此，连续潮流算法要包含能处理这种特殊情况的技术。

下面以图 9.2 为例来说明连续潮流算

法跟踪系统解曲线的主要计算步骤。图中示出了系统某母线的电压随参数变化的曲线，其中 λ_{cr} 为 λ 的临界值。计算从一个已知的初始解 $(\boldsymbol{x}_0,\lambda_0)$（图中 A 点）出发。为了计算解曲线上的下一个点，连续潮流计算包括以下三部分计算工作：

(1) 预测步。沿着 λ 的增长方向预测下一个解，记为 $(\tilde{\boldsymbol{x}}_1,\lambda_1)$（图中 B 点）。通常这个解并不在解曲线上，因此是一个近似解。

(2) 校正步。固定预测步得到的 λ_1，以 $\tilde{\boldsymbol{x}}_1$ 为初始点用常规方法求解潮流方程，如果收敛，则得新的解点 $(\boldsymbol{x}_1,\lambda_1)$（图中的 C 点），这样的校正计算称为垂直校正，以该点为起点回到预测步。如果潮流计算不收敛，说明预测点接近或超过了极限点，如图中的 D 点，这时可以减小预测步中所取的步长，重新计算，直到校正步收敛为止。

(3) 参数化。在靠近临界点的地方（以图中的 D 点为例），潮流方程病态，此时或者校正步发散，或者步长极小，就应该选择一个节点的电压作为固定值，而将 λ 作为变量，求解扩展的潮流方程，这时的校正称为水平校正（图中求得的 E 点）。

9.6.2 连续潮流计算的主要技术

为了便于叙述，以下用 $\boldsymbol{f}'_x=\partial\boldsymbol{f}/\partial\boldsymbol{x}^{\mathrm{T}}$，$\boldsymbol{f}'_\lambda=\partial\boldsymbol{f}/\partial\lambda$ 来表示潮流方程关于 $\boldsymbol{x}$ 的雅可比矩阵和关于 λ 偏导数矢量，并假定潮流解曲线上的当前点用 $(\boldsymbol{x}_0,\lambda_0)$ 表示。以下的讨论对参数的物理含义没有限制。

1. 预测步的计算

在预测步中，首先要根据式(9-44)确定变量的预测方向。以切线方向为例，对式(9-44)求微分，得

$$\boldsymbol{f}'_x\boldsymbol{d}_x+\boldsymbol{f}'_\lambda d_\lambda=\boldsymbol{0} \tag{9-45}$$

式中，$\boldsymbol{d}_x$，d_λ 分别表示 $\boldsymbol{x}$ 和 λ 的变化方向（这里实际上是切线方向）。

如果当前解处在解曲线的平凡位置，即 $\boldsymbol{f}'_x$ 非奇异，则以 λ 作为参数化变量，在临界点之前 λ 的变化方向为 $+1$，在临界点之后 λ 的变化方向为 -1，与式(9-45)联立后可得

$$\begin{bmatrix}\boldsymbol{f}'_x & \boldsymbol{f}'_\lambda\\ \boldsymbol{0} & 1\end{bmatrix}\begin{bmatrix}\boldsymbol{d}_x\\ d_\lambda\end{bmatrix}=\begin{bmatrix}\boldsymbol{0}\\ \pm 1\end{bmatrix} \tag{9-46}$$

由此可确定预测方向。

如果当前解在解曲线的位置接近临界点，即 $\boldsymbol{f}'_x$ 接近奇异，式(9-46)的系数矩阵也将接近奇异，则应选择变量 x_k（例如变化率最大的节点 k 的电压）作为参数化变量，而将 λ 作为普通变量，x_k 的斜率作为切线方向，此时由下式可确定预测方向：

$$\begin{bmatrix}\boldsymbol{f}'_x & \boldsymbol{f}'_\lambda\\ \boldsymbol{e}_k^{\mathrm{T}} & 0\end{bmatrix}\begin{bmatrix}\boldsymbol{d}_x\\ d_\lambda\end{bmatrix}=\begin{bmatrix}\boldsymbol{0}\\ \pm 1\end{bmatrix} \tag{9-47}$$

其中，$\boldsymbol{e}_k^{\mathrm{T}}$ 为第 k 个元素为 $+1$，其余元素为 0 的行矢量。应注意式(9-47)与式(9-46)的系数矩阵不同。由于选择了 x_k 作为参数化变量，即使 $\boldsymbol{f}'_x$ 接近奇异（假

定其秩是 $n-1$)，也可以证明式(9-47)的系数矩阵是非奇异的。

根据式(9-46)或式(9-47)确定的预测方向，可以计算预测点如下：

$$\begin{bmatrix} \tilde{\boldsymbol{x}} \\ \tilde{\lambda} \end{bmatrix} = \begin{bmatrix} \boldsymbol{x}_0 \\ \lambda_0 \end{bmatrix} + \alpha \begin{bmatrix} \boldsymbol{d}_x \\ d_\lambda \end{bmatrix} \tag{9-48}$$

其中，α 为预测步长。

2. 校正步的计算

在校正步中，如果预测方向是由式(9-46)得到的，应先固定 λ，采用图 9.2 中的垂直校正方法，以($\tilde{\boldsymbol{x}},\tilde{\lambda}$)为初值求解式(9-44)的潮流方程。以牛顿-拉夫逊法为例，迭代格式如下：

$$\begin{bmatrix} \boldsymbol{f}'_x & \boldsymbol{f}'_\lambda \\ \boldsymbol{0} & 1 \end{bmatrix} \begin{bmatrix} \Delta \boldsymbol{x} \\ \Delta\lambda \end{bmatrix} = -\begin{bmatrix} \boldsymbol{f}(\boldsymbol{x},\lambda) \\ 0 \end{bmatrix} \tag{9-49}$$

如果上述潮流计算收敛，则可以得到图 9.2 中的 C 点，然后开始新的预测步计算。如果潮流发散，有两种应对的措施：其一是减小步长 α 用式(9-48)预测新的点，并用垂直校正方法重新用式(9-49)迭代；另一种办法是选择变量 x_k(例如变化率最大的节点 k 的电压)作为参数化变量，将 λ 作为普通变量，采用水平校正方法解潮流方程，迭代格式如下：

$$\begin{bmatrix} \boldsymbol{f}'_x & \boldsymbol{f}'_\lambda \\ \boldsymbol{e}_k^{\mathrm{T}} & 0 \end{bmatrix} \begin{bmatrix} \Delta \boldsymbol{x} \\ \Delta\lambda \end{bmatrix} = -\begin{bmatrix} \boldsymbol{f}(\boldsymbol{x},\lambda) \\ 0 \end{bmatrix} \tag{9-50}$$

其中 $\boldsymbol{e}_k^{\mathrm{T}}$ 的选择与式(9-47)相同。

在校正步中，如果预测方向本身就是由式(9-47)得到的，也应按式(9-50)解潮流方程。

3. 扩展潮流方程的解法

对于预测步中的式(9-46)或校正步中的式(9-49)，由于雅可比矩阵 $\boldsymbol{f}'_x$ 非奇异，其稀疏结构不受影响，用常规的方法就可以求解这两个方程。但对于预测步中的式(9-47)或校正步中的式(9-50)，情况有所不同。由于雅可比矩阵 $\boldsymbol{f}'_x$ 病态，必须对常规的计算方法作修改。为了便于讨论，把式(9-47)或式(9-50)的扩展潮流方程的迭代公式写为

$$\begin{bmatrix} \boldsymbol{f}'_x & \boldsymbol{f}'_\lambda \\ \boldsymbol{e}_k^{\mathrm{T}} & 0 \end{bmatrix} \begin{bmatrix} \Delta \boldsymbol{x} \\ \Delta\lambda \end{bmatrix} = \begin{bmatrix} \boldsymbol{b} \\ c_k \end{bmatrix} \tag{9-51}$$

这个方程的系数矩阵是非奇异的。用程序实现式(9-51)的求解时，总是希望能够继续使用原先的潮流方程雅可比矩阵的稀疏结构和因子表结构。尽管雅可比矩阵 $\boldsymbol{f}'_x$ 病态，加上一行一列后，式(9-51)的系数矩阵却非奇异。虽然不能直接对式(9-51)进行因子分解，而必须将雅可比矩阵中的某一行和某一列与式(9-51)中的最后一行和最后一列对调，但这样做将破坏雅可比矩阵的稀疏性，使编程工作复

杂化。下面介绍一种专门的技巧来处理这个问题。

根据预测步和校正步中所选择的参数化变量 x_k 的位置，构造如下的对角阵

$$\boldsymbol{J}_d = \mathrm{diag}[0,\cdots,d_k,\cdots,0] \tag{9-52}$$

其中 $\boldsymbol{J}_d$ 仅第 k 个对角元有充分大的非零元 d_k，其余都是零元素，则式(9-51)等价于

$$\begin{cases}(\boldsymbol{f}'_x+\boldsymbol{J}_d)\Delta\boldsymbol{x}+\boldsymbol{f}'_\lambda\Delta\lambda-\boldsymbol{J}_d\Delta\boldsymbol{x}=\boldsymbol{b}\\ \Delta x_k=c_k\end{cases} \tag{9-53}$$

注意到式中

$$\boldsymbol{J}_d\Delta\boldsymbol{x}=d_k[0\quad\cdots\quad 1\quad\cdots\quad 0]^{\mathrm{T}}\Delta x_k=d_k\boldsymbol{e}_k\Delta x_k=c_kd_k\boldsymbol{e}_k$$

且当 d_k 充分大时，$\boldsymbol{J}=\boldsymbol{f}'_x+\boldsymbol{J}_d$ 是非奇异的，并且与 $\boldsymbol{f}'_x$ 有相同的稀疏结构，故式(9-53)的第一个方程可以写为

$$\Delta\boldsymbol{x}+\boldsymbol{J}^{-1}\boldsymbol{f}'_\lambda\Delta\lambda-\boldsymbol{J}^{-1}\boldsymbol{e}_kc_kd_k=\boldsymbol{J}^{-1}\boldsymbol{b} \tag{9-54}$$

定义 $\boldsymbol{g}=\boldsymbol{J}^{-1}\boldsymbol{f}'_\lambda,\boldsymbol{h}=\boldsymbol{J}^{-1}\boldsymbol{e}_k,\bar{\boldsymbol{b}}=\boldsymbol{J}^{-1}\boldsymbol{b}$，则式(9-54)的第 k 个方程可以写为

$$c_k+g_k\Delta\lambda-h_kc_kd_k=\bar{b}_k \tag{9-55}$$

由此可解得

$$\Delta\lambda=\frac{1}{g_k}(\bar{b}_k-c_k+h_kc_kd_k) \tag{9-56}$$

将 $\Delta\lambda$ 代回到式(9-54)，就可以求得全部的 $\Delta\boldsymbol{x}$。与常规潮流算法相比，这一技巧仅要多求解两个方程：

$$\boldsymbol{J}\boldsymbol{g}=\boldsymbol{f}'_\lambda,\quad \boldsymbol{J}\boldsymbol{h}=\boldsymbol{e}_k$$

其中由于 $\boldsymbol{f}'_\lambda,\boldsymbol{e}_k$ 是高度稀疏的，计算时可以采用快速前代法。另外，由于 $\boldsymbol{J}=\boldsymbol{f}'_x+\boldsymbol{J}_d$ 非奇异，且与 $\boldsymbol{f}'_x$ 有相同的稀疏结构，故可直接利用原来的稀疏矩阵检索信息和数据结构，例如采用秩 1 因子修正，利用 $\boldsymbol{f}'_x$ 的因子表可直接得到 $\boldsymbol{J}$ 的因子表，因此这里介绍的方法简洁、高效，且极易程序实现。以上内容可以参考文献[94]。

与常规的潮流计算相比，连续潮流方法的优点在于能充分考虑系统的非线性以及参数对系统静态电压稳定性的影响，提供比常规潮流更丰富的信息。当求得参数的临界值时，也就得到了系统距离电压崩溃点的裕度。目前连续潮流计算方法已经相对成熟，如 CPFLOW 程序就是一个功能较全面的大规模商业软件[93]。

9.7 小结

一个工程应用的潮流计算程序应有能力满足实际工程中提出的各种要求。当系统运行状况变化较大时，潮流计算中负荷的电压静态特性就是一个应考虑的因素。发电机节点无功越界或负荷节点电压违限时，为得到满足运行约束的潮流就需要对潮流给定条件进行调整，计算出满足约束条件的潮流解。这时要进行 PV

节点和 PQ 节点之间的转换。在考虑外部网络静态等值时,常常遇到多 $V\theta$ 节点的处理问题。另外,实际工程应用中还有联络线潮流控制和中枢点电压控制等问题,这些都可在常规潮流基础上借助灵敏度和分布因子来解决。本章对上述问题进行分析,并介绍解算方法。

潮流计算要求解一组高阶非线性代数方程组,其解的存在性、唯一性以及病态时的解法是实用中要遇到的问题。本章还讨论了病态潮流的解算方法,包括一维寻优的最优乘子法和多维寻优的非线性规划法。病态潮流算法在研究电力系统电压稳定性以及电网规划计算中有广泛的应用。

直角坐标系中的潮流方程是不含自变量的一次项和常数项的二次型方程,这种二次型方程有一些重要的特点,巧妙地利用这些特点可使潮流计算简化,并设计出高效的最优乘子法。

连续潮流方法的优点在于能充分考虑系统的非线性以及参数对系统静态电压稳定性的影响,提供比常规潮流更丰富的信息。当求得参数的临界值时,也就得到了系统距离崩溃点的裕度。病态潮流算法在系统规划、电力市场运营方面有广阔的应用前景。

习 题

9.1 试解释为什么即使供给纯电阻负荷,实际电力系统中的发电机也要向系统提供无功功率。

9.2 电力系统潮流计算中是否可以设定其中部分节点为 θ,Q 给定,P,V 待求,在潮流计算中如何实现?

9.3 为了使联络线功率维持在一个事先给定的值,常需在潮流计算的迭代过程中调整部分发电机输出功率。能否在建立潮流计算模型时,把联络线有功潮流方程作为一个潮流方程,同时放开某一发电机节点的有功注入潮流方程约束,并用牛顿-拉夫逊法求解?

9.4 如题图9.4所示的网络中,各元件的电抗标在图上。不论负荷投入和退出系统,都必须维持节点①的电压在(1.0±0.05)p.u.的范围内,求需要提供的无

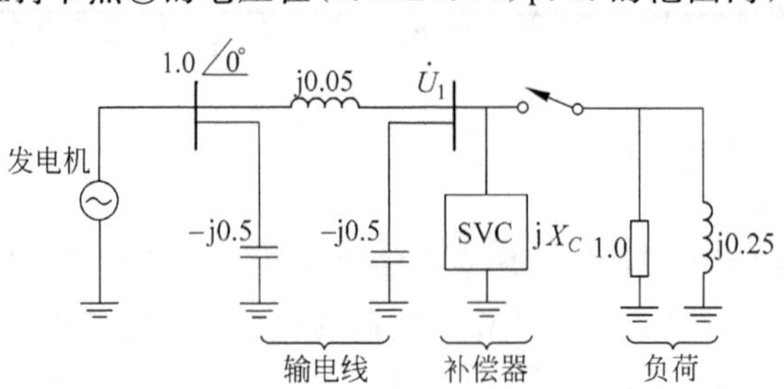

题图 9.4

功补偿的调节范围。

9.5　对于例 7.2，如果发电机母线②无功功率越上界，越界量是 0.155，试用 9.2.1 小节中介绍的两种方法计算调整后的潮流解，调整后发电机母线②的越界应解除。

9.6　对于例 7.2，如果母线①的电压越下界，越界量是 0.0125，如何改变母线①的无功功率使母线①的电压恢复正常？

9.7　对于例 7.2，如何改变节点②的电压给定值才能使节点①的电压升高 0.02？

9.8　对于例 7.2，如何改变节点②的有功功率才能使支路(2,1)的有功潮流增加 0.1 p.u.？

9.9　推导节点电压和变压器分接头之间的灵敏度关系，并利用这一关系求出变压器变比的改变量，以使中枢点电压控制在给定值。

9.10　由两条联络线组成的联络线簇，需要调整发电机输出功率来控制该联络线簇的有功潮流，使得两条联络线的有功潮流之和不超过某一个定值，试用第 8 章介绍的功率传输转移分布因子 PTDF 给出一种解决方案。

9.11　编写最优乘子法潮流程序。

9.12　对于例 7.2 中的 3 母线潮流情况，计算母线①的有功负荷增加到多少时，达到电压稳定临界点。计算中可以假定负荷的功率因数取常数值 0.8。另外，母线②和母线③的发电机的无功出力是有限制的，不大于发电机有功出力的 0.8 倍。

9.13　对于一台发电机经阻抗接一个负荷的情况，试按电阻负荷、电流负荷和功率负荷等不同的情况分析电压稳定问题。

9.14　是否可以设定某些节点为 θQ 节点进行潮流计算？此时应如何处理？

9.15　潮流计算中每个节点有 P,Q,θ,V 共 4 个变量，给定其中 2 个可以计算另外 2 个。是否可能将一个节点给定 1 个已知量，另一个节点给定 3 个已知量，然后计算潮流？什么条件下可以？应如何处理？

9.16　只调一台发电机的 ΔP_G 去控制联络线潮流，实际上平衡机会产生 $-\Delta P_G$ 去平衡这台发电机的出力变化。试设计一种实用方法，一台发电机增出力，另一台发电机减出力，去缓解联络线过负荷(缓解阻塞)，而平衡机的输出功率不变。

9.17　方程 $\begin{cases} y_1^{SP} = x_1^2 + ax_1x_2 + bx_2^2 \\ y_2^{SP} = cx_1^2 + dx_1x_2 + x_2^2 \end{cases}$ 即 $y^{SP} = y(x)$ 是一个不含一次项的二次代数方程组，试用这个方程组来验证潮流方程的二次型的性质：

$$y^{SP} = y(x_0) + J(x_0)\Delta x + y(\Delta x)$$

9.18　潮流计算中的 $V\theta$ 节点(假定其编号是 N)的发电机出力按如下关系

设置：

$$P_{GN} = \sum_{i=1}^{N} P_{Di} - \sum_{i=1}^{N-1} P_{Gi}$$

即电网中所有发电机的注入有功和电网中所有负荷消耗的有功相等，并将该 $V\theta$ 节点的无功 Q 设置为某值，例如按照功率因数 0.85 来设置无功。我们将该节点设置为 PQ 节点，然后在该节点处引出一条零阻抗支路，将该新增节点设置为 $V\theta$ 节点(编号为 $N+1$)，然后进行潮流计算。计算结果是：节点 $N+1$ 的有功注入就是电网的有功网损 P_{loss}因为工节点 $N+1$ 和节点 N 之间的零阻抗支路，两者实际是一个节点，这个结果似乎说明原来给定的 $V\theta$ 节点(节点号是 N)吸收了电网的全部损。应该怎样理解这个问题？

第 10 章　潮流计算问题的扩展

10.1　概述

随着国民经济的不断发展,人们对电力的需求提出了越来越高的要求。安全、经济地为用户提供高质量的电能已成为电力部门最为关心的问题。要实现这一目标,就需要在电力系统的规划设计、运行控制等各个环节进行满足各种特殊要求的潮流分析和计算,常规的潮流计算的概念因此有了许多新的扩展:

(1) 为使系统当前的运行状态保持在正常范围之内,就需要对系统中的可调变量进行调整,以消除线路潮流或节点电压的越界,这就需要进行满足各种约束条件的潮流计算。

(2) 为使系统的潮流分布满足某种最优化准则,例如,在保证满足负荷需求和各种运行约束的情况下,使发电费用最少,或者使系统的网损最小,这就提出了优化潮流的概念。

(3) 在电力系统规划设计阶段,未来的系统负荷是多少,往往不能准确知道,即使在当前运行中,系统负荷也是不确定的,受到各种干扰的影响。因此,要研究负荷不确定情况下系统的潮流分布,这就提出了随机潮流(或概率潮流)的概念。

(4) 当系统发生故障,部分元件开断(退出运行),进入一个新的稳态运行状态,研究在这种状态下系统的潮流是如何分布的,就需要对系统进行开断潮流分析。

(5) 电力市场环境下,需要为输电服务单独定价和支付相应费用,这就要研究市场参与者对输电网络的使用程度,从而提出了电力网络中的潮流组成分析问题或潮流跟踪计算问题。

这些满足各种不同要求的潮流分析,对电力系统的规划以及运行控制无疑是十分重要的。这些问题中的每一个都是一个专门的研究课题,不可能用有限的篇幅给出详细的介绍。这里只能介绍这些扩展的潮流计算问题的一些基本概念,然后对其中应用最为广泛的优化潮流和开断潮流的基本计算方法进行介绍。另外还对电力市场环境下的潮流跟踪算法作了介绍[121,122]。

10.1.1 变量的划分

在为电力系统建立数学模型时，所用到的变量特性各异，可以将它们分类如下。

(1) 网络的结构变量，用关联矩阵 $\boldsymbol{A}$ 表示。是由系统中的各元件的连接方式以及开关状态决定的。

(2) 网络元件参数 $\boldsymbol{p}$。包括：①输电线的电阻、电抗、充电电容；②变压器电阻、漏抗、变比；③并联电容器的电容和并联电抗器的电抗，等等。这些量往往是不可调整的，其中有些可调整的量，例如有载调压变压器的变比作为控制参数使用时，可划分到后面将介绍的控制变量中。

(3) 不可控变量或干扰变量 $\boldsymbol{D}$(disturbance variable)。这些量指应当满足的系统负荷功率，是由用户要求所决定的，一般是不可控制的。这些量具有不确定性，受各种干扰的影响而变化，是随机变量。它们的变化引起系统运行状态的变化。

(4) 控制变量 $\boldsymbol{u}$。亦称独立变量(independent variable)，是系统中的可调变量。包括：①发电机有功功率和机端电压(或无功功率)；②调相机和其他可调无功电源的控制电压(或无功输出功率)；③可投切并联电容器、电抗器等的电纳；④有载调压变压器的变比；⑤移相器的移相角；⑥(特殊情况下)允许切除的负荷的有功无功功率。这里，并联电容、电抗和变压器变比是网络参数，如果它们作为一种控制手段，也可划为控制变量。负荷功率是不可控变量，在紧急状态下也可通过切负荷作为辅助的控制手段。通过调整控制变量可以使系统达到期望的运行状态。

(5) 依从变量 $\boldsymbol{x}$ (dependent variable)。在上述四类变量都给定的情况下，系统的运行状态就随之而定，而此时被确定的量就是依从变量。包括：①负荷母线的电压幅值和相角；②发电机母线的电压相角和发电机的无功输出功率；③系统的有功、无功网损或者 $V\theta$ 母线的有功、无功输出功率；④线路或变压器的有功、无功潮流或者电流。依从变量中的节点电压幅值和相角称为状态变量，其他依从变量则是状态变量的函数。

变量的划分不是唯一的。要研究的问题不同，划分方法也不同，以上划分适应本书后续原理介绍的需要。

10.1.2 潮流方程

除了大地作为电气参考点外，设系统有 N 个节点，极坐标型的节点潮流方程为

$$\begin{cases} P_{Gi} - P_{Di} - \sum\limits_{j \in i} P_{ij}(\boldsymbol{V}, \boldsymbol{\theta}, \boldsymbol{y}) = 0 & i = 1,2,\cdots,N \\ Q_{Gi} - Q_{Di} - \sum\limits_{j \in i} Q_{ij}(\boldsymbol{V}, \boldsymbol{\theta}, \boldsymbol{y}) = 0 & i = 1,2,\cdots,N \end{cases}$$

式中，$\boldsymbol{y}$ 为支路导纳；$j \in i$ 表示所有和节点 i 相连的节点 j；$\sum\limits_{j \in i}$ 表达了网络的拓扑关系。按前述的变量划分可将上面的潮流方程写成

$$\boldsymbol{f}(\boldsymbol{x}, \boldsymbol{u}, \boldsymbol{D}, \boldsymbol{p}, \boldsymbol{A}) = \boldsymbol{0} \tag{10-1}$$

这是 $2N$ 维非线性代数方程组。在不同目的的潮流计算中，变量的划分可能不同，要求解的方程个数也可能少于 $2N$。

10.1.3 约束方程

实际的电力系统都要求各物理量在允许的范围内运行，这些允许的运行范围在数学上就构成了关于变量的约束条件。在求解潮流方程时，考虑系统运行的约束条件具有重要的实际意义。运行约束可分为对控制变量的约束和对依从变量的约束。

(1) 对控制变量的约束包括：

① 发电机有功输出功率上、下限约束；

② 发电机机端电压上、下限约束；

③ 发电机、调相机和其他可调压的无功电源的控制电压限制；

④ 可投切并联电容器和电抗器的容量的限制；

⑤ 有载调压变压器变比调整范围的限制；

⑥ 移相器的可调相角范围的限制；

⑦ 允许切除的负荷的最大切除容量。

以上约束可以统一用

$$\boldsymbol{u}^{\min} \leqslant \boldsymbol{u} \leqslant \boldsymbol{u}^{\max} \tag{10-2}$$

表示。

(2) 对依从变量的约束包括：

① 负荷母线电压幅值上、下限约束；

② 发电机母线无功输出功率的上、下限约束；

③ 线路允许流过的有功、无功潮流或允许流过的最大电流限制。

以上约束可以统一用

$$\boldsymbol{h}^{\min} \leqslant \boldsymbol{h}(\boldsymbol{x}, \boldsymbol{u}, \boldsymbol{D}, \boldsymbol{p}, \boldsymbol{A}) \leqslant \boldsymbol{h}^{\max} \tag{10-3}$$

表示。

如果这些约束越界，需要通过调整控制变量以改变系统的潮流分布，才能使这些变量返回界内。其中，节点电压的约束是简单变量约束，而发电机的无功输出功

率和线路潮流约束是函数不等式约束，它们是节点电压幅值和相角的函数。

下面以例题7.2的三母线系统为例来说明上述概念。图10.1中，母线③是发电机母线，设置为$V\theta$给定母线，母线②设置为PV母线，母线①是PQ母线。支路(1,3)是安装有纵向调压变压器的支路，变比为$1:t$，非标准变比在节点①侧。

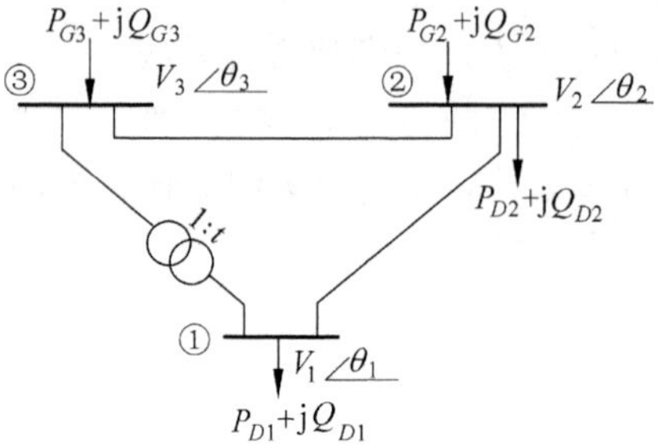

图10.1　三母线电力系统

本例中，除了网络的结构变量和参数变量外，$P_{D1},P_{D2},Q_{D1},Q_{D2}$是干扰变量。$t,V_2,V_3,P_{G2}$是控制变量，改变这些量可以控制系统的潮流分布。$\theta_1,\theta_2,V_1$和$Q_{G2},P_{G3},Q_{G3}$是依从变量，其中$\theta_1,\theta_2,V_1$是状态变量。依从变量还可以包括支路电流变量。平衡节点的θ是常数，计算时不变，也不出现在方程中。因此式(10-1)的潮流方程有如下形式：

$$\begin{cases} f_1 = -P_{D1} - P_1(\theta_1,\theta_2,V_1,V_2,V_3,t) = 0 \\ f_2 = P_{G2} - P_{D2} - P_2(\theta_1,\theta_2,V_1,V_2,V_3) = 0 \\ f_3 = P_{G3} - P_3(\theta_1,\theta_2,V_1,V_2,V_3,t) = 0 \\ f_4 = -Q_{D1} - Q_1(\theta_1,\theta_2,V_1,V_2,V_3,t) = 0 \\ f_5 = Q_{G2} - Q_{D2} - Q_2(\theta_1,\theta_2,V_1,V_2,V_3) = 0 \\ f_6 = Q_{G3} - Q_3(\theta_1,\theta_2,V_1,V_2,V_3,t) = 0 \end{cases} \tag{10-4}$$

结构变量$\boldsymbol{A}$和参数$\boldsymbol{p}$在上式中没有明显写出。在常规潮流计算中，$\boldsymbol{u},\boldsymbol{D},\boldsymbol{A},\boldsymbol{p}$均为已知量，未知量只有$\boldsymbol{x}$，在本例中只有三个量$\theta_1,\theta_2,V_1$，可以通过求解式(10-4)中的$f_1,f_2,f_4$三个方程得到。求出$\boldsymbol{x}$后，$P_{G3},Q_{G2},Q_{G3}$可直接由$f_3,f_5,f_6$三个方程解出。

本例中，对控制变量的约束方程式(10-2)可具体写成

$$\begin{cases} P_{G2}^{\min} \leqslant P_{G2} \leqslant P_{G2}^{\max} \\ V_2^{\min} \leqslant V_2 \leqslant V_2^{\max} \\ V_3^{\min} \leqslant V_3 \leqslant V_3^{\max} \\ t^{\min} \leqslant t \leqslant t^{\max} \end{cases} \tag{10-5}$$

而对依从变量的约束方程式(10-3)写成

$$
\begin{cases}
V_1^{\min} \leqslant V_1 \leqslant V_1^{\max} \\
Q_{G2}^{\min} \leqslant Q_{G2}(\theta_1, \theta_2, V_1, V_2, V_3) \leqslant Q_{G2}^{\max} \\
P_{G3}^{\min} \leqslant P_{G3}(\theta_1, \theta_2, V_1, V_2, V_3, t) \leqslant P_{G3}^{\max} \\
Q_{G3}^{\min} \leqslant Q_{G3}(\theta_1, \theta_2, V_1, V_2, V_3, t) \leqslant Q_{G3}^{\max} \\
|\dot{I}_{12}(\theta_1, \theta_2, V_1, V_2)| \leqslant I_{12}^{\max} \\
|\dot{I}_{23}(\theta_2, \theta_3, V_2, V_3)| \leqslant I_{23}^{\max} \\
|\dot{I}_{13}(\theta_1, \theta_3, V_1, V_3, t)| \leqslant I_{13}^{\max}
\end{cases}
\tag{10-6}
$$

这里给出的是最基本的约束，实际应用中还可以列出其他约束。可见，式(10-5)的约束可通过直接对其本身的控制来满足，而式(10-6)必须通过调整控制变量 $\boldsymbol{u}$ 改变潮流分布来满足。

10.2 潮流计算问题的扩展

按 10.1 节介绍的变量分类重写潮流方程和约束方程如下：

$$
\begin{aligned}
&\boldsymbol{f}(\boldsymbol{x}, \boldsymbol{u}, \boldsymbol{D}, \boldsymbol{p}, \boldsymbol{A}) = \boldsymbol{0} \\
&\boldsymbol{u}^{\min} \leqslant \boldsymbol{u} \leqslant \boldsymbol{u}^{\max} \\
&\boldsymbol{h}^{\min} \leqslant \boldsymbol{h}(\boldsymbol{x}, \boldsymbol{u}, \boldsymbol{D}, \boldsymbol{p}, \boldsymbol{A}) \leqslant \boldsymbol{h}^{\max}
\end{aligned}
$$

依据不同的特殊应用要求，可以得到扩展的潮流模型。

10.2.1 常规潮流

常规潮流(load flow)的数学描述是：在网络的结构 $\boldsymbol{A}$ 和参数 $\boldsymbol{p}$、节点负荷 $\boldsymbol{D}$ 以及控制变量 $\boldsymbol{u}$ 给定的情况下，确定系统的状态变量 $\boldsymbol{x}$。有时还要求满足某些不等式约束。若给定量用上标(0)表示，则常规潮流的数学模型可用下面的非线性代数方程组表示：

$$
\boldsymbol{f}(\boldsymbol{x}, \boldsymbol{u}^{(0)}, \boldsymbol{D}^{(0)}, \boldsymbol{p}^{(0)}, \boldsymbol{A}^{(0)}) = \boldsymbol{0} \tag{10-7}
$$

对图 10.1 的例题就是式(10-4)中的 f_1, f_2, f_4 组成的方程组，具体形式是

$$
\begin{cases}
f_1 = 0 - P_{D1} - P_1(\theta_1, \theta_2, V_1, V_2, V_3, t) = 0 \\
f_2 = P_{G2} - P_{D2} - P_2(\theta_1, \theta_2, V_1, V_2, V_3) = 0 \\
f_4 = 0 - Q_{D1} - Q_1(\theta_1, \theta_2, V_1, V_2, V_3, t) = 0
\end{cases}
\tag{10-8}
$$

在式(10-8)中待求的状态变量是 θ_1, θ_2, V_1，给定的控制变量是 P_{G2}, V_2, V_3, t，网络的结构 $\boldsymbol{A}$ 和参数 $\boldsymbol{p}$ 没有明显写出。

10.2.2 约束潮流

约束潮流(constrained load flow)除了要满足式(10-8)的潮流方程外，还要满

足比常规潮流更多的约束条件。例如要满足下面关于依从变量的约束：

$$\begin{cases} V_1^{\min} \leqslant V_1 \leqslant V_1^{\max} \\ Q_{G2}^{\min} \leqslant Q_{G2}(\theta_1,\theta_2,V_1,V_2,V_3) \leqslant Q_{G2}^{\max} \\ Q_{G3}^{\min} \leqslant Q_{G3}(\theta_1,\theta_2,V_1,V_2,V_3,t) \leqslant Q_{G3}^{\max} \\ P_{G3}^{\min} \leqslant P_{G3}(\theta_1,\theta_2,V_1,V_2,V_3,t) \leqslant P_{G3}^{\max} \end{cases} \tag{10-9}$$

若出现依从变量越界，就应调整控制变量，最终使式(10-9)中的不等式约束都得到满足。

此外，有时还需要满足关于线路潮流或线路电流的约束，例如对电流约束有

$$\begin{cases} |I_{12}(\theta_1,\theta_2,V_1,V_2)| \leqslant I_{12}^{\max} \\ |I_{23}(\theta_2,\theta_3,V_2,V_3)| \leqslant I_{23}^{\max} \\ |I_{13}(\theta_1,\theta_3,V_1,V_3,t)| \leqslant I_{13}^{\max} \end{cases} \tag{10-10}$$

在实践中，通常要调整发电机的有功功率以确保支路不过负荷，而调整发电机端电压和有载调压变压器变比以改变电压水平。控制变量的调节范围即为其约束条件：

$$\begin{cases} P_{G2}^{\min} \leqslant P_{G2} \leqslant P_{G2}^{\max} \\ V_2^{\min} \leqslant V_2 \leqslant V_2^{\max} \\ V_3^{\min} \leqslant V_3 \leqslant V_3^{\max} \\ t^{\min} \leqslant t \leqslant t^{\max} \end{cases} \tag{10-11}$$

所以，除了 $\boldsymbol{A},\boldsymbol{p},\boldsymbol{D}$ 不变外，$\boldsymbol{u}$ 是可变的，这一点和常规潮流不同。调整控制变量的目的是使所有约束条件得以满足。

10.2.3 动态潮流

在常规潮流计算中，要假定一个 $V\theta$ 节点(或平衡节点、松弛节点)，实际隐含地认为系统中的不平衡功率是由该节点吸收的。这种作法在离线应用中尚可接受。对于在线应用，系统经常会出现线路开断、发电机退出运行或负荷发生较大变化等情况，引起系统中较大的功率不平衡和频率的变化，这时假定由一个平衡节点来吸收全部不平衡功率是不恰当的。实际的情况是，一部分功率差额会由负荷按其频率特性来平衡，而大部分功率差额将由发电机调速系统的动作来平衡。这个过程不是只由一台所谓平衡机的动作来实现的，而是多台发电机协调动作的结果，因此要考虑系统的准稳态过程。采用动态潮流(dynamic load flow)算法，可以满足这样的计算需要。动态潮流是计算系统存在功率不平衡情况下的稳态潮流。

在动态潮流中，$V\theta$ 节点与平衡节点是两个不同的概念。对实际的电力系统，必须指定一个 $V\theta$ 节点作为电压和相角参考节点，但可以指定多个平衡节点，即由多台发电机共同承担系统的不平衡功率。

1. 动态潮流模型原理

给定系统的有功潮流方程

$$P_{Gi} - P_{Di} - P_i(V,\theta) = 0 \quad i = 1,2,\cdots,N \tag{10-12}$$

这里也包括 $V\theta$ 节点的方程。

如果系统出现的功率差额是

$$\Delta P_{\Sigma} = \sum_{i=1}^{N} P_{Gi} - \sum_{i=1}^{N} P_{Di} - P_{\text{loss}}(V,\theta)$$

式中，P_{Gi}和P_{Di}分别为节点i当前的发电机有功输出功率和有功负荷；P_{loss}为系统总网损。动态潮流中，这一差额应由所有发电机共同分担。令第i台发电机分担的份额是$\alpha_i(\geqslant 0)$，应有

$$\sum_{i=1}^{N} \alpha_i = 1$$

若节点i没有发电机，或该节点发电机功率不可调，则$\alpha_i=0$。α_i可以按各台发电机的频率响应特性系数来选取，也可按满足某些经济准则来选取。

对于动态潮流，节点i的发电机有功出力由原来的P_{Gi}变成了$P'_{Gi}=P_{Gi}-\alpha_i\Delta P_{\Sigma}$。由于$\Delta P_{\Sigma}>0$时，发电机应该减小出力，所以这里$\alpha_i$的前面是减号，不平衡功率在发电机之间分担，式(10-12)变成

$$P_{Gi} - \alpha_i \Delta P_{\Sigma} - P_{Di} - P_i(V,\theta) = 0 \quad i = 1,2,\cdots,N \tag{10-13}$$

这里发电机功率增加的份额与ΔP_{Σ}有关。

式(10-13)和原来的无功潮流方程一起就构成了动态潮流方程。整个系统的功率差额，包括潮流计算结束时才能确定的网损，将由所有发电机来平衡，这时就不能简单地说只有$V\theta$节点是平衡节点了。

当$V\theta$节点的α_i取1，其他节点的α_i均取0时，式(10-13)就是常规的潮流模型。如果对应$V\theta$节点N的α_N取0，$\sum_{i=1}^{N-1}\alpha_i=1$，则$V\theta$节点的发电机出力在潮流计算之前是已知量，其值正好使系统总的发电机出力和负荷功率平衡，潮流计算之后该值也不变，系统网损由其他$\alpha_i\neq 0$的发电机节点分担。这个特例有助于澄清“系统网损是由平衡点来承担”这一不确切概念。

在动态潮流计算收敛以前，由于系统的准确网损P_{loss}和功率不平衡量ΔP_{Σ}均是未知的，所以在求解式(10-13)时，通常是先把近似的ΔP_{Σ}值代入，随着潮流迭代的进行，ΔP_{Σ}会逐渐减少，在潮流收敛时其值为零。

2. 动态潮流模型的说明

对于图10.1的例题，系统的功率差额是

$$\Delta P_{\Sigma} = P_{G2} + P_{G3} - P_{D1} - P_{D2} - P_{\text{loss}}(\theta,V)$$

可以写出如下的动态潮流方程：

$$\begin{cases} f_1 = 0 - P_{D1} - P_1(\theta_1, \theta_2, V_1, V_2, V_3, t) = 0 \\ f_2 = P_{G2} - \alpha_2 \Delta P_{\Sigma} - P_{D2} - P_2(\theta_1, \theta_2, V_1, V_2, V_3) = 0 \\ f_4 = 0 - Q_{D1} - Q_1(\theta_1, \theta_2, V_1, V_2, V_3, t) = 0 \end{cases} \tag{10-14}$$

上式与常规潮流方程式(10-8)基本相同，差别仅在于式(10-14)中发电机 P_{G2} 分担了部分不平衡功率。对 $V\theta$ 节点③的有功潮流方程是

$$f_3 = P_{G3} - \alpha_3 \Delta P_{\Sigma} - P_3(\theta_1, \theta_2, V_1, V_2, V_3, t) = 0 \tag{10-15}$$

这个方程在动态潮流计算中并不出现。而上面的动态潮流模型中的 $\alpha_2 + \alpha_3 = 1$，只有 α_2 在动态潮流计算中出现。如果 $\alpha_2 = 0, \alpha_3 = 1$，这就是常规潮流方程；如果 $\alpha_2 = 1, \alpha_3 = 0$，则 $P_{G3} = P_{D1} + P_{D2} - P_{G2}$，潮流计算之前和计算之后该值都不变，计算结束时，发电机节点②的发电机出力 $\widetilde{P}_{G2} = P_{G2} + P_{\text{loss}}$。

在网络结构 $\boldsymbol{A}$ 和参数 $\boldsymbol{p}$、负荷功率、$V\theta$ 节点③的 V_3, θ_3，PV 节点②的 V_2 以及发电机有功输出功率 P_{G2} 诸量均给定的情况下，可以求得满足动态潮流方程式(10-14)的解 θ_1, θ_2, V_1。一般说来，动态潮流方程中包括 $n = N - 1$ 个有功功率方程；$n - r$ 个无功潮流方程，r 是 PV 节点数。有功潮流方程和无功潮流方程均不包括 $V\theta$ 节点的方程。求解此方程组后所得到的节点电压代入到对应于 $V\theta$ 节点的有功功率方程中时，这个方程会自动满足，其条件是 $\sum_{i=1}^{N} \alpha_i = 1$。请读者自行验证这一结论。

动态潮流和常规潮流的主要区别在于发电机的有功出力不再是定值，在计算过程中它是随着不平衡功率的变化而变化的。这一不平衡功率在常规潮流中是由 $V\theta$ 节点的发电机承担，而动态潮流由指定的多台发电机共同承担，后者更符合实际。两者的方程个数、节点类型的划分、变量类型的划分等都是一样的，只是动态潮流在计算节点有功功率偏差量时应考虑发电机功率的变化。另外，动态潮流还可考虑系统频率和功率不平衡量之间的关系，即考虑发生功率缺额时频率下降，功率过剩时频率上升，还可以考虑负荷的频率调节效应。动态潮流在电网调度员培训仿真系统中得到应用。

10.2.4　随机潮流

随机潮流(stochastic load flow)或概率潮流(probabilistic load flow)是一类考虑随机变量的特殊的潮流。

常规潮流假定所有给定量都是确定性的量，即式(10-1)中 $\boldsymbol{A}, \boldsymbol{p}, \boldsymbol{D}, \boldsymbol{u}$ 都是确定的，因此潮流计算结果也是确定的。实际上，严格说来，有些量不仅随时间而变化，而且具有不确定性。例如：

(1) 在实时运行环境中，描述当前系统运行状态的量都是通过仪表量测得到，

有量测误差存在；当对一段时间后的系统进行分析，预测的负荷也是不确定的，存在各种偶然因素使得实际负荷与预测的负荷不一致。

(2) 在规划设计阶段，要对几年、十几年以后的电源和电网的发展进行规划设计，预测长的时间段以后的系统负荷不可能准确，影响预测负荷的准确性的因素就更多，作为研究或计算的前提(或出发点)的系统负荷就不是一个通常意义下的已知量，而是一个随机变量。这个量有多大可能取什么值，由负荷的概率分布函数决定。

(3) 严格地说，发电机也不是百分之百可靠，也有出现故障退出运行的可能性，有时也需要把发电机功率作为一个随机变量处理。

于是提出了这样一个问题：当系统的节点给定量是随机变量时，要求解系统的潮流分布，确定线路上的潮流有多大可能取什么值。

用数学的语言来描述，就是在网络结构 $\boldsymbol{A}$ 和参数 $\boldsymbol{p}$ 给定为确定值的情况下，节点负荷 $\boldsymbol{D}$ 和发电机输出功率(包括机端电压) $\boldsymbol{u}$ 为随机变量，并给定它们的概率分布(或者期望值和方差)，求支路潮流 $\boldsymbol{z}$ 的概率分布：

$$\tilde{\boldsymbol{z}} = \boldsymbol{h}(\tilde{\boldsymbol{x}}, \tilde{\boldsymbol{u}}^{(0)}, \tilde{\boldsymbol{D}}^{(0)}, \boldsymbol{p}^{(0)}, \boldsymbol{A}^{(0)}) \tag{10-16}$$

式中带“~”的变量是随机变量。其中随机状态变量 $\boldsymbol{x}$ 由潮流方程求出：

$$\boldsymbol{f}(\tilde{\boldsymbol{x}}, \tilde{\boldsymbol{u}}^{(0)}, \tilde{\boldsymbol{D}}^{(0)}, \boldsymbol{p}^{(0)}, \boldsymbol{A}^{(0)}) = \boldsymbol{0} \tag{10-17}$$

随机潮流中，除了给定量 $\tilde{\boldsymbol{D}}, \tilde{\boldsymbol{u}}$ 是随机变量外，其网络模型和常规潮流模型相同。由于 $\tilde{\boldsymbol{D}}, \tilde{\boldsymbol{u}}$ 是随机变量，结果导致待求量 $\tilde{\boldsymbol{x}}$ 和 $\tilde{\boldsymbol{z}}$ 也是随机变量。

通过求解随机潮流，可以知道某条线路的潮流有多大的可能性超出它所允许的极限值，也可以知道线路上的潮流值最大可能是多少。在规划设计中，如果知道电网过负荷的可能性很小，就不必花费较大的代价去新建线路。因此，随机潮流计算是很有实用价值的。但是，随机潮流的计算却相当复杂。

例如，考虑两个随机变量的和的运算，这要通过卷积来实现。令 α, β, γ 是随机变量，其概率密度分布函数分别是 $p(\alpha), q(\beta)$ 和 $g(\gamma)$。如 α, β 两者相互独立，则当 $\gamma = \alpha + \beta$ 时，γ 的概率密度分布函数是

$$g(\gamma) = \int_{-\infty}^{\infty} p(\alpha) q(\gamma - \alpha) \mathrm{d}\alpha$$

或者

$$g(\gamma) = \sum_{\alpha+\beta=\gamma} p(\alpha) q(\beta)$$

$p(\alpha), q(\beta)$ 的离散点很多时，这个和式可能有许多项。可见就连求和运算这样简单的运算也是相当复杂的。

由于 $\tilde{\boldsymbol{D}}, \tilde{\boldsymbol{u}}$ 是随机变量，对于它们的每一组确定值，都要通过求解潮流方程去获得 $\boldsymbol{x}$ 的值。当随机变量的取值的离散点很多时，计算量异常大。鉴于变量的随

机性和潮流方程的非线性，随机潮流的精确求解极其困难，一般都用简化的模型来解。常用的简化处理技术有：

(1) 假定负荷是正态分布的随机变量，不计发电机输出功率的随机性，并假定节点注入功率之间相互独立。

(2) 采用直流潮流方程，即用线性的直流电路模型来描述非线性的有功潮流方程，此时支路有功潮流和节点注入有功之间是线性关系。由于正态分布的随机变量的线性组合仍是正态分布的随机变量，所以可确保支路有功潮流也是正态分布的。可以通过节点注入的期望值和方差解析地求得支路潮流的期望值和方差，支路潮流的概率分布亦可知。

(3) 即使研究非线性潮流方程，也要在注入功率期望值附近把非线性方程线性化，然后用线性模型来研究。

随机潮流是 1974 年由 B. Borkowska 提出来的[80]，经过三十余年的研究，它在电力系统规划中已有了一些应用。但问题本身难度较大，目前尚未取得突破性进展，本书不拟详细介绍随机潮流的算法。

10.2.5 最优潮流

在潮流计算中，在 $\boldsymbol{A},\boldsymbol{p},\boldsymbol{D}$ 给定的情况下，每给出一组 $\boldsymbol{u}$ 的值，相应就有一个确定的潮流分布(在潮流方程有解的情况下)。$\boldsymbol{u}$ 值不同，潮流分布也不同。而潮流分布不同时，系统的运行效益也不同。例如，系统的网损可能有较大的不同，或者发电费用有较大的不同。换句话说，可以寻求这样一种发电机输出功率(控制变量)：在满足系统负荷需求以及满足系统运行约束的情况下，使得系统运行的经济效益最高。这就是最优潮流问题。

最优潮流(optimal power flow，OPF)在数学上可描述为：在网络结构和参数以及系统负荷给定的条件下，确定系统的控制变量 $\boldsymbol{u}$，使得描述系统运行效益的某一给定的目标函数取极小值(也可以是极大，视问题的需要而定)，即最小化费用函数

$$\min_{\boldsymbol{u}} c(\boldsymbol{x},\boldsymbol{u},\boldsymbol{D}^{(0)},\boldsymbol{p}^{(0)},\boldsymbol{A}^{(0)}) \tag{10-18}$$

同时满足潮流方程这一等式约束

$$\boldsymbol{f}(\boldsymbol{x},\boldsymbol{u},\boldsymbol{D}^{(0)},\boldsymbol{p}^{(0)},\boldsymbol{A}^{(0)}) = \boldsymbol{0} \tag{10-19}$$

和运行限值不等式约束

$$\begin{cases} \boldsymbol{u}^{\min} \leqslant \boldsymbol{u} \leqslant \boldsymbol{u}^{\max} \\ \boldsymbol{h}^{\min} \leqslant \boldsymbol{h}(\boldsymbol{x},\boldsymbol{u},\boldsymbol{D}^{(0)},\boldsymbol{p}^{(0)},\boldsymbol{A}^{(0)}) \leqslant \boldsymbol{h}^{\max} \end{cases} \tag{10-20}$$

与约束潮流相比，最优潮流对控制变量 $\boldsymbol{u}$ 的调整，不仅要使潮流解可行，而且还要使目标函数最小。如果说常规潮流在 $\boldsymbol{u}$ 给定的情况下强调计算，那么最优潮流则更强调 $\boldsymbol{u}$ 的优化调整，它将控制和常规潮流计算融为一体。

最优潮流的目标函数常选取为：

(1) 系统总的发电费用(或发电煤耗)最小或电网公司的购电成本最小；

(2) 系统总的线路有功功率损耗最小。

等式约束就是潮流方程，而不等式约束包括：

(1) 控制变量的约束，如发电机有功输出功率和机端电压上、下限，变压器变比上、下限约束等；

(2) 状态变量的约束，如负荷母线节点电压幅值上下限约束；

(3) 各种函数不等式约束。如线路传输功率的限值约束，发电机无功输出功率上下限约束等。

应考虑的不等式约束还有很多，为了说明简单，这里只列出了最基本的约束。

最优潮流中，调整 $\boldsymbol{u}$ 时既要使目标函数减小，又要确保不违反不等式约束，有时两者是矛盾的，因此控制变量的调整并不简单，所谓最优是以满足约束条件为前提的。

考虑到最优潮流模型中的 $\boldsymbol{A},\boldsymbol{p},\boldsymbol{D}$ 都是给定量，若将代表这些量的符号略去，并用 $\boldsymbol{h}(\boldsymbol{x},\boldsymbol{u})\leqslant\boldsymbol{0}$ 来表示所有不等式约束，则最优潮流的数学模型可简写成

$$\begin{cases}\min\limits_{u} c(\boldsymbol{x},\boldsymbol{u}) \\ \text{s.t.}\quad \boldsymbol{f}(\boldsymbol{x},\boldsymbol{u})=\boldsymbol{0} \\ \qquad\quad \boldsymbol{h}(\boldsymbol{x},\boldsymbol{u})\leqslant\boldsymbol{0}\end{cases}$$

10.2.6 开断潮流

电力系统运行中，经常会遇到各种扰动，元件也可能会发生故障，从而导致有的元件退出运行。研究元件开断情况下系统的潮流分布，检查系统中某些元件开断后是否会引起系统中其他元件过负荷，或者引起某些负荷母线的电压越界，有助于指导运行调度人员及时采取措施消除过负荷或电压越界。因此，研究开断方式下的潮流计算有十分重要的实际意义。而且由于计算是要实时进行，对计算速度有很高的要求。

开断潮流(outage load flow)计算所研究的元件开断包括：①网络元件开断(主要是输电线或变压器开断)；②发电机开断；③负荷开断。

对于网络元件开断，一般假定开断前后负荷功率和发电机输出功率不变，仅网络结构发生了变化，即要求解下面的潮流方程：

$$\boldsymbol{f}(\boldsymbol{x},\boldsymbol{u}^{(0)},\boldsymbol{D}^{(0)},\boldsymbol{p}^{l},\boldsymbol{A}^{l})=\boldsymbol{0} \tag{10-21}$$

上角标 l 表示网络发生元件 l 开断后的参数和关联矩阵。显然，可以采用任何一种常规潮流计算方法对式(10-21)求解。但是在实时运行环境中，往往希望利用开断前已知的潮流结果，进行较少的修正计算出开断后系统的潮流，这样做可以大

大提高计算速度。

对于发电机或负荷开断，表现为系统的网络结构和参数未变，只是节点注入功率发生了变化，要求解的潮流方程是

$$\boldsymbol{f}(\boldsymbol{x},\boldsymbol{u}^i,\boldsymbol{D}^i,\boldsymbol{p}^{(0)},\boldsymbol{A}^{(0)})=\boldsymbol{0} \tag{10-22}$$

式中上角标 i 表示节点注入发生了变化。由于网络结构参数未变，开断前网络方程的因子表可以直接利用。要注意的是，由于节点注入功率的变化可能产生系统的功率缺额，这一缺额只由 $V\theta$ 节点来承担显然是不合理的，因此应利用动态潮流算法来解决功率缺额在发电机间分配的问题。常规潮流还可以扩展到其他一些特殊用途的潮流，如谐波潮流，交、直流系统的潮流等，本书不拟叙述。

10.3 最优潮流及其求解方法

10.3.1 最优潮流算法的分类

最优潮流的数学模型首先由法国电力公司(EDF)的J. Carpentier于20世纪60年代初提出[100]，多年来一直吸引了大量学者对此问题进行研究，已发表的有关论文很多，已提出了许多求解最优潮流问题的有效方法[95,97,98,102]。

最优潮流本身在数学上是一类优化问题，其数学模型可描述为确定一组最优控制变量 $\boldsymbol{u}$，以使目标函数取极小，并满足如下等式和不等式约束：

$$\begin{cases}\min\limits_{u} c(\boldsymbol{x},\boldsymbol{u})\\ \text{s. t. } \boldsymbol{f}(\boldsymbol{x},\boldsymbol{u})=\boldsymbol{0}\\ \qquad \boldsymbol{h}(\boldsymbol{x},\boldsymbol{u})\leqslant\boldsymbol{0}\end{cases} \tag{10-23}$$

若把状态变量 $\boldsymbol{x}$ 和控制变量 $\boldsymbol{u}$ 统一用变量 $\boldsymbol{z}$ 表示，则式(10-23)也可写成

$$\begin{cases}\min\limits_{z} c(\boldsymbol{z})\\ \text{s. t. } \boldsymbol{f}(\boldsymbol{z})=\boldsymbol{0}\\ \qquad \boldsymbol{h}(\boldsymbol{z})\leqslant\boldsymbol{0}\end{cases} \tag{10-24}$$

最优潮流在迭代过程中不断对 $\boldsymbol{z}$ 进行修正，使目标函数逐渐减小，而且还应满足约束条件。最优潮流算法的研究重点集中在如何确定 $\boldsymbol{z}$ 的修正量 $\Delta\boldsymbol{z}$ 和如何处理约束条件这两个问题上，尤其是如何处理不等式约束更为重要。

为了对最优潮流的算法有清晰的了解，这里先对最优潮流算法进行分类。不同的最优潮流算法在处理约束的方法、迭代过程中对哪些变量进行修正以及修正量的修正方向等几方面有明显不同。这里采用三维分类模式：按处理约束的不同分类；按选择的修正量分类；按修正量的修正方向分类。

1. 按处理约束的方法分类

根据不同最优潮流算法处理约束条件的不同，可分为三类方法，即罚函数类、

Kuhn-Tucker 罚函数类(简称 KT 罚函数类)和 Kuhn-Tucker 类(简称 KT 类)。

罚函数类方法把等式和不等式约束都用罚函数引入目标函数,将有约束优化问题转化为无约束优化问题,即式(10-24)的优化问题变成:

$$\min F(\boldsymbol{z}) = c(\boldsymbol{z}) + \sum_i \omega_{1i} f_i^2(\boldsymbol{z}) + \sum_i \omega_{2i} h_i^2(\boldsymbol{z}) \tag{10-25}$$

式中,ω_{1i}和ω_{2i}为罚因子,取充分大的正数。对越界的不等式约束通过罚函数引入目标函数,对未越界者相应罚因子为零,在罚函数中不出现。

KT **罚函数类**方法只将越界的不等式约束通过罚函数引入目标函数,保留等式约束方程,即

$$\begin{cases} \min F(\boldsymbol{z}) = c(\boldsymbol{z}) + \sum_i \omega_{1i} h_i^2(\boldsymbol{z}) \\ \text{s. t. } \boldsymbol{f}(\boldsymbol{z}) = \boldsymbol{0} \end{cases} \tag{10-26}$$

再用拉格朗日乘子将等式约束引入目标函数,构造拉格朗日函数

$$L(\boldsymbol{z},\boldsymbol{\lambda}) = F(\boldsymbol{z}) + \boldsymbol{\lambda}^{\mathrm{T}} \boldsymbol{f}(\boldsymbol{z}) \tag{10-27}$$

L 满足最优解的条件是满足 Kuhn-Tucker 条件(K-T 条件)

$$\frac{\partial L}{\partial \boldsymbol{z}} = \boldsymbol{0} \quad 和 \quad \frac{\partial L}{\partial \boldsymbol{\lambda}} = \boldsymbol{0}$$

求解上面方程得到最优解。应指出的是,在罚函数类或 KT 罚函数类方法中,罚函数既可选择外点罚函数,也可选择内点罚函数。

KT 类算法完全不用罚函数。若迭代过程中某不等式约束越界,则将其固定在限制值上,然后视为等式约束处理。若用乘子$\boldsymbol{\mu}$将违限的不等式约束引入目标函数,有

$$\begin{cases} L(\boldsymbol{z},\boldsymbol{\lambda},\boldsymbol{\mu}) = c(\boldsymbol{z}) + \boldsymbol{\lambda}^{\mathrm{T}} \boldsymbol{f}(\boldsymbol{z}) + \boldsymbol{\mu}^{\mathrm{T}} \boldsymbol{h}(\boldsymbol{z}) \\ \boldsymbol{\lambda} \geqslant \boldsymbol{0}, \quad \boldsymbol{\mu} \geqslant \boldsymbol{0} \end{cases} \tag{10-28}$$

求取最优解应满足 K-T 条件为

$$\frac{\partial L}{\partial \boldsymbol{z}} = \boldsymbol{0}, \quad \frac{\partial L}{\partial \boldsymbol{\lambda}} = \boldsymbol{0}, \quad \frac{\partial L}{\partial \boldsymbol{\mu}} = \boldsymbol{0}$$

求解上面的方程,即为 KT 类算法。

三类算法处理约束的方式不同,算法的适用性也不同,各有特点。

2. 按修正的变量空间分类

在迭代过程中,可以是同时修正全空间变量 $\boldsymbol{z}$,包括控制变量 $\boldsymbol{u}$ 和状态变量 $\boldsymbol{x}$,也可以只修正控制变量 $\boldsymbol{u}$,而状态变量 $\boldsymbol{x}$ 通过求解约束方程(潮流方程)得到。前者称为**直接类**算法,后者称为**简化类**算法。

3. 按变量修正的方向分类

确定变量的修正方向有三类方法。第一类为**梯度类**算法,包括梯度法即最速下降法,这类方法具有一阶收敛性;第二类为**拟牛顿类**算法,如共轭梯度法和各种

变尺度法，这类方法的收敛性介于一阶和二阶之间；第三类为**牛顿法**，例如海森矩阵法，这类方法有二阶收敛性。

按以上分类，把最优潮流算法用图10.2所示的三维图形表示，各种最优潮流算法都可以在图10.2的三维分类图上找到相应的位置。

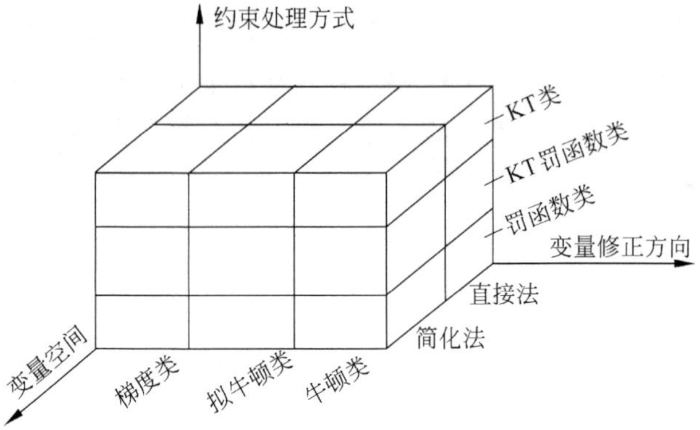

图10.2 最优潮流算法三维分类图

10.3.2 简化梯度法最优潮流

1. 简化梯度法最优潮流的算法列式

简化梯度法[95]是求解最优潮流的一类最基本的方法，它是在控制变量空间，采用KT罚函数法进行梯度类寻优的方法。在图10.2中，它对应于简化法、梯度类、KT罚函数类算法所确定的位置。

对于式(10-23)所描述的优化问题，用罚函数将函数不等式约束引入目标函数有：

$$\begin{cases} \min\limits_{u} \tilde{c}(\boldsymbol{x},\boldsymbol{u}) = c(\boldsymbol{x},\boldsymbol{u}) + \sum\limits_{i\in\Omega}\omega_i h_i^2(\boldsymbol{x},\boldsymbol{u}) \\ \text{s.t. } \boldsymbol{f}(\boldsymbol{x},\boldsymbol{u}) = \boldsymbol{0} \end{cases} \tag{10-29}$$

式中，Ω为越界的约束集合；ω_i为罚因子，是一个很大的正数。

当有约束违限，目标函数中就增加一个惩罚项，目标函数$\tilde{c}$将会变大。随着优化过程的进行，$\boldsymbol{u}$的调整将使目标函数逐渐减小，最终迫使越界约束的越界量变得非常小。

式(10-29)中用拉格朗日乘子矢量$\boldsymbol{\lambda}$将等式约束引入，建立拉格朗日函数

$$L(\boldsymbol{x},\boldsymbol{u},\boldsymbol{\lambda}) = \tilde{c}(\boldsymbol{x},\boldsymbol{u}) + \boldsymbol{\lambda}^{\mathrm{T}}\boldsymbol{f}(\boldsymbol{x},\boldsymbol{u}) \tag{10-30}$$

就把最优潮流问题转化为求取式(10-30)的拉格朗日函数的极小值问题。可用经典的求函数极值的方法求解。对式(10-30)求极值应满足如下必要条件：

$$\begin{cases}\dfrac{\partial L}{\partial \boldsymbol{x}} = \boldsymbol{0} \\ \dfrac{\partial L}{\partial \boldsymbol{u}} = \boldsymbol{0} \\ \dfrac{\partial L}{\partial \boldsymbol{\lambda}} = \boldsymbol{0}\end{cases} \tag{10-31}$$

满足上述条件的解点称为驻点。如果变量 $\boldsymbol{x},\boldsymbol{u},\boldsymbol{\lambda}$ 在该点有任何微小的变化，都将使 L 偏离最优值。将式(10-31)展开，可写成

$$\frac{\partial \tilde{c}}{\partial \boldsymbol{x}} + \frac{\partial \boldsymbol{f}^{\mathrm{T}}}{\partial \boldsymbol{x}}\boldsymbol{\lambda} = \boldsymbol{0} \tag{10-32}$$

$$\frac{\partial \tilde{c}}{\partial \boldsymbol{u}} + \frac{\partial \boldsymbol{f}^{\mathrm{T}}}{\partial \boldsymbol{u}}\boldsymbol{\lambda} = \boldsymbol{0} \tag{10-33}$$

$$\boldsymbol{f}(\boldsymbol{x},\boldsymbol{u}) = \boldsymbol{0} \tag{10-34}$$

这是一组以 $\boldsymbol{x},\boldsymbol{u},\boldsymbol{\lambda}$ 为变量的非线性代数方程组，方程的个数等于 $\boldsymbol{x},\boldsymbol{u},\boldsymbol{\lambda}$ 的元素个数之和。可以用任何一种求解非线性代数方程组的方法对式(10-32)～式(10-34)求解。

分析式(10-32)～式(10-34)可以看到以下几点：

(1) 第三组方程 $\boldsymbol{f}(\boldsymbol{x},\boldsymbol{u})=\boldsymbol{0}$ 就是常规的潮流方程；

(2) $\dfrac{\partial \boldsymbol{f}^{\mathrm{T}}}{\partial \boldsymbol{x}}$就是常规潮流雅可比矩阵的转置。

消去式(10-32)和式(10-33)中的$\boldsymbol{\lambda}$，可以得到只含 $\boldsymbol{x}$ 和 $\boldsymbol{u}$ 的方程。由式(10-32)有

$$\boldsymbol{\lambda} = -\left[\frac{\partial \boldsymbol{f}^{\mathrm{T}}}{\partial \boldsymbol{x}}\right]^{-1}\frac{\partial \tilde{c}}{\partial \boldsymbol{x}}$$

再把它代到式(10-33)中有

$$\frac{\partial \tilde{c}}{\partial \boldsymbol{u}} - \frac{\partial \boldsymbol{f}^{\mathrm{T}}}{\partial \boldsymbol{u}}\left[\frac{\partial \boldsymbol{f}^{\mathrm{T}}}{\partial \boldsymbol{x}}\right]^{-1}\frac{\partial \tilde{c}}{\partial \boldsymbol{x}} = \boldsymbol{0} \tag{10-35}$$

$$\boldsymbol{f}(\boldsymbol{x},\boldsymbol{u}) = \boldsymbol{0} \tag{10-36}$$

求解式(10-35)和式(10-36)与求解式(10-32)～式(10-34)等价。

式(10-35)中第一项$\dfrac{\partial \tilde{c}}{\partial \boldsymbol{u}}$表示控制变量 $\boldsymbol{u}$ 的改变直接引起目标函数的变化，而第二项表示控制变量 $\boldsymbol{u}$ 的变化通过引起状态变量 $\boldsymbol{x}$ 的变化而间接引起 $\tilde{c}$ 的变化。$\boldsymbol{u}$ 的变化引起 $\boldsymbol{x}$ 的变化是通过潮流方程来实现的。

下面考察如何求解式(10-35)和式(10-36)组成的非线性代数方程组。设想给定一组控制变量 $\boldsymbol{u}$，状态变量 $\boldsymbol{x}$ 可通过求解式(10-36)的潮流方程得到。如果这样得到的 $\boldsymbol{x},\boldsymbol{u}$ 代到式(10-35)中，使该式成立，这组 $\boldsymbol{u}$ 就是最优潮流的解。如果式(10-35)不等于零，说明给定的 $\boldsymbol{u}$ 不合适，需要对 $\boldsymbol{u}$ 进行修正和调整，最终使式

(10-35)成立。

式(10-35)就是控制变量 $\boldsymbol{u}$ 和目标函数之间的灵敏度关系。希望 $\boldsymbol{u}$ 的变化使目标函数 $\tilde{c}$ 值下降。将式(10-35)定义为

$$\nabla_u \stackrel{\text{def}}{=} \frac{\partial \tilde{c}}{\partial \boldsymbol{u}} - \frac{\partial \boldsymbol{f}^{\mathrm{T}}}{\partial \boldsymbol{u}}\left[\frac{\partial \boldsymbol{f}^{\mathrm{T}}}{\partial \boldsymbol{x}}\right]^{-1} \frac{\partial \tilde{c}}{\partial \boldsymbol{x}} \tag{10-37}$$

式中，∇_u为目标函数对控制变量的全导数(梯度)。很明显，如果 $\boldsymbol{u}$ 的增加将引起目标函数增加，即 $\nabla_u > \boldsymbol{0}$，此时应减小 $\boldsymbol{u}$。如果 $\boldsymbol{u}$ 的增加将引起目标函数减少，即 $\nabla_u < \boldsymbol{0}$，应增大 $\boldsymbol{u}$，所以 $\boldsymbol{u}$ 应在负梯度即$-\nabla_u$的方向修正，即 $\boldsymbol{u}$ 应按下式修正：

$$\boldsymbol{u}^{(k+1)} = \boldsymbol{u}^{(k)} - \alpha \nabla_u^{(k)} \tag{10-38}$$

式中，标量 α 为修正的步长；上角标 k 表示迭代次数。将求得的新控制变量 $\boldsymbol{u}^{(k+1)}$，代入式(10-36)中计算潮流得新的状态变量 $\boldsymbol{x}^{(k+1)}$，用 $\boldsymbol{u}^{(k+1)}$ 和 $\boldsymbol{x}^{(k+1)}$ 代入式(10-37)求新的梯度，直到最后梯度足够小为止。

用式(10-38)求出修正后的控制变量，若其某分量发生越界，简化梯度法将越界分量固定在其界值上，直到以后的修正过程中该分量返回界内时为止。由以上的介绍可知，用简化梯度法求解最优潮流的每步迭代中，式(10-32)和式(10-34)都是成立的，而式(10-33)或式(10-35)只在最优解得到时才成立，在迭代过程中并不成立。迭代过程本质上是不断地修正 $\boldsymbol{u}$ 的过程，最终使式(10-33)或式(10-35)成立。

在简化梯度法解算最优潮流中，如何确定修正步长是个十分重要的问题。其基本思想是，将选取步长 α 作为一个一维优化问题，所选择的 α 应使在 $\boldsymbol{u}$ 的修正方向上目标函数取最小值。

例 10.1　以图 10.1 为例来说明简化梯度法解算最优潮流的各个表达式。

解　首先进行控制变量和状态变量的划分。本例中的控制变量和状态变量分别为

$$\boldsymbol{u} = [P_{G2} \quad V_2 \quad V_3 \quad t]^{\mathrm{T}} \quad \text{和} \quad \boldsymbol{x} = [\theta_1 \quad \theta_2 \quad V_1]^{\mathrm{T}}$$

如果优化目标是使发电费用最小，并假定发电费用是发电机输出功率的一次函数，则式(10-23)的目标函数可写成

$$c(\boldsymbol{x},\boldsymbol{u}) = c_2 P_{G2} + c_3 P_{G3} = c_2 P_{G2} + c_3 P_3(\theta_1,\theta_2,V_1,V_2,V_3,t)$$

节点③是 $V\theta$ 节点，P_{G3}不独立，由节点③流出的支路功率 $P_3(\cdot)$表示。

式(10-23)的潮流方程是

$$\boldsymbol{f}(\boldsymbol{x},\boldsymbol{u}) = \begin{bmatrix} f_1(\boldsymbol{x},\boldsymbol{u}) \\ f_2(\boldsymbol{x},\boldsymbol{u}) \\ f_4(\boldsymbol{x},\boldsymbol{u}) \end{bmatrix} = \begin{bmatrix} -P_{D1} - P_1(\theta_1,\theta_2,V_1,V_2,V_3,t) \\ P_{G2} - P_{D2} - P_2(\theta_1,\theta_2,V_1,V_2,V_3) \\ -Q_{D1} - Q_1(\theta_1,\theta_2,V_1,V_2,V_3,t) \end{bmatrix} = \boldsymbol{0}$$

不等式约束如式(10-5)和式(10-6)所示。注意式(10-6)中 Q_{G2}，P_{G3}，Q_{G3} 在潮流方程中不出现，它是节点电压幅值和相角的函数，利用式(10-4)有

$$Q_{G2}^{\min} \leqslant Q_{D2} + Q_2(\theta_1, \theta_2, V_1, V_2, V_3) \leqslant Q_{G2}^{\max}$$
$$P_{G3}^{\min} \leqslant P_3(\theta_1, \theta_2, V_1, V_2, V_3, t) \leqslant P_{G3}^{\max}$$
$$Q_{G3}^{\min} \leqslant Q_3(\theta_1, \theta_2, V_1, V_2, V_3, t) \leqslant Q_{G3}^{\max}$$

如果没有不等式约束越界，则 $\tilde{c}=c$，式(10-32)中左侧第一项的目标函数对状态变量的偏导为

$$\frac{\partial c}{\partial \boldsymbol{x}} = \begin{bmatrix} \dfrac{\partial c}{\partial \theta_1} \\[2ex] \dfrac{\partial c}{\partial \theta_2} \\[2ex] \dfrac{\partial c}{\partial V_1} \end{bmatrix} = \begin{bmatrix} c_3 \dfrac{\partial P_3}{\partial \theta_1} \\[2ex] c_3 \dfrac{\partial P_3}{\partial \theta_2} \\[2ex] c_3 \dfrac{\partial P_3}{\partial V_1} \end{bmatrix}$$

式(10-32)中左侧第二项潮流方程对状态变量取偏导的潮流雅可比矩阵的转置为

$$\frac{\partial \boldsymbol{f}^{\mathrm{T}}}{\partial \boldsymbol{x}} = \begin{bmatrix} \dfrac{\partial f_1}{\partial \theta_1} & \dfrac{\partial f_2}{\partial \theta_1} & \dfrac{\partial f_4}{\partial \theta_1} \\[2ex] \dfrac{\partial f_1}{\partial \theta_2} & \dfrac{\partial f_2}{\partial \theta_2} & \dfrac{\partial f_4}{\partial \theta_2} \\[2ex] \dfrac{\partial f_1}{\partial V_1} & \dfrac{\partial f_2}{\partial V_1} & \dfrac{\partial f_4}{\partial V_1} \end{bmatrix} = -\begin{bmatrix} \dfrac{\partial P_1}{\partial \theta_1} & \dfrac{\partial P_2}{\partial \theta_1} & \dfrac{\partial Q_1}{\partial \theta_1} \\[2ex] \dfrac{\partial P_1}{\partial \theta_2} & \dfrac{\partial P_2}{\partial \theta_2} & \dfrac{\partial Q_1}{\partial \theta_2} \\[2ex] \dfrac{\partial P_1}{\partial V_1} & \dfrac{\partial P_2}{\partial V_1} & \dfrac{\partial Q_1}{\partial V_1} \end{bmatrix}$$

式(10-33)左侧第一项的目标函数对控制变量的偏导是

$$\frac{\partial c}{\partial \boldsymbol{u}} = \frac{\partial c}{\partial \begin{bmatrix} P_{G2} \\ V_2 \\ V_3 \\ t \end{bmatrix}} = \begin{bmatrix} c_2 \\[1ex] c_3 \dfrac{\partial P_3}{\partial V_2} \\[2ex] c_3 \dfrac{\partial P_3}{\partial V_3} \\[2ex] c_3 \dfrac{\partial P_3}{\partial t} \end{bmatrix}$$

式(10-33)中左侧第二项的潮流方程对控制变量的偏导是

$$\frac{\partial \boldsymbol{f}^{\mathrm{T}}}{\partial \boldsymbol{u}} = \begin{bmatrix} \dfrac{\partial f_1}{\partial P_{G2}} & \dfrac{\partial f_2}{\partial P_{G2}} & \dfrac{\partial f_4}{\partial P_{G2}} \\[2ex] \dfrac{\partial f_1}{\partial V_2} & \dfrac{\partial f_2}{\partial V_2} & \dfrac{\partial f_4}{\partial V_2} \\[2ex] \dfrac{\partial f_1}{\partial V_3} & \dfrac{\partial f_2}{\partial V_3} & \dfrac{\partial f_4}{\partial V_3} \\[2ex] \dfrac{\partial f_1}{\partial t} & \dfrac{\partial f_2}{\partial t} & \dfrac{\partial f_4}{\partial t} \end{bmatrix} = \begin{bmatrix} 0 & 1 & 0 \\[1ex] -\dfrac{\partial P_1}{\partial V_2} & -\dfrac{\partial P_2}{\partial V_2} & -\dfrac{\partial Q_1}{\partial V_2} \\[2ex] -\dfrac{\partial P_1}{\partial V_3} & -\dfrac{\partial P_2}{\partial V_3} & -\dfrac{\partial Q_1}{\partial V_3} \\[2ex] -\dfrac{\partial P_1}{\partial t} & 0 & -\dfrac{\partial Q_1}{\partial t} \end{bmatrix}$$

将以上诸式代入式(10-35)和式(10-36)即可得到简化梯度法求解最优潮流的列式。在本例中，式(10-35)有 4 个方程，式(10-36)有 3 个方程，控制变量有 4 个，状

态变量有3个。总计共有7个方程,有7个变量待求变量,可以求解。

2. 最优潮流和常规潮流之间的关系

对于简化梯度法求解最优潮流,可以做以下几点分析:

(1) 最优潮流和常规潮流的区别。最优潮流要求解如下的非线性代数方程:

$$\nabla_u(\boldsymbol{x},\boldsymbol{u}) = \boldsymbol{0} \tag{10-39}$$

$$\boldsymbol{f}(\boldsymbol{x},\boldsymbol{u}) = \boldsymbol{0} \tag{10-40}$$

而常规潮流只求解式(10-40)。常规潮流中 $\boldsymbol{u}$ 是给定量,而最优潮流中的 $\boldsymbol{u}$ 还必须使式(10-39)成立。设想如果利用式(10-39)能写出 $\boldsymbol{u}$ 和 $\boldsymbol{x}$ 之间的显函数关系,即将式(10-39)用下式表示:

$$\boldsymbol{u} = \boldsymbol{\varphi}(\boldsymbol{x})$$

则求解最优潮流的非线性代数方程也可以写成

$$\begin{cases}\boldsymbol{u} = \boldsymbol{\varphi}(\boldsymbol{x}) \\ \boldsymbol{f}(\boldsymbol{x},\boldsymbol{u}) = \boldsymbol{0}\end{cases}$$

可见,最优潮流相当于要求解以用 $\boldsymbol{x}$ 的函数关系所确定的 $\boldsymbol{u}$ 作为已知条件时的潮流。所以最优潮流是一个控制或调整潮流的过程,这里的调整潮流是按数学上的优化准则自动进行的,是一个负反馈控制过程,达最优点时 $\nabla_u=\boldsymbol{0}$。

(2) 不等式约束已作为惩罚项反映在式(10-29)的目标函数 $\tilde{c}$ 中,在优化结果中不等式约束也满足。所以最优潮流将优化(调整)、潮流计算和处理约束统一在一起考虑,得到的潮流解是有实际意义的最优的潮流分布。

3. 简化梯度法最优潮流算法收敛性分析

如果能用潮流方程写出 $\boldsymbol{x}$ 和 $\boldsymbol{u}$ 的显式,即将式(10-40)写成

$$\boldsymbol{x} = \boldsymbol{\phi}(\boldsymbol{u})$$

的形式,则将 $\boldsymbol{x}$ 代入梯度表达式中有

$$\nabla_u[\boldsymbol{\phi}(\boldsymbol{u}),\boldsymbol{u}] = \boldsymbol{0}$$

控制变量的迭代公式是

$$\boldsymbol{u}^{(k+1)} = \boldsymbol{u}^{(k)} - \alpha\nabla_u[\boldsymbol{\phi}(\boldsymbol{u}^{(k)}),\boldsymbol{u}^{(k)}]$$

这是一种简单迭代法的迭代格式,它只具有一阶收敛性。

简化梯度法是1968年由Dommel和Tinney引入最优潮流计算的[95]。这个方法具有简单、物理概念清晰及容易实现等优点。其主要缺点是收敛性差,尤其是在接近最优点附近时收敛很慢;另外,每次对控制变量修正以后都要重新计算潮流,计算量较大。对控制变量的修正步长的选取也是简化梯度法在实施中的难点之一,这将直接影响算法的收敛性。通常采用一维搜索的方法确定最优步长。在用罚函数将越界的函数不等式约束引入目标函数时,罚因子的选取也直接影响算法的收敛性。罚因子取得太小,不利于消除约束越界;取得太大,易引起迭代振荡。通常在迭代过程中采用逐渐增大罚因子的策略。总之,简化梯度法的缺点是数学

上固有的，因此不适合大规模电力系统的应用。人们通过不断的探索，提出了以牛顿法为基础的最优潮流算法。

10.3.3 牛顿法最优潮流

1. 牛顿法最优潮流算法列式

牛顿法最优潮流是一种具有二阶敛速的算法，在最优潮流领域有较为成功的应用，见 1984 年发表的 D. I. Sun 的文献[98]和 Burchett 的文献[97]。

为了保持牛顿法中海森矩阵的稀疏性，牛顿法最优潮流一般不区分控制变量和状态变量，优化计算在全变量空间上进行。对于式(10-24)所示的优化问题，在最优解点处，全部等式约束应满足，当有越界发生时相应的不等式约束转化为等式约束，这些约束是原问题的起作用的不等式约束。如果预先已知在最优解点处的全部起作用的不等式约束，并把它们用等式约束引入，则可将式(10-24)的优化问题转换成只包含等式约束的优化问题：

$$\begin{cases} \min & c(\boldsymbol{z}) \\ \text{s.t.} & \boldsymbol{F}(\boldsymbol{z}) = \boldsymbol{0} \end{cases} \tag{10-41}$$

式中，$\boldsymbol{F}(\boldsymbol{z})=\boldsymbol{0}$ 既包含等式约束 $\boldsymbol{f}(\boldsymbol{z})=\boldsymbol{0}$ 的全部方程，又包含不等式约束 $\boldsymbol{h}(\boldsymbol{z})\leqslant\boldsymbol{0}$ 中因越界而转化为等式的方程。

为求解上面的优化问题，可构造拉格朗日函数

$$L(\boldsymbol{z},\boldsymbol{\lambda}) = c(\boldsymbol{z}) + \boldsymbol{\lambda}^{\mathrm{T}}\boldsymbol{F}(\boldsymbol{z})$$

最优解应满足 Kuhn-Tucher 最优性条件，即

$$\begin{cases} \dfrac{\partial L}{\partial \boldsymbol{z}} = \dfrac{\partial c}{\partial \boldsymbol{z}} + \dfrac{\partial \boldsymbol{F}^{\mathrm{T}}}{\partial \boldsymbol{z}}\boldsymbol{\lambda} = \boldsymbol{0} \\ \dfrac{\partial L}{\partial \boldsymbol{\lambda}} = \boldsymbol{F}(\boldsymbol{z}) = \boldsymbol{0} \end{cases} \tag{10-42}$$

这是一组以 $\boldsymbol{z}$ 和 $\boldsymbol{\lambda}$ 为变量的非线性代数方程组，可用牛顿法对其求解：

$$\begin{bmatrix} \boldsymbol{H} & \boldsymbol{J}^{\mathrm{T}} \\ \boldsymbol{J} & \boldsymbol{0} \end{bmatrix}^{(k)} \begin{bmatrix} \Delta \boldsymbol{z} \\ \Delta \boldsymbol{\lambda} \end{bmatrix}^{(k)} = -\begin{bmatrix} \dfrac{\partial L}{\partial \boldsymbol{z}} \\ \dfrac{\partial L}{\partial \boldsymbol{\lambda}} \end{bmatrix}^{(k)} \tag{10-43}$$

式中

$$\boldsymbol{H}^{(k)} = \left[\frac{\partial^2 L}{\partial z_i \partial z_j}\right]\Bigg|_{\substack{\boldsymbol{z}=\boldsymbol{z}^{(k)} \\ \boldsymbol{\lambda}=\boldsymbol{\lambda}^{(k)}}}$$

$$\boldsymbol{J}^{(k)} = \left[\frac{\partial \boldsymbol{F}(\boldsymbol{z})}{\partial \boldsymbol{z}^{\mathrm{T}}}\right]\Bigg|_{\boldsymbol{z}=\boldsymbol{z}^{(k)}}$$

式中，上角标(k)表示第 k 次迭代。式(10-43)中 $\boldsymbol{H}^{(k)}$ 是第 k 次迭代的拉格朗日函数的海森矩阵，$\boldsymbol{J}^{(k)}$ 是第 k 次迭代中起作用约束集的雅可比矩阵。用迭代的方法用

式(10-43)计算 $\Delta \boldsymbol{z}$ 和 $\Delta \boldsymbol{\lambda}$，然后修正 $\boldsymbol{z}$ 和 $\boldsymbol{\lambda}$ 得新值，直到式(4-42)的 K-T 条件满足。

2. 牛顿最优潮流算法特点分析

常规潮流迭代的修正方程已包含在式(10-43)中。在最优潮流迭代过程中潮流方程并不满足，而在最优点处潮流方程才满足。这一点和简化梯度法不同，在那里每次迭代中都要求得一个收敛的潮流解。

如果已知最优点处的起作用的不等式约束集，使用式(10-43)的迭代格式，算法将具有牛顿法的二阶收敛性。但对于复杂的大电力系统，在获得最优解以前，起作用的不等式约束集一般是未知的，估计正确的起作用不等式约束集是牛顿法的难点，也是实施牛顿法的关键，通常的作法是在迭代过程中不断调整起作用的不等式约束集。

在迭代过程中，如果有新的不等式约束越界，应将其强制在界上并作为等式约束引入到目标函数；当不等式约束的越界被解除时，又要将被强制在界上的约束释放。于是在迭代过程中式(10-43)的系数矩阵的结构和内容都将变化，这是最优潮流实施中遇到的主要困难之一。牛顿法最优潮流中，式(10-43)的每一次求解称为主迭代。为了缓解不等式约束在迭代过程中的频繁强制和释放，减少计算量较大的主迭代次数，常在每步主迭代修正 $\boldsymbol{z}$ 和 $\boldsymbol{\lambda}$ 的过程中嵌入一些计算量较小的试迭代，用线性化的方法估计可能发生的约束越界，这样可以有效地提高算法的收敛性。另外，在实际求解式(10-43)时，应将每个节点对应的 $\boldsymbol{z}$ 和 $\boldsymbol{\lambda}$ 中的元素穿插排在一起，从而使式(10-43)系数矩阵中的元素由原来的标量元素变为由 2×2 阶子矩阵组成，其稀疏结构和导纳矩阵的稀疏结构类似，可以用类似潮流计算中的稀疏技术对之求解，大大提高计算速度。

10.3.4　有功无功交叉逼近最优潮流算法

在电力系统潮流分析中，有功分量和无功分量之间的弱耦合关系是普遍存在的，如何利用这一特点加快最优潮流算法的计算速度一直是人们所关注的问题。利用 PQ 解耦技术可以发展有功无功交叉逼近的最优潮流算法[103]。

1. 有功无功交叉逼近法最优潮流算法列式

为了保持网络方程系数矩阵的稀疏性，通常不对控制变量和状态变数进行划分，而统一用变量 $\boldsymbol{z}$ 表示，并用下角标 P 和 Q 分别表示和有功有关以及和无功有关的分量，用下角标 E 和 I 分别表示等式约束方程和不等式约束方程，有功约束方程和无功约束方程分别用 $\boldsymbol{P}(\cdot)$ 和 $\boldsymbol{Q}(\cdot)$ 表示，则式(10-24)的优化问题可以写成

$$\begin{cases}\min & c(\boldsymbol{z}_P,\boldsymbol{z}_Q) \\ \text{s.t.} & \boldsymbol{P}_E(\boldsymbol{z}_p,\boldsymbol{z}_Q)=\boldsymbol{0} \\ & \boldsymbol{P}_I(\boldsymbol{z}_P,\boldsymbol{z}_Q)\leqslant\boldsymbol{0} \\ & \boldsymbol{Q}_E(\boldsymbol{z}_P,\boldsymbol{z}_Q)=\boldsymbol{0} \\ & \boldsymbol{Q}_I(\boldsymbol{z}_P,\boldsymbol{z}_Q)\leqslant\boldsymbol{0}\end{cases} \tag{10-44}$$

式中，$\boldsymbol{z}_P$ 包括发电机有功输出功率和电压相角；$\boldsymbol{z}_Q$ 包括无功电源输出功率和电压幅值，也包括可调变压器变比；$\boldsymbol{P}_E,\boldsymbol{Q}_E$ 分别为节点有功、无功潮流方程；$\boldsymbol{P}_I,\boldsymbol{Q}_I$ 分别为与有功分量和无功分量关系密切的不等式约束条件。

假如式(10-44)的初值足够接近最优值，并满足局部凸性条件，则根据凸对偶和部分对偶理论[113]，式(10-44)等价于

$$\begin{cases}\min & c_P=c(\boldsymbol{z}_P,\boldsymbol{z}_Q)+\boldsymbol{\lambda}_Q^{\mathrm{T}}\boldsymbol{Q}_E(\boldsymbol{z}_P,\boldsymbol{z}_Q)+\boldsymbol{\mu}_Q^{\mathrm{T}}\boldsymbol{Q}_I(\boldsymbol{z}_P,\boldsymbol{z}_Q) \\ \text{s.t.} & \boldsymbol{P}_E(\boldsymbol{z}_P,\boldsymbol{z}_Q)=\boldsymbol{0} \\ & \boldsymbol{P}_I(\boldsymbol{z}_P,\boldsymbol{z}_Q)\leqslant\boldsymbol{0}\end{cases} \tag{10-45}$$

或等价于

$$\begin{cases}\min & c_Q=c(\boldsymbol{z}_P,\boldsymbol{z}_Q)+\boldsymbol{\lambda}_P^{\mathrm{T}}\boldsymbol{P}_E(\boldsymbol{z}_P,\boldsymbol{z}_Q)+\boldsymbol{\mu}_P^{\mathrm{T}}\boldsymbol{P}_I(\boldsymbol{z}_P,\boldsymbol{z}_Q) \\ \text{s.t.} & \boldsymbol{Q}_E(\boldsymbol{z}_P,\boldsymbol{z}_Q)=\boldsymbol{0} \\ & \boldsymbol{Q}_I(\boldsymbol{z}_P,\boldsymbol{z}_Q)\leqslant\boldsymbol{0}\end{cases} \tag{10-46}$$

式中，$\boldsymbol{\lambda}_P,\boldsymbol{\mu}_P,\boldsymbol{\lambda}_Q,\boldsymbol{\mu}_Q$分别对应于式(10-44)在解点处的对偶变量。可见，式(10-45)和式(10-46)这两个子问题的约束条件比原问题式(10-44)的约束条件减少了。

如果已经知道这些对偶变量在最优解处的值，问题将简化，因为这时只需求解式(10-45)或式(10-46)，它们每个都比原来的式(10-44)的约束少。但实际上，对偶变量的值也需要迭代求解。比较自然的方法是交替求解式(10-45)和式(10-46)两个子问题，直到两者求出的 $\boldsymbol{z}_P$ 和 $\boldsymbol{z}_Q$ 相同时为止。

上面的每个子问题都比式(10-44)规模要小，但变量数目并未减少。利用 PQ 解耦原理，并注意到无功约束在式(10-45)中不出现，在式(10-45)子问题中可以把与无功有关的变量当做常数处理，有功约束在式(10-46)中不出现，在式(10-46)子问题中把与有功有关的变量当做常数处理。因此两个子问题可分别简化成：

$$\begin{cases}c_P(\boldsymbol{z}_Q,\boldsymbol{\lambda}_Q,\boldsymbol{\mu}_Q)=\min\limits_{\boldsymbol{z}_P} c_P(\boldsymbol{z}_P) \\ \text{s.t.}\ \boldsymbol{P}(\boldsymbol{z}_P)\leqslant\boldsymbol{0}\end{cases} \tag{10-47}$$

和

$$\begin{cases}c_Q(\boldsymbol{z}_P,\boldsymbol{\lambda}_P,\boldsymbol{\mu}_P)=\min\limits_{\boldsymbol{z}_Q} c_Q(\boldsymbol{z}_Q) \\ \text{s.t.}\ \boldsymbol{Q}(\boldsymbol{z}_Q)\leqslant\boldsymbol{0}\end{cases} \tag{10-48}$$

式中，$c_P(z_Q,\boldsymbol{\lambda}_Q,\boldsymbol{\mu}_Q)$表示有功子问题的解是在$z_Q,\boldsymbol{\lambda}_Q,\boldsymbol{\mu}_Q$给定条件下求得的；$c_Q(z_P,\boldsymbol{\lambda}_P,\boldsymbol{\mu}_P)$表示无功子问题的解是在$z_P,\boldsymbol{\lambda}_P,\boldsymbol{\mu}_P$给定情况下求得的。交替求解这两个子问题，最后在最优点处应有$c_P=c_Q$。

有功无功交叉逼近法求解最优潮流的作法是给定优化变量z_P,z_Q(包括状态变量和控制变量)和对偶变量$\boldsymbol{\lambda}_P,\boldsymbol{\mu}_P,\boldsymbol{\lambda}_Q,\boldsymbol{\mu}_Q$的初值，然后分别求解式(10-47)和式(10-48)这两个子问题。当相邻两次迭代的优化变量的变化量小于某一收敛门槛时优化结束。对每个优化子问题，满足约束条件的解是可行解，而满足K-T条件的解才是最优解。

2. 有功无功交叉逼近法最优潮流算法特点分析

交叉逼近法的最主要特点是使用起来十分灵活方便。例如，可以单独求解有功优化子问题，单独用于有功优化，或用于获得校正线路过负荷的有功校正对策。也可以只进行无功优化，求得网损最小的一组解，这时有功优化子问题用一个收敛的潮流代替。

式(10-47)的有功优化子问题和式(10-48)的无功优化子问题可以用不同的优化方法求解，例如前者可用线性化模型近似表示，用线性规划算法求解；后者用二阶模型表示，用二次规划方法求解，结合子问题的特点选择合适的算法，最后可以得到总体性能最好的算法。

交叉逼近法每个子问题的方程数和变量数分别约为原问题的一半。另外，每个子问题中还可以针对其特点进行进一步的简化，突出主要矛盾。在交叉求解每个子问题的过程中，使用稀疏矩阵和稀疏矢量技术进行网络方程的修正解，结合使用试迭代，最终所得到的算法具有很高的计算速度。对十几个实际系统、最大的达521个节点的算例进行计算，结果表明，这个方法可在2～5个快速分解法普通潮流的计算时间里给出最优潮流的计算结果[103]。用这个算法编制的软件已用于实际电网的在线运行调度决策中[114]。

10.3.5 基于内点法的最优潮流算法

1984年，美籍印度学者Karmarkar提出了一种具有多项式时间复杂性的线性规划内点算法[117]。与单纯形法沿着可行域边界寻优不同，内点法从初始内点出发，沿着中心路径方向或仿射方向在可行域内部直接走向最优解。对于约束条件和变量数目较多的大规模线性规划问题，内点法的多项式时间复杂性使其收敛性和计算速度均优于单纯形法。Gill于1985年证明了内点法和基于牛顿法的经典障碍函数法在形式上的等价性，从而当采用内点法时，连续变量优化问题都可以用统一的表达形式来求解。基于该结果得到的最重要的内点法的变种是路径跟踪法，是目前最有发展潜力的一类内点算法，并被推广应用于一般的非线性规划问题[118]。下面介绍该方法。

通过引入非负的松弛变量将不等式化为等式，最优潮流问题总可以写成如下一般形式：

$$\begin{cases} \min & c(\boldsymbol{z}) & \boldsymbol{z} \in \mathbf{R}^n \\ \text{s.t.} & \boldsymbol{F}(\boldsymbol{z}) = \boldsymbol{0} & \boldsymbol{F} \in \mathbf{R}^m \\ & \boldsymbol{z} \geqslant \boldsymbol{0} \end{cases} \tag{10-49}$$

满足上式约束条件的点称为式(10-49)的可行内点。利用对数障碍函数将变量不等式约束引入到目标函数中，构造如下增广拉格朗日函数：

$$L(\boldsymbol{z},\boldsymbol{\lambda}) = c(\boldsymbol{z}) + \boldsymbol{\lambda}^{\mathrm{T}}\boldsymbol{F}(\boldsymbol{z}) - r\sum_{i=1}^{n}\ln z_i \tag{10-50}$$

式中，$\boldsymbol{\lambda} \in \mathbf{R}^m$，为对应于等式约束的拉格朗日乘子；$r$ 为障碍函数的系数。根据上式可得无约束优化问题应满足的 Kuhn-Tucker 最优性条件，即

$$\begin{cases} \dfrac{\partial L}{\partial \boldsymbol{z}} = \dfrac{\partial c}{\partial \boldsymbol{z}} + \dfrac{\partial \boldsymbol{F}^{\mathrm{T}}}{\partial \boldsymbol{z}}\boldsymbol{\lambda} - r\boldsymbol{Z}^{-1}\boldsymbol{e} = \boldsymbol{0} \\ \dfrac{\partial L}{\partial \boldsymbol{\lambda}} = \boldsymbol{F}(\boldsymbol{z}) = \boldsymbol{0} \end{cases} \tag{10-51}$$

式中，$\boldsymbol{Z}=\mathrm{diag}[z_1,z_2,\cdots,z_n]\in\mathbf{R}^{n\times n}$；$\boldsymbol{e}=[1\quad 1\quad \cdots\quad 1]^{\mathrm{T}}\in\mathbf{R}^n$。这是一组以 $\boldsymbol{z}$ 和$\boldsymbol{\lambda}$ 为变量，r 为参数的非线性代数方程组。当 r 充分小时，由式(10-51)求得的解 $\boldsymbol{z}^*(r)$与式(10-49)的解 $\boldsymbol{z}^*$ 充分接近，这就是通常的障碍函数法的计算格式。对应于式(10-49)的不等式约束的互补松弛条件被隐含在参数 r 趋于零的条件里，现代内点法则将该互补松弛条件显式地表示为

$$r\boldsymbol{Z}^{-1}\boldsymbol{e}=\boldsymbol{\mu} \tag{10-52}$$

式中，$\boldsymbol{\mu} \in \mathbf{R}^n$，当参数 r 趋于零时，它就是不等式约束的拉格朗日乘子。式(10-51)变为

$$\begin{cases} \dfrac{\partial c}{\partial \boldsymbol{z}} + \dfrac{\partial \boldsymbol{F}^{\mathrm{T}}}{\partial \boldsymbol{z}}\boldsymbol{\lambda} - \boldsymbol{\mu} = \boldsymbol{0} \\ \boldsymbol{F}(\boldsymbol{z}) = \boldsymbol{0} \\ \boldsymbol{Z}\boldsymbol{\mu} - r\boldsymbol{e} = \boldsymbol{0} \end{cases} \tag{10-53}$$

用牛顿法求解上式，得

$$\begin{bmatrix} \boldsymbol{H} & \boldsymbol{J}^{\mathrm{T}} & -\boldsymbol{I} \\ \boldsymbol{J} & \boldsymbol{0} & \boldsymbol{0} \\ \boldsymbol{M} & \boldsymbol{0} & \boldsymbol{Z} \end{bmatrix}^{(k)} \begin{bmatrix} \Delta \boldsymbol{z} \\ \Delta \boldsymbol{\lambda} \\ \Delta \boldsymbol{\mu} \end{bmatrix}^{(k)} = -\begin{bmatrix} \partial L/\partial \boldsymbol{z} \\ \partial L/\partial \boldsymbol{\lambda} \\ \boldsymbol{0} \end{bmatrix}^{(k)} \tag{10-54}$$

式中，$\boldsymbol{M}=\mathrm{diag}[\mu_1,\mu_2,\cdots,\mu_n]$；$\boldsymbol{H}^{(k)}$为第 k 次迭代的拉格朗日函数的海森矩阵；$\boldsymbol{J}^{(k)}$为第 k 次迭代中等式约束的雅可比矩阵。由修正方程(10-54)的解可得到新的近似解为

$$\boldsymbol{z}^{(k+1)} = \boldsymbol{z}^{(k)} + d_1\Delta\boldsymbol{z}^{(k)},\quad \begin{bmatrix} \boldsymbol{\lambda} \\ \boldsymbol{\mu} \end{bmatrix}^{(k+1)} = \begin{bmatrix} \boldsymbol{\lambda} \\ \boldsymbol{\mu} \end{bmatrix}^{(k)} + d_2\begin{bmatrix} \Delta\boldsymbol{\lambda} \\ \Delta\boldsymbol{\mu} \end{bmatrix}^{(k)} \tag{10-55}$$

其中,d_1 和 d_2 分别为原变量和对偶变量的修正步长,可以按以下公式选择以满足不等式约束

$$\begin{cases} d_1 = 0.9995\min\left\{\min\limits_i\left(\dfrac{-z_i}{\Delta z_i}: \Delta z_i < 0\right), 1\right\} \\ d_2 = 0.9995\min\left\{\min\limits_i\left(\dfrac{-\mu_i}{\Delta \mu_i}: \Delta \mu_i > 0\right), 1\right\} \end{cases} \quad i = 1, 2, \cdots, n \tag{10-56}$$

内点法中系数 r 与衡量系统最优性的互补间隙(complementary gap)有关,程序中 r 随着互补间隙自适应地减小,直到解满足工程精度要求为止。

Granville 利用路径跟踪法求解电力系统的无功调度问题[119],韦化等[120]用内点法求解最优潮流问题。目前,内点法已经能成功求解大规模最优潮流问题。

10.3.6 关于最优潮流的经济目标函数

视要解决的问题不同,最优潮流经济目标函数也不同,一般有以下几种:

(1) 发电机运行费用(或发电煤耗)最小。这是集中调度电力系统中常用的经济目标函数。发电机运行费用是发电机输出功率的函数,即

$$c = \sum_{i=1}^{NG} c_i(P_{Gi}) \tag{10-57}$$

每台发电机的运行费用函数关系可以是线性的、二次的,也可以是更高阶次的。在电力市场环境下,电网公司通常希望总购电成本最小,目标函数与式(10-57)类似,只是与每台发电机对应的不是成本曲线,而是报价曲线,并且一般是分段线性函数。

(2) 网损最小。系统有功网损可表示为

$$P_{\text{loss}}(\boldsymbol{V}, \boldsymbol{\theta}) = \sum_{i=1}^{N} P_{Gi} - \sum_{i=1}^{N} P_{Di} = \sum_{i=1}^{N} P_i(\boldsymbol{V}, \boldsymbol{\theta})$$

也可写成

$$P_{\text{loss}} = \sum_{\substack{i=1 \\ i \neq s}}^{N} (P_{Gi} - P_{Di}) + P_{Gs} - P_{Ds} \tag{10-58}$$

在网损最小的优化中,除平衡节点 s 外,其余所有节点的有功注入功率都是给定量,其值固定不变,而平衡节点 s 的注入功率随网损的变化而变化,所以最小化式(10-58)等价于最小化平衡节点的有功注入功率,即

$$\min P_{\text{loss}} \quad \text{相当于} \quad \min(P_{Gs} - P_{Ds}) \quad \text{相当于} \quad \min P_s(\boldsymbol{V}, \boldsymbol{\theta}) \tag{10-59}$$

当然,式(10-59)只适用于发电机有功和负荷有功为固定不变的情况。当考虑负荷的电压静态特性时,式(10-59)不再成立,这时应该累加所有支路上的有功损耗作为网损优化的目标函数。优化式(10-57)的目标函数时有功无功控制变量都要参与优化调整,而优化式(10-59)目标函数时发电机有功不参加优化调整,优化的

控制变量主要是无功电源的无功输出功率和变压器分接头，因此这种情况也称之为无功优化。无功优化在电力系统运行方式分析和电网规划中得到了广泛的应用，也可以在电网在线无功优化的闭环控制中得到应用[91]。

10.4 开断潮流及其求解方法

开断潮流是电力网络中元件因故障或操作引起开断并退出运行后的潮流。在电力系统发展规划、电网运行规划和电网在线分析中，经常要计算开断潮流。由于电力系统中元件较多，要分析的元件开断情况也非常多，所以要求开断潮流有较高的计算速度。

虽然开断潮流可以用常规的潮流算法来求解，但当开断情况较多时，计算速度太慢。由于开断前的潮流是已知的，开断前后网络结构基本接近，因此可以使用补偿法或因子表的修正算法进行开断潮流计算，大大提高计算速度。

10.4.1 补偿法支路开断时的潮流计算

支路开断引起导纳矩阵发生变化。对牛顿-拉夫逊法潮流计算，因为每次迭代都要重新形成雅可比矩阵，然后分解因子表，所以只要在这些计算中考虑支路移去的影响即可。

对于快速分解法，开断前的 $\boldsymbol{B}'$ 和 $\boldsymbol{B}''$ 及其因子表是已知的，支路开断会引起 $\boldsymbol{B}'$ 和 $\boldsymbol{B}''$ 及其因子表的改变。开断计算中没有必要重新形成 $\boldsymbol{B}'$ 和 $\boldsymbol{B}''$ 及其因子表。有两种常用的快速方法来处理这种变化：一种是因子表修正算法，对原来的 $\boldsymbol{B}'$ 和 $\boldsymbol{B}''$ 的因子表进行修正；另一种是补偿法，保留原来的 $\boldsymbol{B}'$ 和 $\boldsymbol{B}''$ 的因子表，网络结构的变化通过计算补偿项来体现。

快速分解法潮流计算的迭代公式如下：

$$\begin{cases} -\boldsymbol{B}'\Delta\boldsymbol{\theta} = \Delta\boldsymbol{P}/\boldsymbol{V} \\ \boldsymbol{\theta} = \boldsymbol{\theta} + \Delta\boldsymbol{\theta} \end{cases} \tag{10-60}$$

$$\begin{cases} -\boldsymbol{B}''\Delta\boldsymbol{V} = \Delta\boldsymbol{Q}/\boldsymbol{V} \\ \boldsymbol{V} = \boldsymbol{V} + \Delta\boldsymbol{V} \end{cases} \tag{10-61}$$

式中略去了表示迭代次数的上角标(k)。

1. 有功迭代方程

假设网络中支路 l 开断，支路 l 两端的节点号是 i 和 j。

先考察开断情况下式(10-60)的计算。此时，式(10-60)中的 $\boldsymbol{B}'$ 和 $\Delta\boldsymbol{P}$ 都将发生变化，变成 $\widetilde{\boldsymbol{B}}'$ 和 $\Delta\widetilde{\boldsymbol{P}}$，下面分别讨论。这时，$\boldsymbol{B}'$ 将变成

$$\widetilde{\boldsymbol{B}}' = \boldsymbol{B}' + \boldsymbol{M}_l x_l^{-1} \boldsymbol{M}_l^{\mathrm{T}} \tag{10-62}$$

式中，x_l 为支路 l 的电抗；$\boldsymbol{M}_l$ 为支路 l 的关联矢量。由于 $\boldsymbol{B}'$ 是用 $-1/x$ 为支路导纳建立起来的，所以式(10-62)修正项前边是正号。计算 $\Delta\widetilde{\boldsymbol{P}}$ 时需要减去开断支路上的潮流。求解网络结构变化后的式(10-60)，有

$$\Delta\widetilde{\boldsymbol{\theta}} = -\widetilde{\boldsymbol{B}}'^{-1}\Delta\widetilde{\boldsymbol{P}}/\boldsymbol{V}$$

将式(10-62)代入，并利用矩阵求逆辅助定理，可得

$$\Delta\widetilde{\boldsymbol{\theta}} = -(\boldsymbol{B}' + \boldsymbol{M}_l x_l^{-1}\boldsymbol{M}_l^{\mathrm{T}})^{-1}\Delta\widetilde{\boldsymbol{P}}/\boldsymbol{V} = \Delta\boldsymbol{\theta} - \boldsymbol{\eta}'_l c'_l \Delta\boldsymbol{\theta}_l \tag{10-63}$$

式中

$$\Delta\boldsymbol{\theta} = -\boldsymbol{B}'^{-1}\Delta\widetilde{\boldsymbol{P}}/\boldsymbol{V} \tag{10-64}$$

$$\Delta\theta_l = \boldsymbol{M}_l^{\mathrm{T}}\Delta\boldsymbol{\theta} = \Delta\theta_i - \Delta\theta_j \tag{10-65}$$

$$\boldsymbol{\eta}'_l = \boldsymbol{B}'^{-1}\boldsymbol{M}_l \tag{10-66}$$

$$c'_l = (x_l + X'_{ll})^{-1} \tag{10-67}$$

$$X'_{ll} = \boldsymbol{M}_l^{\mathrm{T}}\boldsymbol{\eta}'_l \tag{10-68}$$

式中，变量加撇表示和有功有关的量。对开断潮流在用式(10-60)进行有功迭代计算时，应该用下面的计算内容代替：

(1) 迭代计算之前先用式(10-66)和式(10-67)计算出 $\boldsymbol{\eta}'_l$ 和 c'_l，这两个量在迭代过程中不变。

(2) 在迭代过程中，首先计算式(10-64)中的 $\Delta\widetilde{\boldsymbol{P}}/\boldsymbol{V}$，注意在计算 $\Delta\widetilde{\boldsymbol{P}}$ 时应除去已开断的支路 l 上的潮流的影响。用式(10-64)和式(10-65)计算出 $\Delta\theta$ 和 $\Delta\theta_l$，然后利用式(10-63)计算 $\Delta\widetilde{\boldsymbol{\theta}}$，最后用 $\Delta\widetilde{\boldsymbol{\theta}}$ 进行相角修正。

2. 无功迭代方程

下面再考察 Q-V 迭代方程式(10-61)，它在支路 l 开断时可用下面方程代替：

$$\Delta\widetilde{\boldsymbol{V}} = \Delta\boldsymbol{V} - \boldsymbol{\eta}''_l c''_l \Delta\boldsymbol{V}_l$$

式中

$$\Delta\boldsymbol{V} = -\boldsymbol{B}''^{-1}\Delta\widetilde{\boldsymbol{Q}}/\boldsymbol{V}$$

$$\Delta\boldsymbol{V}_l = \boldsymbol{N}_l^{\mathrm{T}}\Delta\boldsymbol{V}$$

$$\boldsymbol{\eta}''_l = \boldsymbol{B}''^{-1}\boldsymbol{N}_l$$

$$c''_l = (-b_l^{-1} + X''_{ll})^{-1}$$

$$X''_{ll} = \boldsymbol{N}_l^{\mathrm{T}}\boldsymbol{\eta}''_l$$

式中，变量加两撇表示和无功有关的量；b_l 为支路 l 的导纳；$\boldsymbol{N}_l$ 也是关联矢量。$\boldsymbol{N}_l$ 和 $\boldsymbol{M}_l$ 维数不同，$\boldsymbol{M}_l$ 是 $n\times1$ 维列矢量，$\boldsymbol{N}_l$ 是 $(n-r)\times1$ 维列矢量。$\boldsymbol{M}_l$ 中对应于支路 l 两端节点处分别为1和-1，其余为零。对于被开断支路的端节点是平衡节点，相应元素在 $\boldsymbol{M}_l$ 中不存在。$\boldsymbol{N}_l$ 中对应于支路两端节点处也是1和-1，但当被开断支路的端点是 PV 节点或平衡节点时，该节点在 $\boldsymbol{N}_l$ 中都不出现。

Q-V 迭代修正方程的求解和 P-θ 迭代相同,不再重述。

3. 几点分析

要特别注意功率不平衡量的计算。因支路 l 已开断,上面的潮流为零,因此计算 $\Delta \boldsymbol{P}$ 和 $\Delta \boldsymbol{Q}$ 时,应排除开断支路 l 上的潮流的影响。如果以开断前的潮流解作为初值,支路 l 开断时,在首次迭代中 $\Delta \boldsymbol{P}$ 的计算可以简化。因为首次迭代时,$\Delta \boldsymbol{P}$ 只在支路 l 两个端点处有非零元素,分别等于开断前支路 l 上的潮流,即 $\Delta P_i = P_{ij}$,$\Delta P_j = P_{ji}$。对于 Q-V 迭代,无功不平衡量的计算不能简化。因为在此之前相角已进行了修正,所以无功不平衡量对于所有节点都有可能取非零值。

总结用补偿法进行快速分解开断潮流计算可以看到,相对于常规的潮流计算,只需在迭代前计算出$\boldsymbol{\eta}_l'$和$\boldsymbol{\eta}_l''$以及 c_l'和 c_l'',在迭代过程中几乎不增加额外的计算量。

以上讨论的是单重支路开断的情况。如果电网中发生多重支路开断,补偿量的计算量会变大,采用补偿法则不一定合适。这时可以采用因子表修正算法修正$\boldsymbol{B}'$和$\boldsymbol{B}''$的因子表,然后修正导纳矩阵,再像普通的快速分解法一样进行潮流迭代计算。开断计算结束时,再把 $\boldsymbol{B}'$,$\boldsymbol{B}''$及其因子表和导纳矩阵中修正过的地方恢复。这种处理方法可以利用稀疏矢量技术进行因子表的修正计算,计算速度很快。开断潮流算法已成功地应用到实际电力系统在线静态安全分析中[114]。

10.4.2 发电机开断的潮流计算

当节点 g 的发电机开断,原来节点 g 的发电机的有功输出功率将从 P_{Gg}减少到 0,该发电机节点由 PV 节点转变为 PQ 节点,$Q_{Gg}=0$,其电压不再维持不变。对 P-θ 迭代,只是开断的发电机节点注入功率发生变化,$\boldsymbol{B}'$及因子表都不变,所以 $\Delta\boldsymbol{\theta}$ 的计算和正常时的计算方法相同。对于 Q-V 迭代,由于 Q_{Gg}已变为零,该节点应由 PV 节点转变为 PQ 节点,即 $\boldsymbol{B}''$应增加一阶,可以用因子表修正算法形成新的因子表,再进行 Q-V 迭代计算。

用以上方法实际上是假定开断的发电机输出功率由平衡节点的发电机来平衡,而实际情况并非如此。更合理的处理方法是将这一失去的发电机功率由系统中所有参加调频的发电机来平衡,每台发电机按一定比例分担相应的份额。

令 $i=1,2,\cdots,m$ 是负荷节点(PQ 节点),$i=m+1,m+2,\cdots,n$ 是发电机节点(PV 节点),节点 s(第 N 个节点)是平衡节点,r 是 PV 节点数,并有 $r+m=n$,$N=n+1$。

考虑节点 g 的发电机开断,系统失去的有功功率为 P_{Gg},系统中有功功率差额是

$$\begin{aligned}
\Delta P_{\Sigma} &= \sum_{i=1}^{N}(P_{Gi}-P_{Di}) - P_{Gg} - P_{\text{loss}}^{G}(\boldsymbol{V},\boldsymbol{\theta}) \\
&= -P_{Gg} + P_{\text{loss}}(\boldsymbol{V},\boldsymbol{\theta}) - P_{\text{loss}}^{G}(\boldsymbol{V},\boldsymbol{\theta}) \\
&= -P_{Gg} - \Delta P_{\text{loss}}(\boldsymbol{V},\boldsymbol{\theta})
\end{aligned} \tag{10-69}$$

式中，ΔP_{loss} 为发电机开断后引起系统网损的变化。ΔP_{Σ} 等于节点 g 上失去的有功发电输出功率和系统网损的变化两者之和，发电机开断引起的系统网损的变化 ΔP_{loss} 相对于 P_{Gg} 来说很小，可以忽略，所以有

$$\Delta P_{\Sigma} \approx -P_{Gg} \tag{10-70}$$

这一功率不平衡量应该在其他所有参加调频的发电机上分摊。假设所有发电机都参加调频，则第 i 台发电机有功输出功率应变成

$$P'_{Gi} = P_{Gi} - \alpha_i \Delta P_{\Sigma} \quad i = m+1, m+2, \cdots, N, \quad i \neq g \tag{10-71}$$

式(10-71)包括除了开断的发电机外的所有参加调频的发电机节点，也包括平衡节点。

对于节点 g，其发电功率为 0，即

$$P'_{Gi} = 0$$

考虑到式(10-70)，则式(10-71)简化成

$$\begin{cases} P'_{Gi} = P_{Gi} + \alpha_i P_{Gg} \quad i = m+1, m+2, \cdots, N, \quad i \neq g \\ P'_{Gg} = 0 \end{cases} \tag{10-72}$$

如果以开断前的潮流作为初值，第一次迭代时有功不平衡量是

$$\Delta P_i(\boldsymbol{\theta}, \boldsymbol{V}) = 0 \quad i = 1, 2, \cdots, m$$

$$\begin{cases} \Delta P_i = \alpha_i P_{Gg} \quad i = m+1, m+2, \cdots, N, \quad i \neq g, \quad i \neq s \\ \Delta P_g = -P_{Gg} \end{cases} \tag{10-73}$$

潮流计算中不用计算平衡节点的功率不平衡量。由于 $\sum \alpha_i = 1$，所以如果由式(10-73)对所有发电机节点求和，平衡节点的有功自动满足式(10-73)。

后续的迭代可用考虑网损变化的式(10-69)或者忽略网损变化的式(10-70)来计算功率不平衡量，然后在发电机节点上分配。

α_i 的选择可借助于功频静特性系数 K_{Gi}，可令

$$\alpha_i = \frac{K_{Gi}}{\sum\limits_{\substack{i \in G \\ i \neq g}} K_{Gi}}$$

10.5　潮流跟踪算法

10.5.1　电力市场环境下的潮流跟踪问题

电力系统市场化运营以后，系统将按照市场的规则运行。由于发电、输电、配电逐步分离，输电网开放，就需要为输电服务单独定价和支付相应费用，这包括占用输电网输电成本的分配计算和输电网损的分配计算等。研究市场参与者发出或接受的功率在网络中的流动，以确定其占用输电网络的份额，是一种自然的研究思

路。英国学者 Bialek 提出的潮流跟踪法[121]就是这样的方法之一。潮流跟踪法在计算过程中，利用了节点的功率平衡特性，即基尔霍夫电流定律，可以得到结构特殊的网络方程。由于其特性与本书其余章节介绍的网络方程不同，因此本节专门给予讨论。

10.5.2　比例分配原则

潮流跟踪算法以已经收敛的潮流为基础，通过对实际有功功率流的顺流（从发电机到负荷的顺潮流流动方向）及逆流（从负荷到发电机的逆潮流流动方向）跟踪，确定用户对输电网的使用程度，依据的最主要的假设是：功率的分布服从比例分配原则[121,122]。下面以图 10.3 中的节点功率流为例进行分析。

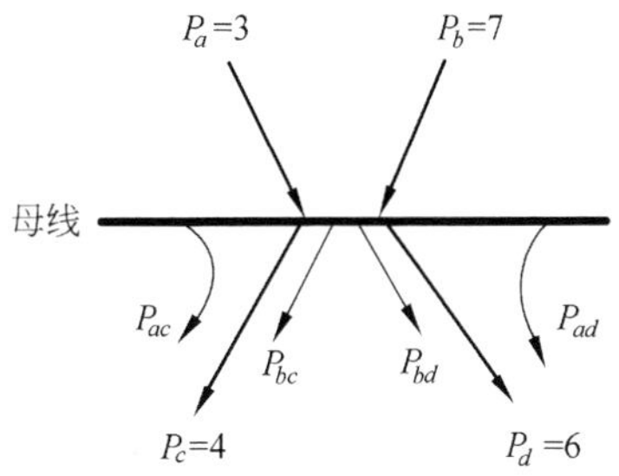

图 10.3　功率服从比例分配原则的示意图

定义 P 为节点的流过功率，它等于节点的总流进功率，也等于节点的总流出功率。总流进功率是发电机的净注入功率及由线路流入的功率之和，图中为 $P=P_a+P_b$。总流出功率是负荷汲取的功率及由线路流出的功率之和，图中为 $P=P_c+P_d$。比例分配原则定义流入功率 P_a、P_b 在流出功率 P_c、P_d 中所占的份额分别为

$$P_{ac}=\frac{P_a}{P}P_c,\quad P_{ad}=\frac{P_a}{P}P_d,\quad P_{bc}=\frac{P_b}{P}P_c,\quad P_{bd}=\frac{P_b}{P}P_d$$

比例分配原则假定节点是流入功率的混合体，它不能分辨出哪个特定的流入功率流向了哪个特定的流出功率，因此只能按比例来分配，节点的流过功率 P 是表达该混合体的重要物理量。比例分配原则既不能得到证明也不能被否定，其公正性可以这样来理解：它以相同的方式来对待流入功率和流出功率，没有哪个市场参与者获得特殊的待遇。

用比例分配原则列写节点功率平衡方程时，可以有两种表达形式：节点的流过功率等于总流入功率的形式及等于总流出功率的形式。由此便产生了顺流跟踪和逆流跟踪两种方法。由于实际的电力网络是有损耗的，因此需要把有损网等效为无损网。本节主要介绍电力市场中规则规定损耗由发电机来承担时的情况，损耗由负荷承担的情况处理方法类似留作习题。

10.5.3　潮流跟踪算法

1. 线损的等效处理

以图 10.4 为例，对线路 i-j 上的损耗作如下等效变换：线路中间插入一个虚

节点 m，从而将线路分为两段，两段上的潮流和方向分别取原来线路首、末端的潮流和方向。把线路损耗作为虚拟负荷处理，相当于发电机既供应负荷也承担网损。

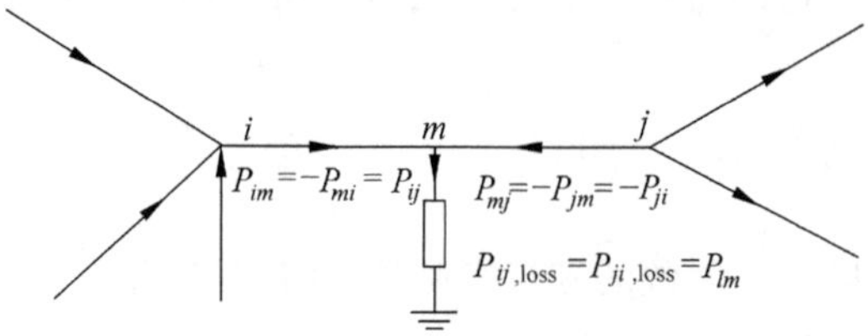

图 10.4　线路损耗作为虚拟负荷处理

在图10.4中，因为节点 i 的流进功率对线路 i-j 上的网损有贡献，而节点 j 的流进功率对该网损没有贡献，因此代表线路 i-j 的网损负荷可以等效地移植到节点 i 上。应注意，不能把该网损负荷移植到节点 j 上，否则节点 j 的流进功率也要承担该网损，产生逻辑矛盾。

2. 逆流跟踪法

对经过上述处理的网络，考察节点 i，根据流过功率等于总流出功率的条件，节点 i 的流过功率是

$$P_i = \sum_{j\in D_i} |P_{ji}| + \sum_{j\in D_i} P_{ij,\text{loss}} + P_{Li}, \quad i=1,2,\cdots,n \tag{10-74}$$

式中，D_i 是节点 i 的下游节点集合；P_{Li} 是节点 i 的负荷功率。上式可改写成

$$P_i - \sum_{j\in D_i}\left(\frac{|P_{ji}|}{P_j}\right)P_j = P_{Li} + P_{di,\text{loss}}, \quad i=1,2,\cdots,n \tag{10-75}$$

式中，$P_{di,\text{loss}} = \sum_{j\in D_i} P_{ij,\text{loss}}$ 是紧邻节点 i 的下游支路中的线损的合并值。将上式写成矩阵形式，即

$$\boldsymbol{A}_d\boldsymbol{P} = \boldsymbol{P}_L + \boldsymbol{P}_{d,\text{loss}} \tag{10-76}$$

其中 $\boldsymbol{P}_{d,\text{loss}}=[P_{d1,\text{loss}} \quad P_{d2,\text{loss}} \quad \cdots \quad P_{dn,\text{loss}}]^{\mathrm{T}}$，是节点下游网损矢量；$\boldsymbol{P}=[P_1 \quad P_2 \quad \cdots \quad P_n]^{\mathrm{T}}$ 是节点流过功率矢量；$\boldsymbol{P}_L$ 是节点负荷功率矢量；$\boldsymbol{A}_d\in\mathbf{R}^{n\times n}$ 是下游分布矩阵，其元素按下式计算：

$$[\boldsymbol{A}_d]_{ij} = \begin{cases} 1 & j=i \\ -|P_{ji}|/P_j & j\in D_i \quad i=1,2,\cdots,n \\ 0 & \text{其他} \end{cases} \tag{10-77}$$

式(10-76)就是逆流跟踪公式，它建立了节点流过功率与各节点负荷功率之间的关系。由于节点流过功率也是发电机功率与上游节点流入功率之和，可得逆流跟踪法的两个应用。

(1) 发电机功率对各负荷及网损的贡献。设网络中发电机母线 i 上的注入功

率为 P_{Gi}，由比例分配原则，该发电机对系统的功率贡献可以表示为

$$P_{Gi}=\frac{P_{Gi}}{P_i}P_i=\frac{P_{Gi}}{P_i}\boldsymbol{e}_i^{\mathrm{T}}\boldsymbol{P}=\frac{P_{Gi}}{P_i}\boldsymbol{e}_i^{\mathrm{T}}\mathbf{A}_d^{-1}(\boldsymbol{P}_L+\boldsymbol{P}_{d,\mathrm{loss}}) \tag{10-78}$$

式中，$\boldsymbol{e}_i\in\mathbf{R}^n$，是第 i 个分量为 1、其余分量为 0 的单位列矢量。于是节点 i 上的发电机对节点 k 上的负荷的贡献份额为

$$P_{Gi,Lk}=\frac{P_{Gi}P_{Lk}}{P_i}\boldsymbol{e}_i^{\mathrm{T}}\mathbf{A}_d^{-1}\boldsymbol{e}_k \tag{10-79}$$

该发电机应承担的网损为

$$P_{Gi,\mathrm{loss}}=\frac{P_{Gi}}{P_i}\boldsymbol{e}_i^{\mathrm{T}}\mathbf{A}_d^{-1}\boldsymbol{P}_{d,\mathrm{loss}} \tag{10-80}$$

(2) 线路流入功率对各负荷及网损的贡献。设线路 j-i 上的功率为从节点 j 流向节点 i，即 $|P_{ij}|$ 是线路 j-i 上流进节点 i 的功率，它对下游负荷及网损有贡献，可以分解为

$$|P_{ij}|=\frac{|P_{ij}|}{P_i}P_i=\frac{|P_{ij}|}{P_i}\boldsymbol{e}_i^{\mathrm{T}}\boldsymbol{P}=\frac{|P_{ij}|}{P_i}\boldsymbol{e}_i^{\mathrm{T}}\mathbf{A}_d^{-1}(\boldsymbol{P}_L+\boldsymbol{P}_{d,\mathrm{loss}}) \tag{10-81}$$

$|P_{ij}|$ 对节点 k 上的负荷的贡献份额为

$$|P_{ij,Lk}|=\frac{|P_{ij}|P_{Lk}}{P_i}\boldsymbol{e}_i^{\mathrm{T}}\mathbf{A}_d^{-1}\boldsymbol{e}_k \tag{10-82}$$

负荷功率是由上游发电机功率和上游线路流入功率分别贡献的，逆流跟踪法研究这两者对负荷功率的贡献分别是多少。

3. 顺流跟踪法

考察图 10.4 中的节点 j，根据流过功率等于总流进功率的条件，节点 j 的流过功率也可以写为

$$P_j=\sum_{i\in U_j}|P_{ji}|+P_{Gj}\quad j=1,2,\cdots,n \tag{10-83}$$

U_j 是节点 j 的上游节点集合，上式可改写成

$$P_j-\sum_{i\in U_j}\frac{|P_{ji}|}{P_i}P_i=P_{Gj}\quad j=1,2,\cdots,n \tag{10-84}$$

用矩阵形式表示，即

$$\mathbf{A}_u\boldsymbol{P}=\boldsymbol{P}_G \tag{10-85}$$

式中，$\boldsymbol{P}_G$ 为发电机功率矢量；$\mathbf{A}_u\in\mathbf{R}^{n\times n}$，是上游分布矩阵，其元素按下式计算：

$$[\mathbf{A}_u]_{ij}=\begin{cases}1 & i=j\\ -|P_{ji}|/P_i & i\in U_j\quad j=1,2,\cdots,n\\ 0 & \text{其他}\end{cases} \tag{10-86}$$

式(10-85)就是顺流跟踪公式，它建立了节点流过功率与发电机节点功率间的关系。由于节点流过功率也是负荷功率与流向下游节点功率之和，可得顺流跟踪

法的两个应用。

(1) 负荷从发电机汲取的功率。按比例分配原则，负荷母线 k 上的负荷 P_{Lk} 可以表示为各发电机的贡献份额之和，即

$$P_{Lk}=\frac{P_{Lk}}{P_k}P_k=\frac{P_{Lk}}{P_k}\boldsymbol{e}_k^{\mathrm{T}}\boldsymbol{P}=\frac{P_{Lk}}{P_k}\boldsymbol{e}_k^{\mathrm{T}}\boldsymbol{A}_u^{-1}\boldsymbol{P}_G \tag{10-87}$$

节点 k 上的负荷从节点 i 上的电源汲取的功率份额为

$$P_{Lk,Gi}=\frac{P_{Lk}P_{Gi}}{P_k}\boldsymbol{e}_k^{\mathrm{T}}\boldsymbol{A}_u^{-1}\boldsymbol{e}_i \tag{10-88}$$

(2) 线路从发电机汲取的功率。设线路 k-j 上的功率为从节点 k 流向节点 j，从电源角度看，$|P_{kj}|$汲取了来自上游电源的功率，按比例分配原则，有

$$|P_{kj}|=\frac{|P_{kj}|}{P_k}P_k=\frac{|P_{kj}|}{P_k}\boldsymbol{e}_k^{\mathrm{T}}\boldsymbol{P}=\frac{|P_{kj}|}{P_k}\boldsymbol{e}_k^{\mathrm{T}}\boldsymbol{A}_u^{-1}\boldsymbol{P}_G \tag{10-89}$$

其中节点 i 上的电源对$|P_{kj}|$的贡献为

$$|P_{kj,Gi}|=\frac{|P_{kj}|P_{Gi}}{P_k}\boldsymbol{e}_k^{\mathrm{T}}\boldsymbol{A}_u^{-1}\boldsymbol{e}_i \tag{10-90}$$

顺流跟踪法用于研究上游电源对于下游负荷和下游线路潮流功率所做的贡献。

4. $\boldsymbol{A}_u$ 和 $\boldsymbol{A}_d$ 的关系

显然，式(10-79)与式(10-88)相同，故有

$$\frac{[\boldsymbol{A}_u^{-1}]_{ki}}{[\boldsymbol{A}_d^{-1}]_{ik}}=\frac{P_k}{P_i}$$

进一步，根据 $\boldsymbol{A}_u$ 和 $\boldsymbol{A}_d$ 的定义，可得

$$[\boldsymbol{P}]\boldsymbol{A}_u^{\mathrm{T}}=\boldsymbol{A}_d[\boldsymbol{P}] \tag{10-91}$$

其中$[\boldsymbol{P}]=\mathrm{diag}[P_1,P_2,\cdots,P_n]$，因此 $\boldsymbol{A}_u$ 和 $\boldsymbol{A}_d$ 阵中只要确定其中一个即可。需要注意的是，这两个矩阵是无量纲的。

例 10.2　图 10.5 的四节点系统中，标出了每条线路的送端有功和受端有功，单位为 MW。节点①和节点②是发电机节点，净注入功率分别为 400 MW 和 114 MW。节点③和节点④是负荷节点，负荷功率分别为 200 MW 和 300 MW。试用潮流跟踪法计算发电机功率对负荷及网损的贡献。

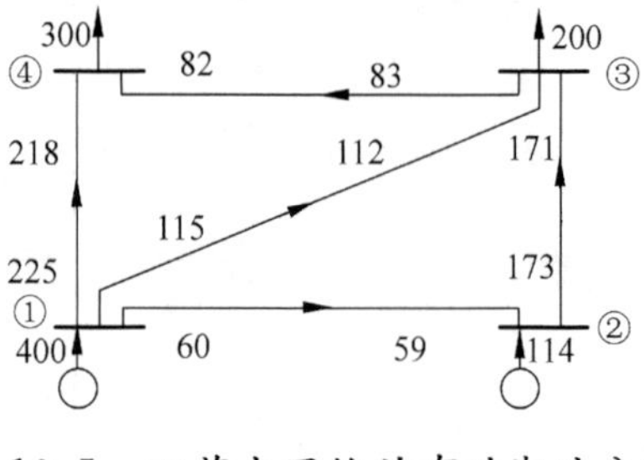

图 10.5　四节点网络的有功潮流分布

解 线路送端功率与受端功率之差即为线路的损耗，因此可得节点下游网损矢量

$$P_{d1,\text{loss}} = P_{1,2,\text{loss}} + P_{1,3,\text{loss}} + P_{1,4,\text{loss}} = 1 + 3 + 7 = 11$$

$$P_{d2,\text{loss}} = P_{2,3,\text{loss}} = 2,\quad P_{d3,\text{loss}} = P_{3,4,\text{loss}} = 1,\quad P_{d4,\text{loss}} = 0$$

$$\boldsymbol{P}_{d,\text{loss}} = [P_{d1,\text{loss}} \quad P_{d2,\text{loss}} \quad P_{d3,\text{loss}} \quad P_{d4,\text{loss}}]^{\mathrm{T}} = [11 \quad 2 \quad 1 \quad 0]^{\mathrm{T}}$$

节点的流过功率为

$$P_1 = P_{G1} = 400,\quad P_2 = P_{G2} + |P_{2,1}| = 173,$$

$$P_3 = |P_{3,1}| + |P_{3,2}| = 283,\quad P_4 = |P_{4,1}| + |P_{4,3}| = 300$$

分布矩阵 $\boldsymbol{A}_d$ 为

$$\boldsymbol{A}_d = \begin{bmatrix} 1 & \dfrac{P_{2,1}}{P_2} & \dfrac{P_{3,1}}{P_3} & \dfrac{P_{4,1}}{P_4} \\ 0 & 1 & \dfrac{P_{3,2}}{P_3} & 0 \\ 0 & 0 & 1 & \dfrac{P_{4,3}}{P_4} \\ 0 & 0 & 0 & 1 \end{bmatrix} = \begin{bmatrix} 1 & -\dfrac{59}{173} & -\dfrac{112}{283} & -\dfrac{218}{300} \\ 0 & 1 & -\dfrac{171}{283} & 0 \\ 0 & 0 & 1 & -\dfrac{82}{300} \\ 0 & 0 & 0 & 1 \end{bmatrix}$$

分布矩阵 $\boldsymbol{A}_u$ 为

$$\boldsymbol{A}_u = \begin{bmatrix} 1 & 0 & 0 & 0 \\ \dfrac{P_{2,1}}{P_1} & 1 & 0 & 0 \\ \dfrac{P_{3,1}}{P_1} & \dfrac{P_{3,2}}{P_2} & 1 & 0 \\ \dfrac{P_{4,1}}{P_1} & 0 & \dfrac{P_{4,3}}{P_3} & 1 \end{bmatrix} = \begin{bmatrix} 1 & 0 & 0 & 0 \\ -\dfrac{59}{400} & 1 & 0 & 0 \\ -\dfrac{112}{400} & -\dfrac{171}{173} & 1 & 0 \\ -\dfrac{218}{400} & 0 & -\dfrac{82}{283} & 1 \end{bmatrix}$$

可见在图 10.5 的节点编号情况下，矩阵 $\boldsymbol{A}_d$ 是一个单位上三角阵，其稀疏结构与导纳阵的上三角阵部分相同；而矩阵 $\boldsymbol{A}_u$ 是一个单位下三角阵，其稀疏结构与导纳阵的下三角阵部分相同。这种特殊的结构使得与 $\boldsymbol{A}_d^{-1}$ 有关的计算变成稀疏因子表的回代运算，与 $\boldsymbol{A}_u^{-1}$ 有关的计算变成稀疏因子表的前代运算，而不涉及矩阵求逆。可以验证

$$\boldsymbol{A}_d[\boldsymbol{P}] = [\boldsymbol{P}]\boldsymbol{A}_u^{\mathrm{T}} = \begin{bmatrix} P_1 & P_{2,1} & P_{3,1} & P_{4,1} \\ 0 & P_2 & P_{3,2} & 0 \\ 0 & 0 & P_3 & P_{4,3} \\ 0 & 0 & 0 & P_4 \end{bmatrix}$$

根据逆流跟踪法的式(10-79)和式(10-80)可以计算出发电机功率对负荷及网损的贡献，如表 10.1 所示。

表 10.1　逆流跟踪计算结果　MW

	P_{L3}	P_{L4}	P_{loss}	总和
P_{G1}	120.366	267.35	12.284	400
P_{G2}	79.634	32.65	1.716	114
总和	200	300	14	514

10.5.4　无环流网络的节点排序

在潮流跟踪过程中，需要反复求解以 $\boldsymbol{A}_u$ 和 $\boldsymbol{A}_d$ 为系数矩阵的方程组。由前面的算例可知，对于无环流的系统，当采用适当的节点编号后，$\boldsymbol{A}_u$ 和 $\boldsymbol{A}_d$ 具有特殊的稀疏结构，$\boldsymbol{A}_d$ 是一个单位上三角阵，$\boldsymbol{A}_u$ 是一个单位下三角阵，从而使有关方程求解的计算量大幅减少。

节点重新编号的总原则是：定义潮流流入节点的支路为进线；将进线数目为 0 的节点排在前面；每次对一个节点排序后，即将该节点及与之相连的支路消去，而后在余下的网络中重复以上过程。以图 10.5 中的网络为例。

开始时，只有节点①的进线数目是 0，故只能选纯源节点①排在第一个节点。消去节点①及相连线路(1-2)，(1-3)和(1-4)后，剩余的网络中只有节点②的进线数成为 0，故节点②排在第二个节点。消去节点②及与之相连的支路(2-3)后，节点③成为进线数为 0 的节点，故节点③排在第三个节点。消去节点③及与之相连的支路(3-4)后，节点④成为进线数为 0 的节点，将其排在最后。

以上排序与基于导纳阵的节点排序有两个重要区别：其一，基于导纳阵的排序中，没有区分进线数与出线数，是选关联支路数最少的节点排在前面。其二，基于导纳阵的排序中，消去一个节点后会在不相连的节点间产生非零注入元，而潮流跟踪排序中没有这个问题。例如，消去节点①后并没有在节点②与节点④间引入新的支路。容易验证，如果基于导纳阵排序，得到的消去顺序是②，④，①，③。这与潮流跟踪的排序结果是完全不同的。

如果剩余的网络中有多个进线为 0 的节点，可任选一个；如果没有进线为 0 的节点，说明网络中存在环流，以上编号过程无法完成，这时不能通过节点重新编号的方式将 $\boldsymbol{A}_d$ 写成单位上三角阵，$\boldsymbol{A}_u$ 也不能写成单位下三角阵，因此只能将 $\boldsymbol{A}_d$ 和 $\boldsymbol{A}_u$ 作为一般的稀疏阵处理。

以下给出无环流有向图中的节点排序算法[122]。

(1) 根据各条线路上的功率流向，建立辅助链表并统计各个节点的进线数。

(2) 令有向图中下一个待消去的节点的消去次序为 $i=1$。

(3) 从剩余的有向图中选择一个进线数最少的节点 k，如果其进线数不为零，说明所考虑的有向图是有环流的,转至第(4)步。若其进线数为零,转至第(5)步。

(4) 退出以查找产生环流的原因。

(5) 节点 k 即为消去次序为 i 的节点,从有向图中消去节点 k,并将其所有下游节点的进线数均减一,从而构成一新的有向图。令 $i=i+1$,若 $i=n$,结束;否则转第(3)步。

无环流有向图的节点排序特点是:在消去过程中,不会有新支路产生,对应于 $\boldsymbol{A}_u$ 和 $\boldsymbol{A}_d$ 矩阵不会产生非零注入元,这是与常规的网络消去过程的根本不同之处。排序后,$\boldsymbol{A}_u$ 是稀疏下三角阵,$\boldsymbol{A}_d$ 是稀疏上三角阵,直接具有稀疏因子表的形式,给计算带来极大的方便。

10.6 小结

根据电力系统中各种物理量的固有特性,可将组成潮流方程的物理量划分为网络的结构变量、元件参数、干扰变量、控制变量和依从变量五类。描述电力系统运行情况的方程可分为等式约束方程和不等式约束方程。在不同的应用场合,给定不同类的变量,并对不同的约束提出不同的要求,就可以得到不同的潮流模型。常规潮流是最基本的潮流,另外还有约束潮流、动态潮流、随机潮流、最优潮流和开断潮流等。它们在电网稳态分析中有十分广泛的应用。当然,各种类型的潮流之间既有区别,也有联系。例如研究发电机开断时的开断潮流,要考虑功率缺额在发电机中间的分配,实际上需要用动态潮流算法来解决。

本章对最优潮流的求解方法进行了深入的讨论,对各种最优潮流解法按处理约束的方法、按选取的修正变量的空间和变量修正的方向进行三维空间分类,并对简化梯度法和牛顿法的求解过程进行了讨论,最后介绍了实用性很强的有功、无功交叉逼近法最优潮流算法。最优潮流的难点在于不等式约束,尤其是函数不等式约束的处理,在迭代过程中如何正确区分起作用的不等式约束。其主要指标是计算结果的正确性、计算的快速性和收敛的可靠性。

为了满足在线分析的需要,开断潮流通常采用补偿法或因子表修正算法来计算。开断潮流还应考虑开断引起的功率不平衡以及开断引起的网络解列等。

潮流跟踪是电力市场环境下提出的新问题。对无环流的系统,经过适当的节点排序,使得顺流跟踪和逆流跟踪只涉及三角矩阵的计算,因此计算简洁、快速。另外,潮流跟踪计算不涉及基尔霍夫第二定律,和潮流计算不同,这一点要注意。

习 题

10.1 如题图 10.1 所示的两母线电力系统,假定 $V_2=1.0$,$V_1=1.05$,$x=1.0$,$P_{G1}=1.0$,$P_{D2}=1.0$,$P_{D1}=0.5$,计算这个系统的潮流。若两台机组的发电费

用函数是

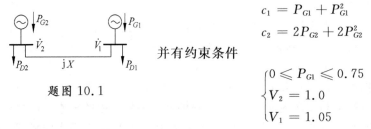

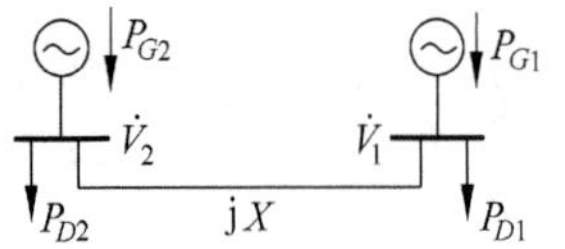

题图 10.1

$$c_1 = P_{G1} + P_{G1}^2$$
$$c_2 = 2P_{G2} + 2P_{G2}^2$$

并有约束条件

$$\begin{cases} 0 \leqslant P_{G1} \leqslant 0.75 \\ V_2 = 1.0 \\ V_1 = 1.05 \end{cases}$$

试求解最优的发电计划安排以及潮流结果。

10.2　对于习题 10.1，如果两台机组所带的无功负荷是不能接受的，调整 V_1 的值使这两台机组所带的负荷接近于彼此相等。形成下面优化问题

$$\min_{V_1} \frac{1}{2}(Q_{G2} - Q_{G1})^2$$

并满足潮流方程。求解这一优化问题，求出 V_1 的值。

10.3　试画出用快速分解法潮流计算程序并用补偿法计算支路开断潮流的程序框图。

10.4　试画出用快速分解法潮流计算程序并用因子表修正算法计算支路开断潮流的程序框图。

10.5　讨论开断非标准变比变压器支路、开断接地支路两种情况下，补偿法交流开断潮流中修正项的具体形式。

10.6　讨论当开断支路两端节点中有 PV 节点或 $V\theta$ 节点时，习题 10.3 中的补偿修正项的形式。

10.7　对习题 7.5，利用补偿法和直流潮流程序，计算支路(2,3)开断后的有功潮流分布。

10.8　对习题 8.3，利用快速分解法潮流计算程序和补偿法计算支路(2,3)开断后系统的潮流。

10.9　试画出用快速分解法潮流算法的动态潮流算法的程序框图。

10.10　对于例 10.1 的系统，列出采用交叉逼近法求解其最优潮流的迭代方程，并画出其计算流程。

10.11　电力市场环境下，如果市场规则要求由负荷承担网损，在潮流跟踪算法中，线路上的负荷应如何处理？试推导顺流跟踪和逆流跟踪的计算公式以及负荷承担的网损公式。

第 11 章　对称分量法和相序网络

按交流三相制运行的电力系统是由三相对称元件组成的，在正常运行条件下，系统中每个电源和负荷都是三相平衡的，每个元件都流过三相平衡电流，因此对整个系统可以按单相电路来研究。前几章介绍的潮流分析都是在这一假定条件下进行的。

实际的电力系统总是会遭受各种各样的扰动，使系统处于故障运行状态。当系统发生三相对称故障时，例如三相短路、三相短路接地、三相断线等故障时，可把对称故障看作一种对称电路并作为系统中的一个元件接入系统，则整个系统仍是由三相对称元件组成，各相电流仍是三相平衡的，仍可用单相电路模型来研究。

当系统发生三相不对称故障时，例如单相接地、两相相间短路等，不对称故障将使三相电流不平衡，这时电力网络元件上流过的三相电流是不平衡的，就不能简单地用单相电路来研究，而必须对整个三相系统作详细研究，使分析计算变得十分烦琐和复杂。在这种情况下，对称分量法可以使相关的分析计算变得简洁和清晰。

11.1　对称分量法

对称分量法的基本原理是，一组三相不平衡的电流和电压可以分解成三组三相平衡的电流和电压的叠加，分别称为正序、负序和零序电量。把每组平衡的电流和电压分别作用在由对称元件组成的电网上时，可以分别用单相电路来研究。最后再将各组的电流和电压的结果叠加，就可以得到全系统的三相不平衡电流和电压值。由此可见，对称分量法的便利性依赖于三相对称元件的单相表示。

11.1.1　三相对称元件的单相模型表示

电网的组成元件可以分为两类，即旋转电机元件（如发电机和电动机）及静止元件（如输电线和变压器等）。由于三相元件各相之间通常都有互感，例如旋转电机元件三相间互感循环对称，全换位输电线各相间互感完全对称，因此即使三相元件各相流过平衡的电流，各相的电流之间也会存在耦合。所以在用单相系统来表示原三相系统时，三相元件的单相表示实际上是一种计及了互感因素的等效，而不是简单地取出一相电路来表示三相系统。

以旋转电机元件为例，当电机的转子沿一固定方向旋转，定子三相绕组每两相之间的互感沿不同的方向有不同的数值，可用下式表示其三相电流和电压之间的关系：

$$\begin{bmatrix}\dot{V}_a\\\dot{V}_b\\\dot{V}_c\end{bmatrix}=\mathrm{j}\begin{bmatrix}x_s & x_m & x_n\\x_n & x_s & x_m\\x_m & x_n & x_s\end{bmatrix}\begin{bmatrix}\dot{I}_a\\\dot{I}_b\\\dot{I}_c\end{bmatrix}\tag{11-1}$$

式中，x_s 为自感抗；x_n 和 x_m 为互感抗。式(11-1)的系数矩阵是循环对称的(circular type symmetry)满阵。对于式(11-1)，一般情况下，x_n 和 x_m 不为零，三相电流和电压之间有耦合，不能用单相电路分析。当三相通以平衡的正序电流时，即当

$$\begin{bmatrix}\dot{I}_a\\\dot{I}_b\\\dot{I}_c\end{bmatrix}=\begin{bmatrix}\dot{I}_a^1\\\dot{I}_b^1\\\dot{I}_c^1\end{bmatrix}=\begin{bmatrix}1\\a^2\\a\end{bmatrix}\dot{I}_a^1$$

时，则有

$$\begin{bmatrix}\dot{V}_a^1\\\dot{V}_b^1\\\dot{V}_c^1\end{bmatrix}=\mathrm{j}\begin{bmatrix}x_s & x_m & x_n\\x_n & x_s & x_m\\x_m & x_n & x_s\end{bmatrix}\begin{bmatrix}1\\a^2\\a\end{bmatrix}\dot{I}_a^1=\mathrm{j}\begin{bmatrix}x_1\\a^2x_1\\ax_1\end{bmatrix}\dot{I}_a^1=\mathrm{j}\begin{bmatrix}x_1 & & \\ & x_1 & \\ & & x_1\end{bmatrix}\begin{bmatrix}\dot{I}_a^1\\\dot{I}_b^1\\\dot{I}_c^1\end{bmatrix}\tag{11-2}$$

式中，a 为复数算子，$a=\mathrm{e}^{\mathrm{j}120^\circ}=\angle 120^\circ$。电流和电压符号的上角标 1 表示正序，即 a,b,c 三相电量幅值相等，相位都相差 120°，超前顺序是 a,b,c。x_1 称为正序电抗，有

$$x_1=x_s+a^2x_m+ax_n$$

这是一个等值电抗，相间互感抗已包含其中。

式(11-2)表明，正序的三相电流和电压之间关系解耦，可以用单相电路来研究。这里解耦是指等值电路三相电流和电压之间的关系解耦，不是指三相间物理的电磁耦合消失。

对于输电线元件，式(11-1)中 $x_m=x_n$，式(11-2)仍成立，但每相电抗变成

$$x_1=x_s-x_m$$

当三相元件流过负序电流时，即

$$\begin{bmatrix}\dot{I}_a\\\dot{I}_b\\\dot{I}_c\end{bmatrix}=\begin{bmatrix}\dot{I}_a^2\\\dot{I}_b^2\\\dot{I}_c^2\end{bmatrix}=\begin{bmatrix}1\\a\\a^2\end{bmatrix}\dot{I}_a^2$$

则有

$$\begin{bmatrix}\dot{V}_a^2\\\dot{V}_b^2\\\dot{V}_c^2\end{bmatrix}=\mathrm{j}\begin{bmatrix}x_2&&\\&x_2&\\&&x_2\end{bmatrix}\begin{bmatrix}\dot{I}_a^2\\\dot{I}_b^2\\\dot{I}_c^2\end{bmatrix}\tag{11-3}$$

式中电流和电压符号的上角标 2 表示负序，和正序情况相同，只是相角超前顺序是 c,b,a。x_2 称为负序电抗，有

$$x_2=\begin{cases}x_s+ax_m+a^2x_n & \text{对循环对称矩阵的情况}\\x_s-x_m=x_1 & \text{对完全对称矩阵的情况}\end{cases}$$

当三相元件流过零序电流时，即当

$$\begin{bmatrix}\dot{I}_a\\\dot{I}_b\\\dot{I}_c\end{bmatrix}=\begin{bmatrix}\dot{I}_a^0\\\dot{I}_b^0\\\dot{I}_c^0\end{bmatrix}=\begin{bmatrix}1\\1\\1\end{bmatrix}\dot{I}_a^0$$

则有

$$\begin{bmatrix}\dot{V}_a^0\\\dot{V}_b^0\\\dot{V}_c^0\end{bmatrix}=\mathrm{j}\begin{bmatrix}x_0&&\\&x_0&\\&&x_0\end{bmatrix}\begin{bmatrix}\dot{I}_a^0\\\dot{I}_b^0\\\dot{I}_c^0\end{bmatrix}\tag{11-4}$$

式中，电量符号的上角标 0 表示零序，即 a,b,c 三相幅值相等且相位相同。x_0 称为零序电抗，有

$$x_0=\begin{cases}x_s+x_m+x_n & \text{对循环对称矩阵的情况}\\x_s+2x_m & \text{对完全对称矩阵的情况}\end{cases}$$

通常 $x_0>x_1$，$x_0>x_2$。以上分析表明，三相对称或循环对称元件中流过平衡的电流时，等值电路各相电流和电压之间关系解耦，不同相的电流和电压相互独立。元件对称，电流平衡，这是进行单相等值的基本条件。对于输电线支路，上述原理可用图 11.1～图 11.3 来说明，图中，电流 $\dot{I}$ 的上标 0,1,2 分别表示零序、正序和负序分量。

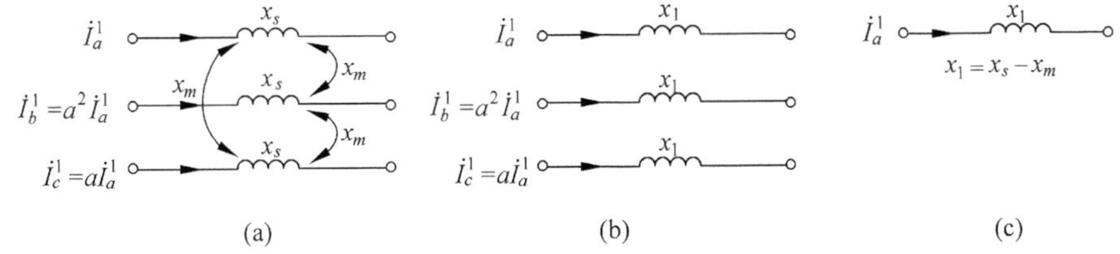

图 11.1 正序电流通过三相对称的有耦合元件时其等值电路各相电量解耦

(a) 正序电流流过三相对称的有耦合元件；(b) 等值电路三相电量解耦；(c) 单相等值电路

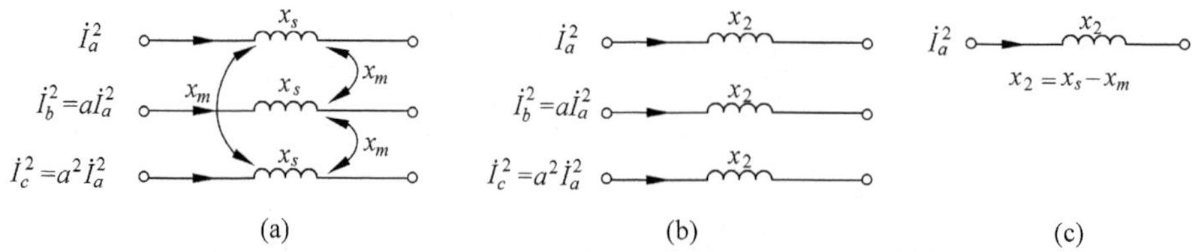

图 11.2 负序电流通过三相对称的有耦合元件时其等值电路各相电量解耦

(a) 负序电流流过三相对称的有耦合元件；(b) 等值电路三相电量解耦；(c) 单相等值电路

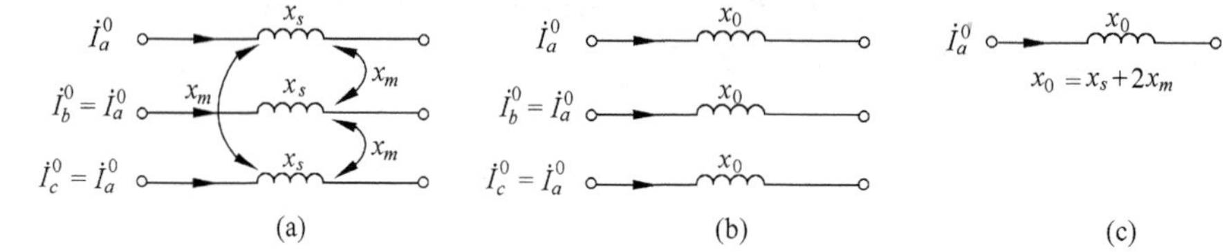

图 11.3 零序电流通过三相对称的有耦合元件时其等值电路各相电量解耦

(a) 零序电流流过三相对称的有耦合元件；(b) 等值电路三相电量解耦；(c) 单相等值电路

11.1.2 故障系统分析的对称分量法

当系统发生三相不对称故障时，元件上流过的三相电流是不平衡的，前述单相等值的条件不满足，需要采用特殊的处理方法。这时可以将处于不对称运行的电网分为两部分，一部分是由故障元件组成的相对简单的不对称故障电路，另一部分是由原网络中对称元件组成的大规模对称电网。有两种办法求解这类不对称故障问题。

第一种方法采用相分量分析，将整个系统用三相电路模型来描述。这时，每个元件上的电流和电压都有 a,b,c 三相分量，每个元件的阻抗参数都用 3×3 阶矩阵描述。由于三相电流不平衡，其等值电路的三相电流电压之间的关系不能解耦，分析起来十分复杂。

第二种方法采用对称分量法分析，这一方法将不平衡的电流分解成三序平衡的电流，而由 11.1.1 小节的分析知，每序平衡电流流过由三相对称元件组成的电力网络时，其等值电路相间电量的关系是解耦的，可用单相电路模型描述。其主要优点是可以将故障系统中由对称元件组成的维数高的那部分电力网络方程解耦，简化计算过程，最后将序分量分析的结果合成即得三相不平衡的电流和电压，这是电力系统故障分析中最常采用的对称分量法。

对称分量法是一种线性变换法。令一个三相交流电路的三相电流为 $\dot{\boldsymbol I}^{a,b,c}=[\dot I_a \quad \dot I_b \quad \dot I_c]^{\mathrm T}$，可以将其分解为三组三相对称的电流，分别称为零序、正序和负序电流，其 a 相电流分别用 $\dot I_a^0$、$\dot I_a^1$ 和 $\dot I_a^2$ 表示。把三组电流中的 a 相电流放在一起写成

矢量 $\dot{\boldsymbol{I}}^{0,1,2}=[\dot{I}_a^0 \quad \dot{I}_a^1 \quad \dot{I}_a^2]^{\mathrm{T}}$,对应的坐标系称为 0,1,2 坐标。$\dot{\boldsymbol{I}}^{a,b,c}$ 和 $\dot{\boldsymbol{I}}^{0,1,2}$ 之间有下面线性关系:

$$\dot{\boldsymbol{I}}^{a,b,c}=\boldsymbol{S}\dot{\boldsymbol{I}}^{0,1,2} \tag{11-5}$$

式中,$\boldsymbol{S}$ 为对称分量变换矩阵,

$$\boldsymbol{S}=\begin{bmatrix}1 & 1 & 1\\ 1 & a^2 & a\\ 1 & a & a^2\end{bmatrix} \tag{11-6a}$$

该矩阵的逆矩阵为

$$\boldsymbol{S}^{-1}=\frac{1}{3}\begin{bmatrix}1 & 1 & 1\\ 1 & a & a^2\\ 1 & a^2 & a\end{bmatrix} \tag{11-6b}$$

对于电压矢量,也有类似的变换关系:

$$\dot{\boldsymbol{V}}^{a,b,c}=\boldsymbol{S}\dot{\boldsymbol{V}}^{0,1,2} \tag{11-7}$$

用相分量描述的三相电路的电路方程是

$$\dot{\boldsymbol{V}}^{a,b,c}=\boldsymbol{Z}^{a,b,c}\dot{\boldsymbol{I}}^{a,b,c} \tag{11-8}$$

式中,$\boldsymbol{Z}^{a,b,c}$ 是形如式(11-1)所示的 3×3 阶矩阵。将式(11-5)和式(11-7)的变换式代入,得序分量的电流电压关系为

$$\dot{\boldsymbol{V}}^{0,1,2}=\boldsymbol{Z}^{0,1,2}\dot{\boldsymbol{I}}^{0,1,2} \tag{11-9}$$

式中

$$\boldsymbol{Z}^{0,1,2}=\boldsymbol{S}^{-1}\boldsymbol{Z}^{a,b,c}\boldsymbol{S} \tag{11-10}$$

也有逆变换关系

$$\boldsymbol{Z}^{a,b,c}=\boldsymbol{S}\boldsymbol{Z}^{0,1,2}\boldsymbol{S}^{-1} \tag{11-11}$$

1. 元件参数对称情况

当元件相分量阻抗矩阵具有循环对称性质,即

$$\boldsymbol{Z}^{a,b,c}=\begin{bmatrix}Z_s & Z_m & Z_n\\ Z_n & Z_s & Z_m\\ Z_m & Z_n & Z_s\end{bmatrix} \tag{11-12}$$

经式(11-10)对称分量变换有

$$\boldsymbol{Z}^{0,1,2}=\begin{bmatrix}Z_0 & & \\ & Z_1 & \\ & & Z_2\end{bmatrix} \tag{11-13}$$

式中

$$\begin{cases} Z_0 = Z_s + Z_m + Z_n \\ Z_1 = Z_s + a^2 Z_m + a Z_n \\ Z_2 = Z_s + a Z_m + a^2 Z_n \end{cases} \tag{11-14}$$

当元件相分量阻抗矩阵完全对称，例如对于全换位的输电线支路有 $Z_m = Z_n$，此时有

$$\begin{cases} Z_0 = Z_s + 2Z_m \\ Z_1 = Z_2 = Z_s - Z_m \end{cases} \tag{11-15}$$

对于 $Z_s = Z_m = Z_n = Z_g$ 这一极特殊的情况，此时只有零序阻抗，即

$$\boldsymbol{Z}^{0,1,2} = \begin{bmatrix} 3Z_g & & \\ & 0 & \\ & & 0 \end{bmatrix} \tag{11-16}$$

对于电力系统中的元件，$\boldsymbol{Z}^{a,b,c}$ 是具有某种对称性质的满矩阵，经对称分量变换后，$\boldsymbol{Z}^{0,1,2}$ 将成为对角线矩阵，这意味着三序电量之间解耦。这里解耦有两方面的含义：其一是任意一组序分量的三相电量平衡，等值电路中三相电量之间解耦，可取其中一相来研究，例如取 a 相，如图 11.1～图 11.3 所示。其二是三组序分量中的同相分量也解耦，如正序 a 相、负序 a 相和零序 a 相间电量解耦。这说明，各序等值电路相互独立，如图 11.4 所示。

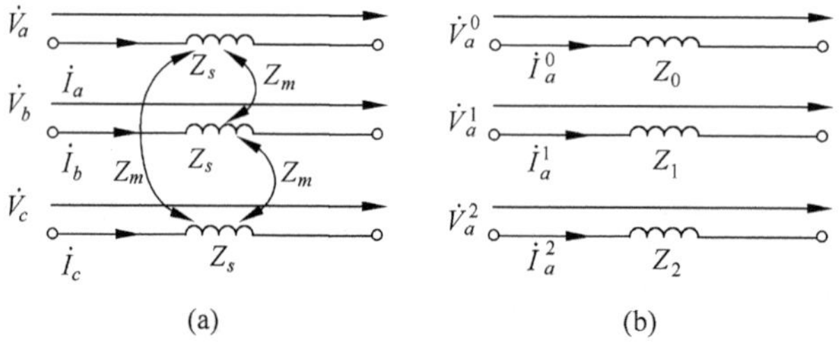

图 11.4　相分量和序分量电路模型

(a) 相分量模型；(b) 序分量模型

2. 元件参数不对称情况

以上性质只对由三相参数对称元件组成的电路有效。

当三相元件参数不对称时，尽管它们之间无耦合，用序分量分析时，序分量电量之间也将是有耦合的。例如，相分量阻抗矩阵是

$$\boldsymbol{Z}^{a,b,c} = \begin{bmatrix} Z_a & & \\ & Z_b & \\ & & Z_c \end{bmatrix} \tag{11-17}$$

如果 Z_a，Z_b 和 Z_c 彼此不等，经式(11-10)的对称分量变换后有

$$\boldsymbol{Z}^{0,1,2}=\begin{bmatrix} Z_s & Z_m & Z_n \\ Z_n & Z_s & Z_m \\ Z_m & Z_n & Z_s \end{bmatrix} \tag{11-18}$$

这是一个满矩阵,说明三个相序电量之间有耦合。其中

$$\begin{cases} Z_s=\dfrac{1}{3}(Z_a+Z_b+Z_c) \\ Z_m=\dfrac{1}{3}(Z_a+a^2Z_b+aZ_c) \\ Z_n=\dfrac{1}{3}(Z_a+aZ_b+a^2Z_c) \end{cases} \tag{11-19}$$

这说明对三相元件阻抗不相等的电路,用对称分量法分析反而更为复杂。

11.1.3 相分量法和对称分量法的比较

发生故障的电力系统可以故障点为端口分成两部分:一部分是电网,这部分网络结构复杂,但其组成元件的阻抗矩阵都具有某种对称性质,可用对称分量法将这部分网络的各序网解耦。另一部分是故障电路,这部分电路可能是三相阻抗不对称的,经对称分量变换后三序电量之间将产生耦合。

下面以图 11.5 为例来示意地说明如何用相分量和用对称分量分析不对称故障。图 11.5 示出的是除了相间短路的横向故障以外的故障情况。以故障点为端口,虚线左边是用戴维南等值电路表示的电力系统模型,虚线右边是故障电路模型。

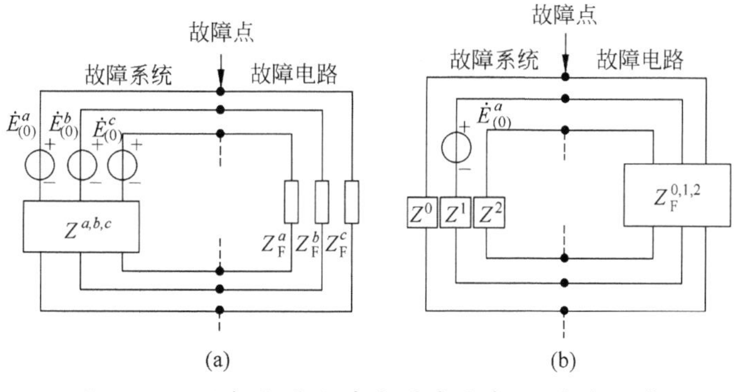

图 11.5 用相分量和序分量来分析不对称故障

(a) 相分量模型;(b) 序分量模型

图 11.5(a)是相分量模型。采用相分量分析方法时,由于故障点右侧的故障电路阻抗是三相不对称的,故障点左侧的电力系统中各元件上的电流将是三相不平衡的,因此故障点左侧电网复杂电路中各元件相间电量有耦合,三相电流和电压不能解耦,但故障点右侧的故障电路相间电量无耦合。

图 11.5(b)是序分量模型。采用序分量分析方法时，故障点左侧复杂电网在三相平衡序电量的作用下每序中的各相间的电量关系解耦，三序 a 相电量之间的关系也解耦，各序电量之间相互独立；而故障点右侧故障电路各序电量之间有耦合。

由于故障电路规模甚小，显然用图 11.5(b)的序分量分析要比用图 11.5(a)的相分量分析容易。这就是为什么要采用对称分量法来分析不对称故障的原因。

注意，在图 11.5(b)中，电力系统网络是有源的，由于发电机只发出正序电动势，所以负序网和零序网是无源网。负序网中的负序电流和零序网中的零序电流是由于故障电路三序电量之间有耦合，和正序网构成回路，由正序电源驱动产生的。

11.2 电力系统元件的序参数和序网

对称分量法的优越性主要在于对由对称元件组成的那部分规模较大的对称电网可以解耦地分析，其中的重要一环是建立对称电网的正序、负序和零序的相序网络。本节介绍相序网络中的元件模型。

11.2.1 同步发电机和负荷的序参数

1. 同步发电机的序参数

同步发电机是一个有源元件。由于三相绕组上的感应电动势是三相对称的正序电动势，没有负序和零序电动势，所以和负序、零序有关的等值电路是无源的。用对称分量变换来说明即是

$$\dot{\boldsymbol{E}}_{(0)}^{0,1,2}=\begin{bmatrix}\dot{E}_{a(0)}^{0}\\ \dot{E}_{a(0)}^{1}\\ \dot{E}_{a(0)}^{2}\end{bmatrix}=\boldsymbol{S}^{-1}\dot{\boldsymbol{E}}_{(0)}^{a,b,c}=\boldsymbol{S}^{-1}\begin{bmatrix}1\\ a^{2}\\ a\end{bmatrix}\dot{E}_{(0)}^{a}=\begin{bmatrix}0\\ \dot{E}_{(0)}^{a}\\ 0\end{bmatrix}\tag{11-20}$$

式中，$\boldsymbol{E}_{(0)}^{0,1,2}$ 为三序 a 相电动势，由式(11-20)可见，它只有正序分量；$\dot{\boldsymbol{E}}_{(0)}^{a,b,c}$ 为三相感应电动势列矢量，具有三相平衡的性质。

发电机正序电抗在稳态时用 x_d，x_q，暂态时用 x_d'，x_q''，x_d''。负序电抗是当发电机定子加负序电流时，发电机定子负序端电压与负序电流基频分量之比。由于负序电流产生的旋转磁场与转子转向相反，这个磁场不断被转子绕组所切割，而转子绕组是闭合绕组，这种情况相当于副边短路的变压器等值电路。由于转子不对称，负序电抗的值将介于 x_d' 和 x_q 之间(无阻尼绕组)或者 x_d'' 和 x_q'' 之间(有阻尼绕组)。

零序电流流过发电机三相绕组时，由于三相电流同相位，定子三相绕组在空间对称排放，彼此相差 120°，零序电流产生的合成磁场为零。零序电抗由定子绕组

漏磁通走过的磁路决定，发电机零序电抗 x_0 就是这种条件下的漏电抗，$x_0 < x''_d$。

当 Y 接法的发电机的 Y 侧中性点不接地时，发电机零序电流没有通路，其等值电路可视为开路。

发电机序参数等值电路如图 11.6 所示。故障计算中，发电机的正序等值电路常采用图 11.6(d)所示的电流源模型，电流源的电流是 $\dot{I}^a_{(0)} = \dot{E}^a_{(0)}/\mathrm{j}x_1$，和图 11.6(a)所示的电压源模型相比，这种处理方法可以减少节点数。

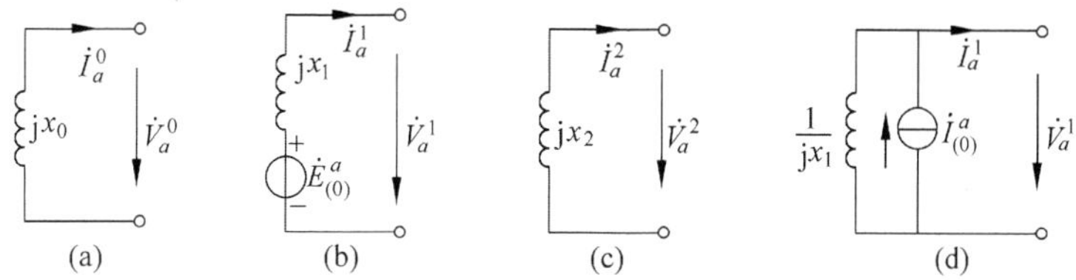

图 11.6　发电机的序参数等值电路

(a) 零序；(b) 正序；(c) 负序；(d) 正序电路的电流源模型

2. 负荷的序参数

电力系统中的负荷都是用有功功率和无功功率的形式给出的。在故障计算中，除了大的电动机负荷要采用等值电源模拟，一般负荷都用恒定阻抗模拟，该阻抗值是

$$Z_D = \frac{V_D^2}{P_D - \mathrm{j}Q_D}$$

式中，V_D 为负荷节点的电压；$P_D - \mathrm{j}Q_D$ 为该节点负荷的视在功率的共轭，流出节点为正。

11.2.2　输电线元件的序参数

输电线有单回和双回之分，下面分别讨论。

1. 单回输电线的序参数

三相单回输电线元件的串联阻抗部分的相分量方程是

$$\begin{bmatrix} \Delta\dot{V}_a \\ \Delta\dot{V}_b \\ \Delta\dot{V}_c \end{bmatrix} = \begin{bmatrix} Z_{aa} & Z_{ab} & Z_{ac} \\ Z_{ba} & Z_{bb} & Z_{bc} \\ Z_{ca} & Z_{cb} & Z_{cc} \end{bmatrix} \begin{bmatrix} \dot{I}_a \\ \dot{I}_b \\ \dot{I}_c \end{bmatrix} \tag{11-21}$$

式中，$\Delta\dot{V}$ 表示输电线两端节点之间的电位差。可见，各相电量之间是有耦合的。对全换位输电线，式(11-21)中阻抗矩阵各对角元素相等(即 $Z_{aa} = Z_{bb} = Z_{cc} = Z_s$)，各非对角元素也相等(即 $Z_{ab} = Z_{ba} = Z_{ac} = Z_{ca} = Z_{bc} = Z_{cb} = Z_m$)，是完全对称的矩阵，通过式(11-9)及式(11-10)的对称分量变换，有变换后的电路方程

$$\begin{bmatrix} \Delta\dot{V}_a^0 \\ \Delta\dot{V}_a^1 \\ \Delta\dot{V}_a^2 \end{bmatrix} = \begin{bmatrix} Z_0 & & \\ & Z_1 & \\ & & Z_2 \end{bmatrix} \begin{bmatrix} \dot{I}_a^0 \\ \dot{I}_a^1 \\ \dot{I}_a^2 \end{bmatrix} \tag{11-22}$$

式中，$Z_0=Z_s+2Z_m$，$Z_1=Z_2=Z_s-Z_m$。上式说明单回输电线三序电量解耦。

2. 双回输电线的序参数

对架设在同一走廊的双回输电线，图 11.7 给出了示意图。

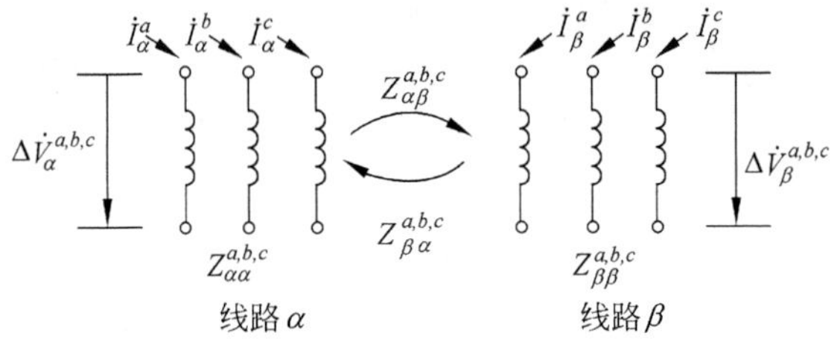

图 11.7　架设在同一输电走廊双回输电线的相分量模型

其相分量电路方程是

$$\begin{bmatrix} \Delta\dot{V}_\alpha^a \\ \Delta\dot{V}_\alpha^b \\ \Delta\dot{V}_\alpha^c \\ \Delta\dot{V}_\beta^a \\ \Delta\dot{V}_\beta^b \\ \Delta\dot{V}_\beta^c \end{bmatrix} = \left[\begin{array}{ccc:ccc} Z_{\alpha\alpha}^{aa} & Z_{\alpha\alpha}^{ab} & Z_{\alpha\alpha}^{ac} & Z_{\alpha\beta}^{aa} & Z_{\alpha\beta}^{ab} & Z_{\alpha\beta}^{ac} \\ Z_{\alpha\alpha}^{ba} & Z_{\alpha\alpha}^{bb} & Z_{\alpha\alpha}^{bc} & Z_{\alpha\beta}^{ba} & Z_{\alpha\beta}^{bb} & Z_{\alpha\beta}^{bc} \\ Z_{\alpha\alpha}^{ca} & Z_{\alpha\alpha}^{cb} & Z_{\alpha\alpha}^{cc} & Z_{\alpha\beta}^{ca} & Z_{\alpha\beta}^{cb} & Z_{\alpha\beta}^{cc} \\ \hdashline Z_{\beta\alpha}^{aa} & Z_{\beta\alpha}^{ab} & Z_{\beta\alpha}^{ac} & Z_{\beta\beta}^{aa} & Z_{\beta\beta}^{ab} & Z_{\beta\beta}^{ac} \\ Z_{\beta\alpha}^{ba} & Z_{\beta\alpha}^{bb} & Z_{\beta\alpha}^{bc} & Z_{\beta\beta}^{ba} & Z_{\beta\beta}^{bb} & Z_{\beta\beta}^{bc} \\ Z_{\beta\alpha}^{ca} & Z_{\beta\alpha}^{cb} & Z_{\beta\alpha}^{cc} & Z_{\beta\beta}^{ca} & Z_{\beta\beta}^{cb} & Z_{\beta\beta}^{cc} \end{array}\right] \begin{bmatrix} \dot{I}_\alpha^a \\ \dot{I}_\alpha^b \\ \dot{I}_\alpha^c \\ \dot{I}_\beta^a \\ \dot{I}_\beta^b \\ \dot{I}_\beta^c \end{bmatrix} \tag{11-23}$$

或简记为

$$\begin{bmatrix} \Delta\dot{\boldsymbol{V}}_\alpha^{a,b,c} \\ \Delta\dot{\boldsymbol{V}}_\beta^{a,b,c} \end{bmatrix} = \begin{bmatrix} \boldsymbol{Z}_{\alpha\alpha}^{a,b,c} & \boldsymbol{Z}_{\alpha\beta}^{a,b,c} \\ \boldsymbol{Z}_{\beta\alpha}^{a,b,c} & \boldsymbol{Z}_{\beta\beta}^{a,b,c} \end{bmatrix} \begin{bmatrix} \dot{\boldsymbol{I}}_\alpha^{a,b,c} \\ \dot{\boldsymbol{I}}_\beta^{a,b,c} \end{bmatrix}$$

矩阵的对角块 $\boldsymbol{Z}_{\alpha\alpha}^{a,b,c}$ 和 $\boldsymbol{Z}_{\beta\beta}^{a,b,c}$，每块都和单回输电线的情形相同，可用对称分量变换将其对角化，如式(11-22)所示。考察非对角块 $Z_{\alpha\beta}^{a,b,c}$ 和 $Z_{\beta\alpha}^{a,b,c}$，由于两回线之间的距离较之每回线内部各相之间的距离为远，加之输电线相间换位，故非对角块中各元素近似相等，即

$$Z_{\alpha\beta}^{i,j} = Z_{\beta\alpha}^{i,j} = Z_{\alpha\beta}^{m} \quad i,j \in a,b,c$$

上标 m 表示互感。参考式(11-16)，式(11-23)经过式(11-10)的对称分量变换可得双回输电线的序分量模型如下：

$$\begin{bmatrix} \Delta\dot{V}_\alpha^0 \\ \Delta\dot{V}_\alpha^1 \\ \Delta\dot{V}_\alpha^2 \\ \Delta\dot{V}_\beta^0 \\ \Delta\dot{V}_\beta^1 \\ \Delta\dot{V}_\beta^2 \end{bmatrix} = \left[\begin{array}{ccc:ccc} Z_{\alpha\alpha}^0 & & & Z_{\alpha\beta}^0 & & \\ & Z_{\alpha\alpha}^1 & & & & \\ & & Z_{\alpha\alpha}^2 & & & \\ \hdashline Z_{\alpha\beta}^0 & & & Z_{\beta\beta}^0 & & \\ & & & & Z_{\beta\beta}^1 & \\ & & & & & Z_{\beta\beta}^2 \end{array}\right] \begin{bmatrix} \dot{I}_\alpha^0 \\ \dot{I}_\alpha^1 \\ \dot{I}_\alpha^2 \\ \dot{I}_\beta^0 \\ \dot{I}_\beta^1 \\ \dot{I}_\beta^2 \end{bmatrix} \tag{11-24}$$

其中，$Z_{\alpha\beta}^0=3Z_{\alpha\beta}^m$，为双回线之间的零序互感抗。可见双回线之间只有零序分量才有互感，正序和负序之间无互感。式(11-24)说明双回输电线的三序电量之间也是解耦的。

架设在同一输电走廊的双回输电线的对称分量等值电路和相应的输电线支路电量约束方程可用下式及图 11.8 表示。

$$\begin{bmatrix} \Delta\dot{V}_\alpha^0 \\ \Delta\dot{V}_\beta^0 \end{bmatrix} = \begin{bmatrix} Z_{\alpha\alpha}^0 & Z_{\alpha\beta}^0 \\ Z_{\alpha\beta}^0 & Z_{\beta\beta}^0 \end{bmatrix} \begin{bmatrix} \dot{I}_\alpha^0 \\ \dot{I}_\beta^0 \end{bmatrix} \qquad \begin{bmatrix} \Delta\dot{V}_\alpha^1 \\ \Delta\dot{V}_\beta^1 \end{bmatrix} = \begin{bmatrix} Z_{\alpha\alpha}^1 & \\ & Z_{\beta\beta}^1 \end{bmatrix} \begin{bmatrix} \dot{I}_\alpha^1 \\ \dot{I}_\beta^1 \end{bmatrix}$$

$$\begin{bmatrix} \Delta\dot{V}_\alpha^2 \\ \Delta\dot{V}_\beta^2 \end{bmatrix} = \begin{bmatrix} Z_{\alpha\alpha}^2 & \\ & Z_{\beta\beta}^2 \end{bmatrix} \begin{bmatrix} \dot{I}_\alpha^2 \\ \dot{I}_\beta^2 \end{bmatrix}$$

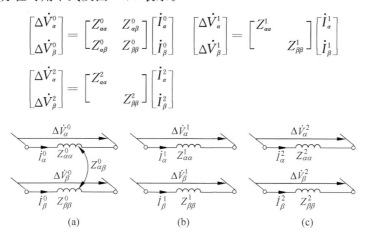

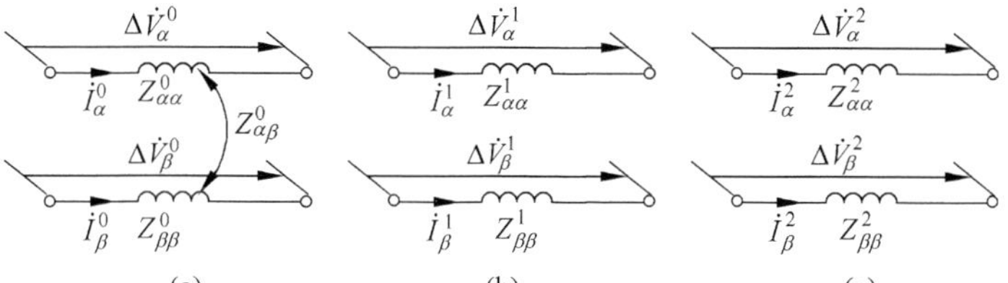

图 11.8 架设在同一走廊的双回输电线序分量模型

(a) 零序；(b) 正序；(c) 负序

11.2.3 变压器元件的序参数

三相变压器元件的序参数很复杂，它不但与三相绕组的不同接法(Y 或 Δ)有关，还与变压器的铁心结构(三柱、五柱)以及三相变压器的构成(单相或三相)有关。下面以三相双绕组三柱式变压器为例分析它的序参数，其他型式的变压器序参数可参考相关文献。

1. 三相双绕组变压器序参数模型的一般形式

三相双绕组三柱式变压器，每相原、副边绕组在同一铁心上，不同的相绕组在不同铁心上，如图 11.9 所示。通过对绕组之间阻抗关系求逆，可以写出原、副边各相绕组用相分量表示的电流和电压之间关系的支路方程如下：

$$\begin{bmatrix}\dot{I}_1\\ \dot{I}_2\\ \dot{I}_3\\ \dot{I}_4\\ \dot{I}_5\\ \dot{I}_6\end{bmatrix}=\left[\begin{array}{ccc|ccc} y_p & y'_m & y'_m & -y_m & y''_m & y''_m \\ y'_m & y_p & y'_m & y''_m & -y_m & y''_m \\ y'_m & y'_m & y_p & y''_m & y''_m & -y_m \\ \hline -y_m & y''_m & y''_m & y_s & y'''_m & y'''_m \\ y''_m & -y_m & y''_m & y'''_m & y_s & y'''_m \\ y''_m & y''_m & -y_m & y'''_m & y'''_m & y_s \end{array}\right]\begin{bmatrix}\dot{V}_1\\ \dot{V}_2\\ \dot{V}_3\\ \dot{V}_4\\ \dot{V}_5\\ \dot{V}_6\end{bmatrix} \tag{11-25}$$

式中，y_p，y_s 分别为原、副边本身同相绕组的自感导纳；$-y_m$ 为原、副边之间同相绕组之间的互感导纳；互感阻抗为正，所以互感导纳为负；y'_m 为原边不同相绕相之间的互感导纳；y''_m 为原、副边之间不同相绕组之间的互感导纳；y'''_m 为副边绕组中不同相绕组之间的互感导纳。

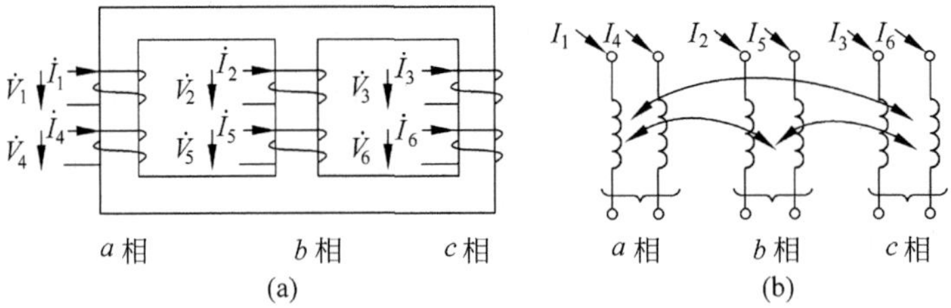

图 11.9　三相双绕组变压器模型

(a) 三相双绕组变压器的结构；(b) 各相绕组模型

式(11-25)的变压器支路模型的电流方程(元件特性约束)简记如下：

$$\dot{\boldsymbol{I}}_{Br}=\boldsymbol{Y}_{Br}\dot{\boldsymbol{V}}_{Br}$$

根据变压器的接线方式拓扑约束还可以建立支路电压 $\dot{\boldsymbol{V}}_{Br}$ 和节点电压 $\dot{\boldsymbol{V}}$ 之间的关系

$$\dot{\boldsymbol{V}}_{Br}=\boldsymbol{C}\dot{\boldsymbol{V}}$$

式中，$\boldsymbol{C}$ 为支路-节点关联矩阵。节点电流 $\dot{\boldsymbol{I}}$ 和支路电流 $\dot{\boldsymbol{I}}_{Br}$ 之间的(网络拓扑约束)关系为

$$\dot{\boldsymbol{I}}=\boldsymbol{C}^{T}\dot{\boldsymbol{I}}_{Br}$$

将这些关系代入式(11-25)后有变压器支路的节点方程

$$\dot{\boldsymbol{I}}=\boldsymbol{Y}\dot{\boldsymbol{V}} \tag{11-26}$$

式中

$$\boldsymbol{Y}=\boldsymbol{C}^{T}\boldsymbol{Y}_{Br}\boldsymbol{C} \tag{11-26a}$$

是节点导纳矩阵。

式(11-26)是相分量形式的方程

$$\dot{\boldsymbol{I}}^{a,b,c}=\boldsymbol{Y}^{a,b,c}\dot{\boldsymbol{V}}^{a,b,c} \tag{11-27}$$

也可写出序分量形式的方程

$$\dot{\boldsymbol{I}}^{0,1,2}=\boldsymbol{Y}^{0,1,2}\dot{\boldsymbol{V}}^{0,1,2} \tag{11-28}$$

式中

$$\boldsymbol{Y}^{0,1,2}=\boldsymbol{S}^{-1}\boldsymbol{Y}^{a,b,c}\boldsymbol{S}$$

应注意,支路-节点关联矩阵与变压器绕组的接线方式有关。

2. Y_0/Y_0 接法的三相双绕组变压器的序参数模型

对于图 11.10 所示的 Y_0/Y_0 接法的变压器,关联矩阵 $\boldsymbol{C}$ 是单位矩阵,所以式(11-26)中 $\boldsymbol{Y}=\boldsymbol{Y}_{\mathrm{Br}}$。

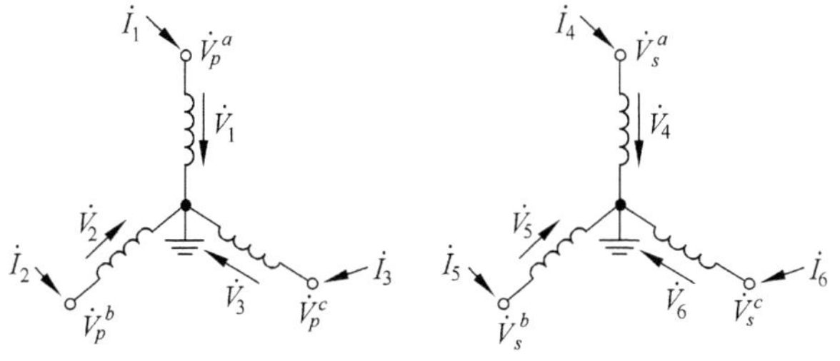

(a) (b)

图 11.10 Y_0/Y_0 接法的变压器支路

对式(11-25)系数矩阵的四个子矩阵分别进行对称分量变换,结果是

$$\boldsymbol{Y}^{0,1,2}=\left[\begin{array}{ccc|ccc} y_p+2y_m' & & & -y_m+2y_m'' & & \\ & y_p-y_m' & & & -y_m-y_m'' & \\ & & y_p-y_m' & & & -y_m-y_m'' \\ \hline -y_m+2y_m'' & & & y_s+2y_m''' & & \\ & -y_m-y_m'' & & & y_s-y_m''' & \\ & & -y_m-y_m'' & & & y_s-y_m''' \end{array}\right]$$

这可以用图 11.11 所示的三序等值电路表示。

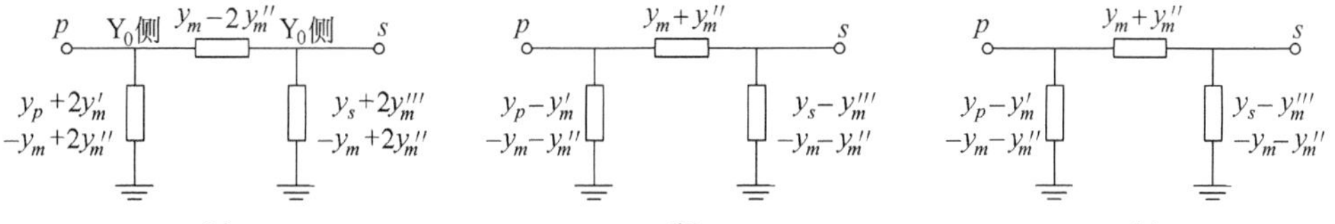

(a) (b) (c)

图 11.11 Y_0/Y_0 接法变压器等值电路

(a) 零序; (b) 正序; (c) 负序

在近似计算的场合，不同相各绕组之间的互感导纳 y'_m, y''_m, y'''_m 可忽略；另外，y_p, y_s, y_m 近似相等，在这种假设条件下，$\boldsymbol{Y}^{0,1,2}$ 为

$$\boldsymbol{Y}^{0,1,2}=\left[\begin{array}{ccc|ccc} y & & & -y & & \\ & y & & & -y & \\ & & y & & & -y \\ \hline -y & & & y & & \\ & -y & & & y & \\ & & -y & & & y \end{array}\right]$$

或按 0,1,2 序分别写成

$$\boldsymbol{Y}^0=\begin{bmatrix} y & -y \\ -y & y \end{bmatrix},\quad \boldsymbol{Y}^1=\begin{bmatrix} y & -y \\ -y & y \end{bmatrix},\quad \boldsymbol{Y}^2=\begin{bmatrix} y & -y \\ -y & y \end{bmatrix}$$

可见各序等值电路的接地支路不存在，简化成只有互感导纳 y，用一条导纳是 y 的串联支路表示。

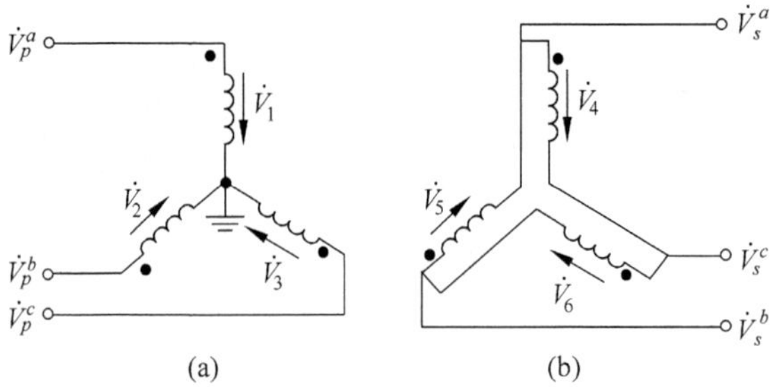

图 11.12　Y_0/Δ 接法变压器支路电压和节点电压之间的关系

3. Y_0/Δ 接法的三相双绕组变压器序参数模型的一般形式

对于如图 11.12 所示的 Y_0/Δ 接法，其支路和节点电压的关联关系是

$$\dot{\boldsymbol{V}}_{\mathrm{Br}}=\begin{bmatrix}\dot V_1\\ \dot V_2\\ \dot V_3\\ \dot V_4\\ \dot V_5\\ \dot V_6\end{bmatrix}=\begin{bmatrix} 1 & 0 & 0 & & & \\ 0 & 1 & 0 & & & \\ 0 & 0 & 1 & & & \\ & & & 1 & 0 & -1 \\ & & & -1 & 1 & 0 \\ & & & 0 & -1 & 1 \end{bmatrix}\begin{bmatrix}\dot V_p^a\\ \dot V_p^b\\ \dot V_p^c\\ \dot V_s^a\\ \dot V_s^b\\ \dot V_s^c\end{bmatrix}=\boldsymbol{C}\dot{\boldsymbol{V}}$$

利用式(11-25)和以上关联关系，可用式(11-26a)得相分量节点导纳矩阵

$$
\boldsymbol{Y}^{a,b,c}=\boldsymbol{C}^{\mathrm{T}}\boldsymbol{Y}_{\mathrm{Br}}\boldsymbol{C}=
\begin{array}{c}\\ p\\ \\ \\ s\\ \\ \end{array}
\overset{\qquad\qquad p\qquad\qquad\qquad\qquad\qquad s}{\left[\begin{array}{ccc:ccc}
y_p & y'_m & y'_m & -\tilde{y}_m & 0 & \tilde{y}_m \\
y'_m & y_p & y'_m & \tilde{y}_m & -\tilde{y}_m & 0 \\
y'_m & y'_m & y_p & 0 & \tilde{y}_m & -\tilde{y}_m \\
\hdashline
-\tilde{y}_m & \tilde{y}_m & 0 & 2\tilde{y}_s & -\tilde{y}_s & -\tilde{y}_s \\
0 & -\tilde{y}_m & \tilde{y}_m & -\tilde{y}_s & 2\tilde{y}_s & -\tilde{y}_s \\
\tilde{y}_m & 0 & -\tilde{y}_m & -\tilde{y}_s & -\tilde{y}_s & 2\tilde{y}_s
\end{array}\right]}
\tag{11-29}
$$

式中

$$
\tilde{y}_m = y_m + y''_m
$$

$$
\tilde{y}_s = y_s - y'''_m
$$

对式(11-29)进行对称分量变换可得序分量节点导纳矩阵

$$
\boldsymbol{Y}^{0,1,2}=
\left[\begin{array}{ccc:ccc}
y_p+2y'_m & & & 0 & & \\
 & y_p-y'_m & & & -\tilde{y}_m\angle -30^\circ & \\
 & & y_p-y'_m & & & -\tilde{y}_m\angle 30^\circ \\
\hdashline
0 & & & 0 & & \\
 & -\tilde{y}_m\angle 30^\circ & & & \tilde{y}_s & \\
 & & -\tilde{y}_m\angle -30^\circ & & & \tilde{y}_s
\end{array}\right]
\tag{11-30}
$$

如果令 $y'=y''=y'''=0, y_p=y_s=y_m=y$，则式(11-30)可写成

$$
\boldsymbol{Y}^{0,1,2}=
\left[\begin{array}{ccc:ccc}
y & & & 0 & & \\
 & y & & & -y\angle -30^\circ & \\
 & & y & & & -y\angle 30^\circ \\
\hdashline
0 & & & 0 & & \\
 & -y\angle 30^\circ & & & y & \\
 & & -y\angle -30^\circ & & & y
\end{array}\right]
\tag{11-30a}
$$

可见原、副边零序电量之间无电的联系。原、副边之间正序和负序都有导纳为 y 的电联系，并有 30°角的相移，需要用含移相器的等值电路描述，相应地其节点导纳矩阵是埃尔米特矩阵。

从式(11-30a)中抽出零序、正序、负序电量的关系，Y_0/Δ 接法变压器的三序等值电路以及电流和电压之间的关系可用下式和图 11.13 表示。

$$
\begin{bmatrix}\dot{I}_p^0\\ \dot{I}_s^0\end{bmatrix}=\begin{bmatrix}y & 0\\ 0 & 0\end{bmatrix}\begin{bmatrix}\dot{V}_p^0\\ \dot{V}_s^0\end{bmatrix},\quad
\begin{bmatrix}\dot{I}_p^1\\ \dot{I}_s^1\end{bmatrix}=\begin{bmatrix}y & -y\angle -30^\circ\\ -y\angle 30^\circ & y\end{bmatrix}\begin{bmatrix}\dot{V}_p^1\\ \dot{V}_s^1\end{bmatrix},
$$

$$\begin{bmatrix}\dot{I}_p^2\\ \dot{I}_s^2\end{bmatrix}=\begin{bmatrix}y & -y\angle 30^\circ\\ -y\angle -30^\circ & y\end{bmatrix}\begin{bmatrix}\dot{V}_p^2\\ \dot{V}_s^2\end{bmatrix}$$

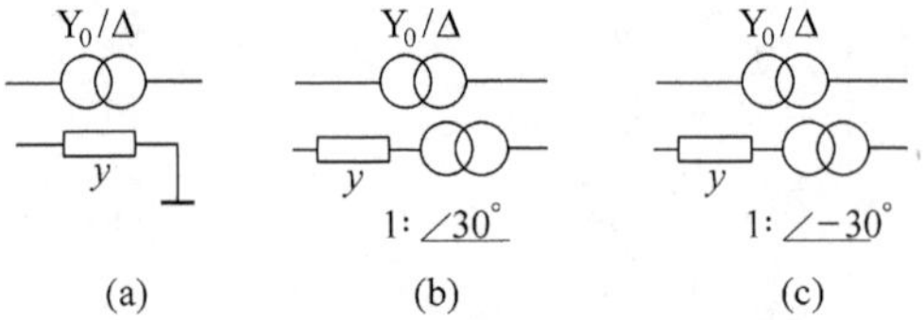

图 11.13 Y_0/Δ 接法变压器的三序等值电路

(a) 零序；(b) 正序；(c) 负序

对不同的绕组接法，变压器的零序等值电路也不同，对一些常见接法，变压器的零序等值电路如图 11.14 所示。

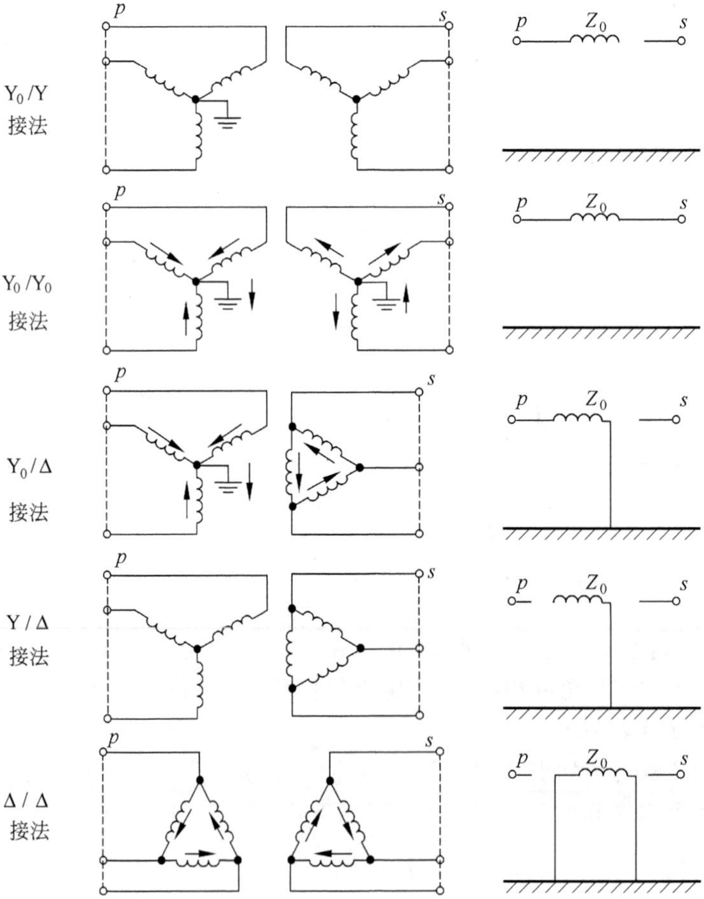

图 11.14 不同接法的双绕组变压器的零序等值电路

11.2.4 电力系统的零序网络及零序节点导纳矩阵

电力系统中每个元件都可用其序参数表示，然后利用网络的连接关系建立起节点导纳矩阵，这在第 2 章中已经介绍过。对正序网和负序网，各组成元件的单相等值电路之间一般无互感，正序和负序网结构相同，因此节点导纳矩阵的稀疏结构也相同。对零序网，其构成比较复杂。一方面，由于变压器接法的不同，零序电流通路也不同，导致零序网和正序网结构不同；另一方面，三相零序电流大小和相位都相同，流过输电线时产生的空间互感磁场不能相互抵消，平行架设的输电线之间将产生零序互感，这也使零序网与正序网不同。

令 $\mathbf{A}_0$ 为零序网节点支路关联矩阵，由零序电流通路所确定的零序网连接方式决定。$\mathbf{z}_0$ 是元件零序阻抗矩阵，维数等于零序网中的零序支路数，是块对角矩阵。当各个零序元件之间没有耦合时，$\mathbf{z}_0$ 是对角线矩阵；当两个元件之间有耦合时，该两元件之间的阻抗矩阵是 2×2 阶块矩阵。例如，图 11.15 所示的零序网，$\mathbf{A}_0$ 和 $\mathbf{z}_0$ 分别是

$$
\mathbf{A}_0 = \begin{array}{c} \\ ① \\ ② \\ ③ \\ ④ \\ ⑤ \end{array}
\begin{array}{c} \begin{array}{cccccc} (1) & (2) & (3) & (4) & (5) & (6) \end{array} \\
\begin{bmatrix} 1 & 0 & 0 & 0 & 1 & 1 \\ -1 & 1 & 1 & 0 & 0 & 0 \\ 0 & 0 & -1 & 0 & -1 & 0 \\ 0 & 0 & 0 & -1 & 0 & -1 \\ 0 & -1 & 0 & 1 & 0 & 0 \end{bmatrix} \end{array},
$$

$$
\mathbf{z}_0 = \begin{array}{c} \\ (1) \\ (2) \\ (3) \\ (4) \\ (5) \\ (6) \end{array}
\begin{array}{c} \begin{array}{cccccc} (1) & (2) & (3) & (4) & (5) & (6) \end{array} \\
\begin{bmatrix} z_1 & & & & & \\ & z_2 & z_{23} & & & \\ & z_{32} & z_3 & z_{34} & & \\ & & z_{43} & z_4 & & \\ & & & & z_5 & \\ & & & & & z_6 \end{bmatrix} \end{array}
$$

建立 $\mathbf{A}_0$ 时要注意互感支路的正方向的规定。按图 11.15 中支路(2)，(3)，(4)的正方向的规定，z_{23} 和 z_{34} 都为正值。

零序网元件导纳矩阵是

$$
\mathbf{y}_0 = \mathbf{z}_0^{-1} = \begin{bmatrix} y_1 & & & & & \\ & y_2 & y_{23} & y_{24} & & \\ & y_{32} & y_3 & y_{34} & & \\ & y_{42} & y_{43} & y_4 & & \\ & & & & y_5 & \\ & & & & & y_6 \end{bmatrix}
$$

则零序网的节点导纳矩阵是

$$Y_0 = A_0 y_0 A_0^T$$

由于元件零序导纳矩阵 y_0 是分块对角线矩阵，所以 Y_0 的稀疏结构可能和正序导纳矩阵不同。以图 11.15 为例，网络结构图如图 11.16(a)所示，其零序导纳矩阵的稀疏结构示于图11.16(c)，相对应的零序网导纳图示于图 11.16(b)，图中虚线支路是由支路互感作用产生的。可见，在零序导纳图上有耦合的支路两端节点两两之间将产生新的等值支路，这是零序网和正序网的重要区别。

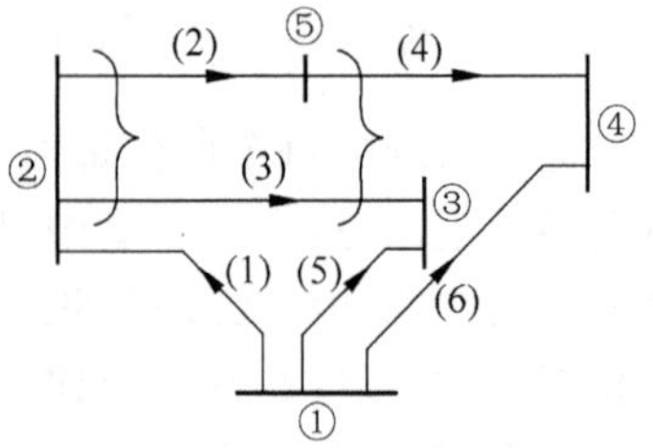

图 11.15　零序网络的例

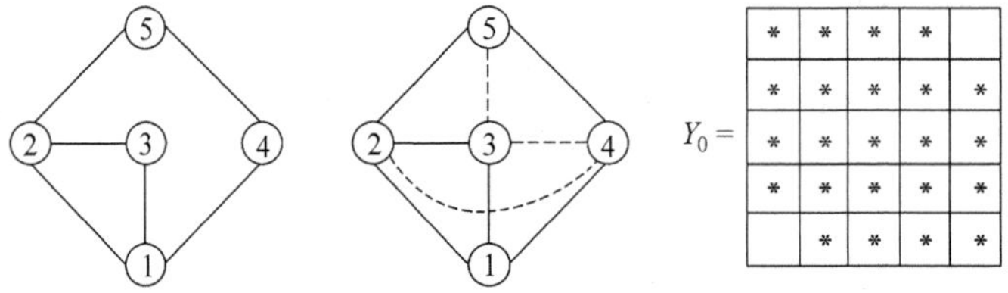

(a)　　(b)　　(c)

图 11.6　零序网节点导纳矩阵及其对应的网络图

(a) 网络结构图；(b) 零序导纳图；(c) 零序导纳矩阵的结构

零序网和正、负序网结构不同，通常比正序网规模小，但非零元素的密度可能比正序网为大。虽然可以单独对零序网进行节点编号，但由于零序网和正序网节点数不同，所以这种做法需要记录零序网节点号和正序网节点号之间对应关系的检索信息。一种程序化的方法是使零序网的节点编号和正序网相同，这样就不存在不同序网间节点编号的对应问题。对于零序网中的空节点，它与其他节点之间的互导纳为零，用稀疏技术存储时，这些零导纳用一个很小的导纳值模拟。在用阻抗矩阵时，对开路的支路用一个大阻抗值模拟即可。

11.3　故障电路的对称分量模型

故障后的电力系统可以看作由两部分组成，一部分是故障前的电力网络，它是由三相对称元件组成的，这部分网络中各元件的对称分量模型已在 11.2 节中介绍；另一部分是由故障点引出的故障电路。在不对称故障情况下，故障电路是三相不对称的，即三相参数不同，虽然相分量三相电量解耦，但对称分量的三序电量之间却是有耦合的。下面研究故障电路的对称分量模型。

故障电路按故障类型可以分成两类：一类是横向故障，其特点是由电力系统网络中的某一点(节点)和公共参考点(地节点)之间构成端口。该端口一个节点是发生故障的节点即高电位点，另一个是零电位点。例如三相接地短路、两相接地短路、单相接地短路，两相和三相相间短路虽然并未和地构成通路，也属此类。另一类为纵向故障，其特点是由电力系统网络中的两个高电位点之间构成故障端口，各种断线故障，如三相断线、两相断线和单相断线都属此类。

以图 11.17 所示的系统为例。电力系统网络和故障电路之间的连接界面是故障端口。从故障端口向电力网内看进去，这部分网络如图11.17(b)所示，可以用等值的有源正序网、无源的负序网和零序网描述。从故障端口向故障电路看，如图 11.17(c)所示，可以用无源的每端口可能是不对称的电路描述。有两种描述方法，一种用相分量描述，另一种用序分量描述。对任何一种故障，在故障电路中都可看作故障端口之间的短路或开路，而短路又分金属短路(短路阻抗为零)和经阻抗短路。对金属短路，短路相端口两节点电位相等。对开路，开路相端口电流为零。可以利用这个性质列出每个端口每相的边界条件。为了计算机分析方便，通常将每个端口的每相两端节点之间连接一阻抗，开路时令其导纳为零，短路时令其阻抗为零，程序中用一个很小的数或一个很大的数来分别模拟零和无穷大。用这种方法时，各种故障都可用统一的故障电路方程描述。视故障的不同将故障阻抗取适当的值。

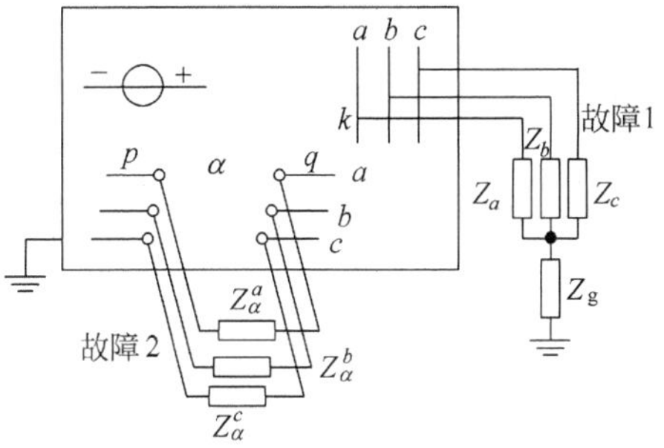

(a)

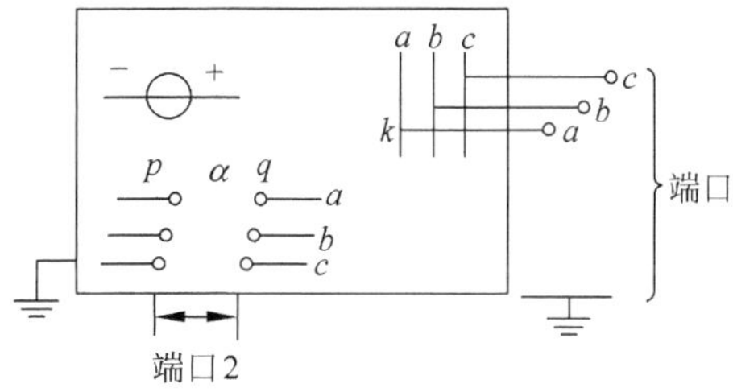

(b)

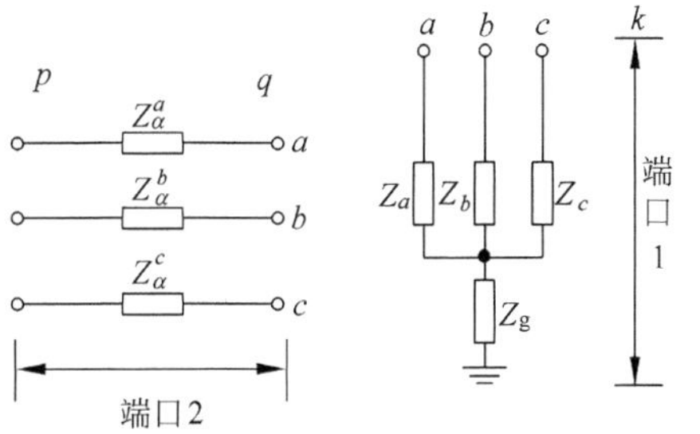

(c)

图 11.17 将故障后电力系统网络分成两部分

(a) 故障后电力系统；(b) 由故障端口向电力系统网络看进去；(c) 故障电路

11.3.1 横向故障电路的相分量模型

对于 k 点发生横向故障，可用图 11.18 的故障等值电路模型表示，用阻抗表示的相分量形式的故障电路方程是

$$\begin{bmatrix}\dot{V}_k^a\\ \dot{V}_k^b\\ \dot{V}_k^c\end{bmatrix}=\begin{bmatrix}Z_F+Z_g & Z_g & Z_g\\ Z_g & Z_F+Z_g & Z_g\\ Z_g & Z_g & Z_F+Z_g\end{bmatrix}\begin{bmatrix}\dot{I}_k^a\\ \dot{I}_k^b\\ \dot{I}_k^c\end{bmatrix} \tag{11-31}$$

简记为

$$\dot{\boldsymbol{V}}_k^{a,b,c}=\boldsymbol{Z}_F^{a,b,c}\dot{\boldsymbol{I}}_k^{a,b,c} \tag{11-32}$$

将方程(11-32)写成导纳方程的形式有

$$\dot{\boldsymbol{I}}_k^{a,b,c}=(\boldsymbol{Z}_F^{a,b,c})^{-1}\dot{\boldsymbol{V}}_k^{a,b,c}=\boldsymbol{Y}_F^{a,b,c}\dot{\boldsymbol{V}}_k^{a,b,c} \tag{11-33}$$

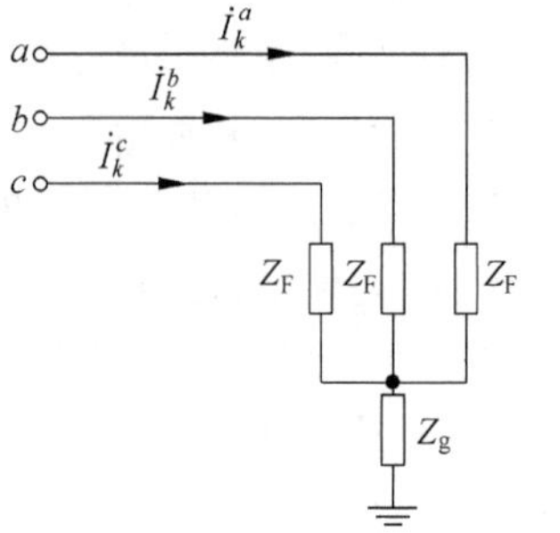

图 11.18 横向故障电路

式中

$$\boldsymbol{Y}_F^{a,b,c}=(\boldsymbol{Z}_F^{a,b,c})^{-1}=\frac{1}{3}\begin{bmatrix}y_t+2y_F & y_t-y_F & y_t-y_F\\ y_t-y_F & y_t+2y_F & y_t-y_F\\ y_t-y_F & y_t-y_F & y_t+2y_F\end{bmatrix}$$

其中，

$$y_t=\frac{1}{Z_F+3Z_g},\quad y_F=\frac{1}{Z_F}$$

例如对于三相不接地故障，此时 $Z_g=\infty$，$y_t=0$，所以有

$$\boldsymbol{Y}_F^{a,b,c}=\frac{y_F}{3}\begin{bmatrix}2 & -1 & -1\\ -1 & 2 & -1\\ -1 & -1 & 2\end{bmatrix}$$

这是一个奇异矩阵。这是因为对于非接地故障，故障点三相和地之间无电流通路，节点电压不定，$\boldsymbol{Z}_F^{a,b,c}$ 无定义，$\boldsymbol{Y}_F^{a,b,c}$ 奇异。

对于其他各种以 a 相为特殊相的不对称故障，结果列在表 11.1。当 b 相或 c 相为特殊相时，表 11.1 中元素的位置顺序有所不同，例如对 b 相接地，Z_F 和 y_F 都在矩阵中和 b 相相对应的位置上。

11.3.2 横向故障电路的序分量模型

通过式(11-10)的对称分量变换，横向故障电路的序分量模型也可以用阻抗形式或导纳形式写出，即

$$\boldsymbol{Z}_F^{0,1,2}=\boldsymbol{S}^{-1}\boldsymbol{Z}_F^{a,b,c}\boldsymbol{S}$$

表 11.1 相分量形式的故障电路阻抗矩阵和导纳矩阵

故障类型	$\boldsymbol{Z}_{\mathrm{F}}^{a,b,c}$	$\boldsymbol{Y}_{\mathrm{F}}^{a,b,c}$
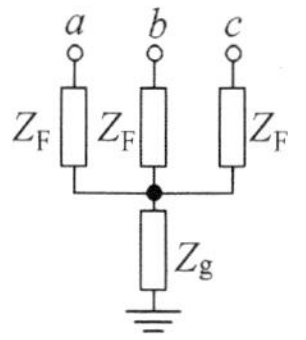 三相接地故障	$\begin{bmatrix} Z_{\mathrm{F}}+Z_{\mathrm{g}} & Z_{\mathrm{g}} & Z_{\mathrm{g}} \\ Z_{\mathrm{g}} & Z_{\mathrm{F}}+Z_{\mathrm{g}} & Z_{\mathrm{g}} \\ Z_{\mathrm{g}} & Z_{\mathrm{g}} & Z_{\mathrm{F}}+Z_{\mathrm{g}} \end{bmatrix}$	$\frac{1}{3}\begin{bmatrix} y_t+2y_{\mathrm{F}} & y_t-y_{\mathrm{F}} & y_t-y_{\mathrm{F}} \\ y_t-y_{\mathrm{F}} & y_t+2y_{\mathrm{F}} & y_t-y_{\mathrm{F}} \\ y_t-y_{\mathrm{F}} & y_t-y_{\mathrm{F}} & y_t+2y_{\mathrm{F}} \end{bmatrix}$
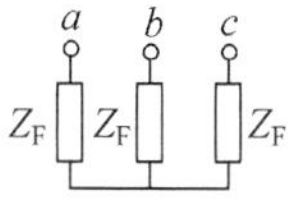 三相短路故障	无定义	$\frac{y_{\mathrm{F}}}{3}\begin{bmatrix} 2 & -1 & -1 \\ -1 & 2 & -1 \\ -1 & -1 & 2 \end{bmatrix}$
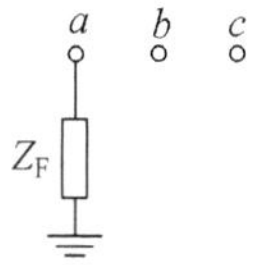 单相接地故障	$\begin{bmatrix} Z_{\mathrm{F}} & 0 & 0 \\ & \infty & 0 \\ 0 & 0 & \infty \end{bmatrix}$	$\begin{bmatrix} y_{\mathrm{F}} & 0 & 0 \\ 0 & 0 & 0 \\ 0 & 0 & 0 \end{bmatrix}$
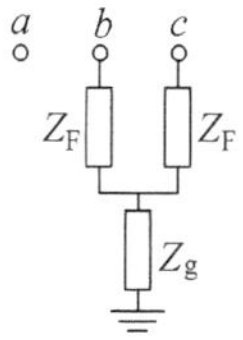 两相接地故障	$\begin{bmatrix} \infty & 0 & 0 \\ & Z_{\mathrm{F}}+Z_{\mathrm{g}} & Z_{\mathrm{g}} \\ 0 & Z_{\mathrm{g}} & Z_{\mathrm{F}}+Z_{\mathrm{g}} \end{bmatrix}$	$\frac{1}{Z_{\mathrm{F}}^2+2Z_{\mathrm{F}}Z_{\mathrm{g}}}\begin{bmatrix} 0 & 0 & 0 \\ 0 & Z_{\mathrm{F}}+Z_{\mathrm{g}} & -Z_{\mathrm{g}} \\ 0 & -Z_{\mathrm{g}} & Z_{\mathrm{F}}+Z_{\mathrm{g}} \end{bmatrix}$
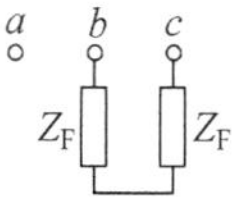 两相短路故障	无定义	$\frac{y_{\mathrm{F}}}{2}\begin{bmatrix} 0 & 0 & 0 \\ 0 & 1 & -1 \\ 0 & -1 & 1 \end{bmatrix}$

和

$$\boldsymbol{Y}_{\mathrm{F}}^{0,1,2} = \boldsymbol{S}^{-1}\boldsymbol{Y}_{\mathrm{F}}^{a,b,c}\boldsymbol{S}$$

利用上述原理，对表 11.1 中的 $\boldsymbol{Z}_{\mathrm{F}}^{a,b,c}$ 或 $\boldsymbol{Y}_{\mathrm{F}}^{a,b,c}$ 进行对称分量变换即可计算出 $\boldsymbol{Z}_{\mathrm{F}}^{0,1,2}$ 和 $\boldsymbol{Y}_{\mathrm{F}}^{0,1,2}$，如表 11.2 所示。

表 11.2 也是以 a 相为特殊相列出的。当 b 相或 c 相为特殊相时，经对称变量变换后的故障电路导纳矩阵中有些元素将出现复数算子 a。

表 11.2　序分量形式表示的故障电路阻抗矩阵和导纳矩阵

故障类型	$\boldsymbol{Z}_F^{0,1,2}$	$\boldsymbol{Y}_F^{0,1,2}$
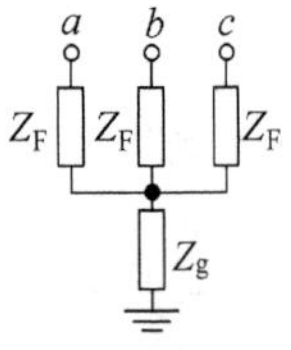 三相接地故障	$\begin{bmatrix} Z_F+3Z_g & 0 & 0 \\ {} & Z_F & 0 \\ 0 & 0 & Z_F \end{bmatrix}$	$\begin{bmatrix} y_0 & 0 & 0 \\ 0 & y_F & 0 \\ 0 & 0 & y_F \end{bmatrix}$ $y_0=1/(Z_F+3Z_g)$
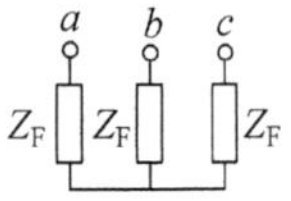 三相短路故障	$\begin{bmatrix} \infty & 0 & 0 \\ 0 & Z_F & 0 \\ 0 & 0 & Z_F \end{bmatrix}$	$\begin{bmatrix} 0 & 0 & 0 \\ 0 & y_F & 0 \\ 0 & 0 & y_F \end{bmatrix}$
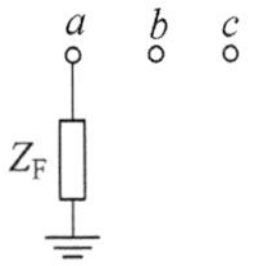 单相接地故障	无定义	$\dfrac{y_F}{3}\begin{bmatrix} 1 & 1 & 1 \\ 1 & 1 & 1 \\ 1 & 1 & 1 \end{bmatrix}$
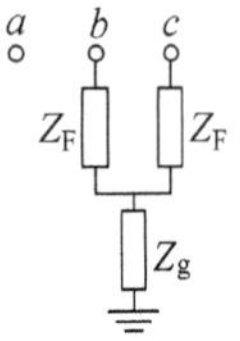 两相接地故障	无定义	$\dfrac{1}{3(Z_F^2+2Z_F Z_g)}\begin{bmatrix} 2Z_F & -Z_F & -Z_F \\ -Z_F & 2Z_F+3Z_g & -(Z_g+3Z_g) \\ -Z_F & -(Z_g+3Z_g) & 2Z_F+3Z_g \end{bmatrix}$
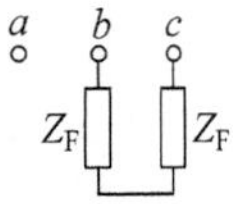 两相短路故障	无定义	$\dfrac{y_F}{2}\begin{bmatrix} 0 & 0 & 0 \\ 0 & 1 & -1 \\ 0 & -1 & 1 \end{bmatrix}$

11.3.3　纵向故障电路的相分量和序分量模型

纵向故障也称断线故障，常见的故障类型为三相断线、单相断线和两相断线。纵向故障电路的特点是故障端口的两个端节点都不是地节点，而是高电位节点，其阻抗矩阵和导纳矩阵示于表 11.3。

表 11.3 纵向故障的故障电路模型(相分量和序分量两种)

故障类型	$\boldsymbol{Z}_F$	$\boldsymbol{Y}_F$
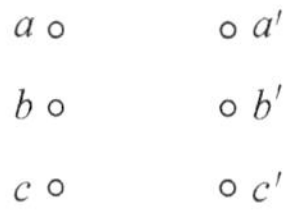 三相断路	$\boldsymbol{Z}_F^{a,b,c}=\begin{bmatrix}\infty & & \\ & \infty & \\ & & \infty\end{bmatrix}$ $\boldsymbol{Z}_F^{0,1,2}=\begin{bmatrix}\infty & & \\ & \infty & \\ & & \infty\end{bmatrix}$	$\boldsymbol{Y}_F^{a,b,c}=\begin{bmatrix}0 & & \\ & 0 & \\ & & 0\end{bmatrix}$ $\boldsymbol{Y}_F^{0,1,2}=\begin{bmatrix}0 & & \\ & 0 & \\ & & 0\end{bmatrix}$
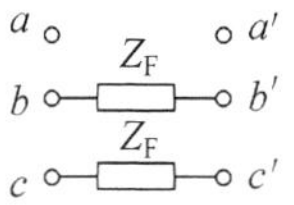 a 相断路	$\boldsymbol{Z}_F^{a,b,c}=\begin{bmatrix}\infty & & \\ & Z_F & \\ & & Z_F\end{bmatrix}$ $\boldsymbol{Z}_F^{0,1,2}$ 无定义	$\boldsymbol{Y}_F^{a,b,c}=\begin{bmatrix}0 & & \\ & y_F & \\ & & y_F\end{bmatrix}$ $\boldsymbol{Y}_F^{0,1,2}=\dfrac{y_F}{3}\begin{bmatrix}2 & -1 & -1\\ -1 & 2 & -1\\ -1 & -1 & 2\end{bmatrix}$
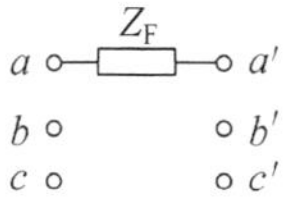 b,c 相断路	$\boldsymbol{Z}_F^{a,b,c}=\begin{bmatrix}Z_F & & \\ & \infty & \\ & & \infty\end{bmatrix}$ $\boldsymbol{Z}_F^{0,1,2}$ 无定义	$\boldsymbol{Y}_F^{a,b,c}=\begin{bmatrix}y_F & & \\ & 0 & \\ & & 0\end{bmatrix}$ $\boldsymbol{Y}_F^{0,1,2}=\dfrac{y_F}{3}\begin{bmatrix}1 & 1 & 1\\ 1 & 1 & 1\\ 1 & 1 & 1\end{bmatrix}$

11.4 小结

电力系统是由三相元件组成的,并且三相元件间的互感或者完全对称(如全换位输电线),或者循环对称(如旋转电机元件)。当三相平衡电流流过三相对称的元件时,三相电流电压之间的关系都相同,可以取其中一相来研究。当三相对称的元件流过三相不平衡电流时,可以将三相不平衡的电流分解成三组三相平衡的电流,然后分别对于每组三相平衡电流单独研究。这时对每组三相平衡电流可取单相来研究,然后把三组对称电流作用的结果进行叠加,得到不对称电流作用的结果。这种作法称为对称分量法,是一种线性变换的方法。

对于由三相对称元件组成的电力系统,经过对称分量变换后,三个序网解耦。由于每序电量三相对称,各序电量中三相电流电压之间的关系是相同的,可以取一相研究。

当电力系统中发生不对称故障时,可以在故障点处将故障后电力系统分成两部分:一部分是故障端口向电力系统内看进去的网络,这部分网络规模大,但其组成元件都是三相对称元件；另一部分是故障端口向故障电路看进去的电路，这部分电路规模小，但它是三相不对称的电路。用对称分量法分析时，电力系统是三序电路解耦，故障电路则三序电路有耦合；当用相分量分析时，电力系统是三相电路有耦合，而故障电路是三相电路无耦合。由于故障电路规模小，所以用对称分量法分析相对简单。

用对称分量法进行故障分析，关键是要计算出故障端口的序分量电量。这时，电力系统内部元件上的序分量电量不用详细分析，可以在故障端口处将电力系统进行戴维南或诺顿等值，然后将规模较小的等值电路方程和故障电路方程联立求解。

在电力系统的等值网中，只有正序网是有源的，负序和零序网是无源的。视变压器和发电机接法的不同，零序网和正序、负序网的结构可能不同。另外，零序网中要考虑有耦合元件之间的互感影响，所以零序导纳矩阵尽管比正序、负序网导纳矩阵阶次低，但其稀疏性可能要比正、负序两导纳矩阵差。

故障电路的阻抗矩阵和导纳矩阵与故障的类型有关。由于故障电路的阻抗参数可能无定义，所以在用计算机进行故障计算时通常都用导纳参数来描述故障电路方程。在故障电路中，短路和开路分别用一个小阻抗和大阻抗元件来模拟。编程时要注意数值相差甚大的数之间的加减运算产生的舍入误差的影响，并注意使用双精度计算。

习　题

11.1　对图11.12中 Y_0/Δ 接法变压器，如果原边 Y_0 侧中性点经一个电阻 R 接地，副边接法不变，试分析这种情况下原、副边序分量电流和电压之间的关系。

11.2　在故障计算中，有时可以采用忽略故障前负荷的简化解法。试分析忽略故障前负荷和不忽略故障前负荷两种情况，从故障点向电网看进去，故障前各个序网的戴维南等值阻抗的大小有多大差别。

第12章　电力系统故障分析的计算机方法

故障分析的主要目的是通过数值仿真的方法来研究各种故障对电力系统的影响，主要用于继电保护定值整定计算和在线校核，也用于断路器遮断容量的计算。

为满足用计算机进行故障分析的需要，要求故障分析的算法是系统化和规范化的，对不同类型的故障用统一的公式来描述。为了更适合于计算机求解，人们提出了许多故障分析计算方法[105~112]。本章首先介绍故障分析的常规方法。该方法的缺点是，当线路中间发生故障时，要对原网络修正，增加节点，处理起来显得复杂和麻烦。然后介绍一种规范化的故障分析计算机计算方法，该方法具有更好的通用性[112]，在处理各种类型的故障方面的适应性更强，而且也更容易实现。

12.1　电力系统故障分析常规方法的原理

12.1.1　将电网等值到故障端口计算故障电流

对于任意给定的一组不对称故障，总可以在故障端口处将不对称故障电路从电力网络中分离开，而故障端口处的电流和电压作为关键电量将电力系统网络方程和故障电路方程联系在一起。因此，故障分析中的关键步骤是要计算出故障端口处的电量。

从故障端口向电力系统内看进去，虽然系统内部十分复杂，但就只研究故障端口处的电流电压来说，其内部的细节并不重要，可以从故障端口处将电力网络进行戴维南等值，然后用等值系统和故障电路连接。这可用图12.1来说明。

图12.1(a)是在端口α和β处分别发生横向故障和纵向故障后的电力系统，相当于在故障端口α和β处接入故障电路。故障电路是不对称电路。在故障端口α和β处将故障后电力系统分成两部分：图12.2(b)是从故障端口向系统内看进去的等值电路，可用戴维南等值来模拟；图12.1(c)是故障电路。故障端口是两个电路之间的交接口，从图12.1(b)的等值电路流出的端口电流应和图12.1(c)流入故障电路的电流相等，而且两个电路的端口电压也相等。

为了更简明地说明原理，图12.1(a)的电路模型用图12.2(a)示意表示，图中的方框不代表具体的元件，而是表示三相电路。图中故障端口左侧的有源电力网

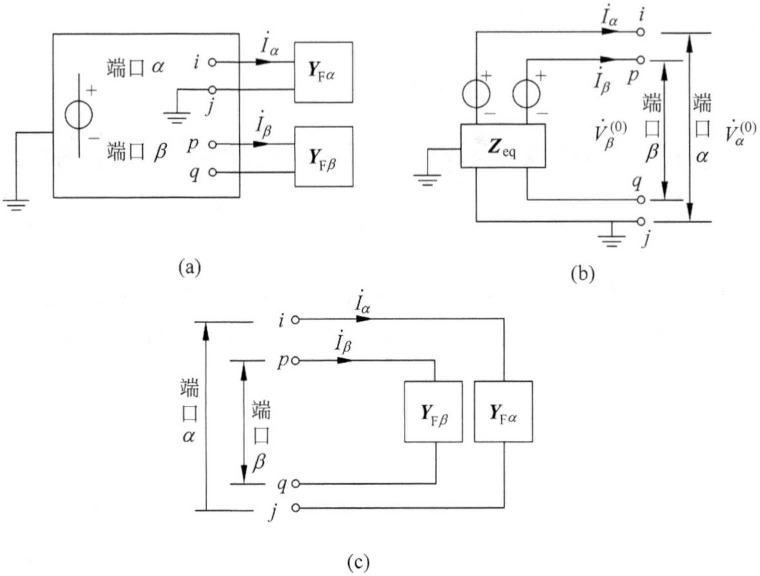

图 12.1　一个双重故障的故障端口的说明例

(a) 在端口 α 和 β 处发生不对称故障；(b) 端口 α 和 β 向电力网络内看进去的戴维南等值；(c) 端口 α 和 β 向故障电路看进去的电路模型

络只在故障端口处和故障电路相连。电力网络模型用节点阻抗矩阵 $\boldsymbol{Z}$ 描述，端口处电压为 $\dot{\boldsymbol{V}}_F$，故障电流为 $\dot{\boldsymbol{I}}_F$，故障电路用故障导纳 $\boldsymbol{Y}_F$ 表示。将流过故障电路的电流 $\dot{\boldsymbol{I}}_F$用一个等值电流源代替，则图 12.2(a)可等效地用图 12.2(b)代替并可应用叠加原理变换成图 12.2(c)和(d)两者的叠加。图 12.2(c)是故障电路开路时由电力网内部电源作用的结果，由故障前运行状态决定，是已知的。这里说的故障前运行状态，对纵向故障情况，还应考虑断线破口的影响，包括对节点电压的影响和对网络节点导纳矩阵或节点阻抗矩阵的影响。图 12.2(d)是电力网内部电压源短路，电流源开路，由故障电流 $\dot{\boldsymbol{I}}_F$单独作用的结果。故障后电网内部各节点的电压由这两部分电压的叠加求得。因此，只要求出 $\dot{\boldsymbol{I}}_F$，就可计算出故障后全系统内部的各节点电压。单就计算 $\dot{\boldsymbol{I}}_F$而言，用全系统的网络模型去计算并无必要，只需从故障端口处取出电力网络的戴维南等值即可，这就大大降低了模型的阶数。

为了计算故障电流 $\dot{\boldsymbol{I}}_F$，将图 12.2(a)用图(e)表示。在图 12.2(e)中，电力网络的戴维南等值电路的内电动势 $\dot{\boldsymbol{V}}_{eq}^{(0)}$ 即是故障端口的开路电压，等值阻抗即故障端口向电力网络看进去的端口阻抗矩阵 $\boldsymbol{Z}_{eq}$，其阶次和端口数相等。由于故障点不多，故障端口较少，所以戴维南等值电路阶次较低。端口可以是面向节点的(对横

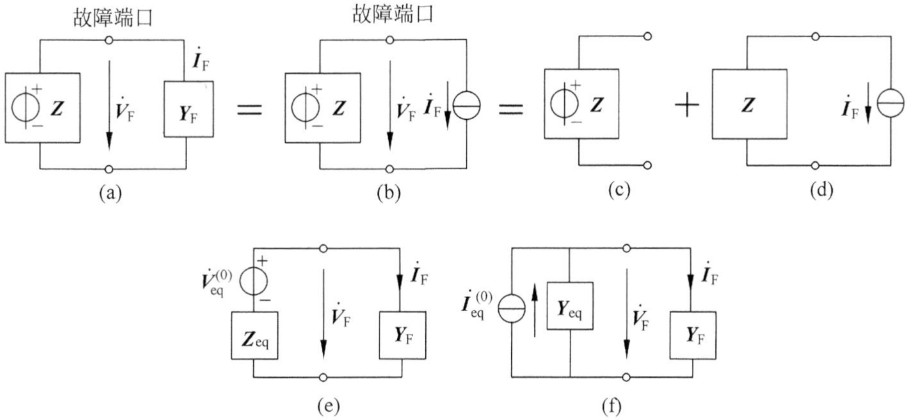

图 12.2 故障分析计算过程的说明

(a) 故障后电力系统；(b) 故障电路用电流源模拟；(c) 系统内电源单独作用的结果；
(d) 故障电流单独作用的结果；(e) 图(a)的电力系统用戴维南等值电路代替；
(f) 将图(e)的戴维南等值变成诺顿等值

向故障)，也可以是面向支路的(对纵向故障)。下面考察如何计算故障电流 $\dot{\boldsymbol{I}}_F$。

为使故障电路参数有定义，故障电路常用导纳参数描述，所以首先将电力系统网络的戴维南等值变成诺顿等值，即将图 12.2(e)变成图(f)，并有

$$\begin{cases}\boldsymbol{Y}_{eq}=\boldsymbol{Z}_{eq}^{-1}\\ \dot{\boldsymbol{I}}_{eq}^{(0)}=\boldsymbol{Y}_{eq}\dot{\boldsymbol{V}}_{eq}^{(0)}\end{cases} \tag{12-1}$$

由图 12.2(f)可求出故障端口电压

$$\dot{\boldsymbol{V}}_F=(\boldsymbol{Y}_{eq}+\boldsymbol{Y}_F)^{-1}\dot{\boldsymbol{I}}_{eq}^{(0)}=(\boldsymbol{Y}_{eq}+\boldsymbol{Y}_F)^{-1}\boldsymbol{Y}_{eq}\dot{\boldsymbol{V}}_{eq}^{(0)}=(\boldsymbol{I}+\boldsymbol{Z}_{eq}\boldsymbol{Y}_F)^{-1}\dot{\boldsymbol{V}}_{eq}^{(0)} \tag{12-2}$$

式中，$\boldsymbol{I}$ 为单位矩阵。由式(12-2)可以看到，只要知道电力系统在故障端口处的戴维南等值参数和故障电路的导纳参数，就可求出故障端口电压。

故障端口的电流为

$$\dot{\boldsymbol{I}}_F=\boldsymbol{Y}_F\dot{\boldsymbol{V}}_F=\boldsymbol{Y}_F(\boldsymbol{I}+\boldsymbol{Z}_{eq}\boldsymbol{Y}_F)^{-1}\dot{\boldsymbol{V}}_{eq}^{(0)} \tag{12-3}$$

由于故障后的网络解是图 12.2(c)和(d)两者的叠加，图 12.2(c)的解是 $\dot{\boldsymbol{V}}^{(0)}$，由故障前系统的潮流情况决定，是已知的；图 12.2(d)是故障电流 $\dot{\boldsymbol{I}}_F$ 作用在用节点阻抗矩阵 $\boldsymbol{Z}$ 描述的原无源网络上的结果，其解代表了故障后的故障电量，用节点电压矢量 $\dot{\boldsymbol{V}}'$ 表示；则故障后系统节点电压 $\dot{\boldsymbol{V}}$ 是

$$\dot{\boldsymbol{V}}=\boldsymbol{V}^{(0)}+\dot{\boldsymbol{V}}' \tag{12-4}$$

令 $\boldsymbol{M}_F$ 是节点-端口关联矩阵，它的每一列和一个故障端口的关联矢量相对

应。对横向故障，相应的关联矢量只在故障节点处有一个非零元素1，其余都是零元素；对纵向故障，相应的关联矢量在断线开口的两个节点上分别有非零元素1和−1，其余都是零元素。如果是单重故障，只有一个故障端口，则 $\boldsymbol{M}_{\mathrm{F}}$ 是列矢量。对图12.2(d)中的电力网络，规定注入节点的电流为正，故障电流 $\dot{\boldsymbol{I}}_{\mathrm{F}}$ 与此规定方向相反，所以注入电网的电流是 $-\boldsymbol{M}_{\mathrm{F}}\dot{\boldsymbol{I}}_{\mathrm{F}}$。这个电流源在原网络中产生的节点电压就是式(12-4)中的故障分量 $\dot{\boldsymbol{V}}'$，其值为

$$\dot{\boldsymbol{V}}' = -\boldsymbol{Z}\boldsymbol{M}_{\mathrm{F}}\dot{\boldsymbol{I}}_{\mathrm{F}}$$

将上式代入式(12-4)得故障后系统节点电压

$$\dot{\boldsymbol{V}} = \dot{\boldsymbol{V}}^{(0)} - \boldsymbol{Z}\boldsymbol{M}_{\mathrm{F}}\dot{\boldsymbol{I}}_{\mathrm{F}} \tag{12-5}$$

12.1.2　应用对称分量法时的表现形式

以上的分析是针对一般性的电路进行的，没有具体考虑三相电路的特点。实际的电力系统是三相电路，应用对称分量时还要考虑三序网络的等值。下面以图12.1的双重故障为例说明对称分量法的应用。

图12.1(a)有两个故障端口，其中 $\alpha(i,j)$ 是横向故障端口，节点 i 是输电网(简称天网)上一个节点，j 是地节点；$\beta(p,q)$ 是纵向故障端口，节点 p 和 q 都是天网上的节点。两个端口的关联矢量为

$$\boldsymbol{M}_{\alpha} = \begin{bmatrix} \\ 1 \\ \\ \end{bmatrix} i \quad \boldsymbol{M}_{\beta} = \begin{bmatrix} \\ 1 \\ -1 \\ \\ \end{bmatrix} \begin{matrix} \\ p \\ q \\ \\ \end{matrix}$$

所组成的关联矩阵为

$$\boldsymbol{M}_{\mathrm{F}} = [\boldsymbol{M}_{\alpha} \quad \boldsymbol{M}_{\beta}]$$

从两个端口往原网络看进去的戴维南等值阻抗是

$$\boldsymbol{Z}_{\mathrm{eq}} = \boldsymbol{M}_{\mathrm{F}}^{\mathrm{T}}\boldsymbol{Z}\boldsymbol{M}_{\mathrm{F}} = \begin{bmatrix} Z_{\alpha\alpha} & Z_{\alpha\beta} \\ Z_{\beta\alpha} & Z_{\beta\beta} \end{bmatrix} = \begin{bmatrix} Z_{ii} & Z_{ip} - Z_{iq} \\ Z_{ip} - Z_{iq} & Z_{pp} + Z_{qq} - 2Z_{pq} \end{bmatrix} \tag{12-6}$$

式中的元素都是阻抗矩阵 $\boldsymbol{Z}$ 中的元素。

下面求戴维南等值电动势。它是故障端口处的开路电压，有

$$\dot{\boldsymbol{V}}_{\mathrm{eq}}^{(0)} = \boldsymbol{M}_{\mathrm{F}}^{\mathrm{T}}\dot{\boldsymbol{V}}^{(0)} = \begin{bmatrix} \boldsymbol{M}_{\alpha}^{\mathrm{T}} \\ \boldsymbol{M}_{\beta}^{\mathrm{T}} \end{bmatrix}\dot{\boldsymbol{V}}^{(0)} = \begin{bmatrix} \dot{V}_{\alpha}^{(0)} \\ \dot{V}_{\beta}^{(0)} \end{bmatrix} \tag{12-7}$$

式中

$$\begin{cases} \dot{V}_{\alpha}^{(0)} = \boldsymbol{M}_{\alpha}^{\mathrm{T}}\dot{\boldsymbol{V}}^{(0)} = \dot{V}_{i}^{(0)} \\ \dot{V}_{\beta}^{(0)} = \boldsymbol{M}_{\beta}^{\mathrm{T}}\dot{\boldsymbol{V}}^{(0)} = \dot{V}_{p}^{(0)} - \dot{V}_{q}^{(0)} \end{cases}$$

由于是用对称分量法来分析，以上的戴维南等值应写成对称分量的形式。式(12-6)写成序分量形式是

$$\boldsymbol{Z}_{\mathrm{eq}}^{0,1,2}=\begin{bmatrix}\boldsymbol{Z}_{\alpha\alpha}^{0,1,2} & \boldsymbol{Z}_{\alpha\beta}^{0,1,2}\\ \boldsymbol{Z}_{\beta\alpha}^{0,1,2} & \boldsymbol{Z}_{\beta\beta}^{0,1,2}\end{bmatrix}$$

式中

$$\boldsymbol{Z}_{\alpha\alpha}^{0,1,2}=\begin{bmatrix}Z_{\alpha\alpha}^{0} & 0 & 0\\ 0 & Z_{\alpha\alpha}^{1} & 0\\ 0 & 0 & Z_{\alpha\alpha}^{2}\end{bmatrix},\quad \boldsymbol{Z}_{\alpha\beta}^{0,1,2}=\begin{bmatrix}Z_{\alpha\beta}^{0} & 0 & 0\\ 0 & Z_{\alpha\beta}^{1} & 0\\ 0 & 0 & Z_{\alpha\beta}^{2}\end{bmatrix}$$

$$\boldsymbol{Z}_{\beta\alpha}^{0,1,2}=\begin{bmatrix}Z_{\beta\alpha}^{0} & 0 & 0\\ 0 & Z_{\beta\alpha}^{1} & 0\\ 0 & 0 & Z_{\beta\alpha}^{2}\end{bmatrix},\quad \boldsymbol{Z}_{\beta\beta}^{0,1,2}=\begin{bmatrix}Z_{\beta\beta}^{0} & 0 & 0\\ 0 & Z_{\beta\beta}^{1} & 0\\ 0 & 0 & Z_{\beta\beta}^{2}\end{bmatrix}$$

式(12-7)的等值电动势源的序分量形式是

$$\dot{\boldsymbol{V}}_{\mathrm{eq}(0)}^{0,1,2}=\begin{bmatrix}\dot{\boldsymbol{V}}_{\alpha(0)}^{0,1,2}\\ \dot{\boldsymbol{V}}_{\beta(0)}^{0,1,2}\end{bmatrix}$$

式中

$$\dot{\boldsymbol{V}}_{\alpha(0)}^{0,1,2}=\begin{bmatrix}0\\ \dot{V}_{\alpha}^{(0)}\\ 0\end{bmatrix},\quad \dot{\boldsymbol{V}}_{\beta(0)}^{0,1,2}=\begin{bmatrix}0\\ \dot{V}_{\beta}^{(0)}\\ 0\end{bmatrix}$$

注意原网络三序解耦，仅正序网有电源。

故障电路可用导纳参数描述，根据故障类型不同而有不同的表达式，这在第11章中介绍过。在0，1，2坐标系上分析，故障电路的导纳矩阵为

$$\boldsymbol{Y}_{\mathrm{F}}^{0,1,2}=\begin{bmatrix}\boldsymbol{Y}_{\mathrm{F}\alpha}^{0,1,2} & \boldsymbol{0}\\ \boldsymbol{0} & \boldsymbol{Y}_{\mathrm{F}\beta}^{0,1,2}\end{bmatrix}\tag{12-8}$$

式中，$\boldsymbol{Y}_{\mathrm{F}\alpha}^{0,1,2}$和$\boldsymbol{Y}_{\mathrm{F}\beta}^{0,1,2}$分别为端口$\alpha$和$\beta$的故障电路导纳矩阵，在0，1，2坐标下它们通常是3×3的满矩阵(见表11.2)。对常见的双重故障，两个故障电路之间通常无关联，所以故障电路导纳矩阵两个端口之间是解耦的，式(12-8)的矩阵是两个对角块矩阵。

将0，1，2坐标下的式(12-6)～式(12-8)代入式(12-3)，可以写出故障电流各序分量的计算公式如下：

$$\begin{bmatrix}\dot{\boldsymbol{I}}_{\mathrm{F}\alpha}^{0,1,2}\\ \dot{\boldsymbol{I}}_{\mathrm{F}\beta}^{0,1,2}\end{bmatrix}=\begin{bmatrix}\boldsymbol{Y}_{\mathrm{F}\alpha}^{0,1,2} & \boldsymbol{0}\\ \boldsymbol{0} & \boldsymbol{Y}_{\mathrm{F}\beta}^{0,1,2}\end{bmatrix}\left\{\begin{bmatrix}\boldsymbol{I} & \boldsymbol{0}\\ \boldsymbol{0} & \boldsymbol{I}\end{bmatrix}+\begin{bmatrix}\boldsymbol{Z}_{\alpha\alpha}^{0,1,2} & \boldsymbol{Z}_{\alpha\beta}^{0,1,2}\\ \boldsymbol{Z}_{\beta\alpha}^{0,1,2} & \boldsymbol{Z}_{\beta\beta}^{0,1,2}\end{bmatrix}\begin{bmatrix}\boldsymbol{Y}_{\mathrm{F}\alpha}^{0,1,2} & \boldsymbol{0}\\ \boldsymbol{0} & \boldsymbol{Y}_{\mathrm{F}\beta}^{0,1,2}\end{bmatrix}\right\}^{-1}\begin{bmatrix}\dot{\boldsymbol{V}}_{\alpha(0)}^{0,1,2}\\ \dot{\boldsymbol{V}}_{\beta(0)}^{0,1,2}\end{bmatrix}$$

式中

$$\dot{\boldsymbol{I}}_{\mathrm{F}\alpha}^{0,1,2}=\begin{bmatrix}\dot{I}_{\mathrm{F}\alpha}^{0}\\ \dot{I}_{\mathrm{F}\alpha}^{1}\\ \dot{I}_{\mathrm{F}\alpha}^{2}\end{bmatrix},\quad \dot{\boldsymbol{I}}_{\mathrm{F}\beta}^{0,1,2}=\begin{bmatrix}\dot{I}_{\mathrm{F}\beta}^{0}\\ \dot{I}_{\mathrm{F}\beta}^{1}\\ \dot{I}_{\mathrm{F}\beta}^{2}\end{bmatrix}$$

有了故障端口的电流，利用式(12-5)可以计算全网各节点电压的各序分量。由于原系统的各序分量解耦，所以式(12-5)可对各个序网分别列写，即

$$\dot{\boldsymbol{V}}^{0}=-\boldsymbol{Z}^{0}\boldsymbol{M}_{\mathrm{F}}\dot{\boldsymbol{I}}_{\mathrm{F}}^{0}$$

$$\dot{\boldsymbol{V}}^{1}=\dot{\boldsymbol{V}}^{(0)}-\boldsymbol{Z}^{1}\boldsymbol{M}_{\mathrm{F}}\dot{\boldsymbol{I}}_{\mathrm{F}}^{1}$$

$$\dot{\boldsymbol{V}}^{2}=-\boldsymbol{Z}^{2}\boldsymbol{M}_{\mathrm{F}}\dot{\boldsymbol{I}}_{\mathrm{F}}^{2}$$

式中，$\boldsymbol{Z}^{0}$，$\boldsymbol{Z}^{1}$ 和 $\boldsymbol{Z}^{2}$ 分别为原系统零序、正序和负序网的节点阻抗矩阵，各序网的注入电流为

$$\dot{\boldsymbol{I}}_{\mathrm{F}}^{0}=\begin{bmatrix}\dot{I}_{\mathrm{F}\alpha}^{0}\\ \dot{I}_{\mathrm{F}\beta}^{0}\end{bmatrix},\quad \dot{\boldsymbol{I}}_{\mathrm{F}}^{1}=\begin{bmatrix}\dot{I}_{\mathrm{F}\alpha}^{1}\\ \dot{I}_{\mathrm{F}\beta}^{1}\end{bmatrix},\quad \dot{\boldsymbol{I}}_{\mathrm{F}}^{2}=\begin{bmatrix}\dot{I}_{\mathrm{F}\alpha}^{2}\\ \dot{I}_{\mathrm{F}\beta}^{2}\end{bmatrix}$$

电网中任一个节点 k 的电压的三序分量可从各序网方程中抽出第 k 行得到，即

$$\begin{bmatrix}\dot{V}_{k}^{0}\\ \dot{V}_{k}^{1}\\ \dot{V}_{k}^{2}\end{bmatrix}=\begin{bmatrix}0\\ \dot{V}_{k}^{(0)}\\ 0\end{bmatrix}-\begin{bmatrix}Z_{ki}^{0}\dot{I}_{\mathrm{F}\alpha}^{0}+(Z_{kp}^{0}-Z_{kq}^{0})\dot{I}_{\mathrm{F}\beta}^{0}\\ Z_{ki}^{1}\dot{I}_{\mathrm{F}\alpha}^{1}+(Z_{kp}^{1}-Z_{kq}^{1})\dot{I}_{\mathrm{F}\beta}^{1}\\ Z_{ki}^{2}\dot{I}_{\mathrm{F}\alpha}^{2}+(Z_{kp}^{2}-Z_{kq}^{2})\dot{I}_{\mathrm{F}\beta}^{2}\end{bmatrix}\quad k=1,2,\cdots,N$$

这里假定零序网和正序网结构相同。对零序网中零序通路的通断分别用短路和开路来模拟，用接入小阻抗支路和大阻抗支路来实现。

12.1.3　故障分析常规方法的讨论

总结以上的故障分析计算过程，主要由以下三步组成：

(1) 将故障前网络等值到由故障类型确定的故障端口。可以先进行戴维南等值，然后再用式(12-1)转换成诺顿等值，即将图 12.2(a)变成图(e)，最后变成图(f)。对纵向故障应考虑支路破口的影响。

(2) 将诺顿等值电路和故障电路在故障端口处连接，求解图 12.2(f)的电路，即求解式(12-3)得到故障端口处的故障电流。

(3) 利用故障端口的故障电流，计算全网其他节点的故障电量，并与图 12.2(c)中的正常分量相叠加，即用式(12-5)计算全网各节点电压，最后计算全网各支路电流。

如果用相分量分析不对称故障，就要写出电网中每个元件的三相模型，节点导纳矩阵的每个元素将是 3×3 阶矩阵，计算繁复。因此，上面的第一和第三步不宜

用相分量而宜用序分量模型来分析。在序分量模型中，由于不对称电量已被分解成三组对称的序分量，每序电量的三相分量是平衡的，可以用单相电路来研究，这使得求解得以简化。

对上面的第二步，由于网络方程的阶次已较低，用相分量还是用序分量计算都可以，这可用图 12.3 来说明。

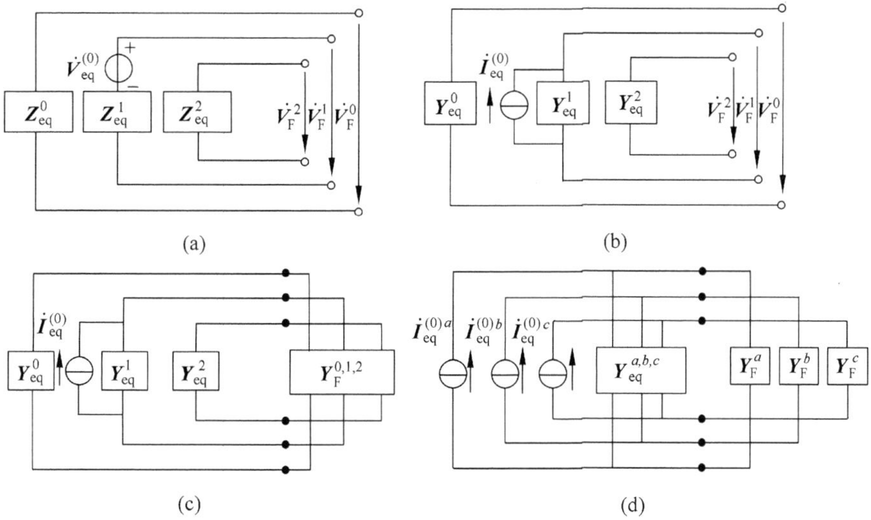

图 12.3 电力系统网络等值和与故障电路的连接

(a) 故障端口处序分量戴维南等值，三个序网相互独立；(b) 故障端口处序分量诺顿等值，三个序网相互独立；(c) 用序分量模型连接故障电路；(d) 用相分量模型连接故障电路

(1) 用序分量模型。当诺顿等值用图 12.3(b)所示的序分量模型表示时，三个序网相互独立；如果故障电路也用序分量模型，并如图 12.3(c)所示和诺顿等值电路连接，那么因为故障电路是三相不对称的，所以其序分量模型是三序有耦合的。这种方法的特点是原网络的诺顿等值三序解耦，故障电路三序有耦合。

(2) 用相分量模型[110]。首先将图 12.3(b)序分量模型的诺顿等值转换相分量模型，然后和相分量模型的故障电路相连接，如图 12.3(d)所示。这种方法的特点是相分量诺顿等值模型是三相有耦合的，而相分量模型的故障电路在一些情况下，例如纵向故障和横向单相接地故障情况下，是三相解耦的。

计算图 12.3(c)和计算图 12.3(d)两者差异并不大，但是，由于故障计算的第三步要在序分量模型上进行，所以计算图 12.3(d)得到的故障电流还需要转换成序分量故障电流。

在用相分量模型计算故障电流时，故障电路的描述相对简单，既可用表 11.1，也可以直接利用故障电流为零(开路)或故障电压为零(短路)的边界条件求解相分量故障电流[108]。

目前教科书上介绍的故障分析方法都是利用故障边界条件，将等值到故障端口的3个序网连接起来，然后计算故障电流的序分量，最后计算全网电量的序分量，并转换成相分量[2]。这相当于图12.3(c)故障端口右侧的方框用序网的连接来代替，不同的故障对应了不同的序网连接。实际上，用第11章中故障电路的导纳矩阵直接参与计算也是可以的。

例12.1　对于图12.4(a)所示的五节点电力系统，如果在线路(1,2)的节点①侧发生 a 相接地故障，线路(1,2)在节点①侧的线路开关 a 相跳开，在节点①侧将故障隔离，但线路(1,2)在节点②侧的开关未跳开。说明此种故障下的故障电流的计算过程。

解　首先确定故障端口。在故障端口即线路(1,2)的节点①侧将线路(1,2)破口形成断节点⑥，如图12.4(b)所示。注意此时有两重故障发生，一个是节点⑥处 a 相接地，另一个是节点①，⑥之间 a 相断线，如图12.4(c)所示。

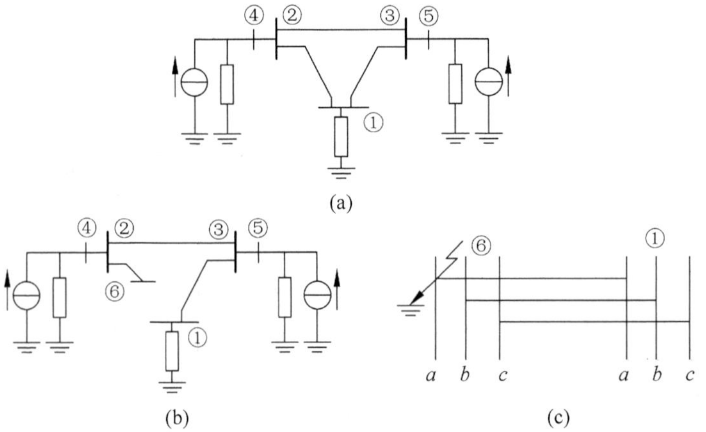

图12.4　双重不对称故障的例

(a) 五节点的电力系统；(b) 在支路(1,2)的节点①侧破口；

(c) 在端口(1,6)发生双重故障时的故障电路连接情况

(1) 计算图12.4(b)中破口后电网的节点阻抗矩阵和节点开路电压

破口后的节点阻抗矩阵可在原来的节点阻抗矩阵上修正得到。首先在节点①，②之间追加一个负阻抗连支支路模拟支路(1,2)开断，然后在节点②上追加一条和支路(1,2)的支路阻抗相等的树支支路，新增节点为节点⑥，这由支路追加法实现。对负序、零序阻抗矩阵也做同样的修正。然后利用原来给定的运行条件计算正序网各节点电压。

(2) 计算故障电流

首先令上一步计算出的节点阻抗矩阵是 $\boldsymbol{Z}$，节点电压是 $\dot{\boldsymbol{V}}^{(0)}$，节点⑥用 p 表示，节点①用 q 表示，则节点 p 单相接地，节点 p,q 之间单相断线的两个端口 α 和 β 的关联矢量分别为

$$\boldsymbol{M}_\alpha = \begin{bmatrix} \\ 1 \\ \\ \end{bmatrix} p, \quad \boldsymbol{M}_\beta = \begin{bmatrix} 1 \\ -1 \\ \\ \end{bmatrix} \begin{matrix} p \\ q \\ \\ \end{matrix}$$

式(12-6)的戴维南等值阻抗是

$$\boldsymbol{Z}_{\mathrm{eq}} = \begin{bmatrix} Z_{\alpha\alpha} & Z_{\alpha\beta} \\ Z_{\beta\alpha} & Z_{\beta\beta} \end{bmatrix}$$

其中的 4 个元素可用 $\boldsymbol{M}_\alpha$ 和 $\boldsymbol{M}_\beta$ 描述的关联关系通过 $\boldsymbol{Z}$ 矩阵求出，有

$$Z_{\alpha\alpha} = Z_{pp}, \quad Z_{\alpha\beta} = Z_{\beta\alpha} = Z_{pp} - Z_{pq}$$

$$Z_{\beta\beta} = Z_{pp} + Z_{qq} - 2Z_{pq}$$

其中，Z_{pp}，Z_{qq}，Z_{pq} 是图 12.4(b)的节点阻抗矩阵中和节点⑥，①有关的元素。也要对负序和零序网计算这些等值阻抗。

戴维南等值电动势只有正序分量，式(12-7)中的等值电动势为

$$\dot{\boldsymbol{V}}_{\mathrm{eq}}^{(0)} = \begin{bmatrix} \dot{V}_\alpha^{(0)} \\ \dot{V}_\beta^{(0)} \end{bmatrix}$$

其中

$$\begin{cases} \dot{V}_\alpha^{(0)} = \dot{V}_p^{(0)} \\ \dot{V}_\beta^{(0)} = \dot{V}_p^{(0)} - \dot{V}_q^{(0)} \end{cases}$$

于是式(12-6)和式(12-7)的三序分量都可写出。

故障电路的导纳参数即式(12-8)，对 α 端口 a 相接地和 β 端口 a 相断线分别查表 11.2 和表 11.3，有

$$\boldsymbol{Y}_{\mathrm{F}\alpha}^{0,1,2} = \frac{y_{\mathrm{F}}}{3} \begin{bmatrix} 1 & 1 & 1 \\ 1 & 1 & 1 \\ 1 & 1 & 1 \end{bmatrix} \tag{12-9}$$

$$\boldsymbol{Y}_{\mathrm{F}\beta}^{0,1,2} = \frac{y_{\mathrm{F}}}{3} \begin{bmatrix} 2 & -1 & -1 \\ -1 & 2 & -1 \\ -1 & -1 & 2 \end{bmatrix} \tag{12-10}$$

这里 y_{F} 是一个大数，其逆为零。将这些结果代到式(12-3)中，并将 $y_{\mathrm{F}}/3$ 移到括号里面，注意到 $3/y_{\mathrm{F}}$ 是零，所以括号内单位矩阵项不出现，整理后有

$$\begin{bmatrix} \dot{I}_{\mathrm{F}\alpha}^0 \\ \dot{I}_{\mathrm{F}\alpha}^1 \\ \dot{I}_{\mathrm{F}\alpha}^2 \\ \dot{I}_{\mathrm{F}\beta}^0 \\ \dot{I}_{\mathrm{F}\beta}^1 \\ \dot{I}_{\mathrm{F}\beta}^2 \end{bmatrix} = \left[\begin{array}{ccc:ccc} 1 & 1 & 1 & & & \\ 1 & 1 & 1 & & & \\ 1 & 1 & 1 & & & \\ \hdashline & & & 2 & -1 & -1 \\ & & & -1 & 2 & -1 \\ & & & -1 & -1 & 2 \end{array}\right] \left\{ \left[\begin{array}{ccc:ccc} Z_{\alpha\alpha}^0 & & & Z_{\alpha\beta}^0 & & \\ & Z_{\alpha\alpha}^1 & & & Z_{\alpha\beta}^1 & \\ & & Z_{\alpha\alpha}^2 & & & Z_{\alpha\beta}^2 \\ \hdashline Z_{\beta\alpha}^0 & & & Z_{\beta\beta}^0 & & \\ & Z_{\beta\alpha}^1 & & & Z_{\beta\beta}^1 & \\ & & Z_{\beta\alpha}^2 & & & Z_{\beta\beta}^2 \end{array}\right] \right.$$

$$\times\left\{\begin{bmatrix}1&1&1&&&\\1&1&1&&&\\1&1&1&&&\\&&&2&-1&-1\\&&&-1&2&-1\\&&&-1&-1&2\end{bmatrix}\right\}^{-1}\begin{bmatrix}0\\\dot{V}_{\alpha}^{(0)}\\0\\0\\\dot{V}_{\beta}^{(0)}\\0\end{bmatrix}\tag{12-11}$$

上式在计算机上是很容易直接求解的。

(3) 计算故障后系统中的电量

将上面计算出的故障电流代入式(12-5)就可求出网络中节点 k 的电压，注意 α 端口是由节点 p 和地组成的，β 端口是由节点 p,q 组成的：

$$\begin{bmatrix}\dot{V}_k^0\\\dot{V}_k^1\\\dot{V}_k^2\end{bmatrix}=\begin{bmatrix}0\\\dot{V}_k^{(0)}\\0\end{bmatrix}-\begin{bmatrix}Z_{kp}^0\dot{I}_{F\alpha}^0+(Z_{kp}^0-Z_{kq}^0)\dot{I}_{F\beta}^0\\Z_{kp}^1\dot{I}_{F\alpha}^1+(Z_{kp}^1-Z_{kq}^1)\dot{I}_{F\beta}^1\\Z_{kp}^2\dot{I}_{F\alpha}^2+(Z_{kp}^2-Z_{kq}^2)\dot{I}_{F\beta}^2\end{bmatrix}\quad k=1,2,\cdots,6\tag{12-12}$$

利用上式算出的各节点的序电压就可以求出各支路序电流，最后再将序电流转换成相电流。

以上计算中所有阻抗元素都是图12.4(b)中将支路(1,2)破口后的节点阻抗矩阵元素，所有开路电压 $\dot{\boldsymbol{V}}_k^{(0)}$ 也是考虑了支路破口后的节点开路电压。

本例的故障电流计算也可以推广到其他故障类型，只需选择好相应的故障电路的导纳矩阵 $\boldsymbol{Y}_{F\alpha}^{0,1,2}$ 和 $\boldsymbol{Y}_{F\beta}^{0,1,2}$。

应注意在式(12-11)中，虽然等号右边等值电动势源只有正序分量，但由于故障是不对称故障，故障电路的导纳在式(12-9)和式(12-10)中是满矩阵，所以用式(12-11)计算的故障端口电流将产生三序分量，式(12-12)的节点电压也将产生三序分量。

一般教科书上介绍的故障分析方法并不使用式(12-9)和式(12-10)的故障电路导纳，也不是用式(12-11)计算故障电流，而是使用序网连接来描述故障边界条件，组成序网连接图来计算故障电流的。

12.2　规范化的计算机故障分析计算方法

12.1节中介绍的故障分析方法在一定程度上具备了系统化和规范化的特点，但仍显复杂，尤其在故障计算中为构造故障端口有时要对原网络进行修正，增加节点。在线路中间发生故障时，处理起来仍很麻烦。本节介绍一种更通用的系统化、规范化的方法[112]，它在处理各种类型的故障方面的适应性更强，而且实现也更容易，更适合于用计算机求解。

12.2.1 基本思想

任何故障都可看作是一种网络结构的变更。可以想象把故障影响的元件划分为一组，它们对节点导纳矩阵的贡献用矩阵 $\boldsymbol{y}$ 表示，把这组元件从电力系统网络中分离出来。为了保持原电力系统网络不变，可以通过并联负阻抗支路 $-\boldsymbol{y}$ 的办法模拟这组元件的移出。这可用图 12.5 来示意性地说明。图 12.5 中 $\dot{\boldsymbol{I}}_{\mathrm{eq}}^{(0)}$ 和 $\boldsymbol{Y}_{\mathrm{eq}}^{0}$ 是故障前电力系统的多端口诺顿等值参数。受故障影响的这组元件对节点导纳矩阵的贡献是 $\boldsymbol{Y}_{\mathrm{f}}$，当图 12.5 中的 $\boldsymbol{Y}_{\mathrm{f}}=\boldsymbol{y}$ 时，aa' 右侧总导纳为零，表示没有故障发生。图 12.5 的 aa' 轴线左侧是故障前电力系统模型，它不受故障发生与否的影响；aa' 轴线右侧是因故障的不同引起的变化部分的电路模型。只要能把这后一部分描述清楚，将这部分电路"贴"到故障前电力系统网络上去，就很容易计算出故障后系统的电量。对不同的故障，只需形成不同的受故障影响的电路模型，然后"贴"回原网络中即可。

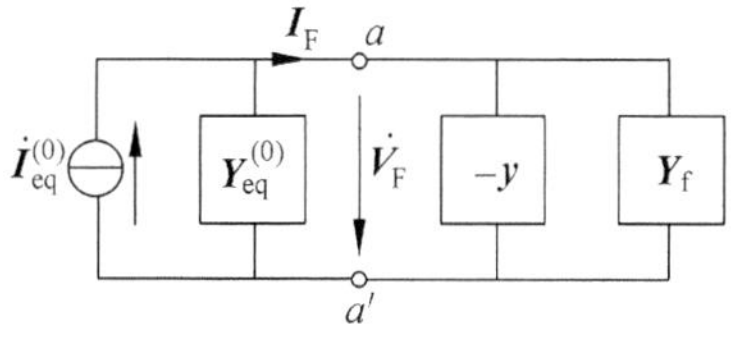

图 12.5 故障后电力系统

从受故障影响的元件的端口向图 12.5 的 aa' 轴线左侧原电力网络看进去，可将原电力网络用诺顿等值电路表示，将图 12.5 的 aa' 轴线右侧的电路进行化简处理，保留和 aa' 轴线左侧接口的端口处节点，消去 aa' 轴线右侧电路中的内部节点，然后将这两部分电路合并，计算两部分电路接口处的电流，最后再利用接口处的电流计算原网络的电量，这样就完成了故障电流的计算。这种方法的优点是原网络保持完整，复杂的计算在图 12.5 的 aa' 轴线右侧的电路中进行。由于受故障影响的元件较少，这部分电路方程阶次较低，求解相对容易。

12.2.2 一条输电线元件发生短路故障的情况

当电网中有一条输电线发生故障，例如图 12.6 中线路 $\alpha(i,j)$ 的中间点 k 处发生单相接地故障时，接地导纳是 Y_{F}。将这条线路单独拿出来分析。支路 $\alpha(i,j)$ 的阻抗是 z_{ij}，分成两段分别是 z_{ik} 和 z_{jk}，图 12.6 中给出相应的支路导纳 y_{ik} 和 y_{jk}。实际上，图 12.6 应是三相电路，为简单起见，下面的叙述暂不区分 a,b,c 相分量和 0,1,2 序分量，需要区分时再说明。

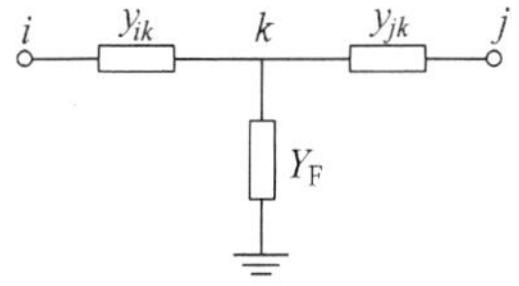

图 12.6 支路 (i,j) 中间发生接地故障

1. 模型和方法

在图12.5中，要移出的这条支路对节点导纳矩阵的贡献是

$$-\boldsymbol{y}=-\boldsymbol{M}_{a}\boldsymbol{y}_{a}\boldsymbol{M}_{a}^{\mathrm{T}}=-\begin{bmatrix} y_{ij} & -y_{ij} \\ -y_{ij} & y_{ij} \end{bmatrix}\begin{matrix} i \\ j \end{matrix} \quad (\text{列 } i,\ j) \tag{12-13}$$

$$y_{a}=y_{ij}=z_{ij}^{-1},\quad \boldsymbol{M}_{a}^{\mathrm{T}}=[\underset{i}{1}\quad \underset{j}{-1}]$$

再考察图12.6中画出的受故障影响的支路对导纳矩阵的贡献。图中有三个节点分别是 i,j,k，写出这段电路的节点导纳矩阵(只列出三个节点 i,j,k)：

$$\boldsymbol{Y}_{s}=\left[\begin{array}{cc|c} y_{ik} & & -y_{ik} \\ & y_{jk} & -y_{jk} \\ \hline -y_{ik} & -y_{ik} & y_{\Sigma} \end{array}\right]\begin{matrix} i \\ j \\ k \end{matrix}$$

式中

$$y_{\Sigma}=y_{ik}+y_{jk}+Y_{\mathrm{F}} \tag{12-14}$$

因为节点 k 不是原电力系统网络中的节点，在图12.6中用星网变换将这个节点消去，得

$$\boldsymbol{Y}_{\mathrm{f}}=\begin{bmatrix} Y_{ii} & Y_{ij} \\ Y_{ji} & Y_{jj} \end{bmatrix}\begin{matrix} i \\ j \end{matrix} \tag{12-15}$$

式中

$$\begin{bmatrix} Y_{ii} & Y_{ij} \\ Y_{ji} & Y_{jj} \end{bmatrix}=\begin{bmatrix} y_{ik} & \\ & y_{jk} \end{bmatrix}-\begin{bmatrix} -y_{ik} \\ -y_{jk} \end{bmatrix}y_{\Sigma}^{-1}[-y_{ik}\quad -y_{jk}]$$

所以

$$\begin{cases} Y_{ii}=y_{ik}-y_{ik}y_{\Sigma}^{-1}y_{ik} \\ Y_{ij}=-y_{ik}y_{\Sigma}^{-1}y_{jk} \\ Y_{ji}=-y_{jk}y_{\Sigma}^{-1}y_{ik} \\ Y_{jj}=y_{jk}-y_{jk}y_{\Sigma}^{-1}y_{jk} \end{cases} \tag{12-16}$$

这就相当于从支路(i,j)的两个端点向故障支路看去所看到的等值导纳。因为支路(i,j)两个端点相对地形成了两个端口，所以当支路中间发生接地故障时，节点 i,j 对地导纳不是零。

由式(12-13)和式(12-15)可见，它们对 $N\times N$ 阶节点导纳矩阵的贡献只在节点 i 和 j 相关的位置上，即节点 i,j 相对应的行列交叉处。令 2×2 阶矩阵

$$\begin{cases} -\boldsymbol{y}_{\alpha}=-\begin{bmatrix} y_{ij} & -y_{ij} \\ -y_{ij} & y_{ij} \end{bmatrix}_{2\times 2} \\ \boldsymbol{Y}_{\mathrm{f}}=\begin{bmatrix} Y_{ii} & Y_{ij} \\ Y_{ji} & Y_{jj} \end{bmatrix}_{2\times 2} \end{cases} \tag{12-17}$$

并有 2×2 阶矩阵

$$\Delta\boldsymbol{Y}_{\mathrm{f}}=-\boldsymbol{y}_{\alpha}+\boldsymbol{Y}_{\mathrm{f}} \tag{12-18}$$

$\Delta\boldsymbol{Y}_{\mathrm{f}}$ 是节点导纳矩阵受故障影响的部分，即要“贴”回到电网中去的部分。

原电力系统网络用节点 i,j 对地组成的端口的诺顿等值描述，对于图 12.6 所示的故障，图 12.5 可用图 12.7 表示。图中原网络诺顿等值参数是

$$\boldsymbol{Y}_{\mathrm{eq}}=\boldsymbol{Z}_{\mathrm{eq}}^{-1},\quad \boldsymbol{Z}_{\mathrm{eq}}=\begin{bmatrix} Z_{ii} & Z_{ij} \\ Z_{ji} & Z_{jj} \end{bmatrix},\quad \dot{\boldsymbol{I}}_{\mathrm{eq}}^{(0)}=\boldsymbol{Y}_{\mathrm{eq}}\dot{\boldsymbol{V}}_{\mathrm{eq}}^{(0)}=\begin{bmatrix} \dot{I}_i^{(0)} \\ I_j^{(0)} \end{bmatrix},\quad \dot{\boldsymbol{V}}_{\mathrm{eq}}^{(0)}=\begin{bmatrix} \dot{V}_i^{(0)} \\ \dot{V}_j^{(0)} \end{bmatrix}$$

式中，$\boldsymbol{Z}_{\mathrm{eq}}$ 和 $\dot{\boldsymbol{V}}_{\mathrm{eq}}^{(0)}$ 分别为戴维南等值阻抗和电动势。戴维南等值阻抗中，Z_{ii}，Z_{jj}，Z_{ij} 是原网络节点阻抗矩阵在故障支路端节点 i 和 j 处的自阻抗和互阻抗。

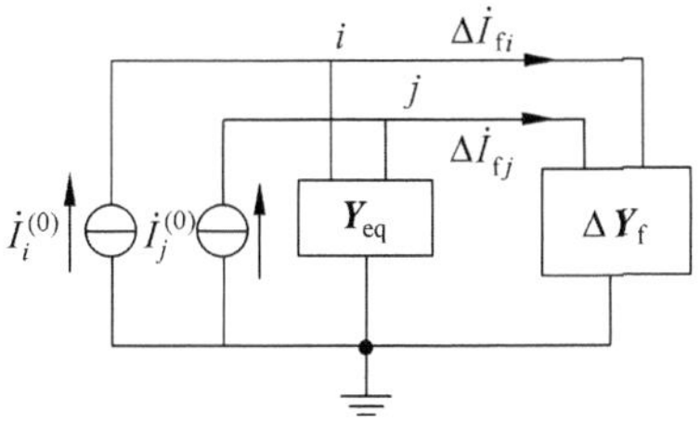

图 12.7 简化到 i,j 端口后的网络等值

图 12.7 中的补偿电流是

$$\Delta\dot{\boldsymbol{I}}_{\mathrm{f}}=\Delta\boldsymbol{Y}_{\mathrm{f}}(\boldsymbol{Y}_{\mathrm{eq}}+\Delta\boldsymbol{Y}_{\mathrm{f}})^{-1}\dot{\boldsymbol{I}}_{\mathrm{eq}}^{(0)} \tag{12-19}$$

注意这个电流不是故障点的电流，而是为模拟故障而接入的补偿电路的等值支路导纳上的电流，这一点和 12.1 节中的 $\dot{\boldsymbol{I}}_{\mathrm{F}}$ 不同。

利用这个电流可求出故障后电网各节点的电压，有

$$\dot{\boldsymbol{V}}=\dot{\boldsymbol{V}}^{(0)}-\boldsymbol{Z}_{\mathrm{f}}\Delta\dot{\boldsymbol{I}}_{\mathrm{f}} \tag{12-20}$$

式中，$\dot{\boldsymbol{V}}^{(0)}$ 为故障前电网节点电压列矢量；$\boldsymbol{Z}_{\mathrm{f}}$ 为原始网络节点阻抗矩阵中和节点 i，j 相对应的列组成的 $N\times 2$ 阶矩阵；$\Delta\dot{\boldsymbol{I}}_{\mathrm{f}}$ 为节点 i 和 j 的补偿注入电流列矢量，它只在节点 i 和 j 两处有非零元素。

2. 算法流程

总结以上过程，本算法有三个主要计算步骤：

(1) 根据故障影响元件确定原网诺顿等值端口，计算原网诺顿等值参数；

(2) 根据故障影响元件和故障类型用式(12-18)计算 $\Delta \boldsymbol{Y}_{\mathrm{f}}$,用式(12-19)计算 $\Delta \dot{\boldsymbol{I}}_{\mathrm{f}}$;

(3) 利用 $\Delta \dot{\boldsymbol{I}}_{\mathrm{f}}$,用式(12-20)计算故障后电网各节点电压。

上面步骤(1)和步骤(3)应当使用序分量计算。步骤(3)计算出故障后电网的序分量电量后还应转换到相分量形式。

步骤(2)既可以用序分量也可以用相分量计算,因为这个计算的阶次已经不高。

当用序分量计算时,在计算 $\Delta \dot{\boldsymbol{I}}_{\mathrm{f}}$过程中用到的 $y_{ij}, y_{ik}, y_{jk}, \boldsymbol{Y}_{\mathrm{eq}}$都是三序解耦的,$\dot{\boldsymbol{I}}_{\mathrm{eq}}^{(0)}$只有正序分量电流,负序和零序电流为零,式(12-14)中的 $\boldsymbol{Y}_{\mathrm{F}}$ 在不对称故障情况下是序间有耦合的。

当用相分量计算时,y_{ij}, y_{ik}, y_{jk}和 $\boldsymbol{Y}_{\mathrm{eq}}$都要由序分量形式变成相分量形式,此时,它们都是相间有耦合的。由序分量变成相分量时 $\dot{\boldsymbol{I}}_{\mathrm{eq}}^{(0)}$三相电流都不是零。但用相分量表示时,式(12-4)中的 $\boldsymbol{Y}_{\mathrm{F}}$ 具有简单的形式。

由于故障影响的元件不多,涉及的矩阵阶次不高,所以步骤(2)用哪种方法都是可以的,计算量相差不大。一般建议采用序分量形式。

下面用图12.6的例说明。用序分量表示时,将式(12-19)写成0,1,2坐标形式为

$$\Delta \dot{\boldsymbol{I}}_{\mathrm{f}}^{0,1,2} = \Delta \boldsymbol{Y}_{\mathrm{f}}^{0,1,2}(\boldsymbol{Y}_{\mathrm{eq}}^{0,1,2} + \Delta \boldsymbol{Y}_{\mathrm{f}}^{0,1,2})^{-1} \dot{\boldsymbol{I}}_{\mathrm{eq}}^{(0)0,1,2} \tag{12-21}$$

式(12-20)变为

$$\dot{\boldsymbol{V}}^{0,1,2} = \dot{\boldsymbol{V}}^{(0)0,1,2} - \boldsymbol{Z}_{\mathrm{f}}^{0,1,2} \Delta \dot{\boldsymbol{I}}_{\mathrm{f}}^{(0)0,1,2} \tag{12-22}$$

式中,$\boldsymbol{Y}_{\mathrm{eq}}^{0,1,2}$为从故障端口向原网络看进去的等值导纳矩阵,它的每个元素是3×3阶对角线矩阵,对角元分别是零序、正序和负序等值导纳。诺顿电流源 $\dot{\boldsymbol{I}}_{\mathrm{eq}}^{(0)0,1,2}$和故障前原网络的节点电压矢量 $\dot{\boldsymbol{V}}^{(0)0,1,2}$(每个元素都是3×1矢量)都只有正序分量不是零,零序和负序分量都是零。

式(12-21)中 $\Delta \boldsymbol{Y}_{\mathrm{f}}^{0,1,2}$ 可能是满矩阵。由式(12-18)可知

$$\Delta \boldsymbol{Y}_{\mathrm{f}}^{0,1,2} = -\boldsymbol{y}_{\alpha}^{0,1,2} + \boldsymbol{Y}_{\mathrm{f}}^{0,1,2}$$

式中

$$\boldsymbol{y}_{\alpha}^{0,1,2} = \begin{bmatrix} \boldsymbol{y}_{ij}^{0,1,2} & -\boldsymbol{y}_{ij}^{0,1,2} \\ -\boldsymbol{y}_{ij}^{0,1,2} & \boldsymbol{y}_{ij}^{0,1,2} \end{bmatrix}_{6\times6}$$

$$\boldsymbol{y}_{ij}^{0,1,2} = \begin{bmatrix} y_{ij}^{0} & & \\ & y_{ij}^{1} & \\ & & y_{ij}^{2} \end{bmatrix}_{3\times3}$$

$$\boldsymbol{Y}_{\mathrm{f}}^{0,1,2} = \begin{bmatrix} \boldsymbol{Y}_{ii}^{0,1,2} & \boldsymbol{Y}_{ij}^{0,1,2} \\ \boldsymbol{Y}_{ji}^{0,1,2} & \boldsymbol{Y}_{jj}^{0,1,2} \end{bmatrix}_{6\times6}$$

上式 $\boldsymbol{Y}_f^{0,1,2}$ 中的元素用式(12-16)计算，但注意式(12-16)中的每一元素在此处都是 3×3 矩阵：

$$\boldsymbol{y}_{ik}^{0,1,2}=\begin{bmatrix} y_{ik}^{0} & & \\ & y_{ik}^{1} & \\ & & y_{ik}^{2} \end{bmatrix},\quad \boldsymbol{y}_{jk}^{0,1,2}=\begin{bmatrix} y_{jk}^{0} & & \\ & y_{jk}^{1} & \\ & & y_{jk}^{2} \end{bmatrix}$$

而式(12-16)中的 y_Σ 是由式(12-14)求得，其中的 Y_F 在这里是矩阵 $\boldsymbol{Y}_F^{0,1,2}$，因故障的不同而取不同的值。可查表 11.1～表 11.3 得到。

12.2.3 一条输电线元件发生短路加线路跳开故障时的分析

$\boldsymbol{Y}_f$ 是在支路(i,j)上发生故障时，该支路(i,j)连同故障电路一起的等值节点导纳矩阵。下面分析线路中间发生接地短路故障，同时线路两端发生开关跳闸这种特殊情况。分析中仍采用单相电路模型，略去相分量或序分量的上标。

这种情况是较常见的，在线路开关侧各设一个新节点(m,n)，线路开关用一段支路模拟(图 12.8(a))，其等值电路如图 12.8(b)所示。$Y_{F\alpha}$为 k 点接地故障支路的等值导纳，$Y_{F\beta}$ 和 $Y_{F\gamma}$分别是两个开关的等值支路的导纳。对这一等值电路建立包括 3 个新增节点 k,m,n 的节点导纳矩阵：

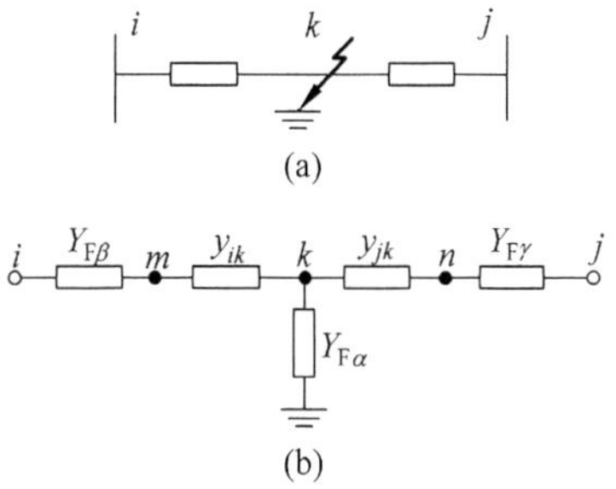

图 12.8 短路加跳线的模拟

$$\begin{array}{c} \\ i \\ j \\ k \\ m \\ n \end{array}\begin{array}{c} \begin{array}{ccccc} i & j & k & m & n \end{array} \\ \left[\begin{array}{cc:ccc} Y_{F\beta} & 0 & 0 & -Y_{F\beta} & 0 \\ 0 & Y_{F\gamma} & 0 & 0 & -Y_{F\gamma} \\ \hdashline 0 & 0 & y_\Sigma & -y_{ik} & -y_{jk} \\ -Y_{F\beta} & 0 & -y_{ik} & y_\beta & 0 \\ 0 & -Y_{F\gamma} & -y_{jk} & 0 & y_\gamma \end{array}\right] \end{array} \tag{12-23}$$

式中，$y_\Sigma=y_{ik}+y_{jk}+Y_{F\alpha}$，$y_\beta=y_{ik}+Y_{F\beta}$，$y_\gamma=y_{jk}+Y_{F\gamma}$。

消去节点 k,m,n，可得关于节点 i,j 的导纳矩阵：

$$\boldsymbol{Y}_f=\begin{bmatrix} Y_{F\beta} & 0 \\ 0 & Y_{F\gamma} \end{bmatrix}-\begin{bmatrix} 0 & -Y_{F\beta} & 0 \\ 0 & 0 & -Y_{F\gamma} \end{bmatrix}\begin{bmatrix} y_\Sigma & -y_{ik} & -y_{jk} \\ -y_{ik} & y_\beta & 0 \\ -y_{jk} & 0 & y_\gamma \end{bmatrix}^{-1}\begin{bmatrix} 0 & 0 \\ -Y_{F\beta} & 0 \\ 0 & -Y_{F\gamma} \end{bmatrix} \tag{12-24}$$

式中，$Y_{F\alpha}$，$Y_{F\beta}$，$Y_{F\gamma}$为故障支路的导纳，可取 a,b,c 相分量或 0,1,2 序分量形式，可由表 11.1～表 11.3 查得。

12.2.4　故障影响一组元件的情况

故障计算中，有时故障影响原网络中的一组元件。例如双回线发生线间短路故障，故障影响两条输电线；或者一条线中间发生接地故障，另几条线路元件由于继电保护动作而跳闸，这种情况相当于多重故障，故障影响一组元件。另外，如果一条输电线和其他几条输电线有互感耦合，一条输电线上的故障产生的电流变化不但通过网络电气连接而影响系统，而且通过电磁耦合对另几条输电线产生影响。这种情况虽然是单重故障，但实际上影响一组元件。

在这些情况下，要把受故障直接影响的元件划分为一组来讨论。这时式(12-17)中的 $-\boldsymbol{y}_\alpha$ 是这组元件共同形成的节点导纳矩阵，前边的负号表示把这组元件从网络中分离出来。单独把 $-\boldsymbol{y}_\alpha$ 并入电网相当于把这组元件从电网中移出。然后，像在图12.8中那样，在这组元件中根据故障位置和类型将元件分段，增加新节点，接入故障电路，并形成这样处理后的这组元件的节点导纳矩阵，消去新增节点就得到 $\boldsymbol{Y}_\mathrm{f}$。它和 $-\boldsymbol{y}_\alpha$ 一起构成应接入的补偿导纳 $\Delta\boldsymbol{Y}_\mathrm{f}$。其计算过程和前边介绍过的相同。

下面给出一个三重故障的计算实例。

例 12.2　对于例12.1的五个节点的电力系统，其正序和负序网的结构和参数如图12.9(a)所示，节点④和节点⑤的正序电源没有示出；其零序网的结构和参数如图12.9(b)所示。如果在线路(1,2)距节点①40%处的中间点 k 发生 a 相接地故障，在线路(1,2)的节点①端的 a 相开关跳开，在线路(1,2)的节点②端的 a,b 两相开关同时跳开，故障支路(1,2)的模型如图12.9(c)所示。这段故障线路中，k 点 a 相接地，$(1,m)$ 段 a 相跳开，$(2,n)$ 段 b,c 相跳开。用本章介绍的规范化的故障分析计算方法分析计算过程。

解　可从表11.2和表11.3查出图12.9(c)中的0,1,2分量表示的故障电路的等值电路模型，用导纳矩阵表示分别是 $\boldsymbol{Y}_{\mathrm{F}\alpha}$，$\boldsymbol{Y}_{\mathrm{F}\beta}$ 和 $\boldsymbol{Y}_{\mathrm{F}\gamma}$，有

$$\boldsymbol{Y}_{\mathrm{F}\alpha}^{0,1,2}=\frac{y_\mathrm{F}}{3}\begin{bmatrix}1&1&1\\1&1&1\\1&1&1\end{bmatrix},\quad \boldsymbol{Y}_{\mathrm{F}\beta}^{0,1,2}=\frac{y_\mathrm{F}}{3}\begin{bmatrix}2&-1&-1\\-1&2&-1\\-1&-1&2\end{bmatrix},$$

$$\boldsymbol{Y}_{\mathrm{F}\gamma}^{0,1,2}=\frac{y_\mathrm{F}}{3}\begin{bmatrix}1&1&1\\1&1&1\\1&1&1\end{bmatrix}$$

于是，利用式(12-23)可以计算出用0,1,2分量表示的式(12-24)的 $\boldsymbol{Y}_\mathrm{f}$，计算需要“贴”回电网的故障补偿导纳 $\Delta\boldsymbol{Y}_\mathrm{f}^{0,1,2}=-\boldsymbol{y}_\alpha^{0,1,2}+\boldsymbol{Y}_\mathrm{f}^{0,1,2}$，用式(12-21)计算“贴”入故障补偿电路引起的补偿电流，用式(12-22)计算各节点电压，最后计算各支路

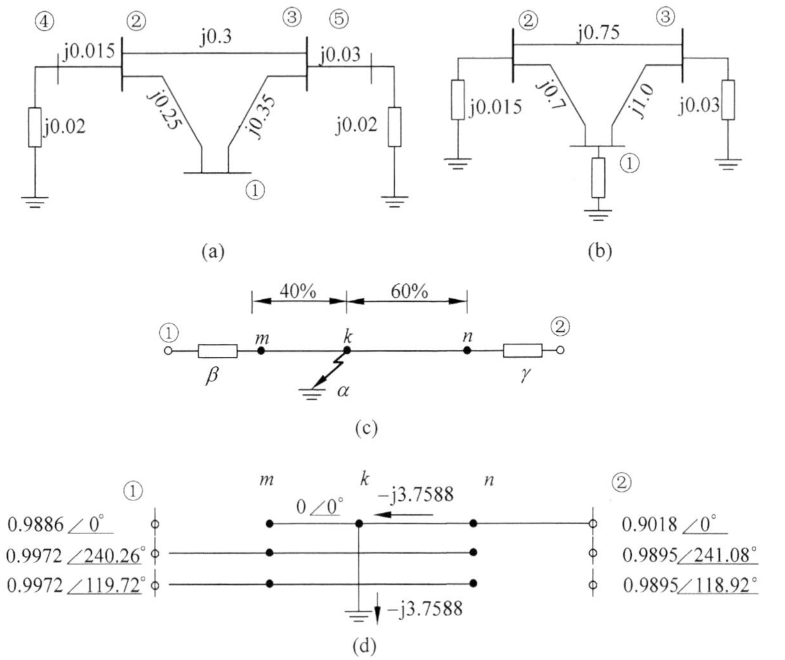

图 12.9 三重故障的一个说明例

(a) 正(负)序网；(b) 零序网；(c) 故障支路示意图；(d) 故障支路上的三相电量计算结果

电流。最后还需要将序分量电流变换成相分量电流。现选择故障支路(1,2)上的有关电量并将计算结果标在图 12.9(d)上。

由此结果可见，受节点 k 故障的影响，节点②的 a 相电压最低，滞后的故障电流从节点②流向节点 k，可以看到，只有 a 相有故障电流。

12.3 小结

利用计算机进行故障分析时，为便于计算机求解，要求算法规范化、系统化，能用统一的通用的公式描述不同类型的故障，这样才能编制出通用的计算程序，对不同类型的故障设置不同的参数就可进行不同类型的故障计算。

通常的故障分析方法需要在故障端口处把电力系统和故障电路分开，故障前的电力系统用在故障端口处的戴维南或诺顿等值代替，再和故障电路连接。用相分量或序分量求解流过故障电路的电流，用这一电流计算故障电流中的故障分量，再利用叠加原理和故障前正常分量叠加。对纵向故障，故障前的正常分量的求取需要考虑支路破口的影响。

更为通用的方法是规范化的故障分析计算方法。该方法采用并联负阻抗支路的方法模拟元件的移出，以保持网络不变。该方法把受故障影响的元件从网络中划分出来，将这些元件和故障电路一起形成这部分电路的节点导纳矩阵，保留移出支路的端口节点，消去非端口节点，再把消去这些节点后的导纳矩阵接入原网络。由于故障引起的修正只限制在少数元件上，对不同的故障的模拟也只在少数元件上进行，而且不需要序网连接等传统的描述，因此，这种方法更规范，更适合计算机求解。这种方法的最大特点是可以避免因模拟纵向故障而对原网络进行支路破口操作，计算中原网络方程始终保持不变，因此这种方法更加规范和通用，更加适合用于故障扫描等需要进行大量故障分析的场合。

习　　题

12.1　如题图12.1所示的电力网络，当三相对称故障分别发生在节点①，②，③上时，试计算故障电流。当故障发生在①节点时，假定故障阻抗为 $z_F = \mathrm{j}0.01$，计算所有母线电压和支路电流。

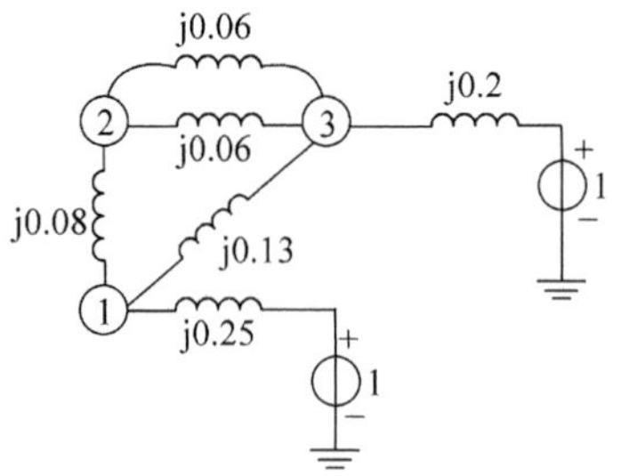

题图 12.1

12.2　在题图12.1的支路(2,3)一回线中间50%处发生三相接地短路时，计算短路电流。

12.3　题图12.1的支路(2,3)一回线中间三相短路，另一回线三相跳开，计算各节点电压和各支路电流。

12.4　一条三相交流输电线，其正序、负序、零序阻抗分别为 $\mathrm{j}x_1, \mathrm{j}x_1, \mathrm{j}x_0$，在该输电线$(i,j)$距离端点 i 的 l 处发生 a 相接地短路，短路点接地阻抗是 R_F，试求从两端节点 i,j 看进去的这段故障电路的等值导纳矩阵。分别用 a,b,c 相分量和 0,1,2 序分量分析。当 $x_1=0.1, x_0=0.3, R_F=10^{-6}, l=0.4$ 时，计算这个等值导纳矩阵。

12.5　对如题图12.5所示的电力系统，系统线路电抗数据见题表12.5(1)，发电机电抗数据见题表12.5(2)。

题表 12.5(1)

线路号	节点号	正序	负序	零序	零序互阻抗
1	①—②	0.05	0.05	0.10	和支路(2)耦合阻抗是0.05
2	①—②	0.05	0.05	0.12	和支路(1)耦合阻抗是0.05
3	②—③	0.06	0.06	0.12	—
4	①—③	0.1	0.1	0.15	—

题表 12.5(2)

发电机号	正　序	负　序	零　序
1	0.25	0.15	0.04
2	0.20	0.12	0.02

(1) 节点③发生三相对地短路故障，计算短路电流、各节点电压和各支路电流；

(2) 节点③发生单相接地短路故障，计算短路电流、各节点电压和各支路电流；

(3) 线路(4)中间50%处发生单相接地短路故障时，计算短路电流、各节点电压和各支路电流；

(4) 线路(1)中间50%处发生单相接地短路故障，计算短路点电流。

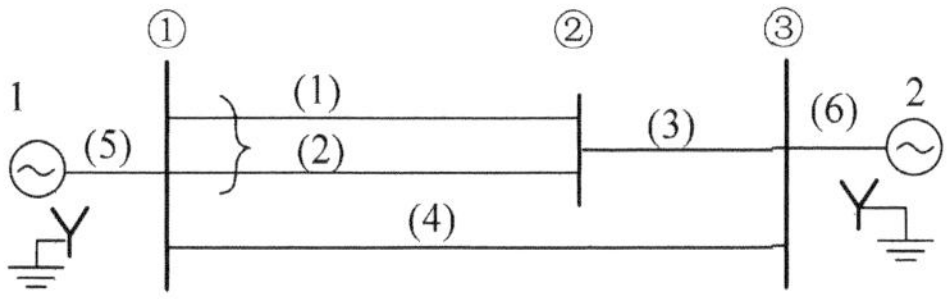

题图 12.5

12.6　题图12.5中，如果线路(4)在节点①侧发生 a 相接地故障，同时节点①侧线路开关跳开 a 相，将节点①和故障隔断开，但节点③侧线路开关未跳开。试计算此时各支路电流。

12.7　线路 (i,j) 在中间点 k 点发生接地短路故障，在 a,b,c 坐标如题图12.7(a)所示。试推导消去中间短路点 k，只保留线路两端节点 (i,j) 的等值导纳矩阵，其等值电路如题图12.7(b)所示。这里 y_1,y_2,y_F 都是 3×3 阶矩阵，$y_\Sigma = y_1 + y_2 + y_F$。提示：结果为

$$\begin{matrix} i \\ j \end{matrix}\begin{bmatrix} y_{12}+y_{1F} & -y_{12} \\ -y_{12} & y_{12}+y_{2F} \end{bmatrix} = \begin{bmatrix} y_1 y_\Sigma^{-1}(y_2+y_F) & -y_1 y_\Sigma^{-1} y_2 \\ -y_2 y_\Sigma^{-1} y_1 & (y_2+y_F) y_\Sigma^{-1} y_2 \end{bmatrix}$$

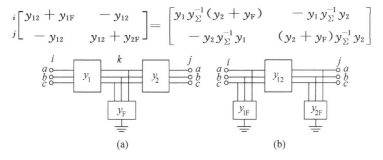

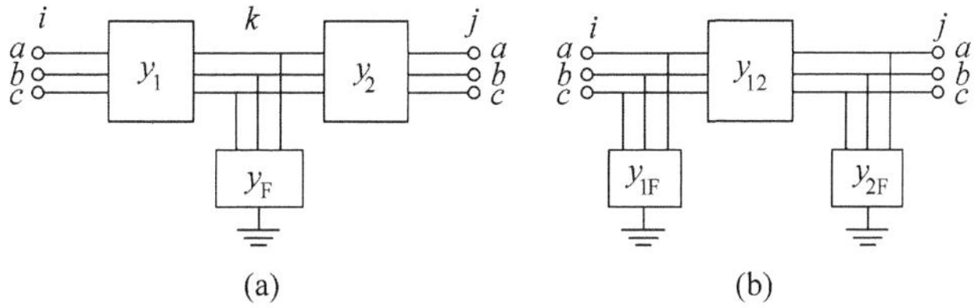

题图 12.7

12.8　双回线(i,j)和(i,q)之间有零序互感，其正序（负序）和零序参数分别如题图 12.8(a)，(b)所示。在(i,j)支路中间 k 点发生 a 相接地故障，故障点及参数分别如题图 12.8(c)，(d)所示，其故障前后的零序等值电路分别如题图 12.8(e)，(f)所示，试求 $\Delta \boldsymbol{Y}_{\mathrm{f}}$。

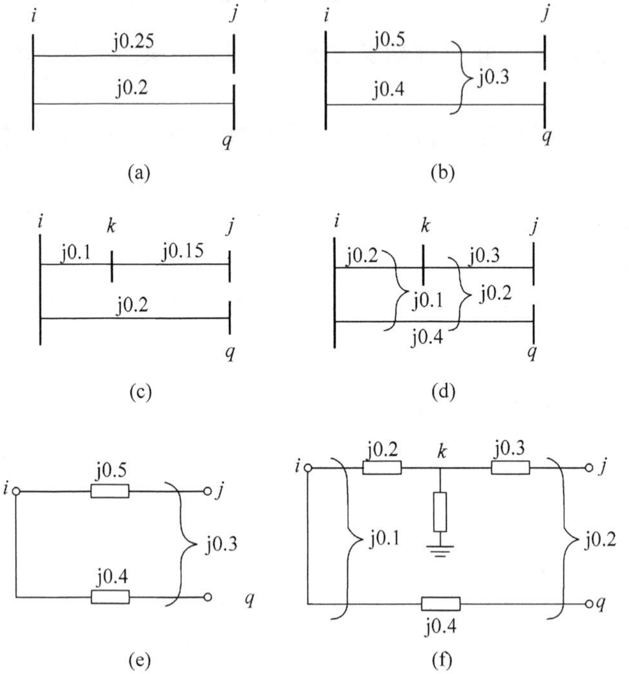

题图 12.8

12.9　在图 12.6 中的系统中，若短路发生在 i 端，试求 $\Delta \boldsymbol{Y}_{\mathrm{f}}$。

12.10　在图 12.6 中的系统中，若短路发生在线路中间 50%处，试求 $\Delta \boldsymbol{Y}_{\mathrm{f}}$。

附录A　分块矩阵求逆与矩阵求逆引理

A1　分块矩阵求逆公式

令 $\boldsymbol{A}$ 和 $\boldsymbol{B}$ 是互逆矩阵，将 $\boldsymbol{A}$ 和 $\boldsymbol{B}$ 写成分块矩阵的形式，有

$$\begin{bmatrix} \boldsymbol{A}_{11} & \boldsymbol{A}_{12} \\ \boldsymbol{A}_{21} & \boldsymbol{A}_{22} \end{bmatrix}\begin{bmatrix} \boldsymbol{B}_{11} & \boldsymbol{B}_{12} \\ \boldsymbol{B}_{21} & \boldsymbol{B}_{22} \end{bmatrix}=\begin{bmatrix} \boldsymbol{I}_{11} & \\ & \boldsymbol{I}_{22} \end{bmatrix} \tag{A1}$$

式中，$\boldsymbol{A}$ 和 $\boldsymbol{B}$ 相应子块具有适当的维数，对角块均为可逆方阵，右侧是单位矩阵，展开式(A1)，有

$$\boldsymbol{A}_{11}\boldsymbol{B}_{11}+\boldsymbol{A}_{12}\boldsymbol{B}_{21}=\boldsymbol{I}_{11} \tag{A2}$$

$$\boldsymbol{A}_{11}\boldsymbol{B}_{12}+\boldsymbol{A}_{12}\boldsymbol{B}_{22}=\boldsymbol{0} \tag{A3}$$

$$\boldsymbol{A}_{21}\boldsymbol{B}_{11}+\boldsymbol{A}_{22}\boldsymbol{B}_{21}=\boldsymbol{0} \tag{A4}$$

$$\boldsymbol{A}_{21}\boldsymbol{B}_{12}+\boldsymbol{A}_{22}\boldsymbol{B}_{22}=\boldsymbol{I}_{22} \tag{A5}$$

由式(A4)有

$$\boldsymbol{B}_{21}=-\boldsymbol{A}_{22}^{-1}\boldsymbol{A}_{21}\boldsymbol{B}_{11}$$

代入式(A2)有

$$(\boldsymbol{A}_{11}-\boldsymbol{A}_{12}\boldsymbol{A}_{22}^{-1}\boldsymbol{A}_{21})\boldsymbol{B}_{11}=\boldsymbol{I}_{11}$$

故有

$$\boldsymbol{B}_{11}^{-1}=\boldsymbol{A}_{11}-\boldsymbol{A}_{12}\boldsymbol{A}_{22}^{-1}\boldsymbol{A}_{21} \tag{A6}$$

由式(A3)有

$$\boldsymbol{B}_{12}=-\boldsymbol{A}_{11}^{-1}\boldsymbol{A}_{12}\boldsymbol{B}_{22} \tag{A7}$$

代入式(A5)有

$$(\boldsymbol{A}_{22}-\boldsymbol{A}_{21}\boldsymbol{A}_{11}^{-1}\boldsymbol{A}_{12})\boldsymbol{B}_{22}=\boldsymbol{I}_{22}$$

即

$$\boldsymbol{B}_{22}^{-1}=\boldsymbol{A}_{22}-\boldsymbol{A}_{21}\boldsymbol{A}_{11}^{-1}\boldsymbol{A}_{12} \tag{A8}$$

由于 $\boldsymbol{A}$ 和 $\boldsymbol{B}$ 互逆，故有

$$\begin{bmatrix} \boldsymbol{B}_{11} & \boldsymbol{B}_{12} \\ \boldsymbol{B}_{21} & \boldsymbol{B}_{22} \end{bmatrix}\begin{bmatrix} \boldsymbol{A}_{11} & \boldsymbol{A}_{12} \\ \boldsymbol{A}_{21} & \boldsymbol{A}_{22} \end{bmatrix}=\begin{bmatrix} \boldsymbol{I}_{11} & \\ & \boldsymbol{I}_{22} \end{bmatrix}$$

可得

$$\boldsymbol{B}_{21}\boldsymbol{A}_{11}+\boldsymbol{B}_{22}\boldsymbol{A}_{21}=\boldsymbol{0}$$

即

$$\boldsymbol{B}_{21} = -\boldsymbol{B}_{22}\boldsymbol{A}_{21}\boldsymbol{A}_{11}^{-1} \tag{A9}$$

式(A6)～式(A9)即为利用 $\boldsymbol{A}$ 的对角子块的逆求 $\boldsymbol{A}$ 本身的逆(即 $\boldsymbol{B}$ 矩阵)的公式。

A2　矩阵求逆引理的证明

考虑到式(A1)中 $\boldsymbol{A}$ 和 $\boldsymbol{B}$ 及相应子块有相同的性质,类似于式(A6)的推导,有

$$\boldsymbol{A}_{11}^{-1} = \boldsymbol{B}_{11} - \boldsymbol{B}_{12}\boldsymbol{B}_{22}^{-1}\boldsymbol{B}_{21} \tag{A10}$$

将式(A7)～式(A9)分别代入式(A10),移项整理,得

$$\boldsymbol{B}_{11} = \boldsymbol{A}_{11}^{-1} + \boldsymbol{A}_{11}^{-1}\boldsymbol{A}_{12}(\boldsymbol{A}_{22} - \boldsymbol{A}_{21}\boldsymbol{A}_{11}^{-1}\boldsymbol{A}_{12})^{-1}\boldsymbol{A}_{21}\boldsymbol{A}_{11}^{-1} \tag{A11}$$

比较式(A6)与式(A11),得

$$(\boldsymbol{A}_{11} - \boldsymbol{A}_{12}\boldsymbol{A}_{22}^{-1}\boldsymbol{A}_{21})^{-1} = \boldsymbol{A}_{11}^{-1} + \boldsymbol{A}_{11}^{-1}\boldsymbol{A}_{12}(\boldsymbol{A}_{22} - \boldsymbol{A}_{21}\boldsymbol{A}_{11}^{-1}\boldsymbol{A}_{12})^{-1}\boldsymbol{A}_{21}\boldsymbol{A}_{11}^{-1} \tag{A12}$$

此式就是著名的 Sherman-Morrison-Woodbury 公式,也称为矩阵求逆引理(matrix inversion lemma)。

在电力网络计算中,子矩阵 $\boldsymbol{A}_{22}$ 通常具有较低的阶数,特殊情况下 $\boldsymbol{A}_{22}$ 是标量。将 $\boldsymbol{A}$ 的各子块用一般的有同样阶数的矩阵来表示,取

$$\boldsymbol{A}_{11} = \boldsymbol{Y},\quad \boldsymbol{A}_{22}^{-1} = -\boldsymbol{a},\quad \boldsymbol{A}_{12} = \boldsymbol{M},\quad \boldsymbol{A}_{21} = \boldsymbol{N}^{\mathrm{T}}$$

则矩阵求逆引理可表示为如下的一般形式:

$$(\boldsymbol{Y} + \boldsymbol{M}\boldsymbol{a}\boldsymbol{N}^{\mathrm{T}})^{-1} = \boldsymbol{Y}^{-1} - \boldsymbol{Y}^{-1}\boldsymbol{M}(\boldsymbol{a}^{-1} + \boldsymbol{N}^{\mathrm{T}}\boldsymbol{Y}^{-1}\boldsymbol{M})^{-1}\boldsymbol{N}^{\mathrm{T}}\boldsymbol{Y}^{-1} \tag{A13}$$

附录B　IEEE 14母线和30母线标准试验系统数据

本附录给出IEEE 14母线和30母线标准试验系统的数据和潮流计算结果，这里给出的是经过程序计算出的结果。数据按以下顺序给出：

(1) 母线注入功率数据和潮流结果；

(2) 线路参数和变压器支路参数；

(3) 变压器变比，非标准变比在首端；

(4) 并联电容器的电纳；

(5) 无功可调母线(PV母线)的电压给定值和无功上下限。

所有标么值数据都以100 MV·A为功率基值。母线电压上、下限分别为1.1和0.97。

1. IEEE 14母线系统数据

表B1　IEEE 14母线系统母线数据和潮流结果

母线号	母线电压		发电机输出功率		负荷功率	
	幅值(p.u.)	相角/(°)	有功/MW	无功/Mvar	有功/MW	无功/Mvar
1	1.0600	0.0000	232.38	−16.89	0.00	0.00
2	1.0450	−4.9808	40.00	42.40	21.70	12.70
3	1.0100	−12.7176	0.00	23.39	94.20	19.00
4	1.0186	−10.3241	0.00	0.00	47.80	−3.90
5	1.0203	−8.7825	0.00	0.00	7.60	1.60
6	1.0700	−14.2223	0.00	12.24	11.20	7.50
7	1.0620	−13.3680	0.00	0.00	0.00	0.00
8	1.0900	−13.3680	0.00	17.36	0.00	0.00
9	1.0563	−14.9462	0.00	0.00	29.50	16.60
10	1.0513	−15.1039	0.00	0.00	9.00	5.80
11	1.0571	−14.7949	0.00	0.00	3.50	1.80

续表

母线号	母线电压		发电机输出功率		负荷功率	
	幅值(p. u.)	相角/(°)	有功/MW	无功/Mvar	有功/MW	无功/Mvar
12	1.0569	−15.0771	0.00	0.00	6.10	1.60
13	1.0504	−15.1586	0.00	0.00	13.50	5.80
14	1.0358	−16.0386	0.00	0.00	14.90	5.00
系统总功率			272.38	78.50	259.00	73.50

表 B2 IEEE 14 母线系统支路数据(p. u.)

支路号	首末端母线号	支路电阻	支路电抗	$\frac{1}{2}$充电电容电纳	额定电流
1	1-2	0.019 38	0.059 17	0.026 40	1.71×2
2	2-3	0.046 99	0.019 79	0.021 90	1.71
3	2-4	0.058 11	0.176 32	0.018 70	1.71
4	1-5	0.054 03	0.223 04	0.024 60	1.71
5	2-5	0.056 95	0.173 88	0.017 00	1.71
6	3-4	0.067 01	0.171 03	0.017 30	1.71
7	4-5	0.013 35	0.042 11	0.006 40	1.71
8	5-6	0.000 00	0.252 02	0.000 00	0.65
9	4-7	0.000 00	0.209 12	0.000 00	0.65
10	7-8	0.000 00	0.176 15	0.000 00	0.50
11	4-9	0.000 00	0.556 18	0.000 00	0.40
12	7-9	0.000 00	0.110 01	0.000 00	0.65
13	9-10	0.031 81	0.084 50	0.000 00	0.50
14	6-11	0.094 98	0.198 90	0.000 00	0.50
15	6-12	0.122 91	0.155 81	0.000 00	0.50
16	6-13	0.066 15	0.130 27	0.000 00	0.50
17	9-14	0.127 11	0.270 38	0.000 00	0.50
18	10-11	0.082 05	0.192 07	0.000 00	0.50
19	12-13	0.220 92	0.199 88	0.000 00	0.50
20	13-14	0.170 93	0.348 02	0.000 00	0.50

表 B3 变压器数据

变压器序号	首末端号	变比(p. u.)
1	5-6	0.932
2	4-7	0.978
3	4-9	0.969

表 B4 并联电容数据

母线号	电纳(p. u.)
9	0.190

表 B5 无功可调母线数据

母线号	电压幅值(p. u.)	无功极限值/Mvar	
		下限	上限
2	1.045	−40.0	50.0
3	1.010	0.0	40.0
6	1.070	−6.0	24.0
8	1.090	−6.0	24.0

2. IEEE 30母线系统数据

表 B6 IEEE 30母线系统的母线数据和潮流结果

母线号	母线电压		发电机输出功率		负荷功率	
	幅值(p. u.)	相角/(°)	有功/MW	无功/Mvar	有功/MW	无功/Mvar
1	1.0500	0.000 00	138.53	−2.58	0.00	0.00
2	1.0338	−2.7374	57.56	2.43	21.70	12.70
3	1.0309	−4.6722	0.00	0.00	2.40	1.20
4	1.0258	−5.5963	0.00	0.00	7.60	1.60
5	1.0058	−9.0005	24.56	22.25	94.20	19.00
6	1.0214	−6.4821	0.00	0.00	0.00	0.00
7	1.0073	−8.0435	0.00	0.00	22.80	10.90
8	1.0230	−6.4864	35.00	32.27	30.00	30.00
9	1.0583	−8.1508	0.00	0.00	0.00	0.00
10	1.0527	−10.0086	0.00	0.00	5.80	2.00
11	1.0913	−6.3003	17.93	17.61	0.00	0.00
12	1.0564	−9.2015	0.00	0.00	11.20	7.50
13	1.0883	−8.0216	16.91	24.96	0.00	0.00

续表

母线号	母线电压		发电机输出功率		负荷功率	
	幅值(p. u.)	相角/(°)	有功/MW	无功/Mvar	有功/MW	无功/Mvar
14	1.0428	−10.0986	0.00	0.00	6.20	1.60
15	1.0393	−10.2212	0.00	0.00	8.20	2.50
16	1.0476	−9.8207	0.00	0.00	3.50	1.80
17	1.0459	−10.1598	0.00	0.00	9.00	5.80
18	1.0319	−10.8362	0.00	0.00	3.20	0.90
19	1.0307	−11.0109	0.00	0.00	9.50	3.40
20	1.0354	−10.8178	0.00	0.00	2.20	0.70
21	1.0404	−10.4668	0.00	0.00	17.50	11.20
22	1.0409	−10.4598	0.00	0.00	0.00	0.00
23	1.0314	−10.6662	0.00	0.00	3.20	1.60
24	1.0292	−10.9159	0.00	0.00	8.70	6.70
25	1.0298	−10.8036	0.00	0.00	0.00	0.00
26	1.0124	−11.2117	0.00	0.00	3.50	2.30
27	1.0388	−10.4761	0.00	0.00	0.00	0.00
28	1.0177	−6.8955	0.00	0.00	0.00	0.00
39	1.0192	−11.6689	0.00	0.00	2.40	0.90
30	1.0080	−12.5242	0.00	0.00	10.60	1.90
系统总功率			290.49	96.95	283.40	126.20

表 B7 IEEE 30 母线系统支路数据(p. u.)

支路号	首末端母线号	支路电阻	支路电抗	$\frac{1}{2}$充电电容电纳	额定电流
1	1-2	0.0192	0.0575	0.0264	1.30
2	1-3	0.0452	0.1852	0.0204	1.30
3	2-4	0.0570	0.1737	0.0184	0.65
4	3-4	0.0132	0.0379	0.0042	1.30
5	2-5	0.0472	0.1983	0.0209	1.30

续表

支路号	首末端母线号	支路电阻	支路电抗	$\frac{1}{2}$充电电容电纳	额定电流
6	2-6	0.0581	0.1763	0.0187	0.65
7	4-6	0.0119	0.0414	0.0045	0.90
8	5-7	0.0460	0.1160	0.0102	0.70
9	6-7	0.0267	0.0820	0.0085	1.30
10	6-8	0.0120	0.0420	0.0045	0.32
11	9-6	0.0000	0.2080	0.0000	0.65
12	6-10	0.0000	0.5560	0.0000	0.32
13	9-11	0.0000	0.2080	0.0000	0.65
14	9-10	0.0000	0.1100	0.0000	0.65
15	12-4	0.0000	0.2560	0.0000	0.65
16	12-13	0.0000	0.1400	0.0000	0.65
17	12-14	0.1231	0.2559	0.0000	0.32
18	12-15	0.0662	0.1304	0.0000	0.32
19	12-16	0.0945	0.1987	0.0000	0.32
20	14-15	0.2210	0.1997	0.0000	0.16
21	16-17	0.0824	0.1932	0.0000	0.16
22	15-18	0.1070	0.2185	0.0000	0.16
23	18-19	0.0639	0.1292	0.0000	0.16
24	19-20	0.0340	0.0680	0.0000	0.32
25	10-20	0.0936	0.2090	0.0000	0.32
26	10-17	0.0324	0.0845	0.0000	0.32
27	10-21	0.0348	0.0749	0.0000	0.32
28	10-22	0.0727	0.1499	0.0000	0.32
29	21-22	0.0116	0.0236	0.0000	0.32
30	15-23	0.1000	0.2020	0.0000	0.16
31	22-24	0.1150	0.1790	0.0000	0.16
32	23-24	0.1320	0.2700	0.0000	0.16

续表

支路号	首末端母线号	支路电阻	支路电抗	$\frac{1}{2}$充电电容电纳	额定电流
33	24-25	0.1885	0.3292	0.0000	0.16
34	25-26	0.2554	0.3800	0.0000	0.16
35	25-27	0.1093	0.2087	0.0000	0.16
36	28-27	0.0000	0.3960	0.0000	0.65
37	27-29	0.2198	0.4153	0.0000	0.16
38	27-30	0.3202	0.6027	0.0000	0.16
39	29-30	0.2399	0.4533	0.0000	0.16
40	8-28	0.0636	0.2000	0.0214	0.32
41	6-28	0.0169	0.0599	0.0065	0.32

表 B8　变压器数据

变压器序号	首末端母线号	变比(p.u.)
1	9-6	1.0155
2	6-10	0.9629
3	12-4	1.0129
4	28-27	0.9581

表 B9　并联电容数据

母线号	电纳(p.u.)
10	0.19
24	0.04

表 B10　无功可调母线数据

母　线　号	电压幅值(p.u.)	无功极限值/Mvar	
		下限	上限
2	1.0338	−20.0	60.0
5	1.0058	−15.0	62.5
8	1.0230	−15.0	50.0
11	1.0913	−10.0	40.0
13	1.0883	−15.0	45.0

参 考 文 献

[1] Grainger J J, Stevenson W D. Power system analysis. New York: McGraw-Hill, 1994

[2] Anderson P M. Analysis of faulted power systems. New York: IEEE Inc., 1995

[3] Pai M A. Computer technique in power system analysis. New York: McGraw-Hill, 1979

[4] 倪以信,陈寿孙,张宝霖.动态电力系统的理论和分析.北京:清华大学出版社,2002

[5] Bergen A R, Vittal, Vijay. Power system analysis. 2nd ed. Pearson Edition, Inc., publishing and Prentice Hall, 2000

[6] Arrillaga J, et al. Computer modeling of electric power systems. John Wiley & Sons Inc., 1983

[7] Alvarado F L, Tinney W F, Enns M K. Sparse in large scale network computation, control and dynamic systems, Advances in Theory and Applications, Vol. 41: Analysis and Control System Techniques for Electric Power Systems Part1 of 3, pp. 207~272, Academic Press, San Diego, CA, 1991, C. T. Leondes, editor

[8] Heydt G T. Computer analysis methods for power systems. Macmillan Pub Co, 1986

[9] Wood A J, Wollenberg B F. Power generation, operation and control. 2nd ed. John Wiley and Sons, Inc., 1996

[10] Golub G H, Van Loan C F. Matrix computations. The Johns Hopkins University Press, 1996

[11] 陈树柏.网络图论及其应用.北京:科学出版社,1982

[12] 葛守仁.电路基本原理.北京:人民教育出版社,1979

[13] 王锡凡主编.现代电力系统分析.北京:科学出版社,2003

[14] 诸骏伟主编.电力系统分析.北京:中国电力出版社,1995

[15] 吴际舜.电力系统静态安全分析.上海:上海交通大学出版社,1985

[16] Kusic G L. Computer-aided power systems analysis. Prentice Hall, 1986

[17] Kundur P. Power system stability and control. New York: McGraw-Hill, 1994

[18] Carson W. Taylor. Power system voltage stability. New York: McGraw-Hill, 1994

[19] DyLiacco T E. Survey of system control centers for generation transmission systems. The DyLiacco corporation, 1988

[20] Chen M S, Dillon W E. Power system modeling. Special issue on computers in power industry. Proc IEEE, July 1974. 901~915

[21] 张伯明.电网计算中广义网络流的回路分析及其在线应用:[博士学位论文].北京:清华大学电机系,1985

[22] 张伯明等.电网计算中广义网络流的回路分析及其在线应用(Ⅰ)——理论和方法.清华大学学报(自然科学报),1986,26(4):76~85;(Ⅱ)——在线潮流计算中的应用,1986,26(5):22~31

[23] 吴文传,张伯明.配网潮流回路分析法.中国电机工程学报,2004,24(3):68~71

[24] Takahashi K, Fagan J, Chen M S. Formation of a sparse bus impedance matrix and its application in short circuit studies. Proc IEEE PICA Conf, July 1973:63～69

[25] Tinney W F, Walker J W. Direct solutions of sparse network equations by optimally ordered triangular factorization. Proc. of the IEEE. Nov. 1967, 55(11): 1801～1809

[26] Tinney W F, Meyer W S. Solution of large sparse systems by ordered triangular factorization. IEEE Trans on automation control, 1973, AC-18(4): 333～340

[27] Stott B, Alsac O. An overview of sparse matrix techniques for on-line network applications. Proc of IFAC symposium on power systems and power plant control. Beijing, Aug. 1986. 17～23

[28] Gill P E, et al. Sparse matrix methods in optimization. SIAM J SCI stat computer. Sept 1984, 5: 562～589

[29] Duff I S. A Survey of sparse matrix research. Proc. IEEE, 1977, 65(5):500～535

[30] Tinney W F, Brandwajn V, Chan S M. Sparse vector methods. IEEE Trans. on PAS, Feb 1985, PAS-104(2): 295～301

[31] 张伯明. 稀疏矢量法及其在电网计算中的应用. 中国电机工程学报,1987,7(5):46～55

[32] Ristanovici P, et al. Improvements in sparse matrix/vector technique applications for on-line load flow calculation. IEEE Trans. on power systems. Feb. 1989, PWRS-4(1): 190～196

[33] Gomez A, Franquelo L G. Node ordering algorithms for sparse vector method improvement. IEEE Trans on power systems, Feb 1988, PWRS-3(1): 73～79

[34] Gomez a, Franquelo L G. An efficient ordering algorithm to improve sparse vector methods. IEEE Trans on power systems, Nov. 1988, PWRS-3(4): 1538～1544

[35] Betancourt R. An efficient heuristic ordering algorithm for partial matrix re-factorization. IEEE Trans on power systems, Aug 1988. PWRS-3(3): 1181～1187

[36] Bacher R, Ejebe G C, Tinney W F. Approximate sparse vector techniques for power network solutions. IEEE Trans on power systems, 1991, PWRS-6(1): 420～428

[37] Alvarado F L, et al. Blocked sparse matrices in electric power systems. IEEE PES Summer Meeting, July 1976, Paper No. A76-362-4

[38] Enns M K, Tinney W F, Alvarado F L. Sparse matrix inverse factors. IEEE Trans on power systems, 1990, PWRS-5(2):466～473

[39] Alvaradoi F L, Yu D C, Betancourt R. Partitioned sparse A^{-1} methods. IEEE Trans on power systems, 1990, PWRS-5(2): 452～459

[40] Betancourt R, Alvarado F. Parallel inverse of sparse matrix. IEEE Trans on power systems, 1986, PWRS-1 (1): 74～81

[41] Abu-Elnaga M M, et al. Sparse formulation of the transient energy function method for applications to large scale power systems. IEEE Trans on power systems, 1988, PWRS-3(4): 1648～1654

[42] Alsac O, Stott B, Tinney W F. Sparsity-oriented compensation methods for modified

network solutions. IEEE Trans. on PAS, May 1983, PAS-102(5): 1050～1060

[43] Chan S M, Brandwajn V. Partial matrix refactorization. IEEE Trans on power systems, Feb 1986, PWRS-1(1): 193～200

[44] Tinney W F. Compensation methods for network solutions by optimally ordered triangular factorization. IEEE Trans on power apparatus and systems, 1972, PAS-91(1): 123～127

[45] Brameller A. Efficient multiple solutions for changes in a network using sparsity techniques. Proc IEEE, 1973, 120(5): 607～608

[46] 严正等. 分块稀疏矩阵因子表的修正. 清华大学学报(自然科学版), 1989, 29(4): 80～85

[47] Deckmann S, et al. Studies on power system load flow equivalencing. IEEE Trans. on PAS. 1980, PAS-99(6): 2301～2310

[48] DyLiacco T E, et al. A network equivalent for the contingency evaluation in the computerized operation of power systems. IFAC symposium, 1977

[49] Aschmonit F A, Verstege J F. An external system equivalent for on-line steady state generator outage simulation. IEEE Trans. on PAS, 1979, PAS-98(3):770～779

[50] Monticelli A. et al. Real-time external equivalents for static security analysis. IEEE Trans. on PAS, 1979, PAS-98 (2):498～508

[51] Housos E C, et al. Steady state network equivalents for power system planning applications. IEEE Trans. on PAS, 1980, PAS-99(6):2113～2120

[52] 吴际舜. 电力系统稳态分析的计算方法. 上海: 上海交通大学出版社, 1992

[53] Wu F F, Monticelli A. A critical review of external network modeling for online security analysis. Electrical power and energy Systems, 1983, 5(4):222～235

[54] Housos E, Irisarri G. Real time results with on-line network equivalents for control center applications. IEEE Trans. on PAS, 1981, PAS-100(12): 4830～4837

[55] DyLiacco T E, et al. An on-line topological equivalent of a power system. IEEE Trans. on PAS. 1978, PAS-97 (5): 1550～1563

[56] Dopazo J F, Irisarri G, Sesson A M. Real-time external system equivalent for on-line contingency analysis. IEEE Trans. on PAS, 1979, PAS-98 (6): 2153～2171

[57] Tinney W F, Bright J M. Adaptive reductions for power flow equivalents. IEEE Trans on Power Systems, 1987, PWRS-2 (2): 351～360

[58] Kron G. Diakoptics-a piecewise solution of large scale systems. Elect J, London, 1957-1958, a serial

[59] Happ H H. Piecewise methods and applications to power system. John Wiley & Sons Inc., 1970

[60] Wu F F. Solution of large scale networks by Tearing. IEEE Trans on circuits and Systems, 1976, CAS-23: 706～713

[61] Sangiovanni-Vincentilli A, et al. A new tearing approach-node tearing nodal analysis.

Proc of IEEE Symp on circuits and systems, 1976: 143~147

[62] Zhang B M, et al. Unified piecewise solution of power system networks combining both branch cutting and node tearing. Int J of electrical power and energy systems, 1989, 11(4): 283~288

[63] 张伯明,张海波. 多控制中心之间分解协调计算模式研究. 中国电机工程学报,2006, 26(22): 1~5

[64] 张海波,张伯明,王志南等. 地区电网外网等值自动生成系统的开发和应用. 电网技术, 2005,29(24): 10~15

[65] 李芳. 电力系统小干扰稳定分布式并行算法研究: [博士学位论文]. 北京: 中国电力科学研究院, 2006

[66] 岳程燕,周孝信,李若梅. 电力系统电磁暂态实时仿真中并行算法的研究. 中国电机工程学报,2004,24(12): 1~7

[67] 薛巍等. 基于集群机的大规模电力系统暂态过程并行仿真. 中国电机工程学报,2003, 23(8): 38~43

[68] Gomez A, Betancourt R. Implementation of the fast decoupled load flow on a vector computer, IEEE PES Winter Meeting. Atlanta, 1990

[69] Abur Ali. A parallel scheme for the forward backward substitution in solving sparse linear equations. IEEE Trans on power systems, 1988, PWRS-3(4): 1471~1478

[70] Stott B. Review of load flow calculation methods. Proc of the IEEE, July 1974, 62(7): 916~929

[71] Tinney W F, Hart C E. Power flow solution by Newton's method. IEEE Trans on power apparatus and systems, Nov 1967, PAS-86: 1449~1460

[72] Ward J B, Hale H W. Digital computer applications solution of power flow problems. AIEE Trans, 1956, 75, Ⅲ:398~404

[73] Brown H E, et al. power flow solution by impedance matrix iterative method. IEEE Trans on power apparatus and systems, 1963, PAS-82:1~10

[74] Stott B, Alsac O. Fast decoupled load flow. IEEE Trans. on PAS, May/June 1974, PAS-93(3): 859~869

[75] Monticelli A, et al. Fast decoupled load flow: hypothesis, derivations and testing. IEEE Trans. on power systems, 1990, PWRS-5(4):1425~1431

[76] Van Amerongen R A M. A general-purpose version of the fast decoupled load flow. IEEE Trans on power systems, May 1989, PWRS-4(2): 760~770

[77] Deckmann S, et al. Numerical testing of power system load flow equivalents. IEEE Trans. on PAS, Nov/Dec 1980, PAS-99(6): 2292~2300

[78] Pseschon J, et al. Sensitivity in power systems. IEEE Trans. on PAS, Aug. 1968, PAS-87:1687~1696

[79] Aschmoneit F C, et al. Steady state sensitivity analysis for security enhancement. power system computing conference, 1978

[80] Borkowska B. Probabilistic load flow. IEEE Trans. on PAS, 1974, PAS-93: 752～759

[81] Ng Wai Y. Generalized generation distribution factors for power system security evaluation. IEEE Trans. on PAS, 1981, PAS-100(3):1001～1005

[82] 张伯明等. 大扰动灵敏度分析的快速算法. 清华大学学报(自然科学版), 1988, 28(1): 1～9

[83] Sun H B, Zhang B M. A systematic analysis method for quasi-steady-state sensitivity. Electric power system research, Sept 2002, 63(2): 141～147

[84] Chan S M, Brandwajn V. Adjusted solutions in fast decoupled load flow. Proc power industry computer applications conf, 1987: 347～353

[85] Medicherla T K P, et al. Generation rescheduling and load shedding to alleviate line over loads—analysis. IEEE Trans. on PAS, 1979, PAS-97 (6): 1876～1884

[86] Iwamoto S, Tamura Y. A load flow calculation method for Ill-conditioned power systems. IEEE Trans on power apparatus and systems, 1981, PAS-100(4): 1736～1743

[87] Sesson A, et al. Improved Newton's load flow through a minimization technique. IEEE Trans on power apparatus and systems, 1971, PAS-90: 1974～1981

[88] 王德人. 非线性方程组解法与最优化方法. 北京: 人民教育出版社,1979

[89] S Corsi, M Pozzi, C Sabelli, A Sarrani. The coordinated automatic voltage control of the Italian Transmission Grid—Part Ⅰ: Reasons of the choice and overview of the consolidated hierarchical syatem, IEEE Trans. on power systems, Nov 2004, PWRS-19 (4): 1723～1732

[90] 郭庆来,孙宏斌,张伯明,吴文传. 基于无功源控制空间聚类分析的无功电压分区. 电力系统自动化,2005,29(10): 36～40

[91] 郭庆来,孙宏斌,张伯明等. 江苏电网 AVC 主站系统的研究和实现,电力系统自动化 2004,28(22): 83～87

[92] Ajjarapu V, Christy C. The continuation power flow: a tool for steady state voltage stability analysis. IEEE Transactions on power systems, 1992, PWRS-7(1): 416～423

[93] Chiang H D, Flueck A J, Shah K S, Balu N. CPFLOW: A practical tool for tracing power system steady-state stationary behavior due to load and generation variations. IEEE Transactions on power systems, 1995, PWRS-10(2): 623～634

[94] Zheng Yan, Yongqiang Liu, Felix Wu, Yixin Ni. Method for direct calculation of quadratic turning points. IEEE Proceedings——generation, transmission and distribution, 2004, 15(1): 83～89

[95] Demmel H W, Tinney W F. Optimal power flow solutions. IEEE Trans. on PAS, Oct. 1968, PAS-87: 1866～1876

[96] Sasson A M, et al. Optimal load flow solution using the Hessian matrix. IEEE Trans. on PAS, Jan/Feb 1973, PAS-92(1): 31～41

[97] Burchett R C, et al. Quadratically convergent optimal power flow. IEEE Trans on power apparatus and systems, 1984, PAS-103(11): 3267～3275

[98] Sun D I, et al. Optimal power flow by Newton approach. IEEE Trans. on PAS, 1984, PAS-103(10): 2864～2880

[99] Momoh J A, et al. Challenges in optimal power flow, IEEE Trans. on power systems, 1997, PWRS-12(1), 444～447

[100] Carpentier J. Contribution àl'étude du dispatching économique, Bull. Soc. Franc. Elect., 1962, 3(8): 431～447

[101] Carpentier J. Towards a secure and optimal automatic operation of power systems. Proc of power industry computer applications conf, 1987:2～37

[102] Stott B, et al. Security analysis and optimization. Proc of the IEEE, 1987, 75(12): 1623～1644

[103] Zheng Yan, Niande Xiang, Boming Zhang, et al. A hybrid decoupled approach to optimal power flow. IEEE Trans. on power systems, May 1996, PWRS-11(2): 947～953

[104] Mamandur K R C, Berg G J. Efficient simulation of line and transformer outages in power systems. IEEE Trans. on PAS, 1982, PAS-101(10): 3733～3741

[105] Undrill J M. Advanced power system fault analysis method. IEEE Trans. on PAS, 1975, PAS-103: 2141～2150

[106] Alvarado F L, et al. Sparsity enhancement in mutually coupled networks. IEEE Trans. on PAS, 1984, PAS-103(6): 1502～1508

[107] Han Z X. Generalized method of analysis of simultaneous faults in power systems. IEEE Trans. on PAS, 1982, PAS-101: 3933～3942

[108] Alvarado F L, et al. A fault program with MACROS, monitors and direct compensation. IEEE Trans. on PAS, 1985, PAS-104 (5): 1109～1120

[109] Gross G, Hong H W. A two-step compensation method for solving short circuit problems. IEEE Trans. on PAS, 1982, PAS-101 (6): 1322～1331

[110] Brandwajn V, Tinney W F. Generalized method for fault analysis. IEEE Trans. on PAS, 1985, PAS-104(6): 1301～1306

[111] Strezoski V C, et al. Canonical method for faults analysis. IEEE Trans on power systems, 1991, PWRS-6(4): 1493～1499

[112] Zhang Boming, Yang Jian. A canonical method of network manipulation for asymmetrical changes in power system network. Proc. of Int. Conf. on Power System technology, Oct. 18～21, Beijing, 1994. 131～136

[113] Luenberger D G. Linear and nonlinear programming. 2nd ed. Addison-Wesley Pub Co, 1984

[114] Zhang B M, Wang S Y, Xiang N D, et al. A security analysis and optimal power flow package with real-time implementation in northeast china power system. IEE Int Conf on Advances in power system control, operation and management. Hong Kong. Dec 7～10, 1993

[115] Zhang B M, Wang S Y, Xiang X D. A linear recursive bad data indentification method with real-time application to power system state estimation. IEEE Trans on power Systems, 1992, PWRS-7(3): 1378～1385

[116] X Bai, T Jiang, Z Guo. A unified approach for processing unbalanced conditions in transient stability calculations. IEEE Trans on Power Systems, 2006, PWRS-21 (1): 85～90

[117] Karmarkar N K K. A new polynomial time algorithm for linear programming. Combinatoria, Apr. 1984: 373～395

[118] Margaret H. Wright. The interior-point revolution in constrained optimization. The first pacific rim conference on mathematics, Hong Kong, Jan. 1998. 19～23

[119] Granville S. Optimal reactive dispatch through interior point methods. IEEE Trans. on power systems, 1994, PWRS-9(4): 136～146

[120] Wei H, Sasaki H, Kubokawa J A. A decoupled solution of hydro-thermal optimal power flow problem by means of interior point method and network programming. IEEE Trans. on Power Systems, 1998, PWRS-13(2): 827～870

[121] J W Bialek. Topological generation and load distribution factors for supplement charge allocation in transmission open access. IEEE Trans. on power systems, Aug 1997, PWRS-12(3): 1185～1193

[122] F F Wu, Y Ni, P Wei. Power transfer allocation for open access using graph theory——fundamentals and applications in systems without loop flow. IEEE Trans. on power systems, Aug. 2000, PWRS-15(3): 923～929